Instrumental
Analysis

기기분석

대학화학교재연구회

도서출판 동화기술

머리말

전자 공학과 컴퓨터 과학의 발달로 더불어 기기분석 기술은 날로 발전하고 있다. 정확·정밀하고 신속한 기기분석은 자연과학의 여러 분야에 응용되어 현대과학의 발전에 크게 기여하고 있다.

기기분석법은 물질의 물리적 또는 물리·화학적 특성을 정밀한 기기로 측정하여 분석하는 것으로서 무기화학, 유기화학, 물리화학 및 생화학 등의 순수화학과 화학공학, 재료과학, 환경과학, 고분자 및 섬유공학, 식품과학, 임상의학, 의·약학, 야금학, 지구과학 및 생명과학에 이르기까지 그 응용이 확대되고 있다. 지난 수십 년간 분석기술은 큰 변혁을 겪게 되었고, 특히 새로운 기기분석법들이 개발되었다. 따라서 많은 부분의 분석이 기기분석에 의해 수행되고 있다.

실제로 어떤 물질을 분석하기 위해서는 어떤 분석방법으로 분석할 것인가를 결정하기 위해서 여러 가지 분석법의 원리와 특성에 대한 장·단점을 잘 이해하고 있어야 가장 적합한 방법을 택하여 분석할 수 있다. 따라서 이런 목적을 위해 기기분석법 전체에 대한 원리와 응용을 포괄적으로 다룬 개론서가 필요하다.

기기분석 교재는 미국과 유럽 등지에서 여러 가지 출판되어 있으나 한두 학기의 강의용으로 사용하기에는 내용이 너무 방대하다. 이런 점들을 고려하여, 이 책은 화학과 관계된 학문을 전공하는 학부 학생들이 한두 학기 동안 공부하기에 적당하도록 집필하였다. 또한 각종 기기분석법의 원리와 기초를 이해할 수 있도록 개론 부분에 중점을 두어 엮고자 하였다. 또 더 세부적이고 전문적인 것에 관해서는 해당 전문서를 각주나 참고문헌으로 제시하여 찾아볼 수 있게 하였다.

이 책의 내용은 무기 또는 유기화합물의 정성 및 정량분석에 필요한 자외선-가시선, 형광, 적외선, 라만, 핵자기 공명 및 질량분석과 같은 광학적 분광법, 금속을 중심으로 한 무기물의 미량분석에 유용한 원자 분광법과 X-선 분광법, 물질의 분리에 기초를 둔 분리·분석법인 기체 및 액체 크로마토그래피에 관한 것, 전기화학적 분석법에 관한 것 등이다.

제 8 장 X-선 분광법 · 209

제 9 장 질량분석법 · 241

제 10 장 크로마토그래피 서론 · 279

제 11 장 기체 크로마토그래피 · 301

CHAPTER 1

서 론

1 분석화학과 기기분석

화학이 물질을 다루는 학문이라면 분석화학은 물질에 함유된 성분의 종류와 함유량 또는 화학조성을 조사하여 화학구조나 존재 상태에 대한 지식을 얻기 위한 학문으로서 크게 정성분석(qualitative analysis)과 정량분석(quantitative analysis)으로 나눌 수 있다. 정성분석은 화합물이나 원소의 혼합물에 대한 성분 구성을 알아내고 확인하는 것이고, 정량분석은 시료의 구성 성분비를 결정하거나 화합물의 원자조성이나 구조를 밝히는 것을 말한다.

화합물이나 원소를 분석하는 방법은 크게 화학분석법과 기기분석법으로 나눌 수 있다. 화학분석법은 용액 내에서의 화학반응에 기초를 두기 때문에 습식분석(wet analysis)이라 부르기도 하는데 무게분석법과 부피분석법(적정법) 등이 여기에 속한다. 이에 비하여 기기분석법은 시료에서 분석성분의 물리적 또는 물리화학적 특성을 정밀기기로 측정하여 정성 및 정량 분석하는 방법을 말한다.

기기분석법은 화학의 급속한 발전과 더불어 분석의 신속화와 미량화가 필요해진 상황에서 전자공학이나 컴퓨터 과학의 급격한 발전에 힘입어 여러 가지 정밀한 분석기기가 개발됨에 따라 발전하게 된 분석방법으로서 분석화학에서 매우 중요한 역할을 하게 되었다.

분석은 정성과 정량적인 데이터를 정확·정밀하고, 신속하며 경제적으로 얻어야 함이 기본이다. 따라서 오랫동안 숙련된 기술과 비교적 긴 시간이 소요되는 화학분석법보다 기기분석법이 일반적으로 간편하고, 신속하며 또 분석감도가 향상되고, 미량의 시료로도 분석이 가능하다는 장점을 지니기 때문에 대부분의 분석이 기기분석법에 의해 이루어지는 실정이다.

그렇다고 기기분석법이 언제나 장점만을 지닌 것은 아니고 분석의 원리를 잘못 이해하고 대처하면 오히려 큰 오차를 가져올 수도 있고, 때로는 값비싼 기기를 사용하여야 된다는 단점을 지닌다. 그러므로 분석화학자는 여러 가지 분석방법의 원리와 특성을 잘 이해하여야 하고, 분석하고자 하는 시료에 대한 충분한 정보, 요구되는 정확도, 신속성, 경제성 등에 대한 구체적인 조사와 평가를 통해 분석방법을 선택하여 분석을 수행하도록 노력하여야 한다.

2 분석방법의 종류

대략 1920년대까지 발전되어 온 무게분석법과 부피분석법은 질량과 부피를 분석신호로 이용한다. 기기분석법은 여러 가지 물리적 또는 물리·화학적 신호에 의한 분석법으로, 기기분석법에는 전자기 복사선과 물질의 상호작용을 이용하는 분광학적 분석법, 물질의 전기화학적 성질을 이용하는 전기분석법, 물질 간의 상호작용을 이용하여 분리·분석하는 크로마토그래피법 및 기타의 기기분석법 등으로 분류할 수 있다.

(1) 전자기 복사선에 의한 분석법

전자기 복사선에 의한 분석방법은 기기분석에서 가장 널리 이용되고 있다. 전자기 복사선을 이용하는 기기분석법의 종류를 분석신호에 따라 분류하면 표 1.1과 같다.

표 1.1 전자기 복사선에 의한 기기분석법의 종류

신호	분석방법의 종류
흡광	분광광도법(자외선, 가시선, 적외선, X-선) 및 비색법, 원자흡광광도법, 핵자기공명 및 전자스핀공명 분광법, 광음파 분광법
발광	발광 분석법(가시선, 자외선, X-선, 전자, Auger(오제이)), 불꽃광도법, 형광법(가시선, 자외선, X-선), 방사화학법
산란	비탁분석법, 네펠로법, 라만 분광법
회절	X-선 회절법, 전자 회절법
굴절	굴절법, 간섭 측정법
기타	전자선 분석법(전자현미경), 광회전 및 원편광 이색성 분석법

(2) 전기분석법

물질의 전기화학적 성질에서 얻어지는 신호를 분석신호로 이용하는 분석방법으로 다음과 같은 것들이 있다.

전위차법, 전기무게분석, 전기량법, 폴라로그래피법(전압-전류법), 전기전도도법, 고주파 분석법

(3) 크로마토그래피법

혼합물을 각 성분으로 분리하는 동시에 정성·정량분석 할 수 있는 분리·분석법으로 다음과 같은 크로마토그래피법들이 있다.

기체 크로마토그래피 (기체-고체, 기체-액체, 기체-결합상)
액체 크로마토그래피 (분배, 흡착, 이온교환, 크기 배제, 종이, 얇은 막)

(4) 기타 기기분석법

위의 분류에는 속하지 않으나 중요한 기기분석법으로 다음과 같은 것들이 있다.

질량분석법 (m/z비), 열법분석 (TC, DTA, DSC, 엔탈피법 등)
표면분석법 (XPS, Auger, SIMS, ISS 등), 반응속도법

3 흡광 및 발광 분광법의 기초

흡광법이나 발광분광법은 기기분석법 중에서 가장 널리 이용되는 분석방법으로 기기분석법 중에서 매우 중요한 위치를 차지하고 있다. 이 절에서는 이들 분광법에 대한 기본원리를 알아보기로 한다.

1.3.1 전자기 복사선과 스펙트럼

전자기 복사선은 음향과 같은 파동과는 달리 전파를 지지해주는 매질을 필요로 하지 않는다. 따라서 진공에서도 쉽게 통과한다. 전자기 복사선은 서로 수직으로 진동하는 전기장과

자기장으로 구성되어 있다. 간단한 평면편광파 (plane polarized wave)는 그림 1.1에 나타낸 것과 같다. 그림에서 전기장은 xy 평면에 국한되고, 자기장은 xz 평면에 국한되어 있다. 파장 (wavelength), λ는 파동의 극대점과 극대점(또는 극소점과 극소점) 사이의 거리이고, 주파수 (frequency), ν는 1초 동안 파동이 완전하게 진동한 횟수이다. 주파수의 단위는 s^{-1} 이고, 매초당 1회의 진동을 1헤르츠(Hertz, Hz)라 한다. 복사선의 주파수와 파장 사이의 관계는 다음과 같다.

$$c = \nu\lambda \cong 3.0 \times 10^{10}\ \mathrm{cm/sec} \tag{1.1}$$

여기에서 c는 진공 상태에서의 복사선의 속도이다. 공기 중에서의 복사선 속도는 c보다 대략 0.03% 더 작다. 따라서 대단히 정밀한 계산을 제외하면 식 (1.1)은 공기 중에서도 진공 중에서와 같이 응용할 수 있다. 진공이 아닌 매질에서의 복사선의 속도는 c/n이고, 여기서 n은 매질의 굴절률 (refractive index)이다. 진공이 아닌 매질의 굴절률은 항상 1보다 크므로 복사선의 속도는 진공에서 가장 빠르다. 복사선의 굴절률이 1보다 큰 매질을 통과할 때 그 주파수는 변하지 않지만 파장은 감소한다.

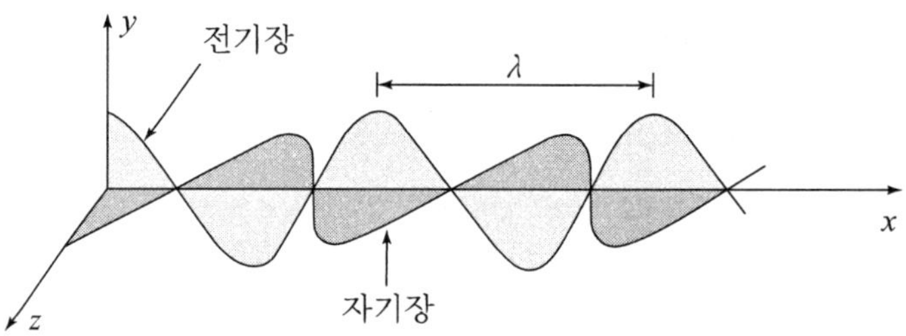

그림 1.1 x축으로 전파하는 파장 λ의 평면편광 전자기 복사선

복사선의 파수 (wave number)는 σ로 표시하며, 단위는 보통 cm^{-1}를 사용한다.

$$\sigma = \frac{1}{\lambda} = \frac{\nu}{c} \tag{1.2}$$

파장은 일반적으로 자외선과 가시선 스펙트럼 영역의 경우에는 nm (nanometer, 10^{-9} m)를, 적외선 영역에서는 μm (micrometer, 10^{-6} m) 단위를 사용한다.

전자기 복사선은 파동성과 함께 광자 (photon)라는 에너지의 불연속 입자의 흐름으로 볼 수 있다. 전자기 복사선의 성질 중에서 간섭, 회절, 투과, 굴절, 반사, 산란, 편광 등은 복사선의 파동성으로 설명될 수 있다. 그러나 복사선을 흡수하거나 발광할 때 흡수 매질 또는 발광 물질로부터 영구적 에너지전이가 일어나는데, 이런 현상을 설명하려면 복사선의 파동성 대신 복사선을 불연속적 입자인 광자(또는 양자)의 흐름으로 취급할 필요가 있다. 전자기 복사선을 광자라는 입자성으로 설명할 때 광자에너지는 주파수에 의존하고 다음과 같은 관계가 성립한다.

$$E = h\nu \tag{1.3}$$

여기에서 h는 Planck 상수(6.63×10^{-27}erg·sec)이다. 식 (1.3)에 (1.1)과 (1.2)식을 결합하여 다음과 같이 표현할 수 있다.

$$E = \frac{hc}{\lambda} = hc\sigma \tag{1.4}$$

그러므로 복사선의 에너지는 파장에 반비례하고, 파수에 비례한다.

전자기 스펙트럼을 파장에 따라 여러 가지 영역으로 나누면 그림 1.2와 같으며, 복사선의 파장영역에 따라 이용되는 분광법의 종류와 양자전이의 종류를 함께 표시하였다.

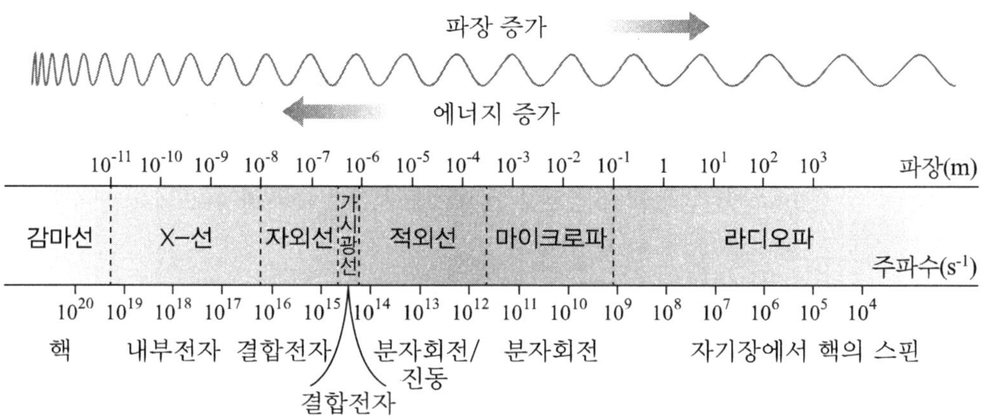

그림 1.2 전자기 복사선의 파장과 분광법

자외선의 영역은 10～380 nm 범위이며, 이 중에서 분석에 이용되는 근자외선 영역은 200～380 nm 범위이고, 200 nm 이하에서는 공기가 자외선을 흡수하므로 이 영역에서는 진공에서 기기를 조작해야 하기 때문에 200 nm 이하의 자외선을 진공자외선이라 한다. 가시선은 380～780 nm 사이의 복사선을 말하고, 이 파장영역의 전자기 스펙트럼은 복사선 전체 파장영역에서 극히 작은 부분에 해당하며 이 영역의 빛은 인간의 눈으로 볼 수 있는 색으로 나타난다. 적외선 영역은 약 0.78～300 μm 범위이나, 분석에 주로 이용되는 적외선의 파장영역은 2.5～25 μm이다.

1.3.2 복사선의 흡광

원자, 분자 또는 이온과 같은 화학종이 복사선을 흡수할 때 에너지준위는 증가한다. 이것을 물질이 들뜬상태(excite state)로 되었다고 한다. 만약 물질이 광자를 방출하면 에너지는 낮아진다. 물질의 가장 낮은 에너지상태를 바닥상태(ground state)라 한다. 모든 화학종은 일정한 수의 불연속적으로 양자화된 에너지준위를 갖는다. 복사선의 흡수가 일어나려면 들뜨게 하는 광자의 에너지가 「흡수하는 화학종의 바닥상태와 들뜬상태 사이의 에너지 차」와 정확하게 일치되어야 한다. 이런 에너지 차는 화학종에 따른 특유한 값이므로 흡수된 복사선의 주파수를 조사해 보면 시료의 성분을 알아낼 수 있는 근거가 된다. 따라서 분광광도계를 사용하여 어떤 화학종의 흡수 스펙트럼을 얻었을 때 스펙트럼의 일반적 모양은 흡수 화학종의 복잡성, 물리적 상태 및 화학적 환경 등에 따라 다르다.

흡수 스펙트럼은 원자흡수와 분자흡수에 의한 것으로 나눌 수 있다. 원자흡수 스펙트럼은 몇 개의 선 스펙트럼(line spectrum)의 주파수만이 뚜렷하게 흡수되어 나타난다. 이와 같이 원자흡수가 단순한 스펙트럼으로 나타나는 것은 원자입자가 취할 수 있는 에너지상태의 수가 적다는 것을 의미한다. 이때 들뜨기 과정은 전자전이에 의해서만 일어나는데 원자 속의 하나 또는 그 이상의 전자가 그보다 높은 에너지준위로 전이가 일어난다. 자외선과 가시선은 원자가전자(valence electron), 즉 결합전자만을 전이시키기에 충분한 에너지를 갖는다. 참고로 에너지가 훨씬 높은 X-선은 원자핵에 가장 가까운 내부전자와 작용할 수 있다. 따라서 원자흡수와 X-선 흡수 스펙트럼은 파장영역에 관계없이 전형적으로 한정된 개수의 좁은 봉우리로 구성된 단순한 스펙트럼으로 나타난다.

분자흡수 스펙트럼은 다원자 분자, 특히 액체상태의 경우에는 흡수 스펙트럼이 상당히 복잡하다. 이것은 에너지상태의 준위수가 많기 때문이다. 이 경우에 한 분자의 전체 에너지는 다음과 같다.

$$E_{전체} = E_{전자} + E_{진동} + E_{회전} \tag{1.5}$$

분자 내 각각의 전자는 특정 에너지 상태에서 보통 몇 가지의 가능한 진동상태를 취할 수 있고, 또 각 진동상태에서도 여러 가지 회전상태를 취할 수 있다. 따라서 원자입자의 경우보다 분자의 경우에는 에너지준위의 수는 훨씬 많다. 그림 1.3에 보인 것처럼 분자흡수의 경우에 세 가지 형태의 에너지가 불연속적인 에너지준위로 존재한다.

첫째로, 분자는 여러 가지 회전축 주위를 회전하고 이 에너지는 일정한 에너지준위로 존재한다. 회전전이에 따라 적외선을 흡수하면 더 높은 회전 에너지준위로 들뜬다(회전에너지 $r_o \rightarrow r_2$). 둘째, 분자의 원자축은 서로 간에 진동하고 이 진동에너지는 일정한 에너지준위로 존재한다. 진동전이에 따라 일정한 적외선 에너지를 흡수하면 더 높은 진동 에너지준위로 전이한다. 셋째, 분자의 결합전자들은 전자전이에 따라 더 높은 전자 에너지준위로 전이하게 된다.

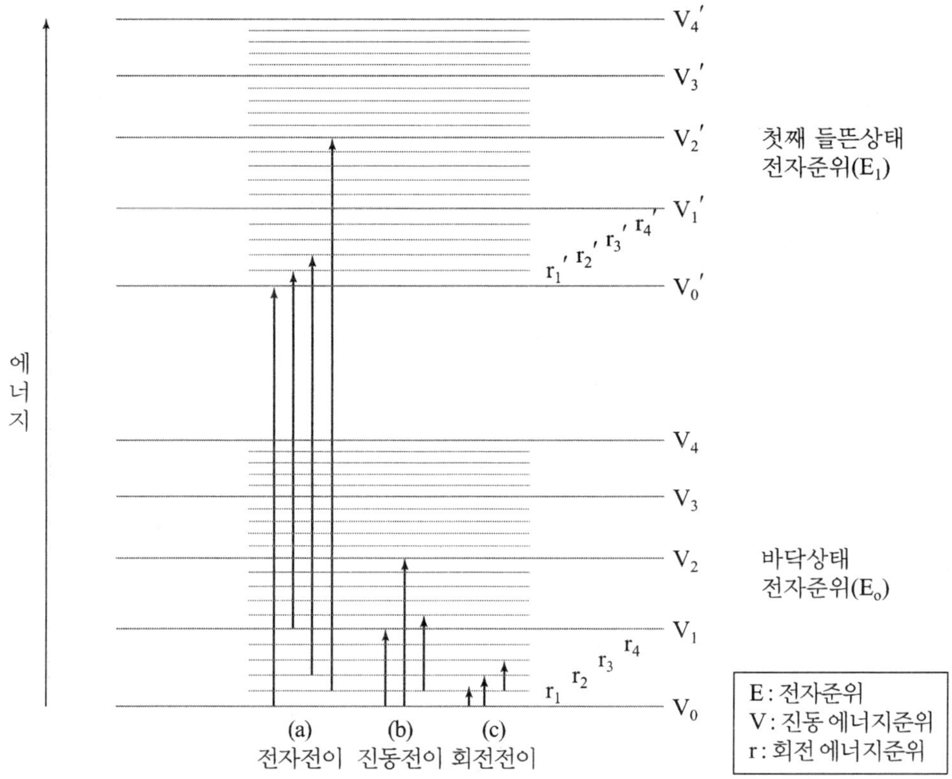

그림 1.3 분자의 전자, 진동 및 회전 에너지준위

이들 여러 에너지준위는 양자화되어 있으므로 낮은 에너지상태에서 높은 에너지상태로 전이할 때 두 에너지준위 간의 에너지 차에 해당하는 일정한 에너지를 흡수해야 한다. 복사선 에너지를 받으면 각 전이형태에 일치하는 에너지를 갖는 복사선을 흡수하여 흡수 스펙트럼이 형성된다. 세 가지 전이에 대한 에너지준위 크기의 순서는 **전자 > 진동 > 회전** 순이다. 각 에너지준위 사이의 에너지 차의 크기는 대략 10배 정도이다.

회전전이는 매우 낮은 에너지에서 일어난다. 그러나 진동전이는 회전전이보다 높은 에너지인 근적외선 영역에서 일어난다. 전자전이는 근적외선보다도 더 높은 에너지 즉, 가시선이나 자외선 영역의 복사선을 흡수할 때 일어난다. 상온에서 분자는 바닥상태(E_o)라는 가장 낮은 전자에너지 상태로 존재한다. 바닥상태의 전자준위 내에 있는 각 회전준위는 들뜬 상태의 진동준위 내의 여러 회전준위까지 들뜰 수 있다.

각각의 진동준위 안에는 여러 개의 회전준위가 존재한다. 따라서 이들에 의해 불연속 전이가 아주 많이 일어나게 된다. 그 결과 밀집된 선 스펙트럼들이 분리되지 않고 띠 스펙트럼(band spectrum)으로 나타난다. 이들 봉우리가 나타나는 파장은 분자 내의 회전이나 진동방식에 관계가 있다.

1.3.3 복사선의 발광

어떤 입자(분자, 원자 또는 이온)를 들뜨게 하는 방법에는 여러 가지가 있다. 그것은 입자를 전자 또는 기타의 기본입자로 충격을 주는 법, 높은 전위의 교류 스파크에 노출시키는 법, 아아크 또는 불꽃에 의해 열처리시키거나 전자기 복사선을 흡수시키는 방법 등이다.

이렇게 하여 들뜬입자는 아주 짧은 시간이 지난 후에 낮은 에너지준위 또는 바닥상태로 되돌아 갈 때 보통 복사선을 발광한다. 들뜬입자가 복사선을 발광할 때 기체 상태처럼 서로 잘 분리되어 있는 경우에는 복사입자는 독립체로 행동하여 비교적 몇 개의 특수한 파장을 갖는 복사선을 발광하여 보통 불연속인 선 스펙트럼으로 얻어진다.

한편, 띠 스펙트럼은 넓은 범위 내의 모든 파장이 나타나거나 각 파장이 매우 조밀하게 나타나므로 보통의 방법으로는 분해되지 않는 경우이다. 이와 같은 띠 스펙트럼(연속 스펙트럼)은 원자가 서로 조밀하게 충진되어 있어 독립된 행동을 할 수 없는 고체나 액체일 때 또는 수많은 에너지상태를 조밀하게 가지고 있는 복잡한 분자 등이 들뜨는 경우에 생긴다. 띠 스펙트럼은 비양자화된 운동에너지를 갖는 입자가 에너지 변화를 할 때에도 나타난다. 연속 스펙트럼은 분광광도법 분석에서 시료물질에 복사선을 작용시킬 때 많이 이용되고, 선 스펙트럼은 이것을 측정하여 발광화학종의 확인과 정량할 때 보통 이용된다.

4 기기잡음과 검출한계

기기분석에서 분석방법의 최종 정확도와 검출한계는 분석신호에 겹쳐서 나타나는 불가피한 잡음(noise; 기기 잡음과 화학적 잡음) 때문에 제한받게 된다. 화학적 잡음으로는 반응 완결정도의 다양성, 부반응, 시료의 매트릭스 성분에 의한 방해, 화학반응속도에 대한 일정치 않은 온도의 영향 등이 있다. 이들 화학적 잡음에 대하여는 각 기기분석법을 취급할 때 다루기로 한다.

1.4.1 기기잡음

기기잡음은 기기의 여러 가지 부분장치인 광원, 변화기, 신호처리 장치 및 독해장치와 관련된 잡음들을 말한다. 이들 잡음에는 일반적으로 Johson 잡음(또는 열적잡음), 산탄잡음(shot noise), 깜박이 잡음(flicker noise) 및 환경잡음 등이 있다.[1)]

Johnson 잡음의 원인은 전자 또는 전하 운반체가 저항기 커패시터, 복사선 검출기, 전지, 기기의 저항소자 속에서 열적 진동을 하므로 생기는 잡음이다. 이러한 잡음은 전하 불균형을 가져오고 이로 인해 전압 변동을 일으키게 하여 판독 눈금에 잡음을 생기게 한다. 이 잡음은 저항소자에 전류가 흐르지 않는 경우에도 존재한다는 것을 알아야 한다. Johnson 잡음은 주파수의 띠나비에 의존하고, 진동수 자체에 무관하며 저항기의 물리적 크기와 관계가 없다. 이 잡음을 감소시키는 데는 좁은 띠나비와 낮은 온도를 이용하는 두 가지 방법이 이용된다. 좁은 띠나비법은 가끔 증폭기, 필터 등의 장치를 사용하여 보다 좁은 띠나비를 얻도록 하는 방법이다. 광전자증배관과 기타 검출기의 열적 잡음은 냉각함으로써 감소시킬 수 있다.

산탄잡음은 전자 또는 하전입자가 접촉계면을 가로지나 이동함으로써 전류가 흐를 때 항상 나타나는 잡음이다. 접촉계면은 전자회로의 p와 n의 계면에서 볼 수 있는데, 광전지와 진공관인 경우에는 양극과 음극 사이의 진공된 공간을 말한다.

깜박이 잡음은 크기가 관측되는 신호의 주파수에 반비례하는 특성을 갖는 잡음으로 $1/\nu$ 잡음이라고도 한다. 이 잡음의 원인은 잘 알려져 있지 않으나 언제, 어디에도 존재한다는 것을 그 주파수 의존성으로부터 알 수 있다. 이 잡음은 100 Hz 이하의 주파수에서 심하고 dc 증폭기, 계기 및 검류계에서 관측되는 장주기 변조는 깜박이 잡음의 표시라고 생각된다.

환경잡음은 주위 환경으로부터 생기는 잡음으로서 기기와 도체는 전자기 복사선을 수신할 수 있는 안테나의 역할을 하고 전기신호를 변화할 수 있으므로 환경잡음이 많이 일어난다. 또 ac 전력선, 라디오 및 TV 방송국, 스위치의 아아크, 전동기의 브러시, 번개 등을 포함하는 수많은 곳에서 전자기 복사선의 근원이 존재하기 때문에 환경잡음이 나타나게 된다.

1.4.2 신호/잡음 비

기기분석법에서 감도와 정확도를 높이기 위해서는 신호/잡음 비, 즉 S/N 비가 측정의 제한 요인이 되기 때문에 S/N의 개선이 필요하다. 그 개선법으로는 하드웨어법과 소프트웨어법 등이 이용된다. 하드웨어법은 분석기기를 설계할 때 필터, 빛살 토막기, 가로막기, 변조기,

1) H. V. Malmstadt, C. G. Enke and S. R. Crouch, *Electronics and Instrumentation for Scientists*, Chapter 14. Benjamin/Cummings, Menlo Park, CA. 1981; T. Coor, *J. Chem. Educ.*, 1968, 45, A533, A583; and G. M. Hieftje, *Anal, Chem.*, 1972, 44(6), 81A:44(7), 69A.

동시검출기와 같은 장치를 포함시켜 분석 신호에 큰 영향을 주지 않고 잡음을 제거 또는 최소화하는 방법이다. 소프트웨어법은 잡음의 환경으로부터 신호를 추출하는 여러 가지 컴퓨터 계산법에 바탕을 두는 것으로서 이 방법은 적어도 출력신호를 변조하여 아날로그로부터 디지털 형태로 변환시키는데 충분한 하드웨어, 컴퓨터, 판독장치 등이 필요하다.

1.4.3 감도와 검출한계

기기분석에서 자주 사용하는 감도(sensitivity)와 검출한계(detection limit)의 정성적 정의에 대한 과학자들의 견해는 일치한다. 그러나 정량적으로 정의할 때, 즉 수학적인 식으로 표시할 때는 약간의 견해 차이가 있다. 여기서는 여러 학자들에게 널리 인정되고 이용되는 부분에 대하여서만 간단히 설명하고자 한다. 기기를 사용하는 측정법에서 감도란 분석성분의 작은 농도의 차이를 구별하여 측정할 수 있는 능력의 정도를 의미한다. 기기 측정법에서는 검정선의 기울기와 기기의 정밀도가 감도를 제한한다. 어떤 두 가지 측정법에서

① 같은 정밀도를 갖는 경우에는 검정선의 기울기가 클수록 감도가 크다.
② 검정선의 기울기가 같을 경우에는 정밀도가 높을수록 감도가 크다.

IUPAC (International Union of Pure and Applied Chemistry)에서 인정하는 감도의 정의는 검정감도(calibration sensitivity)이며, 이것은 원하는 농도에서의 검정선의 기울기(m)로 정의한다. 검정선의 선형적인 구간에서는 검정감도가 농도와 무관하고 다음 관계로부터 구할 수 있다.

$$S = mC + S_{\mathrm{bl}} \tag{1.6}$$

여기에서 C는 분석성분의 농도이고, S는 기기측정에서 얻은 출력신호(바탕신호를 포함하는 분석성분의 신호)의 크기이고, S_{bl}은 바탕용액에 대한 기기신호의 크기, 즉 바탕신호이다.

검정감도는 재현성을 고려하지 않기 때문에 측정감도를 충분히 설명하지 못한다. 그러므로 재현성을 고려한 새로운 정의가 필요하다. 이에 대한 정의는 Mandel과 Stiehler[2)]가 제안한 분석감도(A)이다.

$$A = \frac{m}{s_{\mathrm{sig}}} \tag{1.7}$$

여기에서 m은 검정선의 기울기이고, s_{sig}는 신호의 표준편차이다.

2) J. Mandel and R. D. Stiehler, *J. Res. Natl. Bur. Std.,* **1964**, A53. 155.

분석감도의 장점은 첫째, 비교적 증폭인자의 영향을 받지 않는다는 점이다. 즉, 기계적으로 신호를 증폭할 때 증폭 게인을 10배로 하면 기울기 m도 10배로 증가하게 되지만 일반적으로 이러한 증가는 s_{sig}의 증가도 수반하게 되므로 분석감도는 일정하게 유지된다는 것이고, 둘째는 신호의 측정단위와 무관하다는 것이다. 그러나 분석감도의 단점은 가끔 s_{sig}가 농도 의존성일 수 있다는 점이다.

검출한계란 주어진 신뢰도 수준에서 검출이 가능한 최소의 농도 또는 무게이다. 이런 한계는 분석신호의 크기 대 바탕신호의 비에 의존된다. 즉, 분석신호는 보통 바탕신호보다 몇 배(k배) 크지 않으면 분석신호를 확실하게 구별할 수 없다. 검출한계에 가까운 지점에서는 분석신호의 크기는 바탕신호의 크기에 거의 접근하고, 또 분석신호의 표준편차도 바탕신호의 표준편차에 거의 접근하게 된다. 다시 말하면 S/N 값이 거의 1에 접근한다. 따라서 구별할 수 있는 최소의 분석신호를 S_m이라 하면 이것은 바탕신호의 평균값($\overline{S_{\mathrm{bl}}}$)에다 바탕신호 표준편차($s_{\mathrm{sig(bl)}}$)의 k배를 합한 것으로 볼 수 있다.

$$S_m = \overline{S_{\mathrm{bl}}} + k s_{\mathrm{sig(bl)}} \tag{1.8}$$

실험적으로 S_m을 결정하기 위해서는 바탕측정을 적어도 20~30회 이상 실시하여 그들 데이터로부터 $\overline{S_{\mathrm{bl}}}$과 $s_{\mathrm{sig(bl)}}$을 구해야 한다. 여러 학자들의 통계적 연구에 의하면 $k=3$일 때 검출의 신뢰도 수준은 대부분의 경우 95%라고 보고되어 있다.[3)]

식 (1.6)에서 분석신호 S를 구별 가능한 최소의 분석신호 S_m으로 가정하면 농도 C는 검출 가능한 최소의 농도 C_m이 될 것이고, 또 바탕신호의 평균값을 이용하여 정리하면 검출한계는 다음과 같다.

$$S_m = m C_m + \overline{S_{\mathrm{bl}}}$$

$$C_m = \frac{S_m - \overline{S}_{bl}}{m} \tag{1.9}$$

여기에서 C_m을 검출한계(최소로 검출 가능한 농도)라 하다.

---

3) H. Kaiser, Anal. *Chem.*, **1970**, 42, 53A-58A; G. L. Long and L. D. Wine Fordner. *Anal. Chem.*, **1983**, 55, 712A.

예제 1.1

발색제로 *o*-phenanthroline을 사용하여 가시선 분광광도법에 의해 철을 정량할 때 다음과 같은 실험 데이터를 얻었고, 최소제곱법으로 구한 검정선식은 $y=0.197C_{Fe}+0.00255$로, 여기에서 y는 철의 흡광도 측정값이고, C_{Fe}는 ppm 단위의 철의 농도이다. 이들 자료를 이용하여 (a) 검정감도, (b) 철의 농도가 5 ppm과 1 ppm일 때의 분석감도, (c) 이 분석방법의 검출한계를 계산하라.

Fe의 농도(ppm)	측정회수	y의 평균값	s_{sig}
5.00	10	0.985	0.013
1.00	10	0.198	0.0043
0.00	25	0.00348	0.0016

해답

(a) 정의에 따라 검정감도 m은 직선의 기울기이므로 $m=0.197$이다.

(b) 철의 농도가 5 ppm일 때의 분석감도는 식 (1.7)에 의해 계산한다.

$$A=m/s_{sig}=0.197/0.013=15$$

철의 농도가 1 ppm일 때의 분석감도는

$$A=m/s_{sig}=0.197/0.0043=46$$

(c) 검출한계를 계산하기 위하여 식 (1.8)을 이용하면 다음과 같다.

$$y_m=\overline{y}_{bl}+ks_{sig(bl)}=0.00348+3\times 0.0016=0.0083$$

이것을 식 (1.9)에 대입하여 계산하면 검출한계는 다음과 같다.

$$C_m=\frac{y_m-\overline{y}_{bl}}{m}=\frac{0.0083-0.00348}{0.197}=0.024 \text{ ppm Fe}$$

정리하면 이 분석방법의 검정감도(m)는 0.197이다. 그러나 분석감도의 경우에는 철의 농도가 1 ppm일 때 $A=46$으로 5 ppm일 때의 $A=15$에 비해 분석농도가 적은 경우가 더 좋다. 또 이 방법에 의해서는 철의 농도가 0.024 ppm일 때까지 검출이 가능하다.

CHAPTER 2

자외선-가시선 분광광도법

분자의 구조나 성질을 규명하는 여러 가지 수단 또는 방법 중에서 분자 내의 에너지와 빛에너지 간의 상호작용을 이용하는 방법을 일반적으로 분광법(spectrometry)이라 한다. 분자의 에너지에는 그림 1.3에서 설명한 바와 같이 회전, 진동 및 전자에너지가 있다. 이들 에너지는 모두 양자화되어 있다. 즉, 외부로부터 빛에너지를 분자에 쪼일 경우에 모든 에너지가 다 흡수되는 것이 아니고, 분자의 양자화된 에너지에 해당하는 일정한 에너지의 파장만 흡수된다.

이들 세 가지 분자에너지에 상당하는 빛에너지는 그림 1.2의 진공 자외선으로부터 원적외선까지의 범위이다. 여기서 분자에 의한 자외선-가시선 영역의 빛에너지의 흡수는 분자 내의 전자에너지의 전이를 나타내는데, 분자 내의 전자구조, 즉 분자의 화학결합 상태 및 분자구조 등의 특징에 따라 흡수되는 빛에너지의 주파수와 세기가 다르게 나타난다.

자외선-가시선 분광법은 자외선과 가시광선 영역(약 200~800 nm)의 스펙트럼을 측정하는 것으로, 분자의 구조에 대한 정보를 얻을 수 있지만, 흡수 파장폭이 넓어 분자의 상세한 정보를 얻기엔 부족해 핵자기 공명법이나 적외선 분광법처럼 데이터 해석에 있어 화합물 구조해석에 응용되는 경우는 적다. 하지만 분자의 성질을 이용하여 화합물의 정성 및 정량분석에 널리 이용되고 있다.

이 장에서는 자외선-가시선 분광광도법의 원리, 기기장치, 실험법, 정성 및 정량분석법과 기타의 응용법 등에 관해 중점적으로 설명하여 분광광도법 분석의 원리와 응용적인 면을 다루기로 한다.

I Beer의 법칙과 그 적용한계

이 절에서는 자외선-가시선 분광광도법(또는 흡광광도법)의 기본원리에 대하여 간단히 설명하기로 한다. 여기에서 취급하는 원리는 다음의 각 장에서 다루게 될 적외선 및 원자 흡광분광법에도 적용된다. 좀 더 자세한 내용은 해당하는 각 분광법에서 다루기로 한다.

2.1.1 Beer의 법칙

그림 2.1에는 평행 복사선이 두께 b cm이고, 흡광화학종의 농도가 C 인 용액층을 통과하기 전후를 나타낸 것이다.

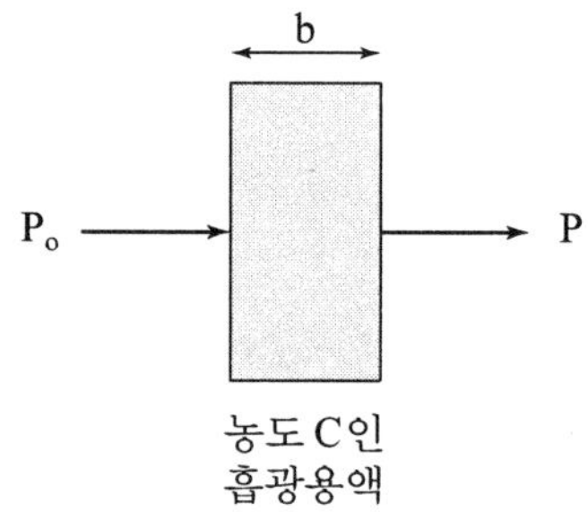

그림 2.1 흡광용액에 의한 복사선의 감소

광자와 흡광입자 사이의 상호작용 결과로 복사선 빛살의 세기는 P_o에서 P로 감소된다. 용액의 투광도, T는 시료를 통과한 복사선의 분율로서 정의한다.

$$T = \frac{P}{P_o} \tag{2.1}$$

따라서 T는 0에서 1의 범위를 가진다. 퍼센트 투광도 $100\,T$(%)로서 0과 100% 사이의 범위를 가진다. 이보다 더 유용한 양은 흡광도(absorbance), A로서 다음과 같이 정의한다.

$$A = \log\left(\frac{P_o}{P}\right) = -\log T \tag{2.2}$$

전혀 빛이 흡수되지 않았을 때는 $P = P_o$이며, $A = 0$이다. 만약 입사광의 10%가 투과되었다면 $T = P/P_o = 10/100$이므로 $A = 1$이 되고, 빛의 1%만이 투과되었다면 $A = 2$이다. 흡광도가 중요한 이유는 이것이 시료 중에 함유되어 있는 흡광하는 화학종의 농도 C에 비례하기 때문이다.

$$A = \epsilon bC \tag{2.3}$$

식 (2.3)은 Beer-Lambert의 법칙(간단히 Beer의 법칙)으로 분광광도법에 의한 정량분석에서 사용되는 아주 중요한 법칙이다. 여기에서 흡광도 A는 차원이 없는 비율이다. 시료의 농도 C는 대개 몰농도(molarity)로 나타낸다. 복사선이 시료를 통과한 길이 b는 보통 cm로 표시한다. ϵ은 흡광화학종 고유 특성인 몰흡광계수(molar absorptivity)라 부른다. 몰흡광계수의 단위는 $L \cdot cm^{-1} \cdot mol^{-1}$이다. A와 ϵ값은 복사선의 파장에 의존한다. 일정한 파장에서의 흡광도 A는 ϵ값이 클수록 더 커진다. 흡수 스펙트럼은 A(또는 ϵ)가 파장에 따라서 어떻게 변화하는가를 나타내는 그래프이다.

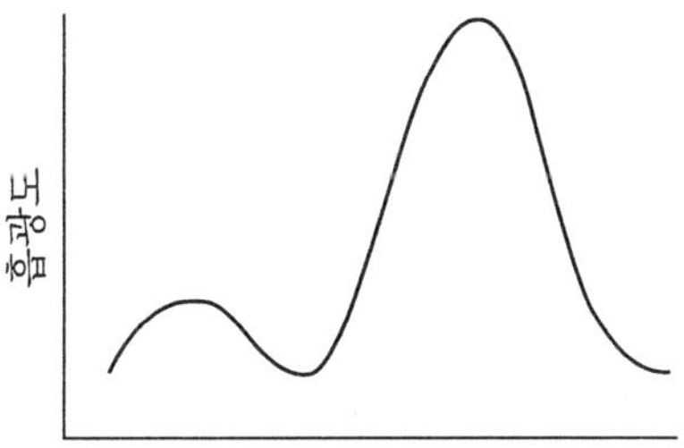

여기에서 Beer의 법칙이 어떻게 유도되는가에 대하여 생각하여 보자.

복사세기가 P인 빛이 용액의 두께가 dx인 무한히 얇은 용액층을 통과한다고 가정하자.

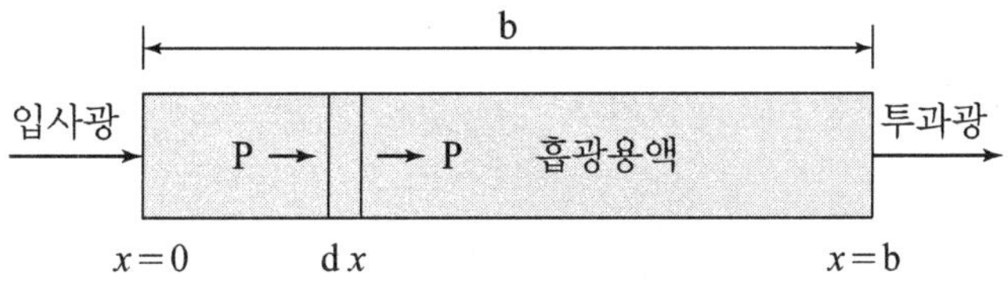

복사선 세기의 감소(dP)는 입사광의 세기(P)에 비례하고 흡광화학종의 농도(C)와 빛이 통과한 길이(dx)에 비례한다.

$$dP = -kPC\,dx$$

여기에서 k는 비례상수이고, 이 식을 정리하여 적분하면 다음과 같다.

$$-\frac{dP}{P} = kC\,dx$$

$$-\int_{P_o}^{P}\frac{dP}{P} = kC\int_{0}^{b}dx$$

적분의 극한값은 $x=0$일 때 $P=P_o$이고, $x=b$일 때 $P=P$이다. 적분을 계산하면

$$-\ln P-(-\ln P_o) = kbC$$

$$\ln\left(\frac{P_o}{P}\right) = kbC$$

마지막으로 $\ln z = 2.303\log z$인 관계를 이용하여 자연대수를 상용대수로 환산하면 다음과 같다.

$$\log\left(\frac{P_o}{P}\right) = \left(\frac{k}{2.303}\right)bC$$

따라서 $$A = \epsilon bC$$

이것이 Beer의 법칙이다. 전체부피의 무한히 적은 부분에서 빛의 세기 감소는 그 빛이 통과한 길이에서의 입사광 세기에 비례한다는 사실로부터 P_o/P와 농도는 로그함수 관계가 성립한다는 것을 알 수 있다. 빛이 시료를 통과할 때 빛이 통과한 길이의 증가에 따라 세기가 감소하는데 이것은 각 광로에 도달하는 입사광 세기의 크기가 감소하기 때문이다.

2.1.2 Beer 법칙의 작용한계

Beer의 법칙에서 흡광화학종의 농도가 일정한 경우 흡광도 A와 광로 길이 b간의 직선관계는 특별한 경우를 제외하고는 항상 성립한다. 그러나 b가 일정할 때 흡광도와 농도는 정비례하지 않고 직선관계에서 편차가 나타나는 경우가 있다. 따라서 정량분석에서 Beer의 법칙을 적용하기에 어떤 한계성이 존재한다.

이 법칙은 묽은 농도의 용액에서만 성립하고 농도가 진한 경우(보통 0.01 M보다 진한 경우)에는 흡광화학종 사이의 평균거리가 좁아져서 서로의 전자분포 상태에 영향을 주게 되므로 일정한 파장에서의 흡광이 감소된다. 화학종 간의 상호작용은 농도에 따라 다르기 때문에 흡광도와 농도 사이의 직선관계에 편차가 나타난다. 그러므로 이 법칙을 적용할 때 측정 농도에는 한계가 있다. 또한 Beer의 법칙은 흡광도의 측정 작업에서 편차가 생기는 경우도 있고, 측정하는 동안에 발생하는 화학반응으로 인하여 농도의 변화가 일어나는 경우에도 편차가 발생한다. 이러한 편차를 각각 기기편차와 화학편차라 한다.

(1) 화학적 편차

화학적 편차는 비대칭 화학평형이 존재할 때 일어난다. 예를 들면 화학종의 회합, 해리 또는 용매와의 반응이 일어날 때 생긴다. 한 가지 좋은 예로서 특정 파장에서 약산은 흡광하는데 그 음이온은 흡광하지 않는 경우를 생각해 보자.

$$\underset{\text{흡광}}{HA} = H^{+} + \underset{\text{비흡광}}{A^{-}}$$

이와 같은 약산의 이온화반응(해리반응)에서 산 화학종의 농도 대 음이온의 농도비, 즉 $[HA]/[A^{-}]$는 pH에 따라 변한다. 용액이 완충용액이거나 강산성일 때에는 이 비가 일정하지만 산의 농도가 묽어지면 이온화도는 증가한다. 즉, 위의 평형은 오른쪽으로 이동한다. 따라서 묽은 용액에서는 흡광화학종의 분율이 감소하여 흡광도가 감소하기 때문에 직선에서 벗어나게 된다.

금속이온의 착물이나 킬레이트에서도 이와 같은 현상이 나타난다. 즉, 과량의 착화재가 없으면 착물의 해리도는 이 착물의 농도가 묽을 때 증가한다. 이때 착물은 측정 파장에서 흡광하지만 유리된 금속이온은 흡광하지 않는다면 묽은 용액에서는 직선관계에서 벗어나게 된다. 이러한 편차는 그 반응의 평형상수와 흡광화학종의 몰흡광계수로부터 예상할 수도 있다.

빛을 흡수하는 두 화학종이 평형상태에 있고, 그들의 흡수 스펙트럼이 겹치는 경우가 있는데 이러한 파장을 등흡광점(isobestic point)이라 한다. 등흡광점에서는 두 화학종의 몰흡광계수가 같다. pH는 평형을 이동시키므로 여러 pH값에서 스펙트럼을 그리면 그림 2.2와 같은 결과를 얻는다. 등흡광점에서는 농도변화에 따른 흡광도를 측정하면 이것은 pH의 영향을 받지 않는다. 즉, 두 개의 흡광화학종이 평형상태에 있음을 알 수 있다. 예를 들면 산-염기 지시약은 단지 두 개의 유색 화학종이 평형상태에 있고 등흡광점을 나타낸다.

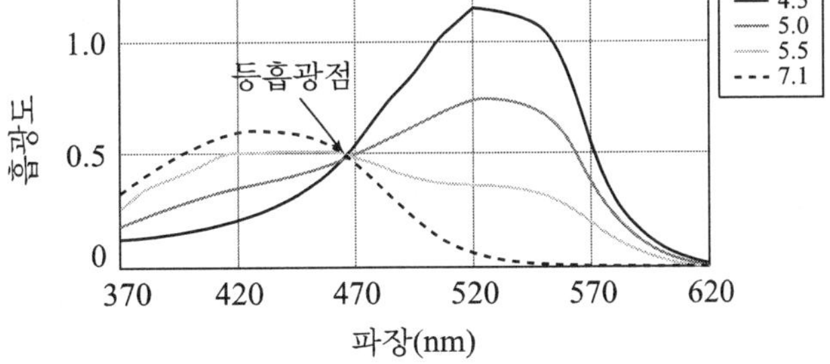

그림 2.2 메틸레드의 등흡광점(465 nm) (메틸레드 농도 : 3×10^{-4} M, pH : 4.5~7.1)

(2) 기기편차

Beer의 법칙은 단색복사선(단색광)을 이용한 흡광도 측정에만 성립한다. 이것은 파장에 따라 흡광계수가 다르므로 흡광도와 농도의 관계직선의 기울기가 변하기 때문이다. 흡광도를 측정할 때 실제로 엄격한 의미의 단색광을 사용하는 경우는 거의 없고 좁은 범위의 다색광을 사용하게 되므로 Beer의 법칙으로부터 편차가 생기게 된다.

따라서 흡광도를 측정할 때에는 반드시 흡수 스펙트럼의 극대점이 나타나는 파장에서 측정하도록 해야 한다. 이 파장을 최대흡수파장, λ_{max}라고 한다.

최대흡수파장을 선택할 때 다소의 편차가 있는 경우에도 최대흡수파장 부근에서는 흡광계수의 차가 적기 때문에 큰 편차가 나타나지 않고, Beer의 법칙에서 크게 벗어나지 않게 된다. 이와 같은 예를 그림 2.3에 나타내었다. 이 외에도 기기편차에는 미광(stray light), 단색화장치에서의 빈사, 시료용기 위치의 부정밀성 그리고 기기의 암전류 등에 의한 것이 있다.

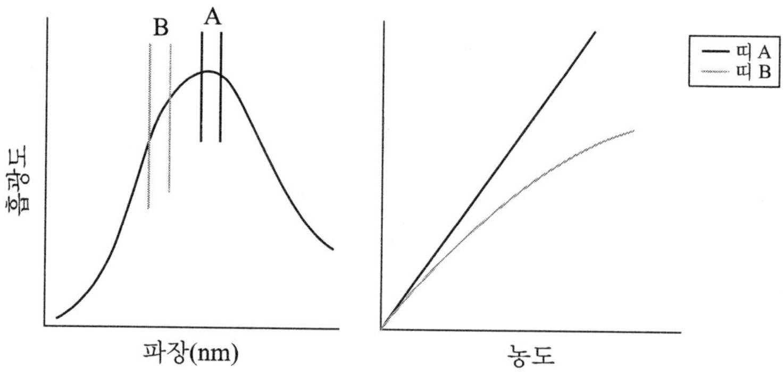

그림 2.3 Beer 법칙에 미치는 다색광의 영향

(3) 기기잡음의 영향

분광광도법의 정확도(정밀도)는 측정기기의 불확정성 또는 잡음에 의해서도 제한받기 때문에 어느 정도의 오차는 항상 발생한다. 기기에 의한 오차도 시료 농도에 영향을 받는다. 시료가 적은 양의 빛을 흡수할 때에는 투광도의 감소가 작으며, 따라서 상대오차는 클 것이다. 반면에 시료가 거의 모든 빛을 흡수하면 투광도가 크게 감소하고 이를 정확하게 읽을 수 있는 매우 안정한 기기가 필요하다. 따라서 상대오차를 최소화하는 어떤 최적의 투광도 범위가 있다. 오차는 근본적으로 기기의 눈금을 읽는 데서 오는데, 투광도를 읽을 때 절대오차는 일정하고 투광도값에 무관하다고 가정하면 최소한의 상대오차를 갖는 투광도를 Beer의 법칙에서 유도할 수 있다.

$$A = -\log T = \epsilon b C \qquad (2.4)$$

위 식을 자연대수로 바꿔서 미분하면 다음과 같다.

$$-\frac{0.434}{T}dT = \epsilon b\ dC \tag{2.5}$$

이 식을 (2.4)식으로 나누면 다음과 같다.

$$\frac{dC}{C} = \frac{0.434}{T\log T}dT \tag{2.6}$$

이 식에서 dT는 투광도를 읽을 때의 오차로, 기기의 정확도에 따라 다르며 일반적으로 0.003 정도이다. 이 식에서 최소한의 상대오차가 되는 T는 0.368(=36.8%)이며, 흡광도로는 0.434에 상당한다.

그림 2.4(a)는 투광도 눈금을 읽을 때 0.01 T의 일정한 오차가 온다고 가정하고 투광도에 따른 상대오차를 식 (2.6)을 이용하여 계산한 결과를 나타낸 것이다. Rothman 등[1)]은 여러 가지 측정기기의 불확정성의 원인과 흡광도(또는 투광도) 측정의 정밀도에 미치는 알짜 영향을 밝혔다.

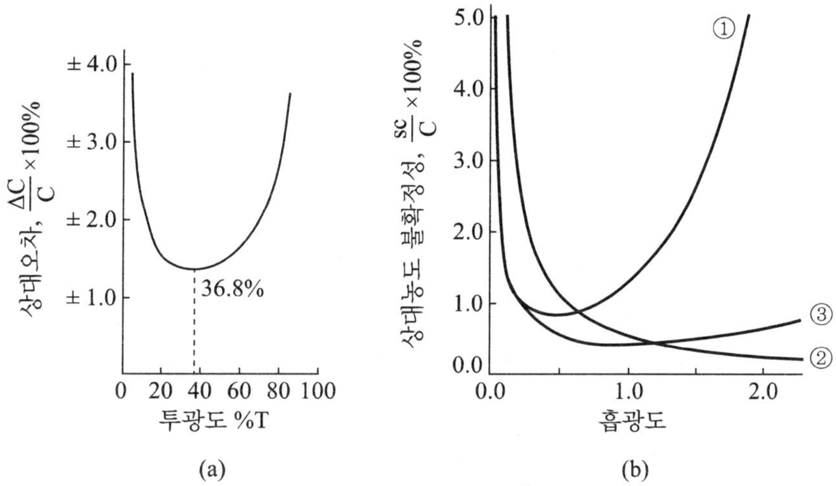

그림 2.4 기기잡음으로 생기는 상대농도 불확정성

기기 측정의 불확정성은 광전류의 크기, 즉 T에 의하여 어떻게 영향 받는가에 따라 다음과 같이 세 가지 범주로 나눈다(그림 2.4(b) ①~③).

1) L. D. Rothman and et. al., *Anal. Chem.*, **1975**, 47, 1226.

① 정밀도가 T와 무관한 불확정성으로, 그 원인은 제한된 눈금 판독장치의 분해능, 열법 검출기의 Johnson 잡음 및 암전류와 증폭기 잡음에 의한 것이다. 예로, 투광계기 눈금이 작은 광도계와 분광광도계나 광원세기와 검출기 감도가 낮은 파장영역에서 실험할 때 나타난다.

② 정밀도가 T에 비례하는 불확정성으로, 이것은 시료용기의 위치가 불확실할 때 나타나므로 주의해야 한다. 또, 값싼 광도계나 분광광도계를 사용할 때 광원의 깜빡이 잡음으로 인하여 나타난다.

③ 정밀도가 $(T^2+T)^{1/2}$에 비례하는 불확정성으로, 광자검출기의 산탄 잡음 때문에 나타난다.

이들 세 가지 형태의 불확정성 때문에 흡광도를 측정할 때 나타나는 오차를 상대 농도의 불확정성으로 그림 2.4(b)에 나타내었다. 그림 2.4(a)에서 보면 오차가 가장 적은 투광도는 36.8%일 때로, 20~65% T 범위에서 나타나도록 미리 용액의 농도를 조절하여 실험하도록 한다.

2 자외선 및 가시선의 흡광 화학종

원자, 분자 또는 이온 화학종이 어떤 파장의 자외선이나 가시선을 받으면 물질이 광자에너지 $h\nu$를 흡수하여 들뜬상태로 된다. 들뜬상태의 수명은 대략 10^{-8}~10^{-9}초 정도로 짧고, 들뜬상태는 몇 가지 이완과정(relaxation process)에 의해 소멸된다. 이완과정 중 가장 일반적인 형태는 들뜬 에너지가 적은 양의 열로 전환되는 것이다. 다른 이완과정은 들뜬 화학종이 분해되어 새로운 화학종이 생성되는 광화학반응(photochemical reaction)이 일어나거나 형광 또는 인광 복사선을 발광하는 것이다.

분자가 자외선이나 가시선을 흡수하면 일반적으로 결합전자가 들뜨게 되므로 흡수봉우리의 파장은 화학종에 존재하는 결합형태와 관계가 있다. 따라서 분자흡수 스펙트럼은 분자 내의 작용기를 확인하는데 이용된다. 또한 자외선-가시선 흡수분광광도법으로 흡광 원자단을 포함하는 화합물을 정량분석 할 수 있다.

자외선-가시선 분광광도법을 이용하여 흡광화학종을 정성 또는 정량분석하기 위해서는 다음의 세 가지 형태를 알아야 한다. 즉 ① π, σ 및 n 전자의 전이화학종과 ② d 및 f 전자의 전이화학종 ③ 전하이동흡수 화학종들에 관한 복사선 흡수이론과 전자전이의 종류.

2.2.1 π, σ 및 n 전자를 갖는 화학종

π, σ 및 n 전자를 갖는 화학종은 유기 분자와 이온뿐만 아니라 많은 무기물의 음이온들이다. 무기 음이온에서 $n \rightarrow \pi^*$ 전이형태의 예로 질산(313 nm), 탄산(217 nm), 아질산(360과 280 nm) 이온 등을 들 수 있다.

모든 유기화합물은 모두 높은 상태의 에너지준위로 들뜰 수 있는 원자가전자(valence electron)를 갖고 있어 복사선을 흡수할 수 있다. 단일결합 전자를 들뜨게 하는 데는 높은 에너지가 필요한데 이것은 진공 자외선 영역($\lambda < 185$ nm)에 해당된다.

그런데 공기 중의 성분도 진공 자외선을 흡수하므로 실험하기가 매우 곤란하다. 따라서 유기화합물의 연구에서는 일반적으로 185 nm 이상의 큰 파장에서 수행된다. 185 nm보다 긴 파장의 자외선과 가시선의 흡광도를 측정할 때는 비교적 낮은 들뜬에너지를 갖는 원자가전자가 들어 있는 제한된 수의 작용기 즉, 발색단(chromophore)에 한정된다.

유기화합물의 작용기가 자외선-가시선을 흡수하는 현상은 분자궤도함수론에 의해 설명할 수 있다. 그림 2.5에는 분자의 전자에너지 준위도를 나타내었다.

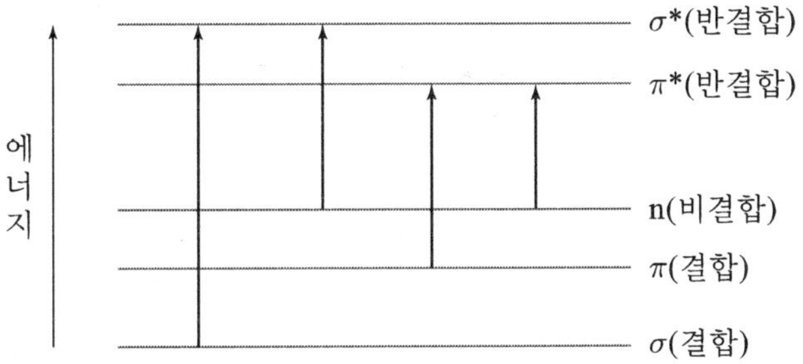

그림 2.5 분자궤도와 에너지준위도

일반적으로 유기분자는 π, σ 및 n 궤도에 전자가 채워지고, π^*, σ^* 궤도에는 채워져 있지 않다. 그러므로 분자 중의 결합전자가 빛을 흡수하면 그림 2.5와 같은 에너지준위 사이의 전자전이가 일어나며, 그들은 $\sigma \rightarrow \sigma^*$, $n \rightarrow \sigma^*$, $n \rightarrow \pi^*$, $\pi \rightarrow \pi^*$의 네 가지 형태의 전이가 있다. 이때 $\sigma \rightarrow \pi^*$와 $\pi \rightarrow \sigma^*$와 같은 전이는 일어나지 않는다. 여기서 선택규칙에 따라 정해진 에너지 상태 간에 전이를 허용전이, 그 밖의 전이를 금지전이라고 한다.

발색제로 쓰이는 유기화합물은 보통 분자 내에 불포화기를 가지므로 근자외선과 가시선 영역에서 $n \rightarrow \pi^*$ 전이에 의한 흡수가 나타난다. 유기화합물의 전자 스펙트럼은 발색단과 조색단에 의해 흡수가 결정된다. 발색단은 자외선과 가시선 흡수의 원인이 되는 공유결합성 불포화기(C=C, C=O, N=N, N=O 등)들이며, 조색단은 발색단에 결합하여 최대흡수파장과 세기를 변화시키는 포화기(−OH, $-NH_2$, −SH 등)를 말한다.

(1) $n \rightarrow \sigma^*$ 전이

비결합성 전자쌍이 포함된 원자단을 갖는 포화화합물은 $n \rightarrow \sigma^*$ 전이에 의해 자외선을 흡수하며, 이때는 150~250 nm 영역의 복사선을 흡수하고, 대부분 200 nm 이하에서 흡수 봉우리를 나타낸다. 이때의 몰흡광계수는 100~3,000 $L \cdot cm^{-1} \cdot mol^{-1}$ 범위의 값을 갖는다. $n \rightarrow \sigma^*$ 전이가 일어날 때의 흡수극대는 물이나 에탄올과 같은 극성용매에서 단파장 쪽으로 이동하려는 경향이 있다. 이러한 전이에 의한 예를 표 2.1에 나타내었다.

표 2.1 일반적인 발색단의 흡광 특성

발색단	예	용매	λ_{max}(nm)	ϵ_{max}	전이형태
Alkene	$C_6H_{13}CH=CH_2$	n-heptane	177	13,000	$\pi \rightarrow \pi^*$
Alkyne	$C_5H_{11}C \equiv C-CH_3$	n-heptane	178	10,000	$\pi \rightarrow \pi^*$
			196	2,000	-
			225	160	-
Carbonyl	$CH_3\overset{\overset{O}{\|}}{C}CH_3$	n-hexane	186	1,000	$n \rightarrow \sigma^*$
			280	16	$n \rightarrow \pi^*$
	$CH_3\overset{\overset{O}{\|}}{C}H$	n-hexane	180	large	$n \rightarrow \sigma^*$
			293	12	$n \rightarrow \pi^*$
Carboxyl	$CH_3\overset{\overset{O}{\|}}{C}OH$	ethanol	204	41	$n \rightarrow \pi^*$
Amino	$CH_3\overset{\overset{O}{\|}}{C}NH_2$	water	214	60	$n \rightarrow \pi^*$
Azo	$CH_3N=NCH_3$	ethanol	339	5	$n \rightarrow \pi^*$
Nitro	CH_3NO_2	isooctane	280	22	$n \rightarrow \pi^*$
Nitroso	C_4H_9NO	ethyl ether	300	100	-
			665	20	$n \rightarrow \pi^*$
Nitrate	$C_2H_5ONO_2$	dioxane	270	12	$n \rightarrow \pi^*$

(2) $n \rightarrow \pi^*$와 $\pi \rightarrow \pi^*$ 전이

이들 전이에 해당하는 흡수 스펙트럼은 실험적으로 200～700 nm 영역에서 흡수봉오리가 나타나기 때문에 대부분의 유기화합물의 흡수분광법에 이용할 수 있다. 이러한 전이는 π 궤도함수를 갖는 불포화작용기가 있어야 한다. $n \rightarrow \pi^*$ 전이의 흡수 봉우리에 대한 몰흡광계수는 보통 10～100 $L \cdot cm^{-1} \cdot mol^{-1}$ 정도로 작다. 그러나 $\pi \rightarrow \pi^*$ 전이의 경우는 몰흡광계수가 1,000～10,000 $L \cdot cm^{-1} \cdot mol^{-1}$ 범위이다.

$n \rightarrow \pi^*$와 $\pi \rightarrow \pi^*$ 흡수에 대한 차이점은 용매가 봉우리 파장에 미치는 영향이다. 즉, $n \rightarrow \pi^*$ 흡수의 경우 일반적으로 흡수 봉우리는 용매의 극성이 증가하면 단파장이동(청색이동, blue shift)을 한다. 그렇다고 적색이동(red shift)이 $\pi \rightarrow \pi^*$ 전이에서 항상 일어나는 것은 아니다.

비결합전자쌍의 용매화가 증가할 때 분명히 n 궤도함수의 에너지는 낮아지고 청색이동이 나타날 것이다. 이런 효과는 물 또는 알코올과 같이 가수분해를 하는 극성 용매애서 나타나며 약 30 nm 또는 그 이상의 청색이동이 일어난다. 이 경우에 용매의 양성자와 비결합전자쌍 사이에 수소결합의 생성이 많이 일어나는데 n 궤도함수의 에너지는 대개 수소결합이 일어나는 만큼 에너지가 낮아지기 때문이다. $n \rightarrow \pi^*$ 전이가 일어나면 한 개의 남아 있는 n 전자는 수소결합을 유지하지 못한다. 따라서 $n \rightarrow \pi^*$ 전이에서 π^*의 들뜬상태에서는 이런 형태의 용매작용의 영향을 받지 않는다.

표 2.2 유기화합물의 전자전이 특성

전이형태	흡수지역	특성 및 예
$\sigma \rightarrow \sigma^*$	진공 자외선 < 200 nm	높은 에너지 흡수, 진공상태에서의 실험 가능, 포화결합화합물 예 : CH_4 125 nm
$n \rightarrow \sigma^*$	원자외선 ～200 nm	높은 에너지 흡수, 할로젠(X), O, N 등과 같이 비결합성 전자를 갖는 치환기가 있는 화합물 예 : 아세톤 190 nm, 메틸아민 213 nm
$n \rightarrow \pi^*$	근자외선 또는 가시선 200～800 nm	가장 낮은 에너지 흡수, 불포화 발색단을 포함하는 화합물, 금지된 전이($\epsilon_{max} < 100$), 극성 용매에서 단파장 이동(청색 이동), OH, NH_2, SH기 등이 치환되면 장파장 이동(적색 이동) 예 : 나이트로뷰테인 665 nm, 아세톤 277 nm
$\pi \rightarrow \pi^*$	자외선 200～400 nm	중간 에너지 흡수, 컨주게이트 결합을 포함하는 화합물, 완전히 허용된 전이($\epsilon_{max} < 10,000$) 예 : 트라이올레핀 250 nm

$\pi \rightarrow \pi^*$와 $n \rightarrow \pi^*$ 전이에 영향을 주는 두 번째 용매효과는 용매극성이 증가함에 따라 적색이동이 일어나는 것으로 이런 효과는 일반적으로 5 nm보다 작기 때문에 $n \rightarrow \pi^*$ 전이에서는 청색이동 30 nm에 의해 묻혀서 무시된다. 이 경우에는 용매와 흡광체 간의 극성인력으로 들뜨지 않은 것과 들뜬상태의 에너지준위를 모두 낮추는 방향으로 작용한다. 이때 들뜬상태에 대한 영향이 더 크므로 용매극성이 증가할수록 적색이동이 나타나게 된다. 지금까지 설명한 유기화합물의 전자전이의 특성을 요약하면 표 2.2와 같다.

(3) 발색단의 컨주게이션 효과

분자궤도함수론에 의하면 인접한 π전자는 컨주게이션(conjugation)으로 인하여 더 비편재화된다고 생각할 수도 있다. 이런 비편재의 효과는 반결합궤도함수 π^*의 에너지준위를 보다 낮추고 반결합성 성질을 작게 만든다. 따라서 흡수극대파장은 장파장쪽으로 이동한다.

몇 가지 컨주게이션에 의한 이러한 현상을 표 2.3에 나타내었다.

표 2.3 컨주게이션에 의한 흡수파장 이동

화합물	형태	λ_{max}(nm)	ϵ_{max}
$CH_3CH_2CH_2CH=CH_2$	olefin	184	~10,000
$CH_2=CHCH_2CH_2CH=CH_2$	diolefin (unconjugated)	185	~20,000
$H_2C=CHCH=CH_2$	diolefin (conjugated)	217	21,000
$H_2C=CHCH=CHCH=CH_2$	triolefin (conjugated)	250	-
$CH_3CH_2CH_2CH_2\overset{\overset{O}{\|}}{C}CH_3$	ketone	282	27
$H_2C=CHCH_2CH_2\overset{\overset{O}{\|}}{C}CH_3$	unsaturated ketone (unconjugated)	278	30
$H_2C=CH\overset{\overset{O}{\|}}{C}CH_3$	unsaturated ketone (conjugated)	324	24
		219	3,600

(4) 방향족 화합물의 흡수

방향족 탄화수소의 자외선 흡수 스펙트럼은 $\pi \rightarrow \pi^*$ 전이에 의해 세 가지 흡수띠를 생성하는 것이 특징이다. 예를 들면 벤젠은 184 nm, 204 nm 및 256 nm에서 ϵ_{max}값이 대략 60,000, 7,900 및 200인 흡수띠를 나타낸다. 그러나 벤젠 고리에 다른 작용기가 치환될 때 흡수특성이 변한다. 이것을 표 2.4에 나타내었다. 보통 204 nm 부근의 흡수띠를 E_2띠, 256

nm 부근의 것을 B띠라고 부른다.

표 2.4 방향족 화합물의 흡광 특성

화합물		E_2 띠		B 띠	
		λ_{max}(nm)	ϵ_{max}	λ_{max}(nm)	ϵ_{max}
Benzene	C_6H_6	204	7,900	256	200
Toluene	$C_6H_5CH_3$	207	7.000	261	300
m-Xylene	$C_6H_4(CH_3)_2$	-	-	263	300
Chlorobenzene	C_6H_5Cl	210	7,600	265	240
Phenol	C_6H_5OH	211	6,200	270	1,450
Phenolate ion	$C_6H_5O^-$	235	9,400	287	2,600
Aniline	$C_6H_5NH_2$	230	8,600	280	1,430
Anilinum ion	$C_6H_5NH_3^+$	203	7,500	254	160
Thiophenol	C_6H_5SH	236	10,000	269	700
Naphthalene	$C_{10}H_8$	236	9,300	312	289
Styrene	$C_6H_5CH=CH_2$	244	12,000	282	450

2.2.2 *d* 및 *f* 전자의 전이화학종

대부분의 전이금속이온은 자외선 또는 가시선 영역의 복사선을 흡광한다. 4주기와 5주기 전이금속 원소는 $3d$와 $4d$ 전자의 전이로 흡광이 일어나고, 란탄족과 악티늄족과 같은 내부 전이원소는 $4f$와 $5f$ 전자의 전이로 흡광이 일어난다. 그리고 4주기와 5주기 전이금속 이온 또는 착물은 한 가지 산화상태에서 여러 파장의 가시선을 흡수하는 성질을 갖는다. 이들의 봉우리는 보통 넓고, 화학적 환경에 의해 영향을 받는다, 예컨대 $[Co(NH_3)_6]^{3+}$ 착이온에서 NH_3 분자 한 개가 H_2O, Cl^-, Br^-들로 바꾸면 적색, 적자색, 청자색으로 변색된다.

전이금속 이온 또는 착물이 가시선 영역의 복사선을 흡수하는 현상은 결정장이론이나 분자궤도함수론으로 설명할 수 있다. 여기서는 결정장이론에 대해서만 간단히 설명하기로 한다.

이들 두 이론은 모두 용액 중에 있는 전이금속 이온의 d 궤도함수의 에너지준위가 서로 같지 않고 분리되어 낮은 준위로부터 높은 준위로 전자전이가 일어난다는 전제에 바탕을 둔다. 외부에서 전기장 또는 자기장의 영향을 받지 않는 경우에 d 궤도함수 다섯 개의 에너지 준위는 같기 때문에 d 궤도함수 사이에서 전자가 이동할지라도 복사선을 흡수할 필요는 없다. 그러나 용액 중에서 이 금속이온과 물 또는 다른 리간드 사이에서 착물이 생성되는 경우에는 d 궤도함수가 분열되어 에너지 준위가 분리된다. 그 이유는 금속이온의 d 전자와 리간드의 전자쌍 간에 정전기적 반발력이 생기는데 이로 인해 에너지의 분리가 생기기 때문이다.

이런 현상들을 이해하려면 전이금속 착물의 입체구조와 다섯 종류의 d 궤도함수 전자의 공간분포를 고려해야 한다. 중심의 전이금속 이온에 6개의 리간드가 x, y, z축 방향으로 배위결합을 형성하여 팔면체구조의 착물을 생성하는 경우를 생각하자. 이때 리간드의 전자쌍은 d 궤도함수 전자와 서로 반발력을 갖게 되어 불안정화되고, d 궤도함수 중 전자가 축방향으로 분포되어 있는 $d_{x^2-y^2}$, d_{z^2} 궤도함수는 축과 축 사이에 전자가 주로 분포되어 있는 d_{xy}, d_{yz}, d_{xz} 궤도함수보다는 반발력이 더 크므로 그만큼 더 불안정화된다. 그러므로 그림 2.6에서 보는 것처럼 팔면체 착물 생성의 경우 리간드장이 존재하게 되면 d 궤도함수의 에너지준위는 증가하는데 특히 d 궤도함수는 Δ만큼의 에너지준위차를 갖는 두 무리로 분리된다는 것을 알 수 있다. 이것을 결정장 분리라고 한다.

그림 2.6에는 평면사각형 또는 사면체 구조의 착물을 생성할 때의 결정장 분리도 나타내었다. 여기서 분리 에너지 Δ는 금속이온의 원자가와 주기율표상의 위치 등을 비롯하여 여러 가지 요소에 따라 결정된다. 리간드의 중요한 변수는 리간드장의 세기이고 그것은 리간드가 d 전자의 에너지를 분리시키는 정도의 척도이다.

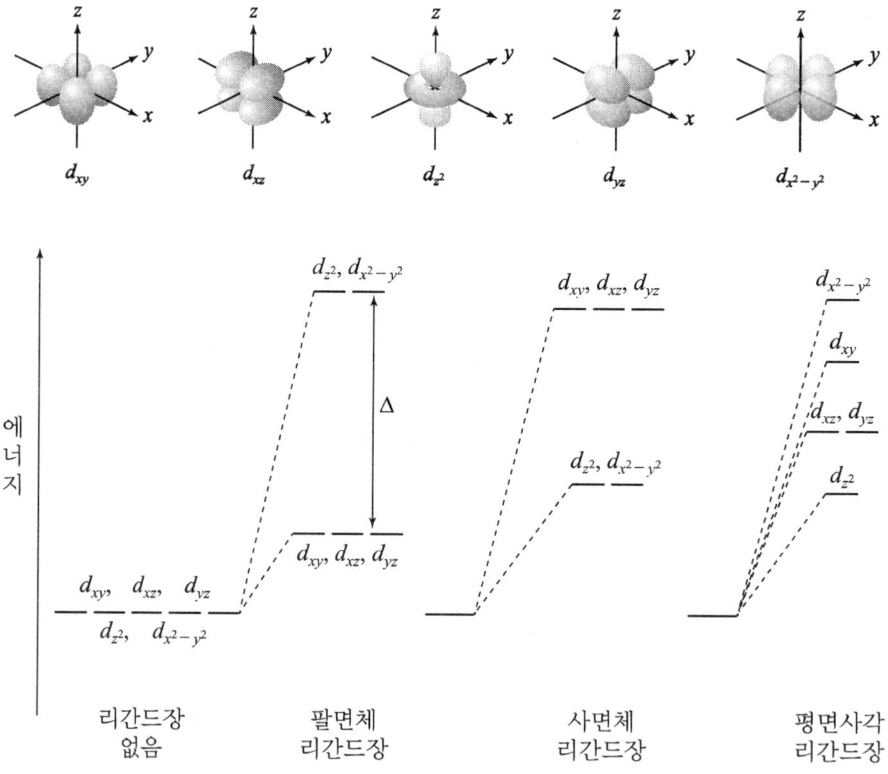

그림 2.6 전이금속 착물의 형태에 따른 d 궤도함수의 결정장 분리

리간드장 세기가 큰 착화합물은 Δ를 크게 만들고 금속-리간드간의 결합이 강할수록 단파장쪽으로 이동된다. 이것은 분광화학계열(spectrochemical)이라고 알려져 있으면 그 순서는 다음과 같다.

$$I^- < Br^- < Cl^-, F^- < OH^- < C_2O_4^{2-} < C_2H_5OH < H_2O < SCN^-$$
$$< NH_3 < \text{ethylenediamine} < o\text{-phenanthroline} < NO_2^- < CN^- < CO$$

극소의 예외만을 제외하고 이 순서는 모든 전이금속이온의 여러 가지 작물에 대한 흡수봉우리의 상대적 위치를 정상적으로 예측 가능하게 한다. 이와 같이 결정장 분리에 의한 흡수의 몰흡광계수는 $0.1 \sim 100\ L \cdot cm^{-1} \cdot mol^{-1}$ 정도로 작다. 따라서 미량의 정량분석에서는 이용되지 않는다.

대부분의 란탄족과 악티늄족 금속이온도 자외선 또는 가시선을 흡수하는데, 이때 란탄족의 흡광은 $4f$ 전자의 전이에, 악티늄족의 경우에는 $5f$ 전자의 전이에 의한 것이다. 이들 원소들의 흡광의 특성은 스펙트럼이 좁고, 명확하며 그들 금속이온에 결합하는 리간드의 종류에는 거의 영향을 받지 않는다는 것이다. 이것은 이들 원소들이 4 또는 5보다 높은 주양자수의 전자들에 의해 내부궤도함수가 가리워지므로 외부 영향을 거의 받지 못하므로 내부궤도함수가 가리워지므로 원자가전자에 결합된 용매나 화학종으로부터 비교적 영향을 받지 않기 때문이다.

2.2.3 전하이동흡수

금속착물의 일부가 빛을 흡광하면 리간드의 σ 또는 π 궤도로부터 금속이온의 빈 반궤도함수로 전자전이가 일어나기도 하며, 반대로 금속이온의 σ 궤도로부터 리간드의 빈 궤도로 전자전이가 일어날 때가 있다. 이와 같은 전이에 의한 흡수를 전하이동흡수(charge transfer absorption)라 하다. 이러한 전하이동흡수를 나타내는 화학종은 몰흡광계수가 매우 크므로 ($\epsilon_{max} > 10{,}000$) 정성분석과 정량분석에 특히 유용하다.

많은 무기착물은 전하이동흡수를 나타내는데 이들 착물을 전하이동 착물이라 한다. 이러한 착물의 좋은 예로는 철(III)의 싸이오사이안산과 페놀 착물, 철(II)의 o-페난트롤린 착물, 요오드 분자의 요오드화 착물, 과망가니즈산 이온 등이 있다.

유기화합물도 전하이동 착물을 생성하는 경우가 있다. 예를 들면 가시선 영역에서 강한 흡수를 나타내는 퀴논과 하이드로퀴논의 1 : 1 착물인 퀸하이드론과 같은 것이 있다. 다른 예로는 아민, 방향족, 황화물 등의 요오드 착물 등이 있다. 전하이동 착물을 형성하는 유기리간드로는 설포살리실산, o-페난트롤린, 방향족 아민 등이 있고, 이들은 철(III), 구리(I), 아연(II),

카드뮴(II)의 정량에 있어서 발색시약으로 사용된다.

전하이동 착물이 형성되는 과정을 보면 철(III)-싸이오사이안산 착물은 광자가 흡수되면 싸이오사이안산 이온에서 전자가 철(III) 이온의 궤도함수로 이동하게 된다. 이때 주로 철(II)과 중성 싸이오사이안산 라디칼 $SCN\cdot$을 포함하는 들뜬 화학종이 생성된다. 이때도 들뜬 전자는 잠시 후에 원래의 상태로 되돌아간다. 그러나 때로는 들뜬 착물의 해리가 일어나 광화학적 산화-환원 생성물을 만드는 경우도 있다.

전자전이의 가능성이 증가할수록 전하이동 과정에서 요구되는 복사에너지는 작아지기 때문에 착물은 보다 긴 파장을 흡수한다. 예를 들면 SCN^- 이온은 Cl^- 이온보다 전자주게(환원제)의 성질이 강하므로 철(III)의 싸이오사이안산 착물은 가시선 영역에서 흡수극대가 일어나고, 노란색의 염화착물의 흡수극대는 자외선 영역에서 나타난다. 그렇다면 요오드화 착물은 Cl^-보다 더 긴 파장을 흡수하리라고 추정되지만 이 경우에는 전하이동 과정이 완전히 일어나 철(II)과 요오드를 생성하기 때문에 전하이동흡수는 일어나지 않는다.

전하이동 착물에서 대부분의 경우에는 금속이온이 전자받게로 작용하지만 그 반대의 경우도 있다. 즉 철(II) 또는 구리(I)의 *o*-페난트롤린 착물의 경우에는 금속이온이 전자주게 역할을 한다.

3 분광광도계와 부분장치

자외선, 가시선, 근적외선 영역의 흡수를 측정하는 분광광도계는 일반적으로 다음 그림 2.7과 같이 (1) 광원, (2) 시료용기, (3) 파장선택기, (4) 복사선 검출기, (5) 기록계의 다섯 가지 기본 부분장치로 되어 있다. 그림 2.7에 나타낸 기기의 각 부분장치는 이용하는 파장영역에 따라 세부적으로는 서로 다르다.

그림 2.7 분광광도계의 부분장치

이들 기기의 설계는 기기의 주용도, 즉 기기를 정성 또는 정량분석용으로 이용하는가에 따라, 또 원자 또는 분자 분광법에 이용하는가에 따라 다르다. 그러니 각 형태의 부분장치의 일반 기능과 작업은 파장영역과 용도에 관계없이 서로 비슷하다. 분석목적에 따라 시료용기와 파장선택기의 위치가 서로 바뀌는 경우도 있다. 이들 각 부분장치에 대하여는 해당 분광법에서 자세히 취급하기로 하고, 여기서는 자외선-가시선 분광광도계의 부분장치에 관해 다루기로 한다.

2.3.1 광원

분자흡수 측정을 위한 연속광원은 상당히 넓은 파장범위에 걸쳐 그 세기가 크게 변하지 않아야 한다. 자외선 광원으로는 흔히 수소방전관이나 중수소방전관이 사용된다. 수소방전관의 경우 165～375 nm 파장영역의 자외선이 나온다. 여기서 200 nm 이하는 진공자외선 영역이고, 375 nm 부근의 자외선은 그 세기가 매우 약하여 광원으로 사용할 수 없다. 따라서 사용 가능하나 파장영역은 200～320 nm 범위이다. 중수소방전관도 수소방전관과 거의 비슷하지만 그 세기가 수소방전관보다 3～5배 정도 더 강하므로 최근에는 중수소방전관을 자외선 광원으로 사용한다. 한편, 수은방전관은 200～400 nm 영역에서 대략 24개의 특성 봉우리를 나타내므로 자외선의 연속광원으로는 좋지 못하지만 파장의 검정용으로 사용할 수 있다. 가시선의 광원으로 사용하는 텅스텐 필라멘트는 보통 전기적으로 가열할 때 약 350 nm 이상의 가시선을 발광한다.

2.3.2 파장선택기

자외선 또는 가시선 영역의 파장을 좁은 띠나비를 갖는 파장으로 분리시키는 파장선택기로 단색화장치(monochromator) 또는 광학필터가 사용된다. 광학필터는 한정된 주어진 파장영역을 제공하는 것으로 간섭필터, 간섭쐐기, 흡수필터 등이 사용된다. 그러나 오늘날의 현대적 기기에는 단색화장치가 주로 사용되며, 몇 가지 종류의 프리즘과 회절발 단색화장치가 있다. 자외선, 가시선 및 적외선 단색화장치는 모두 슬릿, 렌즈, 거울, 창문, 프리즘 또는 회절발과 같은 부품으로 되어 있다. 단색화장치의 각 부품의 재료는 사용하려는 파장영역에 따라 다르다.

그림 2.8에 널리 이용되는 반사회절발과 프리즘 단색화장치의 원리를 나타내었다. 회절발 단색화장치에서 가장 중요한 부분인 회절발은 플라스틱과 같은 단단한 판에 수많은 평행한 홈선을 조밀하게 파내고, 여기에 알루미늄을 증착시켜 만든다.

단색화장치의 원리를 설명하기 위해 λ_1과 λ_2 ($\lambda_1 > \lambda_2$)의 입사광이 입구슬릿을 통과한다고 하자. 이들 빛은 오목거울에서 평행화된 후 반사회절발에서 반사되어 회절될 때 각분산이 생기며 반사표면에서 회절이 일어난다. 이때 파장에 따른 각분산의 정도가 다르기 때문에 두 파장을 분리하게 되는 것이다. 회절된 빛은 다시 오목 거울을 거쳐 초점면으로 집광된다.

(a) 반사회절발

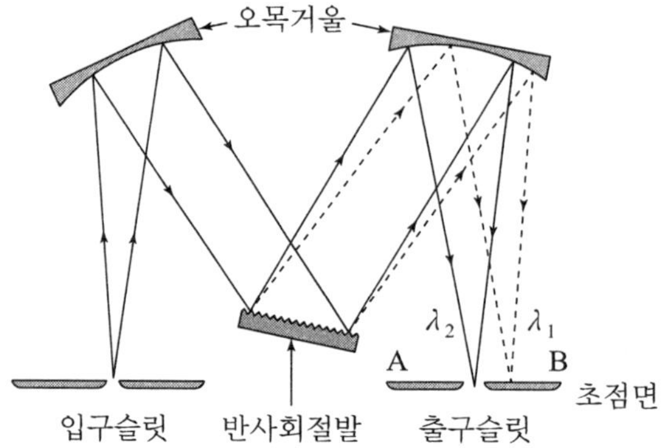

(b) 프리즘

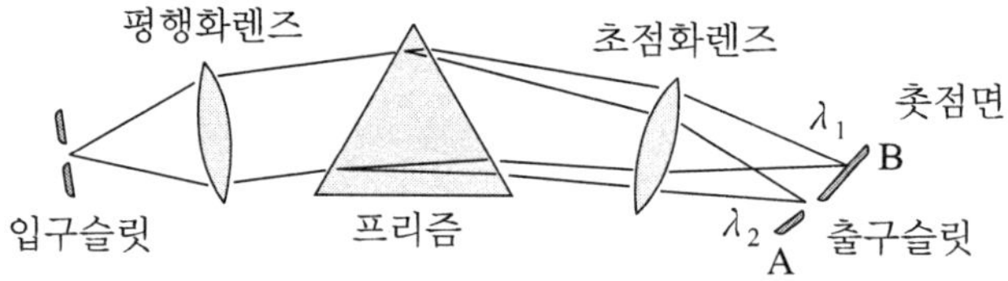

그림 2.8 회절발과 프리즘 단색화장치의 원리 $(\lambda_1 > \lambda_2)$

이때 출구슬릿에서 두 파장이 분리된다. 회절발의 흡수는 300~2,000 홈/mm 정도이며 1,200~1,400 범위가 가장 보통이다. 적외선 영역의 경우에는 10~200 홈/mm 정도이고, 회절발의 길이는 3~10 cm이다.

단색화장치인 프리즘은 굴절률의 차이로 빛을 분리하며 초점면을 통과할 때 원하지 않는 파장의 빛은 제거된다. 이때 단파장인 빛의 굴절률이 더 크다.

2.3.3 시료용기

자외선-가시선 분광광도법에서 사용하는 시료용기는 큐벳(cuvette) 또는 셀(cell)이라 부르며, 시료용기는 이용하는 스펙트럼 영역의 복사선이 투과되는 재질로 만들어야 한다. 따라서 200~350 nm 파장영역의 자외선의 연구에는 석영이나 용융 실리카를 사용할 수 있다.

자외선-가시선 영역에 사용하기 위한 일반적인 용기의 길이는 1 cm이다. 그러나 실험목적에 따라 0.1 cm 또는 보다 짧은 용기로부터 10 cm까지 길이의 용기를 구입하여 사용할 수 있다. 시료용기를 사용할 때는 오차가 발생하지 않도록 용기 사용법에 관해 잘 알아야 하고, 용기가 손상을 입지 않도록 하여야 한다.

2.3.4 복사선 검출기

자외선-가시선 영역의 현대적 검출기로는 광전압전지, 광전관, 광전자증배관(photomultiplier tube), 광전도 검출기가 이용된다. 이상적인 검출기가 갖추어야 될 조건으로는 높은 감도와 높은 신호/잡음 비를 가져야 하며, 넓은 파장범위의 복사에너지에 대하여 일정하게 응답해야 한다. 그 외에도 빠른 응답시간과 빛이 없을 때에는 최소한의 출력신호를 내야 한다. 실제로 검출기가 이러한 조건을 전부 갖추기는 어렵다.

여러 가지 광자검출기 중에서 광전자증배관은 약한 복사선의 세기를 측정하는 경우 이용된다. 그림 2.9에 나타낸 광전자증배관은 처음의 음극면에서 복사선을 받으면 전자를 방출하게 된다. 또 다이노드(dynode)라는 여러 개의 전극이 연결되어 있으며, 다이노드 1은 음극보다 90 V 더 양성인 전위를 유지하며 이 결과 전자는 다이노드 1을 향해 가속된다. 광전자가 다이노드에 부딪히면 광전가 1개마다 몇 개의 전자를 추가로 방출한다. 그리고 이들은 다이노드 1보다 90 V 양성인 다이노드 2를 향해 가속된다. 이러한 과정이 9번 되풀이되는 동안에 한 개의 광자에서 $10^6 \sim 10^7$개의 전자가 생성되게 된다. 이런 전자의 흐름은 최종적으로 양극에 모인다. 이 결과 생긴 전류는 증폭되어 측정된다.

광전자증배관은 자외선-가시선 영역에서 대단히 민감하고 빠르게 응답한다. 하지만 암전류 발생에 의해 제한을 받기는 하지만 −30℃ 정도로 냉각시켜 사용하면 성능이 향상된다.

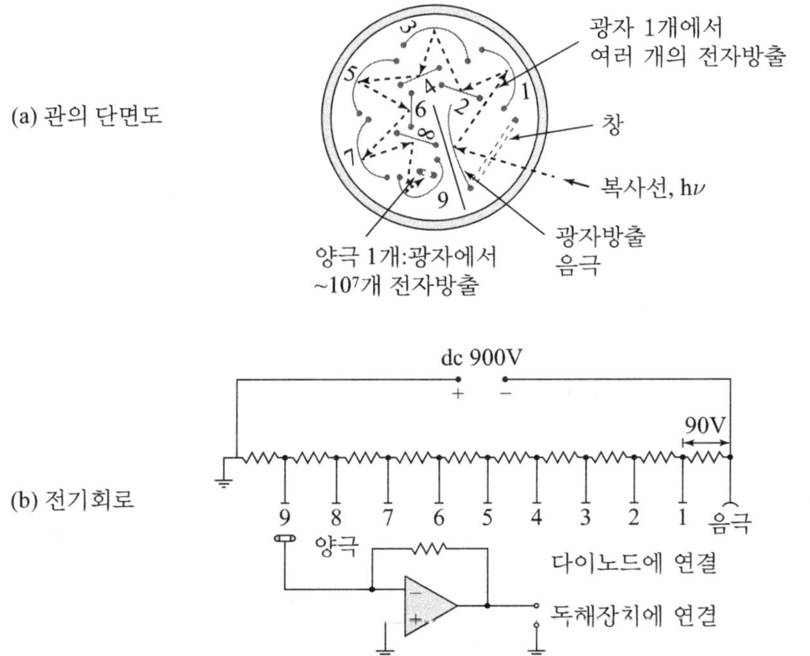

그림 2.9 광전자증배관의 약도. (a) 관의 단면도, (b) 전기회로

2.3.5 분광광도계

흡광도를 측정하는 장치는 필터와 같은 간단한 파장선택기를 사용하면 광도계(photometer)라 하고, 프리즘이나 회절발과 같은 단색화장치를 사용하면 분광광도계(spectro-photometer)라고 한다. 분광광도계는 크게 홑빛살형과 겹빛살형으로 나뉜다.

가시선 영역의 홑빛살형(single beam) 분광광도계로 널리 사용되는 Spectronic-20을 그림 2.10에 나타내었다. 이 기기는 광원으로 텅스텐 필라멘트를, 단색화장치는 반사회절발을, 검출기는 광전관을 사용하며 보통 340 nm에서 625 nm의 파장영역에서 작동하도록 되었지만 다른 보조 광전관으로 바꾸면 950 nm까지 확대하여 이용할 수 있고, 20 nm의 띠나비와 ±2.5 nm 파장조정의 정밀도를 갖고 있다. 또 증폭기 출력을 변화시킴으로써 0%T를 조절할 수 있고, 램프의 빛살세기를 변화시킴으로써 100%T를 조절할 수 있다. 이 분광광도계는 빛살이 단일 광로로 지나가도록 설계되어 있는 홑빛살형이므로 시료의 흡광도를 측정하려면 별도의 기준시료에 의한 P_o값을 먼저 측정해야만 한다. 이 조작은 두 개의 다른 시료를 번갈아 가면서 빛살에 놓아야 하므로 불편하다. 또한, 광원의 출력과 검출기의 감응이 변동하기 때문에 부정확한 점이 있다.

겹빛살형 분광광도계는 홑빛살형보다 복잡하지만 많은 장점이 있다. 이런 형태의 장치는 일반적으로 파장이 자동적으로 변화되면서 흡광도가 측정된다. 이 기기는 두 개의 빛살광로를 가지며 한 개는 시료를 통과하고, 다른 하나는 기준용액을 통과하도록 설계되어 있다. 광원의 빛이 회전거울에 의해 교대로 기준셀과 시료셀을 통과한 후 각각 검출기에 도달한다. ac증폭기는 신호를 증폭시키고 미광신호는 기록하지 않는다 파장은 단색화장치에 의해 일정한 비로 자동적으로 변화하고, 슬릿은 기준빛살의 에너지를 일정한 값으로 100%T가 되도록 보조 모터에 의해 자동적으로 조절된다. 그림 2.11에 두 가지 형태의 기기에 대한 각 부분장치의 구성도를 나타내었다.

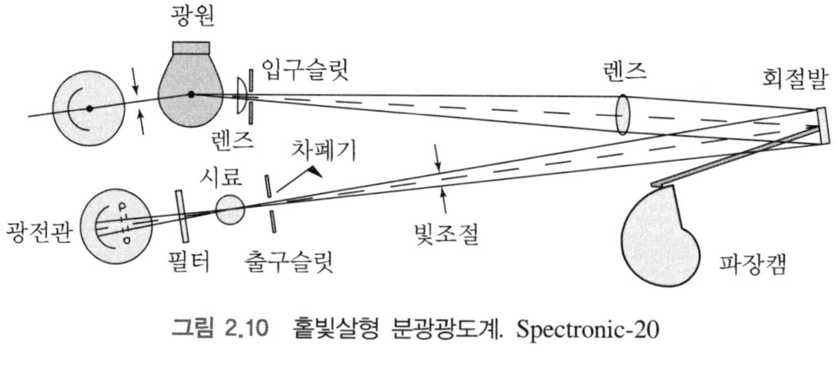

그림 2.10 홑빛살형 분광광도계. Spectronic-20

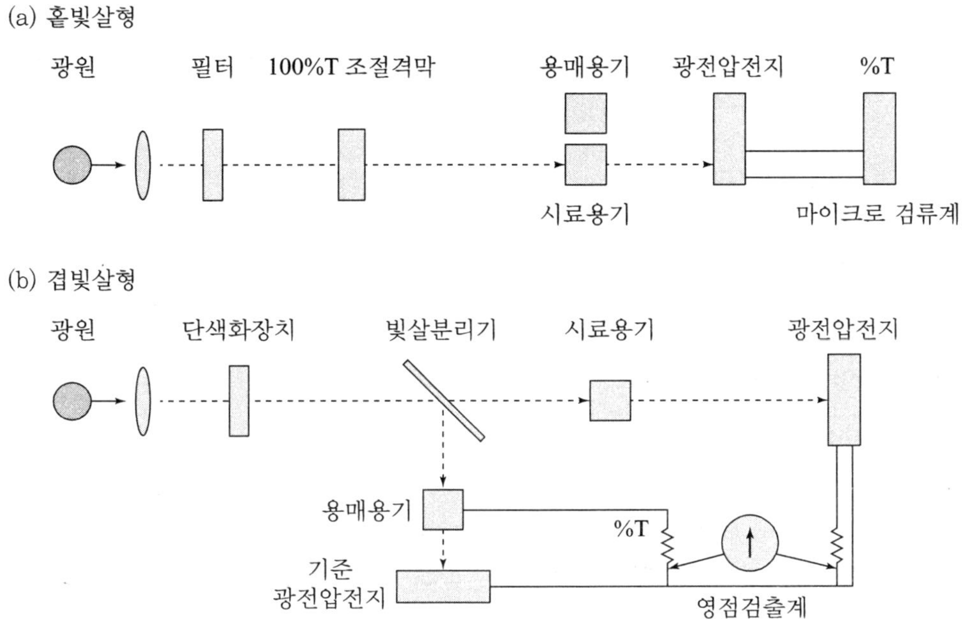

그림 2.11 홑빛살형과 겹빛살형 광도계의 구성도

4 정성 및 정량분석

2.4.1 정성분석

자외선-가시선 분광광도법은 흡수띠가 넓으며 미세구조의 스펙트럼이 나타나지 않기 때문에 정성분석에 이용하는데 다소 제한이 따른다.

(1) 용매

용매를 선택할 때에는 투명도뿐만 아니라 시료에 미치는 영향도 고려하여야 한다. 일반적으로 물, 알코올, 에스터 및 케톤과 같은 극성용매는 진동효과 때문에 자외선-가시선 스펙트럼의 미세구조를 감소시킨다. 한편 탄화수소와 같은 비극성 용매의 경우에는 기체상태에서와 같은 미세구조를 나타내게 한다. 또 흡수극대의 파장도 용매의 극성에 따라 약간은 변한다. 따라서 흡수 스펙트럼을 얻을 때에는 용매의 선택에 주의를 기울여야 한다. 표 2.5에 자외선-가시선 분광법 실험에 일반적으로 사용되는 용매의 최저투과파장을 나타내었다.

표 2.5 자외선-가시선 분광법 실험에 쓰이는 용매

용매	최저투과파장(nm)	용매	최저투과파장(nm)
물	190	다이옥산	220
헥세인	210	클로로폼	250
사이클로헥세인	210	사염화탄소	265
에탄올	220	벤젠	280
다이에틸에터	220	아세톤	330

(2) 슬릿나비의 영향

복사선의 띠나비는 단색화장치의 입구와 출구 슬릿의 넓이와 프리즘 또는 회절발의 분산능에 따라 결정된다. 정성분석에 이용되는 흡수 스펙트럼은 가능하면 좁은 띠나비의 복사선을 사용해 얻어야한다. 대부분의 단색화장치는 슬릿나비를 조절할 수 있게 되어 있으므로 유효띠나비를 변화시킬 수 있다. 흡수 봉우리의 분리를 잘하려면 가급적 좋은 슬릿을 사용해야 한다. 그러나 슬릿을 좁히면 복사선의 세기가 감소되어 흡광도를 정확하게 측정하기가 어렵게 된다(그림 2.12).

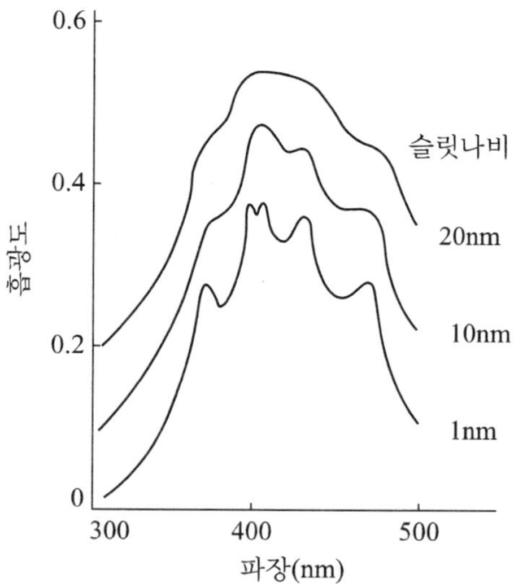

그림 2.12 짙은 시료의 흡수 스펙트럼에 대한 슬릿나비의 영향

그림 2.13에 회절발과 프리즘 단색화장치의 분산특성을 나타내었다. 그림에서 보는 것처럼 프리즘의 분산은 파장에 따라 일정하지 않으므로 항상 일정한 유효띠나비를 얻으려면 짧은 파장보다 긴 파장에서 훨씬 더 좁은 슬릿을 사용해야 한다. 그러나 회절발의 분산능은 파

장에 따라 일정하므로 고정된 슬릿 간격으로 모든 파장에 대하여 거의 일정한 띠나비의 복사선을 얻을 수 있다.

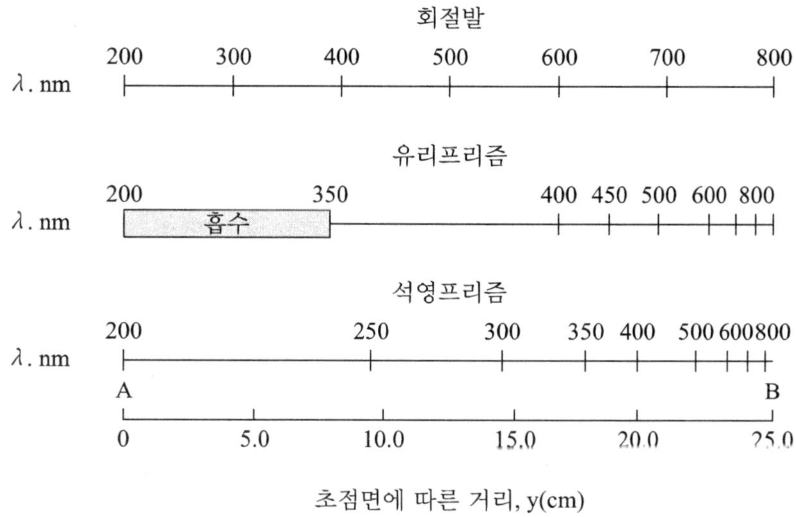

그림 2.13 단색화장치의 분산특성

(3) 화합물의 확인

자외선-가시선 흡수 스펙트럼은 비교적 단순하고 특유성의 수도 몇 개 되지 않는다. 따라서 단지 한 쌍의 스펙트럼을 비교하여 물질을 확인한다는 것은 확실성이 부족하다. 그러므로 미지시료와 표준물의 더 많은 스펙트럼을 각종 용매와 pH에서 또는 적당한 화학처리를 한 다음 작성하여 비교함으로써 더 확실하게 확인할 수 있다. 그러나 이 방법만으로 물질을 분명하게 확인할 수는 없다. 그러나 유기화합물의 자외선-가시선 흡수 스펙트럼은 발색단으로 작용하는 작용기의 존재를 검출하는데 유용하다. 예를 들면 280～290 nm 영역에 나타나는 약한 흡수띠가 용매의 극성이 증가함에 따라 보다 짧은 파장쪽으로 이동하면 이것은 강력하게 카보닐기($-COO^-$)의 존재를 나타낸다. 260 nm 부근에서 진동의 미세구조를 나타내는 약한 흡수띠가 나타나면 방향족 고리의 존재를 말해 준다.

2.4.2 정량분석

자외선-가시선 분광광도법은 정량분석에서 가장 유용하게 이용되는 분석방법이다. 분광광도법의 중요한 특성은 다음과 같다.

① 유기물 및 무기물에 대한 넓은 응용성 : 많은 유기 및 무기 화학종은 자외선 및 가시선 영역에서 흡수 스펙트럼을 나타내기 때문에 정량분석에 이용할 수 있다. 흡수하지 않는 화학종은 적당한 화학처리를 함으로써 흡수 화학종으로 변화시켜 분석할 수 있다.

② 높은 감도 : 무기 화학종은 보통 10,000～40,000 정도의 몰흡광계수를 나타내므로 10^{-4}～10^{-5} M 농도 범위의 용액을 분석하는데 적당하며 방법에 따라서는 10^{-8}～10^{-7} M까지도 분석할 수 있다.

③ 비교적 큰 선택성 : 조건을 잘 선택하면 시료의 여러 성분 중에서 정량하고자 하는 성분만이 정량될 수 있는 파장영역을 찾아서 흡광도를 측정할 수 있다. 한편 흡수띠가 서로 겹쳐서 방해할 때는 다른 파장에서 흡광도를 측정하여 분석할 수도 있다. 이런 경우에는 방해물을 미리 분리하는 단계를 거칠 필요가 없다.

④ 높은 정확도와 쉽고 편리한 방법 : 분광광도법으로 정량분석할 일반적인 상대오차는 1～3% 범위이며, 특수 방법을 이용하면 0.1% 이하로 줄일 수 있다. 자동화된 고급의 분광광도계를 사용하면 쉽고 빠르게 분석할 수 있다.

(1) 흡광하지 않는 화학종의 정량분석

복사선을 흡광하지 않는 화학종에 적당한 시약을 반응시켜 자외선 또는 가시선 영역에서 강하게 흡광하는 물질로 바꿀 수 있다. 이런 시약을 발색제라 하며 적당한 발색제를 전이금속 이온에 반응시키면 색깔을 띠는 흡광화학종으로 만들 수 있다. 무기화학종의 발색에 대부분의 경우 착화제가 쓰인다. 대표적인 무기발색시약으로는 철, 코발트, 몰리브덴과 반응하는 싸이오사이안산이 있고, 티탄, 바나듐, 크롬과 반응하는 과산화수소 그리고 비스무트, 팔라듐, 텔루르와 반응하는 요오드가 있다. 예를 들면 철 정량에 *o*-phenanthroline, 니켈 정량에 dimethylglyoxime, 구리의 정량에 diethyldithiocarbamate, 납의 정량에 diphenyl-thiocarbazone 등이 사용된다.

그리고 흡광을 하지 않는 유기작용기도 흡광 측정법으로 정량할 수 있다. 예를 들면 분자량이 작은 지방족 알코올은 세륨(IV)과 1 : 1로 반응하여 착물이 형성되면 흡광하게 된다.

(2) 검정선에 의한 정량

분광광도법에서는 일반적으로 최대흡수파장에서 흡광도를 측정한다. 이 파장에서는 Beer의 법칙에 잘 맞고, 최대 감도를 얻을 수 있기 때문이다. 흡광도에 영향을 주는 일반적 변수는 용매 성질, pH, 온도, 이온세기, 방해물질의 존재 등이다. 그러므로 분석할 때에는 이런 조건들의 조절에 특별히 주의해야 한다. 분석실험 조건이 결정된 다음에는 일련의 표준용액을 만들어 검정선을 만들어야 한다. 표준용액은 시료용액과 총괄성분이 거의 같아야 하고 생각할 수 있는 분석물질의 농도범위를 모두 포괄하고 있어야 한다. 어떤 물질의 몰흡광계수를 문헌값 그대로 사용하여 분석하는 일이 없도록 해야 하며 몰흡광계수는 반드시 같은 실험조건에서 몇 가지 표준용액으로부터 구하여야 한다.

(3) 표준물 첨가법

광물, 토양, 식물은 태운 재와 같은 복잡한 물질을 분석할 때에는 시료와 비슷하게 맞는 표준물질을 만들기가 때로 불가능하거나 대단히 어렵다. 이와 같은 경우에는 표준물 첨가법에 의해 시료의 매트릭스 효과를 상쇄하여 분석하도록 한다. 몇 가지 방법의 표준물 첨가법이 있는데 분광광도법에서 널리 이용되는 방법에 관해 간단히 설명하면 다음과 같다.[2)]

이 방법은 몇 개의 용량플라스크에 같은 양의 시료용액(V_x)을 취하고, 이들 각각에 표준용액(C_s)을 일정량씩(V_s) 더 첨가하여 일정부피(V_t)로 묽힌 후 각각에 대한 흡광도를 측정하여 검정선을 작성하는 방법이다.

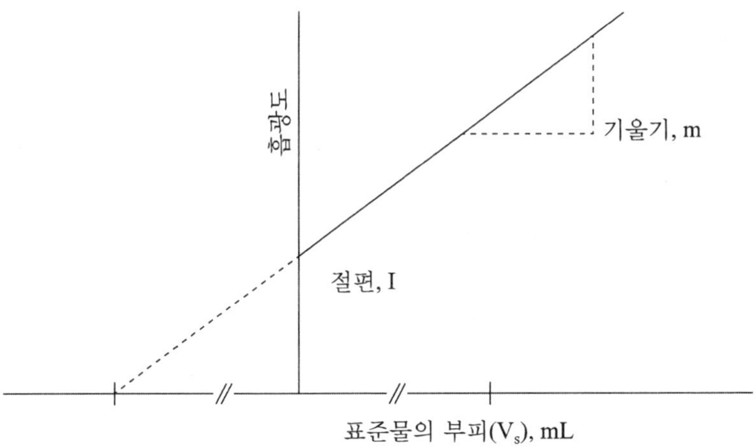

그림 2.14 표준물 첨가법의 검정선

2) M. Bader, *J. Chem, Edud.*, **1980**. 57, 703.

이때 C_x는 시료의 성분농도이며, 흡광성분의 몰흡광계수를 ϵ, 광로를 b라 하면 각 용액에 대해 측정한 흡광도 A는 다음과 같다.

$$A = \epsilon b \frac{V_x C_x}{V_t} + \epsilon b \frac{V_s C_s}{V_t} \tag{2.7}$$

이렇게 작성한 검정선이 그림 2.14와 같이 Beer의 법칙에 따른다면 흡광도 A는 다음과 같다.

$$A = m V_s + I$$

이때 직선의 기울기 m과 절편 I는 다음과 같다.

$$m = \frac{\epsilon b C_s}{V_t}, \qquad I = \frac{\epsilon b V_x C_x}{V_t}$$

여기서 $I/m = V_x C_x / C_s$이고, 이 값들로부터 C_x를 구하면 다음과 같다.

$$C_x = \frac{I C_s}{m V_x} \tag{2.8}$$

(4) 혼합물의 동시 분석

분석파장의 복사선을 흡광하는 화학종이 두 종류 이상 존재할 때 측정할 용액의 전체 흡광도는 시료용액에 각 성분의 흡광도의 합과 같다. 이 경우 혼합물의 각성분 스펙트럼이 서로 겹쳐 나타나도 각 성분을 분석할 수 있는 경우가 있다.

예를 들면 그림 2.15와 같이 X와 Y의 스펙트럼을 생각해 보자. 각 성분의 최대 흡수파장인 λ_1, λ_2에서의 흡광도 A_1, A_2를 측정하고, X, Y의 몰흡광계수를 λ_1에서 ϵ_{x1}, ϵ_{y1}, 그리고 λ_2에서 ϵ_{x2}, ϵ_{y2}라 하고, X, Y의 농도를 C_x, C_y라 하면 다음과 같다.

$$A_1 = \epsilon_{x1}\, bC_x + \epsilon_{y1}\, bC_y \tag{2.9}$$

$$A_2 = \epsilon_{x2}\, bC_x + \epsilon_{y2}\, bC_y \tag{2.10}$$

각 파장에서 성분 X와 Y의 몰흡광계수는 각 성분의 표준용액으로부터 구할 수 있다. 이들 두 식을 연립으로 풀면 C_x, C_y를 구할 수 있다. 그러나 스펙트럼의 겹침이 심할수록 오차가 크게 된다. 이런 분석에서 정확한 결과를 얻으려면 몰흡광계수의 차가 큰 두 개의 파장을 선택하도록 해야 한다. 또한, 2파장 분광광도계를 사용하면 여러 성분 중의 특정 성분을 효과적으로 정량할 수도 있다.

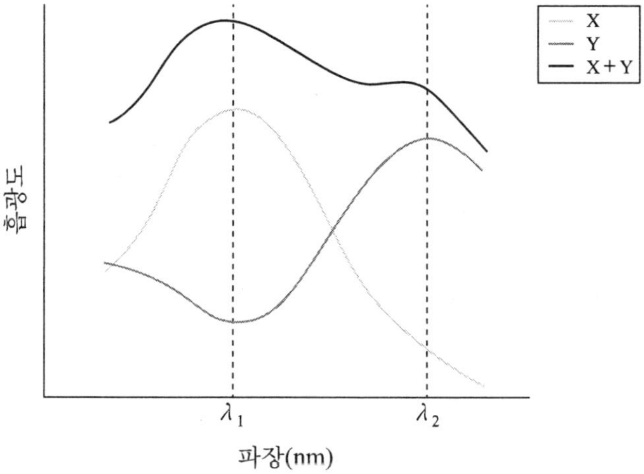

그림 2.15 성분 X와 Y 혼합물의 흡수 스펙트럼

5 분광광도법의 응용

자외선-가시선 분광광도법은 앞에 설명한 정성 및 정량분석에의 응용 외에 광도법 적정, 미분 분광광도법, 2파장 분광법, 착물의 결합비 및 생성상수 측정, 광음파 분광법 등 여러 면에 응용된다. 이 절에서는 이들에 대해 간단히 설명하기로 한다.

2.5.1 광도법 적정

광도법 또는 분광광도법은 적정의 당량점을 구하는 데도 이용할 수 있다. 광도법 적정(photometric titration)의 종말점은 반응물 또는 생성물에 의하여 나타내는 흡광도의 변화로부터 알 수 있다. 적어도 이들 화학종 중의 한 가지는 복사선을 흡수하여야 한다. 광도법 적정의 적정곡선은 적가액의 부피에 따른 흡광도를 도시하여 얻는다.

그림 2.16에 몇 가지 대표적인 광도법 적정곡선을 나타내었다. 색깔을 띤 적가액으로 복사선을 흡수하지 않는 화학종을 적정하는 경우 그림 2.16(a)와 같은 적정곡선을 나타낸다. 이와는 반대로 두 가지의 무색 반응물이 반응하여 유색물질을 생성할 때의 적정곡선은 그림

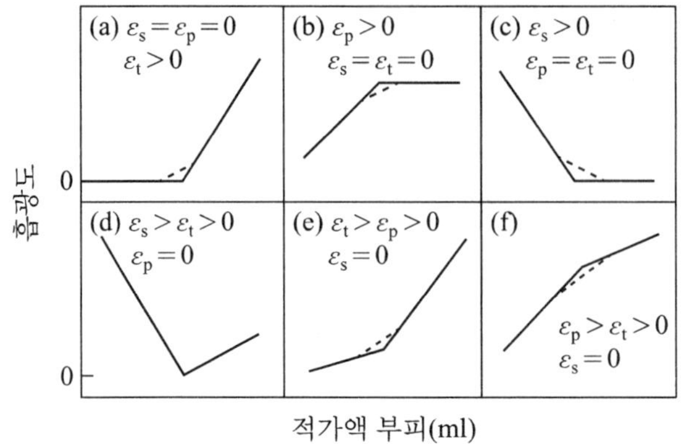

그림 2.16 광도법 적정곡선(적정물질, 생성물 및 적가액의 몰흡광계수는 각각 ϵ_s, ϵ_p 및 ϵ_t 임)

2.16(b)와 같다. 광도법 적정에서 만족스런 종말점을 얻기 위해서는 흡수물질은 Beer의 법칙에 따라야 한다. 그리고 측정한 흡광도에는 $(V+v)/V$ 비를 곱하여 적가액에 의한 묽힘효과를 보정해야 한다. 여기서 V는 시료용액, v는 적가액의 부피이다.

광도법 적정장치는 광원의 빛살이 적정용기를 통과할 수 있게 만든 광도계 또는 분광광도계를 사용한다. 적당한 파장의 복사선이 적정시료 용액을 통과하도록 한 다음 흡광도의 눈금을 편리하게 읽을 수 있게 광원의 세기 또는 검출기의 감도를 조절한다. 일반적으로 이러한 방법에서는 상대적 흡광도로 종말점을 얻기에 충분하므로 정확한 흡광도를 측정하지 않아도 된다. 일반적으로 원통형 용기를 사용하여 적정할 때는 광로의 길이가 변하지 않게 용기를 움직이지 않도록 주의해야 한다.

2.5.2 미분 분광광도법

미분 분광광도법에서 미분 스펙트럼이란 흡광도나 투광도를 파장에 대하여 1차 또는 고차의 미분값으로 구하여 이를 파장에 대해 도시한 스펙트럼을 말하다. 보통의 스펙트럼보다 미분 스펙트럼은 미세구조가 나타나는 경우가 많다. 그 밖에도 방해물질이 존재할 때에 분석물질의 농도를 보다 쉽고 정확하게 측정할 수 있다. 미분 스펙트럼에서 Beer의 법칙이 적용되면 다음 식이 성립한다.

$$\frac{dA}{d\lambda}=\left(\frac{d\epsilon}{d\lambda}\right)bC \tag{2.11}$$

$$\frac{d^2A}{d\lambda^2}=\left(\frac{d^2\epsilon}{d\lambda^2}\right)bC \tag{2.12}$$

여기서 흡광도 A의 미분값은 농도 C에 비례하므로 정량분석에 이용될 수 있다. 미분 분광광도법의 장점은 다음과 같다.

① 감도가 높다.
② 미분 스펙트럼은 겹친 스펙트럼을 갖는 화합물을 식별하기 쉬운 미세구조 스펙트럼으로 나타난다.
③ 혼탁함 등에 의한 산란의 영향을 받지 않는다.
④ 특히 흡광도의 고차 미분은 공존하는 주성분의 영향을 소거하고 미량 성분의 흡수 봉우리만이 나타나므로 미량 분석에 응용할 수 있다.

그림 2.17은 아세톤-에탄올 용액 중의 미량 벤젠의 미분스펙트럼을 나타낸 것이다. 그림에서 화살표 부분은 매우 약한 벤젠 봉우리가 나타나는 파장을 나타내고 있고, 만약 4차 미분까지 하게 되면 주성분인 아세톤의 흡수가 완전하게 소거되는 것을 알 수 있다.

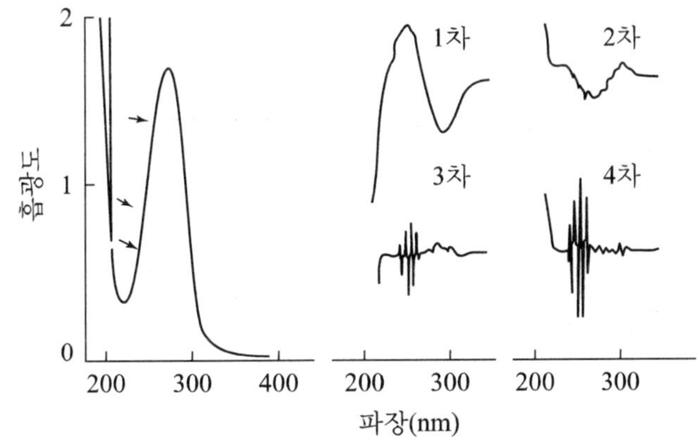

그림 2.17 아세톤-에탄올 용액 중의 미량 벤젠의 미분 스펙트럼

2.5.3 착물의 결합비 및 생성상수

분광광도법은 용액 중에서 착물의 결합비와 생성상수를 측정할 수 있는 아주 유용한 방법 중의 하나이다. 이 방법의 장점은 연구하려는 물질계의 평형상태를 파괴하지 않고, 정량적으로 흡광도를 측정할 수 있다는데 있다. 착물에 관한 분광광도법 연구에서는 반응물 또는 생성물 중의 하나가 흡광하여야 한다. 자외선-가시선 분광광도법에 의한 착물의 연구에는 몰비법, 연속변화법, 기울기비법 등이 이용된다.

(1) 몰비법

금속이온 M과 시약 L이 반응하여 발색된 화합물 ML_n이 생성된다고 할 때 M의 농도를 일정하게 하고 여기에 L을 가하여 M과 L의 몰비가 다른 여러 가지의 용액을 만든다.

$$M + nL \rightarrow ML_n \tag{2.13}$$

발색된 화합물(착물이 많다)의 흡광도를 최대 흡수파장에서 측정하여 반응물의 몰비 [L]/[M]에 대한 흡광도를 도시하면 그림 2.18(a)와 같은 곡선이 얻어진다. 곡선을 외연장하여 교차점을 얻는다. 이 교차점이 착물의 결합비를 나타낸다. 착물의 해리가 클 때에는 구부러지는 점이 불확실하며, 반대로 생성상수가 비교적 크면 기울기가 다른 두 직선을 얻게 된다. 이때 이론적 직선 즉 교차점과 실험곡선과의 편차를 측정하여 착물의 안정도 상수를 계산할 수 있다.

(2) 연속변화법

이 방법은 Job의 방법이라고도 한다. M과 L의 농도가 모두 똑같은 용액을 혼합하여 전체 부피가 언제나 일정량이 되도록 혼합비를 여러 가지로 변화시킨 용액을 만든다. 생성된 착물의 흡광도를 최대 흡수파장에서 측정하여 그림 2.18(b)와 같은 흡광도와 L의 몰분율 x의 관계를 도시한다. 이때 흡광도가 최대로 나타나는 점이 착물의 결합비를 나타내게 된다. 만약 반응하지 않고 남은 성분이 흡광하면 이때 얻은 흡광도를 보정해 주어야 한다. 그림에서는 x가 0.5이므로 금속이온 L의 몰분율은 0.5가 되고 $n=1$이 될 것이다. 따라서 착물은 ML의 형태가 된다.

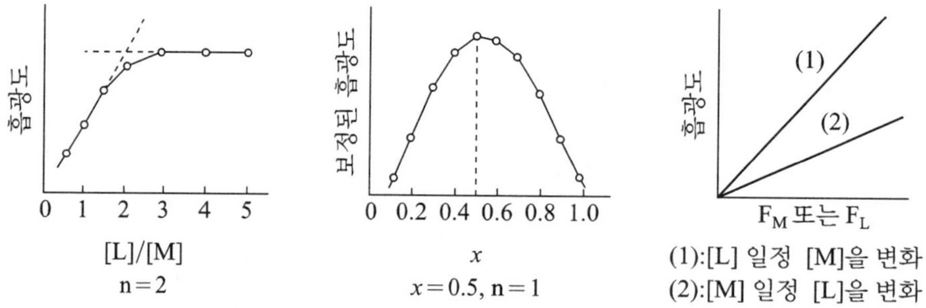

(a) 몰비법 (b) 연속변화법 (c) 기울기비법

그림 2.18 (a) 몰비법, (b) 연속변화법, (c) 기울기비법

(3) 기울기비법

이 방법은 특히 안정도 상수가 작은 착물에 이용되고, 단일착물이 형성되는 경우에만 응용될 수 있다. 그리고 반응물 중의 어느 한쪽 성분이 여분으로 많이 존재하여 착물생성 반응이 완전하게 일어나고 흡광도가 Beer의 법칙에 따른다는 가정 하에 이 방법이 이용된다. 다음과 같은 반응에서

$$m\mathrm{M} + n\mathrm{L} \;=\; \mathrm{M}_m\mathrm{L}_n \tag{2.14}$$

용액 중에 L이 여분으로 존재하고 F_M을 M 이온의 몰농도라고 할 때, Beer의 법칙에 따른다고 하면 화합물 $\mathrm{M}_m\mathrm{L}_n$의 농도는 다음과 같다.

$$[\mathrm{M}_m\mathrm{L}_n] \cong \frac{F_M}{m} \tag{2.15}$$

$$A_M = \epsilon\, b\,[\mathrm{M}_m\mathrm{L}_n] = \epsilon\, b\frac{F_M}{m} \tag{2.16}$$

여기에서 흡광도 A_M을 F_M에 대하여 도시하면 직선관계가 성립할 것이다.

만약 용액 중에 M이 L에 비하여 매우 많이 있는 경우에는 다음과 같이 된다. F_L은 L의 몰농도이다.

$$[\mathrm{M}_m\mathrm{L}_n] \cong \frac{F_L}{n} \tag{2.17}$$

$$A_L = \epsilon\, b\,[\mathrm{M}_m\mathrm{L}_n] = \epsilon\, b\frac{F_L}{n} \tag{2.18}$$

직선의 기울기(A_M/F_M 또는 A_L/F_L)를 이용하여 L과 M의 결합비를 다음과 같이 구할 수 있다.

$$\frac{A_M/F_M}{A_L/F_L} = \frac{\epsilon b/m}{\epsilon b/n} = \frac{n}{m} \tag{2.19}$$

2.5.4 광음파 분광법

광음파 분광법(photoacoustic spectroscopy)은 고체나 흐린 액체시료를 직접 사용하여 흡수 스펙트럼을 얻는 방법으로서 근래에 그 중요성을 띠게 되었다.

광음파 분광법에서는 그림 2.19와 같이 복사선(자외선, 가시선 또는 중간 적외선)을 투과하는 밀폐된 용기에 시료와 복사선 비흡수 기체(공기 또는 다른 기체)를 함께 넣는다. 여기에 레이저광과 같이 세기가 큰 복사선을 단색화장치를 통과한 다음 초퍼(빛살토막기)를 사용하여 빛살을 토막내어 시료에 조사한다. 복사선이 고체시료에 의해 흡수되면 고체에 흡수된 에너지는 비복사 이완과정에 의해 열로 방출되어 주위의 기체를 주기적으로 가열시킨다. 그 결과 용기 내의 압력이 빛살 토막기 속도와 동일하게 주기적으로 변동하게 된다. 만약 빛살 토막기 속도가 음파의 주파수와 같아지면 이 압력펄스는 민감한 마이크로폰으로 감지된다.

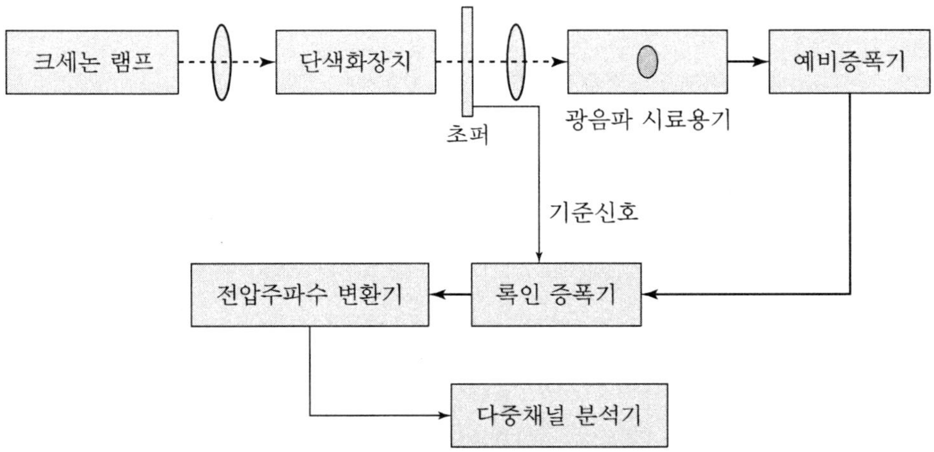

그림 2.19 홑빛살형 광음파 분광기의 계통도

이때 발생된 소리의 세기는 시료에 의한 흡광정도와 비례하게 된다. 시료에 의해 산란되거나 반사된 복사선은 마이크로폰에 아무런 영향을 주지 못하고 방해하지 않는다. 이렇게 하여 광음파 분광법으로 고체시료의 흡수 스펙트럼을 얻을 수 있다.

(1) 기기장치

그림 2.19와 같은 홑빛살형 기기에서 크세논 램프에서 나오는 스펙트럼은 디지털 방식으로 기록한 다음 시료의 스펙트럼을 기록한다. 기억된 램프의 데이터는 램프의 출력변화에 대해 파장의 함수로서 시료에서 나온 출력을 보정하는 데 이용한다. 이런 홑빛살형 기기를 사

용할 때는 광원과 검출기 시스템에 변동이 없다고 가정할 필요가 있다. 그러나 겹빛살형 기기를 사용하면 이러한 문제를 해결할 수 있다.

(2) 응용

광음파 분광법은 고체나 흐린 액체의 연구에 분광법을 적용할 수 있다는데 있다[3]. 이 방법의 대표적인 응용은 전체 혈액의 얼룩, 플라스마를 분리시킨 혈액세포와 혈액세포에서 추출된 헤모글로빈에 대한 응용이다. 보통의 분광법을 이용하면 혈액의 묽은 용액에 대해서도 단백질과 지질분자의 강한 빛 산란 때문에 만족할만한 스펙트럼을 얻지 못한다. 그러나 광음파 분광법을 이용하면 미리 큰 분자를 분리하지 않고도 혈액 연구를 분광학적으로 할 수 있다.

또 이 방법은 얇은 막 크로마토그래피에서 분리한 판에서 직접 스펙트럼을 얻을 수 있다는 장점도 지닌다. 이 방법의 또 다른 응용은 광석, 반도체, 해조류와 동물조직 같은 자연물질, 표면의 도포물질, 촉매표면 등의 연구에 이용된다.

3) J. F. McClland, *Anal, Chem.*, **1983,** 55,89A; A. Rosencwaig, *Photoacoustics and Photoacoustic Spectroscopy*, Wiley, New York, 1980.

연습문제

2.1 다음을 간단히 설명하라.

(a) 분광화학적 계열
(b) 광전자증배관
(c) 전하이동흡수
(d) 회절발 단색화장치
(e) 표준물 첨가법
(f) 연속변화법

2.2 Acetone의 자외선 흡수 봉우리는 166, 189, 279 nm에서 나타난다. 이들은 각각 어떠한 전이에 해당하는가?

2.3 3-butene-2-one을 헥세인에 녹이면 226 nm에서 자외선 흡수봉우리가 나타난다. 용매를 에탄올로 바꾸면 흡수봉우리는 어떻게 변하겠는가?

2.4 농도가 1 mg/100 mL인 $Fe(SCN)^{2+}$ 용액의 투광도는 파장 480 nm에서 70.5%이었다. 같은 파장에서 이보다 4배 진한 용액의 흡광도를 계산하라.

2.5 5개의 50.0 mL 용량플라스크에 자연수 10.00 mL씩 넣고, 11.0 ppm의 Fe^{3+} 표준용액을 0.00, 5.00, 10.00, 15.00, 20.00 mL씩 가한 다음에 SCN^- 용액을 각각 과량으로 일정량씩 가하고 플라스크 표선까지 증류수를 채운 후 480 nm에서 측정한 흡광도는 0.215, 0.425, 0.685, 0.826, 0.967이었다. 이때 시료셀은 1.00 cm인 것을 사용하였다.

(a) 자연수 중의 철의 농도는 몇 ppm인가?
(b) 기울기에 대한 표준편차를 계산하라.

2.6 분자량이 140인 어떤 화합물의 2.0 ppm 용액을 1.00 cm 셀에 넣어 560 nm에서 측정한 투광도는 65.4%이었다. 560 nm에서 이 화학종의 몰흡광계수는 얼마인가?

2.7 에탄올 용액 중의 아세톤을 366 nm에서 측정할 때 몰흡광계수가 2.87×10^3 L/cm·mol이고 그 용액의 % 투광도가 10～90% 범위이고, 1.00 cm 셀을 사용한다면 정량할 수 있는 용액의 농도범위는 얼마나 되는가?

2.8 Mesityl oxide는 $CH_3-C(CH_3)=CHCOCH_3$와 $CH_2=C(CH_3)-CH_2COCH_3$의 이성질체를 갖는다. 이 중의 한 이성질체는 235 nm에서 최대흡수를 나타내었고, 몰흡광계수는 1.20×10^4이다. 다른 것은 220 nm를 넘어서 높은 세기의 흡수를 나타내지 않는다. 각 이성질체를 확인하라.

2.9 7.50×10^{-5} M의 $KMnO_4$ 용액을 1.50 cm 셀에 넣어 525 nm에서 측정한 흡광도는 0.668이었다.

(a) $KMnO_4$ 용액의 농도를 ppm으로 나타낼 때의 흡광계수를 계산하라.

(b) 1.00 cm 셀을 사용하였을 때 이 용액의 %투광도를 계산하라.

2.10 철의 농도가 10.0 ppm인 $Fe(SCN)^{2+}$ 표준용액과 같은 방법으로 만든 철 시료용액을 각각 직경이 2.00 cm인 비색관에 30 mL씩 넣고 관의 위쪽에서 관찰하여 색깔이 같아질 때까지 색이 진한 쪽의 용액을 떠내었다. 이렇게 하였을 때 비색관에서 용액의 높이는 표준용액의 경우에 15.0 cm이고 미지시료관의 경우엔 20.0 cm이었다. 철의 농도를 계산하라.

2.11 농도가 8.50×10^{-5} M인 A화학종 용액을 1.00 cm 셀에 넣어 측정한 흡광도는 475와 700 nm에서 각각 0.128과 0.765이었다. 같은 조건에서 농도가 4.66×10^{-5} M인 B화학종 용액의 흡광도는 0.568과 0.082이었다. 1.25 cm의 셀을 사용하여 두 파장에서 흡광도를 측정한 값은 다음과 같다고 할 때 용액 중에서 두 화학종의 농도를 계산하라.

용액	475 nm	700 nm
(a)	0.453	0.892
(b)	0.864	0.449

2.12 Bi(III)-thiourea 착물의 λ_{max}는 470 nm이고, Bi(III)-EDTA 착물의 경우에는 265 nm이다. 다음의 광도법 적정곡선의 모양을 그려라.

(a) 470 nm에서 Bi(III) 용액을 thiourea로 적정할 때

(b) 265 nm에서 Bi(III) 용액을 EDTA로 적정할 때

(c) 470 nm에서 Bi(III)-thiourea 착물을 EDTA로 적정할 때

(반응 : $Bi(thiourea)_6{}^{3+} + H_2Y^{2-} \rightarrow BiY^- + 6thiourea + 2H^+$)

(d) 265 nm에서 (c)의 적정을 할 때

2.13 6.71×10^{-4} M 농도의 Fe(II)와 1,10-phenanthroline(phen) 용액을 아래와 같은 부피비로 혼합하여 각 용액을 25.0 mL까지 증류수로 묽히고, 510 nm에서 1.00 cm 셀에 넣어 측정한 각 용액의 흡광도는 다음과 같다.

Fe부피 (mL)	phen부피 (mL)	흡광도	Fe부피 (mL)	phen부피 (mL)	흡광도
0.00	10.00	0.000	5.00	5.00	0.570
1.00	9.00	0.310	6.00	4.00	0.451
1.50	8.50	0.495	7.00	3.00	0.335
2.00	8.00	0.623	8.00	2.00	0.223
3.00	7.00	0.810	9.00	1.00	0.108
4.00	6.00	0.697	10.00	0.00	0.000

(a) 착물의 조성을 구하라.

(b) 착물의 생성상수를 구하라.

(c) 착물의 몰흡광계수를 구하라.

참고문헌

1. R. P. Bauman, *Absorption Spectroscopy*, Wiley, New York, 1962.
2. H. H. Jaffe and M. Orehin, *Theory and Applications of Ultraviolet Spectroscopy*, PP. 556~585, Wiley, New York, 1962.
3. H. H. Willard, L. L. Merritt and J. A. Dean, *Instrumental Methods of Analysis*, 6th ed., D. Van Nostrand, New York. 1981.
4. D. A. Skoog, *Principles of Instrumental Analysis*, 3rd ed., Saunders College Publishing, P. A., 1985.
5. E. J. Bair, *Introduction to Chemical Instrumentation*, McGraw-Hill, New York, 1962.
6. E. J. Meehan, *in Treatise on Analytical Chemistry*, 2nd ed., P. J. Elving, E. J. Meehan and I. M. Kolthoff, Eds., Part I, Vol. 7, Chapter 1~3, Wiley, New York, 1962.
7. R. M. Silverstein, G. C. Bassler and T. C. Morrill, *Spectrometric Identification of Organic Compounds*, 5th ed., Chapter 7, Wiley, New York, 1991.

CHAPTER 3

형광광도법

1 형광광도법의 원리

물질을 구성하는 분자가 광자를 흡수하여 들뜨면 아주 짧은 시간이 지난 후에 복사선을 재발광하는 경우가 있다. 이것은 광발광(photoluminescence)이라 하고, 광발광에는 형광(fluorescence)과 인광(photophorescence)이 있다. 형광과 인광은 광자에 의해 들뜬다는 점에서는 비슷하다. 그러나 형광은 광발광할 때 전자스핀의 변화가 없이 전자에너지의 전이가 일어나고, 그 수명이 10^{-6} sec 이하로 짧지만, 인광은 전자스핀의 변화를 수반하며 복사선의 조사가 끝난 후에도 몇 초 또는 더 긴 시간의 발광이 계속된다는 점에서 형광과 인광이 구별된다. 대부분의 경우 형광과 인광 복사선은 들뜨기 복사선보다 파장이 더 길고, 인광 복사선의 파장은 형광 복사선보다도 더 길다.

형광이나 인광의 발광 스펙트럼으로부터 물질의 정성 또는 정량분석에 관한 많은 정보를 얻을 수 있다. 이 장에서는 응용성 면에서 더 많이 이용되는 형광광도법에 관해 설명하기로 한다. 형광광도법은 흡광광도법에 비하면 감도가 높다. 형광법의 전형적 검출한계는 0.001~0.1 ppm 정도의 범위이고, 또 흡광법보다 Beer의 법칙이 적용되는 직선적 농도범위가 훨씬 더 크다. 따라서 형광에 의한 분석은 환경, 공업, 생체의 미량 함유 성분의 정량에 널리 응용할 수 있다.

형광법은 같은 파장에서 들뜨지만 다른 파장을 발광하는 두 가지 화합물을 화학적인 분리 단계를 거치지 않고 분석할 수 있고, 흡광광도법에서는 비형광성 물질과 형광성 물질의 흡수 스펙트럼이 서로 겹쳐서 분석이 곤란한데 이 경우에도 형광법으로는 하나 또는 그 이상의 비형광성 화합물의 존재 하에서 형광성 화합물을 선택적으로 분석할 수 있는 이점이 있다.

형광을 내는 화합물은 비교적 제한되어 있어 흡광법보다 응용성이 적지만 비형광성 물질 또는 약한 형광성 물질을 강한 형광성 화합물과 화학반응을 일으켜 형광성 물질로 만든 다음 형광법으로 분석할 수 있는 경우도 있다.

3.1.1 형광 양자수득률

형광과정의 양자수득률(quantum yield) 또는 양자효율, ϕ_f는 흡수광 양자수에 대한 방출광 양자수의 비값을 말한다. 양자효율이 클수록 형광분석에 유리하다. 형광을 많이 발광하는 분자인 9-aminoacridine의 양자수득률은 0.98이고, 0.1 M NaOH 용매에 녹인 fluorescein의 양자수득률은 0.92로 거의 1에 가깝다. 그러나 일반적으로 많은 분자들은 비형광성이며 0.5 이상의 양자수득률을 갖는 화합물은 그리 많지 않다.

분자가 250 nm 이하의 자외선을 흡수하는 경우에는 복사선 에너지가 충분히 커서 분자의 유발분해 또는 분해가 일어나서 들뜬 상태가 비활성화되기 때문에 형광현상이 거의 안 일어난다. 예로써 대부분의 분자는 약 140 kcal/mol에 해당하는 200 nm의 복사선에 의해 절단되는 결합을 적어도 몇 개씩 가지고 있다. 따라서 $\sigma^* \rightarrow \sigma$ 전이에 해당하는 형광은 거의 나타나지 않는다. 그러나 에너지가 더 적은 $\pi^* \rightarrow \pi$와 $\pi^* \rightarrow n$ 전이와 같은 경우에는 형광이 나타난다. 실험적으로 보면 $\pi^* \rightarrow n$보다 $\pi^* \rightarrow \pi$ 전이 화합물에서 형광이 더 많이 나타난다. 이것은 $\pi^* \rightarrow \pi$ 전이의 몰흡광계수가 $n \rightarrow \pi^*$보다 보통 100~1,000배 크므로 $\pi^* \rightarrow \pi$의 양자효율이 더 크기 때문이다.

3.1.2 형광 스펙트럼

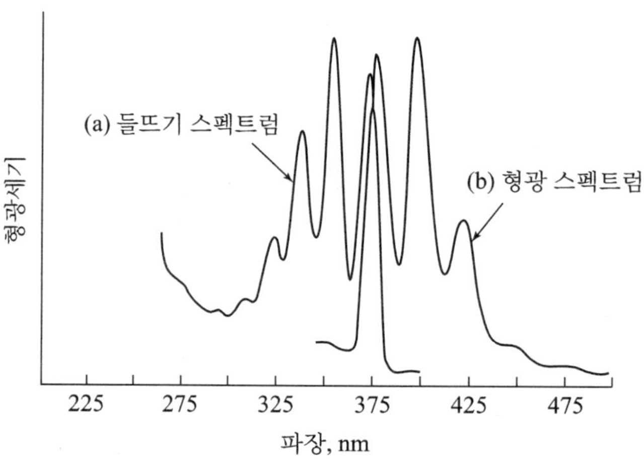

그림 3.1 메탄올에 녹인 0.3 ng/mL anthracene의 들뜨기와 형광 스펙트럼

그림 3.1은 anthracene의 들뜨기와 형광 스펙트럼이다. 그림에는 (a)는 들뜨기 파장을 변화시키면서 일정한 파장에서 형광을 측정하여 얻은 들뜨기 스펙트럼이며 이것은 흡수 스펙트럼과 대단히 비슷하다. (b)는 들뜨기 파장을 일정하게 유지하면서 발광되는 형광을 주사하여 얻은 형광 스펙트럼이다. 보통 (a)와 (b) 두 스펙트럼은 서로 대략적인 거울상 관계를 갖는다. 이것은 바닥 전자상태와 들뜬 전자상태의 진동에너지 차이가 거의 같기 때문이다.

3.1.3 형광현상과 분자구조

분자의 구조와 화학적 환경은 그 물질로부터 형광이 발생할 것인가 또는 그 세기가 어느 정도인가를 결정하는데 영향을 미친다[1]. 작은 에너지의 $\pi \rightarrow \pi^*$ 전이를 하는 방향족 화합물로서 경직된 평면구조를 갖는 분자는 가장 세고 유용한 형광을 방출한다고 알려졌다. 예를 들면 그림 3.2는 경직된 분자가 더 센 형광을 내는 것을 보여준다.

Fluorene($\phi_f \fallingdotseq 1.0$) Biphenyl($\phi_f \fallingdotseq 0.2$)

그림 3.2 분자의 경직성과 형광세기 (ϕ_f =양자수득률)

이것은 분자가 경직됨으로써 분자진동에 의한 삼중상태로의 계간전이[2]나 바닥상태로의 비복사 이완 과정이 억제되기 때문이라고 생각된다. 방향족 계통보다는 적지만 지방족과 지방족 고리화합물의 카보닐 구조나 많은 컨주게이션 이중결합의 구조를 갖는 화합물에서도 역시 형광을 낸다. 치환기를 갖지 않는 대부분의 방향족 탄화수소는 용액 중에서 형광을 낸다. 이때 방향족 고리수와 축합정도가 클수록 양자효율은 커진다.

---

1) S. G. Schulman, *Fluorescence News*, 1973, 7(4), 25;l 1973, 7(5), 33; E.L. Wehry, *ibid.*, **1971**, 6(1), 1;and R. T. Williams J. W. Bridges, *J. Clin. Pathol.*, 1964, 17, 371.

2) 형광은 전자스핀이 변하지 않은 들뜬 단일상태로부터 광발광이 일어나는 현상을 말하고, 인광은 전자스핀이 변한 삼중상태로부터 광발광이 일어나는 것이다. 들뜬 단일상태에서 삼중상태로의 전환을 계간전이라 하고, 삼중상태의 에너지준위는 들뜬 단일상태의 에너지준위보다 약간 낮다.

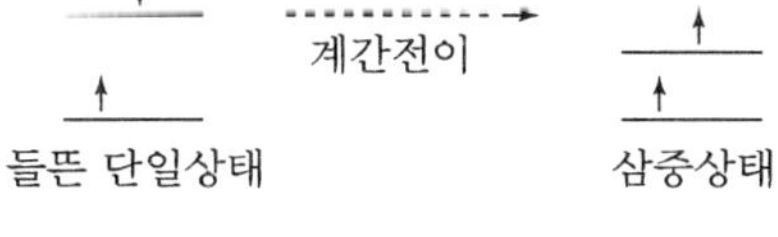

전자주게인 치환기($-NH_2$, $-OH$)를 도입하면 전자의 이동확률이 커져서 형광성이 강해진다. 원자번호가 큰 원소를 π전자계 화합물에 도입하면 계간전이가 커져서 형광세기가 약해지고, 반대로 인광세기는 강해진다. 그러나 전자끌기 원자단($-COOH$, $-NO_2$, $-N=N-$ 등)을 도입하면 형광세기는 일반적으로 약해진다. 분자 안에 전이금속과 같은 상자기성 성분이 포함되면 형광세기는 감소되는 것으로 알려졌다. 벤젠 유도체의 경우 치환기에 따라서 형광의 파장과 세기가 변한다. 이에 대한 예를 표 3.1에 나타내었다.

표 3.1 벤젠 유도체에서 치환기에 의한 형광 특성의 변화

벤젠 유도체	화학식	형광파장(nm)	형광의 상대세기
Benzene	C_6H_6	270~310	1.0
Toluene	$C_6H_5CH_3$	270~320	1.7
Propylbenzene	$C_6H_5C_3H_7$	270~320	1.7
Phenolate ion	$C_6H_5O^-$	310~400	1.0
Phenol	C_6H_5OH	285~365	1.8
Anilinum ion	$C_6H_5NH_3^+$	-	0
Aniline	$C_6H_5NH_2$	310~405	2.0
Nitrobenzene	$C_6H_5NO_2$	-	0
Benzoic acid	C_6H_5COOH	310~390	0.3
Benzonitrile	C_6H_5CN	280~360	2.0
Iodobenzene	C_6H_5I	-	0
Bromobenzene	C_6H_5Br	290~380	0.5
Chlorobenzene	C_6H_5Cl	275~345	0.7
Fluorobenzene	C_6H_5F	270~320	1.0

* 모든 화합물은 에탄올 용액 중에서 측정한 데이터임

3.1.4 농도와 형광세기

형광 복사선의 세기는 시료의 농도에 비례하므로 이 관계를 이용하면 시료의 농도를 결정할 수 있다. 즉, 표준시료로 형광세기의 검정선을 작성하여 미지시료의 농도를 구한다.

Beer의 법칙으로부터 형광세기와 농도 사이의 관계를 유도할 수 있다. 두께 b의 용기에 넣은 농도 C인 형광물질 용액의 형광세기를 측정할 때 들뜨게 하기 위한 입사광 세기를 P_o 용액을 통과한 투과광의 세기를 P라 하면 다음과 같다.

$$\frac{P}{P_o} = 10^{-\epsilon bC}$$

$$P_o - P = P_o(1 - 10^{-\epsilon bC}) \tag{3.1}$$

여기서 ϵ는 형광분자의 몰흡광계수이고, 형광세기는 흡수된 광량 $(P_o - P)$에 비례하므로 검출되는 형광세기 F는 다음과 같다.

$$F = k\phi_f(P_o - P) = k\phi_f P_o(1 - 10^{-\epsilon bC}) \tag{3.2}$$

여기서 k는 집광 또는 검출효율의 장치상수이고 ϕ_f는 형광 양자수득률이다. 식 (3.2)의 지수항을 전개하면

$$F = k\phi_f P_o\left[2.3\epsilon bC + \frac{(2.3\epsilon bC)^2}{2!} + \frac{(2.3\epsilon bC)^3}{3!}\cdots\right] \tag{3.3}$$

일반적으로 형광분석할 때는 흡광도가 0.05 이하가 되도록 시료농도를 묽게 만들므로 식 (3.3)의 괄호 속의 두 번째 항 이하는 아주 작은 값이 되므로 다음과 같이 쓸 수 있다.

$$F = 2.3k\phi_f P_o\epsilon bC \tag{3.4}$$

그리고 P_o가 일정한 경우에는 다음과 같이 된다.

$$F = KC \tag{3.5}$$

따라서 검출된 형광세기는 시료의 농도에 비례한다. 그러나 농도 C가 너무 커서 0.05보다 큰 흡광도를 나타내면 식 (3.3)에서 두 번째 이하의 항들이 중요하게 되므로 직선은 성립

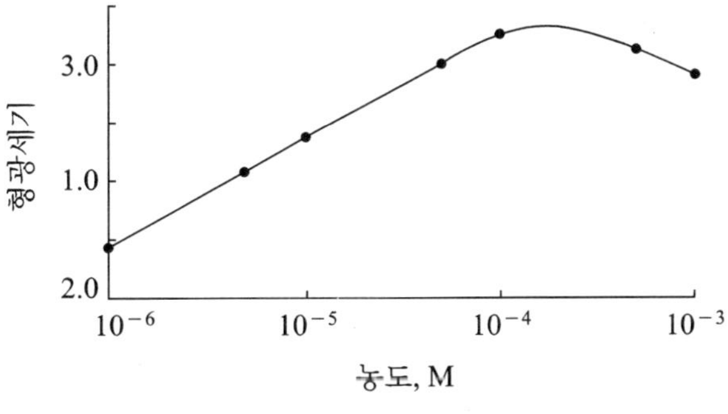

그림 3.3 농도가 진할 때의 형광-농도 곡선의 극대현상

되지 않고 부의 편차를 나타낸다. 농도가 진할 때 직선으로부터 부의 편차가 나타나는 이유는 자체소광(self-quenching)과 자체흡수 때문이다. 자체소광은 들뜬 분자 사이의 충돌 때문이며 에너지가 용매분자로 전이하는 것과 같이 비복사 전이가 일어나는 것이다. 자체흡수는 발광선 파장이 화합물의 흡수봉우리와 겹칠 때 일어나기 때문에 형광은 발광빛살이 용액을 통과하는 동안에 감소한다. 이러한 현상의 영향으로 형광세기를 농도에 대하여 도시하면 그림 3.3과 같이 극대가 나타나는 수가 있다.

2 형광계와 분광형광계

형광계와 분광형광계의 부분장치는 자외선-가시선 광도계와 분광광도계와 비슷하지만 세부적인 면에서는 약간 다르다. 여기서는 각 부분장치의 차이점에 대해서만 간단히 설명한다.

3.2.1 광원

크세논 기체를 고압에서 봉해 넣은 크세논 아아크램프를 일반적으로 사용한다. 이 램프는 크세논 기류에 전류를 통하여 센 복사선을 얻는다. 이것은 250~600 nm 범위의 넓은 파장 영역에 걸쳐서 강한 연속 스펙트럼의 빛을 방출하지만 가시선 영역(~470 nm)과 근적외선 영역(~770 nm) 부근에서는 예민한 밝은 선이 있으므로 들뜨기 스펙트럼을 측정할 때에는 주의해야 한다. 수은 아아크램프는 강한 선 스펙트럼을 방출한다. 고압램프(~8 atm)는 366, 405, 436, 546, 577, 691 및 773 nm에서 선이 나타나며 낮은 압력램프에서는 석영창을 끼워야 하고 254 nm에서 강한 선이 하나 더 나타난다.

최근에는 들뜨기 광원으로 각종 레이저광을 사용하고 있다. 그 중에서 일차광원으로 펄스 질소 레이저를 이용한 조절할 수 있는 색소 레이저이다. 이것은 360 nm에서 650 nm 사이의 복사선을 얻을 수 있다. 이런 경우에는 들뜨기 단색화장치가 필요없다.

3.2.2 파장선택

형광계에서는 간섭필터와 흡수필터가 사용된다. 대부분의 분광형광계에서는 회절발 단색화장치가 사용된다. 들뜬 빛의 단색화용으로는 자외선 영역에서 회절효율이 높은 300 nm의 것이, 형광용으로는 500 nm인 것이 자주 사용된다.

3.2.3 시료

여러 가지 구조의 시료 용기가 시판되고 있으나 유리 또는 실리카로 만든 원통형 또는 정방형 용기를 널리 사용한다. 검출기에 산란된 복사선이 들어가지 않도록 시료의 설치장치를 설계해야 한다. 이 목적으로 빛살 가로막이 같은 것이 있다.

3.2.4 검출기

보통 형광신호는 약하기 때문에 광전자증배관이 사용된다. 넓은 파장영역에서 감도가 높고 암전류가 적은 것이 바람직하다. 다이오드 배열 검출기도 분광형광계에 이용되고 있다[3].

3.2.5 형광계와 분광형광계

형광계(fluorometer) 또는 분광형광계(spectrofluorometer)의 부분장치 배열은 그림 3.4와 같다. 거의 모든 형광기기는 광원의 변동을 상쇄하기 위해 겹빛살을 이용한다. 광원의 빛살은 들뜨기 필터(또는 단색화장치)를 통과하는데 여기서 시료를 들뜨게 하는 빛살은 통과시키고, 시료에 의해 이차적으로 발생되는 파장은 제거된다. 시료에서 나오는 형광은 모든 방향으로 발광되지만 보통 입사광에 대해 직각 방향에서 측정한다. 만일 다른 각도에서 측정하면 용액과 용기벽에서 생긴 산란광에 의해 오차가 발생하기 때문이다.

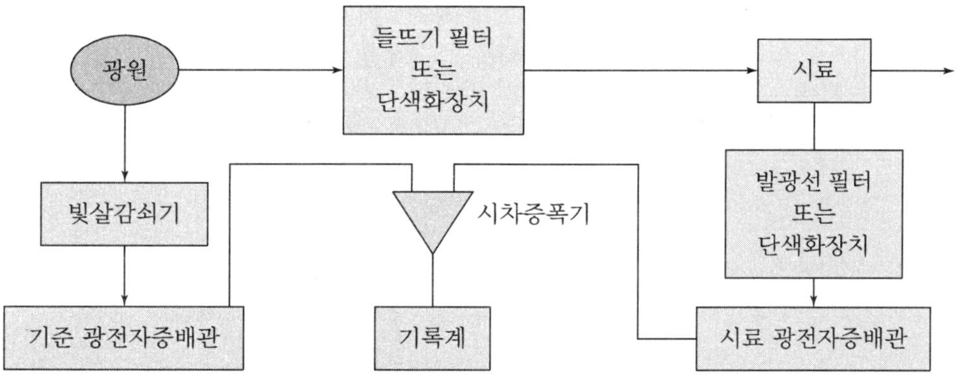

그림 3.4 형광계 또는 분광형광계의 부분장치

3) Y. Talmi, *Appl, Spectrosc.*, **1982**. 36, 1.

형광 복사선은 제2의 필터(또는 단색화장치)를 통과하는데 여기서 형광 봉우리만 분리되어 시료 광전자증배관으로 들어간다. 기준 빛살은 감쇠기를 통해 형광의 세기와 비슷하게 세기가 감소된다. 이 빛살은 기준 광전자증배관으로 들어간다. 기준과 시료 광전자증배관에서 나온 출력은 시차증폭기를 통과하여 기록계로 간다.

형광계는 들뜨기 빛살과 형광 빛살의 파장을 제한하는데 광학 필터를 사용한다. 분광형광계는 두 가지 형태로 나뉘는데 그 하나는 들뜨기 복사선을 제한하는 데는 적당한 필터를 사용하고, 형광 스펙트럼을 분리하는 데는 회절발이나 프리즘 단색화장치를 사용한다. 두 번째 형태의 분광형광계는 들뜨기 파장을 변화할 때와 형광 스펙트럼을 얻을 때 모두 단색화장치를 이용한다. 이런 분광형광계는 그림 3.1에서와 같은 들뜨기와 형광 스펙트럼을 얻을 때 이용된다.

두 개의 단색화장치를 사용하는 한 종류의 분광형광계를 그림 3.5에 나타내었다. 그림 3.5의 분광형광계는 첫 번째 단색화장치에서 나온 복사선이 빛살분리기에 의해 분리되어 한 부분은 기준 광전자증배관으로, 한 부분은 시료쪽으로 통과한다. 시료에서 얻어지는 형광 복사선은 두 번째 단색화장치에 의해 분산된 다음 시료 광전자증배관에 의해 검출되도록 설계되어 있다.

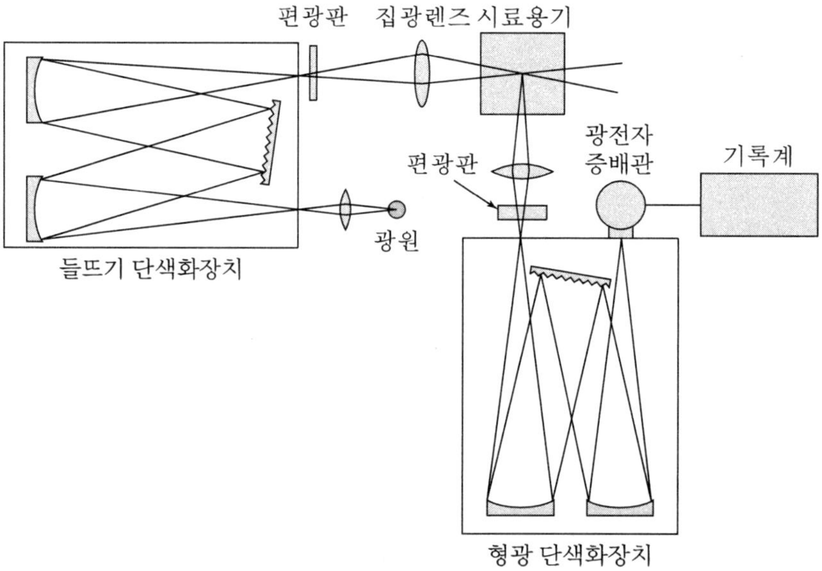

그림 3.5 분광형광계의 구조

3 형광분석에 영향을 주는 인자

3.3.1 용매의 극성과 점도

용매의 극성과 점도는 형광세기 또는 형광파장에 영향을 미친다. 대부분의 경우 극성분자에서는 바닥상태보다 들뜬 상태가 더 극성이 크다. 따라서 극성이 큰 용매 중에 있을수록 들뜬상태가 안정하다. 그러므로 극성이 큰 용매일수록 형광파장은 길어진다.

형광 양자수득률은 극성이 없는 용매 중에서 커지는 경우가 많다. 수용액과 같은 극성용매 중에서는 형광이 약할 때가 많으나 이때 유기용매에 추출하거나 계면활성제를 가하여 형성되는 마이셀(micell)에 형광분자를 흡착시키면 형광세기가 현저하게 증가하는 것을 관찰할 수 있다.

무거운 원자를 포함하는 용매 또는 무거운 원자가 결합된 용질에 의해 형광 발생은 감소한다. 또 무거운 원자가 형광성 분자에 치환될 경우에도 비슷한 영향이 나타난다. 이런 현상은 궤도운동과 스핀 사이의 상호작용으로 인해 삼중상태의 형성속도를 증가시켜 형광은 감소하고 인광은 증가시키기 때문이다. 용매의 점도가 커지면 일반적으로 형광 양자수득률이 증가하고 형광파장을 단파장 쪽으로 이동하는 수가 많다. 그러나 용매의 점도가 감소하면 비복사 이완의 가능성이 증가하게 되어 형광양자수득률이 감소한다.

3.3.2 온도

형광세기는 일반적으로 온도의 증가에 따라 감소하는 경향을 나타낸다. 이것은 온도가 높아지면 분자 충돌이 증가되기 때문에 비활성화 확률이 증가하여 소광(quenching)이 일어나기 쉽기 때문이라고 생각된다.

3.3.3 pH와 용존산소의 영향

형광 물질이 산 또는 염기이고, 이들의 해리형과 비해리형의 형광 특성 즉, 형광파장과 세기가 서로 다른 경우에는 일반적으로 pH의 영향을 받아 형광세기와 스펙트럼이 변한다. 이것은 pH에 따라 해리 정도가 달라지기 때문이다. 그러므로 형광을 이용하여 분석할 때에는 pH를 정확하게 조절하여야 한다. 이러한 예는 표 3.1에서 페놀과 아닐린의 데이터를 보면 알 수 있다. 용액 중에 산소가 녹아 있으면 형광세기는 감소한다. 이것은 형광화학종의 광화학적 유발산화 때문으로 생각된다. 그러나 이보다는 산소 분자의 상자기성으로 인하여 들뜬

분자를 삼중상태로 변화시켜서 소광이 일어나게 하기 때문이다. 다른 상자기성 화학종도 역시 형광을 소광하는 경향이 있다.

4 형광광도법의 응용

형광법에 의한 분석은 무기질이나 유기물에 응용할 수 있으나 형광성 화합물의 수가 한정되어 있어 그 응용이 제한된다. 그러나 형광성 유기화합물과 비형광성 물질 또는 약한 형광성 물질을 반응시켜 형광성 착물을 형성시켜 형광법으로 분석할 수 있는 경우도 있다.

3.4.1 무기물의 형광법 분석

무기화합물은 우라닐염이나 희토류 원소를 제외하고 형광을 내는 것이 많지 않다. 무기물의 형광법 분석은 형광성 킬레이트 착물을 만들어 그의 형광세기를 측정하는 방법과 측정하고자 하는 물질의 소광작용에 의해 형광의 감소하는 정도를 측정하여 분석하는 방법이 있다. 소광에 의한 방법은 음이온의 분석에 널리 이용된다.

비전이금속 이온은 일반적으로 무색으로, 무색의 형광성 킬레이트를 형성하는 경향이 있으므로 형광성 착물을 만들어 형광법으로 분석할 수 있다. 그러나 대부분의 전이금속 이온은 상자기성이며 계간전이에 의해 삼중상태로 되는 성질이 크므로 형광 발생이 낮고 가끔 인광이 나타난다. 또 전이금속 착물은 대단히 많은 조밀한 에너지준위를 갖고 있어 비복사 이완되는 경향이 크므로 형광법에 의한 분석이 제한된다.

희토류 원소 중 Sm, Eu, Gd, Tb, Dy의 3가 양이온의 킬레이트 화합물들은 형광 발생이 예리한 선스펙트럼으로 나타나는 것이 많다. 이것은 리간드의 $\pi \rightarrow \pi^*$ 전이 에너지가 금속이온 쪽으로 옮겨져서 금속이온의 전자전이로 인해 형광이 발생되는 것이다. 형광을 발생시킬 뿐만 아니라 상자기성 금속이온들도 소광을 이용해 분석할 수도 있다. 형광법에 이용되는 몇 가지 형광시약[4])을 그림 3.6에 나타내었다.

4) G. G. Guibault. in *Comprehensive Analytical Chemistry*, G. Svehla, Ed., Vol. VII, Chapter 2, pp. 167~178, Elsevier, New York, 1977.

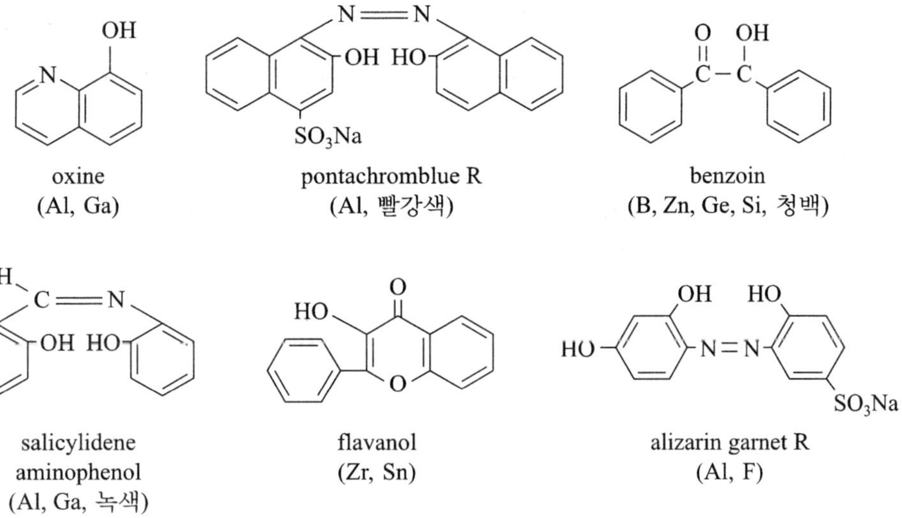

그림 3.6 몇 가지 형광시약의 구조식

3.4.2 유기물의 형광법 분석

형광법은 복잡한 구조를 갖는 유기화합물의 미량 분석에 가장 효과적으로 이용된다. 방향족 화합물은 대부분이 형광성이며 이들은 형광법으로 직접 분석할 수 있다.

π결합을 갖지 않는 화합물도 특정한 작용기와 형광시약을 반응시켜서 형광법으로 분석할 수 있다. 형광 분석법은 생화학, 임상의학, 약학, 농학, 환경 등 여러 분야에서 널리 이용된다. 예를 들면 생화학 방면에서는 아미노산, 아민, 단백질, 당류, 핵산, 비타민류, 효소, 스테로이드 등의 분석에 이용되며, 의약품에서는 진통제, 해열제, 수면제, 각성제 등 매우 많은 유기물을 분석할 수 있다.

Welssler와 White는 100여 종 이상의 유기물 및 일반 생화학 물질의 분석법과 50여 종 이상의 의약품에 대한 형광분석법을 소개하였다[5].

3.4.3 그 밖의 형광법 응용

형광법은 적정의 당량점을 검출하는데도 이용된다. 예를 들면 산화-환원 반응, 킬레이트 생성반응 및 pH의 변화 등으로 형광의 변화가 일어나는 물질은 적정하는 동안에 형광의 세기를 측정함으로써 당량점을 구할 수 있다. 가시선 영역에서 형광이 생성되거나 소실되면 자

5) A. Weissler and C. E. White, *Handbook of Analytical Chemistry*, L. Meites, Ed., 99. 6~182 to 6~196, McGraw-Hill, New York.

외선램프를 쪼여서 육안으로 당량점을 찾을 수 있고, 더 정확한 방법은 분광형광계로 형광세기를 측정하여 당량점을 구하는 것이다. 형광법은 계면활성제가 마이셀(micelle)을 형성하려면 형광이 급작스럽게 증대되는 1-anilinosulfonic acid (ANS)를 사용함으로써 계면활성제의 임계 마이셀 농도를 결정할 수 있다.

단백질과 같이 복잡한 구조를 갖는 생체관련분자의 연구를 위하여도 형광법을 사용할 수 있다. 이때는 시료에 형광물질을 첨가하여 그 스펙트럼, 형광 양자수득률, 형광수명, 편광도 등의 변화를 관찰하여 그들의 물성을 조사할 수 있다. 이때 사용되는 형광 물질을 형광 프루브(probe)라고 한다. 아미노기의 반응성이 높고, 형광 양자수득률이 높은 fluorescein isothiocyanate (FITC)를 사용하여 인슐린의 반응 특이성에 대한 연구가 이루어지고 있다. *N*-(1-anilinonaphthyl-4) maleimide (ANM)는 SH기와 결합하는 형광 프루브의 일종이다. 이것은 형광 양자수득률이나 최대파장이 미시적 환경에 따라서 변하므로 단백질의 구조를 조사하는데 사용된다.

형광분석법은 흡광분석법에 비하여 적용범위가 제한되어 있기는 하지만 들뜨기 스펙트럼을 얻을 수 있으므로 선택성이 좋고 성분을 확인할 때 신뢰성이 높다. 또 형광법에서는 들뜬상태의 수명을 측정할 수 있으므로 형광수명의 차이를 이용하여 목적하는 분자를 선택적으로 검출할 수 있다. 최근에는 새로운 측정원리에 기인되는 형광분석법도 개발되었다. 지금까지의 형광분석법은 스펙트럼의 폭이 넓어서 시료를 분석할 때 아직 약간의 부족한 점이 있었으나 초음속분자 흐름[6], Shpol'skill 효과[7], 매트릭스 분리[8] 등을 사용하는 방법은 예민한 선스펙트럼을 얻을 수 있으므로 높은 정확성으로 시료를 분석할 수 있다. 레이저를 광원으로 사용한 초미량성분의 분석이나 새로운 기능을 가진 형광시약의 개발 등도 활발하게 이루어지고 있으며 앞으로 큰 발전이 기대되고 있다.

---

6) J. M. Hayes and G. J. Small, *Anal. Chem.*, **1983**, 55, 565A.
7) Y. Yang, A. P. D'Silva and V. A. Fassel. *Anal. Chem.*, **1981**, 53, 894.
8) E. L. Wehry and G. Mamantov. *Anal. Chem.*, **1979**, 51, 643A.

연습문제

3.1 형광과 인광의 차이점에 대하여 설명하라.

3.2 형광광도법의 원리를 설명하고 일반적으로 분광형광법이 분광광도법(흡광광도법)보다 감도가 높은 이유를 설명하라.

3.3 형광의 들뜨기 스펙트럼과 형광 발광 스펙트럼의 차이점을 설명하라.

3.4 나프탈렌을 1-chloropropane과 1-iodopropane 용매에 녹여서 형광세기를 측정할 때 어떤 용매에서 형광세기가 더 크겠는가를 설명하라.

3.5 Aniline의 pH 3과 pH 10 용액 중에서 어느 경우의 형광세기가 더 크겠는가? 그 이유를 설명하라.

3.6 자체흡수와 자체소광(self-quenching)에 대해 설명하라.

3.7 용액 속에 산소가 녹아 있으면 형광세기가 감소하는 이유를 설명하라.

3.8 용매의 극성과 점도가 형광세기에 미치는 영향을 설명하라.

3.9 흡광도가 0.05보다 큰 진한 용액의 경우에는 형광-농도의 직선관계에서 벗어난다(부의 편차가 생김). 그 이유를 설명하라.

3.10 Riboflavin(비타민 B_2)은 5%의 아세트산에서 그 형광세기를 측정하여 분석할 수 있다. 일련의 표준시료에 대한 형광세기를 측정하여 다음과 같은 데이터를 얻었다. 최소제곱법으로 검정선 식을 구하고, 형광세기가 15.4인 미지시료의 riboflavin 농도를 구하라.

농도(μg/mL)	0.000	0.100	0.200	0.400	0.800
형광세기	0.0	5.8	12.2	22.3	44.3

참고문헌

1. G. G. Guilbault, *Practical Fluorescence* : Theory, Method and Technique, Marcel Dekker, New York, 1973.
2. 渡邊光夫, ケイ光分析 - 基礎と應用 -, 1970, 廣川書店.
3. W. R. Seitz, in *Treatise on Analytical Chemistry*, 2d ed., P. J. Elving. E. J. Meehan and I. M. Kolthoff, Eds., Part I, Vol. 7, Chapter 4, Wiley, New York, 1981.
4. J. R. Lakowicz, *Principles of Fluorescence Spectroscopy*, Plenum, New York, 1983.

CHAPTER 4

적외선과 라만 분광법

적외선은 대략 0.7에서 500 μm까지의 파장범위(파수로는 14,000~20 cm^{-1})의 복사선을 말한다. 이 중에서 분석에 가장 많이 이용되는 주요 부분은 200~4,000 cm^{-1} (50~2.5 μm) 즉, 중간 적외선 영역이다. 적외선 분광법은 정성 및 정량분석에 널리 이용되고 있다. 유기화합물의 적외선 스펙트럼은 일반적으로 복잡하고 그 물질의 특유한 물리적 성질에 의해 나타나므로 유기화합물의 확인에 가장 유용하게 이용되어 왔다. 이론상으로 광학이성질체를 제외하고 똑같은 적외선 흡수 스펙트럼을 갖는 두 화합물은 없다.

분자에 의해 산란된 복사선의 일부 파장이 입사광의 파장과 다르며, 이런 파장의 변화는 산란하는 분자의 화학적 구조와 관계가 있음이 1928년 인도의 물리학자 Raman에 의해 발견되었다. 라만 산란은 적외선의 흡수와 관계있는 양자화된 진동준위의 변화에서 일어나는 현상임이 알려졌다. 따라서 입사광과 산란광의 파장 차이는 중간 적외선 영역에 해당한다. 그러므로 라만 산란 스펙트럼과 적외선 스펙트럼의 특성을 서로 비교하고, 두 분광법의 상호보완적인 면을 이용하면 화합물의 정성 및 정량분석에 더욱 유용할 것이다.

이 장에서는 적외선과 라만 분광법의 이론과 차이점에 대해 간단히 알아보고, 이들 분광법의 측정법 즉, 기기장치와 시료 취급법, 정성 및 정량분석에의 응용에 관해 다루기로 한다.

1 적외선 흡수 이론

4.1.1 분자의 적외선 흡수

자외선-가시선 분광법은 전자전이에 바탕을 두고 있다. 그러나 적외선 분광법은 분자의 진동과 회전운동에 관계가 있다. 분자가 적외선을 흡수하려면 그 분자는 진동과 회전운동에 의한 쌍극자 모멘트의 알짜 변화를 일으켜야 한다. 이런 조건하에서만 복사선의 전기장이 분자와 작용할 수 있고, 분자의 진동 및 회전운동의 진폭에 변화를 일으킬 수 있다. 예를 들면 그림 4.1에 나타낸 일산화탄소와 같은 분자에서 산소는 탄소보다 더 큰 전자밀도를 가지므로 전하분포는 대칭이 아니다. 따라서 일산화탄소는 극성이며 쌍극자 모멘트를 갖는다.

그림 4.1 일산화탄소와 질소 분자의 신축진동

쌍극자 모멘트는 전하차의 크기와 두 개의 전하 중심 사이의 거리로 결정된다. 일산화탄소 분자가 신축 진동할 때는 쌍극자 모멘트의 규칙적 변동이 일어나서 전기장이 생성되며, 이것이 복사선의 전기장과 상호작용하게 된다. 이때 복사선의 주파수와 분자진동의 주파수가 일치하게 되면 분자진동의 진폭이 변화하고 알짜 에너지 전이가 일어난다. 이런 결과로 일산화탄소는 파수 2,143 cm^{-1}의 적외선을 흡수한다. 따라서 분자진동에서 쌍극자 모멘트의 알짜 변화가 있을 때에는 적외선을 흡수한다.

또한, 비대칭 분자에서 분자의 질량 중심 주위로 회전하는 경우에도 주기적 쌍극자 요동을 일으키게 되고 이것이 적외선과 상호작용하게 되어 적외선을 흡수한다.

그러나 N_2, H_2, O_2 분자와 같은 동일핵종 분자의 경우에는 분자의 진동 또는 회전운동에 의해 쌍극자 모멘트의 알짜 변화가 일어나지 않으므로 적외선을 흡수하지 않는다. 따라서 동일핵종을 제외한 모든 분자화학종은 적외선을 흡수한다.

진동이나 회전 에너지준위도 양자화되어 있으며 양자상태 사이의 에너지 차이는 회전보다 진동의 경우가 더 크다. 진동 양자상태 사이의 에너지 차는 적외선 영역 675~13,000 cm^{-1} (15~1.75 μm)에 해당하고, 회전의 경우에는 100 μm 정도 또는 이보다 큰 복사선 (100 cm^{-1} 이하의 파수)에 해당한다.

회전준위도 양자화되어 있으므로 기체가 회전에 의해 원적외선을 흡수할 때의 스펙트럼은 불연속의 선명한 선형이다. 그러나 액체와 고체의 경우에는 분자간의 충돌과 상호작용으로 인해 스펙트럼이 퍼져 연속적인 모양으로 된다. 진동-회전에 의한 기체의 적외선 스펙트럼도 일련의 조밀한 선으로 되어 있다. 이것은 각 진동마다 몇 개의 회전 에너지상태가 포함되어 있기 때문이다. 그러나 액체와 고체의 경우에는 회전이 크게 제한되므로 진동-회전의 선스펙트럼이 없어지고 다소 넓은 진동 봉우리만이 나타난다.

4.1.2 분자진동의 종류

분자의 진동은 크게 신축(stretching)과 굽힘(bending) 진동으로 나눈다. 신축진동은 두 원자 사이의 결합축에 따라 원자 간의 거리가 계속하여 변화하는 운동으로 대칭과 비대칭 진동이 있다. 굽힘진동은 두 결합 사이의 각도가 변하는 진동으로 가위질 진동(scissoring), 좌우 흔듦 진동(rocking), 앞뒤 흔듦 진동(wagging), 꼬임 진동(twisting)으로 구분된다. 이들 진동의 형태를 그림 4.2에 나타내었다.

이원자 또는 삼원자로 구성된 간단한 분자의 경우에는 진동의 성질과 진동수를 쉽게 알 수 있고 흡수에너지에 관련시키기도 쉽지만, 다원자 분자의 경우에는 진동하는 중심원자가 여러 개 있을 뿐만 아니라 중심원자 간에 상호작용이 일어나고 그것을 고려해야 하므로 불가능하지는 않지만 매우 복잡하다. 세 개 이상의 원자를 포함하는 분자의 경우에는 그림 4.2의 모든 진동상태가 일어날 수 있다. 한 개의 중심원자가 여러 원자와 결합되어 있을 경우에 그 결합 중의 한 개가 진동을 하면 다른 결함에 대한 상호 작용 또는 짝지음(coupling)이 함께 일어나므로 진동 특성이 변한다.

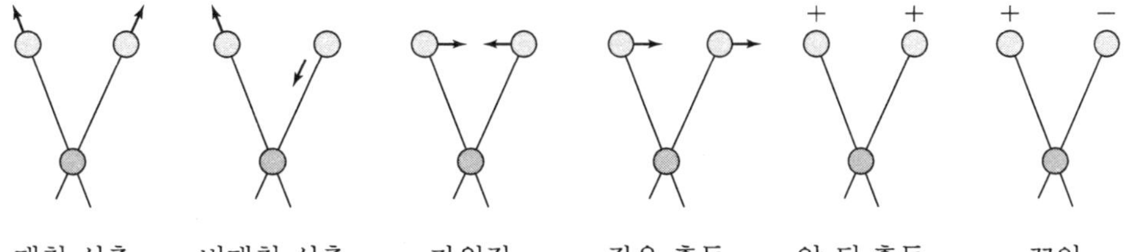

그림 4.2 분자진동의 형태

4.1.3 분자진동의 파수

신축 진동의 특성은 용수철로 연결된 두 개의 질량으로 된 역학적 모델로 설명할 수 있다.

먼저 한 쪽 끝이 고정되어 있는 용수철에 질량 m이 매달려 있는 단진자에서 일정한 거리만큼 용수철이 늘어났다가 줄어들 때, 즉 기계적 진동의 자연 진동수 ν_m은 용수철의 힘상수(k)와 매달린 물체의 질량(m)에 의존하고, Hook의 법칙에 따라 다음과 같이 나타낼 수 있다.

$$\nu_m = \frac{1}{2\pi}\sqrt{\frac{k}{m}} \tag{4.1}$$

식 (4.1)은 그림 4.1과 같이 용수철의 양쪽 끝에 두 개의 질량 m_1과 m_2가 매달린 계의 성질을 표현하도록 쉽게 수정할 수 있다. 이 경우에 m 대신에 환산질량(reduced mass) 즉, $\mu = m_1 m_2/(m_1 + m_2)$로 치환한다.

$$\nu_m = \frac{1}{2\pi}\sqrt{\frac{k}{\mu}} = \frac{1}{2\pi}\sqrt{\frac{k(m_1 + m_2)}{m_1 m_2}} \tag{4.2}$$

분자진동의 경우도 이와 같은 역학적 모델과 비슷한 근사법을 이용하여 설명할 수 있다. 분자진동의 진동수는 식 (4.2)의 m_1과 m_2를 두 원자의 질량으로 치환하여 계산할 수 있으며, k는 화학결합에 대한 힘상수로 결합의 딱딱한 척도를 표시한다.

식 (4.2)와 같은 일반역학적 방정식은 원자나 분자의 거동을 완전히 설명할 수 없다. 예를 들면 양자화된 분자진동에너지의 성질은 이 방정식에 나타나지 않는다. 그러나 양자역학의 파동방정식을 전개하는데 이용할 수 있다. 퍼텐셜에너지에 대한 이 방정식의 해답은 식 (4.3)이 성립할 때 얻을 수 있다.

$$E = \left(v + \frac{1}{2}\right)\frac{h}{2\pi}\sqrt{\frac{k}{\mu}} \tag{4.3}$$

여기서 h는 Planck 상수, v는 진동양자수이다. 진동양자수 v는 0을 포함하는 양의 정수만을 갖는다. 따라서 진동자가 어떤 양의 퍼텐셜 에너지를 임의로 가질 수 있는 일반역학과 대조적으로 양자역학에서는 진동자가 일정한 불연속적인 에너지만을 가져야 한다. 식 (4.3)에 식 (4.2)를 대입하면 다음과 같다.

$$E = \left(v + \frac{1}{2}\right)h\nu_m \tag{4.4}$$

여기서 ν_m은 역학적 모델의 진동수이다. 복사선 에너지가 진동양자상태 사이의 에너지차인 ΔE 값과 일치되고, 또 진동에 의해 쌍극자 모멘트의 변화가 일어날 경우 복사선이 흡수되어 진동에너지준위의 전이가 일어난다고 볼 수 있다. v는 정수이므로 어떤 인접된 에너지준위 사이의 에너지차 값은 식 (4.4)에서 바닥상태($v = 0$)에서 $v = 1$ 상태로 전이가 일어날 때의 복사에너지 차 $h\nu_m$값과 모두 같을 것이다.

$$\Delta E = h\nu_m = \frac{h}{2\pi}\sqrt{\frac{k}{\mu}} \tag{4.5}$$

따라서 진동 에너지준위 간의 진동전이가 일어나는데 필요한 복사선의 에너지 $h\nu$는 다음과 같다.

$$h\nu = \Delta E = h\nu_m = \frac{h}{2\pi}\sqrt{\frac{k}{\mu}}$$

그러므로 복사선의 주파수 ν는 다음과 같다.

$$\nu = \nu_m = \frac{1}{2\pi}\sqrt{\frac{k}{\mu}} \tag{4.6}$$

여기서 수파수 ν를 파수 σ로 나타내기 위해 $\sigma(\text{cm}^{-1}) = 1/\lambda(\text{cm}) = \nu/c$ 관계를 이용한다.

$$\sigma = \frac{1}{2\pi c}\sqrt{\frac{k}{\mu}} \tag{4.7}$$

여기서 σ는 흡수 봉우리의 파수(cm^{-1}). k는 결합의 힘상수(dyne/cm), c는 빛의 속도 (3×10^{10} cm/sec), μ는 환산질량(g)으로 $m_1m_2/(m_1+m_2)$이다.

이 식을 보면 분자가 신축진동할 때의 주파수는 분자 내의 결합세기에 비례하고 원자들의 무게에 반비례 하는 것을 알 수 있다.

일반적으로 화학결합에서 k값은 단일결합일 때 평균 5×10^5 dyne/cm 정도이고, 이중결합이나 삼중결합의 경우에는 단일결합의 약 2배와 3배이다.

4.1.4 기준진동과 진동의 짝지음

다원자 분자의 경우 가능한 진동의 개수는 계산 가능하다. 공간에 존재하는 한 개의 점을 표시하기 위해서는 3개의 좌표가 필요하다. 따라서 공간에 있는 N개의 점을 나타내려면 3N의 좌표값을 필요로 한다. 각 좌표값은 한 개의 원자운동에 대한 한 개의 자유도에 해당한다. 그러므로 N개의 원자로 구성된 $3N$개의 자유도를 갖는다.

분자운동은 병진운동, 회전운동 및 진동운동으로 나누어 생각할 수 있다. 분자의 병진운동을 표시할 때 3개의 좌표가 필요하며 이것을 위해 3개의 자유도를 사용한다. 또 회전운동을 표시할 때도 3개의 좌표가 필요하므로 3개의 자유도가 사용된다. 그러므로 $(3N-6)$의 자유도는 원자 사이의 상대적 운동 즉, 진동운동에 관계하고, 분자 내의 가능한 진동수를 나타낸다. 그러나 직선분자의 경우에는 결합축 주위의 회전운동은 불가능하기 때문에 직선형 분자의 진동수는 $(3N-5)$이다. 여기서 $(3N-6)$ 또는 $(3N-5)$개의 진동을 기준진동방식이라 한다.

분자에서 쌍극자 변화가 일어나는 진동은 한 개씩의 흡수 봉우리가 나타난다. 그러나 기준진동방식의 수가 반드시 실제로 관측되는 흡수 봉우리의 수와 일치될 수는 없고, 기준진동방식의 수보다 흡수 봉우리가 적게 나타나는 수가 많다. 이에 대한 이유는 다음과 같다.

① 대칭분자의 대칭 신축진동에서는 쌍극자 모멘트의 알짜 변화가 없다.
② 둘 또는 그 이상의 진동에너지가 거의 같다.
③ 흡수세기가 대단히 낮기 때문에 보통 방법으로 검출하기 어렵다.
④ 진동에너지가 기계의 측정 파장범위를 벗어난다.

그러나 두 진동수의 합 또는 차, 배진동수 현상에 의해 흡수 봉우리가 더 많이 나타나는 수도 있다. 그리고 두 개 진동의 합 또는 차에 해당하는 봉우리와 배진동수의 흡수세기는 일반적으로 낮고, 배진동수 봉우리가 나타나지 않을 수도 있다. 배진동 (overtone)이란 다음과 같다. 진동 에너지준위 1로부터 2로, 또는 2로부터 3으로 전이할 때 에너지는 $0 \rightarrow 1$ 전이의 경우와 같아야 한다. 양자론에 의하면 진동양자수가 1단위로 변하는 전이만이 일어난다. 즉, 선택규칙은 $\Delta v = \pm 1$ 임을 뜻한다. 그러나 아주 높은 진동양자수에서 ΔE는 그 값이 작아진다. 따라서 선택규칙은 엄격히 적용되지 않고 $\Delta v = \pm 2$ 또는 $\Delta v = \pm 3$ 의 전이가 나타난다. 이러한 전이는 기본 스펙트럼선보다 약 2배 또는 3배의 진동수가 나타난다. 이런 진동수를 배진동수라 한다.

어떤 진동에서 진동의 흡수봉우리 파장은 같은 분자 내의 다른 진동에 의해 영향을 받는다. 이와 같은 분자진동 사이의 상호작용을 진동의 짝지음 (vibrational coupling)이라 한다. 두 진동 사이에 짝지음이 일어나려면 그 진동들은 분자 내에서 서로 가까이 인접한 진동이어야 하고, 두 개 이상의 화학결합에 의해 멀리 떨어진 원자단 사이에는 상호작용이 거의 없어 짝지음이 일어나지 않는다. 하지만 다음과 같은 경우에는 짝지음이 일어난다.

① 한 개의 원자를 공유한 두 개의 신축진동 사이의 짝지음
② 진동 원자단 간에 공통결합이 존재할 때 두 개의 굽힘진동 간의 짝지음
③ 굽힘진동의 한 쪽 축에서 신축진동이 일어날 때 굽힘-신축의 짝지음
④ 짝지음하는 두 진동의 에너지가 비슷할 때 상호작용은 가장 크다.

삼원자 분자이면서 선형인 이산화탄소의 실제 적외선 흡수 스펙트럼을 통하여 진동의 짝

지음에 대해 알아보자. 만약 이산화탄소(O=C=O)의 두 개 C=O 결합 간에 짝지음이 없다면 지방족 케톤의 C=O 신축진동과 같은 파수인 1,700 cm^{-1} 부근에서 흡수 봉우리가 나타나야 할 것이다. 그러나 이산화탄소는 2330 cm^{-1}과 667 cm^{-1} 부근의 두 곳에서 흡수봉우리가 나타난다.

이산화탄소는 선형이므로 (3×3−5)=4개의 자유도를 갖는다. 이 중에서 두 가지 신축진동이 가능하다. 분자에서 두 개의 C=O 결합은 한 개의 탄소 원자를 공유하기 때문에 두 개의 신축진동은 상호작용하여 짝지음을 할 수 있다. 그림 4.3에서 보는 것처럼 한 개의 짝진 진동은 대칭이고 나머지 한 개는 비대칭 진동이다.

여기에서 대칭 신축진동은 탄소 원자에서 대칭적으로 진동하므로 쌍극자의 알짜 변화가 없다. 따라서 적외선을 흡수하지 않는다. 이런 경우를 적외선 비활성(infrared inactive)이라 한다. 그러나 비대칭 신축진동은 쌍극자 모멘트의 알짜 변화가 일어나며 2,330 cm^{-1}에서 흡수봉우리가 나타난다. 이산화탄소의 나머지의 두 진동은 가위질 굽힘진동이다. 이들 굽힘진동은 방향(앞뒤 또는 위아래)이 다를 뿐이지 실제는 같은 것이므로 같은 파수, 667 cm^{-1}에서 흡수봉우리가 나타난다. 이와 같이 양자에너지준위 차가 같은 경우를 중첩이라 한다.

비선형 삼원자 분자인 물, 이산화황과 같은 분자들은 (3×3−6)=3개의 자유도를 갖는다. 물분자의 세 개의 진동은 그림 4.3과 같이 대칭 신축(3,650 cm^{-1}), 비대칭 신축(3,760 cm^{-1}) 및 가위질 굽힘진동(1,595 cm^{-1})이다. 이들 세 개의 진동은 모두 쌍극자 모멘트의 알짜 변화가 있으므로 적외선 흡수가 나타난다.

이상에서 본 것처럼 삼원자 분자이면서 각각 다른 흡수봉우리를 나타내는 선형과 비선형 분자의 성질은 분자의 형태를 밝히는데 이용될 수 있다.

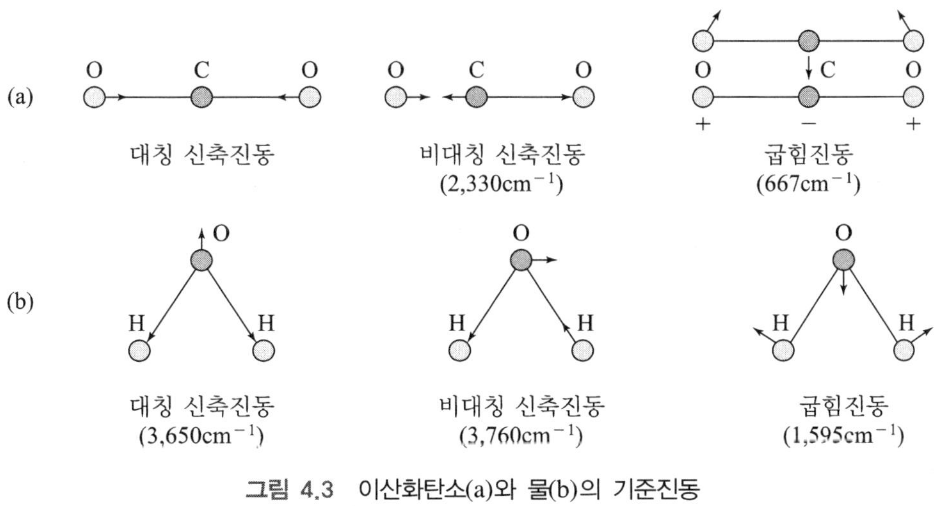

그림 4.3 이산화탄소(a)와 물(b)의 기준진동

유기작용기의 흡수봉우리 위치는 짝지음 현상 때문에 정확하게 지적할 수 없다. 예를 들면 메탄올의 C−O 신축진동은 1,034 cm^{-1}에서, 에탄올의 C−O 신축진동은 1,053 cm^{-1}에서 나타난다. 그 이유는 C−O 신축진동이 이웃의 C−C 또는 C−H 진동과의 짝지음 때문이다. 진동의 짝지음 효과는 화합물의 작용기 확인을 불확실하게 한다. 그러나 이 효과는 특수한 화합물을 결정적으로 확인하는데 도움이 된다.

2 적외선 흡수 측정기기

적외선 분광광도계는 분광하는 장치에 따라 크게 분산형과 간섭형으로 나눈다. 분산형은 빛을 분산하는데 프리즘이나 회절발을 사용하고, 간섭형은 간섭계-다중장치를 사용하는 Fourier 변환 적외선 분광광도계를 말한다. 여기서는 분산형 분광광도계에 대해서만 다루기로 한다.

4.2.1 분산형 적외선 분광광도계

이 분광광도계는 앞에서 배운 자외선-가시선 분광광도계와 비슷한데, 적외선 광원, 시료실, 단색화장치, 적외선 검출기 및 기록계 등으로 구성되어 있다. 그림 4.4에 전형적인 겹빛살형 적외선 분광광도계의 광학계통도를 나타내었다. 분광광도계에서 광원은 모든 적외선 스펙트럼 영역의 복사에너지를 공급하고, 단색화장치는 빛을 분산하여 좁은 주파수 영역의 빛을 선택하며, 그 에너지는 검출기로 측정한다. 검출기로 수신한 에너지를 전기적 신호로 변환하고, 증폭시켜 기록계에 기록한다.

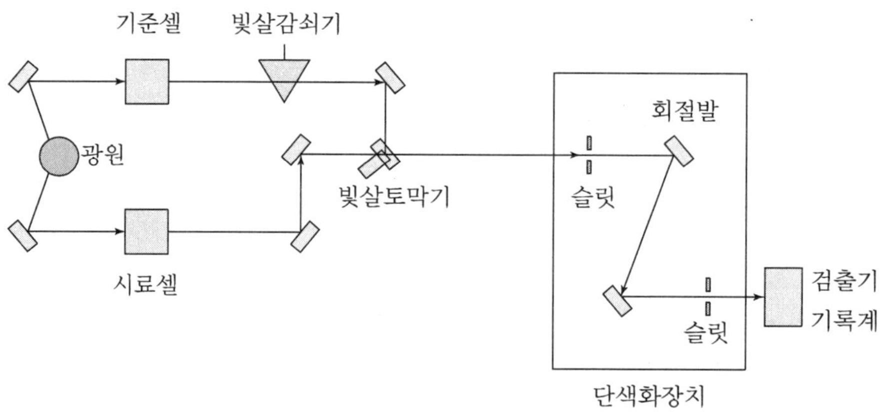

그림 4.4 겹빛살형 적외선 분광광도계의 광학계통도

4.2.2 광원

적외선 광원은 전기적으로 비활성 고체를 고온으로 가열하여 얻으며, 이 복사선은 연속복사선이다. 광원으로는 Nernst 백열등과 Globar등이 많이 쓰인다.

Nernst등은 ZrO_2, CeO_2, ThO_2로 만든 직경 1~2 mm, 길이 20 mm 정도의 막대이며, 1,200~2,000 K까지의 온도범위에서 전기적으로 가열하여 적외선을 얻는다. Globar등은 SiC를 소결하여 만든 막대이며, 이것도 역시 1,300~1,500 K 범위의 온도에서 전기적으로 가열된다. 이들 광원은 고온에서 세기가 큰 적외선을 방출하는데, 4,000~6,000 cm^{-1} 영역에서 방출되는 복사선의 세기는 강하다.

Globar등에서 얻는 연속복사선은 5,500~5,000 cm^{-1} (1.8~2.0 μm)에서 봉우리가 나타나고, Nernst등에서는 7,100 cm^{-1} (1.4 μm)에서 봉우리가 나타난다. Globar등이나 Nernst등의 스펙트럼 에너지는 거의 같은데 다만 2,000 cm^{-1} (5 μm) 이상에서 Globar등이 훨씬 센 복사선을 낸다. Globar등은 막대의 직경이 Nernst등보다 크고, 5,000 cm^{-1}에서 600 cm^{-1} (2.0~16.7 μm)에 이르는 사이에 에너지가 600분의 1로 낮아지지만 낮은 주파수 영역에서 유효하다.

Nernst등과 Globar등보다는 다소 세기가 낮지만 수명이 긴 백열선 광원으로 나선형의 니크롬선이나 사기실린더에 감은 로듐선을 전기적으로 가열하여 사용하기도 한다. 또, 텅스텐 필라멘트등은 4,000~12,800 cm^{-1} (2.5~0.78 μm)의 근적외선 영역에서, 수은 아아크등은 파장 50 μm 이상의 원적외선 영역에서 광원으로 사용된다. 이 외에 공해물질과 같은 수용액 중의 흡수화학종을 정량하기 위해 900~1,100 cm^{-1} (11~9 μm) 영역의 이산화탄소 레이저를 광원으로 사용하기도 한다. 이 광원은 암모니아. 부타다이엔, 벤젠, 에탄올, 이산화질소, 트라이클로로에틸렌과 같은 화학종의 정량에 유효하다.

4.2.3 단색화장치

적외선 파장은 광학필터(간섭필터 또는 필터쐐기), 프리즘 또는 반사 회절발을 사용하여 선택할 수 있다.

(1) **프리즘** : 프리즘을 만드는데 널리 쓰이는 재질은 NaCl, KBr, CsBr, LiF, CaF_2 등의 할로젠화염의 결정들이다. 이 화합물 중에서 어느 것을 사용할 것인가는 분석에 사용하는 파장범위에 따라 결정된다. NaCl 결정은 670~2,000 cm^{-1} (15~5 μm) 사이의 영역에서 적당하며 20 μm (500 cm^{-1})를 넘으면 NaCl은 적외선을 강하게 흡수하므로 사용할 수 없나.

KBr과 CsBr 결정은 원적외선 영역(250~670 cm^{-1} 또는 40~15 μm)에 적당하며,

CaF_2는 400~1300 cm^{-1} (24~7.7 μm) 범위에서, LiF 결정은 근적외선 영역(2,000~10,000 cm^{-1} 또는 5~1 μm)에서 사용할 수 있다.
프리즘 재질로 사용되는 할로젠화염은 쉽게 긁히고 수용성이므로 프리즘은 건조한 곳에서 보관하고 air conditioning된 실내에 장치를 설치하는 것이 좋다.

(2) **회절발** : 반사 회절발은 적외선 영역의 분산장치로서 프리즘보다 여러 가지 이점을 지닌다. 회절발은 비교적 넓은 영역에 걸쳐 사용할 수 있다. 이것은 프리즘의 재료에 따라 사용범위가 한정된다는 점과 비교하면 매우 좋은 점이다. 회절발은 거의 직선형 분산능을 나타내며, 보통 대기 중에서 안정하고 습기로 침식이 안되는 알루미늄으로 도금한 유리나 플라스틱으로 만든다. 회절발의 문제점은 다른 차수의 파장을 지닌 빛이 회절격자의 표면에서 회절되어 동일한 광로를 통과한다는 것이다. 이와 같이 몇 개의 파장을 지닌 빛이 광로상에서 서로 중첩되므로 스펙트럼이 겹치고 다른 차수의 스펙트럼이 나타나게 된다. 이런 문제점을 최소화하기 위해 회절발의 흡수를 수정하여 회절 복사선의 제1차 빛살이 강화되게 하거나 회절발과 더불어 필터 또는 차수 분리의 작은 프리즘을 함께 사용하므로 해소할 수 있다.

4.2.4 검출기

적외선 흡수 측정에 사용되는 열법 검출기로는 열전기쌍, 볼로미터, 파이로전기 검출기 등이 있다. 이들은 복사선이 작은 흑체에 흡수되고 이 결과 발생한 온도증가를 측정한다. 적외선의 복사력은 약하므로 검출 가능한 정도로 온도 상승을 얻으려면 복사선 흡수체의 열용량이 가능한 작아야 하고, 이를 위해 흡수체의 크기와 두께는 최소로 하여 모든 적외선이 표면에 집중되도록 한다.

열법 검출기의 적외선 흡수체는 주위의 열이나 복사선으로부터 차단시키기 위해 진공 속에 밀폐되어 있다. 적외선 측정에는 외부 열원의 효과를 최소화하기 위해 토막빛살을 사용한다. 따라서 변환된 분석신호는 토막기와 같은 진동수를 갖는다. 그러므로 이 신호는 적당한 회로를 거친 후 일반적으로 시간에 따라 천천히 변하는 외부 복사선 신호에서 분리될 수 있다.

(1) **열전기쌍** : 열법 검출기 중에서 가장 간단한 열전기쌍(thermocouple) 검출기는 종류가 서로 다른 금속선 두 개의 양쪽 끝을 서로 용접한 것이다. 이때 한 쪽의 용접점을 고온접점이라 하고 다른 쪽을 저온접점이라 한다. 고온접점에 적외선이 입사하면 접점의 온도가 상승한다. 고온접점이 저온접점보다 온도가 높으면 두 접점 사이에 미소한 전

위차가 발생한다.

금속선 사이에 발생하는 전위차는 접점간의 온도차에 의해 결정되므로 적외선이 고온접점에 얼마만큼 입사하였는가를 알 수 있다.

적외선 검출에 사용되는 용접점은 백금과 은 또는 안티몬과 비스무트 같은 금속의 매우 가는 선으로 만들거나 이런 금속을 비전도성 물체에 증착시켜 만들 수 있다. 어느 두 금속을 택하든지 고온접점은 혈흡수 능력을 증가시키기 위해 검게 칠하고 투명한 진공상자에 밀봉하도록 한다.

(2) **볼로미터** : 볼로미터(bolometer)는 약한 복사열의 검출과 측정을 위해 사용되는 고감도의 전기저항 온도계이다. 보통 볼로미터는 백금이나 니켈과 같은 얇은 금속의 전도체로 구성되어 있다. 이러한 물질은 온도에 따른 저항변화가 비교적 크다. 이 전도체에 적외선이 입사하면 가열되어 온도가 상승한다. 이렇게 되면 전도체의 전기저항이 감소한다. 따라서 저항변화의 정도는 검출기에 입사한 빛의 양의 척도가 된다. 일반적으로 Wheatstone bridge의 4개의 저항 중 하나를 볼로미터 검출기로 사용한다.

전도체는 작고 복사열을 흡수할 수 있게 검은색으로 칠해져 있다. 만약 백금, 니켈 등과 같은 금속 대신에 반도체를 사용한 것이 서미스터(thermister)이다. 서미스터도 볼로미터와 같은 원리로 적외선 검출기로 사용된다.

(3) **그 밖의 검출기** : 적외선 검출에 사용되는 파이로전기(pyroelectric) 검출기는 탄탈산 리듐, 티탄산 바륨, 트라이글라이신 황산염과 같은 결정을 금속판 사이에 넣어서 만들고, 이 결정들은 온도에 민감한 쌍극자 모멘트를 가지므로 온도 감응 커패시터로 사용할 수 있기 때문에 적외선 검출기로 사용한다.

골레이(golay) 검출기는 50 μm ($200\ cm^{-1}$)보다 큰 파장, 즉 원적외선 영역의 기기에 사용되는 검출기로 원통형 상자에 검은색 막과 크세논 기체를 넣고, 흑체 막이 적외선을 받으면 온도가 증가하고 기체가 팽창하게 되어 압력이 변한다. 이런 압력변화를 이용하는 검출기이다.

전기저항을 이용한 검출기로, 입사된 빛에 매우 민감하게 응답하는 광전지 또는 빛이 입사하면 전기저항이 변화하는 반도체 등을 사용한다. 광반도체 검출기는 빠르고 감도가 높은 검출기이다.

3 시료 취급법

기체 및 액체의 적외선 스펙트럼은 모두 시료를 희석하지 않고 직접 측정하여 얻을 수 있다. 이때 고체는 대개 적당한 액체나 다른 고체 매질에 분산시켜 측정한다. 여기서는 기체, 액체 및 고체 상태의 시료 취급법을 구분하여 설명하기로 한다.

4.3.1 기체시료

기체 또는 끓는점이 아주 낮은 액체의 적외선 스펙트럼을 측정하려면 시료를 진공상태로 만든 용기, 즉 기체셀(gas cell)에 도입하여 분광광도계의 광로에 놓고 측정한다. 기체셀은 일반적으로 길이가 10 cm 정도이고 양쪽에 KBr 또는 NaCl 창문으로 되어 있어 적외선이 투과하도록 되어 있다. 어떤 기체셀은 용기의 양쪽에 내부 반사면을 설치하여 빛살이 용기를 떠나기 전에 수많은 반복 왕복운동을 하게 되어 몇 m 정도로 긴 용기의 역할을 할 수 있는 것도 있다.

4.3.2 액체시료

액체시료는 취급하기가 비교적 쉽다. 시료량이 적거나 적당한 용매가 없는 경우에 순수한 액체시료를 직접 사용하여 스펙트럼을 얻는다. 일반적으로 액체시료 한 방울을 두 개의 적외선 투명 창문 사이에서 눌러 짜면 0.01 mm 정도 이하의 시료 두께를 얻을 수 있다. 이것을

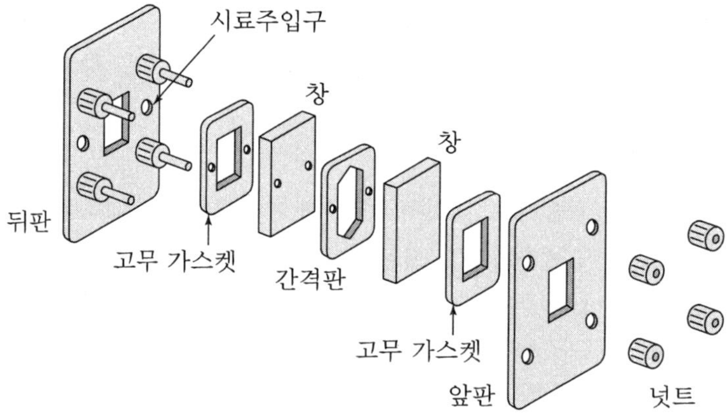

그림 4.5 적외선용 액체셀의 조립 방법

집게로 집어 빛살에 놓고 스펙트럼을 측정한다. 이 방법은 정성분석용 스펙트럼을 얻는 간단한 방법이다. 그러나 액체시료에 대한 적당한 용매가 있을 경우 정량분석을 위해서는 액체셀(liquid cell)을 이용한다. 또한 고체시료의 경우에도 용매에 녹여 정량분석을 위한 스펙트럼을 얻고자 할 때도 액체셀을 사용한다.

액체셀은 그림 4.5와 같이 NaCl 또는 KBr 결정과 같은 두 개의 적외선 투명한 창문 사이에 0.015∼1 mm 두께의 간격판을 끼워 넣고 조립하여 만든다. 액체시료는 액체셀에 주입하여 빛살에 놓고 스펙트럼을 얻는다. 겹빛살 분광광도계에서는 한 쌍의 셀, 즉 시료용과 기준용매용이 쓰인다. 셀은 수용성이므로 수분을 차단해야 하고, 유기 액체시료는 셀에 주입하기 전에 건조시켜야 한다.

만약 셀 표면에 수분이 흡수되면 불투명하게 되어 오차의 원인이 된다. 따라서 오랫동안 사용하여 창이 오염되었거나 불투명하게 된 창문은 폴리싱 세트를 이용하여 일정하게 갈아내어 투명하게 만든 후에 사용하도록 한다. 조립된 액체셀에서 실제의 액체 두께는 다음과 같이 측정한다.

셀에 공기를 기준물로 채워서 빈 용기의 투광도를 측정하면 그림 4.6과 같은 간섭무늬를 얻게 된다. 간섭무늬는 용기벽에서 반사한 복사선이 투과빛살과 상호작용하여 생긴 것이다. 그러나 용기에 액체를 넣었을 때는 일반적으로 간섭무늬가 나타나지 않는다. 이것은 대부분 액체의 굴절률이 창문 재료와 비슷하여 반사가 감소되기 때문이다. 그림 4.6의 간섭무늬를 이용하여 cm로 표시된 용기의 두께 b는 다음 관계식으로 구한다.

$$b = \frac{N}{2(\sigma_1 - \sigma_2)} \tag{4.8}$$

여기서 N은 파수 σ_1과 σ_2 사이에서 봉우리의 개수이다. 액체셀을 이용하여 스펙트럼을 얻을 때에는 시료농도가 보통 0.1∼10%이면 된다.

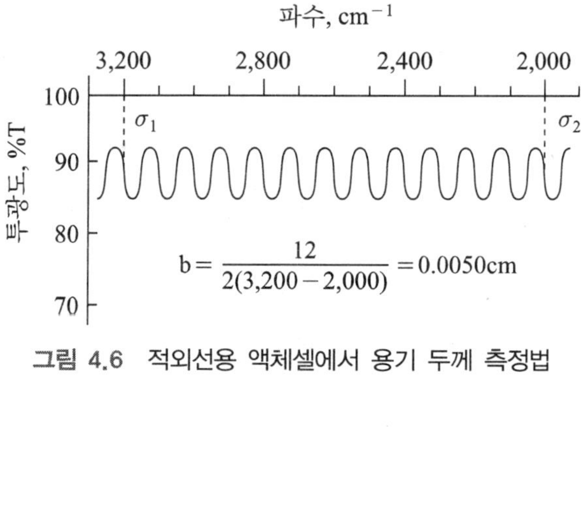

그림 4.6 적외선용 액체셀에서 용기 두께 측정법

(1) **적외선 용매** : 그림 4.7은 유기화합물의 적외선 연구에 이용하는 일반적인 용매이다. 중간 적외선 전체 영역에서 투명한 용매는 없다. 물과 알코올은 적외선을 세게 흡수할 뿐만 아니라 적외선 투명 창문을 부식시키므로 용매로 사용하지 못한다. 이런 이유 때문에 그림 4.7의 용매도 건조시켜 사용한다.

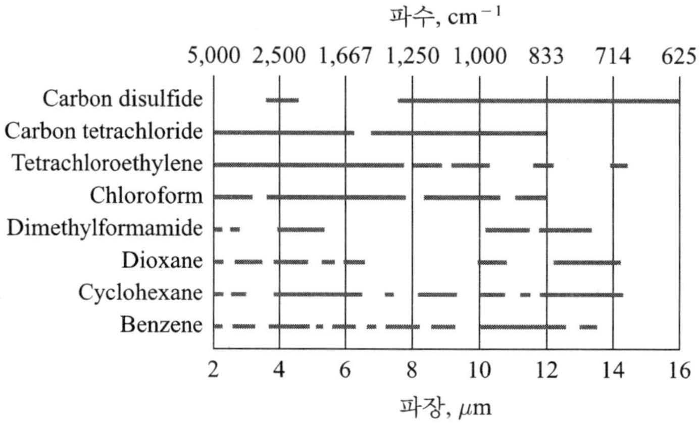

그림 4.7 적외선 용매 (진한 선 : 용매의 사용 가능범위)

4.3.3 고체시료

적외선 용매에 불용성인 고체시료의 적외선 흡수 스펙트럼을 측정하는 방법은 세 가지가 이용된다. 이 중에서 두 방법은 멀(mull)이라는 액체나 고체 매질에 시료를 분산시키는 방법으로 좋은 스펙트럼을 얻기 위해서는 매질에 분산되어 있는 고체입자의 크기가 복사선의 파장보다 작아야 한다. 그렇지 않으면 산란 복사선이 나타나므로 빛 손실이 커진다.

멀을 만드는 한 가지 방법은 가는 분말시료 2~5 mg 정도를 뉴졸(nujol)이라 부르는 파라핀유 또는 Chlorofluorocarbon grease와 같은 점성이 큰 액체 한 두 방울에 넣고 다시 갈면서 섞는다. 만약 파라핀유의 흡수띠가 방해되면 fluorolube 또는 다른 할로젠화 고분자물을 사용한다. 이렇게 만든 멀을 두 개의 KBr과 같은 결정판 사이에 넣어 얇은 막을 만들고 집게로 집어 시료실의 빛살에 놓고 스펙트럼을 얻는다. 멀을 만드는 둘째 방법은 가는 분말시료 1 mg 정도 또는 그 이하를 순수한 KBr 분말 100 mg 정도에 섞어 막자사발로 충분히 갈면서 섞는다. 이 혼합물을 실온, 진공 하에서 10,000~15,000 lb/in^{2}의 압력을 가하여 직경 1 cm, 1~2 mm의 원판으로 만들어 집게로 집어 빛살에 놓고 스펙트럼을 측정한다. 만약 시료원판에 수분이 섞여 있으면 1,640과 3,450 cm^{-1} (6.1과 2.9 μm)에서 흡수 스펙트럼이 나타나므로 수분을 충분히 제거하여 멀을 만든다. 이 방법은 시료의 농도와 시료원판의 두께를 알 수 있으므로 고체시료의 정량분석에도 적용할 수 있다.

고체시료를 취급하는 다른 방법은 고체시료의 용액을 증발시켜서 KBr 또는 NaCl 판의 표면에 석출시키는 방법이다. 이렇게 하면 적외선은 얇은 석출막 면을 통과한다. 이 방법은 고체 침착법이라 하며 정성분석을 위한 목적에 유용하다. 기타의 최근에 발달한 방법으로 2.5장에서 취급한 광음파 분광법이 있다. 또한 중합체, 고무 및 기타의 고체를 취급할 때 이용되는 내부반사 분광법도 있다.

4 적외선 흡수 스펙트럼의 응용

4.4.1 정성분석

적외선 흡수 스펙트럼을 해석하여 화합물의 구조를 확인하기 위해서는 몇 가지 중요 작용기의 흡수봉우리의 유무를 결정하는 것이 필요하다. 따라서 화합물의 여러 가지 작용기가 흡수하는 파수 범위에 관한 실험자료를 종합하여 화합물의 정성분석에 이용한다.

(1) 적외선 흡수 스펙트럼 영역

여러 가지 작용기의 적외선 특성 흡수 스펙트럼 영역을 표 4.1에 나타내었다. 화합물의 작용기의 진동은 서로 겹치기 때문에 불확정성이 나타나는 경우가 많고, 시료의 물리적 상태와 기기의 성능에 따라 변하게 된다. 따라서 적외선 흡수 영역표만을 이용하여 화합물의 구조를 완전히 밝히고 명확하게 그 물질을 확인하는 것은 불가능하다. 그리고 작용기의 진동수를 이용하여 물질을 확인할 때에는 일부분의 스펙트럼보다 전체적인 스펙트럼의 상호관계를 고려하여야 한다.

화합물의 정성분석은 NMR이라는 기기를 주로 이용한다. 대신 같은 작용기라 해도 물질에 따라 독특한 적외선 스펙트럼을 갖기 때문에 화합물 내에 특정 작용기가 있는지를 판단하거나 반응 중에 변화된 구조를 판단하는데 적외선 분석기기를 이용한다.

적외선 스펙트럼 표에서 4,000 ~ 1,800 cm^{-1} 영역은 C−H, O−H, N−H 등 수소가 관여하는 신축진동이 나타나는 곳으로서 그 파수는 수소결합의 영향을 받기 쉽다. 그리고 2,500 ~ 1,800 cm^{-1}에서 유기화합물의 흡수는 비교적 적으며 연속된 이중결합이나 삼중결합의 신축진동이 나타나는 영역이다.

1,800 ~ 1,500 cm^{-1}에서는 고립된 이중결합이 나타나며 C=O, C=N, C=C 등의 강한 흡수가 나타난다. 1,500 ~ 700 cm^{-1} 영역은 지문영역 (finger print region)이라 하며, 분자의 구조와 성분이 조금만 다르더라도 흡수봉우리의 분포는 현저한 차이를 나타낸다.

표 4.1 여러 가지 작용기의 적외선 흡수 스펙트럼 영역

작용기(진동방식)		파수 (cm^{-1})	파장 (μm)	흡수세기
C－H	alkanes(stretch)	3,000～2,850	3.33～3.51	s
	－CH_3 (bend)	1,450～1,375	6.90～7.27	m
	－CH_2－(bend)	1,465	6.83	m
	alkenes (stretch)	3,100～3,000	3.23～3.33	m
	(out of plane bend)	1,000～650	10.0～15.3	s
	aromatics(stretch)	3,150～3,050	3.17～3.28	s
	(out of plane bend)	900～690	11.1～14.5	s
	alkyne(stretch)	ca. 3,300	ca. 3.03	s
	aldehyde	2,900～2,800	3.45～3.57	w
		2,800～2,700	3.57～3.70	w
C＝C	alkene	1,680～1,600	5.95～6.25	m-w
	aromatic	2,250～2,100	4.44～4.76	m-w
C≡C	alkyne	2,250～2,100	4.44～4.76	m-w
C＝O	aldehyde	1,740～1,720	5.75～5.81	s
	ketone	1,725～1,705	5.80～5.87	s
	carboxylic acid	1,725～1,700	5.80～5.88	s
	ester	1,750～1,730	5.71～5.78	s
	amide	1,670～1,640	6.00～6.10	s
	anhydride	1,810～1,760	5.52～5.68	s
	acid chloride	1,800	5.56	s
C－O	alcohol, ether, ester carboxylic acids, anhydrides	1,300～1,000	7.69～10.0	s
O－H	alcohols, phenols			
	free	3,650～3,600	2.74～2.78	m
	H-bonded	3,500～3,200	2.86～3.13	m
	carboxylic acids	3,400～2,400	2.94～4.17	m
N－H	pri-, sec-amines and amides			
	(stretch)	3,500～3,100	2.86～3.23	m
	(bend)	1,640～1,550	6.10～6.45	m-s
C－N	amines	1,350～1,000	7.40～10.0	m-s
C＝N	imines, oximes	1,690～1,640	5.92～6.10	w-s
C≡N	nitriles	2,260～2,240	4.42～4.46	m
X＝C＝Y	allenes, ketenes, isocyanates, isothiocyanates	2,270～1,950	4.40～5.13	m-s
N＝O	nitro(R－NO_2)	1,550～1,350	6.45～7.40	s
S－H	mercaptans	2,550	3.92	w
S＝O	sulfoxides	1,050	9.52	s
	sulfones, sulfonyl chlorides	1,375～1,300	7.27～7.69	s
	sulfates, sulfonamides	& 1,200～1,140	& 8.33～8.77	s
C－X	fluoride	1,400～1,000	7.14～10.0	s
	chloride	800～600	12.5～16.7	s
	bromide, iodide	<667	>15.0	s

Alkane	3000~2800	1480~1340과 720
Olefin	3100~3000	1680~1540과 1000~650
Phenyl 유도체	3100~3000	1500~1450과 900~650
X=C=Y	3300과 2300~2000	
Halogen 화합물		1400~480
Alcohol and Phenol	3650~2400	1230~1000
Ether		1270~800
Amine	3550~3310	1650~1550
Nitro 화합물		1590~1500과 1390~1330
Ketone		1780~1660
Aldehyde	2900~2680	1740~1660
Carboxylic acid	3580~2500	1800~1680
Carboxylate		1650~1550
Anhydride		1870~1800과 1810~1740
Ester		1745~1735과 1300~1000
Lactone		1840~1710
Amine	3550~3100	1690~1600과 1570~1510
파수 (cm^{-1})	4,000	2,000 / 400

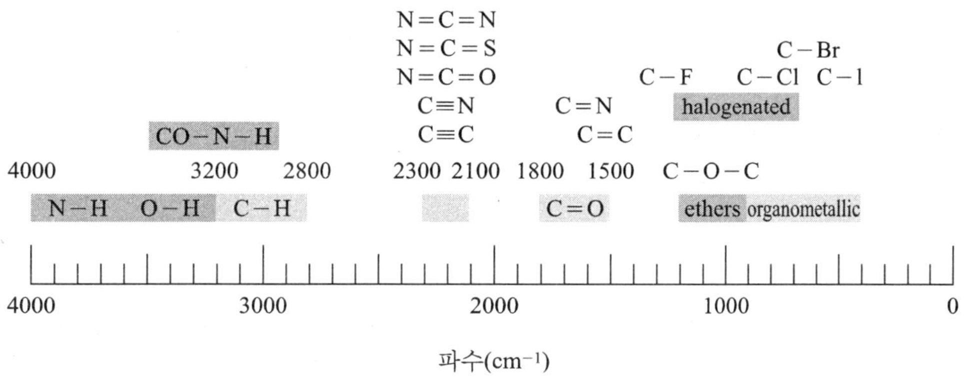

따라서 이 영역의 스펙트럼이 서로 대단히 비슷하면(물론 다른 영역도 같고) 두 물질은 동일물질이라고 할 수 있다. 대부분의 단일결합의 에너지는 거의 같고, 인접결합 사이에 강한 상호작용을 하기 때문에 이런 파수 영역에서 흡수띠를 나타낸다. 흡수띠는 여러 가지 상호작용에 의해 나타난 분자의 전체 골격구조에 따라 결정된다. 이 영역의 스펙트럼은 대단히 복잡하기 때문에 스펙트럼의 정확한 해석은 어렵지만 반대로 이 복잡한 스펙트럼은 바로 물질을 확인하는 특이하고, 유효한 수단방법이 되기도 한다. 지문영역 중의 1,500~1,000 cm^{-1}에서는 메틸기, 메틸렌기의 굽힘진동이나, C−C, C−O, C−N 등의 단일결합의 신축진동이

강하게 나타난다. 1,000 ~ 650 cm^{-1} 영역에서는 C−H의 굽힘진동 특히 H의 면외진동(앞뒤 흔듦과 꼬임진동)이 특징적으로 나타나는 영역이다.

그림 4.8은 아닐린의 적외선 흡수 스펙트럼으로 표 4.1을 이용하여 해석하여 보자.

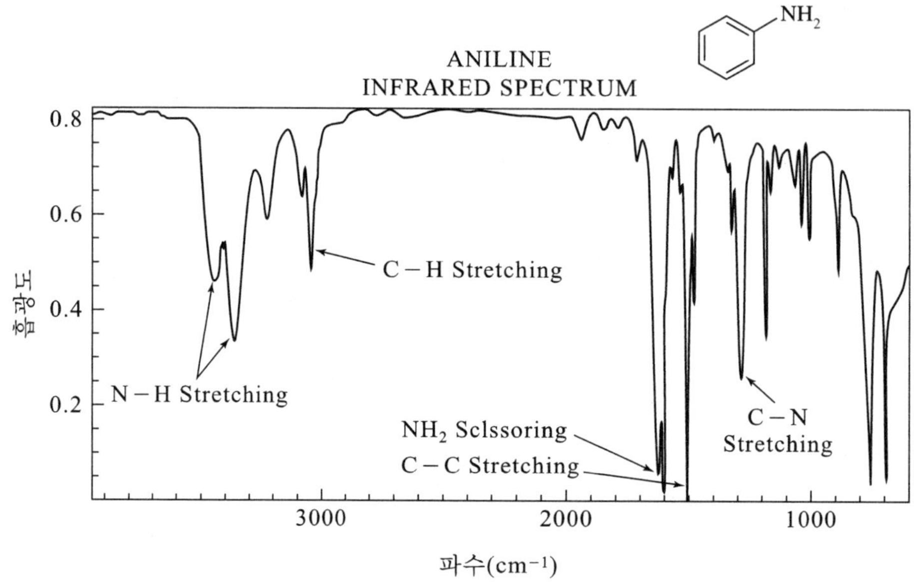

그림 4.8 아닐린($C_6H_5-NH_2$) 화합물의 적외선 흡수 스펙트럼

(2) 적외선 스펙트럼 해석의 기초

스펙트럼 해석에 이용되는 가장 중요한 작용기로는 C=O, O−H, C−O, C=C, C ≡ C, C ≡ N, NO_2 등이다. 이들 작용기의 흡수봉우리가 존재한다면, 즉시 화합물의 구조에 관한 정보를 얻을 수 있다. 3,000 cm^{-1} 근처의 C−H 흡수는 거의 모든 화합물이 흡수를 나타내므로 중요하지 않다. 화합물의 전반적 구조를 추정할 때 순서대로 살펴 볼 사항들이다.

(1) Carbonyl(C=O)기가 존재하는가?

C=O기는 1,800 ~ 1,660 cm^{-1}(5.5 ~ 6.1 μm) 사이의 파수에서 강한 흡수가 나타난다. 이 봉우리는 스펙트럼 중에서 가장 세고 보통의 폭을 가지고 있다. C=O기가 존재한다면 다음 사항들을 확인한다.

(a) Acid (—C(=O)—OH) : 산의 O−H기가 존재하는가?

약 3,400 ~ 2,400 cm^{-1}(보통 C−H와 중복됨)에서 넓은 흡수띠가 있다.

(b) Amide $(-\overset{O}{\overset{\|}{C}}-\overset{H}{\overset{|}{N}}-)$: N－H기가 존재하는가?

대략 3,500 cm^{-1}(2.85 μm)에서 보통 세기의 흡수가 나타난다. 어떤 경우에는 이중 봉우리가 생긴다.

(c) Ester $(-\overset{O}{\overset{\|}{C}}-O-)$: C－O기가 존재하는가?

대략 1,300～1,000 cm^{-1}(7.7～10 μm)에서 강한 흡수가 나타난다.

(d) Anhydride $(-\overset{O}{\overset{\|}{C}}-O-\overset{O}{\overset{\|}{C}}-)$: C＝O기가 존재하는가?

1,810과 1,760 cm^{-1} 근처에 두 개의 C＝O 흡수가 나타난다.

(e) Aldehyde $(-\overset{O}{\overset{\|}{C}}-H)$: C－H기가 있는가?

C－H 흡수의 우측에 2,850～2,750 cm^{-1} 가까이 약한 봉우리 두 개가 있다.

(f) Ketone $(-\overset{O}{\overset{\|}{C}}-)$: (a)～(e)의 다섯 가지에 해당되는 않는다.

(2) C＝O기가 없을 경우에는 다음 사항을 확인한다.

(a) Alcohol과 phenol : O－H기가 존재하는가?

3,600 cm^{-1} (2.8～3.0 μm) 가까이에서 넓은 흡수띠가 있다 (－OH의 증거). 1,300～1,000 cm^{-1} (7.7～10 μm)에서의 C－O의 흡수띠를 찾음으로써 확인한다.

(b) Amine : N－H기가 존재하는가?

3,500 cm^{-1} 가까이에서 보통 세기의 흡수띠가 있다.

(c) Ether : C－O기가 존재하는가?

대략 1,300～1,000 cm^{-1}(7.7～10 μm)에서 C－O의 작은 세기의 흡수띠가 있다.

(3) 이중결합 및 방향족 고리의 확인

C＝C는 대략 1,650 cm^{-1}(6.1 μm)에서 약한 흡수가 나타난다. 1,650～1,450 cm^{-1} (6～7 μm) 영역의 보통 또는 강한 흡수는 가끔 방향족 고리를 표시하기도 한다. 이 사실들을 C－H 영역을 조사함으로써 확인한다. 방향족과 vinyl의 C－H는 3,000 cm^{-1}의 왼쪽에서 흡수가 일어난다. 그러나 지방족 C－H는 3,000 cm^{-1}의 오른쪽에서 흡수가 일어난다.

(4) 삼중결합 : C≡C는 2,250 cm^{-1}(4.5 μm) 근처에서 보통 세기의 예리한 흡수가 나타난다. C≡N은 2,150 cm^{-1}(4.65 μm)에서 약하지만 예리한 흡수가 나타난다. acetylene성 C－H를 대략 3,300 cm^{-1}(3.0 μm)에서 확인해 보라.

(5) Nitro기 : 1,600～1,500 cm^{-1}(6.25～6.67 μm)와 1,390～1,300 cm^{-1}(7.2～7.7 μm)에서 두 개의 강한 흡수가 나타난다.

(6) 탄화수소 : 앞의 모든 것도 발견할 수 없고, 3,000 cm^{-1} 가까이에서 C－H 영역의 주된 흡수가 나타난다. 매우 단순하며 1,450과 1,375 cm^{-1}에서 또 다른 흡수만을 볼 수 있다.

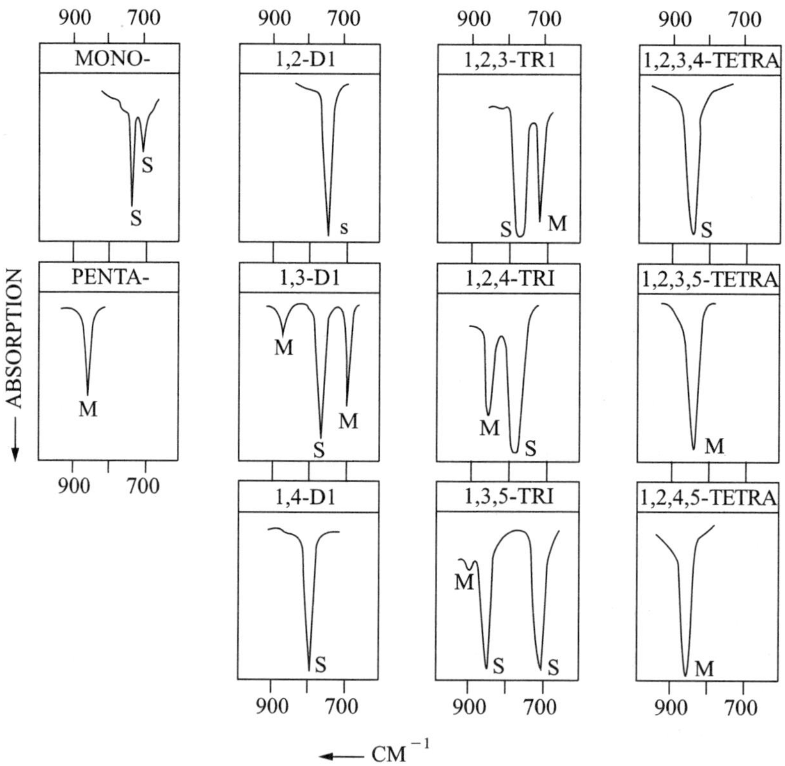

참고 1. 방향족에서 치환기의 적외선 흡수 특성

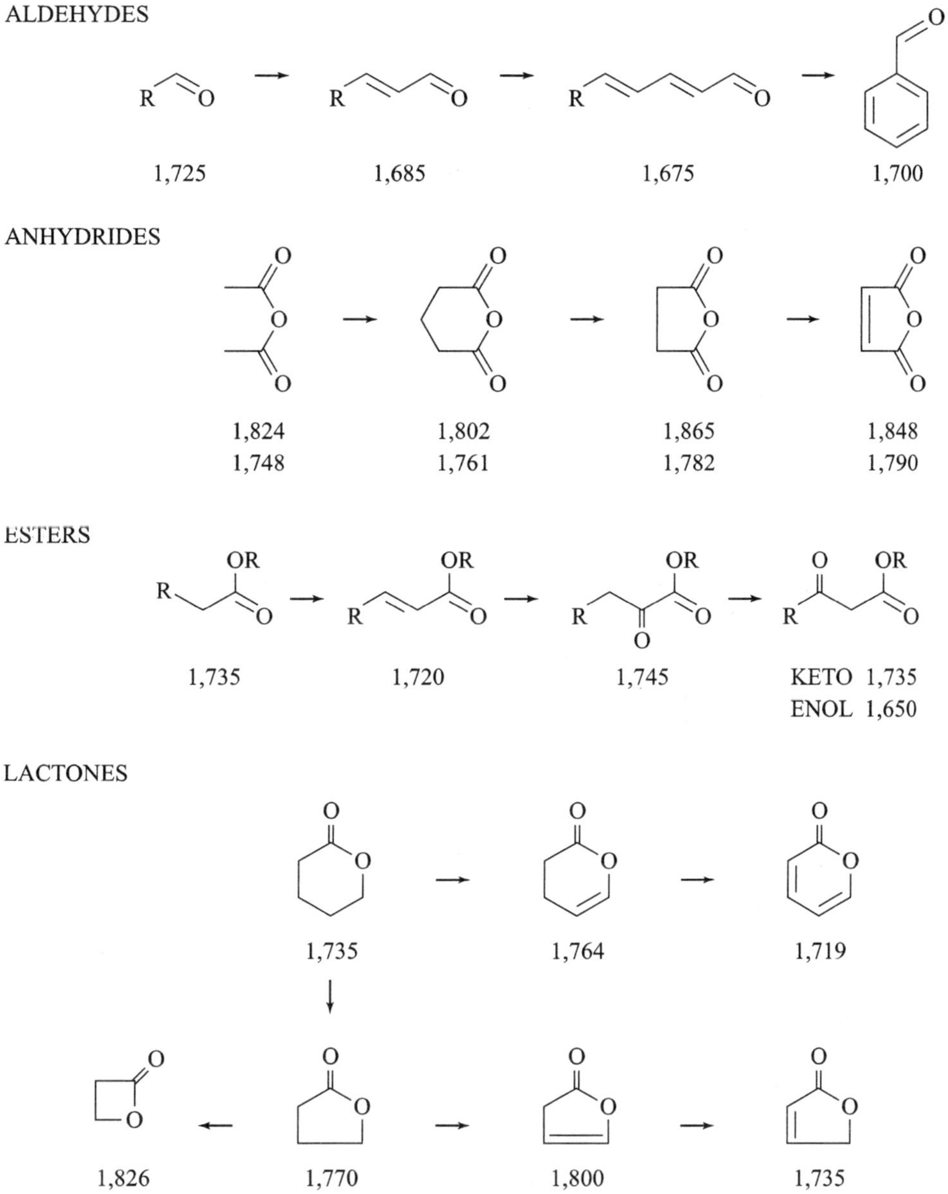

참고 2-1. 카보닐기의 적외선 흡수 특성

KETONES

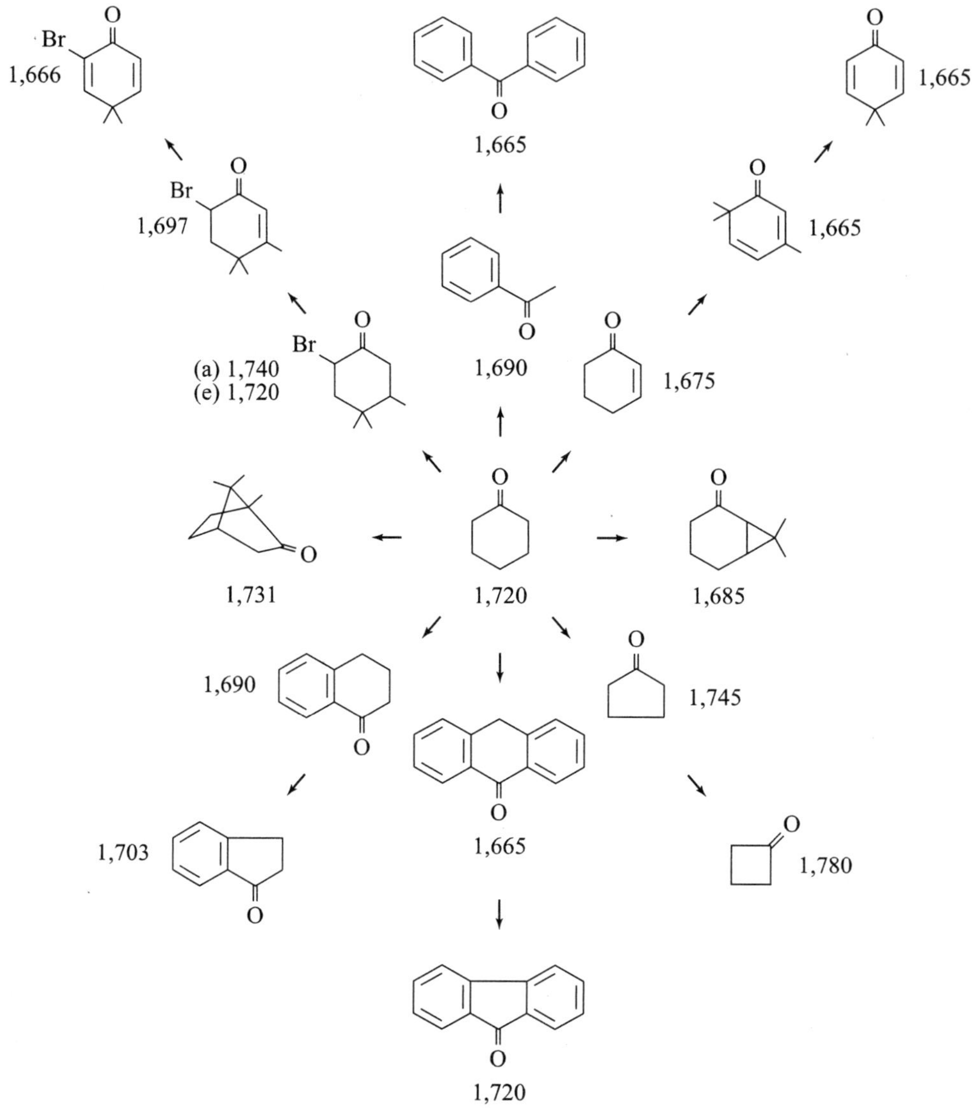

참고 2-2. 카보닐기의 적외선 흡수 특성

4.4.2 정량분석

적외선 분광광도법에 의한 정량분석법은 자외선-가시선 분광광도법에서의 방법과 약간 다르다. 적외선 흡수띠는 비교적 좁기 때문에 자외선-가시선의 경우보다 Beer의 법칙에서 벗어나는 기기편차가 크다.

또한 광원의 세기가 약하고 검출기의 감도가 낮기 때문에 단색화장치의 슬릿나비가 비교적 커야 하고 때로는 슬릿나비를 흡수봉우리의 나비와 같은 정도로 조절하여 사용하는 경우가 있다. 따라서 이런 실험조건에서는 흡광도와 농도 사이에 직선관계가 성립하지 않는 경우가 보통이다.

적외선 분광법의 경우 시료용기 폭은 매우 짧아서 똑같은 두께의 시료용기를 만들기가 곤란하다. 또 용기의 창은 대기와 용매에 의해 쉽게 손상되기 때문에 그들의 투과 특성은 여러 번 사용하면 변한다. 이런 이유들로 인하여 적외선의 흡광도 측정에는 자외선-가시선 분광법에서처럼 기준흡수계를 전혀 사용하지 않고, 시료를 통과한 빛살의 세기를 다만 흡수체가 없는 곳을 통과한 기준빛살과 비교한다.

정량적 실험조작에서는 용매와 용기에 의한 산란과 흡수의 보정을 필요로 한다. 이를 위해서 두 방법이 이용된다. 첫 번째 방법은 두 번 측정법(cell in-cell out)이다. 이 방법은 기준빛살에 물체를 놓지 않고 시료빛살에만 시료와 용매를 사용하여 계속적으로 두 번 스펙트럼을 얻는 방법이다. 시료용기는 두 번 다 같은 것을 사용한다. 기준빛살에 대하여 용매와 시료용액의 투광도를 극대흡수파장에서 각각 구하면 다음과 같은 관계가 성립한다.

$$T_o = \frac{P_o}{P_r}, \qquad T_s = \frac{P}{P_r}$$

여기서 P_r은 기준빛살의 세기이고, T_o와 T_s는 각각 용매와 시료용액의 기준빛살에 대한 투광도이다. T_o와 T_s를 측정할 때 P_r가 변하지 않고 일정하게 유지되면 용매에 대한 시료용액의 투광도는 다음과 같이 구할 수 있다.

$$T = \frac{T_s}{T_o} = \frac{P}{P_o} \tag{4.9}$$

두 번째 방법은 바탕선법(base-line method)이다. 이 방법은 용매의 투광도가 일정하거나 또는 적어도 흡수봉우리의 어깨 사이의 투광도가 직선적으로 변한다는 가정 하에서 성립하는 방법이다. 이 방법에 의해 P_o와 T를 구하는 방법을 그림 4.9에 나타내었다.

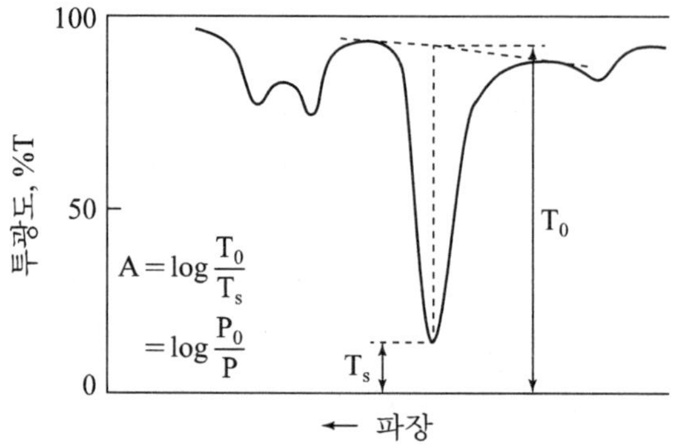

그림 4.9 바탕선법에 의한 투광도 측정

5 라만 분광법의 원리

단색광을 쪼인 분자가 산란할 때 일부 산란광의 주파수는 입사광의 주파수와 서로 다르다는 것이 관찰되었다. 이 현상을 Raman 효과라 하고, 이러한 산란을 라만 산란(Raman scattering)이라 한다. 1928년 Raman에 의해 발견된 이후 라만효과는 산란분자의 구조를 밝혀 유기화합물을 확인하거나 착물과 같은 공유결합 화합물의 조성, 구조, 안정도 등에 대한 정보를 얻는데 대단히 유용한 방법이 되었다. 라만 산란은 분자가 적외선을 흡수하면 양자화된 진동준위가 변화하기 때문에 발생한다. 따라서 입사광과 산란광의 파장차는 중간 적외선 영역에 해당한다. 어떤 화학종의 라만 산란 스펙트럼과 적외선 흡수 스펙트럼은 서로 대단히 유사한 경우가 많다. 그러나 적외선에 활성이 있는 원자단과 라만 산란에 활성이 있는 원자단 사이에는 상당한 차이가 있다. 이것은 적외선 흡수는 분자진동에서 쌍극자 모멘트의 알짜 변화에서 일어나지만 라만 산란 스펙트럼은 분자진동에서 편극률의 변화에 의해 생긴다는 점 때문이다. 따라서 이 두 방법은 서로 경쟁한다고 하기보다는 상호보완적인 관계에 있다.

라만 스펙트럼은 물의 방해가 없다는 점에서 적외선 방법보다 우수하다. 실제로 라만 스펙트럼은 수용액에서도 얻을 수 있으며, 유리나 석영용기를 시료용기로 사용할 수 있으므로 시료 취급법이 매우 간편하다.

4.5.1 정상 라만 산란

양자설에 의하면 복사선은 광자의 흐름으로, 복사선 입자와 매질에 있는 분자 간의 충돌 결과로서 빛이 산란한다고 볼 수 있다. 이런 충돌의 대부분은 알짜 에너지 변화가 일어나지 않는다는 면에서 볼 때 탄성적이다. 즉, 충돌 결과 광자의 방향만 변한다. 이런 산란을 레이리(Rayleigh) 산란이라 한다. 그러나 몇몇 충돌은 비탄성적이다. 이때 결합의 진동 에너지만큼 광자의 에너지가 감소하거나 증가해 그 주파수가 변한다. 이런 과정은 그림 4.10에 에너지 준위로 나타내었다. 편극된 분자에 의해 생긴 전기장은 전자기파를 통과할 때 같은 주파수에서 진동한다. 그 결과 분자는 모든 방향으로 같은 주파수의 복사선을 방출하는 광원으로 작용한다. 라만 효과는 분자가 진동할 때 편극률의 변화를 갖는 분자가 포함된 시료에 강한 단색광의 빛살을 쪼일 때 일어난다.

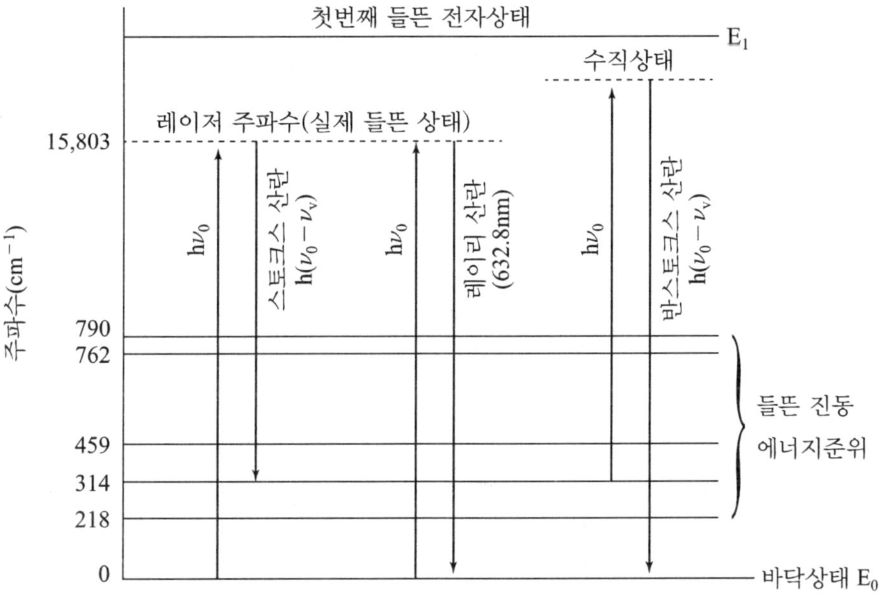

그림 4.10 He-Ne 레이저에 의해 들뜬 CCl_4의 Rayleigh와 Raman 산란의 에너지 변화

정상 라만 산란에서는 분자의 어떤 흡수봉우리에서 멀리 떨어진 파장의 복사선으로 들뜨게 한다(그러나 공명 라만 산란법에서는 흡수봉우리 파장의 빛살 또는 그 근처의 복사선을 사용한다). 이렇게 하면 그림 4.9에서 보는 것처럼 입사 복사선은 분자를 E_1 상태(첫 번째 들뜬 전자상태)까지 들뜨게 하지 않고 수직상태까지만 들뜨게 한다. 전자기파가 통과할 때 편극된 분자는 매우 짧은 시간(대략 10^{-12} sec) 동안 진동을 중지하고 그의 원래 바닥준위로 돌아간다. 아주 적은 분율(10^{-6} 또는 그 이하)의 들뜬 분자는 기준진동방식의 하나가 일어나

는 동안 편극성의 변화를 가져온다. 따라서 입사 복사선의 주파수는 분자진동의 주파수에 의해 변조된다. 그 결과 라만띠가 생긴다. 라만선은 결합의 편극률이 원자 간 거리의 함수로 변하기 때문에 생기게 된다. 보통 입사 복사선 ν_o는 가장 낮은 진동상태의 분자에 의해 흡수된다. 만약 분자가 원래 진동상태까지 돌아가지 않고 바닥 전자상태의 들뜬 진동준위 ν_v로 돌아가게 되어 산란하게 되면 이때의 산란광은 입사광보다 에너지가 더 적거나 낮은 주파수 $(\nu_o - \nu_v)$를 갖는다. 여기서 주파수 차이는 분자의 바닥 전자상태의 자연진동수와 같다.

그림 4.11에 나타낸 사염화탄소의 라만 스펙트럼에서와 같이 몇 가지 이동선, 즉 스토크스(Stokes) 선들이 라만 스펙트럼에 나타날 것이다. 이들은 분자 내에서 다른 진동에 상당하는 것들이다. 몇몇의 분자는 처음에 그들이 들뜬 진동상태에 있는 동안 복사선을 흡수할 것이다. 그런 다음에 더 낮은 에너지준위로 돌아갈 것이다. 그 결과 라만 산란광이 입사광보다 높은 주파수를 가질 것이다. 이들은 반-스토크스 (anti-Stokes) 선이라 부른다. 따라서 산란광의 스펙트럼은 에너지 변화가 없이 즉, 주파수 이동이 없이 산란하는 상대적으로 강한 세기의 레이리 산란과 라만 스펙트럼의 두 성분인 스토크스 선과 반-스토크스 선으로 구성된다.

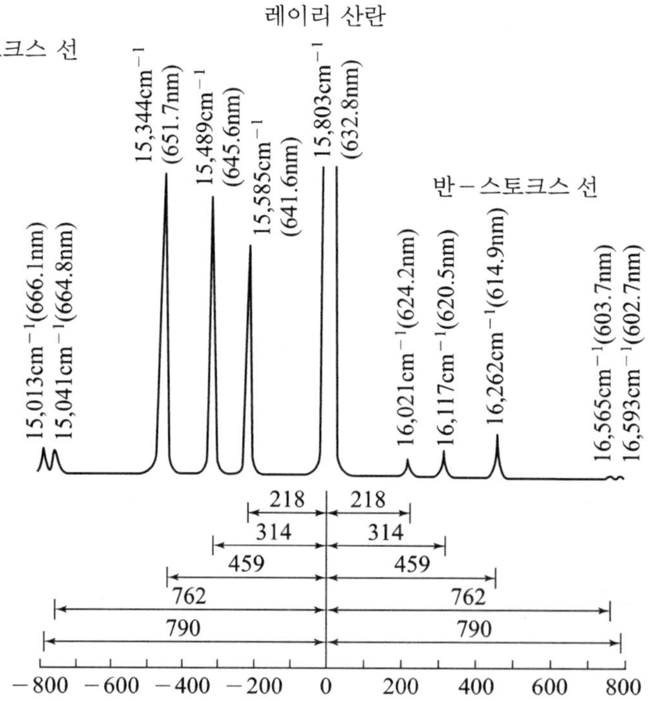

그림 4.11 He-Ne 레이저에 의해 들뜬 CCl_4의 라만 스펙트럼

화학분석을 위해서는 보통 스토크스 선이 이용된다. 이들은 처음에 가장 낮은 진동준위에 있기 때문에 그 세기가 크다. 그러나 분석에 사용하는 시료가 형광을 발광하는 물질일 경우에는 세기는 낮지만 반-스토크스 선을 이용하기도 한다.

4.5.2 공명 라만 산란

공면 산란은 들뜸 흡수봉우리 파장에 대단히 가까운 파장의 복사선으로 분자를 들뜨게 할 때 나타나는 현상으로 산란선의 세기가 크게 증가한다. 공명 라만선의 세기는 정상 라만선의 세기보다 $10^2 \sim 10^6$ 배 더 크다. 따라서 공명 라만 산란법은 정상 라만 산란법보다 강도가 좋고, 선택성이 높으며 분석의 검출한계는 $10^{-6} \sim 10^{-8}$ M 정도로 낮다. 그리고 전자 들뜸 발색단과 관계있는 라만띠만이 세기가 증가하기 때문에 정상 라만 스펙트럼보다 대단히 간단하다.

그림 4.12는 공명 산란에 대한 에너지변화를 나타낸 것이다. 공명 라만산란은 전자가 들뜬 진동상태로 이동한 다음 바닥상태의 진동준위로 즉시 이완한다는 점에서 정상 라만 산란과 다르다. 들뜬 상태의 가장 낮은 진동준위로 비복사 이완[1]된 다음 다시 바닥상태로 비복사 이완되는 형광과 다르다. 라만 이완은 10^{-14}초 이내에서 일어나는데 비해 형광 방출은 $10^{-6} \sim 10^{-8}$ 초 이내에서 일어나는 점도 형광과 다르다.

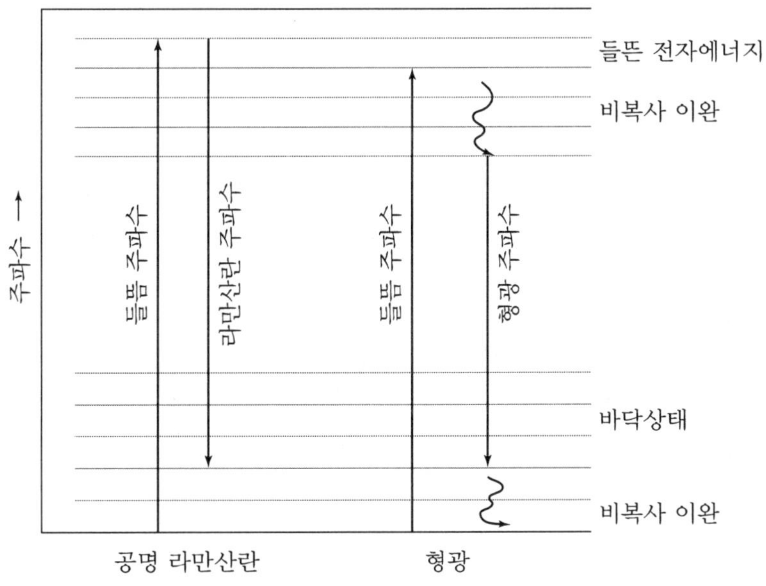

그림 4.12 공명 라만산란과 형광 방출의 차이점

1) 비복사 전이(radiationless transition) : 빛(광자)를 방출하지 않으면서 한 에너지 상태에서 다른 에너지 상태로 전이

4.5.3 라만과 적외선 분광법의 비교

라만과 적외선 흡수 스펙트럼은 그림 4.13에 나타난 것처럼 서로 비슷하다. 어떤 화학결합의 적외선 흡수와 라만 산란의 진동방식이 다 같이 활성인 경우는 라만 봉우리와 적외선 흡수봉우리의 파수가 같을 것이다. 어떤 봉우리는 한 스펙트럼에서 나타나지만 다른 스펙트럼에서는 나타나지 않음을 알 수 있다. 또 봉우리의 상대적 크기도 서로 차이가 날 것이다.

어떤 경우에는 라만 활성이지만 적외선 비활성인 경우와 그 반대의 경우가 나타날 때도 있다. 이와 같이 라만과 적외선 스펙트럼 사이에 차이가 나타나는 것은 그들의 기본 메커니즘이 각각 다르기 때문이다. 같은 진동방식에 의해 스펙트럼이 나타나더라도 구조적 메커니즘에 차이가 있다. 적외선 흡수는 분자의 진동방식에 쌍극자의 변화 또는 진동에 따른 전하 분포의 변화가 있어야 한다. 이런 경우에서만 같은 진동수의 복사선이 분자와 작용할 수 있

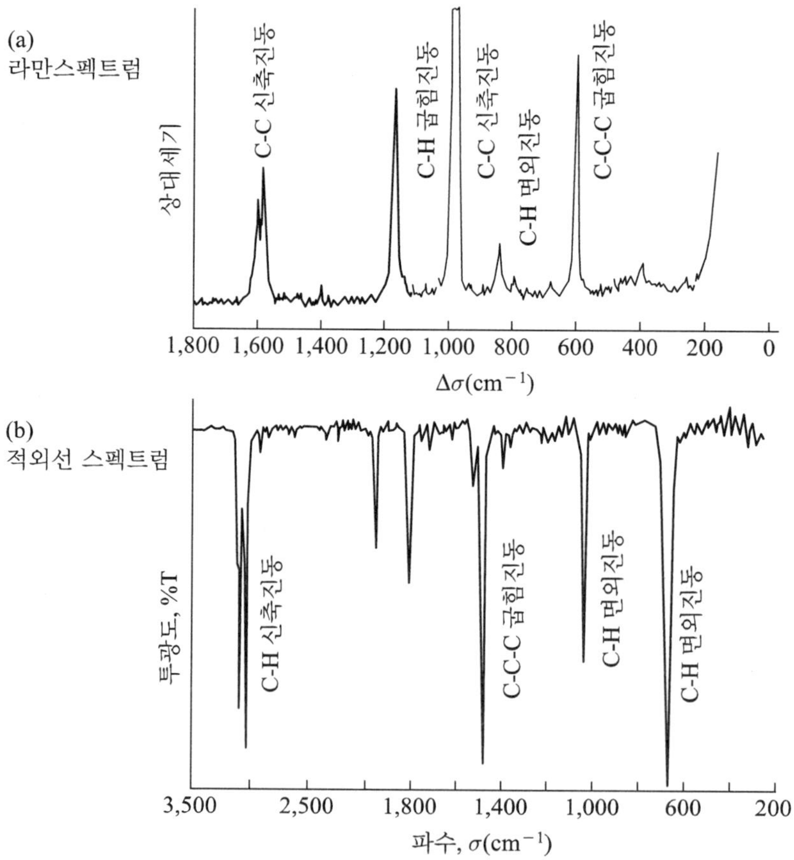

그림 4.13 벤젠의 라만 및 적외선 스펙트럼의 비교[2)]

2) 면외진동 (out-of-plane vibration) : 면에 직각방향의 진동

고 분자를 들뜬 진동상태까지 이동시킬 수 있다. 그러나 산란은 분자 내에 있는 결합 주위에 분포된 전자의 순간적 변형이 생긴 다음 그 결합이 정상적인 상태로 돌아갈 때 모든 방향으로 복사선이 재방출되어 생긴다. 분자가 변형될 때 분자는 순간적으로 편극된다. 즉, 분자는 순간적으로 유발 쌍극자가 생기고 이것은 이완과 재방출을 하면서 소멸된다. 산란에 대한 결합의 효과는 결합전자가 그들의 정상적 위치에서 변형될 수 있는 용이성, 즉 결합의 편극률과 직접 관계가 있다. 전자밀도가 증가할수록 결합세기가 증가할수록 그리고 결합길이가 감소할수록 편극률은 감소한다. 따라서 산란복사선의 라만이동은 분자의 진동방식과 관련된 편극률의 변화를 필요로 한다. 결과적으로 주어진 진동방식의 라만 활성은 적외선 활성과 크게 다르다.

질소와 같은 동핵이원자 분자의 경우에는 그들이 신축진동을 할 때 쌍극자의 변화는 없고, 신축진동을 할 때 결합의 편극률은 주기적으로 변한다. 편극률은 두 원자가 가장 멀리 떨어져 있을 때 최대로 되고 가장 가까이 접근하였을 때 최소로 된다. 따라서 그 진동방식에 해당하는 주파수에 라만이동이 생긴다.

그림 4.3에서 설명한 바와 같이 이산화탄소와 같은 직선형 분자의 경우 대칭 신축진동은 쌍극자의 알짜 변화가 없으므로 적외선 비활성이다. 그렇지만 결합의 편극률은 변화가 일어날 수 있으므로 이 진동방식은 라만 활성이다. 그러나 비대칭 신축진동이나 면의 굽힘진동은 편극률의 변화가 일어나지 않으므로 라만 비활성이다.

라만 분광법의 이점은 시료용기나 광학장치의 재질로 유리나 석영을 사용할 수 있다는 점이다. 이것은 입사광이나 라만 산란광의 파장은 가시선 영역으로, 물은 라만 복사선의 약한 산란체이기 때문이다. 따라서 수용액을 사용할 수 있으므로 적외선 분광법보다는 생물체, 무기물질, 수질요염물의 연구에 유리하다. 라만 분광법에서는 용해가 잘 되지 않는 시료는 미세한 분말로 만들어 한 쪽 끝이 열린 유리 모세관에 넣어서 측정할 수 있고, 고분자 중합체의 경우에도 시료를 전처리하지 않고 직접 사용하여 라만 스펙트럼을 측정할 수 있는 이점이 있다.

또한 적외선 분광법에서는 중간 적외선과 원적외선 영역의 스펙트럼을 얻을 때 한가지 광학장치의 기기로는 곤란하지만 라만 분광법에서는 한 종류의 기기로 전체 진동 스펙트럼을 얻을 수 있다. 라만 기기에 이용하는 회절발은 불완전하며 불확실한 스펙트럼이 얻어지므로 적외선 기기보다 질이 좋은 것을 사용하여야 하고, 적외선에서는 열법 검출기가 이용되지만 라만 기기에는 신호-잡음 비가 훨씬 좋은 광전자증배관을 사용한다. 그러나 라만 분광법은 액체나 고체시료의 경우 먼지 입자가 있으면 틴달현상에 의해 방해를 받기 쉬우므로 라만 스펙트럼을 관측하기 전에 고체입자를 제거하고 실험하여야 한다. 또한 형광을 방출하는 시료의 경우에는 큰 방해를 받을 수 있다. 이런 때에는 세기는 약하지만 반-스토크스 선을 이용하여 분석함으로써 해결할 수가 있다.

6 라만 스펙트럼의 측정법

4.6.1 장치

라만 스펙트럼을 측정하는 기기는 센 광원, 시료 조사장치 및 적당한 분광광도계로 구성된다. 그림 4.14에 그들의 일반적인 배치도를 나타내었다. 광원으로부터 나오는 단색광은 렌즈로 집광되어 시료에 쪼이게 된다. 시료에서 나오는 산란광은 입사광과 직각 방향에서 렌즈에 의해 분광광도계의 입구 슬릿으로 집중되고, 분광광도계에서 적당한 방법으로 검출되어 라만 스펙트럼을 얻는다.

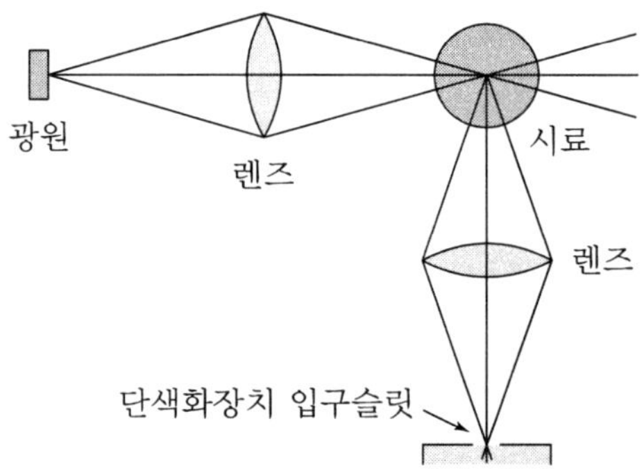

그림 4.14 라만 측정 장치의 일반적 배치도

초기의 라만 장치는 광원으로 수은등을 사용하고 사진법으로 검출하였다. 그 후에 광전자증배관을 갖춘 자기 기록장치가 시판되게 되었다. 최근에 와서 광원으로 레이저를 이용하는 레이저 라만 분광광도계가 제작되어 시판됨으로써 라만 분광법 연구가 활발하게 되었다. 그림 4.15에 레이저 라만 분광광도계의 광학배치도를 나타내었다. 레이저 광원의 빛살은 각종 광학계를 지나서 라만 시료용기 내의 시료에 조사된다. 시료로부터 발생한 라만 산란광은 입사광에 직각 방향으로 나와서 렌즈를 지나서 단색화 장치로 들어간다. 라만 스펙트럼 측정에서는 미광을 제거하고 고분해능을 얻기 위하여 흔히 이중이나 삼중 단색화장치를 사용하며, 분광된 산란광은 광전자증배관으로 검출되고 증폭되어 스펙트럼으로 기록된다. 일반적인 라만 분광광도계는 조건만 좋으면 염소 원자들의 동위원소에 의한 라만 진동수의 차(약 2~3 cm^{-1})까지도 쉽게 판별할 수 있다.

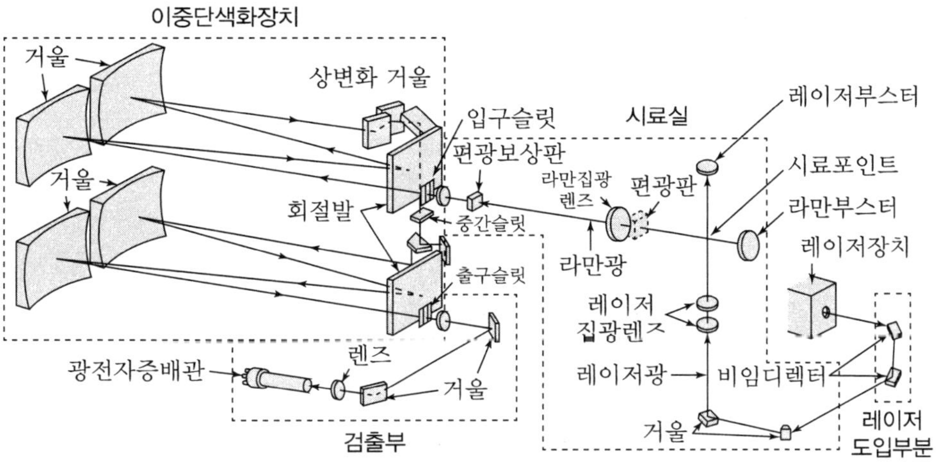

그림 4.15 레이저 라만 분광광도계의 광학배치도

(1) 광원

레이저광은 단위 넓이에 대한 세기가 강하며 위상이 명확하며 완전한 직선 편광성을 가지는 특징이 있으므로 라만 스펙트럼 측정의 광원으로 이상적이다. 레이저광은 시료의 종류와 연구목적에 따라 구별하여 사용하여야 한다. 또 레이저광은 그 세기가 크므로, 특히 아르곤 이온 레이저는 그 출력이 1,100 mW 정도가 되므로, 정면으로 눈에 닿지 않게 하는 등 사용할 때 주의를 하여야 한다.

라만용 레이저의 종류에는 He-Ne, Ar 이온, Kr 이온, He-Cd, N_2 레이저 등이 있으며 이 중에서 가장 광범위하게 이용되는 라만 광원은 He-Ne 레이저이고 이것은 50 mW 출력으로 632.8 nm의 레이저 복사선을 낸다. 이 외에 다른 몇 가지 약한 비레이저 선이 레이저 선에 섞여 나오므로 적당한 좁은 띠의 필터를 이용하여 제거해야 한다. 또는 비레이저 선은 빨리 퍼진다는 성질을 이용하여 광원과 입구 슬릿 간의 거리를 크게 해 줌으로써 비레이저 선의 세기를 0에 가깝게 해줄 수 있다.

특히 높은 강도의 광원이 요구될 때에는 488.0과 514.5 nm의 파장을 갖는 아르곤 이온 레이저를 사용한다. 라만 산란의 세기는 광원에서 나오는 복사선 주파수의 4제곱에 비례하므로 488.0 nm 아르곤 선은 He-Ne의 632.8 nm에 의해 들뜰 때보다 3배 가량 센 라만 선을 얻을 수 있다. 따라서 강한 라만 산란광을 얻으려면 짧은 파장의 광원과 출력이 센 것을 이용하는 것이 필요하다. 또 광원을 선택할 때에는 시료와 용매에 의해 흡광되지 않는 파장이 필요할 것이다(공명 라만 산란의 경우에는 관계없음). 나아가 시료가 형광을 내게 하는 파장은 피하도록 해야 한다.

(2) 시료용기와 광학장치

라만 스펙트럼은 두 가지 가시선, 즉 입사광과 산란광의 파장 차이를 측정하여 얻기 때문에 적외선 분광법보다 시료 취급법이 간단하다. 따라서 시료용기, 렌즈, 기타의 광학장치에 유리를 사용할 수 있다. 이렇게 하여 광원은 작은 면적에 쉽게 집광시킬 수 있고, 방출 복사선도 효과적으로 단색화장치의 입구 슬릿에 집광시킬 수 있고, 시료의 양이 적어도 쉽게 측정할 수 있으므로 액체시료의 시료용기로 보통의 유리모세관을 사용할 수 있다. 또 기체시료와 같이 대단히 약한 신호가 생길 때는 레이저광이 반사하도록 시료용기를 거울 사이에 놓아 들뜨기를 증가시킨다.

(3) 라만 분광광도계

오늘날의 라만 분광광도계는 광전자증배관을 사용하여 봉우리의 세기를 측정한다. 기기의 각 부분은 자외선-가시선 분광광도계와 비슷하다. 그러나 대부분의 기기는 이중 또는 삼중 단색화장치를 사용하여 불필요한 복사선이 검출기에 닿는 것을 방지하도록 한다. 그리고 빛살 분리장치를 이용하여 광원의 불안정한 변동에서 오는 영향을 상쇄하고 있다. 기기의 기록계는 적외선 기기의 경우 파수(또는 파장)에 대한 투광도(또는 흡광도)로 스펙트럼을 그리게 되어 있지만, 라만 기기는 입사광과 산란광의 파수차(또는 파장차)에 대한 라만 선의 세기를 측정하도록 되어 있다.

4.6.2 공명 라만산란 측정

일반적인 라만 스펙트럼 측정기기는 무색인 시료에 가시선을 들뜨기 광원으로 사용하므로 라만 산란광의 세기는 매우 약하다. 만약 자외선 영역의 빛을 들뜨기 파장으로 사용하거나 또는 유색물질의 시료에 대하여 가시선을 들뜨기 파장으로 사용하였을 때 들뜨기 빛살의 파장이 시료의 전자흡수띠의 파장에 일치하거나, 또는 그것에 가깝게 되는 수가 있다. 이럴 경우 라만 산란광의 세기가 선택적으로 매우 커지는 현상이 나타난다. 이 현상을 공명 라만효과라 한다. 이 효과는 라만 활성인 모든 진동에 대하여 관측되는 것이 아니고 공명하는 흡수띠의 발색단에 관계되는 진동에 대해서만 특이적으로 관찰되므로 이 현상을 분석에 응용할 수 있다. 예를 들면 측정대상이 복잡한 혼합물이라도 들뜨기 빛과 공명하는 흡수띠를 가진 분자의 진동에만 공명 라만효과가 관찰되므로 색이 있는 미량성분을 검출하거나 그 성분을 확인하는데 이용될 수 있다. 또는 색이 있는 단백질의 발색단의 연구에도 이용될 수 있다.

4.6.3 편광해소도

편극률은 분자에서 결합의 변형성과 관계있는 분자의 성질로 편극이란 복사선의 진동면(vibrational plane)을 나타낸다. 편광해소도(depolarization)는 비편극화비라고도 하는데 이것은 평면-편광 복사선으로 분자를 들뜨게 할 때 라만 산란광의 편광방향이 들뜨기 빛의 편광방향과 평행인 것뿐만 아니라 수직인 성분도 생기는 것을 뜻한다.

편광해소도를 측정할 때는 그림 4.16과 같이 편광자(Nicol 프리즘)를 라만산란광의 집광렌즈 앞에 놓고, 먼저 들뜨기 복사선의 편광방향과 평행인 방향으로 편광된 라만산란광의 성분(//)을 측정한 다음 편광자를 90° 회전시켜 들뜨기 빛의 편광방향과 수직인 방향으로 편광된 라만광의 성분(⊥)을 측정한다. 이때 각각의 라만광의 세기를 $I_{//}$ 및 $I_{\perp}$ 라고 하면 편광해소도(P)는 다음과 같이 표시한다.

$$P = \frac{I_{\perp}}{I_{//}} \tag{4.10}$$

레이저광과 같이 평면-편광된 복사선으로 분자를 들뜨게 하였을 때 분자의 대칭진동에 대해서는 $0 \leq P < 3/4$이며, 비대칭진동에 대해서는 $P = 3/4$가 된다. 예를 들면 그림 4.10에서 보는 것처럼 사염화탄소에서 459 cm^{-1}의 산란선은 중심 탄소에 대해 4개의 사면체 위치에 있는 염소 원자가 동시에 접근하고 또 멀어지는 대칭진동에서 생긴다. 이때 편광해소도는 0.005이고, 이것은 최소의 편광해소임을 나타낸다. 따라서 459 cm^{-1} 선을 크게 편극된 선이라고 할 수 있다. 이에 비하여 218과 314 cm^{-1}의 산란선은 비대칭 진동에서 생긴 것이고 편광해소도는 약 0.75이다. 따라서 편광해소도는 분자의 진동방식과 라만 산란성을 연관지을 수 있다. 그러므로 편광해소도를 측정하면 분자의 구조를 결정하는데 유용한 정보를 얻을 수 있다.

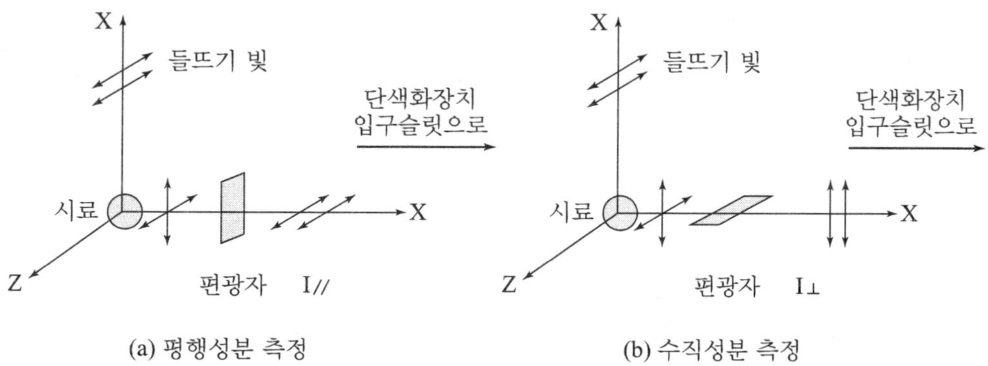

그림 4.16 편광해소도 측정법 (a) 평행성분 측정, (b) 수직성분 측정

7 라만 분광법의 응용

라만 분광법은 유기, 무기 및 생물계의 정성 및 정량분석에 이용된다[3].

4.7.1 정성분석

라만 분광법에 의한 정성분석법은 적외선 분광법의 경우와 같으며 시료의 라만 산란광의 파장, 세기 및 편광특성(편광해소도)을 측정하여 이들의 데이터와 이미 알고 있는 물질로부터 얻은 스펙트럼을 비교하게 된다. 대칭 중심을 갖는 분자일 때에는 분자의 진동이 대칭중심에 대해서 대칭적으로 나타나는데, 이는 라만 스펙트럼에서만 관측되며 또한 비대칭적인 진동은 적외선 스펙트럼에서만 관측된다. 따라서 대칭중심인 분자는 라만 분광법으로만 분석이 가능하다.

(1) 유기화합물의 정성

적외선 스펙트럼과 같이 라만 스펙트럼도 작용기 검출에 유용한 분자의 지문영역을 가지고 있다[4]. 라만 스펙트럼은 몇 가지 화합물에 대해 적외선 스펙트럼보다 더 많은 정보를 제공해 주기도 한다.

예를 들면 올레핀의 이중 결합 신축진동은 약하기 때문에 적외선 흡수법으로 잘 검출되지 않는다. 그러나 라만 스펙트럼에서는 1,600 cm^{-1}에서 강한 봉우리가 나타나는데 이것으로 치환체의 성질과 구조에 대한 정보를 알 수 있다. 또 사이클로파라핀 유도체에서도 라만 특성 봉우리는 1,200～700 cm^{-1} 영역에서 나타낸다. 이 봉우리는 원자들이 대칭적으로 고리중심으로 모였다가 중심으로 펴졌다가 하는 소위 호흡진동 때문에 나타난다. 봉우리 위치는 사이클로프로판의 경우 1,190 cm^{-1}에서 나타나서 차차 감소하고 사이클로옥테인의 경우에는 700 cm^{-1}에서 나타난다. 따라서 라만 분광법은 파라핀의 고리크기를 측정하는데 유용하다. 그러나 이 진동에 대한 적외선 봉우리는 약하든지 거의 나타나지 않는다. 이와 같이 라만과 적외선 스펙트럼의 특성을 비교하면 유기화합물의 확인이 더 쉽다.

3) D. L. Gerrard, Anal. Chem., 1984. 56. 219R; D. J. Gardiner, Anal. Chem., 1982, 54, 165R; 1980, 52, 1978, 50, 131R.
4) F. R. Dollish, W. G. Fateley and F. F. Bentley, Characteristic Raman Frequencies of Organic Compounds, Wiley-Interscience, New York, 1971.

(2) 무기화학종의 라만 스펙트럼

착물에서 금속-리간드의 진동에너지는 $700 \sim 100\ \mathrm{cm}^{-1}$ 영역에서 나타나므로 적외선 분광법으로는 측정하기 곤란하다. 그러나 이런 진동은 라만 활성인 경우가 많고 라만 스펙트럼으로 얻어진다. 따라서 착물에 대한 라만 스펙트럼에서 착물의 조성, 구조, 안정도 등에 대한 정보를 얻을 수 있다. 금속-산소 결합도 라만 활성이므로 라만 스펙트럼을 나타낸다. 예를 들면 몰리브덴산 이온(MoO_4^{2-})은 산성 용액에서 수소 이온 농도가 세기에 따라 중합반응이 일어나 $Mo_8O_{24}^{4-}$, MoO_2^{2+} 등으로 변화가 일어난다. 용액 중에서 용액의 성질을 파괴하지 않고 이런 화학종 변화에 대한 연구는 다른 방법으로는 용이하지 않은 경우가 많다. 그러나 라만 분광법을 이용하면 이와 같은 용액 중의 화학종 변화에 대한 연구가 가능하다[5].

이상의 방법과 같이 라만 활성인 화학종 WO_4^{2-}, $W_{12}O_{39}^{6-}$, $Al(OH)_4^{-}$, VO_4^{3-}, $Si(OH)_6^{2-}$, $Sn(OH)_6^{2-}$, $V(OH)_2^{2+}$, VO^{2+}, $H_2BO_3^{-}$, $B(OH)_4^{2-}$ 등의 연구에 라만 분광법이 이용된다.

4.7.2 정량분석

라만 스펙트럼은 적외선의 경우보다 비교적 봉우리가 멀리 떨어져 나타나므로 서로 적게 겹치기 때문에 정량분석이 쉽다. 또 수용액에서도 실험할 수 있으므로 정량분석에 널리 이용될 것으로 기대된다. 라만 스펙트럼에서 라만선의 세기와 물질의 농도 사이에는 근사적으로 다음과 같은 비례관계가 성립된다.

$$I = SCVI_o \tag{4.11}$$

여기에서 I는 라마선의 세기, S는 산란계수, C는 시료의 농도, V는 들뜨기 빛을 받은 시료의 부피, I_o는 시료에 조사된 들뜨기 빛의 세기이다. 그러나 들뜨기 빛과 라만 산란광의 절대세기의 측정이 어려우며 또한 공존하는 분자 때문에 세기와 농도의 직선관계가 영향을 받게 되므로 실제로 정량적인 분석을 위해서는 내부표준법이 사용된다. 이 방법은 사염화탄소와 같은 물질을 내부표준물로 일정량 혼합한 다음, 먼저 각 성분마다 세로축에 사염화탄소에 대한 무게비를 취하여 검정선을 작성한다. 다음에 시료에 사염화탄소를 일정량 가하고 그 세기를 측정하여 각 성분의 혼합비를 검정선에서 구한다.

5) W. P. Griffith, et al., *J. Chem. Soc.*, 1969, (A), 1066; 1967, (A), 675.

연습문제

4.1 CCl_4에서 C-Cl 신축진동의 파수를 계산하라. 단, $k = 3.4\times10^5$ dyne/cm.

4.2 CO의 적외선 흡수 스펙트럼은 2,170 cm^{-1}에서 진동흡수를 나타낸다. CO 결합의 힘상수는 얼마인가?

4.3 HF 결합의 힘상수는 약 9×10^5 dyne/cm이다. HF와 DF의 진동의 흡수 봉우리의 파수를 계산하라. DF 결합의 힘상수도 HF와 같다고 가정하라.

4.4 SO_2는 비선형 분자이다. 진동방식을 고려하여 나타나는 적외선 흡수 스펙트럼 봉우리의 수를 예상하라.

4.5 CO_2와 SO_2 분자의 적외선과 라만 스펙트럼의 차이점을 설명하라.

4.6 광원은 (a) He/Ne 레이저(632.8 nm)과 (b) 아르곤 이온 레이저(488.0 nm)를 사용할 때 CCl_4의 Stokes 선과 anti-Stokes 선($\Delta\sigma = 218$, 314, 459, 762, 790 cm^{-1})은 어떤 파장(nm)에서 생기겠는가?

4.7 문제 6의 두 가지 들뜨기 광원이 사용될 때 CCl_4의 라만선 중의 하나에 대한 상대세기를 비교하라.

4.8 라만에서 광원으로 He/Ne 레이저가 어떤 조건하에서 아르곤 이온 레이저보다 더 좋은가?

4.9 에틸렌($CH_2=CH_2$) 분자에서 다음과 같은 진동은 적외선 활성인가 비활성인가를 지적하라.

C-H 신축 (a) | C-H 신축 (b) | CH_2 앞뒤흔듦 (c) | CH_2 꼬임 (d)

4.10 다음 물질을 각각 확인할 수 있는 적외선 특성 봉우리를 지적하라.
(a) ethyl alcohol과 diethyl ether
(b) propion aldehyde와 acetone
(c) *pri*-, *sec*- 및 *tert*-amine
(d) *n*-hexane과 cyclohexane
(e) propionic acid와 methyl acetate

4.11 다음과 같은 적외선 흡수 스펙트럼을 갖고, 분자식이 $C_{10}H_{22}O_4$인 화합물을 확인하여라.

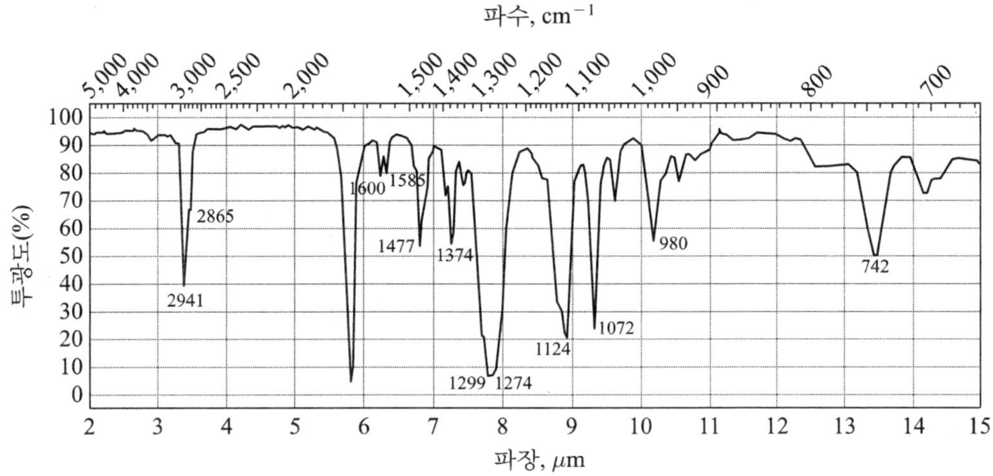

4.12 다음과 같은 적외선 흡수 스펙트럼을 갖고 분자식이 $C_6H_{10}O$이며 녹는점이 49～50℃인 화합물의 가능한 구조식을 추정하라.

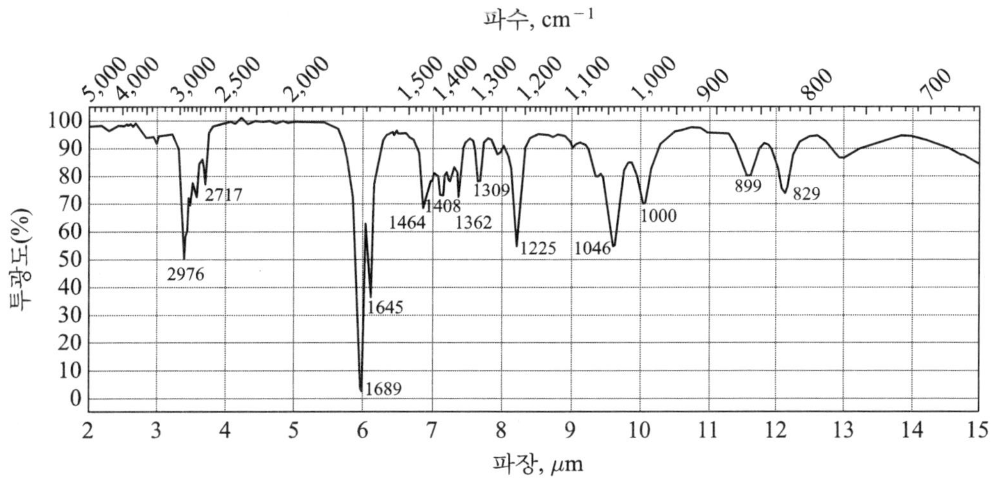

4.13 다음과 같은 적외선 흡수 스펙트럼을 갖고 분자식이 $C_{22}H_{18}$이며 녹는점이 102～103℃인 화합물의 가능한 구조식을 추정하라.

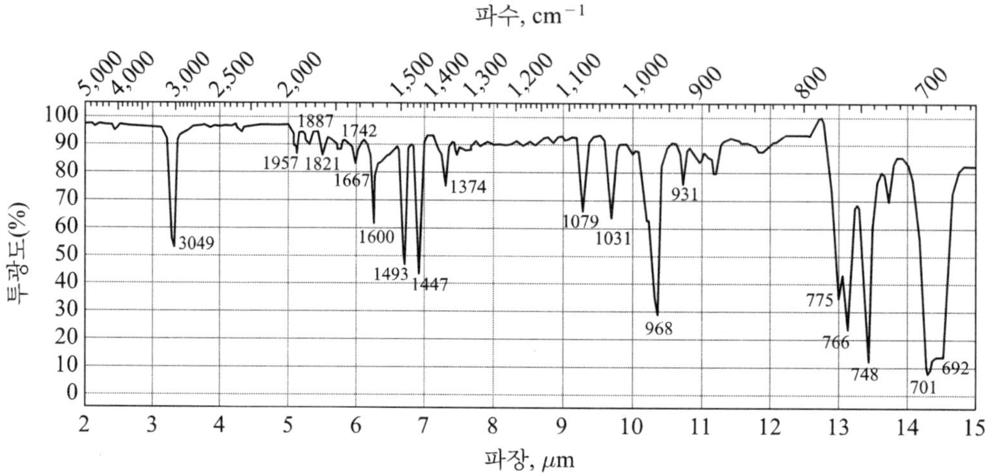

4.14 다음과 같은 적외선 흡수 스펙트럼을 갖고 분자식이 $C_{18}H_{10}O_3$이며 녹는점이 225～256℃인 화합물의 가능한 구조식을 추정하라.

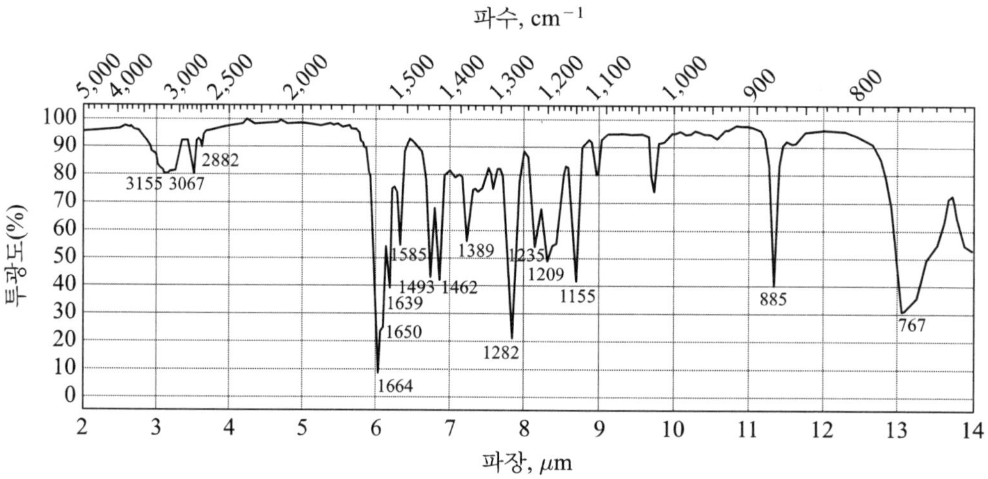

참고문헌

1. A.D. Cross and R.A. Jones, *An Introduction to Practical Infrared Spectroscopy*, 3rd ed., Butterworth & Co., 1969.
2. N. B. Colthup, L. N. Daly and S. E. Wiberley, *Introduction to Infrared and Raman Spectroscopy*, 2nd ed., New York, Academic Press, 1975.
3. K. Nakanishi and P. H. Solomon, *Infrared Absorption Spectroscopy*, 2nd ed., Holden-Day, San Francisco, 1977.
4. R. P. Bauman, *Absorption Spectroscopy*. Wiley, New York, 1962.
5. H. A. Szymanski, *Theory and Practice of Infrared Spectroscopy*. Plenum, Press. New York, 1964.
6. H. H. Willard, L.L. Merritt and J.A. Dean, *Instrumental Methods of Analysis*, 6th ed., D. Van Nostrand, New York, 1981.
7. D. A. Skoog, *Principles of Instrumental Analysis*, 3rd ed., Sauders College Publishing, P. A. Winston, 1985.
8. 日本分析化學會, 九州支部 編, 器機分析入門, 南江堂, 1984.

CHAPTER 5

핵자기 공명 분광법

1946년 Harvard 대학의 Purcell과 Stanford 대학의 Bloch는 강한 자기장에 의해 핵의 에너지준위가 분리되고, 그 결과 핵이 강한 자기장 속에서 전자기 복사선을 흡수한다는 대 발견을 각각 발표하였다. 이러한 핵자기 공명(nuclear magnetic resonance, NMR)이 발견된 후 첫 5년 동안에 화학자들은 자기장에 놓인 핵의 전자기 복사선 흡수가 분자의 세부구조에 따라 다르게 나타나는 사실과 이 효과는 분자의 구조와 밀접한 관계가 있음을 알게 되었다. 그 후 이 분야는 폭발적인 발전을 하게 되었고 이 방법은 유기화학, 무기화학 및 생화학 분야에 지대한 공헌을 하게 되었다. 최근에는 생물, 약학, 임상의학 분야에도 응용되어 생체성분의 이동변화, 질병의 진단에도 응용된다.

핵자기 공명 분광법은 75～0.5 m의 파장범위에 해당하는 약 4～600 MHz의 라디오 주파수 범위의 전자기 복사선의 흡수 측정에 의존하는 방법이다. 이 방법의 흡수과정에는 원자핵이 관여한다. 핵이 에너지 흡수를 일으키게 하는 상태로 유지하기 위해 분석물질에 수천 Gauss 이상의 센 자기장을 가해 주어야 하다.

이 장에서는 주로 ^{1}H-NMR의 기본적인 중요사항 즉, NMR 이론, 장치 및 응용법에 관하여 중점적으로 설명하고, ^{13}C-NMR 분광법의 원리와 특성에 관하여 간단히 설명하기로 한다.

I 핵자기 공명의 기본원리

5.1.1 핵의 스핀양자수

전자와 마찬가지로 원자핵을 구성하는 양성자와 중성자도 스핀을 가지고 있다. 따라서 핵은 원자핵의 스핀양자수 I로 표시되는 각운동량을 가지며, I는 양성자와 중성자의 수에 따라 결정된다. 양성자와 중성자의 수가 모두 짝수일 때는 스핀양자수 $I=0$, 그렇지 않은 경우에는 $I=1/2$의 정수배 또는 정수의 값을 갖는다.

표 5.1 여러 가지 핵의 스핀양자수

양성자수	중성자수	스핀양자수, I	예
짝수	짝수	0	^{12}C, ^{16}O, ^{32}S, ^{28}Si
홀수	짝수	1/2 3/2	^{1}H, ^{19}F, ^{31}P, ^{15}N ^{11}B, ^{79}Br, ^{35}Cl
짝수	홀수	1/2 3/2 5/2	^{13}C ^{127}I ^{129}I, ^{17}O
홀수	홀수	1	^{2}H, ^{14}N

중성자수와 양성자수가 홀수인 핵에서는 전하가 비대칭으로 분포되어 있다. 예로 ^{2}H와 ^{14}N은 스핀양자수가 정수인 $I=1$을 갖는다. 하지만 양성자수와 중성자수가 모두 짝수인 핵에서는 각운동량은 없고($I=0$), 자기적 성질도 나타내지 않는다. 따라서 ^{12}C, ^{16}O, ^{32}S 등은 자기적으로 비활성이므로 핵자기 공명 측정과는 관계가 없다.

그림 5.1에 이들 핵을 하나의 회전하는 공으로 생각하여 스핀을 나타내었다. 이 운동은 힘을 받아 수직상태에서 약간 기울어져서 회전하는 팽이의 운동과 비슷하다. 이와 같은 팽이의 회전운동을 생각하면 핵의 스핀전이를 이해하는데 도움이 된다. 핵에 자기장이 도입될 때 세차운동[1)]이 시작되는 사실로 보아 에너지가 양성자에 흡수됨을 알 수 있다. 팽이는 지구 중력장의 영향으로 축에 대해 비틀거리며 운동하는 세차운동을 시작하게 된다. 회전하는 핵도 가해진 자기장의 영향으로 인하여 비슷한 현상을 보일 것이다.

핵에 자기장이 가해지면 핵은 각진동수(ω)로 그 자체의 핵 스핀축 주위를 세차하기 시작한다. 이때 핵의 진동수는 도입된 자기장 세기에 비례하게 된다. 자기장의 세기가 클수록 세차운동의 속도는 빨라진다. 양성자(^{1}H)의 경우 도입된 자기장이 14,092 Gauss일 때 세차운동의 진

1) 세차운동 : 회전운동을 하고 있는 물체의 회전축이 움직이지 않는 어떤 축의 둘레를 회전하는 현상

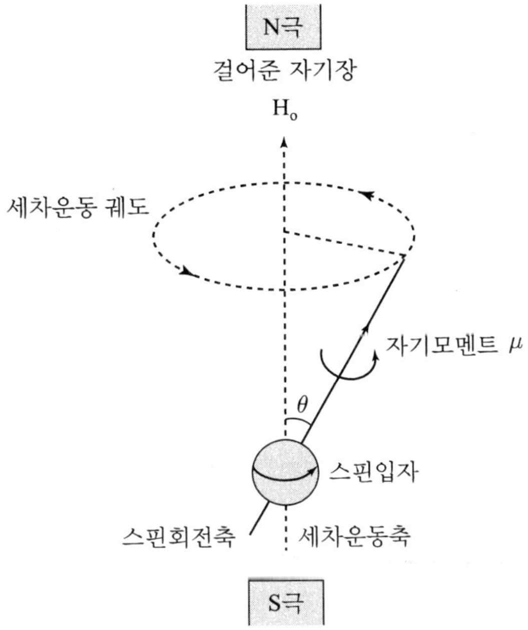

그림 5.1 자기장 속의 핵 스핀과 세차운동[2)]

동수는 60 MHz인데, 양성자는 전하를 띠고 있기 때문에 세차운동을 하면서 같은 진동수로 진동하는 전기장을 형성한다.

만약 이와 동일한 주파수의 라디오파가 세차운동하는 양성자에 공급되면 그 에너지는 흡수될 수 있다. 쪼여주는 복사선의 전기장 성분의 진동수가 세차하는 핵에 의해 생성된 전기장의 진동수와 일치될 때 두 전기장은 상호작용하며 이때 쪼여진 복사선 에너지는 핵으로 전이되며 이로 인해 핵은 스핀변화를 일으킨다. 이 상태를 공명이라 부르며, 그 핵은 쪼여진 전자기파와 공명이 일어났다고 한다. 그림 5.2에 공명과정을 그림으로 나타내었다.

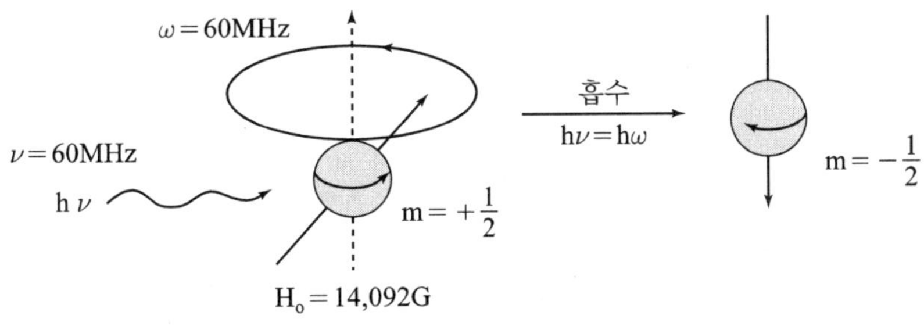

그림 5.2 세차운동 입자기 복사선을 흡수하는 모형

2) 자기모멘트 : 쌍극자 모멘트라고도 불리며, 핵스핀이 0이 아닌 핵종들은 외부자기장과 상호작용한다.

5.1.2 핵의 에너지준위

핵은 전하를 띠고 있는데 원운동하는 전하는 자기장을 발생한다. 이것은 코일에 전류가 흐를 때 자기장이 발생하는 것과 비슷하다. 이때 생기는 자기모멘트(magnetic moment), μ는 스핀축에 따라 배향하며 입자의 종류에 따라 고유한 값을 갖는다. 입자의 스핀과 자기모멘트 사이의 상호작용에 의해 다음과 같은 일련의 자기양자상태(magnetic quantum state)인 스핀 상태 m를 갖는다.

$$m = I,\ I-1,\ I-2,\ \cdots,\ -I \tag{5.1}$$

예로 양성자(^{1}H)의 경우 스핀양자수 $I = 1/2$이므로 스핀상태 $m = -1/2,\ +1/2$이다. 입자가 외부 자기장의 영향을 받게 되면 자기모멘트를 가지는 입자는 그 스핀축이 외부 자기장에 평행되게 배향하려 한다.

입자의 이런 행동은 마치 작은 막대자석을 자기장 속에 놓았을 때 막대자석이 나타내는 행동과 같은데, 자석의 퍼텐셜에너지는 자석의 배향에 따라 무한히 많은 여러 가지 값을 가질 수 있다. 그러나 원자핵의 에너지는 $(2I+1)$개의 불연속적인 값에 한정된다. 즉, 배향하는 위치가 $2I+1$개에 한정된다. 예로 양성자는 스핀양자수가 $I = 1/2$이므로 가능한 스핀상태, m는 $2I+1 = 2(1/2)+1 = 2$개로 그들은 각각 $-1/2$과 $+1/2$이다. 따라서 가해진 외부자기장에 평행(낮은 에너지) 또는 반대(높은 에너지)의 두 가지 배향이 존재한다.

각각 이를 $+\mu H_o$ 또는 $-\mu H_o$의 에너지를 갖는 두 가지 준위로 분리되는 양상을 그림 5.3에 나타내었고, 두 준위 간의 에너지 차는 다음과 같다.

$$\Delta E = \frac{\mu H_o}{I} \tag{5.2}$$

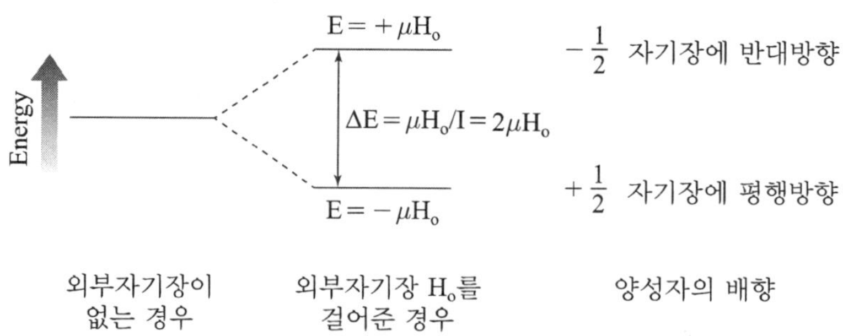

그림 5.3 양성자의 스핀상태에 영향을 주는 외부자기장

5.1.3 핵자기 공명

어떤 양자상태로부터 다른 양자상태로 전이하였을 때 에너지 변화가 있으면 그 때 방출 또는 흡수되는 전자기 복사선의 주파수는 $E = h\nu$를 만족한다. 따라서 식 (5.2)로부터 다음과 같이 됨을 알 수 있다.

$$h\nu = \frac{\mu H_o}{I} \tag{5.3}$$

또는

$$\nu = \frac{\mu H_o}{hI} \tag{5.4}$$

여기에서 h와 I는 상수이고, 원자핵이 정해지면 μ도 상수가 되므로 식 (5.5)와 같다.

$$\nu = (\text{상수}) \times H_o \tag{5.5}$$

이 식은 ν와 H_o의 관계를 나타내고 있으며 원자핵이 어떤 양자상태로부터 다른 양자상태로 전이하였을 때 방출되거나 흡수되는 전자기 복사선의 주파수는 가해주는 외부자기장에 직접 비례함을 알 수 있다. 이것을 보다 명확히 하기 위해 자기회전비(magnetogyric ratio), γ을 사용하여 식 (5.4)는 다음과 같이 나타낼 수 있다.

$$\nu = \frac{\gamma H_o}{2\pi} \tag{5.6}$$

여기에서 γ는 회전하는 입자의 자기모멘트와 각운동량 사이의 관계를 나타내는 상수로서 자기모멘트와는 $\mu = \gamma(Ih/2\pi)$의 관계를 가지며 핵종이 갖는 고유한 값이다. 따라서 핵이 상호작용을 일으키는 전자기 복사선의 주파수는 외부로부터 가한 자기장의 세기와 핵의 종류에 의해서만 결정된다.

예제 5.1

자기장의 세기가 14,092 Gauss인 자석을 사용한다면 이 자기장에서 양성자(^{1}H)는 어떤 주파수의 복사선을 흡수하겠는가? 또 ^{1}H의 자기회전비를 계산하라. ^{1}H의 자기모멘트는 2.79핵마그네톤(1 NM=5.05×10^{-24} erg·G^{-1})이므로 ^{1}H의 핵자기모멘트는 μ_p는 1.41×10^{-23} erg·G^{-1}이다.

해답

식 (5.4)에서

$$\nu = \frac{\mu_p H_o}{hI} = \frac{(1.41\times10^{-23}\,\text{erg}\cdot\text{G}^{-1})(14{,}092\,\text{G})}{(6.62\times10^{-27}\,\text{erg}\cdot\text{sec})(1/2)}$$
$$= 60.0\times10^{6}\,\text{Hz} = 60\,\text{MHz}$$

또 수소 원자핵의 자기회전비(γ)의 크기는 식 (5.6)에 의해서 구하면,

$$\gamma = \frac{2\pi\nu}{H_o} = \frac{2\pi\left(\frac{\mu_p H_o}{hI}\right)}{H_o} = \frac{2\pi\mu_p}{hI}$$
$$= \frac{2\times3.14(1.41\times10^{-23}\,\text{erg}\cdot\text{G}^{-1})}{(6.62\times10^{-27}\,\text{erg}\cdot\text{sec})(1/2)} = 2.67\times10^{14}\,\text{G}^{-1}\cdot\text{sec}^{-1}$$

양성자의 경우 예제와 같은 방법으로 계산하면 14,092 G, 23,500 G, 51,700 G, 94,000 G의 경우에 각각 60 MHz, 100 MHz, 220 MHz 및 400 MHz에 해당한다.

자기장에 놓여 있는 양성자의 두 에너지상태는 볼쯔만(Boltzmann) 분포에 따라 분포되어 있고, 낮은 에너지준위에 있는 것이 약간 많다. 여기에 라디오파가 조사되어 공명흡수가 일어나면 높은 에너지준위의 존재비가 증가한다. 라디오파가 조사가 멈추면 들뜬상태에 있는 양성자의 일부는 에너지를 방출하고 바닥상태로 돌아간다. 이 과정을 이완(relaxation)이라 한다. 이완이 잘 되지 않으면 포화(saturation) 상태가 된다. 이때에는 들뜬상태에 있는 핵의 수가 많아지고 에너지의 흡수가 일어나지 않는다.

흡수띠의 넓이는 이완과정에 의존한다. 이런 포화현상을 최소로 하는 방법은 광원의 세기를 감소시키는 것과 비복사 이완 과정의 속도를 증가시키는 방법이다. 이완속도가 빠르면 들뜬상태의 수명이 짧다. 그러나 들뜬상태의 수명이 짧으면 흡수띠의 나비가 넓어진다. 그러므로 측정신호의 분해능을 감소시킨다. 이와 같은 상반되는 두 가지 요인 때문에 들뜬 화학종의 이상적인 반감기는 0.1～1초 범위가 좋다.

5.1.4 NMR 스펙트럼의 표시법

NMR 스펙트럼을 얻는 방법은 두 가지 이다. 첫째는 광학 스펙트럼을 얻는 것과 비슷한 방법으로 전자기파의 주파수가 변함에 따라 흡수신호를 측정하는 것이다. 이때 주파수, ν를 스펙트럼의 가로축으로 한다. 그러나 라디오파의 주파수를 분산시킬 수 있는 회절발이나 프리즘은 없다. 따라서 필요한 1 kHz 정도에서부터 ^{13}C나 ^{19}F 핵에 필요한 10 kHz 정도의 범위까지 라디오파의 주파수를 연속적으로 또 직선적으로 변화하는 라디오파를 내는 가변 주파수의 발진자가 필요하다.

다른 방법은 일정한 주파수의 라디오 발진자를 사용하면서 자기장 H_o를 연속적으로 변환시키는 방법이다. 이때에는 스펙트럼의 가로축에 H_o를 사용하는 것이 편리하다.

일반적으로 NMR 스펙트럼의 가로축 눈금으로는 화학적 이동인자 δ가 이용되는데, 이는 다음에 자세히 설명하겠다.

그림 5.4에 에탄올의 저분해능과 고분해능 스펙트럼을 예로 들어 NMR 스펙트럼의 표시법을 나타내었다.

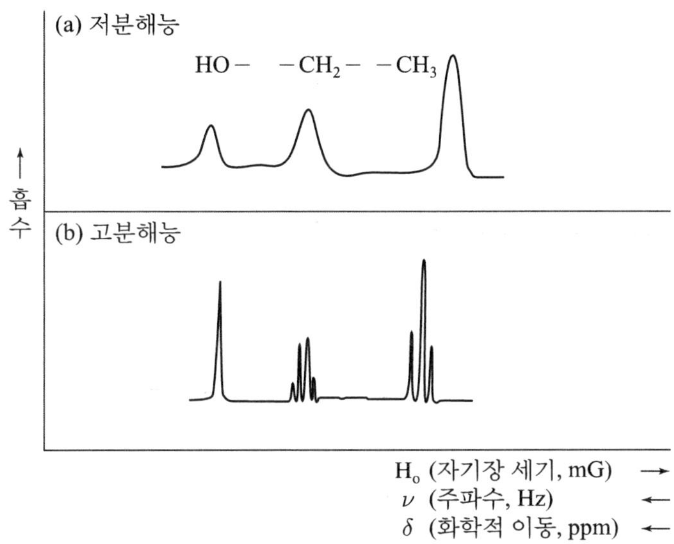

그림 5.4 주파수 60 MHz 라디오파에 대한 에탄올의 NMR 스펙트럼

5.1.5 화학적 환경의 종류

NMR 스펙트럼에는 두 가지 형태의 환경효과가 있다. 그림 5.4(a)처럼 원자단의 종류에 따라 즉, 화학적 환경에 따라 양성자의 흡수 주파수가 차이가 난다. 이런 효과를 화학적 이동(chemical shift)이라 한다.

그림 5.4(b)에서 보는 것처럼 고분해능 스펙트럼은 세 양성자 봉우리 중 두 개가 더 많은 봉우리로 분리되어 나타난다. 화학적 이동에 겹쳐서 나타나는 이러한 제2의 환경효과는 다른 이유 때문에 나타나는데 이런 효과를 스핀-스핀 분리 (spin-spin splitting)라고 한다.

화학적 이동과 스핀-스핀 분리는 모두 분자의 구조분석에 대단히 유용하다.

2 NMR 스펙트럼의 화학적 이동

5.2.1 화학적 이동

화학적 이동(chemical shift)이란 동종의 원자핵이라도 그것에 놓여 있는 화학적 환경(예로 원자 간의 결합상태, 주변 치환기)에 따라 NMR 스펙트럼의 공명주파수가 약간 달라지는 현상이다. ^{1}H-NMR에서는 $Si(CH_3)_4$을 기준물질로 사용하여 임의의 양성자에 대한 화학적 이동을 구하며, 보통 106을 곱하여 ppm 단위로 나타낸다. 화학적 이동의 정도와 공명신호의 세기로부터 수소 원자의 결합상태를 알 수 있으므로 유기화학물의 구조를 알 수 있다.

NMR 스펙트럼에서 화학적 이동이 나타나는 것은 외부 자기장의 영향을 받고 있는 핵 주위에 전자가 회전하기 때문이다. 이 전자의 운동은 2차의 작은 자기장을 만든다. 이런 2차 자기장은 외부자기장에 대해 반대방향으로 작용한다. 따라서 양성자를 공명시키는데 필요한 유효자기장(H_o)은 외부자기장보다 약간 작은(어느 순간에는 클 때도 있음) 값을 갖는다. 이때 내부에서 생긴 2차 자기장은 걸어준 외부자기장에 비례하므로 다음과 같이 나타낼 수 있다.

$$H_o = H_{app} - \sigma H_{app} = H_{app}(1-\sigma) \tag{5.7}$$

여기에서 H_{app}는 걸어준 외부자기장, H_o는 핵의 공명을 일으키는 유효자기장이고, σ는 가리움 파라미터(shielding parameter)이다. σ는 핵 주위를 전자밀도에 의해 결정된다. 따라서 그 핵을 포함하는 화합물의 구조에 따라 다르다. 에탄올에서 각 원자단에 따른 가리움 파라미터의 크기 순서는 다음과 같다. 참고로 고립된 양성자의 σ는 0이다.

$$\sigma(CH_3) > \sigma(CH_2) > \sigma(OH)$$

(1) 반자기성 효과

핵이 자기장의 영향을 받으면 양성자에 결합하고 있는 전자들이 자기장에 수직인 면에서 핵 주위를 세차운동하게 된다. 이 현상을 그림 5.5에 나타내었다. 이런 운동의 결과로 2차 자기장이 발생되는데 이것은 1차 자기장에 대해 반대방향으로 작용한다. 이 현상은 고리형 도선에 전류가 흐르는 것과 비슷하다. 따라서 외부에서 걸어준 자기장보다 작은 자기장을 받게 될 것이다. 이때 핵은 1차 자기장의 완전한 효과에서 가리움(shielding)을 받게 된다고 말한다. 따라서 공명을 일으키게 하기 위해서는 외부자기장을 증가시켜야 한다. 세차운동의 주파수와 2차 자기장의 크기는 외부자기장의 직접적인 함수이다.

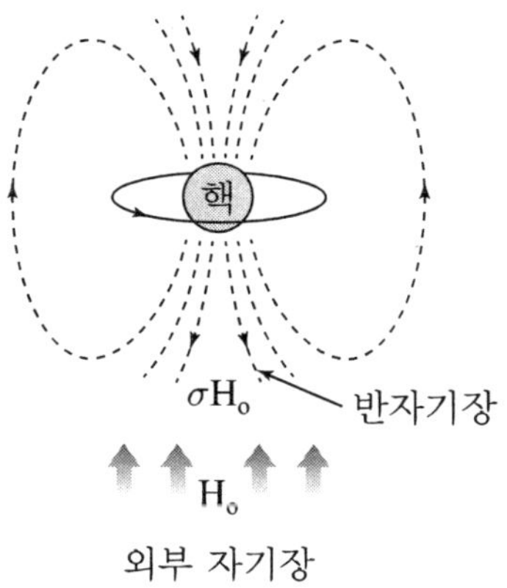

그림 5.5 핵의 반자기성 효과

핵이 받은 가리움은 그 핵 주위의 전자밀도에 직접 관계한다. 다른 영향이 없다면 가리움은 인접한 원자단의 전기음성도가 증가할수록 감소하게 될 것이다. 이 효과를 반자기성 가리움 효과 (diamagnetic shielding effect)라 하고, 이 효과를 CH_3X형의 몇 가지 화합물들에 대한 화학적 이동으로 설명해보자(표 5.2). 여기서 치환된 원소 X의 전기음성도가 작을 경우 양성자(^1H)로부터 전자를 끄는 성질이 작다. 따라서 양성자 주위에는 상대적으로 전자밀도가 크므로 가리움을 더 크게 받는다.

표 5.2 CH_3X에서 X에 의한 화학적 이동의 변화

	CH_3F	CH_3OH	CH_3Cl	CH_3Br	CH_3I	CH_4	$(CH_3)_4Si$
X의 전기음성도	4.0	3.5	3.1	2.8	2.5	2.1	1.8
화학적 이동 δ	4.26	3.40	3.05	2.68	2.16	0.23	0

또한 전기음성도가 큰 치환체가 다중치환되었을 때보다 단일 치환되었을 때 양성자 주위의 전자밀도는 크므로 가리움을 크게 받는다. 그리고 치환제가 지정된 양성자로부터 먼 곳의 탄소에 치환되어 있으면 치환체의 영향은 급격히 감소된다. 즉, 치환체는 탄소수 세 개 이상의 위치에 있는 양성자에게는 거의 영향을 미치지 못한다.

표 5.3 치환제의 효과

	$C\underline{H}Cl_3$	$C\underline{H}_2Cl_2$	$C\underline{H}_3Cl$	$-C\underline{H}_2Br$	$-C\underline{H}_2-CH_2Br$	$-C\underline{H}_2-CH_2CH_2Br$
δ	7.27	5.30	3.05	3.30	1.69	1.25

탄소 원자에 붙어 있는 전기음성도가 큰 치환제는 전자를 끄는 힘이 있으므로 같은 탄소에 붙어 있는 양성자 주위의 최외각 전자밀도를 감소시킨다. 즉, 최외각 전자들은 도입된 자기장으로부터 양성자를 가리는데, 탄소 원자에 치환되어 있는 전기음성도가 큰 원소는 양성자의 전자밀도를 감소시킴으로써 양성자의 국부적 반자기성 가리움을 줄여준다. 치환제의 전기음성도가 클수록 양성자를 더욱 많이 가리움 벗김 (deshielding)시키므로 양성자의 화학적 이동 δ는 커진다.

(2) 자기 비등방성 효과

이중결합 또는 삼중결합을 갖는 화합물의 NMR 스펙트럼을 보면 어떤 양성자의 봉우리 위치 즉, δ값의 순서는 국부적인 반자기성 효과만으로 판단하기 어렵다. 즉, 화학적 이동을 일으키는 인접기의 전기음성도만으로 설명할 수 없다. 다음 예와 같이 양성자가 결합되어 있는 원자단의 전기음성도가 증가하는 순서로 나열한 몇 가지 탄화수소 화합물의 양성자에 대한 δ값의 변화가 불규칙하다.

$$\begin{array}{ccc} CH_3-CH_3 & CH_2=CH_2 & CH\equiv CH \\ (\delta=0.9) & (\delta=5.8) & (\delta=2.9) \end{array}$$

또, 알데하이드 RCHO ($\delta\sim10$)과 벤젠 C_6H_6 ($\delta\sim7.3$)의 양성자는 이것이 결합되어 있는 원자단의 전기음성도에서 기대되는 화학적 이동보다 훨씬 낮은 자기장 쪽에서 나타난다는 점에 관하여도 알아보자.

화학적 이동에 미치는 다중결합의 효과는 이들 화합물의 비등방성(anisotropy) 자기성 때문에 나타나는 것으로 설명할 수 있다. 예를 들면 방향족 화합물의 자기화율(magnetic susceptibility)은 걸어준 자기장에 대한 고리의 방향에 따라 상당히 다르게 나타남을 알 수

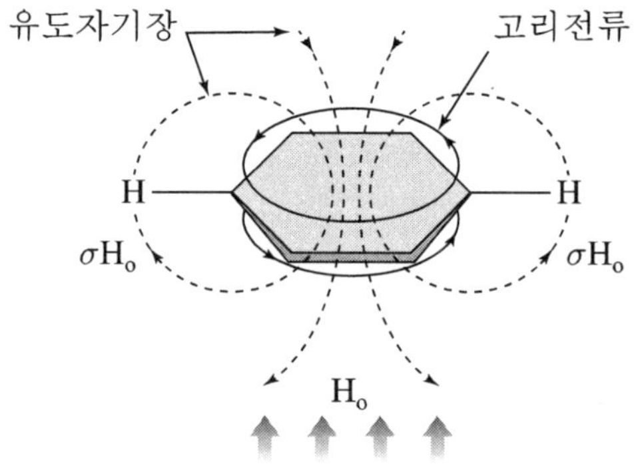

그림 5.6 고리전류 효과에 의해 유도된 방향족 양성자의 가리움 벗김

있다(그림 5.6). 여기서 고리의 면은 자기장에 대해 수직이고 이런 위치 관계에서 자기장은 π전자가 고리 주위를 돌게 하여 고리전류를 유도한다. 결국 외부자기장에 반대로 작용하는 제2차 자기장이 생긴다. 그러나 2차 자기장은 벤젠고리에 붙어 있는 양성자에게도 자기적인 효과를 미치는데 그림 5.6에서 보는 바와 같이 이 효과는 외부자기장과 같은 방향으로 작용한다. 따라서 방향족 양성자는 공명을 일으킬 때 더 낮은 외부자기장이 필요하게 된다. 그러나 벤젠고리의 배향이 변하면 이런 현상이 없어지거나 또는 자동적으로 상쇄된다.

에틸렌 또는 카보닐 이중결합에 대하여도 그림 5.7과 같은 모형으로 설명할 수 있다. 에틸렌이 자기장에 배향되어 있을 경우에는 결합축에 평행한 평면에서 π전자가 회전한다고 볼 수 있다. 그러면 유도된 2차 자기장은 양성자의 외부자기장을 증가시키게 작용한다(외부자기장과 유도자기장의 방향 일치). 따라서 가리움 벗김이 일어나게 되어 에틸렌의 봉우리를 δ값이 더 큰 쪽으로 이동시킨다.

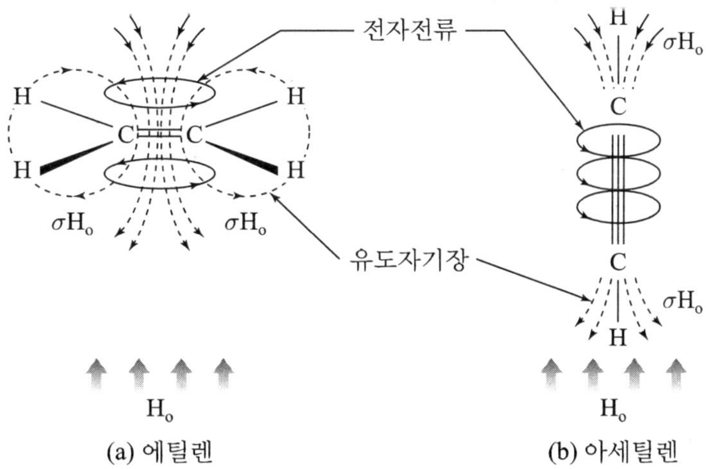

그림 5.7 전자전류에 의한 에틸렌의 가리움 벗김과 아세틸렌의 가리움

알데하이드는 이 효과와 더불어 카보닐기의 전기음성 때문에 δ값이 더 크게 나타난다. 아세틸렌($C \equiv C$)의 결합에서는 결합축 주위에 π전자가 대칭적으로 분배되어 결합 주위를 회전할 수 있게 된다. 하지만 그림 5.7에서 보는 것처럼 이런 배향에서는 양성자가 가리움된다(외부자기장과 유도자기장 방향이 반대). 이 효과는 대단히 커서 양성자의 산성도로부터 생기는 가리움 벗김과 자기장에 수직되게 결합이 변형될 때 일어나는 전자류로부터 생기는 가리움 벗김을 상쇄하고도 남는다.

3 NMR 스펙트럼의 스핀-스핀 분리

화학적 이동 봉우리가 다시 분리되는 것은 그 핵 주위의 유효자기장이 인접한 원자에 결합되어 있는 다른 수소핵에 의해 생기는 국부적 자기장 때문에 더욱 감소되거나 증가된다고 가정함으로써 설명할 수 있다. 그림 5.4(b)에서 메틸렌($-CH_2-$) 봉우리의 분리는 인접한 메틸기($-CH_3$)의 수소핵으로 인해 생기는 국부적 자기장의 효과에 의한 것이고, 메틸기의 세 봉우리는 메틸렌기의 수소핵 때문이다. 이런 스핀-스핀 분리는 외부자기장과는 관계가 없고, 화학적 이동 효과에 겹쳐서 나타난다. 여기서 메틸기와 메틸렌기의 스핀-스핀 분리를 잘 살펴보면 메틸기의 세 봉우리 사이의 간격과 메틸렌기의 네 개 봉우리 사이의 간격이 서로 같다는 것을 알 수 있다. 이들 간격을 주파수 단위로 나타낸 것을 상호작용의 짝지음 상수(coupling constant)라고 하며 기호 J로 표시한다. 이와 같은 스핀-스핀 분리에 의한 다중선에서 각 봉우리의 면적은 서로 거의 정수비를 이룬다. 즉, 메틸기($-CH_3$)의 삼중선은 1 : 2 : 1이며, 메틸렌기($-CH_2-$)의 사중선은 1 : 3 : 3 : 1이다.

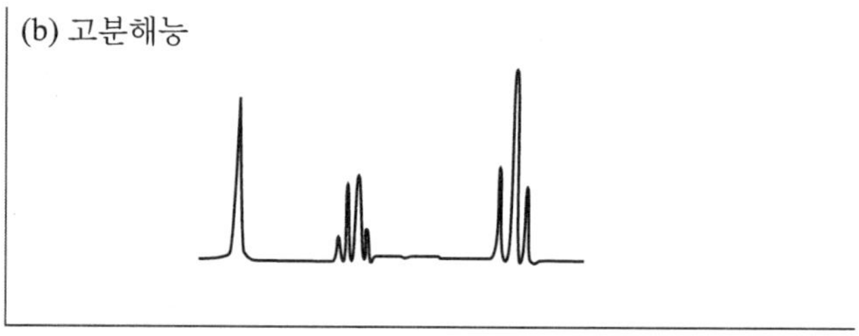

그림 5.4(b) 에탄올의 NMR 스펙트럼

에탄올에서 메틸기($-CH_3$)의 양성자 공명에 미치는 메틸렌($-CH_2-$) 양성자의 영향을 자세히 살펴보자. 메틸렌($-CH_2-$)의 양성자 2개를 H_A, H_B라 할 때 각 핵의 스핀 배향을 화살표로 표시하면 가능한 스핀 상태는 다음과 같다.

인접한 탄소 원자에 결합된 메틸기의 양성자에 미치는 자기효과는 어떤 순간에 메틸렌기에 존재하는 스핀조합에 의해 결정된다. 만약 같은 방향으로 짝을 이룬 스핀이 외부자기장에 반대방향이라면 메틸기의 양성자에 미치는 유효자기장은 조금 감소하게 되는 셈이고, 공명을 일으키려면 조금 높은 자기장이 필요할 것이다. 한편 같은 방향으로 짝을 이룬 스핀이 자기장과 같은 방향이라면 낮은 자기장 쪽으로 이동이 일어난다. 그리고 서로 반대로 짝지은 스핀조합은 어느 정도 메틸기의 양성자의 공명에 영향을 주지 않을 것이다. 따라서 메틸기 봉우리는 면적의 비가 1 : 2 : 1인 세 개의 봉우리로 분리된다. 중간 봉우리의 면적은 다른 두 봉우리보다 두 배가 크다.

메틸기($-CH_3$)의 양성자 3개를 H_A, H_B, H_C라 할 때 각 핵의 스핀 배향을 화살표로 표시하면 가능한 스핀 상태는 다음과 같다. 즉 메틸렌($-CH_2-$) 봉우리에 미치는 메틸기($-CH_3$)의 양성자의 가능한 스핀조합은 다음과 같이 8개의 조합이다.

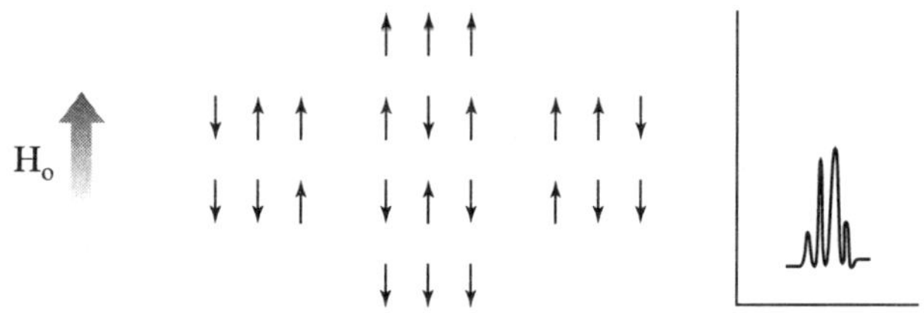

따라서 메틸렌 봉우리는 면적의 비가 1 : 3 : 3 : 1인 네 개의 봉우리로 분리된다.

스핀-스핀 분리의 해석은 일차 스펙트럼에서 비교적 단순하고 알기 쉽다. 일차 스펙트럼(first order spectra)이란 서로 상호작용하는 핵무리 사이의 화학적 이동이 그들의 짝지음 상수 J에 비해 큰 스펙트럼을 말한다. 엄격히 말하면 일차 스펙트럼은 $\Delta\nu/J$가 20보다 큰 경우를 말한다. 그러나 $\Delta\nu/J$값이 10이하일 때까지도 일차 스펙트럼법에 의해 스펙트럼을 해석할 수 있다. 그림 5.4의 에탄올 스펙트럼은 메틸과 메틸렌기의 다중선의 중심 사이의 화학적 이동이 140 Hz이고, 각 봉우리의 J값이 7 Hz인 일차 스펙트럼이다. 이차 스펙트럼의 해석은 어렵고 복잡해서 여기서는 취급하지 않는다. 그러나 $\Delta\nu$는 자기장의 증가에 따라 증가하지만 J는 그렇지 않기 때문에 높은 자기장의 기기로 얻은 스펙트럼은 봉우리가 서로 겹치지 않으므로 해석하기가 좀 더 쉽다.

5.3.1 일차 스펙트럼의 해석에 관한 규칙

다음은 NMR의 일차 스펙트럼 해석에 관한 규칙이다.

① 화학적 환경이 같은 핵은 서로 작용하지 않고 다중선을 나타내지 않는다. 예로써 에탄올(CH_3CH_2OH)의 메틸기의 3개의 수소는 인접한 메틸렌기의 봉우리를 스핀-스핀 분리시킬 뿐 자체끼리는 스핀-스핀 분리되지 않는다.

② 원자단이 서로 떨어져 있을수록 짝지음 상수는 감소한다. 즉. 세 결합이 상당히 떨어진 경우에는 짝지음이 나타나지 않는다.

③ 한 봉우리의 다중선은 인접한 원자단에 있는 자기적으로 동격상태의 양성자수에 의해 결정된다. 즉, 인접한 원자단의 양성자수가 n이면 다중선은 $(n+1)$개로 나타난다. 따라서 에탄올의 메틸기의 다중선은 4이다. 스핀양자수가 1/2이 아닌 핵에서는 다중도가 $(2nI+1)$개로 나타난다.

④ 만약 $CH_3-CH_2-CH=$와 같은 경우 메틸렌기($-CH_2-$)의 다중도는 인접한 메틸기($-CH_3$)와 메틴기($-CH=$)에 의해 다음과 같은 방법으로 계산된다. $(3+1)(1+1)=8$

⑤ 다중선의 면적은 봉우리의 중심을 기준으로 대략 대칭적이며 $(x+1)^n$ 식을 전개했을 때 나타나는 각 항의 계수에 비례한다. 이에 대한 예를 표 5.4에 나타내었다.

표 5.4 일차 스펙트럼에서 다중선의 상대세기

동격인 양성자수, n	다중도, $n+1$	봉우리의 상대면적
0	1	1
1	2	1 1
2	3	1 2 1
3	4	1 3 3 1
4	5	1 4 6 4 1
5	6	1 5 10 10 5 1
6	7	1 6 15 20 15 6 1
7	8	1 7 21 35 35 21 7 1

⑥ 외부자기장과 짝지음 상수는 서로 무관하다. 따라서 다중선은 가깝게 위치한 화학적 이동 봉우리와 쉽게 구별된다.

낮은 분해능의 기기로 스펙트럼을 얻었을 때에는 다중선이 모두 나타나지 않고 그의 반만이 나타나는 경우가 있다.

5.3.2 화학반응의 영향

그림 5.4와 같은 에탄올의 NMR 스펙트럼에 비하여 대단히 순수한 에탄올의 스펙트럼은 그림 5.8과 같다. 이때는 CH_2와 OH의 양성자의 봉우리가 더 복잡하게 분리된다. 이것은 미량의 산 또는 염기 불순물이 남아 있지 않기 때문에 OH 양성자의 교환속도가 대단히 느려서 메틸렌 양성자와 정상적인 스핀 짝지음 효과가 나타나기 때문이다. 반대로 산소, 황, 질소에 결합된 양성자가 복잡한 신호를 나타낼 때 미량의 산 또는 염기를 가하면 스펙트럼이 단순화되는 수가 있다. 또한 일상적인 측정 후 중수(D_2O)를 소량 가한 후 수분동안 흔들어 주면 각각의 양성자는 중수소 교환반응이 일어나 스펙트럼에서 신호가 없어지기 때문에 정보를 얻기가 쉽다.

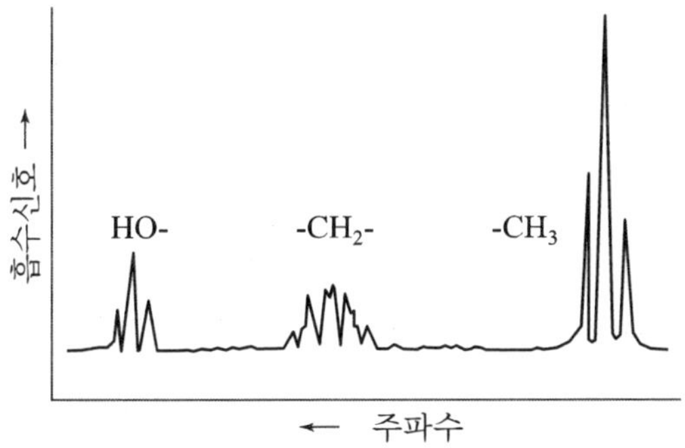

그림 5.8 순수한 에탄올의 NMR 스펙트럼

4 NMR 장치와 실험법

5.4.1 장치

NMR 스펙트럼 측정을 위해서는 라디오파 발진코일로 주파수를 변화시키는 방법과 주파수를 일정하게 유지하고 자기장을 변화시키는 방법이 이용된다. 이 중에서 후자에 의한 장치가 더 일반적이다. 자기장을 안정하게 유지하는 방법으로 록인방법이 사용된다. 측정방법으로는 위 방법에 따르는 CW법(continuous wave method)이라 하는 종래의 방법 이외에 최근에는 Fourier 변환(pulse Fourier Transform, FT) 방법이 주류가 되었다.

Fourier 변환 방법은 라디오파를 마이크로 초 단위(~50 μsec)의 펄스로서 시간 주기적으로 시료에 조사하여 모든 ^1H 핵을 동시에 들뜨게 하여 각 ^1H 핵에 의한 각각의 주파수 성분의 흡수를 검출하는 것이다. 즉, 반복하여 펄스를 조사한 다음 얻어진 적산된 자유유도붕괴 (free induction, FID) 신호를 Fourier 변환(컴퓨터 처리)에 의해 NMR 신호가 얻어진다. FT 방법은 미량시료의 측정에는 대단히 유용하며 뒤에서 취급하게 될 ^{13}C-NMR에서는 이 방법이 사용된다. 최근에는 액체 헬륨을 사용하는 초전도 자석이 만들어져 높은 자기장의 고분해능 NMR 분광계가 등장하게 되었고, 500 MHz의 기기도 시판되며 또한 600~1,000 MHz 장치의 개발에도 노력을 기울이고 있다.

NMR 분광계의 주요 부분장치는 자석, 라디오파 발진기, 라디오파 검출기, 시료관 및 자기코일 등이다. 그림 5.9에 자기장 변화에 의한 NMR 분광계의 개략도를 나타내었다.

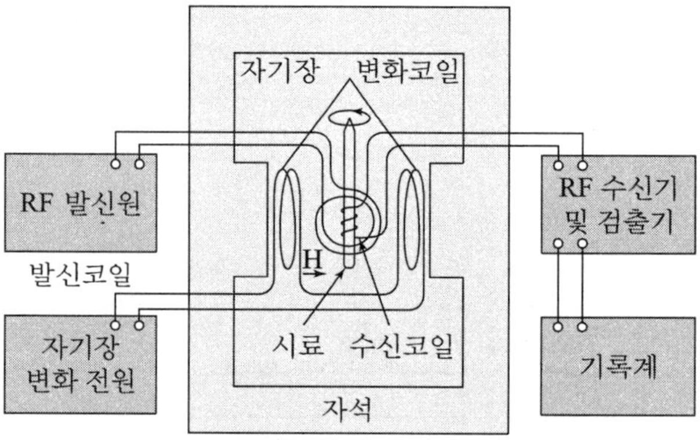

그림 5.9 NMR 분광계 부분장치의 개략도

(1) 자석

NMR 분광계의 감도와 분해능은 자석의 세기와 질에 크게 의존한다. NMR 흡수법에 사용하는 자석은 매우 강한 자기장을 발생시킬 수 있어야 한다. 자석은 영구자석, 전자석 및 초전도 솔레노이드 등의 세 가지 형태가 있다. 14,092 G의 자기장 세기를 갖는 영구자석이 있고 이것은 60 MHz 기기에 사용한다. 영구 자석은 온도변화에 민감하므로 성능이 좋은 온도 조절장치와 차폐장치가 필요하다. 전자석은 비교적 온도에 민감하지 않지만 큰 전류로 생기는 열의 제거를 위해 냉각 장치가 필요하며, 안정도를 유지하기 위해 정교한 전력 공급장치가 필요하다. 전자석에는 양성자 흡수 주파수인 60, 90, 100 MHz에 해당하는 14,092, 21,140과 23,490 G의 자기장을 만들어 낸다. 초전도 자석은 가장 분해능이 좋고, 이 경우 140,000 G 정도의 큰 자기장을 얻을 수 있는데 이것은 양성자의 주파수 600 MHz에 해당한다. 자석은 오랜 시간에 걸쳐 자기장의 세기가 일정하게 유지되어야 한다. 시판 기기에는 자기장 세기를 일정하게 하기 위한 보정장치를 사용한다.

5.4.2 시료 취급법

NMR 측정시 시료는 시료관에 넣어 사용한다. 시료관의 재질은 라디오파를 흡수하지 않는 견고하며 화학적으로 비활성이어야 하므로 대개 유리관이나 파이렉스관이 사용된다. 보통 시료관 크기는 직경 5 mm, 길이 18 cm이다. 액체시료는 대략 0.4 mL 정도 담아서 측정한다. 일반적으로 NMR 스펙트럼은 액체시료를 그대로 또는 적당한 용매에 녹여서 측정한다. 용매로 녹일 때에는 시료를 잘 녹일 수 있고 화학적으로 비활성이고 자기적으로 등방성인 양성자를 함유하지 않은 것이 바람직하다. 실제로 용해력이 비교적 좋은 $CDCl_3$ (chloroform-d)가 많이 사용된다. 이것에 녹지 않는 시료는 다른 적당한 중수소화 용매를 선택한다. 참고로 NMR 용매의 성질을 표 5.5에 나타내었다.

표 5.5 NMR 용매의 성질

용매	화학식	bp(℃)	mp(℃)	$^1H(\delta)$	$^{13}C(\delta)$
사염화탄소	CCl_4	76.7	−22.6	-	95.3
이황화탄소	CS_2	46.5	−112.0	-	192.8
아세톤-d_6	$(CD_3)_2CO$	56.3	−94.0	2.1	30.4
클로로폼-d	$CDCl_3$	61.2	−63.5	7.3	77.2
다이메틸설폭사이드-d_6	$(CD_3)_2SO$	189	18.5	2.5	40.8
중수	D_2O	101.4	1.1	4.7	-
이염화메틸렌-d_2	CD_2Cl_2	40.2	−96.8	5.3	53.6
벤젠-d_6	C_6D_6	80.1	5.5	7.2	128.4
메탄올-d_4	CD_3OD	64.7	−97.8	3.3	48.0

D_2O 이외에는 중수소화합물이 아닌 화합물의 자료임

(1) 용액의 농도 : 5～20 wt/vol% 용액으로 한다. FT 장치를 사용할 때에는 미량시료로 측정이 가능하다. 용액에 부유물이나 침전물이 있으면 분해능이 떨어지므로 거르거나 원심분리하여 제거한 다음 측정하도록 한다.

5.4.3 화학적 이동의 기준물질

화학적으로 다른 양성자는 각각의 다른 자기장에서 공명한다. NMR 스펙트럼에서 공명흡수봉우리의 위치는 「동시에 측정하는 한 표준물의 공명 봉우리」에 대한 상대적 위치로 나타내는 것이 편리하다.

화학적 이동의 기준물질로 TMS (tetramethylsilane, $(CH_3)_4Si$)를 주로 사용하는데 TMS의

모든 수소는 같은 성질을 갖고, 가리움 파라미터는 대부분의 다른 화합물보다 크다. 그러므로 TMS는 대단히 높은 자기장에서 선명한 단일 봉우리를 나타내고 잘 분리된다. 또 비활성이고 대부분의 유기액체에 쉽게 녹고, 끓는점이 27℃이므로 증류하면 쉽게 제거된다. 그러나 TMS는 물에 녹지 않는 것이 약점이다. 수용성 시료의 경우에는 중수를 용매로 사용하며 이때는 DSS (sodium 2,2-dimethy-2-silapentane-5-sulfonate, $[(CH_3)_3Si(CH_2)_3SO_3Na]$가 사용된다. DSS에서 메틸기의 양성자도 TMS와 같은 위치에서 봉우리를 나타내고, 메틸렌기의 양성자는 쉽게 확인할 수 있는 작은 일련의 봉우리를 내는데 이것은 무시할 수 있다. 화학적 이동은 δ눈금이 널리 사용된다. δ는 식 (5.8)과 같이 나타낸다.

$$\delta = \frac{\text{실측한 화학적 이동(Hz)}}{\text{분광계의 주파수(Hz)}} \times 10^6 \text{ ppm} \tag{5.8}$$

δ양은 단위가 없는 ppm으로 표시하는 상대적 화학적 이동이다. 60, 100 MHz 등의 어느 기기를 이용할 때에도 주어진 봉우리에 대하여 δ는 같은 값이다. 참고로 높은 자기장에서 얻은 스펙트럼의 봉우리는 분리되어 있어 확인이 쉽다. 대부분의 양성자 봉우리는 1～13 사이에 놓여 있다. ^{1}H 이외의 다른 핵에서는 $2p$ 전자가 관여하기 때문에 화학적 이동 파라미터의 범위가 크다. 예로써 ^{13}C-NMR의 이동 파라미터는 6～220이고, ^{19}F는 −270～+65이고, ^{31}P은 −200～+200 범위이다. 또 다른 화학적 이동 파라미터로 τ가 사용되기도 하는데 이것은 $\tau = 10 - \delta$로 정의된다.

5 NMR 스펙트럼의 해석과 응용

5.5.1 스펙트럼의 화학적 이동과 적분

화학적 이동과 적분값은 NMR 스펙트럼을 해석하는데 기본적으로 필요한 사항이다. 스펙트럼이 비교적 간단한 에탄올을 예로 들어 NMR 스펙트럼(그림 5.10)의 해석법을 설명한다.

NMR 스펙트럼의 세로축은 흡수신호의 세기를, 가로축에는 일반적으로 δ값을 취하고 있다. 유기화합물의 대부분의 수소핵은 δ값이 0.5～12 사이에서 흡수가 나타난다. 서로 다른 화학적 환경에서의 양성자의 화학적 이동의 일반적 영역을 표 5.6에 나타내었다. 그리고 표 5.7에 있는 여러 종류의 원자단 R에 붙어 있는 메틸(methyl), 메틸렌(methylene) 및 메틴(methyine)기의 양성자에 대한 대략적인 화학적 이동값 δ를 나타내었다.

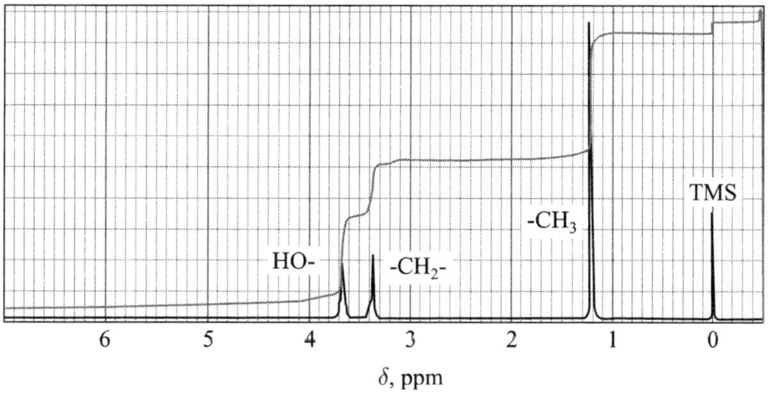

그림 5.10 봉우리의 면적이 적분된 에탄올의 NMR 스펙트럼

표 5.6 ^{1}H-NMR에서의 원자단의 대략적인 화학적 이동(ppm) 값

양성자 형태	화학적 이동	양성자 형태	화학적 이동
$(CH_3)_4Si$	0	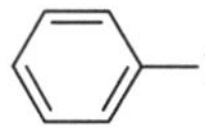 $-H$	6.5~8
$-CH_3$	0.99	$-\overset{O}{\overset{\|}{C}}-H$	9.0~10
$-CH_2-$	1.3	$I-\overset{\|}{\underset{\|}{C}}-H$	2.5~4
$-\overset{\|}{C}H-$	1.4	$Br-\overset{\|}{\underset{\|}{C}}-H$	2.5~4
$-\underset{\|}{C}=\underset{\|}{C}-CH_3$	1.7	$Cl-\overset{\|}{\underset{\|}{C}}-H$	3~4
$-\overset{O}{\overset{\|}{C}}-CH_3$	2.1	$F-\overset{\|}{\underset{\|}{C}}-H$	4~4.5
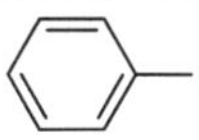 $-CH_3$	2.3	RNH_2	가변적, 1.5~4
$-C\equiv C-H$	2.4	ROH	가변적, 2~5
$R-O-CH_3$	3.3	ArOH	가변적, 4~7
$R-\underset{\underset{R}{\|}}{C}=CH_2$	4.7	$-\overset{O}{\overset{\|}{C}}-NH_2$	가변적, 5~8
$R-\underset{\underset{R}{\|}}{C}=\underset{\underset{R}{\|}}{C}-H$	5.3	$-\overset{O}{\overset{\|}{C}}-OH$	가변적, 10~12

표 5.6과 5.7의 양성자의 화학적 환경에 따른 화학적 이동값과 또 스펙트럼에서 봉우리 면적의 적분값을 이용하면 분자의 구조를 밝힐 수 있다. 스펙트럼을 얻을 때 봉우리 면적은 적분기에 의해 기록되는데, 스펙트럼을 세로로 잘라 일련의 계단으로 표시하여 적분곡선으로 나타낸다.

그림 5.10에서 스펙트럼 적분값의 비는 1 : 2 : 3인데 이것은 각 양성자의 상대적 수의 비와 일치한다. 따라서 적분값의 비를 알면 각 봉우리에 해당하는 양성자수의 비를 알 수 있다. 1 : 2 : 3의 양성자수의 비와 표 5.7의 화학적 이동값으로부터, 그림 5.10의 NMR 스펙트럼은 높은 자기장 쪽으로부터 메틸($-CH_3$), 메틸렌($-CH_2-$), 알코올($-OH$)기의 양성자에 해당하는 흡수 봉우리라는 것을 비교적 쉽게 알 수 있다.

표 5.7 양성자의 화학적 이동(δ, ppm) (R : alkyl, Ar : aryl)

구조	M = $-CH_3$	M = $-CH_2-$	M = -CH-
$M-C-CH_2-$	0.95	1.20	1.55
$M-C-NR_2$	1.05	1.45	1.70
$M-C-C=C$	1.00	1.35	1.70
$M-C-C=O$	1.05	1.55	1.95
$M-C-NRAr$	1.10	1.50	1.80
$M-C-NH(C=O)R$	1.10	1.50	1.90
$M-C-(C=O)NR_2$	1.10	1.50	1.80
$M-C-(C=O)Ar$	1.15	1.55	1.90
$M-C-(C=O)OR$	1.15	1.70	1.90
$M-C-Ar$	1.15	1.55	1.80
$M-C-OH$ (또 OR)	1.20	1.50	1.75
$M-C-C\equiv CR$	1.20	1.50	1.80
$M-C-C\equiv N$	1.25	1.65	2.00
$M-C-SR$	1.25	1.60	1.90
$M-C-OAr$	1.30	1.55	2.00
$M-C-O(C=O)R$	1.30	1.60	1.80
$M-C-SH$	1.30	1.60	1.65
$M-C-(S=O)R$ 또 $-SO_2R$	1.35	1.70	
$M-C-NR_3^+$	1.40	1.75	2.05
$M-C-O(C=O)CF_3$	1.40	1.65	
$M-C-Cl$	1.55	1.80	1.95
$M-C-O(C=O)Ar$	1.65	1.75	1.85
$M-C-Br$	1.80	1.85	1.90
$M-CH_2$	0.90	1.30	1.50
$M-C=C$	1.60	2.05	

구조	M = $-CH_3$	M = $-CH_2-$	M = $-CH-$
M−C≡C	1.70	2.20	2.80
M−(C=O)OR(또 NR_3)	2.00	2.25	2.50
M−SR	2.05	2.55	3.00
M−O−O	2.10	2.30	2.55
M−(C=O)R	2.10	2.35	2.65
M−C≡N	2.15	2.45	2.90
M−CHO	2.20	2.40	
M−Ar(또 NR_2)	2.25	2.45	2.85
M−SSR	2.35	2.70	
M−(C=O)Ar	2.40	2.70	3.40
M−SAr	2.40		
M−NRAr	2.60	3.10	3.60
M−SO_2R 또 −(SO)R	2.60	3.05	
M−Br	2.70	3.40	4.10
M−NR_3^+	2.95	3.10	3.60
M−NH(C=O)R	2.95	3.35	3.85
M−Cl	3.05	3.45	4.05
M−OH 또 −OR	3.20	3.40	3.60
M−NH_2	3.50	3.75	4.05
M−O(C=O)R	3.65	4.10	4.95
M−OAr	3.80	4.00	4.60
M−O(C=O)Ar	3.80	4.20	5.05
M−F	4.25	4.50	4.80
M−NO_2	4.30	4.35	4.60
Cyclopropane		0.20	0.40
Cyclobutane		2.45	
Cyclopentane		1.65	
Cyclohexane		1.50	1.80
Cycloheptane		1.25	

치환기	δ	치환기	δ
HC≡CH	2.35	HO−C=O	10~12
HC≡CAr	2.90	HO−SO_2	11~12
HC≡C−C=C	2.75	HO−Ar	4.5~6.5
HAr	7.20	HO−R	0.5~4.5
HCO−O	8.1	HS−Ar	2.8~3.6
HCO−R	9.4~10.0	HS−R	1~2
HCO−Ar	9.7~10.5	HN−Ar	3~6
HO−N=(oxime)	9~12	HN−R	0.5~5

5.5.2 화학적 이동과 분자구조

화학적 이동은 일반적으로 인접원자 또는 원자단의 전기음성도에 의해 결정되며 자화율의 불균일 효과와 전자의 영향은 이차적인 것이다. 화학적 이동과 분자구조와의 관계는 양성자의 종류와 화학적 이동의 관계를 나타낸 표 5.6과 5.7에서 자세히 알아보자.

(1) $\delta \leq 0$**의 신호** : 이 영역에서 나타나는 신호는 전기음성도가 대단히 작은 원자에 양성자가 붙어 있음을 나타낸다. 대표적인 것으로 전이금속 착물에 직접 결합된 수소의 δ 값은 $-5 \sim -20$이다. 예로 $H_2Fe(CO)_4$에서는 -11.1이다. 한편 자화율의 불균일 영향을 생각하면 센 반자기성 자기장에 놓인 양성자의 가능성이 있다. 즉 큰 방향족 고리의 안쪽에 있는 양성자는 반자기성 고리전류 효과에 의해 가리워져 높은 자기장에서 신호를 갖는다.

(2) $0 \leq \delta \leq 1$**의 신호** : 지방족 화합물의 끝에 있는 메틸기 및 지방족 고리 화합물의 메틸기, 예를 들면 스테로이드, 트리터펜 등의 고리 간 메틸기가 이 영역에서 나타난다. 메틸렌 양성자로는 사이클로프로판 유도체의 양성자를 예로 들 수 있다. 자외선과 적외선 스펙트럼에는 올레핀과 구별이 어려운 사이클로프로판 고리가 NMR에서는 올레핀 양성자보다 훨씬 높은 자기장에 나타나므로 명확히 구별된다.

(3) $0 \leq \delta \leq 4$**의 신호** : 이 영역은 CH_3X의 특성 신호를 나타내는 지역임을 알 수 있다. 다른 기기분석 방법을 함께 이용하면 NMR 스펙트럼은 메틸기를 식별하거나 정량하는데 유용하다. 메틸기, 에틸기, n-프로필기, t-부틸기 등의 식별은 스핀-스핀 짝지음에 의해 생기는 신호의 분리 형태를 보고 알 수 있다. NMR법은 IR법보다 이들 알킬기를 더 확실하게 식별할 수 있다.
$R-CH_2-R'$ ($R' = -C-C-$, $-C=O$, $-$Halide, $-$Aromatic, $-N<$, $-O-$ 기)의 메틸렌 양성자($-CH_2-$)와 R_2CH-R'' ($R'' = -C=O$, $-$Aromatic, $-N<$ 기)의 메틴 양성자($-CH-$), $H-C\equiv C-H$와 같은 아세틸렌 양성자 등도 이 영역에서 흡수한다.

(4) $4 \leq \delta \leq 9$**의 신호** : 일반적으로 올레핀과 방향족 고리 양성자의 신호는 이 영역에서 나타난다. 올레핀의 경우(알켄계 : $C=C-H$, 컨주게이트 알켄계 : $-C=C-H$) 양성자의 수, 치환기의 성질과 이중결합 주위의 치환형식에 따라 많은 정보를 준다. 방향족 고리 화합물의 고리 양성자, 헤테로 방향족 고리 양성자도 이 영역에서 신호를 갖고 벤젠의 6개 양성자는 모두 같은 화학적 환경에 있으므로 예리한 한 개의 신호를 $\delta =$ 7.27에 나타난다.

(5) $\delta \geq 9$**의 신호** : 올레핀 양성자와 방향족 고리 양성자의 비교적 낮은 것이 나타나지만 가장 특징적인 신호는 O=C−H계의 포르밀기 양성자이다. 일반적으로 알데하이드는 카보닐 탄소의 친전자성의 증가로 C−H 결합의 분극이 커져서 그 결과 포르밀기 양성자의 전자밀도가 감소하여 신호의 상자기성 이동이 생긴다. 칼복시산의 칼복시기 양성자도 이 영역에서 나타난다.

5.5.3 스펙트럼 해석의 순서

NMR 스펙트럼이 데이터집이나 문헌에 있는 기지물질의 경우에는 확인이 비교적 쉽지만, 구조를 추정하기 어려운 화합물에서는 우선 스펙트럼의 전체적 모양을 잘 관찰하고 다음의 기본적 순서에 따라 해석한다.

① 화학적 이동의 데이터를 근거로 하여 양성자의 종류를 예측한다.
② 적분곡선으로부터 각 신호에 해당하는 양성자 수(수소의 수)를 구한다.
③ 교환 가능한 양성자가 예상되면 D_2O 교환스펙트럼을 얻어서 비교한다.
④ 다중도를 나타내는 부분이 있으면 해석할 때 δ값과 J값을 결정한다.

5.5.4 복잡한 스펙트럼의 해석

복잡한 스펙트럼을 해석할 수 있는 가장 일반적인 방법을 간단히 설명한다.

(1) 높은 자기장 기기 사용

자기장이 증가함에 따라 화학적 이동은 커지지만 짝지음 상수는 영향을 받지 않는다. 따라서 보다 강한 자기장의 자석을 가진 기기를 사용해 스펙트럼을 얻으면 스펙트럼이 겹치지 않고 분리되어 있어 확인이 쉬워진다.

(2) 스핀 짝풀림(이중공명)법

이 방법은 주파수가 다른 두 개 또는 그 이상의 라디오 신호를 동시에 핵에 조사시키는 방법이다. 이런 방법 중에는 스핀 짝풀림, 스핀 자극(tickling), 핵 오바하우서(overhauser) 효과 및 핵간 이중공명 등이 있다. 이런 과정은 복잡한 스펙트럼을 해석하는데 이용된다. 여기서는 대표적으로 스핀 짝풀림에 대해서만 설명한다. 이것에 의한 에탄올의 예를 그림 5.11에 나타내었다. 이 방법에 의해 스핀결합하고 있는 상대 핵을 확인할 수 있다.

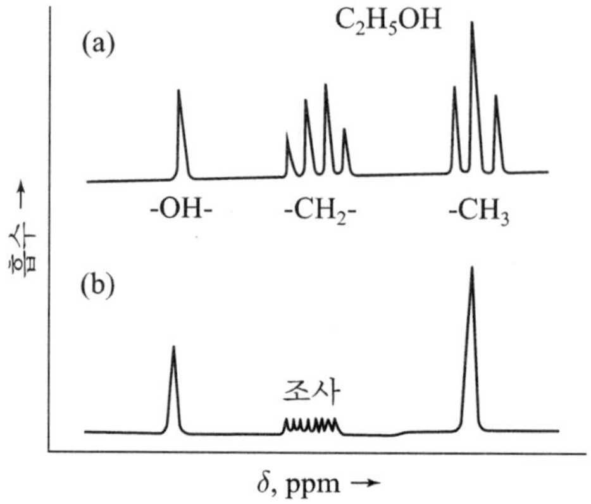

그림 5.11 에탄올의 짝풀림 NMR 스펙트럼
(a) 일반스펙트럼, (b) CH_2 양성자에 조사하였을 때 짝풀림 스펙트럼

(3) 중수소의 치환

분자 내에 하나 또는 그 이상의 양성자를 중수소로 치환하면 치환된 양성자에 해당하는 흡수봉우리가 제거된다. 이것은 중수소와 양성자 사이의 짝지음은 두 양성자 사이에 짝지음에 비해 작기 때문이다. 예를 들면 OH, NH, SH 등의 작용기를 갖고 있는 시료는 D_2O를 가하고 흔들어줌으로써 간단히 화학반응이 일어나 처음의 신호가 없어진다.

카보닐, 카르보알콕시, 나이트로기에 인접한 탄소에 있는 수소는 염기 촉매 하에서 쉽게 중수소로 치환된다. 그 결과 신호가 없어질 뿐만 아니라 다른 양성자와의 스핀결합도 간단해진다. 예로 원래 5중선인 β-양성자는 α-양성자의 중수소(D) 교환에 의해 3중선으로 된다. 그러나 유기화합물 중의 여러 위치에 있는 수소는 중수소로 간단히 치환될 수 없는 경우가 있으므로 합성에 의해 중수소를 특정 위치에 도입해야 한다.

$$\overset{\gamma}{XCH_2}-\overset{\beta}{CH_2}-\overset{\alpha}{CH_2}-CO_2R \xrightarrow[NaOD]{D_2O} \overset{\gamma}{XCH_2}-\overset{\beta}{CH_2}-\overset{\alpha}{CD_2}-CO_2R$$

(4) 화학적 이동 시약

$-OH$, $-C=O$, $-O-$, $-CO_2R$, $-CN$ 등의 기능기를 포함하고 있는 화합물에 화학적 이동시약 $Eu(dpm)_3$(1)[3]을 가하면 착물을 형성한다. 희토류 이온은 이러한 기능기의 비공유 전자쌍과의 결합성 상호작용에 의해 그 배위력을 증가시킨다. 이 작용은 배위장소에 가까운 양성자에 가장 효과적인 이동을 가져온다. 그림 5.12에 *n*-헵탄올에 이동시약을 가하였을 때

3) tris(dipivalomethanato)europium [명칭: tri(2,2,6,6-tetramethy1-3,5-heptanedionate)europium]

의 결과를 나타내었다. 이동시약은 스펙트럼을 간단하게 만들어 해석을 쉽게 할 뿐만 아니라 입체배치에 의해 분자의 입체화학에 관한 정보도 준다. 예를 들면 이동시약(2)은 광학 이성질체와 착물을 만들 때 거울상을 만들어 각각 다른 화학적 이동을 나타낸다. 따라서 NMR 분광법은 이성질체 혼합물의 광학 순도를 결정할 수 있다.

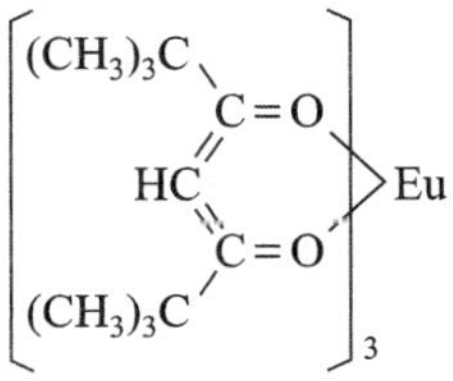

(1)

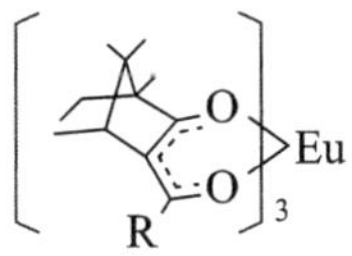

(2)

($R=t-Bu, CF_3$)

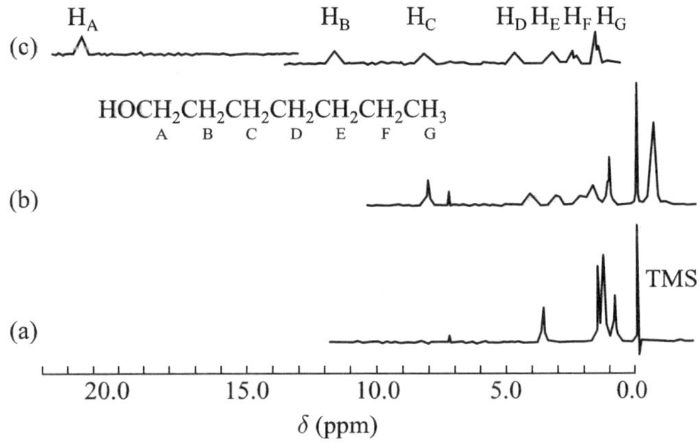

그림 5.12 $CDCl_3$에 녹인 0.33 M *n*-헵탄올의 60 MHz NMR 스펙트럼에 미치는 화학적 이동시약 $Eu(dpm)_2$의 효과. (a) 이동시약이 없을 때, (b) *n*-헵탄올 1몰당 $Eu(dpm)_3$ 0.19몰 가했을 때, (c) *n*-헵탄올 1몰당 $Eu(dpm)_3$ 0.75몰 가했을 때

5.5.5 양성자 NMR의 응용

양성자 핵자기 공명 분광법의 가장 중요한 응용은 유기, 금속-유기 및 생화학 분자의 확인과 구조를 밝히는 것이다. 이 외에 흡수화학종의 정량분석에도 이용된다.

(1) 화합물의 확인

적외선 흡수 스펙트럼과 같이 유기화합물을 NMR 스펙트럼만으로 확인하기에는 불충분하다. 그러나 자외선, 적외선, 질량분석 스펙트럼 및 원소분석과 같은 다른 분석방법과 함께 사용한다면 핵자기 공명법은 순수한 화합물의 특성을 밝히는데 대단히 중요한 역할을 한다. 특히 유기합성을 할 때 합성여부를 빠른 시간에 확인하는데 아주 유용하다. NMR 스펙트럼에 의해 화합물을 확인하는 방법은 이미 앞에서 설명한 화학적 이동, 스핀-스핀 분리 실험법, 스펙트럼의 해석법 등에서 설명되었다.

(2) 정량분석

NMR 스펙트럼에서 공명 흡수봉우리의 면적은 그 봉우리에 해당하는 핵의 수에 정비례한다. 이것을 이용하면 특정 화합물을 정량하는데 검정선을 작성하기 위해 순수한 표준물을 필요로 하지 않는다. 만약 시료 중의 한 성분 화학종의 어느 한 봉우리가 다른 성분의 봉우리와 겹치지 않는다면 이 봉우리의 면적으로부터 그 화학종의 농도를 직접 구할 수 있다.

양성자 당 봉우리 면적은 농도를 이미 알고 있는 내부 표준물로부터 쉽게 얻을 수 있다. 물론 내부표준물의 봉우리는 시료봉우리의 어느 것과도 겹쳐서는 안 된다. 유기실리콘 유도체(TMS 또는 DSS)의 양성자 봉우리가 대단히 높은 자기장에 위치하고 있기 때문에 검정선을 작성하는 목적에 대단히 유용하게 쓰인다.

NMR 정량법에서 제일 문제가 되는 것 중의 하나는 포화효과에서 생기는 결과이다. 포화효과가 흡수세기에 주는 영향은 그 화학종의 이완시간에 달려 있고 또 사용하는 발전자의 라디오파 세기 및 스펙트럼을 주사하는 속도의 지배를 받는다. 따라서 이런 조건들을 조절하여 포화상태에서 오는 오차를 피할 수 있다. NMR 분광법은 다중성분 혼합물을 분석할 수 있다. 이때에는 어느 성분의 스펙트럼이 다른 성분의 것과 겹치지 않는 것이어야 한다.

6 ^{13}C-NMR 분광법과 그 특징

^{1}H 이외에 자기모멘트를 갖는 핵종은 여러 가지가 있다. 이런 핵종들은 ^{1}H와 같이 자기공명법으로 연구될 수 있다. 200여 종의 동위원소가 자기모멘트를 가지고 있으나 이들 중 몇 가지만이 분석과 구조연구에 이용된다.

그 중에서 가장 중요한 ^{13}C은 표 5.1에서 보듯이 ^{1}H와 같이 스핀 양자수가 1/2이지만 자연에 그것의 존재비가 1.1%로 대단히 적다. ^{13}C는 자기회전비가 약 0.25로 ^{1}H에 비해 작기 때문에 측정감도가 낮아서 ^{13}C-NMR은 양성자 NMR에 비해 약 6,000분의 1의 감도밖에 나타내지 않는다. 그러나 NMR 신호를 증강시키는 자기장의 세기가 큰 자석과 Fourier 변환 장치의 개발로 ^{13}C-NMR이 발전하게 되었다. 따라서 현재의 ^{13}C-NMR은 신호/잡음(S/N)비가 좋은 스펙트럼을 쉽게 얻을 수 있다.

^{13}C-NMR 분광법의 특징의 하나는 유기화합물의 골격탄소로부터 직접 정보를 얻을 수 있다는 것이다. H를 함유하지 않은 탄소, 예를 들면 C=C, C≡C, C=O, C≡N 등과 같은 원자단을 포함하는 유기화합물에 대한 정보를 얻을 수 있다. 또한 대부분의 유기화합물의 화학적 이동은 양성자 NMR에서는 약 10～15 ppm 정도인데 비하면 ^{13}C-NMR에서는 약 200 ppm 정도이다. 따라서 봉우리의 겹침이 적다. 예컨대 분자량이 200～400 사이의 화합물에서 각 탄소 원자의 공명봉우리를 관측할 수 있다. 또 농축하지 않은 묽은 시료에서 두 개의 ^{13}C 원자가 있을 가능성이 대단히 적기 때문에 동핵종 탄소 원자들 사이에 스핀-스핀 짝지음이 일어나는 일은 없다. 더구나 ^{13}C과 ^{12}C 간의 이핵스핀 짝지음은 ^{12}C의 스핀양자수가 0이기 때문에 일어나지 않는다.

5.6.1 ^{13}C-NMR의 시료 취급법

^{13}C-NMR에 사용하는 시료관은 외경 10 mm, 길이 18 cm의 파이렉스 유리관이 사용된다. 용매는 D의 신호를 록크 신호로 사용하는데 중수소화 용매, 예를 들면 $CDCl_3$가 많이 사용된다. 용매의 봉우리는 ^{13}C-D 짝지음에 의해 다중선($CDCl_3$의 경우 3개)을 나타내며 분별이 쉽다. 기준물질로서 내부기준물은 TMS를 사용한다. DSS의 중수소화 용매의 탄소신호를 사용하기도 한다. 시료는 일반적으로 중수소화 용매에 녹이고 기준물질을 가하여 시료관에 약 3 cm 높이로 채워서 사용한다. 시료 농도는 진한 것(50 mg)이 좋지만 낮은 농도의 경우에도 적분회로에 의해 증폭시켜 봉우리를 명확히 측정할 수 있다.

5.6.2 ^{13}C-NMR 스펙트럼의 특징

스펙트럼은 양성자 NMR과 같이 세로축은 신호의 세기를 나타내고, 가로축은 TMS를 기준으로 한 화학적 이동을 ppm으로 나타낸다. ^{13}C-NMR에서는 250 ppm의 넓은 범위에서 봉우리가 나타난다.

^{13}C-NMR은 ^{13}C 원자와 ^{1}H 원자 간의 짝풀림 작용으로 일반적으로 스펙트럼은 모두 단일선으로 되어 있다. 이에 비해 양성자 NMR은 많은 봉우리가 겹쳐서 해석이 어렵다. 따라서 분자골격을 알기 위해서는 ^{13}C-NMR이 대단히 유용함을 알 수 있다. 또 이런 NMR에서 일어나는 화학적 이동은 각각의 ^{13}C 핵에 생긴 전자상태에 의해 생김을 알 수 있다.

그림 5.13은 여러 가지 화학적 환경에 있는 ^{13}C에서 관측되는 화학적 이동을 나타내었다. 그림에서 보는 것과 같이 높은 자기장에서 낮은 자기장 쪽으로 내려갈 때 알케인에서 알켄, 아릴, 카보닐은 양성자 NMR의 경우와 대체로 일치한다.

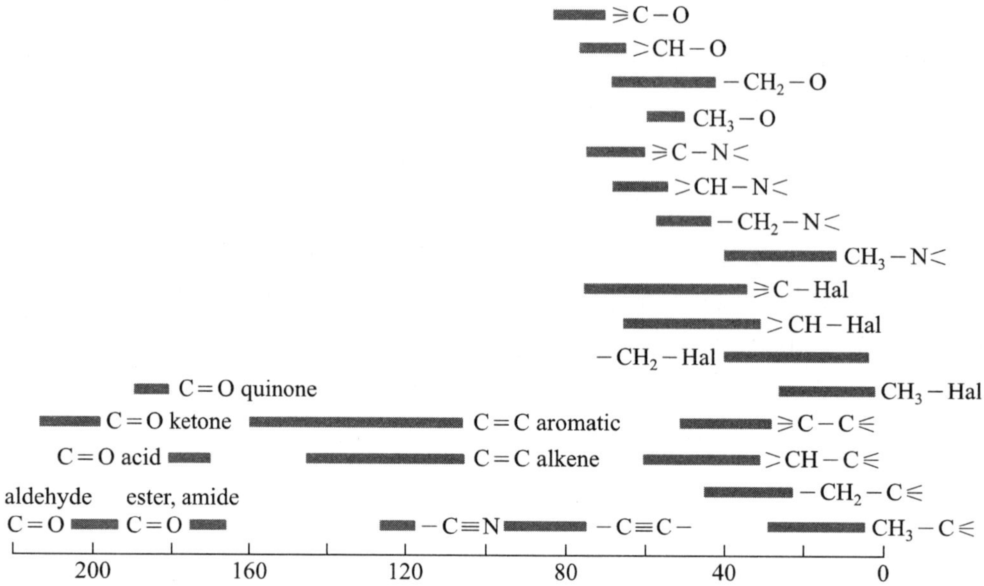

그림 5.13 ^{13}C-NMR에서 화학적 이동

그림 5.14에 6개의 탄소 원자로 이루어진 간단한 유기화합물 용액의 양성자-짝풀림이 일어난 ^{13}C-NMR 스펙트럼을 나타내었다. 이때 짝풀림은 존재하는 양성자의 흡수 주파수의 빛살로 조사하여 이루어진다. 이 빛살은 시료에 존재하는 모든 양성자를 포화시킬 만큼 충분히 넓다. 그러므로 탄소 원자에서 그들을 짝풀리게 한다. 그림 5.14(b)는 짝풀림이 없는 스펙트럼이다. 확실히 양성자는 ^{13}C 봉우리를 광범위하고 복잡하게 분리시킨다. 복잡한 화합물에서도 ^{13}C-NMR에서는 탄소의 종류수만큼 신호가 얻어진다. sp^3, sp^2, sp 탄소의 신호는 거의 구별되지만 일일이 확인하는 것은 그리 쉽지 않다.

7 전자스핀 공명분광법

전자스핀 공명분광법은 전자 상자성 공명분광법(ESR 또는 EPR)이라고도 하며, 이 방법은 짝짓지 않은 전자가 강한 자기장에 놓일 때 마이크로파의 복사선을 흡수하는 것에 기초를 두고 있다(참고문헌 8). 따라서 이 방법은 유리 라디칼, 홀수의 전자를 갖는 분자, 전이금속의 착물, 희토류 원소의 이온 및 삼중상태 분자들과 같이 짝짓지 않은 전자를 갖는 화학종을 검출·분석할 수 있다.

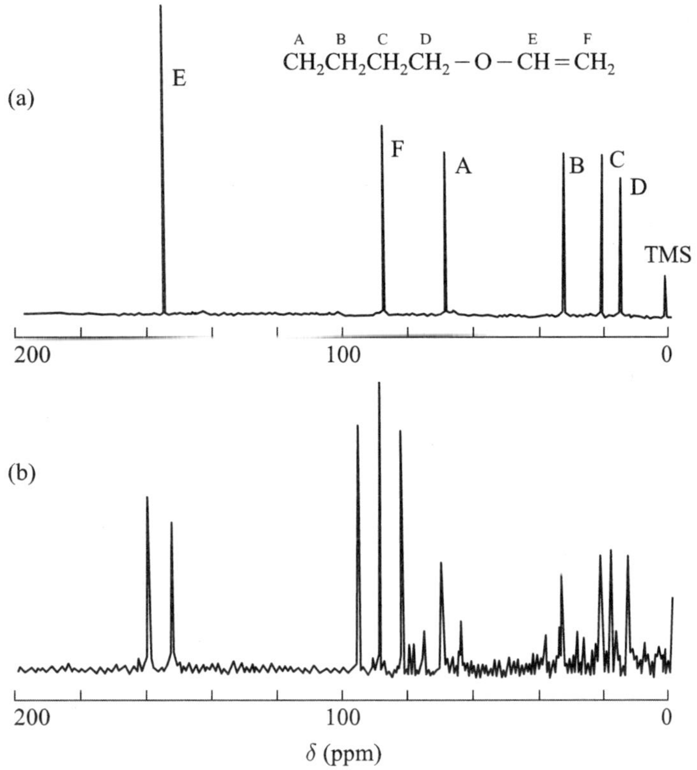

그림 5.14 25.2 MHz에서 얻은 *n*-butylvinylether의 ^{13}C-NMR 스펙트럼.
(a) ^{1}H 짝풀림 스펙트럼 (b) 붙은 ^{1}H와 ^{13}C간의 짝지음 스펙트럼

5.7.1 원리

이 방법의 원리는 NMR 분광법의 원리와 비슷하다. 즉, 전자도 양성자와 같이 1/2 스핀 양자수를 갖는다. 따라서 홀수 전자를 갖는 화학종을 강한 자기장 속에 놓으면 에너지가 약간 다른 두 개의 에너지준위를 갖고, 양성자와는 대조적으로 낮은 에너지준위는 $m = -1/2$이고 높은 에너지준위는 $+1/2$에 해당한다. 이러한 차이는 음전하의 전자에서 온 결과이다.

짝짓지 않은 전자에 대해 NMR과 같은 원리를 적용하면 다음과 같다.

$$\Delta E = h\nu = \mu\beta_N\frac{H_o}{I} = g\beta_N H_o \tag{5.9}$$

여기에서 g는 분리계수로서 전자의 환경에 따라 변하고, 유리전자에 대해서는 2.0023이다. 분자와 이온에서 짝짓지 않은 전자의 g값은 수%내에 있다. β_N은 Bohr 마그네톤으로 9.27×10^{-21} erg/G의 값을 갖는다.

전자스핀 분광계는 보통 3,400 G의 자기장을 사용하며, 이들 값을 식 (5.9)에서 이것을 대입하여 계산하면 다음과 같다. 그러므로 짝짓지 않은 전자의 공명주파수는 약 9,500 MHz로서 마이크로파 영역에 해당한다.

$$\nu = \frac{g\beta_N H_o}{h} = \frac{2.0\times 9.27\times 10^{-21}\times 3,400}{6.63\times 10^{-27}}$$
$$= 9.51\times 10^{9}\ \mathrm{Hz}\,(9,500\ \mathrm{MHz})$$

5.7.2 기기장치

이 분광법 기기에서 사용하는 광원은 약 9,500 MHz 주파수의 단색광 복사선을 발생하는 클라이스트론관이다. 이 관은 전자빔이 음극과 반사판 사이에서 맥동하는 전자 진동자이고, 관의 진동출력은 전선고리에 의해 도파관(wave guide)으로 전달되고 이것이 변동자기장(전자기 복사선)의 방향을 잡아준다. 또, 직사각형 모양의 도파관은 영구자석의 양극 사이에 위치한 작은 석영관에 들어 있는 시료에 마이크로파를 전달하도록 되어 있다. Helmholtz 코일은 알맞게 공명이 일어나도록 작은 범위의 자장을 변화시크는 구실을 한다. 일반적으로 ESP 스펙트럼은 분해능과 감도를 증가시키기 위해서 도함수 형태로 기록한다.

5.7.3 ESR 스펙트럼

대부분의 분자는 짝수 전자를 갖고 있으므로 스핀은 짝을 이루어 두 스핀상태가 같다. 따라서 ESR 스펙트럼을 나타내지 않는다. 즉, 전자스핀의 자기효과는 없어지고. 이런 물질은 핵 주위에 있는 전자의 궤도세차운동으로 생기는 자기장은 작기 때문에 반자성체이며 걸어준 자기장에 대하여 반대방향으로 작용한다. 그러나 짝짓지 않은 홀수 전자의 스핀은 걸어주는 자기장을 강화시키는 장을 만드는 상자기성 효과를 발생하고, 이 효과는 반자기성 효과보다 훨씬 크다. 따라서 전자의 에너지준위는 자기상 속에서 분리된다. 이러한 분리가 마이크로파를 흡수하는 현상으로 나타난다. 이때 짝짓지 않은 전자의 스핀은 화학종 속의 핵의 스핀과 짝을 짓고, 따라서 핵의 스핀-스핀 짝지음의 경우처럼 유사한 에너지상태의 분리를 나타낸다. 한 개의 전자가 n개의 동등한 핵과 상호작용을 하면 그 때의 공명봉우리는 $(2nI+1)$개의 봉우리로 나뉜다. 여기서 I는 핵의 스핀양자수이고 n은 동등한 핵의 수이다. 이러한 현상을 초미세분리라고 한다.

그림 5.15는 모든 자유라디칼 중에서 가장 간단한 원자인 수소 원자에서 생긴 ESR의 초미세분리의 스펙트럼이다. 여기서 수소 핵의 스핀은 짝짓지 않은 전자의 스핀과 짝지어

[2×(1/2)×1 + 1], 즉, 두 개의 홀수봉우리를 만든다.

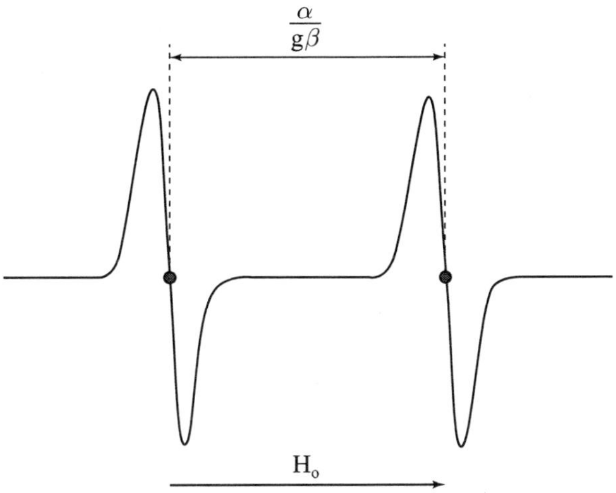

그림 5.15 수소 원자의 ESR 스펙트럼. 초미세분리 : $\alpha/g\beta$ Gauss

(1) 응용

ESR은 화학반응의 중간체인 자유 라디칼을 검출하는데 응용될 수 있다. 그림 5.16은 공기 존재 하에서 하이드로퀴논(hydroquinone) 용액에 염기를 첨가한 후에 얻은 ESR 스펙트럼이다. 하이드로퀴논의 음이온이 산화되어 퀴논이 생성될 때 하이드로퀴논과 퀴논은 홀수전자를 포함치 않으므로 ESR 활성이 아니다. 그렇지만 가정한 반응의 중간체는 ESR 활성이고, 다섯 개의 초미세분리 무늬가 나타나고, 이것이 중간체 퀴논 라디칼에 상당한다. 여기서 네 개의 고리양성자의 스핀이 홀수전자의 스핀과 상호작용하는 점에서 동등하고, 다섯 개의 봉우리가 생긴다. 홀수전자의 위치는 그림과 같이 산소 원자에 국한되지 않는다고 보아야 한다. 분자는 공명구조를 가지므로 각각에서 홀수전자는 분자 속의 어떤 원자에도 있을 수 있다.

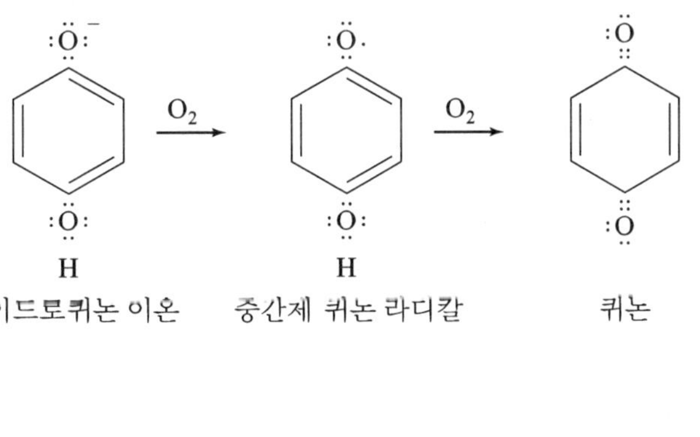

전자스핀 공명분광법은 자유라디칼 메커니즘을 거치는 화학, 광화학 및 전기화학 반응의 연구에 널리 응용되고 있다. 전이금속의 착물 구조에 관한 정보를 얻을 때 사용되며, 생물계에 있는 상자기성 이온을 ppb 농도까지 검출하거나 반정량하기 위해 이용된다. 또 어떤 아미노산 또는 기능기와 선택적으로 반응하는 스핀 표지 시약(홀수전자를 갖는 안정한 분자)을 반응시켜 생성물의 전자스핀 스펙트럼을 얻어 이들 화학종의 구조적 특징, 극성, 점도, 상변화 및 화학반응성과 같은 정보를 얻는 데 응용할 수 있다.

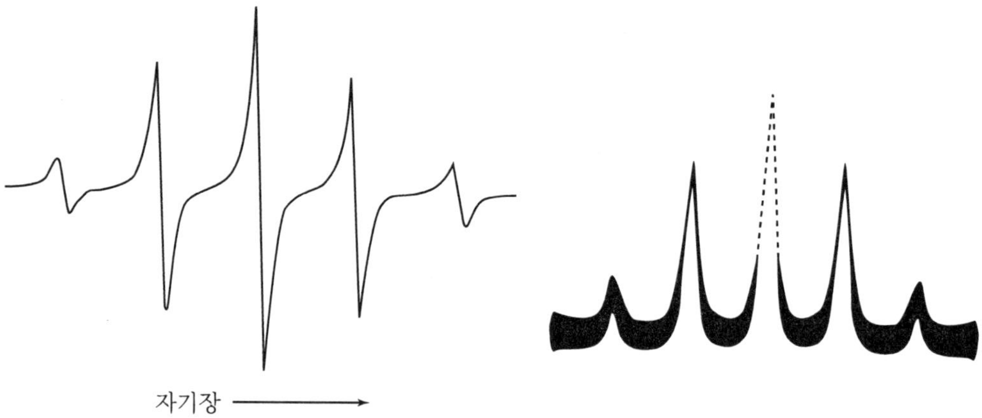

(a) (b)

그림 5.16 중간체 퀴논 라디칼의 ESR 스펙트럼
(a) 도함수 스펙트럼, (b) 흡수 스펙트럼

연습문제

5.1 다음을 간단히 설명하라.
(a) 화학적 이동
(b) 반자기성 효과
(c) 자기 비등방성 효과
(d) 스핀-스핀 분리
(e) TMS(tetramethylsilane)
(f) ^{13}C-NMR

5.2 스핀양자수가 1인 ^{14}N의 스핀상태와 그들의 에너지 차를 나타내어라.

5.3 94,000 Gauss의 자석을 사용하는 NMR에서 양성자는 몇 MHz의 라디오파를 흡수하겠는가?

5.4 NMR 스펙트럼으로 ethanol, dimethyl, ether 및 acetone을 구별하라.

5.5 다음의 각 화합물의 고분해능 NMR 스펙트럼의 모양을 그려라.
(a) ethylbenzene
(b) acetic acid
(c) acetaldehyde
(d) cyclohexane
(e) methyl ethyl ketone
(f) toluene
(g) methyl iso-propyl ketone

5.6 다음과 같은 실험식과 NMR 스펙트럼을 나타내는 화합물을 추정하라.
(a) $C_4H_7BrO_2$

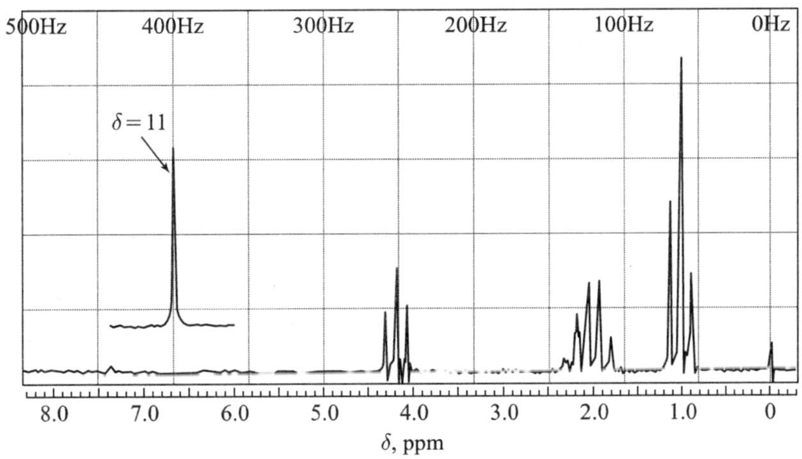

(b) C_4H_8O

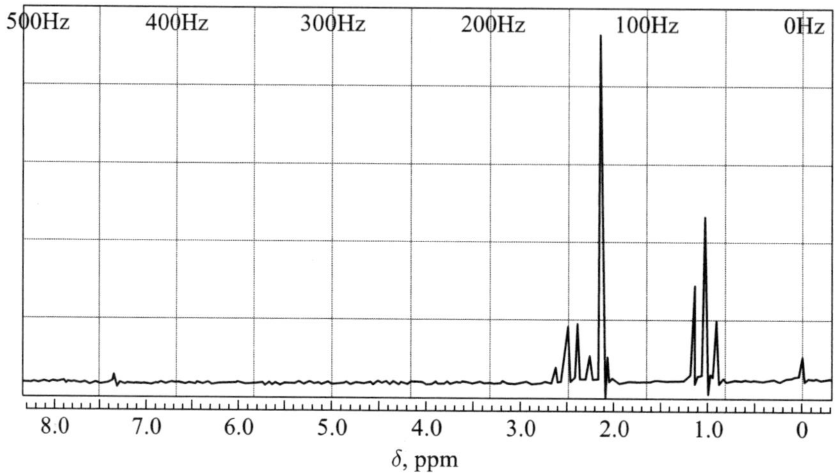

(c) $C_4H_8O_2$

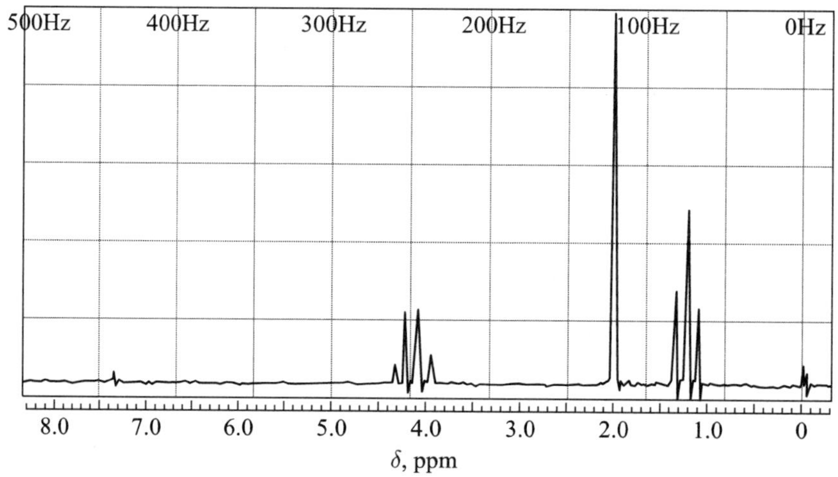

(d) C_8H_{10}

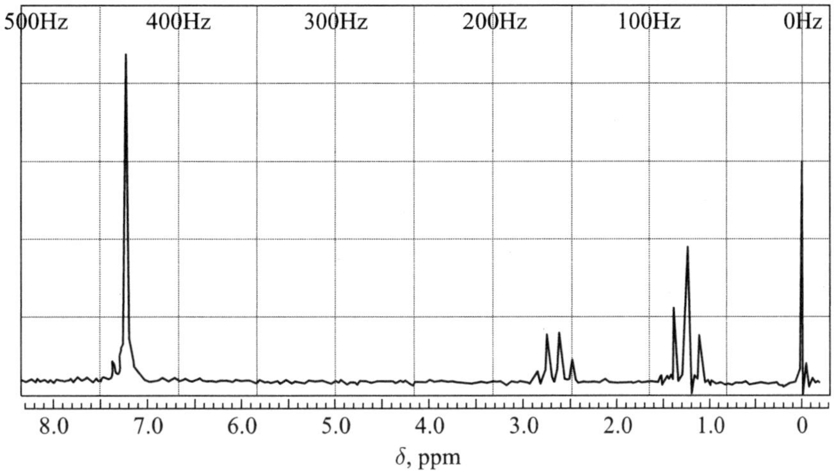

(e) $C_8H_{14}O_4$

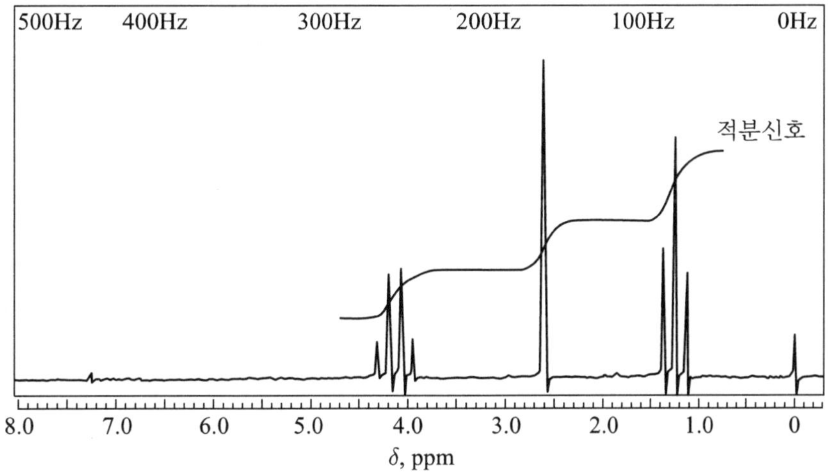

참고문헌

1. R. Harris. *Nuclear Magnetic Resonance Spectroscopy.* Pitman Publishing, Marshfield, MA, 1983.
2. R. H. Cox and D. E. Leyden, *in Treatise on Analytical Chemistry.* 2d ed., P.J. Elving, M. M. Bursey and I. M. Kolthoff, Eds., Part I, Vol. 10, Wiley, New York, 1983.
3. D. A. Skoog, *Principles of Instrumental Analysis*, 3rd ed., Saunders College Publishing, P. A. Winston, 1985.
4. 日本分析化學會, 九州支部 編, 器機分析入門, 南江堂, 1984.
5. J. A. Dean. Ed., *Lange's Handbook of Chemistry*, 13th ed., McGrawHill, Inc., New York, 1985.
6. C. J. Pouchert and J. Behnke, *The Aldrich Library of 13C and 1H ET-NMR Spectra*, 1st ed., 3 vols., Aldrich Chemical Co., Inc., 1993.
7. D. E. Leyden and R. H. Cox, *Analytical Applications of NMR*, Wiley, New York, 1977.
8. M. C. R. Symons, *Chemical and Biochemical Aspects of Electron Spin Resonance Spectroscopy*, Wiley, New York, 1978; I. B. Goldberg and A. J. Bard. in *Treatise on Analytical Chemistry*, 2nd ed., P. J. Elving, M. M. Bursey and I. M. Kolthoff, eds., Part I. vol. 10, chapter 3, Wiley, New York, 1983.

CHAPTER 6

불꽃 및 전열 원자 분광법

원자 분광법은 원자나 이온에 의해 전자기 복사선을 흡광, 형광 또는 발광하는 것에 근거를 두고 있다. 이 분광법에서는 시료의 원자화된 화학종의 흡광, 형광, 발광 스펙트럼이 정성 또는 정량분석의 바탕으로 이용된다. 분자와 착이온이 없는 경우의 원자 스펙트럼은 비교적 간단하고 여러 개의 좁고 분리된 선으로 구성되어 있다. 원자 분광법은 자외선-가시선 분광 광도법보다 선택성이 좋고 감도가 높기 때문에 ppb 정도까지 극미량의 금속원소도 정확하게 분석할 수 있다. 따라서 화학, 의약학, 금속, 식품, 지질학, 환경, 공업분석, 임상분석 등의 많은 분야에서 응용된다.

원자의 흡광, 형광 및 발광은 그 원리의 차이는 있지만 원자 형광 분광법 또는 불꽃 발광 분광법에서 사용되는 장치는 원자 흡광 분광에서 사용하는 것과 비슷하므로 원자 흡광 분광 광도계를 이들 방법에 함께 활용할 수 있다.

이 장에서는 원자 분광법의 종류를 분류하고, 원자 흡광, 형광 및 발광 분광법에 대한 원리와 그들의 차이점에 대해 중점적으로 설명하기로 한다.

1 원자 분광법의 원리

6.1.1 원자 분광법의 종류

원자 분광법은 시료를 원자화시키는 방법에 따라 크게 두 가지로 나뉘는데, 대략 3,000℃ 이하의 낮은 에너지에 의한 방법과 대략 4,000℃ 이상의 높은 에너지에 의한 방법으로 나뉜다. 낮은 에너지에 의한 원자화 방법은 불꽃법과 전열법에 의한 것이고, 높은 에너지에 의한 원자화법은 플라스마, 전기아아크 및 전기스파크에 의한 것이다.

같은 에너지에 의한 원자화법도 방법의 기본현상에 따라 원자 흡광 분광법(atomic absorption spectroscopy, AAS), 원자 형광 분광법(atomic fluoresence spectroscopy, AES)으로 나뉜다. 그러나 높은 에너지에 의한 원자 분광법은 대부분이 원자 발광에 의한 방법이 이용된다. 따라서 높은 에너지에 의해 원자화시키는 원자 분광법을 발광 분광법이라 하고 이들은 제7장에서 다룬다. 이 장에서는 낮은 에너지에서 원자화시키는 방법인 원자 흡광 분광법, 원자 형광 분광법 및 불꽃 분광법에 대해 다루기로 한다.

6.1.2 원자 흡광, 원자 형광 및 발광

중성의 원자구름(neutral atomic cloud)에 복사선을 조사하면 복사선 광자를 흡수하여 바닥상태로부터 들뜬상태로 전자전이가 일어나게 되어 들뜬 원자가 된다. 이것을 원자 흡광이라 하고, 들뜬상태의 원자는 아주 짧은 시간이 지난 후 다시 바닥상태로 전자전이가 일어나면서 복사선을 재발광하게 된다. 이와 같이 원자가 복사선을 흡광한 후에 재발광하는 현상을 원자 형광이라 한다. 이들 현상을 다음과 같이 나타낼 수 있다.

$$\underset{\text{중성원자}}{\mathrm{M}} + \underset{\text{광자}}{h\nu} \underset{\text{형광}}{\overset{\text{흡광}}{\rightleftarrows}} \underset{\text{들뜬상태}}{\mathrm{M}^*} \tag{6.1}$$

원자 형광과는 달리 원자가 열에너지를 흡수하여 들뜬 상태로 되었다가 복사선을 발광하면서 낮은 에너지상태로 전자전이가 일어나는 경우도 있다. 원자의 이와 같은 복사선의 발광을 원자 발광(atomic emission)이라 하며, 특히 열에너지원이 불꽃일 때에는 불꽃 발광(flame emission)이라 하고, 불꽃 발광 현상은 아래와 같이 나타낼 수 있다.

$$\mathrm{M} \underset{(-\mathrm{h}\nu)}{\overset{(+\text{열에너지})}{\rightleftarrows}} \mathrm{M}^* \tag{6.2}$$

원자 흡광, 형광 및 발광에 의한 스펙트럼을 얻을 수 있고, 이들은 미량금속의 정량분석에 이용된다. 흡광과 발광이라는 원리의 차이는 있지만 그들을 측정하는 장치가 비슷하기 때문에 원자 흡광 분광법에서 사용하는 분광광도계는 원자 형광이나 불꽃 발광법 분석에도 사용할 수 있다. 이들 세 가지 방법에 대한 장치를 간단히 비교하면 그림 6.1과 같다. 이들 세 가지 분광법은 각각 장단점을 지니고 있으므로 실제 분석에서는 분석 목적과 용도에 따라 적당히 선택하여 사용하여야 한다.

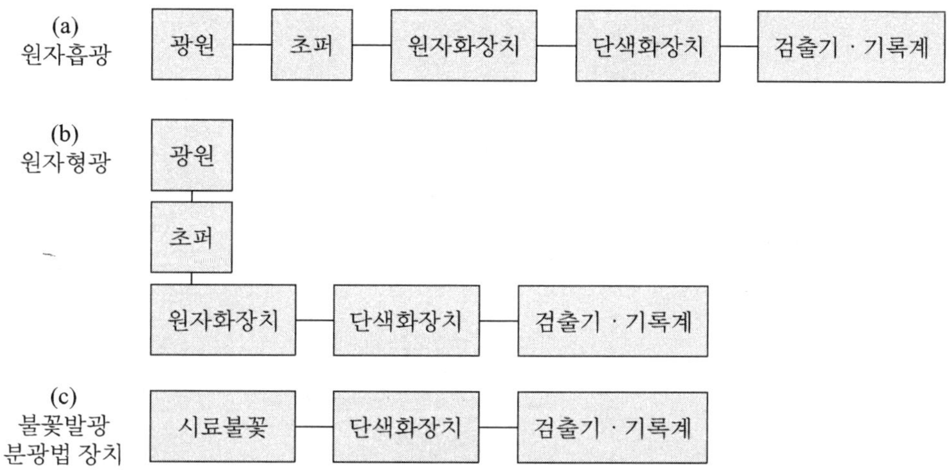

그림 6.1 (a) 원자 흡광 (b) 원자 형광 및 (c) 불꽃 발광 분광법 장치의 비교

6.1.3 원자 스펙트럼

일반적으로 기체상태의 원자입자(원자 또는 이온)의 스펙트럼은 최외각 전자의 전자전이로 인해 생기는 좁은 선스펙트럼으로 나타난다. 금속 원소의 경우 이들 전이에너지는 자외선-가시선 및 근적외선에 해당된다. 원소의 최외각 전자의 에너지준위도는 원자 분광법의 원리를 이해하는데 도움이 된다. 그림 6.2는 몇 가지 알칼리 금속과 마그네슘 원자의 최외각 전자의 전자전이를 나타내는 에너지준위도(energy level diagram)이다. 이 그림은 각 원자의 최외각 전자 에너지 준위를 0으로 하여 나타내고 최외각 전자가 핵의 영향권에서 벗어나 이온으로 되는데 필요한 에너지, 이온화전위(ionization potential, IP)를 나타내었다.

그림에서 p 궤도함수는 아주 작은 에너지 차가 있는 $^2P_{1/2}$, $^2P_{3/2}$로 나뉨을 알 수 있다. 이것은 전자가 그 자신의 축 주위를 스핀하는데 그 운동방향이 전자의 궤도운동 방향과 같거나 반대라고 가정하면 설명할 수 있다. 전자의 스핀운동과 궤도운동은 전자가 가지는 전하의 회전에 따라 자기장을 형성한다. 그들의 운동방향이 반대이면 두 자기장은 서로 끄는 작용을 하고 두 운동방향이 같으면 서로 반발하게 된다. 따라서 스핀이 그의 궤도운동과 반대인 전자의 에너지는 두 운동의 방향이 같은 전자의 에너지보다 약간 작다. 이와 같은 에너지 차는 d 및 f 궤도함수에서도 있다. 그러나 그 차이는 일반적으로 검출되지 않을 정도로 작다. p, d, f 궤도함수의 에너지가 두 상태로 분리되는 것은 최외각에 단일전자를 갖는 모든 화학종의 특성이다.

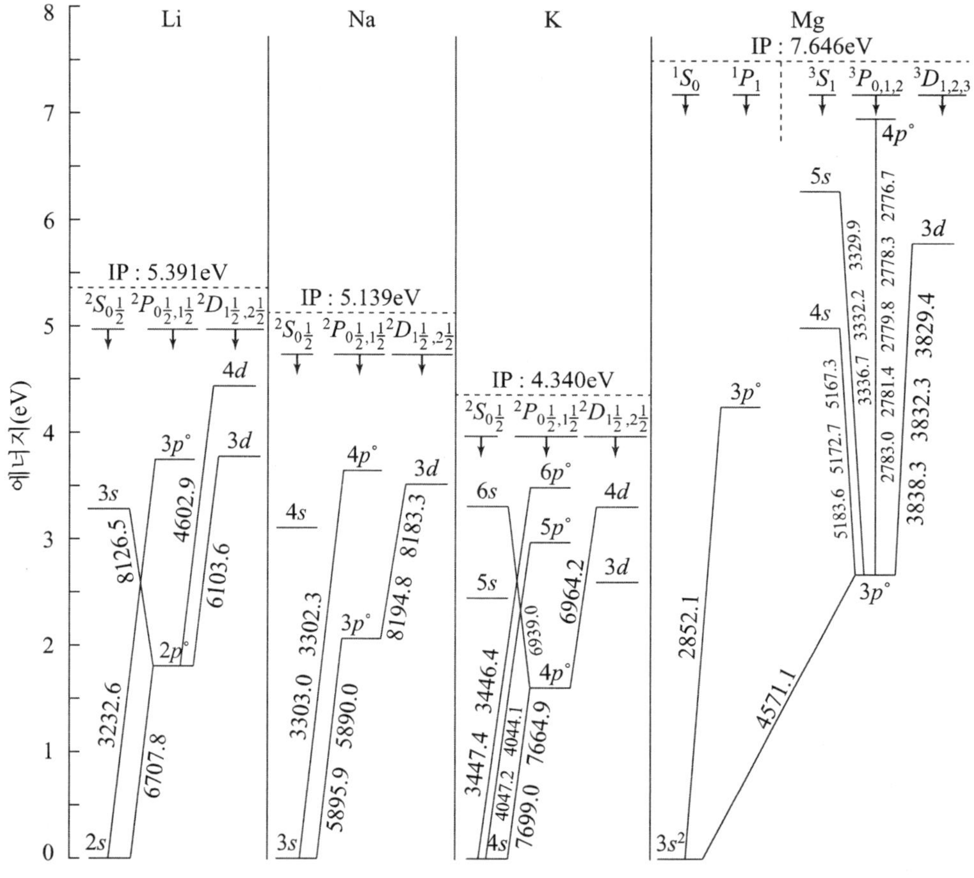

그림 6.2 Li, Na, K 및 Mg의 에너지준위도(파장단위 : Å)

그런데 두 개의 최외각전자를 갖는 마그네슘 원자는 들뜨면 서로 에너지가 다른 단일상태와 삼중상태로 될 수 있다. 들뜬 단일상태에서는 두 전자의 스핀은 서로 반대이며 짝지어 있다. 삼중상태에서는 스핀이 짝짓지 않고 평행이다(3.1절 참조). 실제의 분자에서 들뜬 삼중상태의 에너지는 들뜬 단일상태보다 약간 낮다. 삼중상태의 p, d, f 궤도함수는 에너지상태가 다른 세 가지 준위로 분리된다. 그림에서 마그네슘의 경우에 $3p$ 궤도함수가 $^3P_0$, $^3P_1$, $^3P_2$

로, $3d$ 궤도함수는 $^3D_1$, $^3D_2$, $^3D_3$ 등으로 에너지가 분리되는 모습을 볼 수 있다. 이런 분리는 두 개의 최외각전자 스핀과 연관된 자기장과 모든 전자의 궤도운동 때문에 생기는 알짜 자기장 사이의 상호작용을 고려함으로써 설명이 가능하다. 단일상태에서는 두 개의 스핀이 짝을 지어 그들의 자기장 효과가 상쇄된다. 따라서 에너지 분리가 일어나지 않는다. 즉, 그들의 스핀모멘트는 같은 방향이다. 궤도함수의 자기모멘트는 스핀의 자기장에 영향을 미쳐 p 준위를 삼중상태로 분리되게 만든다.

이와 같은 성질은 모든 알칼리토류 원자, +1가 전하를 갖는 알루미늄과 베릴륨 이온 등에서도 나타나는 특성이다. 최외각전자가 3개 또는 4개인 원자의 경우에는 단일상태, 삼중상태 또는 사중상태 등이 생기게 되고 에너지준위는 더욱 복잡하게 분리된다.

(1) 원자 흡광 스펙트럼

나트륨 원자의 경우를 예로 들어 설명하자. 나트륨의 $3s$ 준위에 있는 최외각 전자는 보다 높은 에너지준위인 $3p$ 또는 $4p$ 준위로 전이하기 위해 5,895.9 Å 또는 3,302.3 Å에 해당하는 복사선을 흡수해야 한다. 실제로 나트륨 원자의 흡수 스펙트럼은 590 nm와 330 nm 근방에서 예리한 이중선으로 나타난다. 이때 스펙트럼이 각 파장에서 이중선으로 나타나는 것은 전자들의 스핀상태가 달라 그 에너지가 약간씩 차이가 있기 때문이다. 이와 같은 전이 이외에도 $3p$ 또는 $4p$보다 더 높은 에너지준위로 전이하거나 $3p$ 준위로 전이된 들뜬 전자가 다시 $3d$ 및 $5s$ 등으로 전이할 수 있다. 하지만 확률이 매우 낮기 때문에 흡수 스펙트럼의 세기가 약하여 거의 나타나지 않는다. 따라서 590 nm와 330 nm에서 나타나는 스펙트럼이 대표적인 나트륨의 흡수공명선이며 특히 가장 예민하게 흡수하는 590 nm는 나트륨을 분석할 때 분석파장으로 이용된다.

일반적으로 흡광 분광광도법에서는 흡광도 A와 농도 C에 대한 Beer의 법칙이 정량법의 기본으로 되어 있다. 만약 원자가 적당한 파장에서 들뜨기 위해 복사선을 흡수하였다면, 이때 흡광도는 Beer의 법칙에 따라 다음과 같이 나타낼 수 있다.

$$A = \log\frac{I_o}{I} = \epsilon LC \tag{6.3}$$

여기에서 I_o의 세기를 갖는 입사광이 두께 L을 갖는 시료용액 층을 통과할 때에 흡광되고 I의 세기가 투과광이다. ϵ는 몰흡광계수이고 특정한 실험조건에서 ϵL은 상수이다. 이와 같은 Beer의 법칙을 이용하면 원자 흡광 분광법에서도 자외선-가시선 분광광도법에서와 같이 표준 시료용액으로 얻은 검정선으로부터 미지시료의 농도를 정량화할 수 있다.

(2) 원자 형광 스펙트럼

그림 6.1(b)와 같이 원자 형광도 분자 형광(3장)에서와 같이 광원의 직각 방향에서 측정한다. 관측된 복사선은 공명형광의 결과 나타나는 것이 보통이다. 예를 들면 마그네슘 원자를 자외선 광원에 놓으면 2,852 Å 복사선을 흡수하여 $3s$ 전자를 $3p$ 준위로 전이한다. 이때 같은 파장으로 방출되는 공명형광이 분석에 이용될 수 있다.

(3) 원자 발광 스펙트럼

시료물질의 모든 원자는 실온에서 보통 바닥상태의 전자상태를 갖는다. 예를 들면 나트륨 원자는 하나의 최외각전자가 $3s$ 궤도함수에 존재한다. 이 전자는 불꽃이나 전기아아크, 전기스파크의 열에 의해 더 높은 궤도함수로 들뜬다. 들뜬상태의 수명은 짧기 때문에 다시 바닥상태로 돌아갈 때 복사선을 재발광하게 된다.

그림 6.2의 나트륨 원자의 에너지 준위도를 보면 몇 개의 전자전이에 의해 복사선을 발광할 수 있음을 알 수 있다. 5,890 및 5,896 Å의 두 선은 들뜨기 조건이고 가장 밝은 선이며 분석목적에 가장 많이 사용된다. 보통 슬릿나비는 두 선을 동시에 측정할 수 있는 정도의 충분한 넓이를 사용하는 경우가 많다.

(4) 스펙트럼의 선나비

원자 흡광 및 원자 발광 스펙트럼에서 스펙트럼선의 나비는 분자흡수 및 분자발광 띠보다 훨씬 좁다. 보통 원자 스펙트럼의 나비는 약 10^{-4} Å 정도이다. 그러나 이런 원자선은 두 가지 이유로 인해 넓어지고 그 측정나비는 0.02에서 0.05 Å 정도이다.

첫째 이유는 도플러 넓힘(doppler broadening)인데 이것은 불꽃 플라스마 속에서 원자입자의 빠른 운동 때문에 생기는 것이다. 단색화장치를 향하여 움직이는 원자는 도플러 이동 때문에 조금 작은 파장을 발휘한다. 이런 도플러 넓힘은 흡수선에서도 나타난다. 이때는 광원을 향해 움직이는 원자는 입사광선에 수직으로 움직이는 입자에 의해 흡수된 파장보다 조금 긴 파장의 복사선을 흡수한다. 그러나 광원의 반대방향으로 움직이는 원자는 그 반대의 결과를 나타낸다. 둘째 이유인 압력 넓힘(pressure broadening)은 원자 간의 충돌로 인하여 바닥상태의 에너지준위에 다소의 변화를 일으키고 이 결과 선나비가 넓어지는 것을 말한다.

(5) 원자화 중에 생긴 분자 스펙트럼

시료를 원자화시키기 위해 수소나 탄화수소를 사용하는 경우에 보통 불꽃 속에서 OH, CN 및 C_2 분자와 같은 화학종이 생성될 수 있다. 이로 인하여 어떤 파장영역에 걸쳐 분자흡수 및 발광띠를 나타내게 된다. 다른 예로는 알칼리토류나 희토류 금속을 불꽃에서 원자화시킬 때 휘발성 산화물이나 수산화물을 만든다. 따라서 이들의 흡수로 인해 넓은 스펙트럼 영역에서 발광 또는 흡광 스펙트럼이 나타난다. 예로써 바륨의 원자 흡광 정량법에서 CaOH와 같은 화학종이 생기면 바륨의 공명흡수선에 겹쳐 CaOH의 분자 흡수띠가 나타나므로 방해를 가져온다. 이런 방해를 없애기 위해서는 온도가 높은 불꽃을 사용함으로써 CaOH 분자를 파괴하는 방법이 이용된다. 이런 현상들은 원자 흡광 분광법에서 가끔 나타나는데 이런 띠의 존재는 유력한 방해의 근원이 된다. 그러나 이런 방해는 적당한 파장의 선택, 바탕보정, 연소 조건의 변화 등에 의해 제거할 수 있다.

6.1.4 흡광, 발광 및 형광에 미치는 온도의 영향

원자 흡광법은 중성원자의 에너지 흡수현상을 기본원리로 하기 때문에 분자나 이온상태로 있는 시료로부터 일단 중성원자를 만들어야 한다. 이렇게 하기 위해서는 높은 온도의 열에너지를 이용하게 되는데 중성원자의 생성과정, 즉 원자화 과정은 식 (6.4)와 같다.

$$\mathrm{MX}(s,\ell) \xrightarrow[\text{가열}]{\text{증발・건고}} \mathrm{MX}(s) \xrightarrow[\text{가열}]{\text{기화}} \mathrm{MX}(g) \xrightarrow[\text{가열}]{\text{열분해}} \mathrm{M}^{\circ}(g) + \mathrm{X}^{\circ}(g) \tag{6.4}$$

$$\begin{array}{l} \quad\upharpoonleft\!\downharpoonright \\ \mathrm{M}^{*} \\ \mathrm{M}^{+}(g) \\ \mathrm{M}_x\mathrm{O}_y \text{ 등} \end{array}$$

이때 중성원자만이 생기는 것이 아니고 들뜬 원자(M*), 이온(M^+) 및 그 밖의 여러 가지 화학종이 함께 생성된다. 그 중에서 들뜬 원자의 수명은 10^{-9} sec 정도로 짧으므로 즉시 바닥상태로 되돌아오면서 원자 발광 현상이 나타난다. 만약 들뜬 원자가 많이 생기게 되면 중성원자의 생성효율뿐만 아니라 중성원자의 에너지 흡수과정에도 영향을 준다. 따라서 원자 흡광법이나 형광법에서는 될 수 있는 대로 들뜬 원자보다 중성원자가 많이 생성되도록 적당한 열에너지를 가해야 한다. 그러나 원자 발광법에서는 들뜬 원자로부터 복사선이 발광하는 것이 기본원리이므로 원자 흡광이나 형광의 경우와는 반대이다. 특히 원자 발광세기는 불꽃온도에 의해 크게 영향을 받는다. 불꽃온도는 들뜬 원자나 들뜨지 않은 원자입자에 비해 큰 영향을 주기 때문이다. 이 비는 Boltzmann식으로 계산된다. N_j와 N_o를 들뜬상태와 바닥상태에 있는 원자수라고 하면 그 비는 다음과 같다.

$$\frac{N_j}{N_o} = \frac{P_j}{P_o}\exp\left(\frac{-E_j}{kT}\right) \tag{6.5}$$

여기에서 k는 Boltzmann 상수(1.38×10^{-16} erg/deg)이고 T는 절대온도, E_j는 바닥상태와 들뜬상태의 에너지차(erg 단위)이다. P_j와 P_o는 각 양자준위에서 같은 에너지를 갖는 상태수에 따라 변하는 통계적 계수이다. 여기서 N_j/N_o를 계산하는 예제를 풀어보자.

예제 6.1

2,500～2,550 K에서 나트륨 원자의 바닥상태($3s$)에 있는 원자수와 들뜬상태($3p$)에 있는 원자수의 비를 계산하라.

해답

여기서 E_j를 계산하려면 그림 6.2에서 보는 바와 같이 $3s-3p$ 전이에 해당하는 두 개의 나트륨선의 평균파장 5,893 Å을 사용한다.

$$\text{파수} = \frac{1}{5{,}893\,\text{Å} \times 10^{-8}\text{cm}/\text{Å}} = 1.697 \times 10^4\ \text{cm}^{-1}$$

$$E_j = 1{,}697 \times 10^4\ \text{cm}^{-1} \times 1{,}986 \times 10^{-16}\ \text{erg/cm}^{-1} = 3.37 \times 10^{-12}\ \text{erg}$$

$3s$ 준위에는 2개, $3p$에는 6개의 양자상태가 있으므로 P_j/P_o=6/2=3이 된다. 따라서 식 (6.5)에 의해 다음과 같다.

$$\frac{N_j}{N_o} = 3\ \exp\left(\frac{-3.37 \times 10^{-12}}{1.38 \times 10^{-16} \times 2{,}500}\right) = 3 \times 5.725 \times 10^{-5} = 1.72 \times 10^{-4}$$

온도를 2,550 K로 대입하여 계산하면 다음과 같다.

$$\frac{N_j}{N_o} = 2.08 \times 10^{-4}$$

예제에서 보듯이 2,500 K의 수소-산소 불꽃에서 약 0.017%의 나트륨 원자만이 들뜬다. 이때 온도가 50 K 상승하면 들뜬 원자수는 약 20.9% 정도로 증가한다. 이와 같이 아주 작은 분율만이 들뜨게 되므로 바닥상태의 원자가 대부분이다. 이것을 생각하면 흡광이나 형광법에서는 불꽃온도에 대하여 발광법보다 덜 민감하다는 것을 이해할 수 있을 것이다. 이것은 흡광이나 형광은 들뜨지 않은 중성상태의 원자에 바탕을 두고, 원자 발광법은 들뜬상태의 원자에 바탕을 두기 때문이다. 따라서 원자 발광법에서는 온도조절에 더욱 주의를 기울여야 한다.

2 원자 분광법의 기기장치

원자 분광법에 의한 분석법에서 사용되는 기기의 부분장치는 그림 6.1에 나타낸 것과 같다. 이들은 자외선-가시선 분광광도계와 비슷하다. 원자 분광법 기기에서도 프리즘이나 회절발 단색화장치를 사용하며 검출기도 자외선-가시선 분광광도계에서와 같이 광전자증배관을 사용한다. 그러나 광원과 원자화장치는 상당히 다르다. 여기서는 원자 분광법에서 사용되는 광원과 원자화장치에 대해서만 설명하기로 한다.

6.2.1 광원

원자 흡수선은 폭이 대단히 좁아 광원으로부터 방출되는 에너지를 완전히 흡수하기 위해서는 자외선 가시선 광원인 중수소등과 같이 5 Å 정도로 폭이 넓은 스펙트럼을 발광하는 연속광원은 사용할 수 없다. 따라서 분석하고자 하는 원소의 원자에 의해 흡광되는 파장(공명선)을 갖고, 그 스펙트럼의 폭이 좁고 세기가 큰 복사선을 발광하는 특수한 장치의 광원이 필요하다. 이런 조건을 만족하는 몇 가지 광원이 개발되었지만 대부분 속 빈 음극등(hollow cathode lamp, HCL)이 사용된다.

속 빈 음극등은 그림 6.3과 같이 분석하려는 원소의 순수한 금속이나 합금으로 만든 안지름이 10 mm 정도 되는 것을 음극으로 하고, 낮은 압력(약 1~10 mmHg)의 네온 또는 아르곤과 같은 영족 기체를 채워 넣은 일종의 방전관이다. 이 속 빈 음극등의 양극과 음극 사이에 높은 전압을 걸어주면 전자가 음극에서 방출되고 이 전자는 영족 기체와 충돌하여 영족 기체의 양이온을 생성한다. 이 양이온은 음극과 충돌하게 되고 음극표면의 금속원자가 표면으로부터 떨어져 나와 원자구름을 만든다.

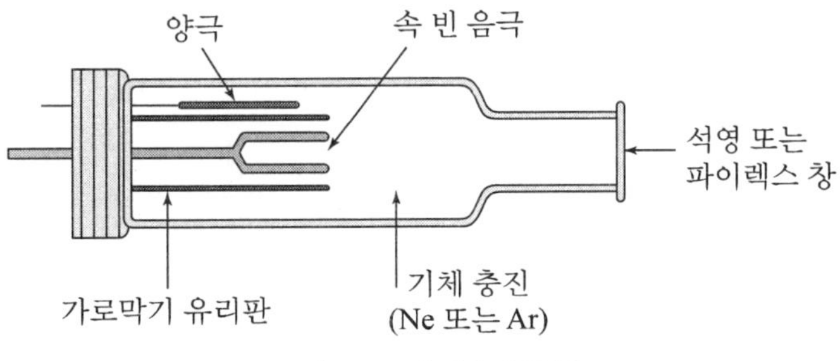

그림 6.3 속 빈 음극등

이렇게 생성된 금속 원자는 전자 및 영족 기체와 충돌하여 들뜨게 되고, 그 원자의 고유한 공명 흡수선을 발광하는데 이것을 원자 분광법의 광원으로 사용한다. 이러한 광원의 세기는 충전된 기체의 종류, 압력 및 두 전극 사이에 흘려주는 전류의 세기에 의해 영향을 받는다. 전류의 세기는 100~200 V에서 5~10 mA가 가장 적당하며 충전기체의 선택은 음극 물질의 종류에 따라 다르다. 철이나 니켈과 같이 비교적 휘발성이 있는 금속은 이온화전위가 큰 네온이 적당하다. 그러나 휘발성이 큰 금속일지라도 리튬과 비소와 같은 금속은 강한 네온의 발광선이 이들 원소의 발광선과 겹치므로 네온은 오히려 적당하지 않다.

일반적으로 네온이나 헬륨보다 아르곤을 주로 사용하는데 이것은 아르곤의 이온화전위가 낮고 질량이 큰 관계로 음극으로부터 원자를 많이 떨어져 나오게 하기 때문이다. 충전 기체의 압력이 높으면 이온선의 세기도 커지므로 이를 감소시키기 위해 3 mmHg 정도의 낮은 압력이 적당하다.

표 6.1 원소에 따른 주요 공명선(nm)

원소	공명선	원소	공명선	원소	공명선
Ag	328.1	Hf	307.3	Re	346.0
Al	309.3	Hg	253.7	Rh	343.5
As	193.7	Ho	410.4	Ru	349.9
Au	242.8	In	303.9	Sb	217.5
B	249.7	Ir	264.0	Sc	391.2
Ba	553.6	K	766.5	Se	196.0
Be	234.9	La	550.1	Si	251.6
Bi	223.1	Li	670.8	Sm	429.7
Ca	422.7	Lu	331.2	Sn	224.6
Cd	228.8	Mg	285.2	Sr	460.7
Ce	520.0	Mn	279.5	Ta	271.5
Co	240.7	Mo	313.3	Tb	432.6
Cr	357.9	Na	589.0	Te	214.3
Cs	852.1	Nb	334.4	Ti	364.3
Cu	324.7	Nd	463.4	Tl	276.8
Dy	421.2	Ni	232.0	Tm	371.8
Er	400.8	Os	290.9	U	351.4
Eu	459.4	Pb	283.3	V	318.4
Fe	248.3		217.1	W	400.9
Ga	287.4	Pd	247.6	Y	407.7
Gd	368.4	Pr	495.1	Yb	398.8
Ge	265.2	Pt	265.9	Zn	213.8

속 빈 음극등은 사용회수가 증가함에 따라 음극 물질의 소실이 크고 충전 기체의 압력이 감소하므로 서서히 소모되며 재생은 어렵다. 음극의 종류에 따라 다르지만 등의 수명은 일반적으로 걸어주는 전류량에 비례하며 약 100 mA에서 1,000시간 정도 사용할 수 있다. 또 등은 사용하지 않고 오랫동안 그대로 두면 수명이 단축된다. 그것은 영족기체가 음극표면을 덮게 되어 음극물질의 활성을 감소시키기 때문이다. 따라서 속 빈 음극등은 주기적으로 활성화시키도록 해야 한다.

음극을 한 가지 원소만으로 만든 음극등, 즉 단일원소등은 분석할 때마다 갈아 끼워야 하고 가격이 비싸므로, 공명 흡수선이 겹치지 않는 3～4개의 금속을 합금한 것을 음극으로 사용하는 다중원소등이 몇 가지 개발되었다. 그러나 이들은 단일원소 등보다 감도가 낮다. 또 음극등의 발광선 세기를 높이기 위해 전자를 쉽게 방출할 수 있는 물질을 입힌 보조음극을 설치한 음극등도 있다. 이런 음극등은 낮은 전압에서도 전자가 많이 발생되어 발광선의 세기는 보통 등보다 10～100배 정도 증가되므로 감도가 높아진다.

원자 분광법에서의 원소에 따른 중요한 흡수 공명선을 표 6.1에 나타내었다.

6.2.2 원자화장치

원자 분광법에서 분석의 감도에 영향을 주는 가장 중요한 요인은 중성원자를 만드는 원자화 과정이다. 원자화 과정은 식 (6.4)에 나타낸 것과 같이 시료 중의 이온이나 분자 상태로부터 효율적인 방법으로 중성원자 증기를 재현성 있게 만드는 것이다.

원자화장치(atomizer)로는 보통 불꽃법과 진열법에 의한 장치가 사용된다. 불꽃원자화장치는 원자 흡광, 형광 및 발광 측정에 사용되고, 전열원자화장치 즉, 비불꽃 원자화장치는 원자 흡광과 형광 측정에 사용된다.

불꽃 원자화장치는 조작이 편리하여 원자 흡광법에서 보편적으로 사용되고 있지만 높은 온도의 불꽃에서 들뜬 원자 및 이온 등이 비교적 많이 생성될 뿐만 아니라 원자가 불꽃 속의 연소 기체나 주위의 공기에 의해 산화물 등의 여러 가지 화합물을 형성하게 되므로 열분해가 불완전해진다. 실제 원자화 효율은 시료 중에 있는 원자의 약 10% 정도밖에 되지 않는다. 따라서 원자화 효율을 높이기 위해 불꽃 대신에 전기 에너지 또는 화학적 반응 등에 의한 방법으로 원자화시키는 비불꽃 원자화장치가 사용되기도 한다. 이것은 불꽃법보다 원자화 효율, 즉 감도가 훨씬 높으며 위험도가 적고 액체뿐만 아니라 고체시료를 전처리 없이 직접 분석할 수 있는 이점이 있다. 그러나 원자 형광이나 발광은 들뜬 원자상태에 바탕을 두므로 불꽃 원자화 방법이 많이 사용된다. 특히 전열 원자화 방법은 원자 발광 분광법에서는 이용되지 않고 원자 흡광이나 형광을 측정할 때만 사용된다.

(1) 불꽃 원자화장치

이 장치는 일반적인 원자화장치로서 사용되며, 분무기와 버너로 구성되어 있다[1]. 분무기는 액체시료를 미세한 안개 또는 에어로졸 상태로 만들어 불꽃 속으로 고르게 분무한다. 분무된 시료는 적당한 온도의 불꽃에 의해 용매가 증발하고 화합물이 열분해하여 증기상태의 중성원자로 된다. 버너의 종류에는 그림 6.4와 같이 원료 기체와 산화제를 각각 다른 통로를 통해 공급하여 버너 끝 부분에서 동시에 섞이게 하는 동시공급식과 미리 이들을 섞어서 내보내는 혼합식 버너가 있다.

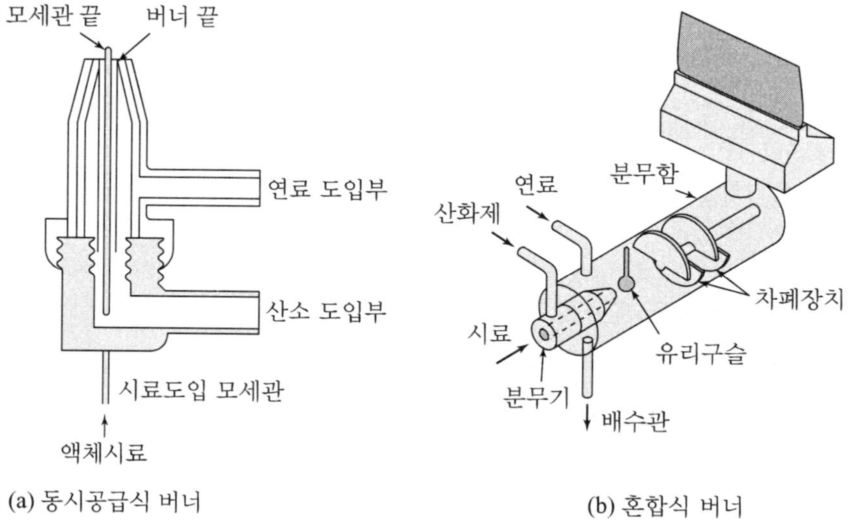

그림 6.4 불꽃 원자화장치

동시공급식에서 시료는 모세관을 통하여 주위의 기체 유속에 의해 생긴 흡인 작용에 의하여 빨려 들어와 안개화된다. 보통 시료 유속은 1～3 mL/min 정도이다. 이 버너는 비교적 많은 시료를 불꽃에 공급하는 이점이 있고, 불꽃이 안으로 기어들거나 폭발할 위험성은 없다. 그러나 단점은 불꽃의 폭이 비교적 좁고, 버너 끝이 막히기 쉽고 소음이 크다는 점이다.

혼합식 버너에서 시료는 모세관 끝에서 산화제의 유속에 의해 안개 상태화 된다. 이렇게 생긴 시료의 에어로졸은 연료와 혼합되고 일련의 장애물을 통해 흐르는 동안에 미세한 방울만이 남게 되고 대부분의 큰 방울은 혼합상자에 모여 폐기통으로 들어간다. 시료의 에어로졸, 산화제, 연료는 5～10 cm의 길이를 갖는 불꽃을 내면서 긴 틈새 버너에서 연소된다. 혼합식 버너는 소음이 적고, 불꽃의 폭이 크므로 감도를 높여 주고 재현성을 증가시킨다. 그리

1) R. D. Dreser. et al., *J. Chem. Educ.*, 1975, 52, A 403.

고 끝이 막히는 경우가 별로 없다. 그러나 단점으로는 시료 주입 속도가 낮아서 불꽃 폭이 넓은 이점을 상쇄시킨다. 또 혼합실에서 혼합용매의 선택적인 증발의 가능성이 있으며 이는 불확정성을 가져올 수 있고, 혼합실에는 폭발성 위험이 높은 혼합물이 들어 있어서 불꽃이 안으로 기어들어가 연소될 수 있는 가능성이 있다. 그러나 이런 위험성을 제거하기 위해 압력을 조절하는 적당한 안전장치가 부착되어 있다. 또 버너의 재질도 안정성을 고려하여 스테인리스강이나 높은 온도에 견딜 수 있는 내화성 물질로 된 것을 사용해야 한다.

① 원자화 조건의 조절

불꽃 원자화장치에서 이상적인 원자와 조건을 실험적으로 얻으려면 연료와 산화제의 유속을 정밀하게 조절하여야 한다.

연료와 산화제는 대략 화학량론적 비로 가해진다. 그러나 안정한 산화물을 생성하는 금속은 연료가 더 많은 환원불꽃에서 분석하는 것이 바람직하다. 유속은 보통 이중막 압력 조절기로 조절된 다음 분석장치에 있는 침상 밸브로 조절된다. 재현성이 있는 분석조건을 얻기 위해서는 로우터미터(rotameter)와 같은 유속계로 산화제나 연료의 유속을 잘 조절하여야 한다. 유속계는 가벼운 원추형 또는 구형의 부표가 기체 흐름에 의해 부상하게 되고, 그것의 수직위치로 유속이 측정된다. 그리고 원자화 효율에 영향을 주는 가장 중요한 인자는 시료방울의 크기와 흡입속도, 불꽃의 온도 및 불꽃에서 생성되는 화합물의 열적 안정성 등이다. 이 중 열적 안정성에 관해서는 다음 절에서 취급하기로 한다.

불꽃이 분무되는 시료의 방울크기가 불균일하거나 흡입량아 너무 많으면 불꽃에서 용매를 증발하는데 많은 에너지를 소비하게 되므로 열분해가 불충분해진다. 따라서 원자화 효율이 감소되므로 시료 방울크기가 균일하고 작은 방울이 적당량 불꽃으로 분무되도록 하여야 한다. 이와 같은 방울크기와 흡입 속도는 보조 기체의 흐름속도와 용액의 물리적 성질에 영향을 받는다. 용액의 물리적 성질은 용액의 표면장력, 밀도, 점도 등이고, 표면장력이 낮고 휘발성이 큰 유기용매를 사용하면 시료의 흡입속도가 증가하며 증발속도를 촉진시키므로 원자화 효율이 증가된다. 따라서 원자 흡광 분광법에서는 원자화 효율이 증가되면 상대적 흡수세기가 증가하게 된다. 최근에는 감도를 높이기 위해 시료에 킬레이트제를 가하여 킬레이트를 형성시킨 다음 적당한 용매로 추출하여 분무시키는 용매추출법이 많이 이용되고 있다. 불꽃의 온도는 원자화 조건에 가장 중요하게 작용한다. 불꽃은 시료 용액을 증발시켜 고체 화합물을 기체상태로 만든 다음 열분해하여 원자화 하는 적당한 온도이어야 하고, 원자 흡광 분광법에서는 가급적 들뜬 원자와 이온의 생성을 막고 중성상태의 원자를 만들 수 있는 적당한 온도이어야 한다. 불꽃의 온도는 연료와 보조 기체의 종류 및 흐름속도 등으로 조절이 가능하다.

분석하고자 하는 원소의 산화성 및 열적 성질을 고려하여 적당한 온도의 불꽃을 선택하여야 한다. 표 6.2에 원자 분광법에서 이용되는 몇 가지 불꽃의 온도에 따른 분석이 적당한 원소들을 나타내었다. 이 표에서 보면 일반적으로 휘발성이 큰 원소는 낮은 온도의 불꽃에서, 비교적 산화물을 잘 형성하는 원소들은 고온의 불꽃에서, 그리고 그 밖의 대부분의 원소들은 아세틸렌-공기 불꽃을 사용한다. 또 원료와 보조 기체의 혼합비에 따라 불꽃의 모양과 온도의 분포가 약간씩 달라지기 때문에 원소들마다 중성원자가 형성되는 불꽃의 영역은 각각 다르다. 따라서 분석할 때는 분석원소에 알맞은 기체의 혼합비를 적당히 맞추고, 불꽃의 영역 즉, 버너 높이를 잘 조절하여야 한다.

표 6.2 불꽃의 종류(온도)에 따른 분석원소

연료-산화제	온도(℃)	분석원소
천연가스-공기	1,700～1,900	알칼리 및 알칼리토류 금속
천연가스-산소	2,700～2,800	
수소-공기	2,000～2,100	Sn, As, Se
아세틸렌-공기	2,100～2,400	Sb, Bi, Cd, Cs, Co, Cu, Au, Fe, Ni, Li, Pd, Na, K, Ca, Mg, Te, Mn, Rb, Zn, Cr, Mo, Pt, Os, Sr, Pb
수소-산소	2,550～2,700	불꽃 발광법에 이용
아세틸렌-N_2O	2,600～2,800	Al, B, Dy, Er, Gd, Hf, Ho, La, Lu, Yb, Zr, Nd, Pr, Re, Si, Ta, Ti, W, U, V
아세틸렌-산소	3,050～3,150	

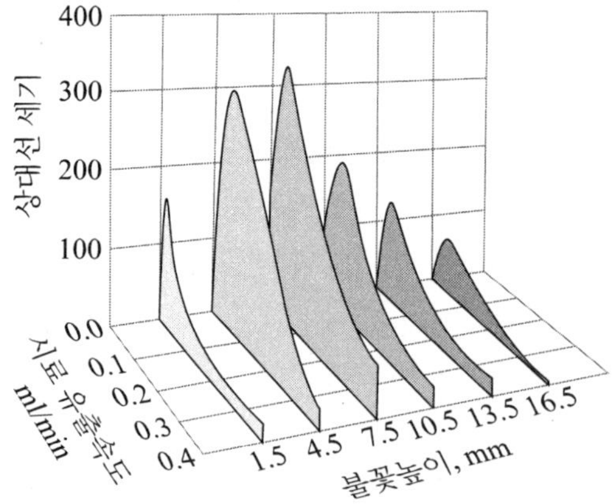

그림 6.5 사이아노겐/산소 불꽃에서 칼슘 발광선의 측면도

그림 6.5는 불꽃 속에서 생성되는 칼슘 스펙트럼선의 발광선 세기를 삼차원 모습으로 나타낸 것이다. 극대 발광이 초기 연소지역의 바로 위에서 나타난다. 또 발광선 세기는 시료의 유속에 크게 의존된다. 유속이 증가하면 처음에는 칼슘 입자의 수가 증가하므로 세기가 갑자기 증가하여 선 세기가 갑자기 극대로 되고, 그 다음에는 시료 유출속도가 증가하므로 선 세기는 점점 감소한다. 분자띠 스펙트럼이 발광분석에 이용되는 경우에는 불꽃의 아래 부분에서 극대가 나타나는 수가 많다. 예를 들면 칼슘의 경우 불꽃에서 CaOH가 생성되기 때문에 나타나는 540～560 nm의 파장영역에서 분석에 유용한 띠스펙트럼이 나타난다.

이 발광띠의 극대세기는 초기 연소지역 끝에서 생기고 불꽃 외각 부분의 높은 온도에서는 세기가 갑자기 감소한다. 보다 정교한 불꽃 발광 분광계는 단색화장치를 사용하고, 이 경우에는 불꽃의 비교적 작은 부분의 복사선만 취하게 되어 있다. 따라서 입구 슬릿과 불꽃의 위치를 잘 조절하는 것이 중요하다. 한편 필터 광도계에서는 훨씬 큰 부분의 불꽃에서 복사선을 받게 되기 때문에 불꽃의 위치를 조절하는 것은 별로 중요하지 않다.

(2) 비불꽃 원자화장치

불꽃이 없는 원자화 방법에는 불꽃 대신 다른 에너지 즉, 고온 전열기, 전기아아크, 레이저, 고주파 및 초단파 플라스마 등에 의하여 원자화시키는 방법과 에너지원을 이용하지 않고 화학적 방법으로 원자증기를 만드는 차가운 증기 생성법이 있다. 그 중에서 일반적으로 많이 이용되고 있는 고온 전열기에 의한 원자화 방법에 관해 설명하기로 한다.

① 전열 원자화장치

전열 원자화장치에서는 시료 전체가 짧은 시간에 원자화되고 원자가 빛살 진로에 머무는 시간이 1초 이상이기 때문에 감도는 일반적으로 높아진다. 전열기와 같은 비불꽃 원자화장치에서는 몇 μL의 시료가 우선 낮은 온도에서 증발된 다음 전기적으로 가열된 탄소, 탄탈 또는 다른 전도성 재료 위에 약간 더 높은 온도에서 회화된다. 전도성 도체는 오목형의 관, 조각, 막대, 보트, 컵, 구유와 같은 모양일 수 있다. 회화된 다음 전류를 몇 백 암페어까지 빠르게 증가시켜 온도를 2,000～3,000℃까지 증가시킨다. 시료의 원자화는 수 msec에서 수초 동안에 일어난다.

원자화된 입자의 흡광 또는 형광은 가열된 전도체의 바닥보다 약간 높은 지역에서 측정된다. 전열 원자화장치에서는 온도를 3단계로 조절하여 원자화시킨다. 첫 단계는 100℃ 이하의 온도에서 시료용액을 증발시키는 건조 단계이다. 둘째는 증발 건조된 무기 또는 유기 화합물을 열분해시키는 회화단계(1,500℃)이고, 셋째는 회화된 시료를 2,500℃ 정도의 고온으로 처리하여 중성원자를 만드는 원자화 단계로 나눌 수 있다. 전열법에 의한 원자화장치는 분석대상 원소나 목적 및 제작회사 등에 따라서 여러 가지 종류의 원자화장치가 상품화되고 있으나, 그 중에서 대표적으로 많이 이용되고 있는 것은 흑연관 전열 원자화장치이다.

전열 원자화 장치는 그림 6.6에서 보는 것과 같이 크기가 작은 흑연관이나 흑연컵을 탄소막대의 두 전극 사이에 접촉시켜서 만든다. 원자화장치는 전극에 가하는 전압과 시간을 조절함으로써 가능하다. 각 단계에서 조작하는 온도와 시간은 시료와 분석하려는 원소의 종류 및 성질에 따라 임의로 선택해야 한다. 또 원자화장치를 가열하는 동안 시료나 원자화장치 자체의 산화를 방지하고, 흑연관으로부터 증발 또는 확산되는 증기를 제거하기 위해 네온이나 아르곤 같은 영족 기체를 흘려주어야 한다. 특히 이때 시료를 5～100 μL 정도로 아주 적은 양을 가하기 때문에 원자화장치에 시료를 가할 때 그 부피가 일정하지 않으면 분석에 오차를 가져오고 재현성이 떨어진다.

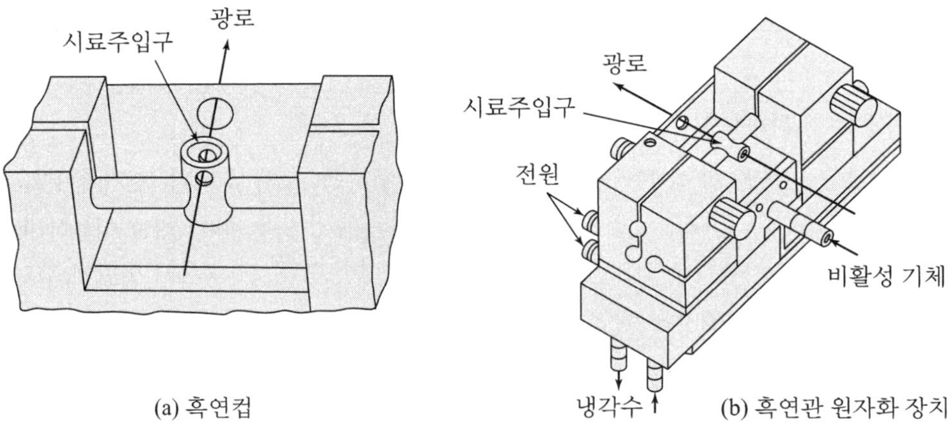

그림 6.6 (a) 흑연컵과 (b) 흑연관 원자화장치

지금까지 설명한 원자화 방법 중에서 재현성의 관점에서 보면 불꽃 원자화법이 유도결합플라스마법(7장)을 제외하고는 지금까지 알려진 방법들 중에서 가장 우수한 방법이다. 그러나 시료 효율(감도)이란 측면에서 보면 다른 원자화 방법이 훨씬 우수하다. 불꽃 원자화장치에서는 시료의 공급효율이 좋지 않은 두 가지 이유가 있다. 혼합식 버너에서 많은 시료가 폐기통으로 빠져나가거나 동시공급식 버너에서는 완전히 원자화되지 않는다는 것과 각 원자가 불꽃의 빛살 진로에 머무는 시간이 10^{-4}초 정도로 짧다는 것이다.

3 방해작용과 그 조치

원자 흡광 분광법에서는 정확도에 영향을 주는 두 가지 형태의 중요한 방해 요인이 있는데, 그것은 스펙트럼 방해와 화학적 방해이다. 이들 두 가지 이외에도 기기 자체에 의한 것과 이온화 및 매트릭스의 영향 등이 있다. 이들을 이론적으로 예측하기 곤란하며 실험적으로 측정하여 조절하여야 한다. 이런 방해의 요인을 적당한 방법으로 제거함으로써 분석의 오차를 줄이고 정확성을 기할 수 있다.

6.3.1 스펙트럼 방해

스펙트럼 방해는 첫째, 시료에 공존하고 있는 화학종이나 불꽃 또는 광원으로부터 발생되는 스펙트럼으로 인해 분석하고자 하는 원소의 흡광도에 영향을 주는 현상을 말한다.

속 빈 음극등에서 나오는 발광선은 대단히 좁기 때문에 원자 스펙트럼선의 겹침으로 생기는 방해는 드물다. 이런 방해가 일어나는 경우는 두 선의 분리가 0.1 Å 이하일 경우이다. 예를 들면 알루미늄과 바나듐이 공존하는 시료에서 알루미늄을 3.082.15 Å에서 흡광 분석할 때 바나듐의 3,082.11 Å 발광선이 방해를 준다. 그러나 이런 방해는 알루미늄의 흡광파장으로 3,092.7 Å을 선택함으로써 해결된다. 둘째, 불꽃 자체의 연소 생성물이나 시료 중의 용질 및 용매 등의 여러 가지 화학종이 불꽃에서 생성하는 입자들에 의해서 광원으로부터 조사되는 빛을 흡수 또는 산란시키기 때문에 일어나는 방해이다. 이런 방해를 비특성 화학종 방해작용이라 한다.

분자흡수에 의한 방해작용을 예로 들면, 바륨을 아세틸렌-공기 불꽃에서 분석할 때 칼슘이 공존하면 불꽃에서 CaOH가 형성되고 이 분자의 스펙트럼이 548～560 nm에서 나타나게 되어 바륨의 분석선 553.6 nm와 겹치게 된다. 또한 NaCl, NaBr, NaI 등에 의한 스펙트럼이 190～390 nm 영역에서 나타나기 때문에 이 범위에서 흡수를 나타내는 원소를 분석할 때 방해를 받게 된다. 이와 같은 방해는 불꽃에서도 문제가 되지만 특히 고온 전열법에서는 대단히 심각하다. 한편 산란에 의한 방해를 예로 들면, 티타늄, 지르코늄, 텅스텐 등을 높은 농도로 포함하는 시료를 불꽃에 흡입시킬 때 형성되는 내화성 산화물의 입자들로 인해 빛이 산란된다. 이런 방해들은 분석파장을 바꾸든지 더 높은 온도의 불꽃으로 원자화 시키거나 표준물질과 시료용액에 과량의 복사선 완충제를 가하면 어느 정도 피할 수 있다. 그러나 시료의 조성이 대단히 복잡한 경우에는 방해 요인을 알기가 쉽지 않다. 이때는 바탕보정[2]을 해야 한다.

2) A. T. Zander, *Amer. Lab.*, 1976, 8(11), 11.

(1) 두 선 보정법

이 방법은 먼저 분석파장에서 시료의 전체 흡광도를 측정한다. 이때 측정한 흡광도는 분석원소에 의한 흡광도와 바탕에 의한 흡광도가 합쳐진 것이다. 다음에 분석파장 전후 20 nm 범위 이내의 적당한 두 곳의 파장(220 nm 이하의 파장에서는 ±5 nm 이내)에서 바탕의 흡광도를 측정하여 이 값을 전체 흡광도로부터 빼면 분석원소 자체의 흡광도를 구할 수 있는 보정법이다.

(2) 연속광원 보정법

이 방법은 중수소등이 자외선 영역의 연속광원으로 사용된다. 빛살토막기(chopper)를 이용하여 중수소등에서 나오는 연속광원과 속 빈 음극등에서 나오는 복사선을 교대로 흑연관 원자화장치를 통과하도록 한다. 그리고 중수소등에서 나오는 복사선의 흡광도를 시료 빛살의 흡광도에서 빼준다. 슬릿 폭을 충분히 크게 하여 시료 원자에 의해 흡수되는 연속광원의 분율을 무시하게 한다. 따라서 원자화된 시료를 통하는 동안 연속광원 세기의 감소는 단지 넓은 띠 흡수와 시료 기질 성분에 의한 빛의 산란의 결과를 나타낸다. 이렇게 해서 바탕보정을 할 수 있다. 이 방법은 겹빛살형은 물론 홑빛살형 분광광도계에서도 이용될 수 있다.

(3) Zeeman 효과에 의한 바탕보정

Zeeman 효과에 의한 바탕보정법[3)]은 다른 바탕보정법과 근본적으로 다르다. 원자화된 원자증기에 의한 흡광 또는 발광 복사선에 수 킬로 가우스의 자기장을 걸어 주면 그림 6.7과 같이 Zeeman 효과를 나타내어 복사선은 일정한 파장의 차이를 가지는 몇 가지 성분으로 나누어지게 된다.

카드뮴과 수은의 경우 스펙트럼이 두 개의 성분으로 분리되는데 그 하나는 원래 공명흡수 파장과 동일한 파장을 갖는 성분(π선)이고, 다른 것은 π선 파장보다 일정한 간격으로 높거나 낮은 파장으로 분리되는 성분(σ선)이다. 이때 π성분은 걸어준 자기장에 수평면에서 편광되고, σ성분은 수직면에서 편광된다. 만일 광원에서 발광되는 빛을 회전편광기를 사용하여 원자화장치에 걸어준 자기장에 수평 또는 수직평면으로 편광시킨 다음 시료에 교대로 조사하면 Zeeman 효과에 의해 수평면으로부터 편광된 빛은 분석원소 및 바탕에 의한 흡수 또는 산란을 모두 일으키게 하지만, 수직으로 편광된 빛은 단지 바탕에 의한 흡수 또는 산란만 일으키게 된다. 그러므로 수평 및 수직으로 편광된 성분에 의한 빛의 세기를 동시에 측정하여

3) S. D. Brown, *Anal. Chem.*, 1977, 49(14), 1269A; F. J. Fernandez, S. A. Myers and W. Slavin, *Anal. Chem.*, 1980, 52, 741.

바탕값을 보정할 수 있다.

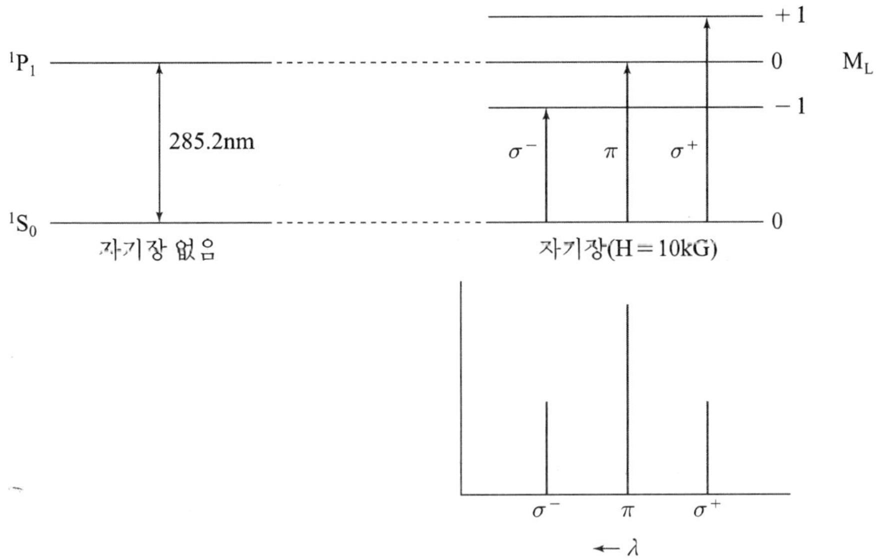

그림 6.7 자기장에서 Zeeman 효과

이러한 Zeeman 분리는 원자화장치 뿐만 아니라 광원에 강한 자기장을 걸어줄 때에도 가능하다. Zeeman 효과에 의한 바탕보정법은 불꽃이나 전열 원자화장치 모두에서 이용할 수 있고, 홑빛살형 또는 겹빛살형 기기에 모두 적용이 가능하지만 자기장치의 값이 너무 비싸다는 단점이 있다.

6.3.2 화학적 방해

원자화 과정에서 분석하고자 하는 금속이온과 음이온이나 음이온기를 형성한 양이온이 서로 반응하여 열적으로 안정한 화합물을 형성하면 이들은 주어진 온도에서 쉽게 분해를 일으키지 않는다. 이처럼 분석원소를 중성원자로 만드는 것을 화학적 방해라 한다. 화학적 방해는 스펙트럼 방해보다 더 일반적인 방해이고, 이런 방해는 적당한 조건으로 처리하면 크게 감소시킬 수 있다. 이 방해는 불꽃 원자화 방법에서 더 심각하게 나타난다. 불꽃 속에서 일어나는 주목할 만한 중요한 반응은 휘발성이 작은 화합물의 생성, 해리반응 및 이온화 반응이다. 이런 방해작용의 제거는 분석하려는 원소보다 방해하는 화학종과 쉽게 그리고 열적으로 안정한 화합물을 형성하는 물질을 과량 가해 줌으로써 제거할 수 있고, 화합물이 충분히 분해될 수 있는 높은 온도의 불꽃을 사용함으로써 가능해진다.

(1) 휘발성이 작은 화합물의 생성

이런 방해는 분석원소의 원자화 효율을 감소시키는 방해로서 가장 일반적인 화학적 방해이다. 휘발성이 작은 화학종의 생성에 의한 방해는 높은 온도의 불꽃을 사용하면 제거할 수 있거나 줄일 수 있다.

화학적 방해를 줄이는 한 가지 방법은 방해물질과 우선적으로 반응하여 분석물질과 작용하는 것을 막을 수 있는 해방제(releasing agent)를 사용하는 것이다. 예를 들면 아세틸렌-공기 불꽃에서 칼슘을 분석할 때 인산 이온의 방해를 막기 위해서 스트론튬이나 란탄을 과량 사용한다. 또한, 마그네슘을 정량할 때 알루미늄의 방해를 막기 위해서도 스트론튬이나 란탄을 해방제로 사용한다. 스트론튬이나 란탄은 분석물질을 해방시키고, 그 대신에 방해 화학종과 안정한 화합물을 만들어 분석원소의 원자화를 방해하지 않는다.

다른 한 가지 방법은 보호제(protective agent)를 가하여 보호제가 분석물질과 안정하고 휘발성이 있는 화학종을 만들므로 방해를 피할 수 있는 방법이다. 이런 보호제로는 EDTA, 8-hydroxyquinoline 등이 사용된다. 예로 칼슘을 정량할 때 Al^{3+}, Si^{4+}, SO_4^{2-}, PO_4^{3-} 이온의 방해를 막기 위해 EDTA를 사용한다. 또 칼슘과 마그네슘을 정량분석할 때 Al^{3+}의 방해를 억제하기 위해서 8-hydroxyquinoline을 사용한다.

(2) 이온화 효과

시료가 원자화장치에서 열분해되어 중성원자를 생성할 때 불꽃의 온도가 높으면 이 열에너지에 의해 이온화 반응이 일어난다. 이 때문에 중성원자의 생성이 방해를 받게 되어 원자흡광 분석에서는 흡광세기가 감소하게 된다. 이러한 이온화 현상은 원자화장치의 온도와 원소의 이온화전위에 영향을 받는다. 불꽃 원자화에서 산화제로 공기를 사용할 때는 원자의 이온화가 별로 일어나지 않는다. 그러나 산화제로 산소나 일산화이질소를 사용하는 높은 온도의 불꽃에서는 이온화가 많이 일어난다.

표 6.3 알칼리 및 알칼리 토금속의 온도에 따른 이온화도(%)

원소	이온화전위(eV)	2,200 K	2,450 K	2,800 K
Cs	3.89	28.3	69.6	96.4
Rb	4.18	13.5	44.4	89.6
K	4.34	2.5	31.9	82.1
Na	5.14	0.3	5.0	26.4
Li	5.39	0.01 >	0.9	16.1
Ba	5.21	1.0	8.6	42.8
Sr	5.69	0.1 >	2.7	17.2
Ca	6.11	0.01 >	1.0	7.2

표 6.3에 불꽃에서 온도에 따른 알칼리 및 알칼리 토금속의 이온화도와 각 금속의 이온화 전위를 나타내었다. 표를 보면 온도가 높아지면 금속의 이온화도는 증가되고, 또 같은 온도에서도 이온화전위가 큰 원소는 대체적으로 이온화도가 감소한다는 것을 알 수 있다.

어떤 원자가 주어진 온도에서 이온화되어 금속이온과 전자를 생성할 때 평형반응으로 취급하면 다음과 같이 평형상수를 쓸 수 있다.

$$\mathrm{M} \;=\; \mathrm{M}^{+} + e^{-}$$

$$K = \frac{[\mathrm{M}^{+}][e^{-}]}{[\mathrm{M}]}$$

불꽃 속에서 다른 금속이온의 존재에 따라 금속의 이온화도가 크게 영향을 받을 수 있다. 만약 매체에 M 화학종 외에 A 화학종이 함께 존재하고 이것도 다음과 같이 이온화한다면

$$\mathrm{A} \;\rightleftarrows\; \mathrm{A}^{+} + e^{-}$$

M의 이온화도는 A에서 생기는 전자의 질량작용의 법칙의 효과에 따라 감소할 것이다. 이런 조건에서 이온화도는 A의 해리상수와 다음과 같은 질량보존 관계를 고려하여 계산한다.

$$[e^{-}] = [\mathrm{A}^{+}] + [\mathrm{M}^{+}]$$

불꽃 속의 원자-이온 평형은 불꽃 분광법에서 여러 가지 중요한 역할을 한다. 예를 들면 알칼리 금속, 특히 칼륨, 루비듐, 세슘의 원자 발광이나 원자 흡수선의 세기는 여러 면에서 온도의 영향을 받는다.

Boltzmann식에 의하면 온도가 증가할 때 들뜬 원자수가 증가한다. 그러나 이 효과는 반대로도 작용하므로 이온화를 일으키고 이 결과 원자의 농도를 감소시킨다. 따라서 이런 경우에는 높은 온도의 불꽃에서 발광이나 흡수의 감소가 일어나기도 한다. 알칼리 금속을 분석할 때 보통 낮은 온도의 불꽃을 이용하는 것은 바로 이 때문이다.

불꽃 속에서 원자의 이온화 반응을 억제하기 위해서 이온화 억제제(ionization suppressor)를 사용한다. 이온화 억제제는 불꽃 속에서 이온화가 잘 되어 비교적 높은 농도의 전자를 제공하는 물질이다. 억제제로부터 생긴 많은 전자는 시료 원자의 이온화평형에 영향을 주어 시료 원자의 이온화가 억제된다. 이온화 억제제로 보통 사용하는 칼륨은 스트론튬의 원자 흡광 분석에 이용된다. 칼륨은 스트론튬보다 이온화가 잘 되므로 칼륨으로부터 발생된 전자의 농도가 증가함에 따라 스트론튬의 이온화가 억제된다. 그 결과 스트론튬의 검정선에서 기울기를 크게 증가시켜 감도기 높은 분석을 가능하게 한다.

(3) 매트릭스 효과

시료의 물리적 특성, 즉 점도, 표면장력, 휘발성 등에 의해 생기는 방해작용을 물리적 방해라 한다. 분석원소의 농도가 같더라도 그 용액의 점도 및 표면장력이 다르면 시료용액을 원자화장치에 분무시킬 때 흡입량이나 방울크기가 서로 달라진다. 따라서 중성원자의 생성 효율에 영향을 준다. 그 결과로 원자 흡광 분석에서 흡광도의 차이가 생긴다. 또한 시료에 공존하는 염과 같은 화학종의 휘발성 차이로 인해 시료의 증발을 저해하거나 원자화되기 전에 분자상태로 증발시켜 방해하는 경우도 있다. 예를 들면 아세틸렌-공기 불꽃에서 철의 농도가 크면 크롬과 몰리브덴을 완전히 증발시키지 못한다.

전열 원자화장치에서도 이와 같은 방해가 있다. 이때는 적당한 첨가제를 가하여 분석원소의 선택적인 휘발이 일어나도록 시료 매트릭스의 조성을 바꿔야 한다. 한편 염화 이온이 많이 존재하는 시료에서는 비소, 아연, 카드뮴 및 납 등은 오히려 휘발성이 큰 염화물로 휘발되기 때문에 원자화 효율에 영향을 주게 된다. 이런 때에는 시료 매트릭스를 질산이나 황산 이온으로 바꾸든지 니켈 또는 철과 같은 전이원소를 가하여 주면 감소된다. 이때 표준용액이나 바탕용액도 시료용액과 같은 조성이 되도록 실험하는 것이 좋다.

4 원자 흡광법의 측정법과 응용

6.4.1 시료의 조제

시료용기는 염산 또는 질산으로 처리하여 흡착되어 있는 금속을 제거하고 사용한다. 또한 표준시료는 장기간 보존하지 않는 것이 좋다. 대단히 고순도의 시약을 구입할 수 있지만 구리, 아연, 납 등이 미량 함유될 수 있다. 시료의 조제용과 표준시료용 시약은 같은 시약병의 것을 사용하여 바탕시험 하도록 한다. 이것은 바탕시험 값이 같도록 하기 위함이다. 특히 초미량 분석에서는 충분한 주의를 기울여야 한다.

원자화장치로 불꽃을 사용할 때에는 시료를 수용액의 형태로 불꽃 속에 분무시킨다. 만약 시료가 토양, 동물의 조직, 식물, 석유제품, 광석과 같은 경우 이런 물질들은 보통 용매에 직접 녹지 않으므로 원자화장치에 주입할 분석물질의 용액을 만드는데 예비처리가 필요하다. 시료를 예비 처리할 때 시료 중에서 유기물이 존재하면 바탕값에 원인이 되거나 탄화물을 생성하여 분석원소를 흡착하는 등의 방해가 일어난다. 따라서 이런 때에는 회화시켜 유기물을 제거시킨 후 시료로 사용한다. 회화법에는 고온 회화, 저온 회화(건식 회화), 습식 회화법이 있다.

(1) 시료의 회화법

고온 회화법에서는 시료를 도가니 속에서 400~500℃로 가열함으로써 공기 중의 산소로 산화하여 분해시킨다. 여러 가지의 할로젠화금속 화합물은 고온회화할 때 일부가 증발되어 시료의 손실이 일어나는 것이 알려졌다. 그리고 석영이나 사기도가니를 사용하면 용기에 금속 성분이 흡착하거나 불용성 화합물을 만들므로 주의해야 한다. 저온회화는 산소를 고주파로 들뜨게 하여 플라스마 상태로 만들어 150℃ 정도의 온도에서 회화시키는 방법으로서 시료를 석영 접시에 넓게 펴놓고 회화실에 넣은 다음 진공펌프로 회화실의 공기를 탈기한 후 고주파를 발진한다. 다음에 산소를 회화실 내의 기압이 1 mmHg를 넘지 않을 정도로 불어 넣으면서 회화한다. 수은, 비소, 셀레늄, 크롬은 일부분이 증발한다.

습식회화법은 질산, 과염소산, 과산화수소와 같은 산화제를 사용한다. 건고방지 및 금속의 휘발방지를 위하여 황산을 가하여 낮은 온도에서 산화시켜 분해하는 것이다. 시료에 따라 질산-황산 분해, 질산-과산화수소 분해, 질산-황산-과염소산 분해법을 선택하여 사용한다. 질산-황산 분해법에서는 시료용액에서 질산 5~10 mL를 가하고 격렬한 반응이 끝나면 물중탕에서 가열하여 10 mL 정도로 되었을 때 질산 5 mL와 황산 10 mL를 더 가하고 황산의 흰 연기가 날 때까지 가열하여 유기물을 분해한다. 질산-과염소산 분해에서는 질산-황산법에서의 황산 대신에 과염소산을 소량씩 가한다. 시약으로부터의 오염과 금속의 휘발에 주의한다. 이상의 회화법 중에서 어느 방법을 택할 것인가는 회수율을 시험하여 결정하는 것이 좋다.

6.4.2 검정선법

일련의 농도의 표준용액을 만들고 이들 용액의 흡광도를 측정하여 흡광도와 농도의 관계로부터 검정선을 작성한다. 표준용액과 같은 방법으로 만든 시료용액의 분석원소에 대한 흡광도를 측정하여 검정선으로부터 분석원소의 농도를 구한다. 자외선-가시선 분광법에서와 마찬가지로 시료 중의 분석원소의 농도가 낮은 영역에서는 흡광도와 농도 간에 직선관계가 성립된다. 그러나 직선이 성립하는 농도 범위가 좁다. 카드뮴 및 아연과 같은 감도가 높은 원소는 조건에 따라 다르지만 5~6 ppm 이하의 농도범위에서 직선이 성립한다. 다른 공존원소에 의한 방해가 나타날 때에는 표준 시료용액에 포함된 주요한 성분을 첨가하여 표준시료와 시료의 조성이 같게 만들어 실험한다. 그러나 공존원소의 방해가 너무 심한 경우에는 방해성분을 제거한 다음 실험해야 한다.

6.4.3 내부표준법

표준시료에 내부 표준원소 일정량을 첨가한 다음 분석원소와 내부 표준원소의 흡광도를 두 개의 파장에서 동시에 측정한다[4]. 이렇게 하여 얻어진 흡광도비를 이용하여 정량한다.

분석원소의 흡광도(A_s)와 내부 표준원소의 흡광도(A_r)의 비, A_s/A_r을 구한다. 표준물질의 농도와 A_s/A_r과의 관계를 도시하여 검정선을 작성한다. 시료용액에도 내부 표준원소를 일정량 가하여 흡광도비 A_s/A_r을 구해 검정선으로부터 농도를 구한다. 이때 내부 표준원소는 시료에 함유되어 있지 않으며 분석원소와 유사한 화학적 방해를 받는 물질을 선택하는 것이 바람직하다. 그림 6.8에 검정선법과 내부표준법의 검정선을 나타내었다.

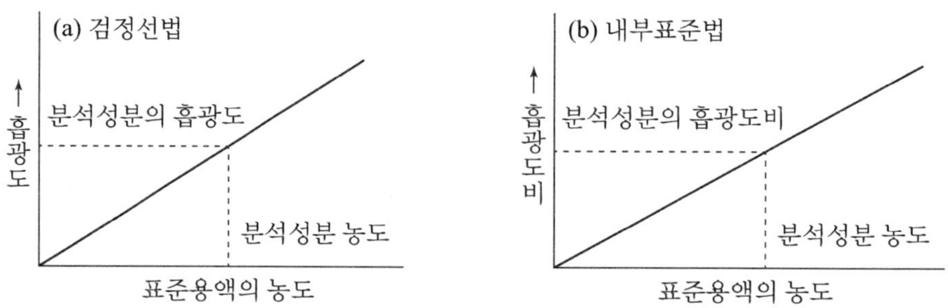

그림 6.8 검정선법과 내부표준법의 검정선. 흡광도비 = A_s/A_r

6.4.4 표준물 첨가법

분석원소의 시료용액 일정량씩을 몇 개의 용량플라스크에 정확히 분취한다. 이들 분취액에 표준용액을 일정량씩 첨가한다. 각 플라스크의 표선까지 용매를 채운 후에 각각의 용액에 대한 흡광도를 측정한다. 측정한 흡광도를 세로축에 표시하고, 가로축에는 첨가한 표준물질의 양(또는 농도)을 취하여 검정선을 작성한다. 가로축과 교점으로부터 0점까지의 거리로부터 시료 중의 분석원소에 대한 농도 또는 함량을 구한다(2.4절 참조). 표준물 첨가법으로도 직선의 검정선을 얻을 수 있지만 바탕흡수가 없는 시료에만 적용된다.

6.4.5 원자 흡광법의 응용

원자 흡광 분광법은 60여 가지 이상의 금속 또는 준금속원소를 미량 또는 초미량 분석하는데 이용되는 훌륭한 기기분석법이다. 비금속원소의 공명선은 일반적으로 200 nm 이하의

4) S. B. Smith and J. A. Feldman, *Anal. Chem.*, 1968, 40, 1525.

파장이므로 보통의 분광계도로는 측정하기가 불가능하다.

여러 원소에 대한 원자 흡광 분광법의 검출한계는 불꽃 원자화법에서 1~20 ng/mL, 즉 0.001~0.020 ppm 범위이다. 전열 원자화법에서는 0.002~0.01 ng/mL, 즉 2×10^{-6}~1×10^{-5} ppm 정도이다. 가끔 검출한계가 이들 범위를 벗어나는 경우도 있다. 검출한계는 불꽃을 사용하는 원자화법에서보다는 전열법에서 더 낮다. 보통의 조건에서 불꽃 흡광법의 상대 오차는 1~2% 정도이다. 그러나 특별한 주의를 기울이면 10분의 몇 %까지는 줄일 수 있다. 비불꽃 원자화법의 오차는 일반적으로 불꽃 원자화법보다 5~10배 크다.

원자 흡광 분광법은 다음과 같은 금속의 미량분석에 이용된다. 즉, 환경분석으로 대기 중의 수은증기의 정량, 하천수 중의 구리, 아연, 카드뮴의 정량, 해수 중의 수은 정량, 해저물질 중의 수은 정량, 생물시료 중의 금속원소의 분석 등에 원자 흡광법이 이용되고 있다.

합금의 분석, 칼슘의 이온화 측정, 철광석 중의 중금속 정량분석, 암석 중의 비소정량, 농작물 중의 금속원소 정량, 식품 중의 금속원소의 정량 등 공업분석 분야에 다양하게 이용되고 있으며, 요즘에는 임상의학 분야에서도 원자 흡광법에 의한 미량 금속원소의 분석법이 자주 이용된다.

5 불꽃 발광법의 특징

불꽃을 이용하는 원자 발광 분광법은 불꽃 발광 분광법(flame emission spectroscopy) 또는 불꽃 광도법이라 한다. 분석법의 역사로 보면 원자 흡광법보다 훨씬 오래된 방법이다. 이 방법은 나트륨, 칼륨, 리튬 및 칼슘의 분석에 가장 널리 이용된다. 이 방법은 간편하고 신속하며, 비교적 방해가 적으므로 다른 방법으로 분석이 어려운 경우에 자주 이용된다. 이 방법의 기기는 원자 흡광법과 비슷하다. 그러나 속 빈 음극등과 같은 별도의 광원과 빛살 분리기는 필요 없고, 불꽃 자체가 광원이 된다. 따라서 원자 흡광 분광광도계를 그대로 사용할 수 있다.

그러나 알칼리와 알칼리 토금속의 일상적인 분석에는 불꽃 원자화장치가 부착된 간단한 필터 광도계이면 충분하다. 오늘날에 와서는 임상시료 속에 있는 나트륨과 칼륨을 정량하기 위해 완전한 자동광도계가 제작되어 이용되고 있다. 이런 기기에서는 시료를 시료 채취통에서 분취하여 단백질과 미립자를 제거하기 위해 투석하고, 리튬 내부 표준물로 희석하여 불꽃 속으로 분무하는 일련의 과정을 순서적으로 거치게 한다. 최근에는 한 시료에서 여러 원소를 동시에 분석할 수 있는 광학 나중채널 분석기가 개발되어 1분에 10여 개의 원소를 분석할 수 있다.

6.5.1 불꽃 발광법의 방해

불꽃 발광법에서 스펙트럼의 높은 선택성은 단색화 장치의 높은 분해능보다는 스펙트럼선의 좁은 성질에서 온다. 따라서 불꽃 발광법의 선택성은 전적으로 단색화장치에 달려 있다. 이 방법에는 화학적 방해는 원자 흡광법에서와 같이 불꽃온도 조절, 보호제 및 해방제의 사용 및 이온화 억제제 등을 사용하여 방해작용을 제거하거나 최소화한다. 불꽃 발광법에서는 일반적으로 파장, 시료를 가하는 불꽃영역 및 연료 대 산화제의 비 같은 것의 조절에 영향을 많이 받으므로 숙련된 조작기술이 필요하다. 기술이 숙련된 사람이 분석할 때 흡광법과 발광법의 정확도와 정밀도는 비슷하나 숙련이 안된 경우에는 흡광법이 유리하다. 또 발광법에서는 스펙트럼의 방해를 쉽게 찾아내어 피할 수 있다.

(1) 자체흡수

불꽃 발광 분광법에서 가장 큰 방해 요인은 자체흡수이다. 불꽃 중심부의 온도가 외곽보다 더 높기 때문에 중심부에서 발광하는 원자는 낮은 온도의 불꽃 부분으로 둘러싸여 있고, 온도가 낮은 부분에서는 들뜨지 않은 원소가 더 많다. 따라서 낮은 온도의 불꽃 부분에 있는 원자에 의해 공명 파장의 자체 흡수가 일어난다. 발광선의 도플러 넓힘은 뜨거운 발광지역에 있는 입자가 더 빨리 움직이기 때문에 공명 흡수선의 도플러 넓힘보다 더 크다. 따라서 자체흡수는 가장자리보다는 선의 중심을 변화시키는 경향이 있다. 극단의 경우에는 중심부가 가장자리보다 세기가 약해지거나 전혀 안 나타나는 경우가 있다. 그러므로 발광 극대가 분리되어 두 봉우리로 나타나는 수가 있다. 이것을 자체반전이라 한다. 자체흡수는 분석원소의 농도가 높을 때 심하다. 이런 때에는 자체흡수가 일어나지 않는 비공명선을 분석파장으로 이용하는 것이 좋다.

6.5.2 불꽃 발광법의 응용

불꽃 발광 분광법은 알칼리 금속원소의 정량에 대단히 효과적이다. 알칼리 금속 원소는 비교적 낮은 온도의 불꽃에 의해 들뜨기 때문에 다른 종류의 알칼리 금속원소가 공존하면 상호방해 작용이 크다. 특히 자체흡수가 크다. 따라서 원소의 이온화가 문제이므로 공존하는 염에 대해 충분한 주의를 기울여야 한다. 그리고 감도와 정확도가 허용되는 한도 내에서 묽혀 측정하는 것이 좋다. 유리기구 등에서 나트륨이나 칼륨이 오염되므로 테프론이나 폴리에틸렌의 용기를 사용한다.

이 방법은 알칼리 토금속, 특히 칼슘, 스트론튬, 마그네슘의 정량에 우수하다. 그 원자에서 나오는 스펙트럼선 이외에 그들의 산화물에서 나오는 띠 스펙트럼도 선택하여 정량에 이용한다. 또 이들 원소의 성분농도가 진해지면 자체흡수가 항상 일어나므로 선 스펙트럼의 세기와 성분농도가 비례하지 않지만 띠 스펙트럼의 세기와 이들 성분의 농도 사이에는 비례관계가 성립한다. 알칼리 토금속류를 분석할 때 앞에서 설명한 바와 같이 인산이나 황산 이온의 방해가 있으므로 이때에는 이들 물질을 제거하든지 EDTA, 스트론튬, 란탄과 같은 완충제를 가해 측정함으로써 해결된다.

이 방법으로는 10여종의 희토류 금속을 정량할 수도 있다. 희토류 원소를 정량할 때에는 산화물의 띠 스펙트럼만을 선택한다. 그 밖에 약 20여 종의 금속원소가 분석 가능하지만 알칼리 금속에 비해 들뜨기 전압이 높고 스펙트럼도 자외선이고 빛을 단색화하기 위해 석영과 회절발 단색화장치 등이 필요하다. 이때 검출기로는 광전관으로 광전자배관이 사용되고 불꽃으로는 아세틸렌-산소, 수소-산소, 시안-산소를 사용해야 한다.

알칼리 금속과 알칼리 토금속을 제외하면 불꽃 발광법은 중금속의 분석법으로서 결코 감도가 높지 않다. 금속과 착물을 만들어 감도를 높이는 방법도 시도되고 있다. 원자 흡광법과 불꽃 발광법의 특성을 살펴보기 위해 표 6.4에 몇 가지 종류의 원소에 대한 각종 원자 분광법의 감도를 나타내었다.

그림 6.9는 388.6~408.6 nm의 파장범위에서 발광 봉우리를 갖는 8개 원소에 대하여 동시에 얻은 스펙트럼으로서 아세틸렌-이산화질소 불꽃을 사용하였고, 8개 원소를 분석하는데 약 30초가 걸리고 상대정밀도는 5% 정도이다.

표 6.4 몇 가지 원소에 대한 각종 원자 분광법의 감도(ng/mL)

원소	AAS 불꽃	AAS 전열	AES 불꽃	AES ICP	AFS 불꽃
Al	30	0.005	5	2	5
As	100	0.02	0.0005	40	100
Ca	1	0.02	0.1	0.02	0.001
Cd	1	0.0001	800	2	0.01
Cr	3	0.01	4	0.3	4
Cu	2	0.002	10	0.1	1
Fe	5	0.005	30	0.3	8
Hg	500	0.1	0.0004	1	20
Mg	0.1	0.00002	5	0.05	1
Mn	2	0.0002	5	0.06	2
Mo	30	0.005	100	0.2	60
Na	2	0.0002	0.1	0.2	-
Ni	5	0.02	20	0.4	3
Pb	10	0.002	100	2	10
Sn	20	0.1	300	30	50
V	20	0.1	10	0.2	70
Zn	2	0.00005	0.0005	2	0.02

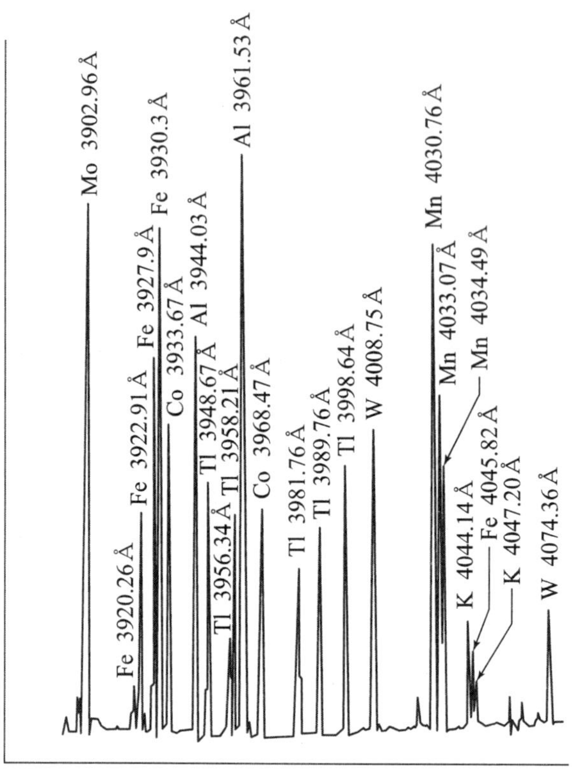

그림 6.9 불꽃 발광 스펙트럼 (388.6~408.6 nm)

6.5.3 불꽃 발광법과 흡광법의 비교

불꽃을 이용하는 원자 분광법의 장단점을 다음에 기술한다[5].

① 기기장치 : 발광법의 중요한 이점은 불꽃이 광원의 역할을 하는 것이고, 흡광법에서는 각 원소 또는 한 무리의 원소에 대해 각각 별도의 램프가 필요하다. 또, 흡광법 기기의 단색화장치의 품질은 속 빈 음극등에서 방출되는 발광선이 좁기 때문에 같은 정도의 선택성을 얻는데 그렇게 좋지 않아도 된다.

② 작동기술 : 보통 발광법을 이용하여 분석할 때에는 파장, 시료를 가하는 불꽃 지역 및 연료/산화제의 비와 같은 중요한 조절 때문에 기기를 취급하는 기술이 필요하다.

③ 바탕보정 : 발광법 분석 시 시료성분에서 생기는 띠 스펙트럼에 대한 바탕보정은 흡광법에서보다는 쉽고, 또 정확하게 할 수 있다.

④ 정밀도 및 정확도 : 분석자가 기기 취급에 대해 익숙한 경우에는 두 방법에서 나타나는

5) E. E. Pickett and S. R. Koirtyohann. *Anal. Chem.*, 1969, 41(14), 28A.

오차가 비슷하지만(상대오차 ±0.5～1%) 익숙치 못할 때는 원자 흡광법이 더 유리하다.

⑤ 방해 : 화학적 방해는 두 방법에서 모두 받는다. 원자 흡광법에서는 스펙트럼선의 방해를 적게 받고, 발광법에서는 이 방해를 쉽게 찾을 수 있으므로 피할 수 있다. 띠 스펙트럼 방해에 관해서는 바탕보정에서 언급하였다.

⑥ 검출한계 : 두 방법의 검출한계의 비교는 표 6.5에 수록하였고, 표를 보면 두 방법의 상부상조 관계를 알 수 있다.

표 6.5 불꽃 발광법의 불꽃 흡광법의 검출한계 비교

불꽃 발광법이 더 좋음	감도 같음	불꽃 흡광법이 더 좋음
Al, Ba, Ca, Eu, Ga, Ho, In, K, La, Li, Lu, Na, Nd, Pr, Rb, Re, Ru, Sm, Sr, Tb, Tl, Tm, W, Yb	Cr, Cu, Dy, Er, Gb, Ge, Mn, No, Nb, Pd, Rh, Sc, Ta, Ti, V, Y, Zr	Ag, As, Au, B, Be, Bi, Cd, Co, Fe, Hg, Ir, Mg, Ni, Pb, Pt, Sb, Se, Si, Sn, Te, Zn

6 원자 형광법의 특징

원자 형광법은 먼저 발전된 원자 흡광법이나 불꽃 발광법에 비해 특별한 장점을 지니고 있지 않으므로 그리 널리 이용되지 않는다. 그러나 약 5～10개의 원소에 대한 감도는 좋으므로 이 방법이 이용된다. 형광법 분석기기로 원자 흡광이나 발광기기를 사용할 수 있다. 그러나 형광법 단독으로 사용되는 기기로 분산형과 비분산형 기기가 개발되어 있다.

분산형 기기는 유지 경비가 많이 드는 편이고, 광원을 제외하고는 원자 흡광 기기와 비슷하다. 이 기기의 광원은 연속광원이 바람직하다. 그러나 불행히도 대부분의 연속광원이 원자 흡수선처럼 좁은 영역에 한정된 경우 그 출력은 대단히 낮으므로 이 방법의 감도는 크게 제한받는다. 광원으로 초기에는 속 빈 음극등이 사용되었으나 여러 가지 불편한 점이 있어 형광법의 광원으로 가장 널리 사용되는 것은 전극없는 방전등이다. 이 광원은 일반적으로 속 빈 음극등보다 한 두 단위 정도 세기가 큰 복사선을 낸다. 전극없는 등은 연속 또는 펄스 형식 두 가지로 조작된다. 이런 종류의 등은 몇 가지 원소에 대해서는 이용될 수 있다. 따라서 세기가 강하고 띠나비가 좁은 레이저는 원자 형광법의 광원으로 이상적이다. 그러나 가격이 비싸서 일상적 원자 형광 분석법에는 이용되지 않는다. 비분산형 기기는 전극없는 방전등이나 속 빈 음극등을 들뜨기 광원으로 이용할 때 이론적으로는 단색화장치와 필터가 필요없다. 그 이유는 원칙적으로 발광 복사선이 단일원소에서 나온 것이므로 그 원소의 원자만을 들뜨게 하기 때문이다. 비분산형 기기는 광원, 원자화 장치, 검출기만으로 구성될 수 있다. 이런 기기는 몇 가지 이점이 있어 형광법 분석에 널리 이용된다.

원자 형광법은 윤활유, 바닷물, 생물시료, 흑연, 농업용 시료 등과 같은 물질에 포함된 금속을 분석하는데 이용되고 있다[6]. 원자 형광법의 검출한계는 표 6.4에 나타낸 것과 같다. 비분산형 기기의 중요한 응용은 대기, 강물, 토양 등과 같은 환경 시료 중에서 미량 수은을 정량하는 것이다. 이런 분석법은 원자 흡광 분광법에서처럼 유기화합물에 의한 방해를 덜 받는 이점이 있다.

연습문제

6.1 원자 형광과 원자 발광의 차이점을 설명하라.

6.2 불꽃 원자화 장치와 전열 원자화 장치의 장단점을 설명하라.

6.3 이온화에 의한 방해작용을 막기 위해 이온화 억제제로서 K염을 사용하는 이유를 설명하라.

6.4 2,500 K와 6,000 K의 온도에서 칼슘 원자의 중성 원자수와 들뜬 원자수의 비를 각각 계산하라.

6.5 Doppler 넓힘과 압력넓힘에 대하여 설명하라.

6.6 동시공급식 버너와 혼합식 버너의 장단점을 설명하라.

6.7 스펙트럼 방해와 화학적 방해를 설명하라.

6.8 원자 분광법에서 사용하는 해방제와 보호제를 설명하라.

6.9 복사선 완충에 대하여 설명하라.

6.10 Zeeman 효과에 의한 바탕보정을 설명하라.

6.11 바륨의 공명선보다 CaOH 스펙트럼이 훨씬 넓은 이유를 설명하라.

6.12 원자 발광법이 원자 형광이나 흡광법보다 불꽃의 온도에 더 민감함 이유를 설명하라.

6.13 전열 원자화장치가 불꽃 원자화장치보다 감도가 큰 이유를 설명하라.

6.14 Na와 Mg^+ 원자에 있어서 아세틸렌-산소 불꽃(3,100℃)에서 바닥상태의 입자수에 대한

6) J. D. Winefordner, *J. Chem. Educ.*, 1978, 55, 72.

$3p$ 들뜬상태의 입자수의 비를 계산하라.

6.15 불꽃 발광법에서 내부표준물을 사용하는 목적을 설명하라.

6.16 시멘트 시료를 분석하기 위해서 일련의 표준용액을 준비하고 나트륨과 칼륨의 발광선 세기를 각각 590 nm와 768 nm에서 측정하였다. 시멘트에는 칼슘이 많이 들어 있으므로 이들의 영향을 보정하기 위하여 칼슘을 CaO로 6,300 μg/mL 포함되도록 각 표준용액을 만들었다. 시멘트 시료는 1.0050 g씩을 정확히 달아 산에 녹이고 이것을 100 mL 용량플라스크에 넣고 표선까지 묽혔다. 각 시멘트 시료에서 Na_2O와 K_2O의 함유량을 계산하라.

표준용액 농도 (μg/mL)	발광선 세기	
	Na_2O	K_2O
0	3	0
10	22	15
25	46	33
50	69	58
75	87	80
100	100	100
시료 1	27	70
시료 2	56	50
시료 3	40	64

6.17 폐수 중에 함유된 미량의 수은을 표준물 첨가법에 의해 정량하고자 한다. 다음과 같은 실험 데이터로부터 폐수 중의 수은의 함유량(μg/mL)을 계산하라. 여기서 묽힌 전체 용액의 부피는 100 mL이다.

취한 시료량(mL)	Hg의 가한 양(μg)	흡광도
10.0	0.00	0.130
10.0	0.25	0.230
10.0	0.50	0.401
10.0	0.75	0.552
10.0	1.00	0.720

6.18 광석 중에 함유된 마그네슘을 정량하기 위하여 1.5500 g을 정확히 달아 산으로 녹이고 100 mL 용량플라스크에 옮기고 표선까지 묽혔다. 마그네슘을 파장 285.2 nm에서 흡광도를 측정하였더니 0.087이었다. 다음과 같은 마그네슘 표준용액에 대한 실험 데이터로부터 광석에서 마그네슘의 함유량(%)를 계산하라.

Mg 표준용액 농도(μg/ml)	0.00	0.25	0.50	0.75
흡광도	0.00	0.074	0.142	0.213

참고문헌

1. W. Slavin. *Atomic Absorption Spectroscopy*, 2d ed., Interscience, New York, 1978.
2. Jon Co. Van Loon, *Analyrical Atomic Absorption Spectroscopy*, 2d ed., Academic Press, New York, 1980.
3. K.C. Thompson and R. J. Reynolds, *Atomic Absorption Spectroscopy*, 2d ed., Wiley, New York, 1978.
4. A. Syty, *in Treatise on Analytical Chemistry*, 2d ed., P. J. Elving, E. J. Meehan and I. M. Kolthoff, Eds., Part I, Vol. 7, Chapter 7, Wiley, New York, 1981.
5. C. W. Fuller, Electrothermal Atomization for Atomic Absorption Spectroscopy, London. The Chemical Society, 1978.
6. 日本分析化學會, 九州支部 編, 機器分析入門, 第二章, 南江堂, 1984.
7. H. H. willard. L.L. Merritt and J.A. Dean. *Instrumental Methods of Analysis*, 6th ed., D. Van Nostrand, New York. 1981.

CHAPTER 7

원자 발광 분광법

제6장에서는 불꽃이나 전열 원자화에 바탕을 둔 원자 분광법을 배웠다. 이 장에서는 불꽃이나 전열법보다 에너지가 훨씬 높은 플라스마, 전기아아크, 스파크에 의해 원자화하는 원자 분광법에 대하여 배우기로 한다.

전기아아크와 스파크법은 20세기 이후에 분광학 연구에 사용되어 왔으며 일찍이 1930년대부터 원소분석에 널리 이용되고 있다. 이에 비하여 플라스마 광원은 비교적 새로운 것이며 1970년대에 크게 발전하였다. 최근에는 유도결합 플라스마 광원에 바탕을 둔 분석법이 날로 발전하고 있다.

플라스마, 아아크, 스파크 광원은 불꽃이나 전열 원자화에 비해 몇 가지 이점이 있다. 첫째는 이 방법은 높은 온도에서 원자화시키므로 원소 상호간의 방해가 작다. 둘째는 한 가지 들뜨기 장치로 대부분 원소의 스펙트럼을 얻을 수 있고, 이 결과 12개 원소의 스펙트럼을 동시에 기록할 수 있다. 이것은 매우 적은 양의 시료로도 다성분 원소를 분석할 수 있다는 점에서 중요하다. 셋째는 높은 에너지의 이들 광원은 붕소, 인, 텅스텐, 우라늄, 지르콘과 같은 내화성 화합물을 만드는 경향이 있는 원소의 낮은 농도를 측정할 수 있다. 마지막으로 대부분의 다른 분광법은 한 단위의 농도 범위만을 측정하는데 플라스마 광원은 한 원소의 농도를 몇 단위 더 정밀하게 측정할 수 있다.

1 발광 분광법의 개요

7.1.1 발광 분광법의 종류 및 특징

높은 에너지에 의한 원자화는 유도결합 플라스마법, 원자화온도가 4,000~5,000 K인 전기 아아크법 및 약 40,000 K(추정)의 전기스파크에 의한 방법이 있다. 이 중에서 유도결합 플라스마 광원에 의한 방법은 원자화온도가 6,000~8,000 K인 유도결합 플라스마법과 6,000 ~ 10,000 K의 직류 아르곤 플라스마법으로 나뉜다. 유도결합 아르곤 플라스마 광원에 의한 원자 발광 분광법을 유도결합 플라스마 분광법(inductively coupled plasma, ICP)이라 하고, 최근에 발전된 ICP 광원에 의한 원자 형광 분광법을 유도결합 플라스마 형광 분광법이라 한다. 또, 전기아아크나 스파크 광원에 의한 분광법은 아아크-광원 발광 분광법과 스파크-광원 발광 분광법이라 한다.

높은 에너지 원자 분광법에서 고전적 아아크나 스파크 발광법에 비해 플라스마 광원의 가장 중요한 이점은 원자화 조건의 재현성이 훨씬 높다는 점이다. 따라서 아아크나 스파크 방법보다 10배 이상의 정밀도를 얻는 경우가 많다. 그러나 아아크나 스파크 광원의 한 가지 이점은 내화성 광석, 광물, 유리 및 합금과 같은 시료를 전처리 없이 직접 원자화시켜 분석할 수 있다는 것이다. 이에 비해 불꽃이나 플라스마 분광법에서는 시료를 분해하여 용액(보통 수용액)으로 만들어 광원에 주입시켜 실험한다. 여기서는 플라스마 광원을 사용하는 발광 분광법과 아아크나 스파크 광원을 사용하는 발광 분광법에 관해 다루기로 한다.

7.1.2 원자 발광 스펙트럼

발광 분광법은 들뜬 원자나 이온에 의해 발광되는 선 스펙트럼에 근거를 두고 있다. 이러한 스펙트럼은 그림 6.2에서 설명한 원자 또는 이온의 에너지준위를 보면 이해할 수 있을 것이다. 플라스마, 아아크 및 스파크 광원은 온도가 4,000 K 이상으로 그들의 에너지가 높기 때문에 불꽃법이나 전열법의 경우보다는 일반적으로 발광 스펙트럼은 더 많은 선들을 가지고 있다. 플라스마, 아아크 및 스파크 광원에서 얻은 스펙트럼은 대개 연속스펙트럼, 띠스펙트럼 및 선스펙트럼이 겹쳐서 나타난다. 아르곤 플라스마 광원에서는 열에 의해 생긴 전자와 아르곤 이온이 재결합할 때 연속복사선이 발광된다. 또 아아크나 스파크 광원에서도 가열된 전극 또는 전극표면에서 떨어져 나오는 가열된 특수 물질에 의해 연속복사선이 발광된다. 이 복사선의 주파수는 온도에 따라 다르다.

띠 스펙트럼은 특히 아아크와 스파크에서 일부 파장영역에 나타나는 밀집된 선들로 이루어져 있다. 이런 스펙트럼은 기체상태의 분자에 의해 나타나고 분자진동의 에너지가 전자의 에너지준위에 겹쳐서 나타난다. 탄소전극이 질소를 포함하는 공기 중에서 가열될 때 CN 라디칼의 띠 스펙트럼이 나타나고, 규소의 함량이 많은 시료에서도 SiO_2의 분자 스펙트럼이 나타난다. 또 OH 라디칼의 띠 스펙트럼도 흔히 나타난다. 이런 띠 스펙트럼이나 연속 스펙트럼은 시료 원자의 선 스펙트럼에 지장을 준다.

2 플라스마 발광 분광법의 광원과 기기

7.2.1 유도결합 플라스마 광원(ICP)

유도결합 플라스마는 원자 발광 분광법에서 이용되는 광원이다. 플라스마(plasma)란 진한 농도의 양이온과 전자를 포함하는 전도성 기체를 말한다. 유도결합 아르곤 플라스마(ICP) 광원의 장치는 그림 7.1과 같다.

이 광원의 구조는 삼중의 석영관으로 구성되어 있다. 가장 큰 관의 직경은 약 2.5 cm이다. 가장 중심부의 작은 관은 시료용액을 분무하는 운반기체(일반적으로 아르곤에 섞은 시료의 에어로졸)가 흐르고, 중간관은 플라스마를 만드는 아르곤 기체가 흐른다. 석영관의 윗부분에

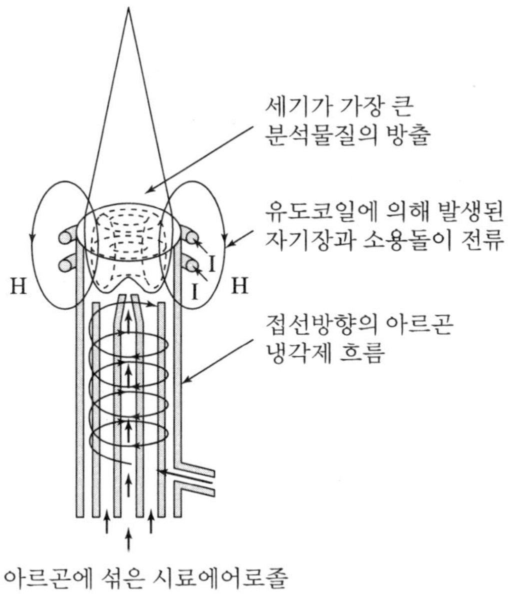

그림 7.1 유도결합 플라스마 광원의 구조

는 라디오파 유도코일이 감겨 있고, 이 코일은 27.1 MHz에서 약 1.4～3.0 kW의 에너지를 발생하는 라디오파 발생기에 의해 가동된다. 중간 석영관에 11～17 L/min의 유속으로 유입되는 아르곤의 이온화는 tesla 코일의 스파크에 의해 시작된다. 이렇게 얻은 아르곤 이온들과 전자들은 석영관의 상단에 이르고 여기에서 코일에 의한 유도전류 때문에 강력한 가열작용이 일어나 고온의 플라스마 불꽃이 발생된다. 이렇게 생긴 플라스마의 온도는 대단히 높아서 외부의 석영관에 의해 단열할 필요가 있다. 즉, 그림 7.1에 표시한 것과 같이 가장 바깥관에 아르곤을 접선방향으로 흐르게 한다. 이때 아르곤의 흐름속도는 10～15 L/min이다.

시료는 중앙 석영관의 상부에 가열된 플라스마 속에 약 1 L/min의 아르곤 흐름에 의해 주입된다. 시료의 상태는 에어로졸, 가열하여 발생시킨 증기 또는 미세한 분말이면 된다. 시료의 분무장치는 불꽃법에서 사용하는 것과 비슷하다. 여기서 시료는 아르곤의 흐름으로 안개화되어 미세한 방울로 분산되어 플라스마 속으로 들어간다. 액체와 고체시료는 초음파 분무기 장치를 사용하여 에어로졸로 만들 수도 있다. 또 다른 시료주입 방법은 탄탈선 위에 시료를 놓고, 큰 전류를 흐르게 하여 증기화시키는 것이다. 이때 발생된 증기는 아르곤 흐름에 의해 플라스마 속으로 휩쓸려 들어간다.

(1) 유도결합 플라스마의 온도와 원자화

그림 7.2는 유도결합 플라스마의 여러 부분의 온도분포를 나타낸 것이다. 전형적인 플라스마는 매우 찬란하게 빛나는 백열인데 중심부는 불투명하고 상부 꼭지는 불꽃모양의 꼬리를 가졌다. 시료의 스펙트럼은 보통 유도코일에서 10～20 mm 높이의 위치에서 측정한다. 시료

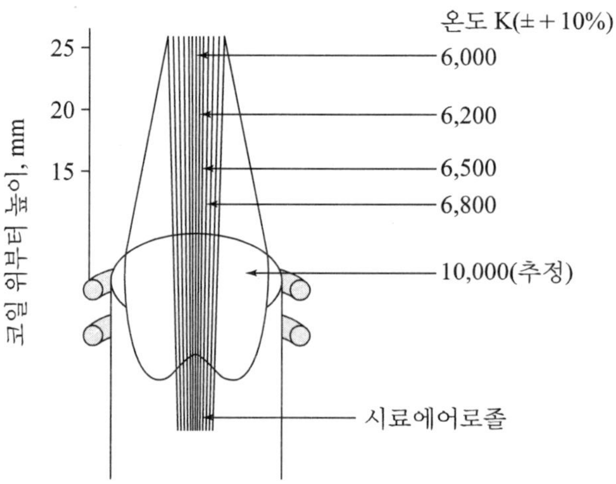

그림 7.2 전형적인 유도결합 플라스마의 온도분포

원자가 측정지점에 도달하기까지는 6,000~8,000 K의 온도영역에서 2 msec 동안 머물게 된다. 이와 같이 높은 온도에서 오랫동안 머물게 되므로 플라스마에서는 원자화가 완전하게 되고, 화학반응에서 오는 방해작용이 거의 없다. 이때 아르곤의 이온화로 생긴 전자의 농도는 시료 성분의 이온화에 의해 생긴 전자보다 엄청나게 많기 때문에 시료의 이온화에 의한 방해작용은 아주 적거나 거의 없다. 또 플라스마 광원에서는 화학적 활성이 없는 환경에서 원자화가 일어나므로 분석물질이 산화물을 생성하는 경우에는 없고 원자수명이 길다는 장점이 있다. 또한 플라스마 광원의 온도분포는 비교적 균일하므로 자체흡수나 자체반전 효과가 나타나지 않는 장점도 지닌다. 따라서 몇 단위 정도의 큰 농도범위에서 검성선이 직선으로 나타나는 경우가 많다.

7.2.2 직류 아르곤 플라스마 광원

이 광원은 그림 7.3에서 보는 것처럼 Y자를 거꾸로 놓은 모양으로 전극이 배치되어 있다. 두 개의 흑연 양극은 Y자의 양 팔끝 위치에 위치하고, 음극은 Y자의 밑부분에 위치한다. 아르곤은 두 개의 양극 쪽으로부터 흐른다. 플라스마 제트는 음극을 양극과 접촉시켜 형성한다. 이렇게 하여 아르곤의 이온화가 일어나고 전류가 흘러(~14 A) 이온이 추가로 발생하게 되어 그 전류는 계속 흐르게 된다. 플라스마는 9,000~10,000 K의 높은 온도를 낸다. 플라스마의 접합 부위에서 형성된 들뜨기 영역은 6,000 K 정도이다. 시료는 안개화되어 에어로졸 형태로 들뜨기 영역에 도입된다. 시료가 들뜨기 영역에 체류하는 동안에 원자화와 들뜨기가 일어나고 발광선이 측정된다. 이런 플라스마 제트에서 생긴 스펙트럼은 유도결합 플라스마에서 생긴 것보다 스펙트럼선이 적은 편이고, 얻어지는 스펙트럼선은 대부분이 이온보다 원

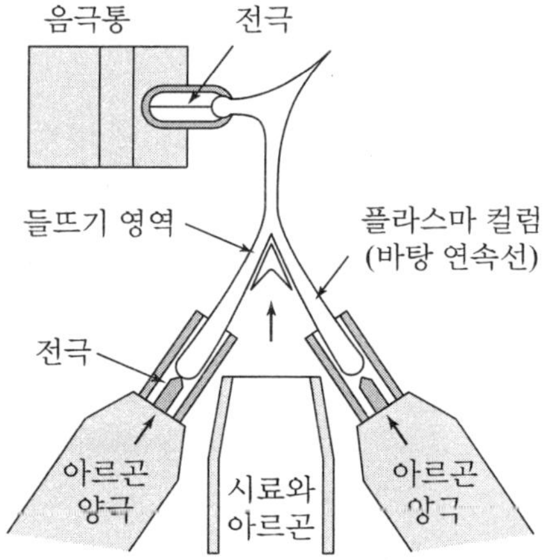

그림 7.3 직류 아르곤 플라스마 광원의 모양

자로부터 생성된 것이다. 직류 아르곤 플라스마 광원은 유도결합 플라스마에 비해 감도가 한 단위 정도 낮게 나타나지만 재현성은 서로 비슷하다. 그러나 직류 아르곤 플라스마 광원은 아르곤의 소비가 훨씬 적고, 보조용 전력 공급장치는 간단하고 경비가 적게 든다.

이 광원은 전 과정을 자동적으로 작동시키는 데에는 적합하지 않으므로 이러한 점이 보완되어야 한다. 또 플라스마를 지지해 주는 흑연전극은 몇 시간마다 바꿔야 할 정도로 소모된다. 그러나 이 광원은 용액뿐만 아니라 미립자로 만들어 주면 고체물질도 들뜨게 할 수 있다.

7.2.3 플라스마 분광기 기기

플라스마 발광법에 쓰이는 기기는 180～900 nm 파장 영역의 자외선-가시선 스펙트럼을 얻을 수 있는 것이 있다. 그러나 대부분의 원소는 보다 짧은 파장에서 스펙트럼선을 내므로 많은 기기는 500～600 nm 이상에서는 쓰이지 않는다. 또 몇 가지 기기는 진공에서 조작하여 170 nm의 자외선까지 확장하여 사용할 수 있다. 이러한 기기는 황, 인, 탄소와 같은 원소를 정량할 수 있는 이점이 있다.

플라스마 발광법의 기기는 순차측정과 다중채널 기기의 두 가지 형태로 나뉜다. 순차측정 기기는 스펙트럼선의 세기를 한 개씩 순차적으로 측정하며, 한 원소의 스펙트럼선으로부터 다른 원소의 스펙트럼선으로 만족스런 신호/잡음 비를 얻을 때까지 몇 초 동안 머문 다음 움직이게 프로그램(또는 수동으로)되어 있다. 그러나 다중채널 기기는 여러 개의 원소(5 또는 60개 원소)에 대한 발광선의 세기를 동시에 측정하도록 설계되어 있다.

(1) 순차측정 기기

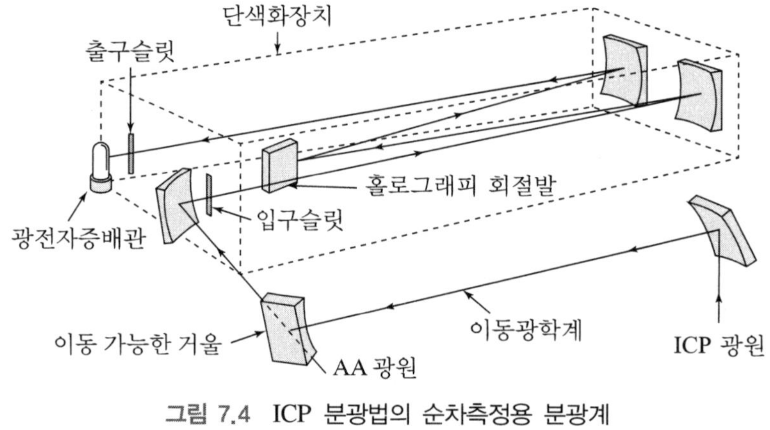

그림 7.4 ICP 분광법의 순차측정용 분광계

순차측정 기기의 광학계통도는 그림 7.4에 나타낸 것과 같다. 이 기기는 유도결합 플라스마 광원을 이용하는 발광분석뿐만 아니라 불꽃 또는 흑연료 원자화장치를 이용하는 원자 흡광 분광법에도 이용할 수 있다. 기기를 발광법에서 흡광법으로 바꿀 때에는 그림에 나타낸 것처럼 움직일 수 있는 거울을 움직이면 된다. 이 기기의 홀로그래피 회절발은 한 단계마다 0.007 nm씩의 파장이 변하는 단계식 모터에 의해 움직이고, 175～460 nm의 것과 460～900 nm 파장영역의 것을 필요에 따라 교환하여 사용하게 되어 있다. 발광법 분석에서는 매분당 3～4원소의 속도로 20개 원소까지 한 번에 정량할 수 있다.

(2) 다중채널 기기

다중채널 기기는 많으면 60개까지의 광전자증배관을 설치한 분광계가 시판되고 있다. 그림 7.5에 대표적인 다중채널 기기의 구조를 나타내었다. 이 분광계는 홀로그래피 오목 회절발 단색화장치를 사용한다. 단색화장치의 입구 슬릿, 출구 슬릿, 회절발 표면 및 초점곡면이 오목 회절발의 초점곡면에 해당하는 곡률면인 Rowland 원주에 놓여 있다. 여러 개의 광전자증배관은 이차산란광을 피하기 위해 오목 회절발 단색화장치의 초점곡면에 따라 고정된 출구 슬릿 뒤에 설치되었다. 두 번째 거울이 두 번째 광학계의 위 또는 아래에 있는 광전자증배관에 복사선을 비춰서 초점을 맞춘다. 대부분의 분석에서는 위의 배열이 사용된다. 그러나

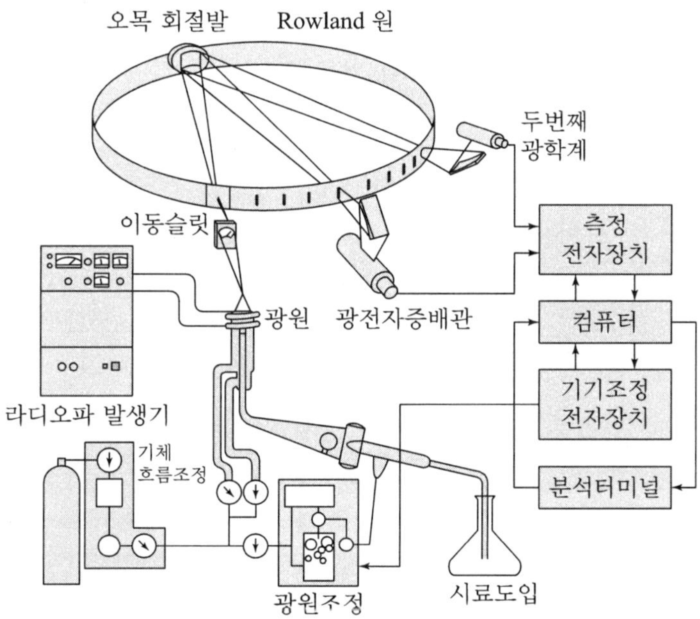

그림 7.5 Rowland원 광학계의 플라스마 다중채널 분광계

60개 원소까지 확장하는 경우에는 아래의 배열이 사용된다. 출구슬릿은 분석원소의 특정 파장만을 투과시키도록 놓여 있으며, 고정된 출구 슬릿에서 나오는 복사선은 슬릿 뒤에 놓인 거울에 의해 반사되어 광전자증배관 검출기의 음극으로 들어간다. 광전자증배관에서 나온 신호는 측정 전자장치에 공급된다. 입구 슬릿은 단계식 모터에 의해서 Rowland 원주에 따라 이동시킬 수 있다. 이것은 봉우리를 따라 주사하며 바탕 보정용의 정보를 제공한다.

그림 7.5에 나타낸 것과 같은 기기는 플라스마뿐만 아니라 아아크, 스파크 광원에도 사용하고 있다. 이 기기에 진공장치를 부착하면 황, 인, 붕소, 요오드 등과 170 nm까지의 스펙트럼을 발광하는 다른 원소들의 분석을 가능하게 한다. 이 기기는 5분 이내에 5～20개 또는 그 이상의 원소를 정량분석할 수 있으므로 일상적인 빠른 분석에 널리 사용된다. 또 분석속도가 빠른 것 외에도 분석값의 정밀도가 높은 이점이 있다. 이상적인 조건하에서는 1% 정도의 상대적 재현성을 나타낸다. 최근의 새로운 기기는 스펙트럼을 주사하기 위해 단색화장치 하나가 더 설치되어 있으므로 그 용도가 다양하다.

(3) 에셀레 회절발/프리즘 단색화장치를 갖는 기기

에셀레 회절발은 넓고 편평한 홈을 가지며 보통의 회절발(에셀레트 회절발)에 비하여 높은 분해능과 분산능을 나타내고, 집광력이 약간 더 좋다. 에셀레 회절발은 특히 다중채널 발광기기에 적당하다[1]. 그림 7.6에 에셀레(echelle) 회절발과 에셀레트(echellette) 회절발의 단면도를 나타내었다. 에셀레 회절발은 큰 입사각을 얻기 위해 회절발의 반사날의 각도가 보통 장치보다 훨씬 더 크고, 반사날의 긴 쪽보다 짧은 쪽 면을 사용한다. 또 이 회절발은 비교적 거칠며 자외선-가시선용으로서 대표적인 것이 300홈/mm 정도이다.

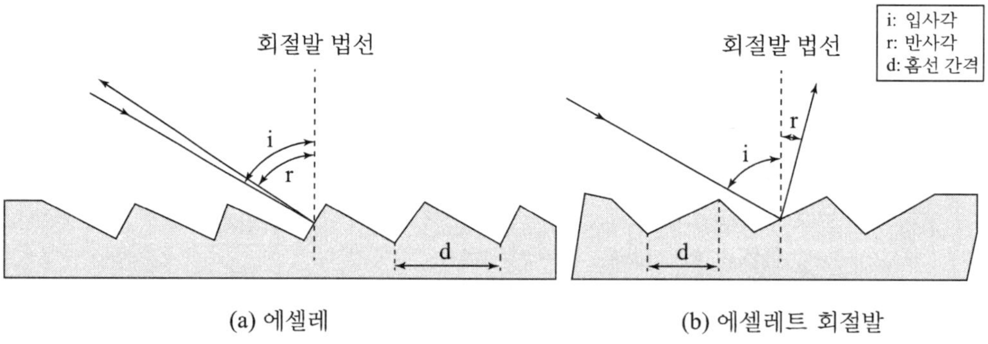

그림 7.6 (a) 에셀레와 (b) 에셀레트 회절발의 단면도

1) *Application of Plasma Emission Spectrochemistry*, R. M. Barnes, Ed., Heyden, Philadelphia, 1979.

에셀레 회절발을 사용할 때 한 가지 문제점은 높은 회절차수의 회절발에서 얻는 선분산능[2)]이 대단히 크므로 상당히 넓은 스펙트럼 범위에 걸쳐 적용되며 단계적으로 여러 차수를 이용할 필요가 있다.

예를 들면 200~800 nm 범위에 적용되게 설계한 기기는 28에서 118까지의 회절차수(90개 연속적 차수)를 이용한다. 이들 차수는 겹치는 것이 불가피하므로 이런 차수를 분리하기 위하여 프리즘을 갖는 2-차원 분산장치를 사용한다. 이 경우에 회절발에서 나오는 분산된 복사선은 축이 회절발에 대하여 직각으로 놓여 있는 프리즘을 통과시켜 다시 분산시킨다. 이렇게 회절발과 프리즘으로 구성된 2-차원 분산장치를 사용하면 그림 7.7에 나타낸 것과 같이 2-차원 스펙트럼을 초점면에 나타내는데 효과가 있다.

그림에서 가능한 70차수 중에 8개의 회절차수에 대하여 파장위치가 수직선들로 나타난다. 어떤 주어진 차수에 대해 분산은 거의 직선적이지만 그림에서 알 수 있는 것처럼 분산은 보다 낮은 차수 즉, 보다 큰 파장에서는 분산이 줄게 된다.

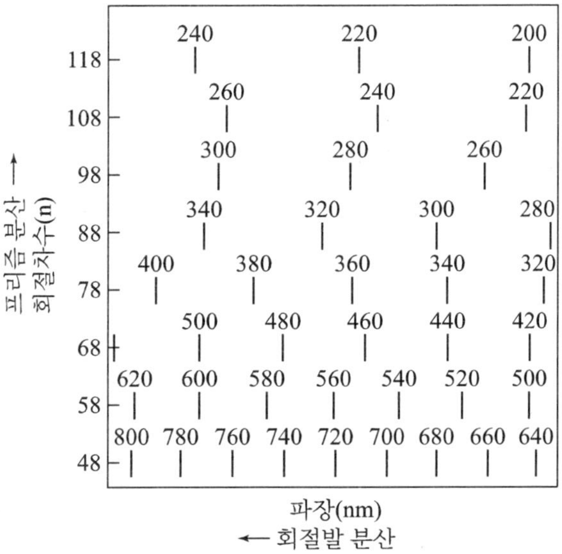

그림 7.7 70차수 중 8차수에 대한 파장 위치를 보여주는 에셀레 단색화장치의 초점면 위의 그림

2) 선분산능 - 분산능은 단색화장치의 능력을 표시하는 것으로 각분산능은 $d\lambda/dr$로 나타내며 여기서 dr은 $d\lambda$의 파장차이가 있는 경우 나타나는 반사 또는 굴절각의 차를 의미한다. 선분산능(D)은 파장 변화를 초점면 위에서의 거리 y로 나타낸 것을 말하고, 만약 F를 단색화 장치의 초점거리라 하면 선분산능은 각분산능과 $D = dy/dr = Fdr/d\lambda$의 관계를 갖는다. 분산능의 실용성있는 표현방법은 역선분산능(D^{-1})이다. D^{-1}는 $D^{-1} = d\lambda/dy = (1/F)d\lambda/dr$와 같고, 디멘션은 nm/mm 또는 Å/mm이다.

에셀레 단색화장치로부터 나오는 실제의 2차원 스펙트럼은 50에서 100까지의 수평축에 따라 놓여 있는 복잡한 일련의 매우 짧은 수직선으로 이루어져 있으며 각 축은 한 개의 회절차수에 해당한다. 에셀레 회절발/프리즘 단색화장치를 갖는 분광계의 전형적인 구조를 그림 7.8에 나타내었다. 회절차수 28에서 118까지를 이용하는 기기는 초점거리가 0.75 m이고, 각 스펙트럼선들에 해당하는 화학종을 확인하는 정성분석을 위해서 평면거울을 회전시켜 스펙트럼 사진을 얻을 수 있도록 되어 있다. 그림 7.8과 같은 단색화장치는 단일 채널 순차측정기기 또는 20개 원소까지 동시 측정하는 다중채널 기기의 분산소자로 이용된다. 초점면의 고정된 위치에 있는 광전자증배관은 발광선 세기를 측정한다. 에셀레 장치의 3-차원 운동은 190에서 900 nm까지 복사선의 초점을 검출기에 닿게 만든다. 어떤 주어진 차수의 자유스런 스펙트럼 범위에 걸쳐 주사하여 데이터를 기록할 수 있다. 바탕 계산을 위해서는 주어진 스펙트럼선 부근의 파장 모습을 짧은 주사로써 얻을 수 있다. 다중채널 기기에서는 20개의 광전자증배관의 끝을 육각형 조밀충진법으로 초점면 위의 약 80 cm^2을 점유하도록 고정 배열한다.

에셀레 단색화장치를 사용하면 아세틸렌/산화질소 불꽃이나 여러 가지 플라스마형의 시스템과 같은 경우에도 검출한계의 현격한 개선을 이룰 수 있다. 그 예로는 바륨의 분석에 553 nm의 원자 발광선을 이용할 때 CaOH 띠가 나타나는 방해나, 붕소를 249.773 nm의 발광선을 이용하여 분석할 때 Fe의 249.782 nm와 W의 249.748 nm 선과 같은 스펙트럼 방해는 쉽게 제거된다.

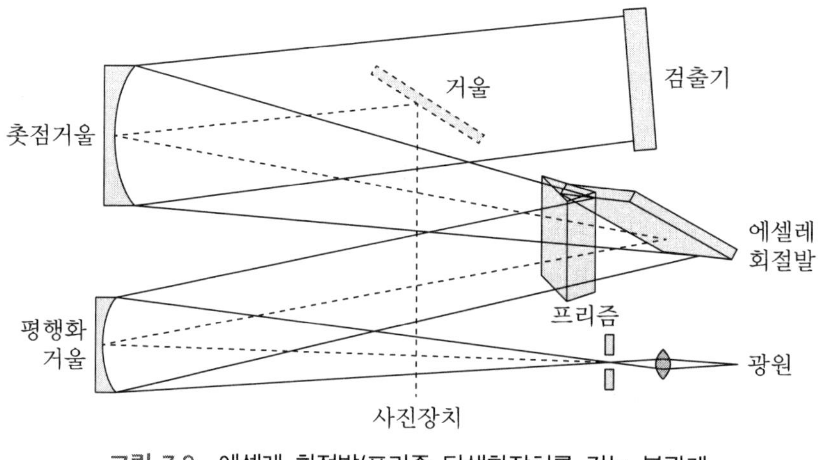

그림 7.8 에셀레 회전발/프리즘 단색화장치를 갖는 분광계

7.2.4 발광 분광법의 복사선 검출기

플라스마 발광 분광법에서는 사진 검출기를 사용할 수 있다. 사진판으로 얻을 수 있는 분석속도는 보통은 만족스럽다. 그러나 많은 수의 시료를 처리해야 하는 실험실에서는 이 속도가 충분하지 못하다. 따라서 수분 내에 많은 원소를 분석하여야 하는 시료에 대해서는 직독식 분광계가 필요하다. 직독식 기기의 광학 시스템과 들뜨기 장치는 사진식과 매우 비슷하지만 분광계의 출구 부분에서 차이가 난다. 이때에는 각 원소의 발광선으로부터 오는 복사선은 정밀한 폭을 갖는 슬릿이나 원하는 스펙트럼을 정밀한 위치에 나타나게 하는 거울 시스템으로 분리한다. 슬릿과 거울에 의해 한 가지 스펙트럼선의 복사선을 광전자증배관의 음극 표면에 집광시킨다. 광전자증배관은 플라스마 분광법의 검출기로 널리 이용된다.

3 유도결합 플라스마 발광 분광법

7.3.1 플라스마 분광법의 응용

원자 발광 분광법에서 유도결합 플라스마나 직류 아르곤 플라스마 광원에 의한 정량분석의 결과는 아주 우수하다. 그들은 적당한 실험조건에서 조작할 때 얻는 높은 안정도, 낮은 잡음, 낮은 바탕, 광원의 방해가 없는 것 등이다. 검출한계의 경우에는 ICP법이 직류 아르곤 플라스마법보다 약간 더 좋으나 직류 플라스마 광원은 구입과 조작경비가 적게 들므로 여러 가지 응용에도 적합하다. 최적의 결과를 얻으려면 이 광원은 15~30분간 가온하여 열적 평형에 도달하게 하는 것이 좋다. 이들 광원으로 시료를 들뜨게 하면 ppb 정도의 극미량 분석도 정확히 할 수 있다. 여기에서는 ICP 발광분광법 분석에 관하여 알아보기로 한다.

7.3.2 유도결합 플라스마 분광법의 특징

유도결합 플라스마(ICP) 광원에 의한 발광분석법에서는 다음과 같은 특징을 갖는다.

① 감도가 좋고 정확도가 높다.
ICP 불꽃의 온도가 높고 도넛 모양의 구조 때문에 시료의 들뜨기 효율이 높고 원자 흡광법과 거의 같거나 또는 약간 높다. 또 불꽃은 안정하므로 내부표준법을 활용하여 넓은 범위의 함유량 영역에 걸쳐 높은 정확도로 분석할 수 있다.

② 분석농도 범위가 넓다.

ICP 불꽃은 직류 아아크와 같은 다른 불꽃에 비해 플라스마의 바깥 분위기 중에서 바닥상태에 있는 중성원자의 수가 대단히 적으므로 들떠서 발광된 빛의 흡수 즉, 자체흡수의 현상이 미약하다. 따라서 검정선으로 정량할 때 3~5자릿수의 농도범위에서 동시에 정량 가능하다. 즉 Beer의 법칙이 성립하는 농도범위가 넓다.

③ 분석 가능한 원소의 수가 많다.

직류 아아크를 포함하는 여러 가지의 고압 스파크 방법에 의해서는 S, Se, Te, As, W, U 등과 같은 원소는 Ag, Cu에 비하여 미량을 높은 감도로 분석하기 곤란하고, 할로젠이나 영족기체는 더욱 곤란하지만 ICP법에서는 자외선 영역의 측정방법을 함께 사용하는 경우도 있지만 위에서 설명한 각종 원소도 분석이 가능하다.

④ 매트릭스 영향이 적다.

ICP 불꽃은 고온이고, 그 도넛 구조 때문에 시료 중의 각종 원소는 서로 독립된 원자로 되고 플라스마 불꽃 중에 머무는 시간도 다른 방법에 비하여 대단히 작은 것으로 생각된다.

⑤ 다원소의 동시분석이 가능하다.

이것은 발광분석법의 공통적인 특징이지만 ICP에서는 위와 같은 ICP의 독자적인 특색이 있으므로 보다 많은 종류의 원소를 높은 감도로, 그리고 높은 정확도로 1회의 발광에 의해 동시에 주성분으로부터 미량원소까지 분석이 가능하다.

⑥ 아르곤 기체를 사용하고 시료는 용액이다.

ICP법에서는 아르곤 기체만 사용하므로 안전성이 높고, 시료는 금속과 그 밖의 유기물 및 무기물의 고체를 용액으로 만드는 전처리가 필요하지만 한편으로는 표준시료의 제조나 내부 표준원소의 첨가가 쉽다.

7.3.3 시료의 조제와 분석방법

ICP 발광 분광법에서 표준물질과 시료의 조제방법과 검정선의 작성법은 6.4절의 원자 흡광 분광법에서 설명한 것과 비슷하다. ICP 분석에서는 시료를 녹일 때에는 원자 흡광법에서와 같이 산에 의한 용해가 이용된다. 어떤 단일 산에 녹지 않을 경우에는 혼합산을 이용하게 된다. 만약 산에 불용성인 시료는 알칼리에 용해시킨다. 규산염 광물과 암석 등의 분해에는 일반적으로 탄산나트륨과 탄산칼륨을 사용한다. 이런 방법은 용액으로 만드는 확실한 방법이지만 그 용액을 ICP의 시료로 사용하는 경우에는 나트륨이나 칼륨과 같은 알칼리 금속을 많이 포함하게 되므로 시료용액을 안개화할 때 문제가 생긴다. 그러나 분석용액 중의 실리카는 콜로이드 상태로 존재하지만 분석의 정확도에는 영향을 주지 않는다. 하천수 같은 수용액 시료는 산도를 조정하는 것만으로 직접 시료로 사용할 수 있지만 극미량의 환경관리 시료일 경우에는 감도를 높이기 위해 수용액 시료를 증발농축 또는 용매추출하는 등의 수단이 필요하다. 온천수와 해수에는 칼슘과 나트륨이 많이 함유되어 있으므로 미량성분을 정량할 때 매트릭스를 제거하는 경우도 있다. 석유, 식용유, 우유, 음식물, 혈액, 오줌과 같이 유기 액체시료는 유기용매로 묽힌 다음 분석용액으로 사용할 수 있다. 그 이유로는 ICP의 불꽃온도가 높아 시료의 유기성분이 즉시 분해된 다음 미량의 여러 원소가 해리되어 발광할 것으로 생각되기 때문이다.

유기고분자물질, 동식물 생체세포, 식료품, 하천수 등에서 저분자의 유기성분을 주성분으로 갖는 고체 또는 슬러리 상태의 시료를 분석할 때에는 일반적으로 유기물을 우선 분해해야 한다. 유기물의 분해법으로는 습식 산처리법이나 건식 회화법이 이용된다.

금속원소는 고순도의 금속시약을 단일성분 용액으로 녹여 만들고 필요한 수의 원소를 혼합하여 표준용액으로 만들 수 있다. 이때 사용하는 산이나 분석원소와 작용하여 침전되지 않도록 조심하여야 한다. 유기용액 시료는 분석값이 알려진 동일한 매트릭스의 시료를 표준용으로 사용하지만 이때 유기 금속화합물을 첨가하여 조제해서 사용할 수도 있다.

ICP 광원은 안정하므로 그것의 스펙트럼선 세기도 재현성이 높지만 변동요인이 많으므로 그 요인을 피하여 분석의 정확도를 향상시키려면 내부표준법을 필요로 한다. ICP 광원은 분무기에서의 시료에 대한 산의 농도와 기체의 유량에 따라 플라스마에 공급되는 시료의 양이 약간씩 변동하므로 내부표준법을 사용하면 이런 장애를 피할 수 있다.

7.3.4 ICP 조작의 요점

ICP법 분석에서 미량시료의 경우에는 분무기의 보수관리가 중요하다. 유리로 만든 분무기를 사용하는 장치는 시료용액 중의 원소가 유리벽에 부착되어 다음에 사용하는 시료 중에 혼입될 가능성이 있기 때문에 주의해야 한다. 특히 붕소와 알루미늄은 그런 경향이 크다.

그리고 분무기의 용액이 접촉하는 부분을 테프론으로 만든 경우는 유리벽면에 비하여 소수성이 크므로 시료용액의 안개화과정에서 방울모양으로 되기 쉬워 안개화 조건이 변하는 요인이 된다. 그에 대한 대책으로는 시료용액 중에 계면활성제를 첨가하여 방울의 생성을 방지하는 것이 좋다. 또한 분무기와 플라스마 장치 및 시료가 흐르는 관의 구성물질에 대하여도 주의할 필요가 있다. 일반적으로 분무기는 유리, 연소기는 석영을 사용하지만 규소와 나트륨 등의 검출시에는 조심하여야 한다. 극미량의 규소를 검출할 때에는 플라스마 연소기의 끝이 알루미나와 같은 내화물로 만들 필요가 있다.

분석용액 중에 플루오르화수소산을 함유하는 경우에는 분무기와 가열기가 용액과 접촉하는 부분을 백금계와 합금, 테프론, 알루미나와 같은 것으로 사용하여야 한다. 물론 그런 재료의 구성원소에 의하여 오염되는 것에도 주의하여야 한다.

7.3.5 감도와 검출한계

일반적으로 기기분석에서는 원소의 종류에 따라 감도가 크게 다르지만 원자 흡광법과 ICP법은 거의 같은 경향을 나타낸다. 그러나 ICP법에서는 고온의 플라스마 불꽃을 사용하기 때문에 불꽃 원자 흡광에서보다 Al, B, C, Ce, H, Mo, Gd, Nb, Ta, Ti, U, W, Zr 등과 같은 내화성 원소를 분석할 때 감도가 더 높다. 실제로 여러 가지의 시료를 분석할 때 각 원소의 검출한계는 시료의 종류, 사용하는 장치의 종류, 분석조건 등에 따라 크게 변하므로 예측은 곤란하다. 그러므로 ICP법도 다른 기기분석의 경우와 마찬가지로 순수한 시약을 수용액에 녹인 표준시료를 사용하여 검출한계를 표시하는 예가 많다. ICP에서는 다원소를 동시에 분석하므로 단일성분의 경우보다 매트릭스의 방해와 근접 스펙트럼선의 영향에 따라 결과가 다르게 나타나고, 광원집광법에 의한 변화도 고려할 필요가 있다. 즉 ICP법에서는 다른 발광분석의 경우와 마찬가지로 플라스마 불꽃의 어느 공간 위치(불꽃의 상하부문)에서 세게 발광하는 원소의 종류에 따라 다른 경우가 있으므로 동시에 다원소를 분석할 때에 모든 원소에 대해 최적의 플라스마 불꽃 공간위치를 결정하는 것은 곤란하다. 따라서 많은 원소에 대하여는 플라스마 불꽃의 낮은 부분에서 약 10～15 mm 높이가 되는 위치에서 센 발광을 얻는 것으로 알려져 있다. 안개화된 분석시료의 도입량과 도입액의 조성도 영향이 크다. 따라서 검출한계는 동일원소라도 다르게 나타난다.

이 방법에 의해 분석할 때 원소에 따른 검출한계는 대략 다음과 같다. Ca, Sr, Y은 0.00001～0.0001 μg/mL이고, Ag, Al, B, Ba, Be, Eu, Cu, Cd, Ga, Mn, Mo, Ni, Ti, W, Zr은 0.0001～0.001 μg/mL이며, As, Au, Bi, Dy, Hf, In, Nb, P, Se, Si, Zn은 0.001～0.01 μg/mL 정도이다. 비교적 검출한계가 큰 원소로는 K, Rb, Cs, Sb, Sn, Tl 등이고 이들의 검출한계는 0.01 μg/mL보다 크다.

7.3.6 ICP에 바탕을 둔 원자 형광법

원자 흡광법과 비교할 때 ICP에 의한 원자 형광법의 이점은 직선 농도범위가 넓고 몇 가지 원소에 대하여 높은 감도를 가진다는 것이다. 또 발광법과 비교하면 원자 형광법은 다성분 원소의 분석에서 보다 간단하고 가격이 싸며 스펙트럼 방해가 적다는 이점이 있다. ICP 원자 형광법에 사용하는 기기는 들뜨기 광원으로 속 빈 음극등을 사용하며, 여기에서 나오는 복사선은 플라스마 불꽃 속에 있는 원자를 들뜨게 하며, 발광되는 형광의 검출은 45° 각도의 방향에서 광전자증배관으로 하게 되어 있다. 이 등은 약 500 Hz의 주파수에서 펄스를 방출하며 검출 시스템은 펄스를 받도록 개폐 통로가 동시화되어 있다. 12개의 등의 펄스 시간은 어떤 일정한 순간에 한 개의 형광 신호만을 생성하여 검출되도록 되어 있다. 그 기기의 스펙트럼 특유성은 측정하려는 각 원소의 특정 스펙트럼선만을 발광하는 광원을 사용하여 얻는다. 이 기기에는 간섭필터를 설치하여 플라스마에서 나오는 바탕복사선을 제거함으로써 신호-대-잡음 비를 높인다. 광원의 펄스 방식은 시스템에서 바탕효과를 없애는 역할을 한다. 이 기기는 동시에 12개 원소의 형광을 최선의 조건하에서 측정할 수 있고, 광원과 검출기 모듈을 바꾸면 36개 이상의 원소 측정에도 이용할 수 있다.

검출한계의 면에서 보면 ICP 형광법은 알칼리 금속의 불꽃 발광법과 흡광법에 견줄만하고 이들 원소에 대한 플라스마 발광법보다 우수하다. 한편 플라스마 발광법은 Mo, W, Ti, V와 같은 내화물 금속에 대해 분명히 우수하다. 그러나 나머지 원소에 대한 형광법 분석의 검출한계는 불꽃 흡광법 및 플라스마 발광법의 감도와 대략 비교할만하다. ICP 형광법은 대부분의 원소에 대해 몇 단위의 넓은 농도범위($10^3 \sim 10^5$)에 걸쳐 직선성이 성립하며, 일반적으로 매트릭스 영향을 받지 않는다. 플라스마 형광법의 상대정밀도는 0.2～1% 정도이다.

4 아아크와 스파크에 의한 발광 분광법

7.4.1 아아크와 스파크에 의한 발광법의 광원

원자 발광법 분석에서 전기적 방법으로는 온도를 3,000～6,000 K 또는 8,000 K 정도까지도 올릴 수 있다. 이러한 광원으로는 전기아아크(arc)와 스파크(spark) 방전에 의한 것이 주로 이용된다. 고체시료에 대해서는 아아크에 의한 들뜸이 가장 감도가 좋고, 스파크에 의한 들뜸은 좀 더 안정하다. 아아크 광원은 분석감도가 좋아서 정성분석, 반정량 분석에 널리 이용되고 있으며 정량분석에도 사용된다. 아아크 광원은 전극에 걸어 주는 전류의 방식에 따라 직류 아아크와 고압 교류 아아크로 나뉜다. 또 고압 교류 스파크는 원자 발광법 분석에서 최대의 정밀도와 안정도를 제공하는 광원으로 사용된다.

이 절에서는 아아크와 스파크 광원 및 레이저 광원의 원리와 특성을 알아보고 이들 광원을 이용하는 원자 발광 분광법에 관하여 다룬다.

(1) 전기아아크 광원

이 광원은 약 1～20 mm 떨어져 있는 한 쌍의 흑연 또는 한 쌍의 금속전극으로 되어 있다. 아아크는 최초에 낮은 전류 스파크로 가열하여 전극 사이에 전류를 전달할 수 있는 이온을 만든다. 아아크가 시작된 후에는 열이온화에 의해 전류가 계속 흐른다. 다른 방법으로는 전극을 접촉시켜 이온화하기 위한 열을 발생시켜 시동한다. 그런 다음 전극 간의 사이를 일정한 거리로 띄어 놓는다. 아아크의 경우 높은 온도가 생기는 것은 아아크 틈 사이에 있는 양이온들이 흐름운동에 대하여 저항하기 때문이다. 따라서 아아크의 온도는 아아크에 의해 생긴 플라스마의 조성에 따라 다르고 플라스마의 조성은 시료와 전극에서 원자 입자의 생성 속도에 달려 있다.

직류 아아크 광원은 그림 7.9에 나타낸 것과 같은 아아크 발생장치의 두 전극 사이에 높은 전류(5～30 A)와 낮은 전압(100～250 V)의 전기방전으로 구성되어 있으며, 공기 중에서 작동된다. 전류의 통과로 인해서 생긴 열에 의해 시료가 증발된다. 여기서 들뜨기의 일부는 열적이고 일부는 전기적이다. 시료를 들뜨게 하는 에너지는 아아크 방전의 길이에 따라 변한다. 음극 근처에서는 플라스마 에너지가 최고이며, 여기에서 시료는 빠르게 증발하여 온도가 높은 영역으로 들어간다. 방전온도와 시료의 들뜨기를 지배하는 아아크 전류와 아아크 저항을 조절하는 것은 쉽지 않다. 아아크는 센 열을 발생하여 작은 시료들을 파괴시켜 증기로 만들고, 빠르게 그리고 불규칙적으로 아아크 영역 밖으로 쫓아낸다. 아아크 속의 원소들로부터 발광되는 복사선은 재현성있게 슬릿 쪽으로 향하지 않는다. 아아크의 또 다른 문제는 방전하는 동안 전극에서 깜빡거리기도 하고 흔들거리는 것이다. 또 휘발성이 큰 성분은 아아크 방전 동안 초기에 선택적으로 증발되고 다른 성분들은 늦게 증발된다. 이런 문제를 피하려면 시료를 완전히 연소시켜야 한다. 이들 문제 때문에 직류 아아크는 정량분석보다는 정성 및 반정량 분석에 적합하다.

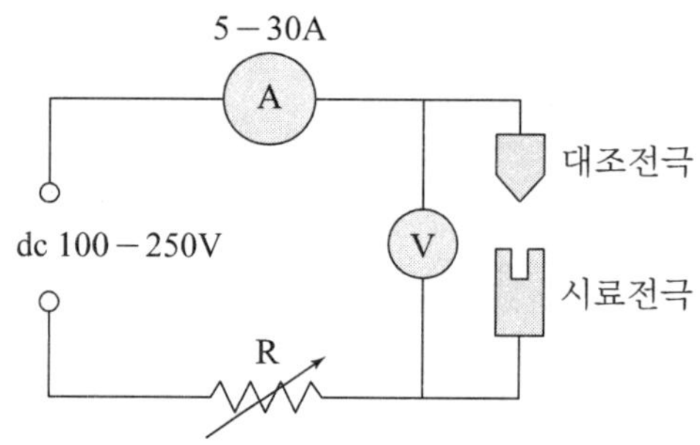

그림 7.9 직류 아아크 발생장치. A : 전류계 V : 전압계 R : 가변저항

일반적으로 직류 아아크는 다른 아아크나 스파크보다 좋은 감도를 가지고 있다. 따라서 광물, 암석, 토양, 식물체 조직과 같은 시료의 분석에 자주 이용되며 특히 정성적인 분석에 유용하다. 직류 아아크에 의해 발광되는 복사선은 원자 발광선과 분자 스펙트럼이 많을 것이다. 전극이 가열되어 백열되므로 직류 아아크는 흑체(black body)로부터 발광되는 스펙트럼과 비슷하게 세기가 크고 연속적인 바탕을 가지는 복사선을 발광한다.

직류 아아크의 열 및 전기적인 에너지는 여러 개의 높은 에너지 준위로 들뜨게 하는데 충분하여 원자의 발광선들은 복잡할 것이다. 그리고 비교적 낮은 이온화에너지를 갖는 원소들로부터 아주 많이 방출되는 이온방출선 때문에 더 복잡해진다. 공기 중에서 탄소전극을 사용하여 아아크를 발생시키면 시아노겐(CN) 분자가 생성되고, 이것은 아아크에 의해 들뜨므로 대부분 350~420 nm 범위에서 센 띠스펙트럼을 발광하므로 이 영역에서는 원소분석에 사용하지 못한다. 불행하게도 이 영역에서 가장 센 발광선을 방출하는 몇 가지 원소가 있다. 이런 방해를 피하거나 최소화하기 위해 가끔 이산화탄소, 헬륨 또는 아르곤 분위기에서 아아크 들뜨기를 실시한다. 그러나 진공 속에서 전극을 가열하여 흡수된 질소를 내쫓지 않는 한 시아노겐 띠의 발광을 완전히 제거할 수는 없다.

고압 교류 아아크 광원은 직류 아아크보다 높은 전압이 필요한 경우에 아아크 방전을 안정하게 유지시키기 위해 사용된다. 걸어주는 전압은 2,200~4,400 V 정도이고, 전류는 낮은 1~5 A를 흘려준다. 60 Hz의 전원이 사용되면 1초에 120번 극성이 바뀌므로 방전은 직류 아아크보다 균일하다. 교류 아아크는 직류 아아크보다 재현성이 좋지만 감도는 나쁘다. 교류 아아크는 강철과 다른 금속 시료의 원소를 분석할 때 이용되며, 전극(구리)의 편평한 끝에서 증발시킬 수 있는 액체시료에도 이용된다.

(2) 고압교류 스파크 광원

그림 7.10에 스파크 광원의 전기회로를 나타내었다. 고압 교류 스파크는 두 개의 전극에 고압 변압기를 연결하여 발생시킨다. 변압기로 전압을 15,000~40,000 V까지 높여 커패시터를 충전한다. 전압이 충분히 높아져서 조절용 스파크 간격과 분석용 스파크 간격의 공기틈을 통하여 방전이 일어나면 이어서 일련의 진동방전이 뒤따라 일어난다. 그런 다음 전압이 떨어져서 커패시터가 전극의 틈 사이에 전류를 계속 통과시킬 수 없게 된다. 이러한 순환이 반복해서 일어난다. 방전의 전류와 주파수는 회로에 연결되어 있는 커패시턴스, 인덕턴스와 저항의 크기에 따라 정해진다. 이런 파라미터는 바탕세기 및 이온과 중성원자 스펙트럼선의 상대적 세기에도 영향을 준다. 대부분의 스파크 광원의 경우 직렬로 배치된 두 개의 스파크 틈이 연결되어 있다. 조절용 스파크 간격은 둥글고 매끈한 전극으로 되어 있고 전극 사이의 간격을 조심스럽게 조절해준다. 그리고 이 간격 사이에 공기의 흐름을 통하게 된다. 스파크가 작

동하는 동안 분석전극에서는 여러 가지 조건이 계속 변한다. 따라서 전극 사이의 간격은 조절 전극을 이용하여 조절하고 방전상태가 더 재현성있게 나타나도록 조절한다. 공기냉각법으로 조절전극의 작동조건을 일정하게 유지하도록 한다. 이렇게 함으로써 분석결과의 정밀도를 증가시키도록 한다. 고압 스파크를 사용하는 경우에 평균전류는 보통 아아크의 전류보다 훨씬 적으며 10분의 몇 암페어 정도밖에 안 된다. 그러나 방전 초기에는 순간전류가 1,000 A를 넘을 수 있다. 이 전류가 모든 전극면적 중의 극히 적은 부분에서 좁은 흐름으로 되어 통한다. 이 좁은 흐름 내에서의 온도는 40,000 K로 추정된다. 따라서 스파크 광원의 평균 전극온도는 아아크에서의 평균 전극온도보다 대단히 낮지만 이런 흐름의 작은 부피 중의 에너지는 몇 배나 크다. 따라서 고압 스파크 광원은 원자에서 대단히 높은 에너지의 전자준위들을 갖게 한다. 그 결과 고압 스파크에서는 이온 스펙트럼이 아아크에서보다 더 많이 생기고, 많은 수의 들뜸을 가능하게 한다. 그러므로 발광 스펙트럼은 직류 아아크보다 더 복잡하다. 이것은 정성분석에 더 유용하게 사용할 수 있다. 정밀도는 좋더라도 교류 스파크는 감도에서 제한된다. 금속의 분석에서 분석원소의 감도에 따라 다르지만 스파크는 0.01%의 농도까지 밖에 검출하지 못한다. 용액법이나 구리 스파크법에서는 스파크에 의한 들뜨기로 ppm 정도까지도 검출할 수 있다.

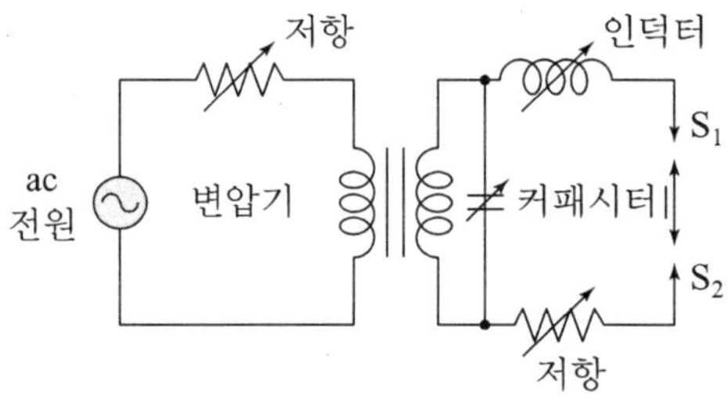

그림 7.10 고압 스파크 발생장치. S_1 : 조절용 스파크 간격, S_2 : 조절용 스파크 간격

(3) 레이저 광원

레이저 장치는 아주 적은 양의 시료나 대단히 작은 면적의 시료를 분석하는데 적합하며, 시료는 조제할 필요가 없다. 이 광원에서는 광학 펄스의 루비 레이저가 현미경으로 볼 수 있을 정도의 아주 작은 시료면적에 집광된다. 시료면적을 선택하기 위해 초점장치가 사용된다.

그림 7.11에 레이저 장치의 구조를 나타내었다. 세기가 큰 레이저 펄스가 적은 양의 시료를 증발시켜서 직경 50 μm 정도의 반구형 구멍을 만든다. 원자증기는 고전압으로 충전된 바로 위에 가까이 있는 두 개의 전극 사이를 통과하면서 전극간격을 파괴시킨다. 이것으로 인하여 스파크와 같이 시료증기를 들뜨게 한다. 레이저 장치는 생물체 세포 내부나 또는 합금

중의 내포 면적을 실험하기 위해 사용된다. 50 μm 이하의 분해는 레이저 빛살을 집광하기 위해 사용되는 렌즈에 의해 제한된다. 이와 같은 작은 면적에서의 막대한 에너지는 렌즈 사이의 시멘트나 렌즈 자체의 조각들을 녹일 수 있다. 스파크 장치는 끝이 1 μm 정도로 뾰족하게 깎은 전극을 사용한다. 전극은 시료 위의 25 μm 정도에 위치하게 하고, 전기 전도체의 얇은 막으로 덮여 있어야 한다. 전극 끝을 휘발시키고 들뜨게 하기 위해 스파크가 사용된다.

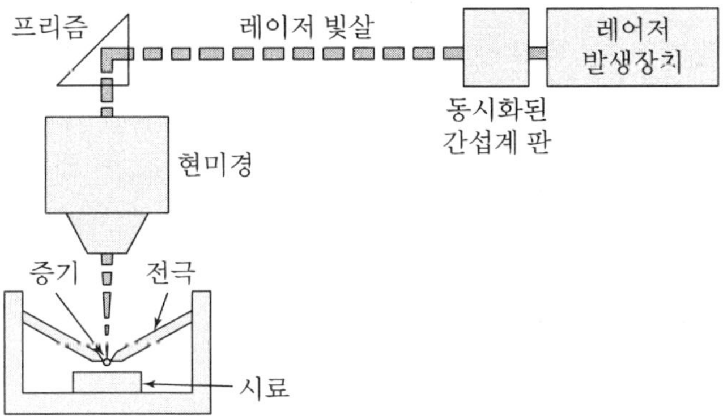

그림 7.11 레이저 광원의 구조

7.4.2 아아크와 스파크 광원 분광법의 검출기

고전적 다중채널 발광기기는 단색화장치의 초점면에 설치한 필름이나 사진건판을 설치하여 분산된 복사선을 검출하는 일종의 분광사진기이다. 또 그림 7.5에 나타낸 것과 비슷한 광전자증배관을 검출기로 사용하는 다중채널 기기도 아아크와 스파크 광원을 사용하는 원자발광분광법 분석에 사용할 수 있다. 여기서는 아아크와 스파크 광원에 의한 발광 분광법에서 주로 사용하는 사진 검출기에 대하여 설명한다.

(1) 사진 검출기

사진 에멀션은 검출기와 증폭기 역할을 하고, 스펙트럼선의 세기-시간 적분을 가능하게 하는 적분장치 구실을 한다. 사진 물질은 유리판이나 플라스틱 필름에 도포된 감광 결정들을 포함한다. 에멀션이 포함된 할로젠화은이 빛에 노출되어 빛의 광자를 흡수하면 잠상을 형성하게 된다. 이렇게 된 필름을 환원제로 화학처리하면 빛에 노출된 할로젠화은은 잠상 부위에서 흑색의 은 침전물로 침전된다. 이때 흡수된 광자 한 개에 대하여 많은 수의 은 원자가 나타난다. 이 과정은 화학적 증폭의 역할을 한다고 할 수 있다. 필름을 현상한 다음 에멀션은 할로젠화은을 녹여 주는 용액에서 정착시켜야 한다. 이렇게 한 다음 현상과 정착에 사용한 물질들을 물로 깨끗이 씻는다. 이들 과정의 반응메커니즘은 다음과 같다.

$$\text{AgBr(에멀젼)} \xrightarrow[\text{광자흡수}]{\text{빛에 노출}} \underset{\text{노출부분}}{Ag^{*}Br} + \underset{\text{비노출부분}}{AgBr} \xrightarrow[\text{hydroquinone}]{\text{현상(환원)}} Ag^{o} + AgBr$$

$$\xrightarrow[Na_2S_2O_3]{\text{정착(착화반응)}} Ag^{o} + \underset{\text{가용성}}{AgS_2O_3^{-}}$$

필름에 나타난 검은 은입자의 수 즉, 노출된 면적의 흑화도는 복사선의 세기와 노출시간의 곱에 로그(log) 함수적으로 비례한다. 정량을 목적으로 하는 스펙트럼을 얻기 위해서는 시료와 표준물질 양쪽에 대하여 노출시간을 일정하게 유지하여야 한다. 이런 조건하에서 노출은 선 세기에 비례하게 되며 따라서 발광 화학종의 농도에 비례하게 된다. 사진건판에 나타나는 선들의 흑화도는 다음과 같이 정의된 흑화밀도 D로 표시한다.

$$D = \log\frac{I_o}{I} \tag{7.1}$$

여기에서 I_o는 노출되지 않은 에멀션의 깨끗한 부분에 통과한 빛살의 세기이고, I는 흑화된 선에 의해 감소된 후의 빛살의 세기이다. 여기서 흑화밀도는 흡광도와 비슷한 의미를 갖는다. 선의 흑화밀도를 원래의 세기(또는 노출)로 환산하기 위해서는 흑화밀도를 상대노출의 로그함수로서 도시한 건판의 검정곡선을 실험을 통해 얻어야 한다. 그런 검정선은 일정한 세기의 복사선을 시간에 따라 여러 가지로 변동시키면서 사진건판에 노출시켜 실험적으로 얻는다. 이때 일반적으로 광원의 절대세기는 알 수 없고, 상대노출만을 구할 수 있다(노출=복사선 세기×노출시간).

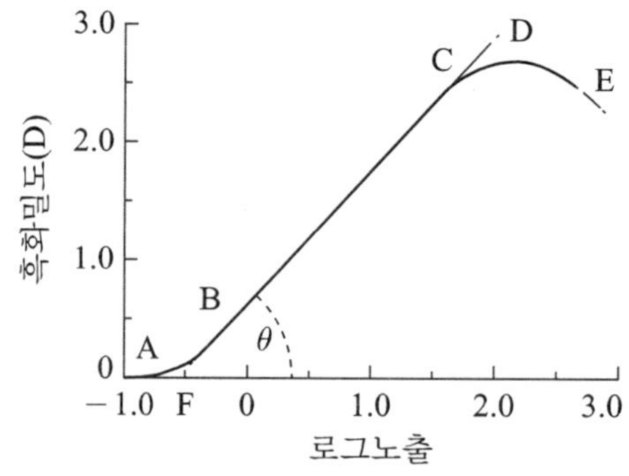

그림 7.12 어떤 파장에 대한 전형적인 사진건판 검정곡선
[A : 노출 출발점, B-C : 직선 범위, D-E : 역전영역, F : 에멀션 이너셔(inertia)]

어떤 파장의 복사선에 대한 에멀션의 감응 즉, 전형적인 사진건판의 검정곡선은 그림 7.12와 같다. 검정곡선은 감응이 노출에 로그함수적으로 변하는 직선적인 영역(B-C)이 나타나는데 이 영역이 분석에 유용하다. 이 검정선에 의해 측정된 여러 가지 분석선의 흑화밀도는 그들의 상대세기로 환산한다. 이 세기는 분광사진법 정량분석에 사용되는 농도 의존성 파라미터이다. 그리고 파장영역에 따라 검정선의 기울기가 달라지기 때문에 분석용 스펙트럼의 파장영역이 넓은 경우에는 여러 개의 검정선을 작성할 필요가 있다.

7.4.3 시료준비

아아크나 스파크 광원 분광법 분석에서 시료는 고체, 액체 또는 기체를 다 사용할 수 있다. 시료는 광원으로 작용하는 전극 중의 적어도 한 쪽 표면에 균일하게 분포되도록 규칙적으로 공급하여야 한다.

(1) 분말시료

토양, 금속, 산화물, 화공약품, 생물체 및 말린 액체 등의 분석 시료들은 분말상태로 분석된다. 이들 시료는 고순도의 흑연이나 구리, 은 등으로 만들어진 그림 7.13의 (a-c)와 같은 컵 모양의 전극에 다져 넣어서 주로 전기아아크로 들뜨게 한다. 분말 입자의 크기는 보통 200 mesh 이하이어야 하며 시료를 곱게 분쇄하여 균일하게 섞어서 만든다. 일반적으로 분말시료는 아아크 방전에 의해 스펙트럼을 얻는데 시료 자체만을 전극의 컵에 넣으면 전기 전도가 되지 않아 균일하고 안정된 방전이 일어나지 않는다. 그러므로 이를 개선하기 위해서는 시료에 전기 전도성이 좋은 흑연 분말을 일정한 비로 혼합하여 주어야 한다.

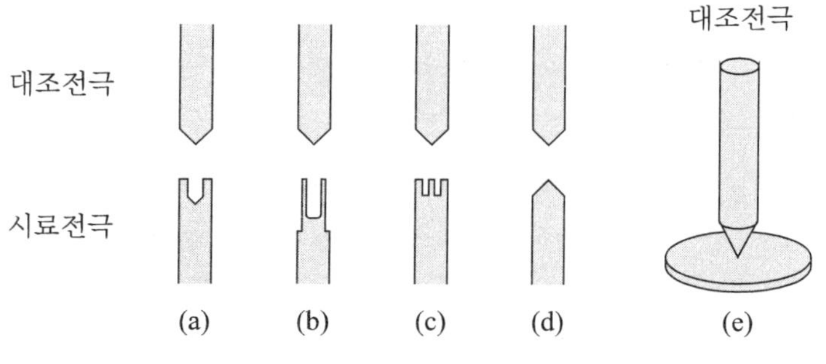

그림 7.13 분말과 금속 시료용 전극의 모양. (a-c) : 분말 시료용, (d-e) : 금속 시료용

흑연 분말은 안정된 방전을 일으키게 할 뿐만 아니라 분석시료 간의 매트릭스 차이를 희석효과에 의해서 보정해 주는 역할도 한다. 또 휘발성이 적은 내화성 시료에는 플럭스(flux)

역할을 할 수 있는 GeO_2, Ga_2O_3, AgCl, $BaCl_2$, 알칼리 및 알칼리 토금속 화합물을 단독으로 또는 몇 가지를 혼합하여 가해 주기도 한다. 이러한 플럭스들은 분광학적 완충제라 하며, 일부는 캐리어(carrier)라고도 한다. 분말 시료를 분석할 때에는 대개 흑연전극을 많이 사용하고, 완충제로는 대부분의 경우 흑연분말이 혼합되므로 대기 중에서 아아크 방전할 때 공기 중의 질소와 전극의 탄소가 반응하여 CN 분자를 형성한다. 시아노겐 분자는 전기에너지를 흡수하여 들뜨게 되므로 분자의 띠스펙트럼이 발광된다. 이때 생긴 CN의 띠스펙트럼은 넓은 파장영역에 나타나므로 원자나 이온의 발광선 해석에 방해를 주고, 스펙트럼 전체의 바탕을 짙게 하므로 판독을 곤란하게 한다. 이런 문제점을 해결하기 위해서는 석영과 같은 고열에 견디는 투명 유리의 지붕을 덮고, 아아크 간격에 아르곤과 같은 비활성 기체와 산소를 혼합하여 공급함으로써 공기와 아아크 불꽃이 접하지 못하게 함으로써 해결된다.

검정선을 얻기 위해 사용하여야 하는 표준시료는 거의 공급되지 않으므로 순수한 금속산화물을 분석시료의 조성과 비슷하게 혼합하여 사용하여야 한다. 이렇게 하면 화학적 조성만 맞추어서 혼합한 것이 되므로 분석시료의 물리적 상태와 차이가 난다. 그러므로 이런 차이를 줄이기 위해 $Li_2B_4O_7$과 같은 안정한 플럭스를 분석시료와 혼합된 표준시료에 일정량씩 과량으로 가하여 융용시켜 유리상태로 만들어서 사용해야 한다. 이렇게 하면 매트릭스는 플럭스가 주성분이 되어 차이를 감소시키고 유리화되어 물리적인 상태의 차이도 없어진다.

휘발성이 다른 여러 가지 성분으로 된 시료도 있다. 이런 시료를 들뜨게 할 때에는 휘발성이 큰 성분은 아아크 방전 초기에 스펙트럼을 발광하면서 휘발되고, 내화성이 큰 성분은 방전 후기에 발광한다. 보통 한 번의 방전에서 이들 휘발성에 차이가 있는 성분의 스펙트럼이 바람직하지 않아서 들뜨기 조건이 불충분하면 휘발성 성분의 발광선은 판독하기에 적당하지만 내화성 성분의 선은 약하다. 반면에 내화성 성분에 맞추어 들뜨기를 시키면 휘발성 성분의 세기는 너무 크고, 바탕도 짙게 되어 판독이 어려워진다. 이런 문제점을 해결하기 위한 방법으로 분별증류법을 이용하는데, 이 방법은 휘발성이 다른 여러 가지 원소들을 일정한 조건으로 아아크 방전시켜 얻은 각각의 스펙트럼 세기를 시간에 대해 도시하여 얻은 분별증류를 보여 주는 휘발곡선을 이용하여 분석한다.

내화물 시료에 휘발성이 큰 성분들이 존재하는 경우에는 시료의 아아크 방전을 도와주는 플럭스와 같은 적당한 캐리어를 가해 주어 포함된 모든 원소들이 비슷하게 들뜨도록 하는 캐리어 증발법도 개발되었다.

생물체 시료는 습식 산처리법, 건식 회화법, 냉각 연소법 등의 방법으로 유기물질을 분해시킨 후 용액을 건조시켜 얻은 침전이나 태운 재를 시료로 사용하여 분석한다. 이 경우에는 시료의 전처리에 시간이 많이 걸리기만 유기물질을 제거시키기 때문에 농축효과가 있어 미량까지 검출이 가능하다.

비금속과 같은 비도전성 시료를 분석할 때에는 전극 자체의 발광 스펙트럼이 시료 분석에 지장을 주지 않는 전극 위에 시료를 놓고 분석하거나 전도성인 흑연이나 구리의 분말에 혼합하여 분말 시료를 분석하는 방법과 같이 시료를 준비한다.

(2) 금속시료

시료가 금속이나 합금일 경우에는 시료를 녹여 용액상태로 사용하거나 이 용액을 다시 말려서 분말상태로 만들어 분석할 수 있다. 그러나 금속은 전기 전도성이 좋으므로 자체전극으로 사용하여 구성 성분이나 미량의 불순물들을 분석하는 것이 보편적인 방법이다. 금속 시료를 직접 자체 전극으로 사용하여 분석할 때에는 잘 깎거나 주조하여 하나 또는 두 개의 전극으로 사용할 수 있다. 전극은 직경이 0.3～0.6 cm 정도의 둥근 막대모양으로 만들고 한 쪽 끝을 가늘게 만든다. 어떤 시료의 경우에는 깨끗이 닦은 넓적한 시료 금속판을 한쪽 전극으로 하고, 대조전극은 흑연이나 금속막대를 사용할 때도 있다. 금속 시료용 전극의 모양은 그림 7.13의 (d e)와 같다. 시료를 직접 전극으로 사용할 때에는 전극의 최종 형태에 관계없이 표면에 다른 물질이 오염되지 않도록 해야 한다. 금속 시료의 들뜨기 광원으로는 스파크 방전을 주로 사용하며, 내부 표준원소로는 시료 자체의 주성분 원소를 이용한다. 표준시료는 용액의 경우와 같이 실험실에서 제조하기가 쉽지 않으므로 주로 구매하여 사용한다. 그러나 구매가 어려울 때에는 원하는 성분 금속들을 분석시료의 조성비와 같고, 균일하게 혼합하여 전기로에서 합금으로 만들어 사용한다.

(3) 용액시료

물, 유기용액, 음료수, 술 등과 같이 자체가 용액인 시료와 광물과 같은 분말 시료나 금속 및 합금 시료를 녹여서 만든 용액시료가 있다. 용액시료를 들뜨게 하기 위한 몇 가지 방법이 이용된다. 가장 일반적인 방법은 흑연이나 금속 전극 표면에 있는 컵 모양의 홈에 일정량의 시료를 넣고 증발시키는 방법이다. 그렇지 않으면 다공질 흑연전극을 시료용액에 담가서 흡수시킨 다음 건조시켜서 사용하는 방법이다. 용액시료는 처리하기가 쉬워서 표준용액을 제조하거나 시료용액을 적당한 농도범위로 희석 또는 농축시켜서 분석할 수 있는 이점이 있다. 용액시료의 들뜨기 광원으로 주로 스파크 방전을 사용하기 때문에 안정하고 재현성이 있는 분석결과를 얻을 수 있다. 반면에 스파크 방전에 의한 낮은 들뜸온도와 증발열을 주위에서 뺏어가는 용액 자체의 성질로 인해서 감도가 나빠진다. 따라서 용액시료에 대한 검출한계는 비교적 좋지 않다. 용액 시료를 위한 전극의 구조는 그림 7.14에 나타낸 것과 같다.

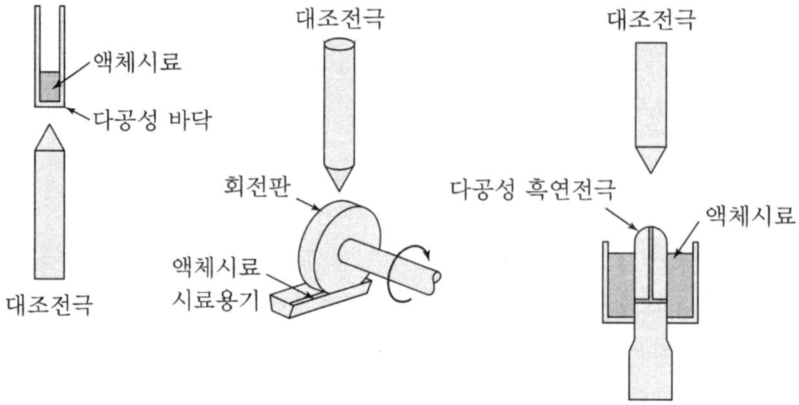

그림 7.14 용액시료를 위한 전극의 구조

7.4.4 정성분석

분광사진 검출기를 갖는 아아크와 스파크 광원 발광분광기는 시료 중의 성분원소를 확인하는데 가장 널리 사용되는 기기 중의 하나이다. 이런 발광분광법을 이용하면 몇 mg 정도의 시료를 간단한 아아크로 때로는 스파크로 들뜨게 하여 대략 70가지 원소를 검출할 수 있다. 이때 검출한계는 알칼리와 알칼리 토금속의 경우에는 ppb 이하를 또 텅스텐, 탄탈, 우라늄과 같이 원자량이 큰 원소와 셀렌, 황, 인, 규소와 같은 비금속 원소 등은 이 값의 몇 백배 정도까지 검출할 수 있다. 나머지 원소들의 검출한계는 10～100 ppb 정도이다.

아아크 광원의 아주 중요한 특성은 시료의 예비처리를 거의 거치지 않고 분석할 수 있다는 점이다. 또한 분광사진 검출법에 의한 분석법은 광전자증배관 검출기를 갖는 다중채널 기기에 비해 비교적 간단하고, 특히 기기의 가격이 싸다는 이점이 있다. 그리고 사진 에멀션의 흑화도로부터 시료 조성의 상대농도에 관한 반정량적 정보를 쉽게 얻을 수 있기도 하다.

정성 및 반정량 분석을 위한 시료의 들뜨기 방법은 일반적으로 들뜨기 시간과 아아크 전류를 20～30초 동안 5～30 A로 조정하여 시료를 완전히 증발시킨다. 보통 분말, 작은 덩어리, 분쇄물 또는 흑연과 섞은 것 등의 시료 2～50 mg을 흑연 전극의 홈에 충전한다. 용액은 전극 구멍 표면에서 증발시킨다. 일반적으로 시료가 들어 있는 전극을 양극으로 사용하고 음극으로 작용하는 것은 흑연막대의 대조전극이다. 들뜨게 할 때마다 사진건판을 수직으로 움직여서 한 개의 사진건판에 몇 개의 스펙트럼을 얻을 수 있다. 시료 건판에는 한 두 개의 철 스펙트럼도 같이 얻어서 이것을 이용하여 각종 특정한 스펙트럼선의 위치를 나타내는 마스터 스펙트럼 건판과 시료 건판을 맞추어 분석하도록 한다.

분광기를 이용하는 정성분석은 분광된 스펙트럼선의 파장으로부터 원소의 존재 유무를 확인할 수 있다. 각 원소마다 감도가 좋은 대표적인 몇 개의 선을 확인하여 정성하게 되는데,

이런 선들을 지속선(persistent line)이라 한다. 실제 실험에서는 기기의 제작회사에서 제공하는 분광기 자체의 분산과 분해능에 맞게 제작된 마스터 필름(그림 7.15)을 이용한다. 이때에는 분석 필름을 마스터 필름과 일치되게 맞추어 놓고 분석선을 찾아 확인한다.

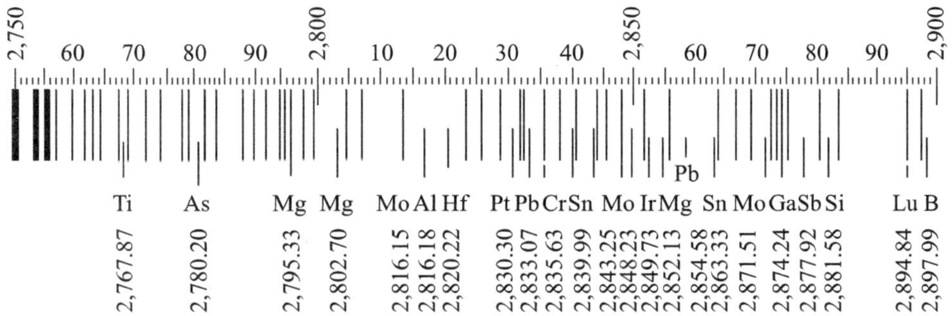

그림 7.15 마스터 필름

7.4.5 정량분석

아아크와 스파크 광원을 사용하는 정량분석법에서는 시료의 준비와 들뜨기에 관한 여러 가지 변수를 정밀하게 조절하여야 한다. 또한 분광 사진법의 필름 처리에도 그러하다.

정량분석을 위한 검정선을 만들기 위해 여러 가지 표준시료를 만들어야 한다. 표준물은 분석할 시료의 조성과 물리적 성질이 가능한 한 비슷하여야 한다. 일정한 조건에서 스펙트럼선의 세기는 전극 간격 내에 있는 원소의 원자나 이온수(N)에 비례한다. 그러므로 원래 시료 중의 해당원소의 농도(C)에 비례하게 된다.

$$I \propto N, \qquad I \propto C \tag{7.2}$$

이때 자체흡수를 무시하면 거의 정비례 관계가 성립한다.

$$I = kC, \qquad \log I = \log k + \log C \tag{7.3}$$

하지만 기울기가 1이 아닌 값을 가지게 되면 다음과 같다.

$$I = kC^n, \qquad \log I = \log k + n \log C \tag{7.4}$$

여기에서 n은 방출인자라 하며 보통 1이거나 1에 가까운 값을 가진다. 1보다 큰 값을 가지게 되는 경우에는 자체흡수가 심하든지 다른 성분에 의한 영향을 크게 받을 때이다. 분석할 때에는 분석성분의 농도를 적당한 범위로 맞추고 표준시료와 분석시료에서의 매트릭스를 거의 같게 맞추어 주어야 한다. 스펙트럼선 세기는 시료의 조건뿐만 아니라 광원의 조건, 필름이나 광전자증배관의 감도, 분광 시스템의 조건, 필름의 현상 및 정착 등으로 인하여 재현성이 떨어진다. 이를 보상하기 위해 발광 분광법에서는 항상 내부 표준물을 사용하여 표준물의 세기에 대한 분석성분의 세기의 비를 이용하여 검정선을 작성하여 정량한다. 이때 관계식은 다음과 같다.

$$\log\frac{I_a}{I_s} = \log\frac{k_a}{k_s} + \frac{n_a}{n_s}\log\frac{C_a}{C_s} \tag{7.5}$$

여기서 a는 분석원소, s는 내부 표준물로 표시한다. 내부 표준물의 농도가 표준시료와 분석시료에서 일정하면 다음 식으로 바꿀 수 있다.

$$\log\frac{I_a}{I_s} = \log k + n\log C_a \tag{7.6}$$

이 식에 의해 log I_a/I_s를 log C_a에 대해 도시하여 검정선을 작성하면 직선적 비례관계가 성립하는 것이 보통이다. 그러나 직선이 아닐 때도 있다. 이런 경우에는 실험곡선으로부터 직접 농도를 구한다.

(1) 내부 표준물

내부 표준물은 각 재료와 검정용 표준시료에 일정량씩 가하는 원소를 말한다. 내부 표준원소의 스펙트럼선 세기와 분석원소의 분석선 세기를 각각 동시에 측정한다. 내부 표준원소의 선 세기에 대한 분석원소의 세기비를 계산하여 농도 측정에 이용한다. 내부 표준물을 선택할 때는 분석시료의 종류 및 성질, 분석원소의 종류와 분석선의 파장 등을 고려해야 한다. 내부 표준물은 다음과 같은 성질을 가져야 한다.

① 분석시료나 표준 시료에 섞은 내부 표준물의 농도는 항상 같아야 한다.
② 내부 표준물의 물리적 및 화학적 성질은 가능한 한 분석원소의 성질과 비슷해야 한다. 이런 조건에서만 내부 표준물은 휘발성 때문에 생기는 오차를 적당히 상쇄할 수 있다.
③ 내부 표준원소는 분석원소와 거의 같은 들뜨기 에너지를 갖는 스펙트럼선을 발광하고 이 두 선이 광원의 온도변화에 대해 비슷한 영향을 받아야 한다.
④ 내부 표준원소와 분석원소의 이온화에너지는 비슷하여 광원 속에서 중성원자와 이온의 비가 비슷해야 한다.
⑤ 내부 표준물과 분석원소의 발광선은 같은 스펙트럼 영역에 있어 에멀션에 미치는 영향 조건이 서로 상쇄되도록 해야 한다. 광전분광계의 검출기에 대한 감응도 차이가 없어

야 한다.

이런 모든 조건을 만족시킬 수 있는 내부 표준물을 구한다는 것은 대단히 어려우며 특히 같은 내부 표준물로 몇 개의 원소를 동시에 분석할 때에는 적당히 절충해서 내부 표준원소를 택해야 한다. 분석시료가 용액일 때에는 일정량을 일정부피로 가하여 줄 수 있으므로 내부 표준물 선택에 상당한 융통성이 생긴다. 내부 표준물로 가해질 원소는 시료 중에 포함되어 있지 않아야 한다. 금속 고체시료의 경우에는 일정량의 내부 표준물을 가하지 않고 대신 금속 시료에 포함되어 있는 주성분 원소를 내부 표준원소로 택하게 되는데 이때에는 주성분의 농도가 사실상 일정하다고 보는 것이다. 예를 들면 놋쇠 시료 중의 미량성분 원소를 정량할 때 구리나 아연을 내부 표준물로 택할 수 있다. 분말 시료의 경우에는 내부 표준물을 고체상태로 섞는 경우가 있다. 이때에는 일정량의 고운 분말시료와 내부표준물을 균일하게 잘 혼합한 다음 들뜨기 시료로 사용한다.

(2) 표준시료

내부 표준물이 선택되면 검정선을 작성하기 위한 몇 개의 표준시료가 준비되어야 한다. 발광 분광법 분석에서 좋은 결과를 얻으려면 표준시료는 화학적 조성과 물리적 형태가 시료와 대단히 비슷해야 된다. 이들을 준비하기 위해서는 많은 시간과 노력이 필요하다. 그러나 그 대가는 수많은 분석을 반복할 때 경제적으로 보상받게 된다. 경우에 따라서는 순수한 시약을 사용하여 표준물을 만드는 수가 있다. 분석시료가 용액일 때에는 순수한 시약으로 표준시료 용액을 비교적 쉽게 만들 수 있다. 합금을 분석할 때에는 순수한 금속원소를 조성에 맞게 일정량씩 취하여 이것을 용융시켜 합금을 만들어 표준시료로 사용한다. 이때는 모든 조성이 균일해야 하며 합금 내에서 편석현상이 일어나서는 안 된다. 또는 각종 시료를 화학분석하여 그 중에서 몇 가지를 선택하여 분광사진법의 표준시료로 사용하기도 한다. 이 경우에는 분석값이 정확해야 하므로 한 가지 시료에 대해서도 여러 차례 분석하여야 하고, 분석값은 다른 분석법으로도 분석하여 확인하는 것이 좋다. 미국의 국립표준국(NBS)에서는 정확하게 조성을 분석한 여러 가지의 금속, 합금, 광물 및 용액 등을 만들어 공급하고 있다. 이들을 분광분석법의 표준물로 사용할 수 있다. 이 밖에도 미국, 독일, 일본, 영국 등의 각국에서 국가 기관 또는 개인 기업에서 표준시료를 만들어 시판하고 있으므로 이들을 구입하여 사용할 수 있다[3].

3) R. E. Michaelis, *Report on Available Standard Sample and Related Materials for Spectrochemical Analysis*, Am. Soc. Testing Materials Spec. Tech. Publ. No. 58-E. American Society for Testing and Materials, Philadelphia, 1963.

(3) 표준물 첨가법

발광 분석법에서도 시료량이 너무 적어 예비실험을 할 수 없을 때에는 표준물 첨가법이 이용된다. 이것에 관하여는 2.4절에서 이미 설명하였다.

(4) 반정량법

분광 사진법은 에멀션의 복사선에 대한 감도, 현상 및 정착 과정에서의 조건변화 등으로 인하여 완전한 정량법으로 오차가 많기 때문에 반정량법으로 자주 이용된다. 반정량 분석에서 분석결과는 참값에 대해 30～200% 정도의 상대오차 범위를 가진다. 이런 방법은 좋은 표준시료를 경제적으로 구입하기 어렵거나 시료의 조성에 대한 정보가 전혀 없을 때 유용하게 이용된다. 이 방법은 측정할 시료의 양(1～10 mg) 전체를 아아크 광원으로 증발시키는데 바탕을 두고 있다. 농도를 추정하는 근거는 일련의 선들이 나타나는데 필요한 분석원소의 최소량에 있다. 즉 여러 가지 감도가 다른 발광선들을 판독해 가면서 선의 존재 유무를 원소의 농도와 관련시켜 추정하는 것이다. 또 다른 방법으로는 원소들의 사진농도를 측정하여 첨가한 기질물질이나 바탕선과 비교하도록 한다. 이때의 농도 계산은, 선의 세기는 원소가 존재하는 상태와는 무관하다는 가정을 바탕으로 하여 다른 원소들의 영향은 시료에 많은 양의 기질 즉, 분광학적 완충제를 섞어 줌으로써 최소로 줄일 수 있다. 미량성분의 분석에서는 주성분 원소의 선과 흑화밀도를 비교하여 미량성분 원소의 농도를 추정하기도 한다. 미량성분의 농도 추정에서는 사진농도 대조방법이 이용되기도 한다.

연습문제

7.1 ICP 발광 분광법의 특징을 요약하여 설명하라.

7.2 다원소 분석에 ICP발광법이 불꽃 원자 흡광법보다 왜 더 잘 적용되는가?

7.3 스파크 스펙트럼에서는 이온선이 많이 나타나지만 아아크와 ICP에서는 원자선이 많이 나타나는 이유는 무엇인가?

7.4 내부 표준물이란 무엇이며 이것을 사용하는 이유를 설명하라.

7.5 에셀레 회절발/프리즘 단색화장치의 원리에 대하여 간단히 설명하라.

7.6 아아크 광원을 비활성 기체로 덮어 싸는 이유는 무엇인가?

참고문헌

1. M. Slavin, *Emission Spectrochemical Analsis*, wiley, New York, 1971.
2. E. L. Grove, *Analytical Emission Spectroscopy*, Vols.1&2. Marcel, Dekker, Inc., New York, 1971.
3. M. Thompson and J. N. Walsh, *Intuctively Coupled Plasma Spectrometry*, Blackie, London, 1983.
4. T. Torok, J, Mika and E. Gegus, *Emission Spectrochemical Analysis*, Crane Russak, New York, 1978.
5. R. D. Sacks, in Treatise on Analytical Chemistry, 2d ed., P. J. Elving, E. J. Meehan and I. M. Kolthoff. Eds., Part. I. Vol. 7, New York, 1981.
6. H. H. Willard, L. L. Merritt and J, A. Dean, *Instrumental Methods of Analysis*, 6th ed., D. Van Nostrand, New York, 1981.

CHAPTER 8

X-선 분광법

X-선 분광법도 다른 분광법과 같이 전자기 복사선의 발광, 흡수, 형광 및 회절의 측정에 기초를 두고 있으며, 원소의 정성 또는 정량분석에 널리 이용된다. X-선은 10^{-5} ~100 Å 범위의 짧은 파장을 갖는 높은 에너지의 전자기 복사선을 말하고, 이 중에서 0.1~25 Å의 파장영역이 X-선 분광법에 이용된다. X-선은 자외선-가시선과는 달리 원자의 내부 껍질에 있는 전자의 에너지준위 사이에서 전자전이가 일어날 때 또는 방사성 원자가 붕괴할 때 발생된다. 원소의 분석에 이용되는 대표적인 X-선 분광법은 크게 세 가지로 나뉜다.

① X-선 방출법은 어떤 들뜬 원자가 발광하는 X-선의 파장이 물질의 독특한 성질이라는 점과 그 발광세기는 들뜬 원자수에 비례한다는 사실을 이용하여 원소의 정성 및 정량 분석에 이용된다. 원자를 들뜨게 하는 방법에는 전자를 물질에 직접 충격시키는 방법(직접 방출 분석과 전자 탐침 마이크로 분석)과 발광되는 X-선보다 약간 더 짧은 파장의 X-선을 물질에 쪼이는 방법(X-선 형광 분석법)이 있다.

② X-선 흡수법은 종류가 다른 물질은 X-선의 흡수가 다르게 일어난다는 사실을 이용한 분석방법이다. 원소에 의해 X-선이 흡수될 때의 주요 불연속성은 X-선 에너지가 원자의 내부껍질에 있는 전자를 떼어낼 수 있도록 충분히 클 때 나타난다.

③ X-선 회절법은 결정성 물질의 정성적 확인에 널리 이용하고, 또 정량분석에도 이용된다. 이 방법은 결정성 물질의 결정면에서 X-선의 회절이 일어난다는 사실과 또 회절은 X-선의 파동성과 결정면의 규칙적인 간격에 의존한다는 성질을 이용한 분석 방법이다.

이 장에서는 X-선 분광법의 기본원리 및 측정기기와 부분장치에 대하여 간단히 알아보고, X-선의 흡수법, 형광법 및 회절법에 의한 분석방법에 대하여 중점적으로 다루기로 한다.

1 X-선 분광법의 원리

8.1.1 X-선의 발광과 스펙트럼

1913년 Moseley에 의해 처음으로 주기율표에 있는 각 원소에서 주어진 계열의 발광선에 속하는 각 스펙트럼선에 대해서 원자번호(Z)와 파장의 역수($1/\lambda$) 사이에는 다음과 같이 간단한 관계가 성립함이 밝혀졌다.

$$\frac{c}{\lambda} = a(Z-\sigma)^2 \tag{8.1}$$

여기에서 c는 빛의 속도, a는 상수, σ는 주어진 계열에 의존하는 값으로 상수이다.

X-선의 발광 또는 흡수 스펙트럼은 자외선이나 가시선 영역에서 관찰되는 발광 또는 흡수 스펙트럼에 비하여 대단히 적은 수의 선들로 구성되어 있고 매우 단순하다. X-선 스펙트럼은 원자의 가장 내부에 있는 전자의 에너지준위 사이의 전자전이에 의해 나타난다. 내부 껍질에는 적은 수의 전자만이 존재하고, 에너지준위가 제한되어 있으므로 적은 수의 전이만이 허용된다. K껍질은 오직 1개이다. L전자들은 그들의 결합에너지에 따라 3개의 부준위 L_1, L_2, L_3로 나누어진다. 완전한 M껍질은 5개의 부준위로 구성되어 있다. 원자의 가장 내부 껍질에 있는 전자들은 화학결합에 참여하지 않고, 또 원자는 전자들의 행동에 의해서도 영향을 받지 않기 때문에 X-선 발광 또는 흡수 스펙트럼은 가장 가벼운 원자들을 제외하고는 원자번호에만 의존하고 시료의 물리적 상태나 화학적 조성에는 의존하지 않는다.

분석목적을 위한 X-선을 얻기 위해서는 다음과 같은 세 가지 방법이 널이 이용되고 있다.

① 높은 에너지의 전자를 금속과녁에 충격시켜 X-선을 발광시키는 방법
② 제1차 X-선을 물질에 조사시켜 제2차 형광 X-선을 발광시키는 방법
③ 방사성 물질의 붕괴과정에서 발광하는 X-선을 얻는 방법

(1) X-선 관

X-선 관(Coolidge tube)은 그림 8.1과 같이 가열된 음극(전자방출기)과 양극(금속과녁)을 포함하는 진공관이다. 가열된 음극에서 방출된 전자는 과녁과 음극 사이의 고전압의 장을 통해 가속된다. 높은 에너지의 전자가 과녁과 충돌할 때 전자의 흐름이 급격히 정지하게 되고 전자의 일부 에너지가 X-선으로 변한다.

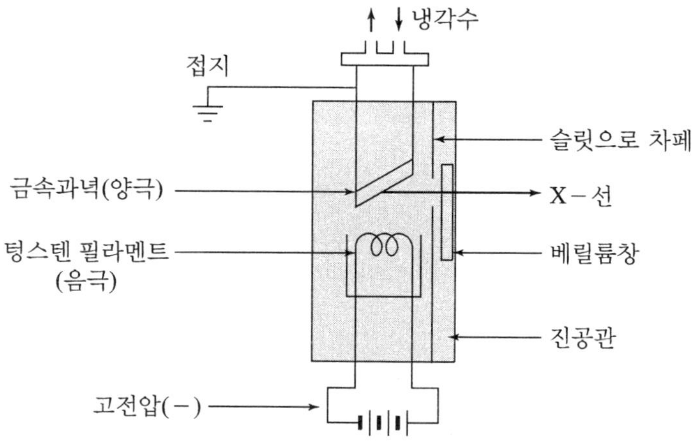

그림 8.1 X-선 관의 단면도

어떤 조건에서는 그림 8.2(a)와 같이 연속스펙트럼을 발광하지만 또 다른 조건에서는 그림 8.2(b)와 같이 연속스펙트럼 위에 선스펙트럼이 겹쳐서 나타난다. 그림 8.2에서 보인 X-선의 연속스펙트럼은 과녁물질의 종류와 관계없이 가속전압에 따라 결정되는 일정한 단파장 한계(short wavelength limit, λ_o)를 가지고 있는 것이 특징이다.

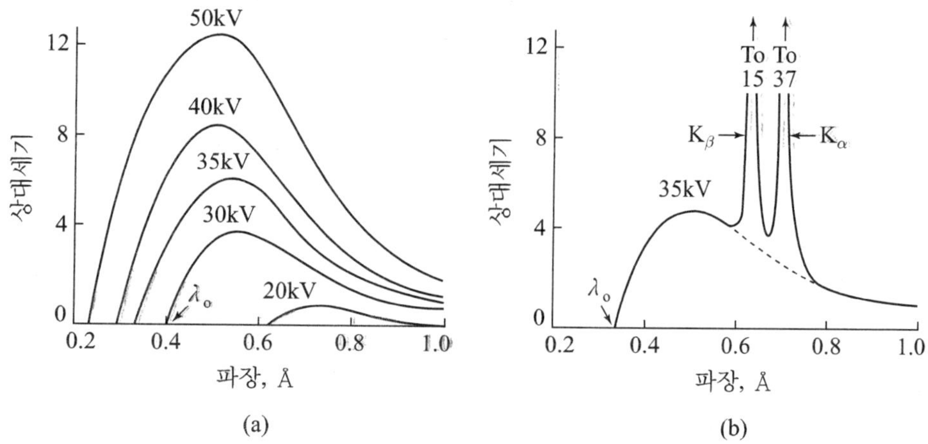

그림 8.2 X-선 관에서 얻은 연속 스펙트럼선과 선스펙트럼 (곡선 위 숫자 : 가속전압)
(a) W 과녁, (b) Mo 과녁

가속전압의 전자살(electron beam)로 얻은 연속복사선은 전자와 과녁물질의 원자 사이의 순차적인 충돌에 의해 생긴 것이다. 충돌에 의해 진자는 감속되고 X-선 에너지의 광자가 생성된다. 광자의 에너지는 충돌전후의 전자운동에너지의 차와 같다. 일반적으로 전자살의 전자는 일련의 충돌과정에 의하여 감속된다. 그 결과 생기는 전자의 운동에너지의 손실은 충돌하는 상태에 따라 다르다. 따라서 발광된 X-선 광자 에너지는 상당한 범위에 걸쳐 연속적으로 변한다. 단파장 한계에서는 전자의 모든 에너지가 한 번의 충돌에 의해 광자로 바뀐다. X-선 관의 가속전압(V)과 λ_o의 관계는 Dueme-Hunt 식으로 주어진다.

$$\lambda_o = \frac{hc}{eV} = \frac{12.398}{V} \tag{8.2}$$

여기에서 λ_o는 Å 단위이고, V는 Volt 단위, e는 전자의 전하, h는 Planck 상수, c는 빛의 속도이다. 흥미있는 것은 이 식을 이용하면 h를 아주 정확하게 결정할 수 있다는 것이다.

가속전압의 증가는 방출된 전체 에너지를 증가시키고 스펙트럼 분포를 단파장 쪽으로 이동시킨다. 최대의 세기를 가지는 파장은 단파장 한계의 1.5배 정도이다. 스펙트럼 세기는 과녁원소의 원자번호가 커지면 증가한다.

(2) 특성 X-선 선스펙트럼

그림 8.2(b)에서 보는 것처럼 몰리브덴의 경우에 가속전압이 35 kV일 때 0.63과 0.71 Å에서 발광세기가 큰 선스펙트럼이 연속스펙트럼 위에 겹쳐서 나타난다. 또 그림에 나타내지 않았지만 4～6 Å 영역에서도 일련의 선들이 나타난다. 이와 같은 선스펙트럼을 특성 X-선이라 한다. 이런 선스펙트럼은 원자번호가 23보다 큰 모든 원소에서 나타난다. 특성 X-선 선스펙트럼은 단파장 계열(K계열)과 장파장 계열(L계열) 등으로 나뉜다.

표 8.1에 몇 가지 원소에 대한 특성 X-선 발광선과 흡수끝의 파장을 나타내었다[1]. 그림 8.2와 표 8.1을 보면 원자번호가 23보다 작은 원소는 25 Å보다 파장이 작은 특성 선스펙트럼이 K계열에서만 나타난다. 특성 X-선 선스펙트럼은 가속전압의 크기에 의존하는데, 선스펙트럼을 발생시키는데 필요한 최소의 가속전압은 원자번호가 커짐에 따라 증가한다. 따라서 표 8.1에서 보는 것처럼 원자번호 42번인 몰리브덴의 선스펙트럼은 가속전압이 20 kV보다 낮을 때에는 나타나지 않게 된다. 또, 원자번호가 74번인 텅스텐은 50 kV 이하의 가속전압에서는 선스펙트럼이 나타나지 않지만 전압을 70 kV로 높이면 0.18과 0.21 Å에서 K계열의 특성 X-선 선스펙트럼을 나타낸다.

1) J. A. Dean. Ed., *Lange's Handbook of Chemistry*, 12th ed., 8.6~8.13, McGraw Hill, New York, 1979.

표 8.1 몇 가지 원소에 대한 발광선과 흡수끝의 특성파장(Å)

원소	Z	kV*	K계열		K흡수끝	L계열		L_3흡수끝
			β_1	α_1		β_1	α_1	
Na	11	1.08	11.61	11.90	11.48	-	-	-
Mg	12	1.30	9.55	9.88	9.51	-	-	-
Ti	22	4.97	2.51	2.75	2.50	-	-	-
V	23	5.47	2.28	2.50	2.27	23.87	24.20	24.26
Cr	24	5.99	2.08	2.29	2.07	21.33	21.70	20.70
Mn	25	6.54	1.91	2.10	1.90	19.15	19.48	19.40
Fe	26	7.11	1.76	1.94	1.74	17.28	17.60	17.53
Co	27	7.71	1.62	1.79	1.61	15.69	15.99	15.93
Ni	28	8.34	1.50	1.66	1.49	14.31	14.60	14.58
Cu	29	8.98	1.39	1.54	1.38	13.07	13.35	13.29
Zn	30	9.66	1.30	1.43	1.28	12.01	12.28	12.13
Br	35	13.48	0.93	1.04	0.92	8.12	8.37	7.99
Mo	42	20.00	0.63	0.71	0.62	5.17	5.40	4.91
Ag	47	25.54	0.50	0.56	0.49	3.93	4.15	3.70
W	74	69.51	0.18	0.21	0.18	1.28	1.48	1.22
Pt	78	78.35	0.16	0.19	0.16	1.20	1.31	1.07

Z : 원자번호
kV : K-선을 들뜨게 하기 위한 최소전압

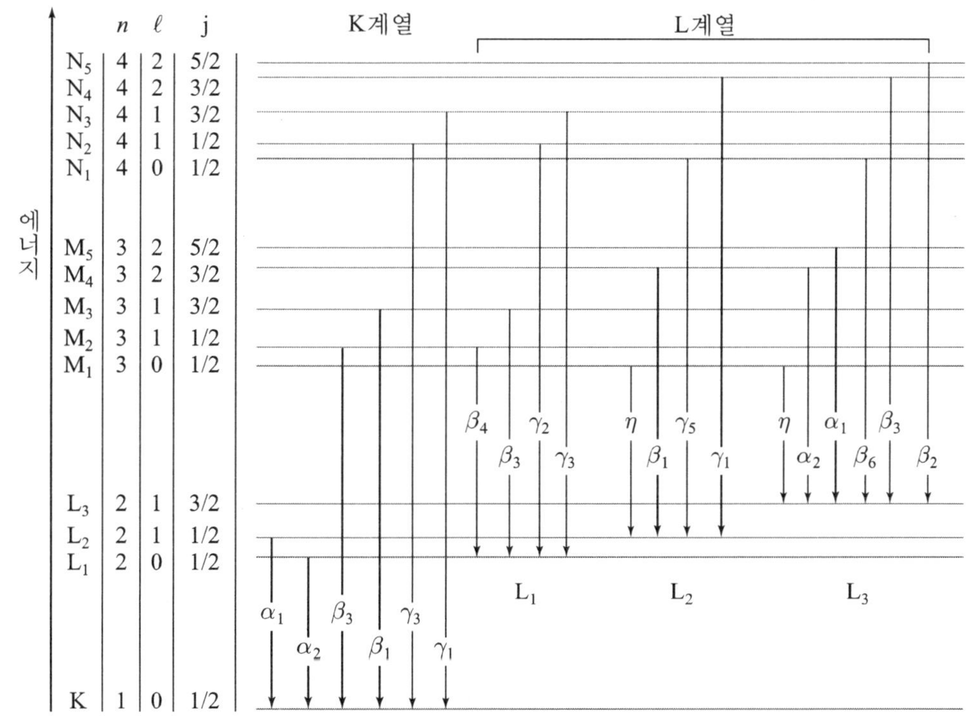

그림 8.3 X-선을 발광하는 일반적 에너지준위도

특성 X-선 선스펙트럼이 나타나는 것은 다음과 같이 설명할 수 있다. 가속전압의 에너지가 충분히 크면 충돌 전자살의 에너지 전이에 의해서 과녁물질 원자의 내부 껍질 중의 하나에서 전자를 떼어낸다. 떨어져 나간 전자의 빈자리는 더 바깥 껍질로부터 온 전자에 의해 신속히 채워지며 바깥 껍질의 빈자리는 더 바깥 껍질로부터 온 전자에 의해 채워진다. 이온화된 원자는 일련의 단계를 거쳐 정상상태로 되돌아가는데 이때 일정한 에너지의 X-선 광자를 방출한다. 이들 전이는 양극물질이나 과녁에 놓은 시편의 특성 선스펙트럼을 발생시킨다. X-선 관에서 특성 X-선 선스펙트럼이 발생될 때 이들 선스펙트럼은 연속스펙트럼에 겹쳐서 나타난다. K계열의 스펙트럼선들은 내부 껍질의 K전자들이 떨어져 나가고 L이나 M 궤도 함수로부터 K껍질의 빈자리에 전자들이 전이할 때 관찰된다. L껍질의 빈자리는 더 바깥 껍질로부터 전자전이에 의해 채워지며 L계열의 선들을 발생시킨다. 그림 8.3에 X-선을 내는 일반적 전이를 보이는 에너지준위도를 나타내었다.

(3) 형광 X-선

X-선 관에서 나오는 일차 X-선 복사선은 내부 껍질로부터 전자를 제거하는데 충분한 에너지를 가지고 있으며 이런 일차 X-선을 시료에 쪼여 특성 X-선 스펙트럼을 얻을 수 있다. 이와 같이 일차 X-선을 시료에 쪼일 때 발광되는 이차 X-선을 형광 X-선이라 한다. 형광 X-선도 선스펙트럼으로 나타나며 그 파장은 각 원소의 특성이고 화학적 상태와는 관계가 없고, 형광세기는 형광 물질의 양과 관계가 있다. 따라서 형광 스펙트럼을 얻음으로써 정성 또는 정량분석이 가능하다. 이런 방법을 X-선 형광법 분석이라 한다. 내부전자를 원소로부터 완전히 제거하기 위해선 들뜨기에 필요한 에너지는 발광선들의 에너지보다 커야 하며, 결과적으로 일련의 전자들이 높은 에너지준위로부터 비어 있는 내부준위로 떨어질 때에 발광선들이 나타난다.

(4) 방사성 동위원소의 X-선 발광

X-선은 방사능 붕괴과정에서도 발생한다. 많은 동위원소들은 단파장의 X-선과 같은 γ-선을 방출한다. 다른 동위원소들은 K포착 (K capture)에 의해 붕괴된다. 이때 핵은 K전자를 포착하여 원자번호가 하나 작은 원소로 된다. 빈 K껍질은 바깥 껍질에서 떨어진 전자로 채워지면서 특성 X-선을 발광한다. 인공적으로 만든 단일 에너지의 X-선을 내는 방사능 동위원소로서 가장 널리 이용되는 것에는 ^{55}Fe가 있다. 이것은 반감기가 2.6년인 K포착 반응이 일어나며, 이렇게 얻은 망간은 21 Å의 K_α선을 내고 X-선 형광법과 흡수법에 이용된다.

$$^{55}\mathrm{Fe} \;\; \rightarrow \;\; ^{54}\mathrm{Mn} + h\nu$$

8.1.2 X-선의 흡수

X-선이 물질의 얇은 층을 통과할 때 일반적으로 흡수 또는 산란 현상이 일어나게 되고 그 세기가 감소한다. 보통 산란효과는 적은데 흡수가 많이 일어나는 파장영역에서는 산란이 무시될 정도이다. 물질을 들뜨게 하기 위한 X-선의 에너지가 원소로부터 전자를 제거하기에 필요한 에너지와 똑같으면 들뜨기 복사선은 강하게 흡수된다. 그림 8.4와 같이 들뜨기 복사선이 흡수될 때 흡수 스펙트럼은 그것의 발광 스펙트럼과 같이 간단하다. X-선 흡수 스펙트럼의 특성은 극대 흡수봉우리를 지난 바로 뒤의 파장에서 급격한 불연속이 나타나며, 이것을 소위 흡수끝(absorption edge)이라 한다. 여기서도 흡수 봉우리의 파장은 각 원소의 특성이고 원소의 화학적 상태와는 관계가 없다. X-선이 흡수될 때에는 X-선 양자를 흡수하면 원자의 가장 내부 껍질의 전자 하나가 추방되고 그 결과 들뜬 이온이 생기게 된다. 이런 과정에서 복사선의 에너지 $h\nu$는 추방되는 전자, 즉 광전자 운동에너지와 들뜬 이온의 퍼텐셜에너지로 분배된다.

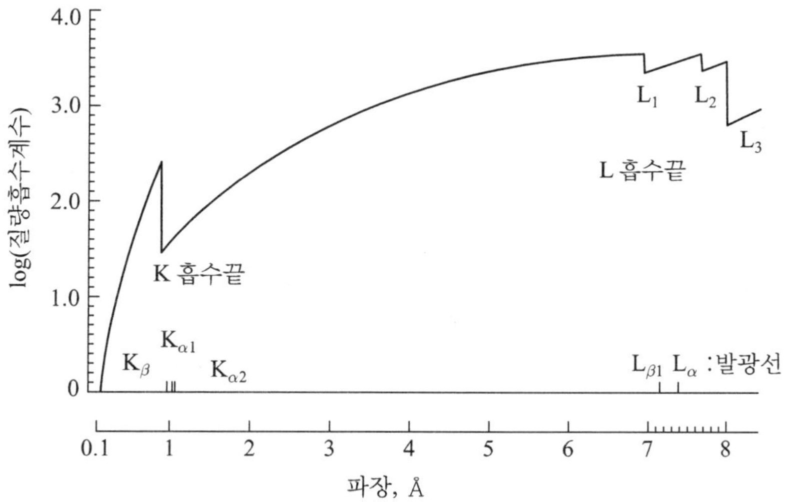

그림 8.4 브롬의 X-선 흡수 스펙트럼(K와 L계열의 특성 발광선은 화살표로 표시함)

그림 8.4에서와 같이 브롬의 흡수 스펙트럼은 네 개의 봉우리로 나타나고 첫째 봉우리는 K 흡수끝에서 나타난다. 이 봉우리에 해당하는 파장의 에너지는 브롬의 가장 높은 에너지를 가진 K전자를 제거하는데 필요한 에너지와 정확히 일치한다. 이 파장을 바로 지나면 복사선 에너지는 K전자를 제거하기에 불충분하므로 흡수의 급격한 감소가 일어난다. 그러나 이 흡수끝 파장보다 작은 파장에서는 전자와 복사선 간에 상호작용의 가능성이 점차 감소하므로 흡수의 원만한 감소가 일어난다. 이 영역에서는 추방되는 광전자의 운동에너지가 파장이 감

소함에 따라 계속 증가한다. 장파장 쪽에서 다시 나타나는 흡수봉우리는 브롬의 L 에너지준위에 있는 전자를 제거하는데 해당하는 복사선 에너지를 흡수할 때 나타난다. L 에너지준위에는 에너지차가 근소한 세 준위가 존재하기 때문에(그림 8.3) 세 개의 흡수봉우리들이 더 긴 파장에서 나타날 것이다. 여기서 브롬보다 원자번호가 더 낮은 원소의 경우에는 K 흡수끝이나 L 흡수끝의 봉우리가 더 장파장(원자번호가 더 클 경우에는 단파장) 쪽에서 나타날 것이다.

X-선 관을 사용하여 들뜨기 복사선을 얻을 때는 단파장 한계 λ_o은 흡수끝의 파장과 같거나 짧아야 한다. 따라서 가해 주어야 하는 임계전압(critical potential) 값이 있게 된다.

X-선의 흡수에서도 Beer의 법칙이 적용된다.

$$\ln\frac{P_o}{P} = \mu_m \rho x \tag{8.3}$$

여기에서 P_o와 P는 입사광과 투과광의 세기이고, ρ는 시료의 밀도, x는 시료의 두께이며 μ_m은 cm^2/g 단위의 질량흡수계수로서 X-선의 파장과 흡수 원자에 의존한다.

$$\mu_m = CZ^4\lambda^3\frac{N_A}{A} \tag{8.4}$$

여기에서 N_A는 Avogadro수이고, A는 원자량, C는 특성 흡수끝 사이에서 가지는 상수이다. 질량흡수계수는 원소의 물리적 또는 화학적 상태와는 무관한 값이다. 따라서 브롬의 질량흡수계수는 원소의 물리적 또는 화학적 상태와는 무관한 값이다. 따라서 브롬의 질량흡수계수는 기체상태의 HBr이나 고체상태의 $NaBrO_3$에서는 같은 값이다. 화합물이나 혼합물에서 질량흡수계수는 성분 원소들의 질량흡수계수를 합한 것이다.

$$\mu_{m\,T} = \mu_{m1}W_1 + \mu_{m2}W_2 + \mu_{m3}W_3 + \cdots \tag{8.5}$$

여기에서 $\mu_{m\,T}$는 원소 1, 2, 3의 무게분율 W_1, W_2, W_3로 포함되어 있는 시료의 질량흡수계수이고, μ_{m1}, μ_{m2}, μ_{m3}는 각 원소의 질량흡수계수이다.

분자와 고체의 결합 성질은 원자가전자 껍질에서 발광선을 발생시키는 가벼운 원소들의 X-선 스펙트럼에 영향을 주며, 그 다음의 내부 껍질로부터 얻어진 발광선과 흡수끝에도 영향을 준다. 일반적으로 자유 원소의 스펙트럼선에 비하여 화합물 중의 원자선들은 그 원자가 양의 전하를 가질 때에는 단파장 쪽으로 이동하고, 음의 전하를 가질 때에는 장파장 쪽으로 이동한다. 고분해능 분광계를 사용하면 흡수끝에서 비슷한 미세구조의 스펙트럼을 관찰할 수 있다.

8.1.3 X-선의 회절

회절은 파동의 성질이며 전자기 복사선뿐만 아니라 기계적 파동 및 음파에서도 회절이 나타난다. 회절은 파동의 간섭현상의 결과로 나타난다. X-선의 전기벡터가 물질의 전자와 작용하면 산란이 일어나게 되는데 X-선이 결정의 규칙적으로 배열된 입자에 의해 산란되면 산란 복사선 간에 보정간섭 또는 상쇄간섭이 일어난다. 이 결과 회절이 생긴다. 그림 8.5와 같이 파장이 λ인 X-선이 θ각으로 결정면에 입사되면 일부는 첫째 결정면의 원자층에 의해 산란되고, 산란되지 않은 X-선은 제2 결정면의 원자층으로 침입하여 다시 일부는 산란되고 또 일부는 제3 결정면의 원자층으로 들어가서 산란된다. 이때 산란된 복사선 간의 간섭에 의해 X-선은 회절된다. 여기서 각 CAB와 각 BAD는 모두 θ와 같고, 다음 관계가 성립된다.

$$\overline{CB} = \overline{BD} = \overline{AB}\ \sin\theta \tag{8.6}$$

$$\overline{CB} + \overline{BD} = 2\ \overline{AB}\ \sin\theta \tag{8.7}$$

여기서 AB는 결정면 사이의 간격 d이고, 제2의 결정면에 의해 회절된 X-선에서 거리 CBD는 A에서 반사한 빛살의 진로에 비하여 더 길어진 거리에 해당한다. 이때 회절선의 방향에서 빛살을 관찰하기 위해서는 $CB+BD$가 X-선 파장의 정수배($n\lambda$)가 되어야만 회절된 파들은 같은 위상을 가지게 되고, 보강간섭이 일어나게 된다. 따라서 θ각으로 입사된 X-선이 보강간섭을 일으켜 회절될 수 있는 조건은 다음과 같다.

$$n\lambda = 2d\ \sin\theta \tag{8.8}$$

여기에서 n은 회절차수이고, λ는 X-선의 파장, d는 결정면 사이의 간격, θ는 회절각이다. 이 식은 Bragg식이라 불리고, X-선 회절법 분석에서 자주 이용된다.

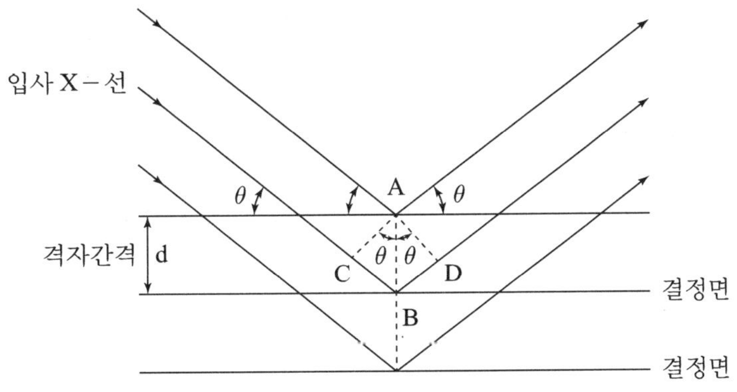

그림 8.5 결정의 원자층에서 X-선의 회절

2 기기 및 장치

X-선 분광법(X-선 흡수, 발광, 형광 및 회절법)이 이용되는 일반적인 기기는 보통 광원, 제한된 파장띠로 만드는 장치, 시료홀더, 검출기 또는 변환기, 신호처리장치 및 판독장치의 다섯 가지로 구성되어 있다. 또 X-선 기기는 스펙트럼을 분리하는 방법에 따라 파장분산형, 에너지분산형 및 비분산형 기기로 나뉜다.

8.2.1 X-선 광원

X-선 광원 즉, X-선 발생장치로는 X-선 관이 가장 널리 사용되며 방사성 동위원소 또는 2차 형광광원 등도 사용된다. X-선 관은 그림 8.1에서 본 것과 같이 고진공으로 완전히 밀폐된 관으로 보통은 구리나 몰리브덴 과녁을 가지며, 특별한 목적을 위해 크롬, 철, 니켈, 은 및 텅스텐 등의 과녁을 사용하기도 한다.

X-선 관과 같이 전자충격에 의한 X-선 발생은 그 효율이 대단히 낮고 전력의 1% 미만 정도가 전자기 복사선 에너지로 전환되고 나머지 에너지는 열로 소모된다. 따라서 X-선 관의 양극을 냉각시키기 위한 냉각수 장치가 필요하며 대단히 센 X-선 빛살이 발생될 때에는 회전시켜야 한다.

X-선 관의 과녁은 표면에서 대단히 좁은 각도로 관찰된다. 초점 자리가 좁은 리본이면 광원은 끝으로부터 관찰될 때 크기가 대단히 작아서 회절 연구에서 요구하는 예리한 모양을 만든다. 형광 연구에서는 초점면은 좀 더 커서 약 5×10 mm이며 더 큰 각도(약 20°)에서 관찰된다. X-선 빛살은 베릴륨이나 특수한 유리로 된 얇은 창을 통해 관 밖으로 나온다.

여러 가지 방사능 동위원소도 X-선 형광법과 흡수법의 광원으로 이용된다. 방사성 동위원소를 사용할 때에는 실험자의 안전과 실험실의 오염을 막기 위해서 잘 포장되어야 하고 필요한 방향 이외의 다른 방향에서는 가려지도록 장치되어야 한다.

몇몇 X-선 분광법 응용에서는 X-선 관에서 얻은 1차 X-선으로 다른 원소를 들뜨게 하여 발생되는 2차 형광 X-선을 X-선 흡수법 또는 형광법 연구의 광원으로 사용하는 경우도 있다. 이렇게 하면 1차 광원에서 발광되는 연속스펙트럼을 제거하는 이점이 있다. 예를 들면 텅스텐 과녁을 가진 X-선 관은 몰리브덴의 K_α와 K_β선을 들뜨게 하는데 사용할 수 있다. 이 때에는 그림 8.2(b)의 스펙트럼에서 연속스펙트럼을 제거한 것과 비슷한 형광 스펙트럼을 얻을 수 있다.

8.2.2 필터와 단색화 장치

X-선의 파장범위를 좁게 하는 것이 필요할 때는 자외선-가시선 영역에서와 같이 필터나 단색화장치를 이용한다. 두 개의 스펙트럼선 파장이 거의 같고, 두 선 사이의 파장에서 흡수끝을 가지는 원소가 있으면 그 원소는 짧은 파장의 센 세기를 감소시키는 필터로 사용된다. X-선 회절법에서 1차 X-선 빛살에 얇은 판(필터)을 끼워서 1차 스펙트럼으로부터 K_β선을 제거하고 비교적 적은 세기의 손실을 가지는 K_α선들을 얻는다. 예로써 지르코늄 흡수필터를 사용하여 몰리브덴 과녁의 X-선 관에서 얻은 1차 스펙트럼 중에서 K_α선을 분리하는 모습을 그림 8.6에 나타내었다. 이와 같이 특정 X-선을 분리하고자 할 때 X-선 관의 과녁에 따른 X-선 필터로 사용할 수 있는 물질들을 표 8.2에 수록하였다.

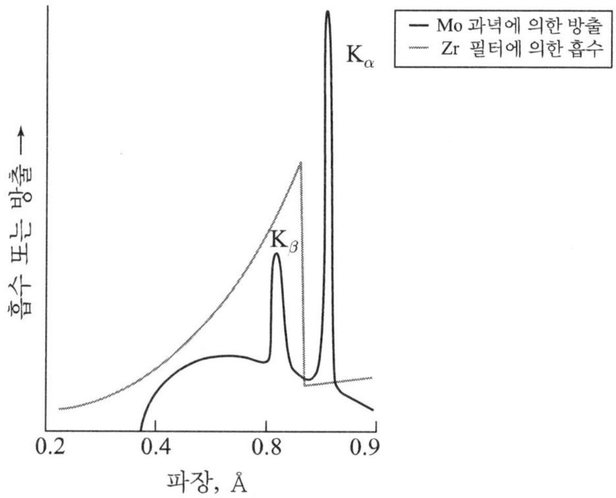

그림 8.6 X-선 필터의 기능

표 8.2 X-선관의 과녁에 따른 필터

과녁 원소	K계열(Å)		필터	K 흡수끝 필터 (Å)	두께# (mm)	$K_{\alpha1}$의 손실 (%)
	α_1	β_1				
Mo	0.709	0.632	Zr	0.689	0.081	57
Cu	1.541	1.392	Ni	1.487	0.013	45
Cr	2.290	2.085	V	2.269	0.0153	51

K_β선의 세기를 K_α선의 0.01배까지 감소시키기 위한 두께를 나타냄.

X-선 분광기의 주요 부분장치를 나타낸 그림 8.7을 보면 단색화장치는 분산장치와 광학기기의 슬릿과 같은 기능을 하는 한 쌍의 빛살 평행화장치(collimator)로 구성되어 있다. 빛살

평행화장치는 좁은 간격으로 평행하게 놓인 일련의 금속판이나 지름이 5 mm 또는 그 이하인 관으로 X-선 관에서 발생된 복사선을 평행화시킨다. 이때 평행빛살 이외의 모든 빛은 평행화장치에 의해 흡수된다. X-선 형광분광기에서는 시료와 분광결정 사이에 평행화장치가 놓여 있어 결정면에 도달되는 X-선의 발산(divergence)을 제한한다. 일반적으로 두 번째 평행화장치는 분광결정과 검출기 사이에 놓이는데 낮은 측각기(goniometer) 각도에서 결정으로부터 반사되지 않고 검출기에 도달되는 방해 복사선에 대하여 특히 유용하다. 평행화장치의 금속판 사이의 간격을 줄여 주거나 판의 길이를 증가시켜서 분해능을 증가시켜 줄 수 있지만 이런 때에는 빛살 세기의 감소를 감수해야 한다.

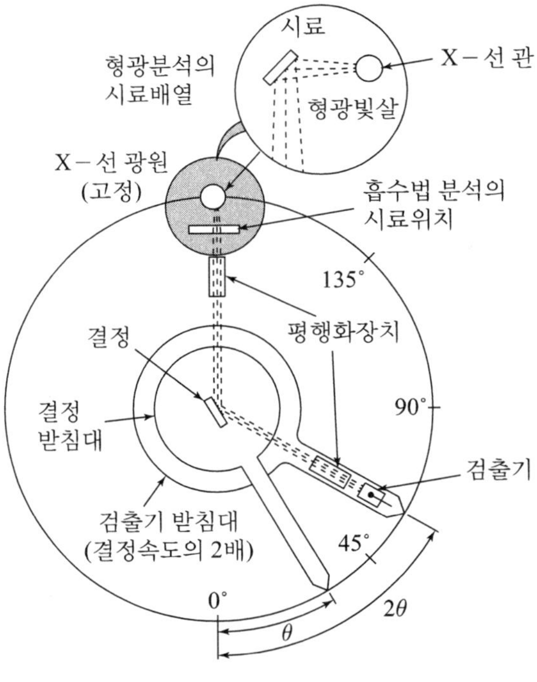

그림 8.7 X-선 단색화장치와 검출기

X-선 분산장치는 회전판 위에 고정된 단결정체로, 이 결정면과 평행 입사광 간의 각 θ를 정밀하게 측정할 수 있는 움직이는 회전판이 바로 측각기(goniometer) 구실을 한다. Bragg식으로부터 측각기에 주어진 각에 대해 회절파장은 단지 몇 개밖에 안 된다는 것이 명백하다 (λ, $\lambda/2$, $\lambda/3$, ... λ/n, 여기서 $\lambda = 2d\ \sin\theta$). 따라서 X-선 단색화장치는 회절발이나 프리즘처럼 동시에 전체 스펙트럼을 분산하지 못한다. 그 대신에 특정 파장은 측각기가 적당한 각도에 놓여 있을 때에만 회절되어 나타난다.

스펙트럼을 측정하기 위해서는 두 번째 평행화장치와 검출기를 입사각과 결정면 사이의 각의 두 배 속도로 회전하는 제2의 회전판 위에 고정해야 한다. 즉, 결정이 θ각만큼 회전할 때 검출기는 동시에 2θ각만큼 회전하여야만 한다. 결정면 사이의 거리 d는 정밀하게 알려져 있어야 한다(Bragg 식).

파장이 2Å보다 큰 X-선은 공기 성분에 의해 흡수된다. 따라서 장파장의 X-선을 이용할 때에는 단색화장치와 시료실 사이를 통해서 헬륨 기체가 연속적으로 흐르도록 장치하거나 펌프로 이 지역을 진공으로 만들어 줄 필요가 있다. 광원에서 나오는 복사선 중 99%는 퍼져 나가는 빛살이고 평행화장치에서 흡수되기 때문에 결정판 단색화장치를 통하면 빛살의 세기는 대단히 약해진다. 그러나 적당한 곡면결정을 이용하면 빛살세기는 10배나 증강시킬 수 있게 된다. 그 이유는 곡면결정이 빛살을 회절시킬 뿐만 아니라 광원에서 퍼져 나오는 빛살을 출구 평행화장치에 집광시켜 주기도 하기 때문이다.

표 8.3에 시료에서 발광된 스펙트럼을 주사하기 위해서 원하는 각도 범위에서 회전시키는데 사용되는 분광결정과 그 특성을 수록하였다. 표 8.1과 8.3을 보면 알 수 있는 바와 같이 X-선 분광법에서는 대개 0.1~10Å 파장범위의 X-선을 이용한다. 따라서 한 가지 결정만으로는 이런 파장범위 전체를 분산시킬 수 없다. 그러므로 X-선 단색화장치는 적어도 두 개 이상의 서로 바꿔 낄 수 있는 결정이 구비되어 있어야 한다.

표 8.3 전형적인 분광결정의 특성

분광결정	격자간격, d (Å)	유용한 파장범위(Å)	
		λ_{max}	λ_{min}
Topaz(황옥)	1.356	2.62	0.189
Lithium fluoride	2.014	3.89	0.281
Aluminium	2.338	4.52	0.326
Sodium chloride	2.821	5.45	0.393
Calcium fluoride	3.16	6.11	0.440
Quartz(석영)	3.343	6.46	0.466
Ethylenediamine d-tartrate(EDDT)	4.404	8.51	0.614
Ammonium dihydrogen orthophosphate(ADP)	5.325	10.29	0.742
Pyrolytic graphite	6.71	12.96	0.936
Gypsum(석고)	7.60	14.70	1.06
Mica(운모)	9.963	19.25	1.39
Lead palmitate	45.6	78.3	6.39

표의 $\lambda_{max} \sim \lambda_{min}$ 값은 2θ를 150~8° 범위에서 계산한 값이고, Lead palmitate 결정은 금속지방산의 필름에 광학 평면을 반복해 담가서 만든다(Langmuir-Blodgett법).

결정판의 측정할 수 있는 파장범위는 격자간 거리 d와 2θ 값이 0이나 180°에 접근하는 경우에 X-선의 검출여부가 결정된다. d값은 충분히 작아서 최단파장이더라도 대략 8° 이상의 2θ각을 만들어 주어야 한다. 단색화장치가 8°보다 적은 2θ각에 위치했을 때에는 결정표면에서 산란되는 다색복사선의 양이 대단히 증가하기 때문에 검출이 곤란해진다. 또 일반적으로 150°보다 큰 2θ값을 갖는 경우에는 광원의 위치가 검출기의 회전을 막기 때문에 측정할 수 없게 된다. 표 8.3에서 결정의 유용한 최대파장과 최소파장은 이런 한계를 감안해서 정한 것이다.

작은 d값은 Bragg 식을 미분하여 나타낼 수 있는 바와 같이 같은 스펙트럼의 큰 분산능 $\partial\theta/\partial\lambda$를 내는데 적합하다.

$$\frac{\partial\theta}{\partial\lambda} = \frac{n}{2d\ \sin\theta} \tag{8.9}$$

한편 $\lambda = 2d$에서 2θ각은 180°가 되므로 작은 d값은 위의 한계를 분석 가능한 파장범위까지 증폭시킨다. 실제적으로 측각기가 회전할 수 있는 위의 한계는 150° 정도의 2θ각에서 기계적으로 제한된다. 격자 간격이 큰 결정은 사용 가능한 파장범위가 크다. 긴 파장에 대해서는 큰 d값을 갖는 결정을 사용하여야 한다. 그러나 d값이 크면 (식 8.9)에서 알 수 있는 바와 같이 분산능이 감소하게 되므로 d값이 클 때의 이점은 상쇄된다.

8.2.3 X-선 검출기

오늘날의 X-선 검출기는 복사선 에너지를 전기적 신호로 바꿔서 검출하는 방법을 이용하고 있다. 이러한 검출기에는 기체충진 검출기, 섬광 계수기 및 반도체 검출기가 있다.

(1) 기체충진 검출기

기체충진 검출기에는 다시 이온화상자, 비례계수기 및 Geiger 계수기가 있다. X-선이 아르곤, 크세논 또는 크립톤과 같은 영족기체를 통과하면 X-선 양자는 많은 수의 기체 양이온과 전자가 생성되고 전기전도도가 증가하게 되는데, 이런 현상을 이용하여 X-선을 검출한다. 그림 8.8에 기체충진 검출기의 구조를 나타내었다.

X-선은 운모, 베릴륨, 알루미늄 등으로 만들어진 투명한 창을 통해서 상자 속으로 들어갈 수 있다. 아르곤은 X-선의 각 광자와 작용하여 아르곤 원자의 외각전자 하나를 잃게 된다. 이 광전자는 큰 운동에너지를 가지며, 그 크기는 X-선 광자 에너지에서 아르곤 원자의 전자 결합에너지를 뺀 것과 같다. 이 광전자가 가지는 과량의 운동에너지는 수백 개의 기체 원자들을 계속적으로 이온화하면서 소모된다.

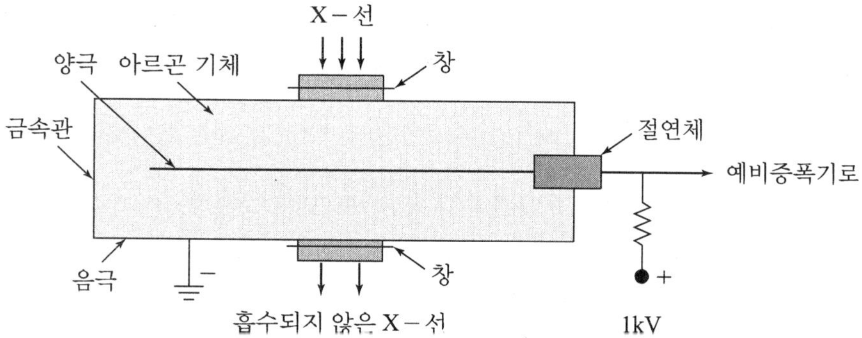

그림 8.8 기체충진 검출기의 구조

걸어준 전압의 영향을 받아 움직이는 전자들은 중앙의 양극으로 이동하는 반면에 느리게 움직이는 양이온은 원통형 모양의 금속 음극으로 이동한다. 그림 8.9에 들어오는 한 개의 광자에 대해 기체충진 검출기의 양극에 도달하는 전자와 걸어준 전압 사이의 관계를 나타내었다.

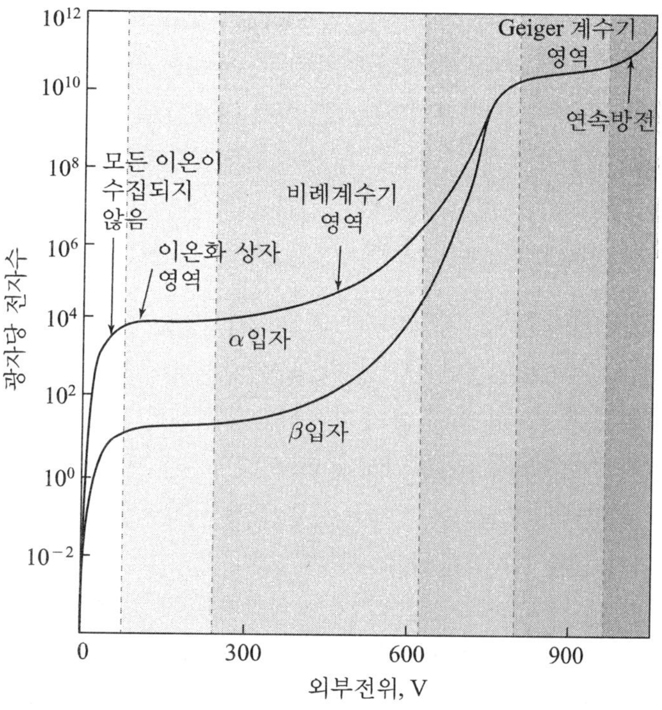

그림 8.9 기체충진 검출기에서 걸어준 전압에 대한 펄스 진폭의 변화

① **이온화상자** : 이온화상자는 그림 8.9에서 보는 것처럼 이온화영역의 전압구간에서 검출기를 작동한다. 이온화구간 내에서는 양극에 도달하는 전자의 수가 거의 일정하고 한 개의 광자에 의해 생성되는 전체 전자수를 나타낸다. 전극 사이에 걸어준 전위는 기체 증폭을 일으키지 않게 하는 이온쌍의 결합을 최소화하도록 조정한다.
이온화상자는 대단히 약한 복사선에 대해 정확하고 신속하게 작용하는 검출기이다. 이온화영역의 전류의 흐름은 일반적으로 10^{-13}～10^{-16}A 정도로 작고, 걸어준 전압에 비교적 무관하다. 이온화상자는 감도가 낮기 때문에 X-선 분광계에는 이용되지 않고 방사화학 분석에서 이용된다.

② **비례계수기** : 비례계수기는 그림 8.9의 비례 영역에 해당하는 전압영역에서 작동하는 기체충진 검출기이다. 비례영역에서 전자수는 걸어준 전위에 따라 빠르게 증가한다. 이러한 증가는 가속된 전자와 기체분자 간의 충돌에 의하여 생긴 제2차의 이온쌍이 생성되기 때문이다. 즉, 이온전류가 증폭된다. 이 경우 광자에 의해 생성된 펄스는 500～10,000배로 증폭된다. 그러나 생성된 양이온의 수는 대단히 적어서 불감시간은 다만 1 μsec 정도이다. 비례 계수기에서 생긴 펄스는 계수되기 전에 증폭되어야 한다. 펄스당 전자수(펄스높이)는 비례계수 영역에서 입사된 복사선의 에너지에 비례한다. 비례 계수기는 어떤 에너지 한계 내에 포함되는 펄스만을 계측할 수 있는 펄스높이 분석기를 사용하여 제한된 범위의 주파수 내의 X-선에 대해서만 감응하도록 할 수 있다. 펄스높이 분석기는 단색화장치가 빛살을 분광하는 것과 같이 복사선을 전자공학적으로 여과하는 효과를 가지고 있다. 비례계수기는 X-선 검출기로 널리 이용된다.

③ **Geiger 계수기** : Geiger-Müller 또는 G-M 관이라고 불리는 Geiger 계수기는 그림 8.9에 표시된 Geiger Müller 영역에서 작동되는 기체충진 검출기이다. Geiger 영역에서는 전기펄스의 증폭이 크지만 훨씬 빨리 움직이는 전자들이 느린 양이온에서 빠져나가므로 양성공간 전하(positive space charge)에 의해서 전류펄스의 증폭이 중단된다. 이런 효과로 인해서 양극에 도달하는 전자수는 입사 복사선의 형태와 에너지에 관계없이 일정하고 그 대신 관의 기하학적 구조와 기체 압력에 영향을 받는다. Geiger 계수기에서는 10^9보다 더 큰 기체 증폭이 일어난다. 광자마다 전자와 양이온의 사태(avalanche)를 일으키고, 이 결과 전류는 대단히 크게 흐르며 검출과 측정이 쉽게 된다. Geiger 전압영역(또 비례영역)에서 작동하는 상자에서는 양이온들이 전자보다 대단히 느리게 움직이기 때문에 전기전도가 연속적이지 않다. 이 경우에 양이온의 공간전하는 전자가 양극 쪽으로 이동하는 것을 막는다. 이 결과 순간적인 전류 펄스가 흐르고 짧은 간격 동안 관에 전기전도가 일어나지 않는다. 전기전도가 다시 일어나기 위해서는 양이온이 관벽

쪽으로 이동하여 공간전하가 소멸되어야 한다. 계수관의 전기전도가 없는 불감시간(50 ~200 μsec) 동안에는 새로운 방사선에 대하여 감응할 수 없다. 따라서 불감시간은 계수관의 감응용량의 상한선을 나타낸다.

(2) 섬광계수기

복사선이 섬광체(scintillator)를 지날 때 발광되는 성질을 이용하여 방사능과 X-선을 검출하는 방법은 오래전부터 사용되어 왔다. 초기의 응용에서는 광자난 방사선 입자가 황화아연 막을 때릴 때 생기는 섬광을 사람이 직접 세었다.

몇 가지 투명한 섬광체 중의 하나에 이온화 입자가 흡수되면 섬광체에 흡수된 에너지의 일부가 가시선 또는 근자외선의 펄스로 방출된다. 방출된 빛은 직접 또는 내부에서 빛을 반사하는 파이프를 통하여 광전자증배관에 의해 관찰된다. 섬광체와 광전자증배관을 결합시킨 것을 섬광계수기(scintillation counter)라 한다. 섬광체의 붕괴시간은 매우 짧아서 요오드화나트륨 결정의 경우에는 250 nsec을, stilbene, anthracene, terphenyl 같은 몇 가지 유기섬광체는 10~100 nsec의 붕괴시간을 갖는다.

섬광체 결정에서 생긴 섬광 빛살이 광전자증배관의 광전음극에 부딪치면 전기펄스로 바뀌고 증폭되어 계수된다. 섬광체의 가장 중요한 특성은 개개의 섬광에서 생기는 광자의 수가 입사 복사선 에너지에 비례한다는 점이다. 따라서 섬광계수기의 출력을 식별하여 탐지할 수 있게 펄스높이 분석기와 연결하면 다음에 설명하게 될 에너지 분산기기의 기본장치를 이루게 된다. X-선과 고에너지 β입자 방출체로부터 방출된 γ-복사선과 제동복사[2)]를 측정하기 위해서는 1% 요오드화탈륨(TlI)으로 처리된 요오드화나트륨 결정과 같은 무기섬광체가 가장 널리 이용된다. 이 섬광체는 큰 광전 단면적과 높은 흡수 확률을 제공하는 큰 밀도를 가지고 있으며, X-선 및 γ-선의 흡수를 위해 사용될 수 있을 정도로 두꺼운 두께를 가지도록 그 자체 복사선(탈륨의 방출선)에 대한 높은 투광성을 가진다. X-선과 γ-선 같은 복사선이 NaI(Tl) 결정과 작용하면 투광에너지는 요오드를 들뜨게 하여 높은 에너지상태로 만든다. 전자가 바닥상태로 되돌아가면서 요오드 원자가 자외선의 빛 펄스형으로 에너지를 재방출한다. 이 에너지는 탈륨 원자에 의해 신속히 흡수되어 410.0 nm의 형광을 발광한다. 결정은 내부 반사체로 이용되는 알루미늄 박막에 의해 대기의 습기로부터 밀폐되고, 여분의 빛으로부터 보호된다. 섬광계수기는 0.3~2.5 Å의 X-선 영역에서 균일하면서도 높은 양자효율을 가지며 4 Å까지도 사용할 수 있다.

우물형의 섬광결정은 검출기 결정으로 시료를 둘러싸기 때문에 계수 효율을 증가시킨다.

2) 제동복사(blemsstrahlung) : 입자들에 의한 지연 때문에 일어나는 복사선을 의미하고, 이 복사선은 일반적으로 연속적이다.

시료는 지름 5∼10 cm로, 결정에 패인 우물에다 놓는데 우물 크기는 임의로 선택할 수 있어 이온화입자나 복사선의 전체 통로를 포함하고, 총에너지를 측정할 수 있다. 우물형 섬광계수기의 구조를 그림 8.10에 나타내었다.

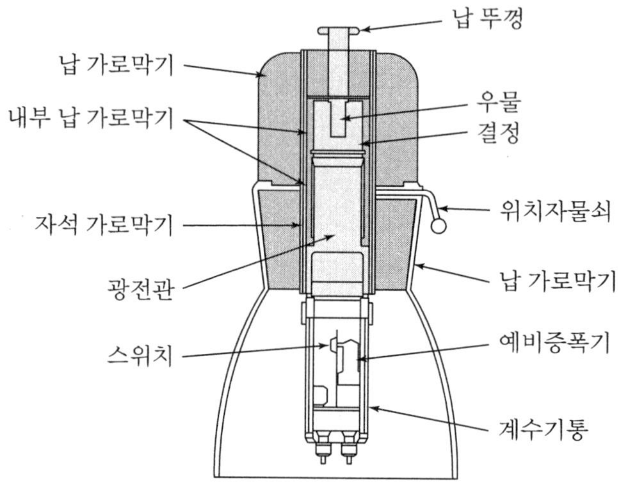

그림 8.10 우물형 섬광계수기

(3) 반도체 검출기

이 검출기는 과거의 검출기로는 얻을 수 없었던 에너지분해를 제공함으로써 X-선 및 γ-선 분광법을 획기적으로 발전시켰다. 이 장치는 리튬이 분산된 규소 또는 게르마늄 검출기라고도 한다. 그림 8.11은 리튬이 분산된 검출기의 수직단면도를 나타낸 것이다. 그림에서 보듯이 X-선을 마주 보는 쪽으로부터 p-형 규소층∼n-형 규소층으로 구성되어 있고 p-형 층은 전기적 접촉이 잘 되도록 얇은 금박을 입혔고, X-선에 투명한 베릴륨 창으로 덮었다. 신호의 출력은 n-형 규소층을 덮은 알루미늄층 접촉으로부터 끌어내려 예비증폭기에 연결하여 약 100배 증폭하도록 되어 있다.

이 검출기는 p-형 규소결정의 표면에 리튬을 부착시켜 만든다. 400∼500℃ 이상으로 가열하면 리튬은 결정 속으로 확산한다. 이 원소는 쉽게 전자를 잃기 때문에 이 원소의 존재로 p지역은 n-형으로 바뀌진다. 가열된 상태에서 dc 전압을 결정에 걸어주면 리튬층에서 전자를, 그리고 p-형 층에서 구멍을 끌어낸다. np접촉을 통해 전류를 통하면 리튬 이온은 p-층으로 이동하고 리튬 이온이 p-형 층의 구멍을 메워서 내부 바탕층을 형성하게 된다. 냉각시키면 이 매질에 존재하는 리튬 이온이 제거된 구멍보다 이동성이 적기 때문에 다른 층에 비해 높은 저항을 갖는다.

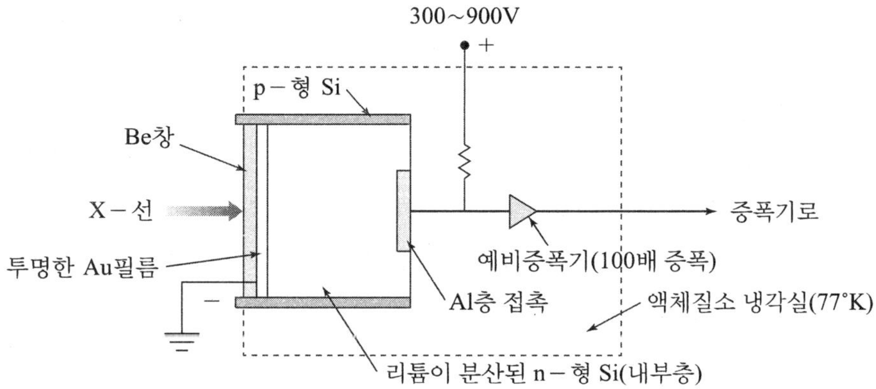

그림 8.11 리튬 분산 규소 반도체 검출기의 구조

내부층은 처음에 광자가 흡수되면 높은 에너지의 광전자가 생성되고 이것은 규소에 있는 수천 개의 전자를 전도띠까지 들뜨게 하면서 그 운동에너지를 잃는다. 이 결과 전도도가 증가하게 된다. 결정에 전압을 걸어주면 광자가 흡수될 때마다 전류펄스가 흐르게 된다. 이때 펄스의 크기는 흡수된 광자의 에너지에 직접 비례한다.

Si (Li) 검출기의 출력은 예비증폭기에 의해 증폭되어 펄스높이 분석기와 X-선 에너지에 대한 계수를 할 수 있는 전자회로로 보내진다. 이렇게 하여 시료에 존재하는 여러 가지 원소에 대한 정성 및 정량적인 결과를 제공한다. 때에 따라서는 X-선 에너지 분광법(XES)이라고도 알려진 이 방법은 한 번 작동으로 완전한 정성분석을 할 수 있는 장점을 지니고 있다. 사용한 1차 복사선 광원에 따라서 벌크분석(bulk analysis)나 표면과 2 nm 정도의 두께를 가지는 얇은 필름의 분석에 응용할 수 있으며, 탄소까지 가벼운 원소들도 검출할 수 있다. 최상의 분해능을 위해서는 검출기를 액체질소의 온도로 냉각시켜야 하고, 원자번호가 작은($Z < 12$) 원소들을 분석할 때에는 전체를 전공으로 하여야 한다.

8.2.4 펄스높이 분석기

X-선 검출기에 들어오는 같은 에너지의 X-선 광자에 의해 생기는 전류펄스의 크기는 반드시 정확하게 같지는 않다. 즉, 전류변동이 일어날 수 있다. 이것은 광전자의 방출과 이 결과로 생기는 전도전자의 발생이 확률법칙에 따르는 마구잡이 과정이기 때문이다. 따라서 펄스높이의 분포는 가우스 곡선의 모양으로 나타난다.

이 분포의 폭은 검출기의 형태에 따라 다르지만 리튬 분산 검출기에서는 폭이 좁다. 이때문에 리튬 분산 검출기는 에너지 분산기기에 널리 이용된다. 그림 8.12에 단일채널 펄스높이 분석기의 구성도를 나타내었다. 이 기기의 예비증폭기에서 얻은 신호는 10,000배까지 변화시킬 수 있는 선형증폭기에 보내진다. 여기서 10 V의 전압펄스를 얻게 된다. 선형증폭기에서 증폭된 신호는 약 0.5 V 또는 그 이하의 펄스를 배제하는 펄스 식별기로 보내진다. 따라서 식별기에서 검출기와 증폭기의 잡음은 상당히 감소된다.

그림 8.12와 같은 분석기에서는 검출기와 예비증폭기를 통과한 펄스는 다시 선형증폭기에서 증폭되어 10 V 정도 범위의 전압신호로서 나타난다. 이 신호는 상한식별기와 하한식별기의 회로로 들어간다. 식별기는 어떤 전압 이하의 신호를 배제하도록 조정되어 있다. 예를 들면 그림 8.12의 아래 그림을 보면 상한식별기는 V보다 적은 전압신호 1을 제거하고 신호 2와 3은 통과시킨다. 하한식별기는 $V+\Delta V$에 맞추어지고 3 이외의 모든 신호를 제거한다. 이때 통과신호 3은 반대방향(－부호)으로 출력되도록 조절한다. 이렇게 하면 상한식별기로 얻은 신호 3은 역동시 회로에서 제거된다. 결과적으로 ΔV 전압범위에 포함되는 신호 2만이 계수기에 도달된다.

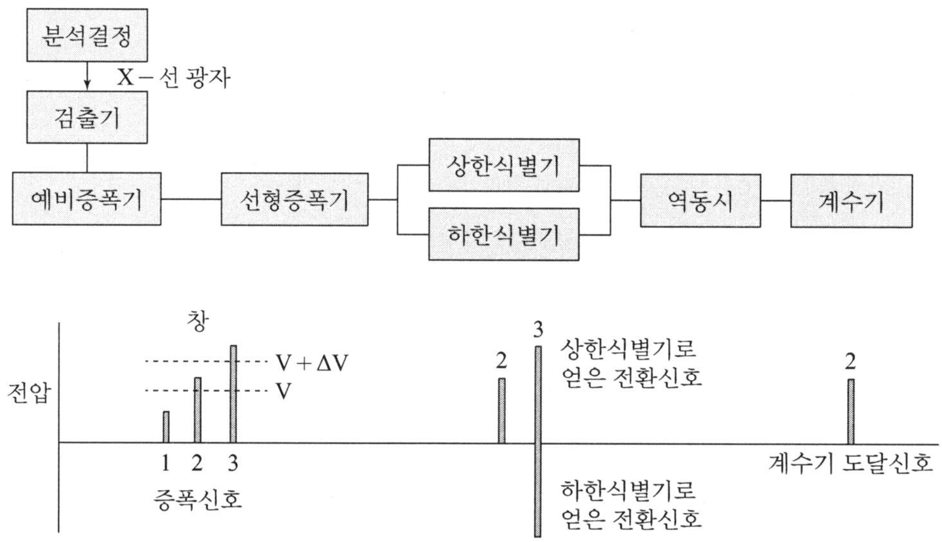

그림 8.12 단일채널 펄스높이 분석기의 구성도

3 X–선 흡수법

X-선 흡수법은 매트릭스 효과가 크기 때문에 X-선 발광이나 형광법에 비하여 그 응용이 제한된다. 그러나 각 원소들은 그 자신에 특성적인 K, L, M 및 다른 흡수끝을 가지고 있으

므로 흡수의 급격한 변화를 주는 파장은 시료에 존재하는 원소의 확인에 사용되고, 그 변화의 크기는 존재하는 원소를 정량하는데 사용할 수 있다. 매트릭스 효과가 없는 어떤 경우에는 X-선 흡수법이 형광법보다 더 유리할 때도 있으나 X-선 흡수법은 매트릭스 효과가 적은 시료에 한하여 응용된다.

X-선 흡수법에서는 다른 영역의 전자기 복사선에 대한 흡수 측정과 비슷하게 X-선 분광계를 이용하여 흡수끝의 양쪽에서 투광도를 몇 번 측정하여 외삽하여 분석할 수 있다. 그러나 X-선 파장을 연속적으로 변화시킬 수 있는 X-선 흡수 분광계는 시판되지 않는다. 대신에 흡수끝 양쪽에서 흡수 측정을 하여야 하는데 이를 위하여 다중 채널기기가 필요하다. X-선 흡수법에서는 그림 8.6과 8.7에서 본 것과 비슷한 필터나 단색화장치를 이용하여 파장분리를 할 수 있다. 또는 방사능 광원의 단색복사선을 사용한다.

X-선 흡수봉우리의 폭은 넓기 때문에 X-선 흡수를 직접 측정하여 분석할 때에는 단지 가벼운 원소들로 이루어진 매트릭스 중에서 원자량이 큰 단일 원소만 측정하는데 이용된다. 예를 들면 가솔린 중의 납을 정량하거나 탄화수소 중의 황이나 할로겐 원소를 정량할 때이다.

X-선 흡수끝을 이용하여 분석할 때에는 매트릭스 효과를 크게 피할 수 있고, 흡수 끝에 해당하는 원소의 농도를 측정하기 위해 흡수끝 파장에서 시료의 질량흡수계수 간의 차이는 흡수끝이 없는 경우의 파장단위 영역에서 흡수변화와 비교하면 대단히 크다. 따라서 이런 질량흡수계수의 차는 같은 파장영역에서 흡수끝을 가지는 다른 원소가 없는 한 매트릭스 변화에 대하여 크게 영향을 받지 않게 된다.

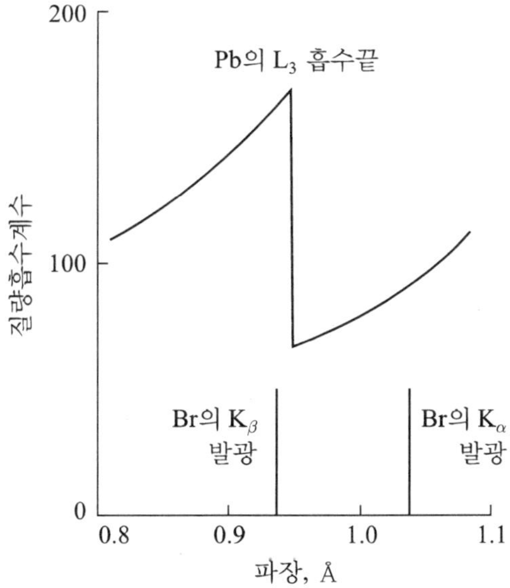

그림 8.13 흡수끝법으로 납을 정량하는 실험법

그림 8.13은 전형적인 흡수끝법에 의해서 납을 정량하는 실험방법을 보여준 것이다. 이 방법에서는 납의 L_3 흡수끝(0.95 Å)에서 납을 정량하기 위해서는 브롬화나트륨에서 발광한 브롬의 0.93과 1.04 Å 형광 X-선을 이용한다. 브롬의 형광 X-선은 시료를 통과한 후 먼저 브롬의 K_α선(1.04 Å)의 세기를 측정하고, 다음에 K_β선(0.93 Å) 세기를 측정하기 위해 배열된 단색화장치로 들어간다. 이렇게 하여 납의 흡수끝 파장의 양쪽에서 질량흡수계수를 측정하고 그 차이를 구한다. 이 실험값은 흡수끝 파장에서 흡수의 차를 얻기 위해 쉽게 보정된다. 이 차는 그 원소의 농도에 비례하고 매트릭스 효과는 근본적으로 관계가 없다. 브롬 형광의 높은 강도와 좁은 띠나비는 광원으로서 X-선관을 직접 사용하는 것보다 이점이 크다.

4 X-선 형광법

X-선 관 또는 방사능 광원에서 나오는 X-선을 시료에 쪼일 때 시료에 존재하는 원소는 X-선을 흡수하여 들뜨게 되고, 각 원소의 특성적인 형광 X-선을 방출한다. 이때 얻은 형광 X-선 스펙트럼으로부터 원소를 확인하고, 반정량 또는 정량분석하는 방법을 X-선 형광법이라 한다. 이 방법은 산소보다 원자번호($Z>8$)가 큰 원소들을 분석하는데 가장 널리 이용되는 분석방법 중의 하나이다. X-선 형광법에서 사용되는 기기로는 파장 분산형 기기와 에너지 분산형 기기가 있다. 이 두 가지 기기는 분광방식은 다르지만 장치의 기본 구성은 같고 8.2절에서 설명한 부분장치를 조립하여 만든다.

8.4.1 파장 분산형 기기

이 기기는 그림 8.7의 결정단색화장치를 사용하여 파장을 분산시키는 기기로서, X-선 광원에서 나오는 제1차 X-선을 시료에 쪼여 방출되는 형광 X-선을 빛살 평행화장치를 통과한 다음 분광결정에 통과시킨다. 식 (8.8)과 같은 Bragg식이 성립되는 각도에서 파장 λ의 X-선만이 반사되고 다른 파장의 X-선에서 분리하여 검출기로서 검출할 수 있다. 이때 X-선 광자를 전압 펄스로 변화시켜 그 펄스를 계수함으로써 X-선 광자수 즉, X-선 세기를 측정한다.

8.4.2 에너지 분산형 기기

이 기기는 시료에서 발광되는 형광 X-선을 직접 반도체 검출기를 사용하여 전기적으로 분광하는 방식을 이용하며, 파장 분산형 기기와는 달리 빛살 평행화장치나 분광결정을 사용하지 않고, 반도체 검출기로 입사된 X-선을 그 에너지에 비례하는 펄스 높이로 변환시킨다. 반도체 검출기의 분해능은 종래의 검출기보다 대단히 높으므로 다중채널 펄스 높이 분석기를 사용하면 분광결정 없이도 X-선의 에너지와 그 세기를 얻을 수 있다.

파장 분산형은 측정 가능한 X-선의 파장범위가 분광결정의 결정면 간격(d)에 따라 결정되므로 비교적 긴 시간이 걸린다. 그러나 에너지 분산형은 $_{11}Na$에서, $_{92}U$까지의 스펙트럼이 비교적 짧은 시간에 동시에 측정할 수 있으며, 분해능은 파장 분산형보다 떨어지고, 불소와 같은 가벼운 원소의 분석은 어렵다. 또 액체질소로 항상 검출기를 냉각할 필요가 있다.

8.4.3 측정시료의 조정

X-선 형광법에서는 보통 제1차 X-선이 닿는 시료의 면적은 $1\times1\ mm^2 \sim 3\times3\ cm^2$ 범위이고 X-선에 쪼인 시료의 표면에서 $100 \sim 1\ \mu m$ 깊이의 층에 존재하는 원소로부터 나오는 형광 X-선을 측정하게 된다. 이것으로 보아 X-선에 쪼이는 면의 아래에 있는 시료는 분석되지 않으므로 표면층이 전체시료를 대표하는 조성이 되도록 시료를 조정할 필요가 있다.

입자의 크기와 모양은 중요하여 입사광이 흡수되거나 산란되는 정도를 결정한다. 표준물과 분석시료는 같은 메시 크기(mesh size)로 200 mesh보다 더 곱게 분쇄하여야 한다. 밀도차에 의한 오차는 시료에 내부표준물을 가하여 줄일 수 있다. 분석시료는 시료면에서 형광 X-선의 발생률을 일정하게 유지하기 위하여 가능하면 입자크기를 $50\ \mu m$ 이하로 작게 만들고 시료 성형기를 사용하여 고체화하고 시료의 표면은 요철부분이 없게 만든다. 탁상용 분쇄기(desk-mill)로 작게 분쇄되지 않거나 균일하게 분쇄되지 않아서 X-선 세기의 변화가 큰 경우에는 $Li_2B_4O_7$과 같은 융제와 함께 가열하여 녹여서 덩어리 시료로 만들어 사용한다. 이렇게 만든 시료를 사용하면 시료 분말의 입자크기, 크기의 차이, 결정성의 차이 등에 의한 X-선 세기의 변화가 없어지고 측정의 재현성이 좋아진다.

시료를 용액으로 처리하는 것이 최선이다. 시료가 쉽게 잘 녹으면 분석이 간단해지고 정밀도도 많이 개선된다. 액체시료는 1차 X-선에 대하여 무한히 두껍다고 할 정도(수용액인 경우 5 mm 정도)로 깊어야 한다. 용매에는 무거운 원자들이 포함되어 있지 않아야 하는데 이런 관점에서 질산과 물이 황산이나 염산보다 더 우수하다. 액체시료는 일반적으로 스테인리스 또는 유리용기 바닥에 제1차 X-선을 잘 통과하는 폴리에스텔 필름(마이라 필름)을 사용하여 1차 X-선을 쪼이는 방법을 사용한다. 액체 중에 침전물이 있으면 형광 X-선의 세기가 변하므로 주의하여야 한다. 그리고 X-선을 오랜 시간 쪼이면 온도가 30~40℃로 올리기므로 이때 증발성분이 포함된 경우에는 주의해야 한다. 액체의 양은 밑면의 면적이 빛을 쪼이는 면적보다 커야 하고 액체층의 깊이도 X-선의 투과를 고려하여 7～10 mm 이상이어야 한다. 이런 방법 외에도 액체시료를 흡습성이 있는 거름종이나 직물에 스며들게 하여 측정하는 점적법도 사용된다.

8.4.4 정성분석

파장 분산형 기기에서 얻은 스펙트럼의 가로축은 보통 2θ값으로 표시한다. 이 값은 단색화장치에서 사용한 분광결정의 결정층 사이의 거리 d만 알면 Bragg식에 의해 파장으로 환산할 수 있다. 각 봉우리에 해당하는 원소의 확인은 ASTM (The American Society for Testing Materials) 또는 형광 X-선 기기의 제작회사 등에서 제공하는 각 원소의 발광선을 수록한 표를 참고한다. 봉우리의 확인을 위하여 추가로 필요한 사항은 상대적인 봉우리의 높이, 임계 들뜨기 전위 및 펄스 높이 분석으로부터 얻을 수 있다. 이때 주의할 점은 스펙트럼이 접근되어 있는 경우이다. 즉, 원자번호가 가까운 원소, 원자번호가 작은 원소의 K계열과 원자번호가 큰 원소의 L계열, K계열 등은 스펙트럼의 분리가 어려우므로 정량분석은 물론이고 정성분석에서도 스펙트럼이 어느 원소에 속하는가를 결정하는데 오류를 범할 수 있다. 이와 같이 스펙트럼이 접근된 분광각(2θ)을 갖는 원소의 확인에 오류를 피하기 위해서는 스펙트럼 중에서 가장 센 봉우리(거의 모두 K)의 2θ값에 의해 원소를 추정한 다음 다시 다른 계열의 원소를 조사하여 추정된 원소를 재확인하는 것이 정성분석의 순서이다.

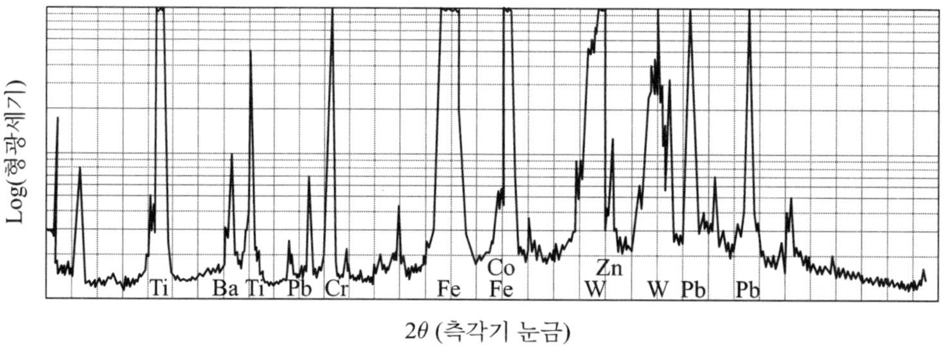

그림 8.14 파장 분산형 기기로 얻은 은행권의 X-선 형광 스펙트럼

에너지 분산형 기기로 얻은 X-선 스펙트럼에서는 가로축에 일반적으로 채널 수 또는 keV 단위의 에너지로 나타낸다. 따라서 이때에는 스펙트럼을 형광 X-선(고유 X-선)의 에너지 또는 파장과 그 세기의 관계를 측정하여 정성 또는 정량분석을 한다. 최근에 개발된 에너지 분산형 기기에서는 기록 및 데이터 처리부분이 보통 고유 X-선의 에너지(파장)과 원소의 관계

를 기억시킨 컴퓨터를 내장하여 측정된 스펙트럼의 각 봉우리를 각 원소에 자동적으로 연결시킨다.

파장 분산형 또는 에너지 분산형 기기이건 간에 모두 X-선의 스펙트럼에 의한 정성분석은 7장의 발광분광법에 비하여 나타나는 봉우리의 수가 적고 측정시료는 파괴됨이 없이 신속하게 그리고 컴퓨터를 이용하면 자동적으로 정성분석이 가능하다. 그림 8.14와 그림 8.15에 파장 분산형과 에너지 분산형 기기로 얻은 전형적인 X-선 형광 스펙트럼을 나타내었다.

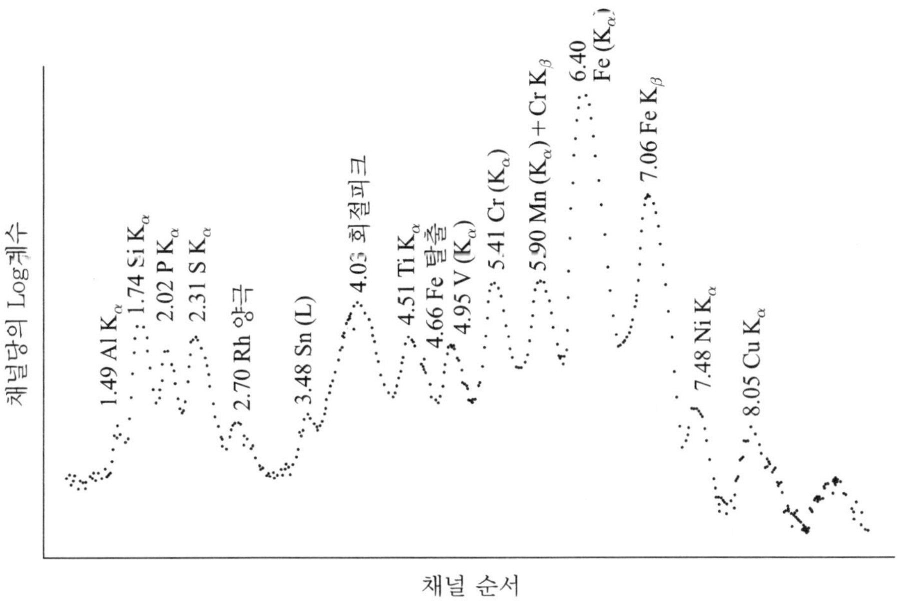

그림 8.15 에너지 분산형 기기로 얻은 철시료의 X-선 형광 스펙트럼(필터 없음)
X-선관 : Rh과녁, 양극전압 : 10 kV, 양극전류 : 50 A, 계수시간 : 200초

8.4.5 정량분석

X-선 형광법에 의한 복합 시료의 분석은 고전적 습식 화학분석이나 다른 기기분석법에 비하여 같거나 더 정밀하게 분석할 수 있다. 그러나 정확한 분석을 위해서는 전체 화학적 또는 물리적 성분에 있어서 엄밀하게 같은 검정된 표준물을 사용하거나 매트릭스 효과를 상쇄시킬 수 있는 적당한 방법이 필요하다. 시료에서 발생하는 X-선은 시료표면에 있는 원자뿐만 아니라 시료의 내부에 있는 원자에 의해서도 생긴다는 것을 알아야 하고, 입사광과 발생된 형광 X-선의 일부는 상당히 두꺼운 시료층을 통과하고 그 때 흡수와 산란이 일어나게 된다. 따라서 X-선이 감소되는 정도는 매체의 질량흡수에 따라 달라진다. 이때 질량흡수계수는 시료 중에 있는 다른 모든 원소의 질량흡수계수에 의해 결정된다. 따라서 검출기에 도달하는

발광선의 세기는 그 선을 발광하는 원소의 농도에 의해 결정되지만 시료에 공존하는 다른 원소의 농도와 질량흡수계수에 의해서도 영향을 받게 된다.

X-선 형광법에 의해 정량분석하기 위해서는 원소의 특성선 세기를 측정한다. 측각기는 특성선 봉우리의 2θ각에 고정시키고 일정한 시간동안 계수하거나 또는 일정한 수의 계수를 하기 위해서 필요한 시간을 측정한다. 그리고 측각기를 바탕에 해당하는 봉우리 바로 옆의 위치에 고정시키고 바탕세기를 측정한다. 순수한 봉우리 세기, 즉 봉우리에서 바탕을 뺀 세기(초당 계수)는 검정곡선에서 원소의 농도와 관계가 있다.

분석원소의 농도를 나타내 주는 형광선의 세기를 측정하기 전에 매트릭스 효과를 보정할 필요가 있다. 매트릭스 희석은 심각한 흡수효과를 피하게 해줄 것이다. 시료를 녹말가루, 등검댕(lamp black), 아라비아 고무, 탄산 리튬 또는 붕사(용융에 사용되는) 등과 같은 흡수를 적게 하는 물질로 크게 희석시킨다. 이렇게 하면 방해하는 매트릭스 원소의 농도는 감소된다. 그러나 조직적인 보정을 위해 사용되는 현실적인 방법은 내부표준물에 의한 것이다. 매트릭스 원소들이 기준선과 분석선에 동일하게 영향을 준다면 내부표준법은 좋은 결과를 준다. 기준원소의 선정은 분석원소, 기준원소 및 매트릭스 효과를 주는 방해원소들의 특성선과 흡수끝의 상대적인 위치에 의해서 결정된다. 만일 기준선이나 분석선이 매트릭스 원소에 의해 선택적으로 흡수되거나 증강되면 분석선에 대한 내부표준선의 비가 분석 원소의 농도를 측정하기 위한 진짜 기준이 되지 못한다. 방해원소가 두 개의 비교선들 사이에서 흡수끝을 가지게 되면 선의 차별 흡수가 일어난다. 매트릭스 원소가 1차 X-선을 흡수하여 분석원소가 흡수하는 X-선을 형광현상에 의해 방출하면 선의 세기는 증강되어 오차를 가져온다. 또 매트릭스 형광이 분석원소와 내부 표준원소의 흡수끝 사이에 놓이게 되면 선택적인 증강현상을 초래하게 된다.

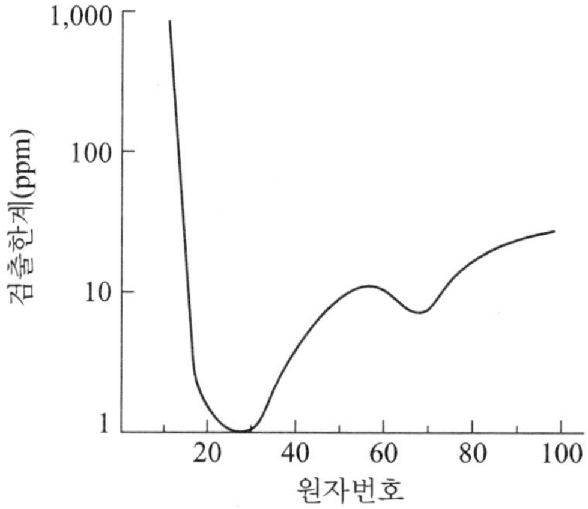

그림 8.16 X-선 형광법에서 원자번호에 따른 각 원소의 검출한계

X-선 형광법은 100 ppm 이하로 존재하는 원소를 검출하기는 곤란하다. 니오브, 탄탈, 나트륨 및 희토류 등과 같은 습식분석법으로 좋은 결과를 얻지 못하는 원소들에 대해서는 X-선 형광법이 매력적이다. 시료가 전기적인 전도체일 필요가 없으므로 주성분이나 비금속 시료의 분석에서는 발광 분광법(7장)의 보완적인 분석방법이 되기도 한다. 원자번호 21번 이하의 원소를 분석하는 경우 공기 흡수를 막기 위하여 작동 기체의 압력이 0.1 mmHg이어야 한다. 마그네슘에서 붕소까지 가능하지만 투광률은 크게 감소된다. 공존하는 원소에 따라 검출한계가 변하지만 X-선 형광법에 의한 원소의 개략적인 검출한계는 그림 8.16에 나타낸 것과 같다(X-선 형광법의 검출한계는 발광 분광법보다 못하다).

X-선 형광법에서 정확도를 높이려면 매트릭스 효과에 의한 공존원소의 영향을 보정하여야 한다. 보정에 의하여 측정한 형광 X-선의 세기로부터 농도를 구하는 일반적인 검정선법을 이용한다. 이 방법은 표준시료를 사용한 분석대상 원소의 분석값과 X-선 세기의 관계를 도시하고, 이 검정선에서 미지시료 중의 분석대상 원소를 분석하는 방법이다.

그림 8.17은 검정선의 일반적인 예를 나타낸 것이다. 그림에서 (a)는 가벼운 원소가 공존하는 경우, (b)는 원자번호가 가까운 원소가 공존하는 경우, (c)는 원자번호가 큰 원소가 공존하는 경우에 각 분석 원소의 함유량과 X-선 세기의 관계이다. X-선 세기와 농도의 관계는 매트릭스 효과로 설명 가능하다. 검정선을 작성할 때의 표준시료는 매트릭스 효과에 의한 오차를 피하기 위해 미지시료의 성분비에 가까운 것을 선택할 필요가 있다.

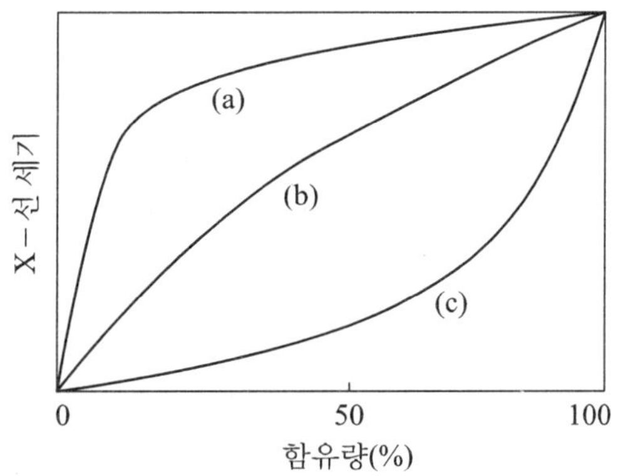

그림 8.17 검정선의 일반적인 예. (a) Fe~Al 중의 Fe, (b) Fe~Ni 중의 Fe, (c) Fe~Ag 중의 Fe

내부표준법은 매트릭스 효과에 의한 영향을 피하기 위하여 사용하는 방법이고 또한 성분원소의 종류가 많은 시료에도 적용된다. 이 방법에서는 분석대상 원소와 원자번호가 가까운 표준원소의 일정량을 표준시료에 넣고 X-선의 세기비와 분석대상 원소 함유량의 검정선을 작성한다. 미지시료에 기지량의 표준원소를 혼합하고, X-선 세기의 비를 측정하여 검정선에서 분석대상 원소의 농도를 알 수 있다. 적당한 내부 표준원소가 없는 경우에는 첨가법을 사용한다. 이 방법에서는 분석대상 원소와 같은 원소의 기지량을 미지시료에 첨가하고 그 X-선 세기의 증가율로부터 분석대상 원소를 정량하는 방법이다. 그 밖에 액체시료에 이용하는 방법으로서 시료에 흡수된 X-선량의 비율로부터 정량하는 방법(흡수법) 또는 미지시료를 적당한 물질로 묽혀 매트릭스 효과를 작게 만들어 측정하는 방법(묽힘법) 등이 있다.

일반적으로 X-선법은 비파괴분석법이므로 시료를 파괴하지 않고도 페인트칠한 것, 고고학적 표본, 보석류, 동전 및 기타 값진 물건을 분석하는데 이용할 수 있다. 또한 이 방법은 겨우 볼 수 있는 작은 알갱이로부터 큰 물질에 이르기까지 고체 또는 액체와 같은 모든 시료의 분석에 이용할 수 있다. 또 다수의 원소를 수분 이내에 완전히 분석할 수 있고, X-선 형광법의 정확도와 정밀도는 다른 방법과 같거나 더 우수하지만 다른 분광법보다는 감도가 좋지 않다.

5 X-선 회절법

X-선 회절법은 결정성 물질의 확인과 분석에 이용된다. 결정 중의 모든 원자들은 입사한 X-선을 모든 방향으로 산란시킨다. 산란된 X-선은 보강간섭 또는 상쇄간섭을 일으킬 수 있다. 보강간섭이 발생하는 경우는 결정 내에서 원자들이 규칙적이면서 반복적인 방식으로 배열되어 있을 때이다. 결정으로부터 X-선이 회절될 수 있는 조건은 식 (8.8)과 같은 Bragg식에 의해 주어진다. 결정면에 정확하게 자리잡은 원자들은 회절 빛살의 세기를 최대로 크게 해주고, 정확히 면 사이의 중간에 위치한 원자들은 최대의 상쇄간섭을 일으킨다.

X-선에 의한 원자의 산란능력은 원자가 가지고 있는 전자수에 의존한다. 결정으로부터 회절된 빛살의 위치는 결정에서 반복되는 단위의 크기와 모양 및 입사된 X-선의 파장에만 의존한다. 그리고 회절된 빛살의 세기는 결정에서 원자들의 배열형태와 기본적인 반복단위, 즉 단위격자 내의 원자들의 위치에 의존한다. 따라서 모든 회절 빛살의 방향과 세기를 고려할 때 회절무늬가 절대적으로 같은 두 가지 물질은 존재하지 않고, 회절무늬는 각 결정물질에 따라 특유하게 다르게 나타난다. 그러므로 회절무늬는 결정성 화합물의 지문(finger print)이라 한다. 따라서 X-선 회절법은 결정성 화합물을 정성적으로 확인하는데 실질적이고 명확한 방법이 된다. 또한 회절 측정값은 화합물 중의 결정화합물의 정량분석에도 이용된다. 예를 들면 흑연과 숯의 혼합물 중에서 흑연 함유량을 알아내는 것은 다른 방법으로는 불가능하거나 어렵지만 X-선 회절법으로는 가능하다.

8.5.1 시료준비

단결정으로부터 얻은 회절선이 비교적 많고 판독하기가 쉬우므로 가능하면 구조결정 실험에는 단결정들이 사용된다. 결정은 입사광에 완전히 둘러싸일 정도로 작은 크기이어야 한다. 일반적으로 결정은 놋쇠판에 고정시킨 얇은 유리 모세관에 부착시켜 사용한다. 그러나 충분한 크기의 단결정이 없거나 물질을 확인하는데 문제가 있을 때에는 다결정 분말을 입사 X-선 빛살보다 작은 직경을 가지는 실린더에 다져 넣어 사용한다. 금속시료는 적당한 모양으로 가공하고, 플라스틱 물질은 적당한 형틀에 넣어 만들며 그 밖의 모든 시료는 미세한 분말(200~300 mesh)로 분쇄하여 얇은 유리모세관이나 셀로판 모세관에 넣어서 빛살에 놓는다. 그렇지 않으면 접착제(collodion이 흔히 사용됨)와 혼합한 후 막대모양으로 주형하여 사용한다. 액체시료는 직접 확인할 수 없지만 특성 무늬를 주는 결정성 유도체로 변형시켜 사용하는 것이 가능하다.

8.5.2 분말 카메라

X-선 회절무늬를 얻는데 사용되는 전형적인 분말 카메라의 원리와 회절무늬 필름의 모양을 그림 8.18에 나타내었다. 분말 카메라의 경우 X-선 관에서 나온 X-선은 필터를 거쳐 거의 단색광으로 되고(Cu 또는 Mo의 K_α선) 좁은 평행화장치를 통과하여 평행화된다. 회절되지 않은 복사선은 좁은 출구 슬릿을 통해 카메라 밖으로 투과된다. 원통형의 카메라 내부벽에 설치한 필름에 회절선들의 무늬가 나타나도록 되어 있다. 보통 원통의 직경은 57.3 mm

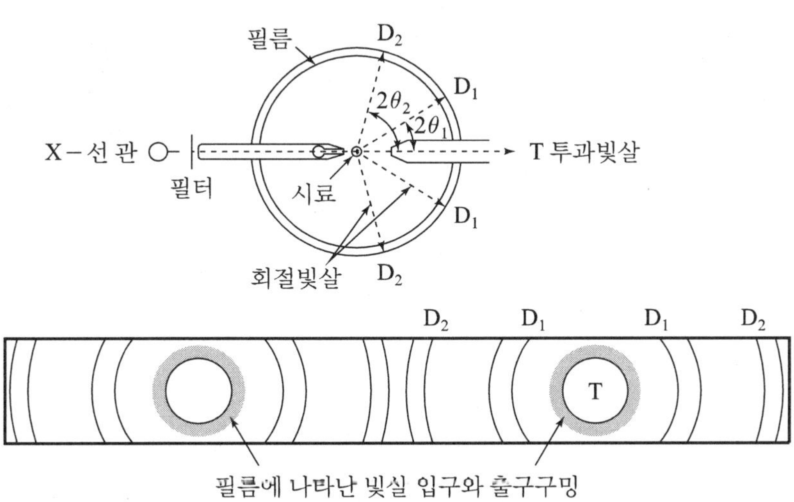

그림 8.18 X-선 회절용 분말 카메라의 약도와 회절무늬 필름

또는 114.6 mm이고 필름상의 1 mm 직선거리는 θ의 1.0이나 0.5에 해당한다. 시료는 적당히 조절하여 빛살의 중심에 놓이도록 고정한다. 그림 8.18(b)는 노출시켜 현상한 회절무늬 필름이다. 여기에서 회절무늬 D_1, D_2는 한 개의 결정면에서 나타난 회절무늬로서 각 선의 Bragg각 θ는 카메라의 방향 위치로부터 계산할 수 있다.

8.5.3 자동 회절분석기

자동 회절분석기를 사용하면 빠르고도 정밀도가 높은 데이터를 얻을 수 있다. 자동 회절분석기는 그림 8.7에서 보여준 것과 같은 구조를 갖는다. 이때에도 광원은 적당한 필터를 가진 X-선 관이다. 그러나 분광결정 대신에 분말 또는 금속시료를 결정의 위치에 놓는다. 어떤 경우에 시료집게는 결정의 배향 무질서성을 높이기 위하여 회전시키는 수도 있다. 회절무늬는 발광이나 흡수 스펙트럼과 같은 방법으로 자동적으로 주사시켜 얻는다.

비례, 섬광 또는 반도체 검출기는 회절무늬를 빨리 얻을 수 있으므로 사진필름보다 우수하며, 그들은 1% 이내의 좋은 정확도를 얻을 수 있다. 사진필름은 가장 좋은 암실과 광도계를 가지더라도 필름 상의 각 점이나 원뿔의 상대적인 흑화도는 10% 이내의 좋은 정확도를 얻을 수 없으며 때로는 이보다 큰 오차가 생긴다. 그러나 계수기에 비해 사진필름이 가지는 장점은 동시에 많은 수의 회절선을 기록할 수 있다는 것이다.

자동 회절분석기에서 분석기의 틀은 결정의 배향을 맞추고 정열하기 위해 넓은 범위의 각도를 제공해야 한다. 정밀한 회절분석기는 경도로 −5°에서 150°까지, 위도로 −6°에서 60°까지 구면에서 검출기를 이동시켜 주어야 한다. 완전한 장치는 결정에 대하여 네 개의 회전 자유도, 검출기에 대하여 두 개의 자유도를 제공한다. 여러 가지 결정과 검출기의 각도를 프로그램된 정보에 기초를 두고 설치하여 회절세기를 각의 함수로 정밀하게 측정한다.

8.5.4 X-선 분말 데이터 파일

분말시료의 확인만을 원한다면 얻은 회절무늬를 알고 있는 물질의 회절무늬와 일치할 때까지 비교한다. 이 방법은 표준필름들이 필요하다. 다른 한 가지 방법으로 미지 물질의 회절무늬로부터 얻은 d값들을 X-선 분말 데이터 파일에 있는 평면카드, Keysort 카드 및 IBM 카드 등에 수록된 25,000종류의 d값들[3]과 비교한다. 색인표는 파일과 함께 제공한다. 다른 카드들을 분류하기 위한 카탈로그는 각 카드의 좌측 위에 세기가 큰 세 가지의 회절에 관한 데이터가 수록되어 있다. 세기가 가장 큰 회절을 100으로 놓고 세기가 가장 큰 반사의 d값

3) Index to the Powder Data File. Amer. Soc. Testing Materials. Spec. Tech. Publ., 48L, Philadelphia, 1962.

부터 감소하는 순서로 카드가 배열된다.

X-선 회절법은 물질에 존재하는 결정을 확인하는 빠르고도 정확한 방법이다. 또 흑연이나 다이아몬드와 같은 동소체 물질을 확인할 수도 있다. X-선 회절법으로는 FeO, Fe_2O_3 및 Fe_3O_4 등과 같은 여러 가지 형태의 산화물들의 확인이나 KBr + KCl, KCl + NaBr 또는 이들 네 가지 물질이 혼합물로 존재할 때 이들 물질들도 쉽게 확인할 수 있다. 이 밖에 여러 가지 수화물들의 존재도 확인할 수 있다.

연습문제

8.1 100 kV에서 작동되고, 백금 과녁을 갖는 X-선 관에서 발생하는 연속광의 단파장한계 λ_o를 계산하라.

8.2 분광결정으로 LiF와 NaCl을 사용할 때 Ag (0.56 Å), Cu (1.54 Å) 및 Fe (1.94 Å)의 $K_{\alpha 1}$ 선을 측정하기 위해 필요한 측각기의 위치를 각각 2θ값으로 계산하여라.

8.3 파장 분산형과 에너지 분산형 기기의 차이점에 대해 설명하라.

8.4 텅스텐의 K_α와 L_β 계열을 들뜨게 하는데 필요한 X-선 관의 전압을 계산하라.

8.5 Cu의 K_α선으로 측정한 Ni의 질량흡수계수는 49.2 cm^2/g이고, Cu의 K_α선이 입사될 때 입사광 세기의 36.1%를 투과하는 니켈판의 두께를 계산하라. Ni의 밀도는 8.85 g/cm^3이다.

8.6 Ca와 Mg의 K-선을 들뜨게 하는데 필요한 X-선 관의 최소전압을 각각 계산하라. Ca와 Mg의 K 흡수끝의 파장은 각각 3.064와 0.496 Å이다.

8.7 내부표준물로 이트륨을 사용하여 오일 베어링의 찌꺼기 중에서 스트론튬을 정량할 때 원소의 스펙트럼 특성은 다음과 같다.

	$K_{\alpha 1}$	K_β	K 흡수끝
Sr	0.877	0.783	0.770
Y	0.831	0.740	0.727

(a) 각 원소에 대한 임계전압을 계산하여라.

(b) LiF 결정을 사용하여 발광선에 대한 Bragg 각(2θ)을 계산하여라.

(c) 실험 데이터를 다음과 같이 도표화하였다.

Sr (wt%)	Y $K_{\alpha 1}$의 측정	Sr $K_{\alpha 1}$의 측정
	6,400계수의 시간(sec)	6,400계수의 시간(sec)
0.0000	41.1	80.1
0.1000	40.1	60.4
0.2000	40.2	49.5
0.3000	40.0	41.6
0.4000	42.4	38.3

스트론튬 농도에 대한 세기의 비(Sr/Y)를 도시하라. 미지시료 A와 B의 세기비(Sr/Y)는 각각 0.8860과 0.7802이었다. 시료 A와 B에서 스트론튬의 함유량을 계산하여라.

8.8 γ-선 방출기를 사용하여 이온화상자로 다음의 측정값을 얻었다. 결과를 그래프지에 그리고, 작동전압을 선택하라.

걸어준 전압 (V)	계수속도 (계수/분)	걸어준 전압 (V)	계수속도 (계수/분)
1.200	19,400	1.500	40,900
1.245	29,100	1.545	41,100
1.290	35,700	1.590	41,500
1.335	38,900	1.635	42,200
1.380	40,500	1.680	45,100
1.425	40,600	1.725	48,700
1.470	41,000		

참고문헌

1. L. S. Birks, *X-Ray Spectrochemical Analysis*, 2d ed., wiley-Interscience. New York, 1969.
2. E. P. Bertin, *Introduction to X-Ray Spectrometric Analysis*, Plenum Press, New York, 1978.
3. R. Tertian and F. Claisse, *Principles of Quantitative X-Ray Fluorescence Analysis*, Heyden, London, 1982.
4. R. Jenkins, R. W. Gould and D. Dedcke, *Quantitative X-Ray Spectrometry*, Marcel Dekker, New York, 1981.
5. H. A. Liebhafsky, H. G. Pfeiffer and E. H. Winslow, *X-Ray Methods; Absorption, Diffraction and Emission*, in Treaties on Analytical Chemistry. Part I, Vol. 5. I. M. Kolthoff and P. J. Elving, Eds., Wiley-Interscience, New York, 1964.
6. D. A. Skoog, *Principles of Instrumental Analysis*, 3rd ed., Saunders College Publishing, P. A. Winston, 1985.
7. 日本分析化學會, 九州支部 編, 機器分析入門, 第二章, 南江堂, 1984.

CHAPTER 9

질량분석법

질량분석법(Mass Spectrometry)은 원자량의 정밀한 측정과 여러 가지 동위원소의 존재와 그 함유량을 결정하는데 크게 공헌하였다. 이 방법은 자기장과 정전기장 내에 있는 양이온들의 행동에 관한 연구로부터 발전했으며, 현재는 간단한 무기화합물로부터 복잡한 유기화합물에 이르기까지 이 방법의 응용은 광범위하다.

이 분석법은 시료분자를 빠른 속도로 가속된 양이온으로 만들어 이들의 질량과 하전량과의 비에 따라 분석하는 것을 원리로 하기 때문에 다른 분광법과는 근본적으로 차이가 있다. 따라서 이 방법은 분광법의 일종이지만 질량분광법이라 하지 않고 보통 질량분석법이라 한다. 이 방법에서는 질량/전하 비의 크기에 따라 얻은 질량 스펙트럼의 봉우리 위치와 높이로부터 정성분석과 정량분석이 가능하다. 질량 스펙트럼은 어떤 면에서 보면 IR이나 NMR 스펙트럼보다 해석하기 쉽다. 이것은 스펙트럼이 구조적 성분 조각의 질량과 분석물질의 분자량에 관한 정보를 주기 때문이다.

최근에는 질량분석법이 표면연구에도 응용되며, 특히 기체 크로마토그래피와 연결시킨 GC-MS는 유기화합물의 분석에 큰 위력을 발휘하고 있다.

이 장에서는 질량분석법의 원리와 기기장치, 유기화합물의 분자량, 분자식의 결정 및 분자화학종의 구조확인과 정량분석에 관해 설명하기로 한다.

1 원리와 기기장치

9.1.1 원리

질량분석법에서는 시료를 적당한 방법으로 이온화시켜 생성된 이온에 전기장이나 자기장을 적용시킨다. 이온입자는 그 질량 대 전하비, m/z값에 의해 전기장이나 자기장에서 역학적 운동의 차가 생기며 이를 이용하여 다른 하전입자로부터 분리하고 그 존재량을 검출하여 기록한다. 이렇게 하여 얻은 질량 스펙트럼을 해석함으로써 미지 성분의 질량 및 그 구조를 확인하는 방법을 질량분석법이라 한다. 질량분석계는 다음과 같은 장치로 구성된다.

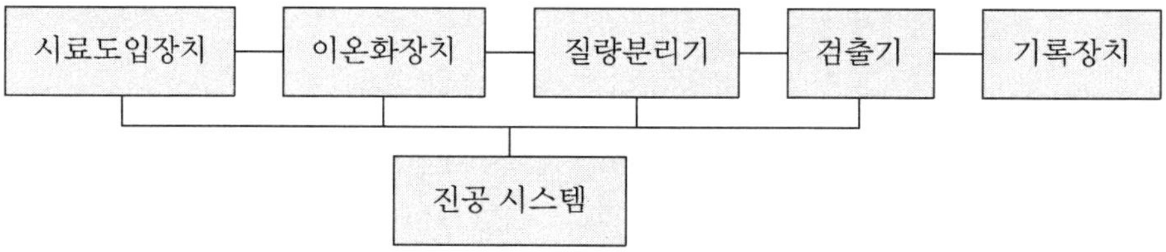

질량분석계의 특징은 시료 도입장치로부터 검출기까지 높은 진공이 필요하다. 이것은 이온화된 시료 성분이 공존하는 같은 종류나 다른 종류의 분자나 이온과 상호작용하면 질량(m)과 하전입자(z)의 거동을 정확히 알 수 없기 때문이다. 시료는 일반적으로 기체상태이고, 고체나 액체시료는 적당한 도입장치로 기화시켜 이온화장치로 보내진다. 보통 휘발성이 없는 물질도 최근의 여러 가지 시료 도입법과 이온화법에 의해 질량분석이 가능하다.

화합물을 양이온의 형태로 측정하는 방법이 주로 행해지고 있으나 현재는 화합물에 따라서는 음이온으로 하여 측정하는 방법도 시작되었다.

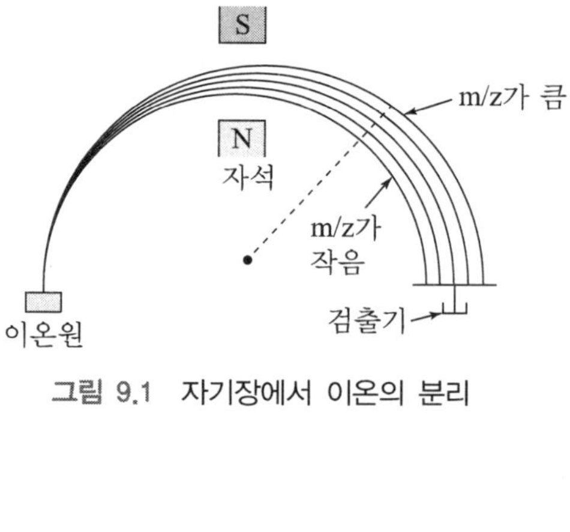

그림 9.1 자기장에서 이온의 분리

만약 그림 9.1과 같이 일정한 질량의 양이온만을 가속시켜 자기장을 통과시키면 양이온 입자들의 진로는 자기장의 영향을 받아 반지름 r인 원호를 그리며 운동한다. 이와 같은 원운동을 하기 위해서는 양이온이 받는 원심력 F_C와 구심력 F_M가 같아야 한다. 그림에서 v는 하전입자의 속도(cm/sec)이고, H는 자기장의 세기(dyne)이며 z는 이온의 전하량(esu), r는 곡면반경(cm), m은 하전입자의 질량(g)이다. 즉 $F_C = F_M$이므로 $\frac{mv^2}{r} = Hzv$이다.

$$v = \frac{Hzr}{m} \tag{9.1}$$

또한, 하전입자를 가속전압, V(erg/sec)로 가속시켰을 때 입자의 운동에너지는 다음과 같이 나타낼 수 있다.

$$E_k = zV = \frac{1}{2}mv^2 \tag{9.2}$$

식 (9.2)를 식 (9.1)에 대입하여 정리하면 다음과 같다.

$$\frac{m}{z} = \frac{H^2r^2}{2V} \tag{9.3}$$

식 (9.3)에서 양이온의 질량 대 전하비 m/z는 세 가지 변수 H, V 및 r의 함수임을 알 수 있다. 질량분석계에서는 이들 세 가지 변수를 조절하여 질량 스펙트럼만을 얻는다. 만일 H와 V를 일정하게 유지하면 질량이 크고 하전량이 작은 입자일수록 r이 큰 원호를 그리며 원운동하게 된다. 또한 여러 종류의 양이온 중에서 $+1$의 하전량을 갖는 양이온들만 얻어지도록 시료를 이온화시키면 $m/z = m$의 관계를 가지므로 단순히 이온의 질량에 따라 r이 변하게 된다. 따라서 양이온의 질량 m에 따라 r이 변하므로 질량에 따라 양이온을 서로 분리할 수 있다. 그러나 일반적으로 r을 일정하게 하고 H와 V를 조절하여 이온들을 질량에 따라 분리한다. 즉, 자기장의 세기 H를 감소시키고 가속전압 V를 크게 하면 질량이 작은 입자가 가속되어 일정한 r을 갖는 질량분리기를 따라 구부러지면서 이온수집장치를 통과하여 검출기에 도달하게 된다.

질량이 큰 입자는 주어진 조건에서 정해진 r보다 더 큰 값을 갖기 때문에 이온수집장치에 도달하지 못하게 되고, 다음에 H와 V를 다른 값으로 천천히 변화시키면 질량이 큰 입자들이 차례로 수집장치에 도달하여 검출기에 도달함으로써 m/z값에 따라 질량스펙트럼이 얻어진다.

근래의 대부분의 질량분석계는 V와 r을 일정하게 유지하면서 자석에 통하는 전류를 조절하여 H를 변환시켜 이온들을 분리하는 전자석을 가지고 있다. 또 다른 분석계는 자기장 H를 고정시키고 가속전압 V를 변화시켜 질량 스펙트럼을 얻을 수 있고 제3의 분석계에서는 H와 V를 일정하게 유지하고 전체 스펙트럼을 사진건판 위에 동시에 기록하는 것도 있다.

분해능이 좋은 질량분석계는 1,000분의 1 이하의 질량단위를 측정할 수 있고, 이 경우에는 질량분석 결과만으로 직접 시료의 정확한 분자식을 결정할 수 있다. 또 1회 측정에 필요한 시료량은 100 ng 이하로 극히 적다.

시료를 이온화할 때, 일반적으로 유기분자는 분자의 조성 그대로의 분자이온(molecular ion 또는 parent ion)과 여러 종류의 조각이온(fragment ion) 등을 여러 비율로 동시에 생성시킨다. 이들 여러 가지 이온들의 질량수의 존재비를 검출하여 얻은 질량 스펙트럼은 화합물의 구조에 관한 많은 정보를 가지고 있으므로 화합물을 확인하는데 지문의 역할을 한다.

9.1.2 시료 도입장치

질량분석법에서 시료는 일정한 압력의 기체상태로 이온화장치에 도입해야 한다. 질량 스펙트럼을 측정하는 동안 시료의 증기압은 낮고 일정하게 유지되어야 한다. 그렇지 않으면 이온화장치에서 생성된 이온과 중성분자 사이에 상호간의 충돌로 인하여 이미 형성된 이온을 다시 파괴시키거나 이분자 반응을 일으키게 되어 재현성이 있는 질량 스펙트럼을 얻을 수 없게 되므로 스펙트럼만의 해석에 혼란이 생기게 된다. 이와 같은 점을 고려하여 적당한 시료 도입장치가 필요하다. 최근의 질량분석계는 시료의 종류에 따라 적합한 형태의 시료 도입장치가 사용되는데, 다음의 세 가지가 있다.

(1) 배치식 도입장치

이 장치는 기체, 액체 및 휘발성 고체를 가열하여 기체로 만들어 이온화장치에 시료를 도입한다. 이 장치는 500℃ 이하에서 열분해되지 않고 휘발될 수 있는 대부분의 유기화합물에 적용되는 전형적인 시료 도입장치이다. 이것은 시료를 플라스크에 넣고 플라스크 주위를 둘러싼 가열 오븐에 의해 적당한 온도로 가열하여 시료를 기화시킨다. 다음 진공으로 밀폐된 1～5 L 정도의 시료 저장용기에 모은다. 이때 시료의 양은 저장용기의 압력이 10^{-4}～10^{-5} torr 정도가 되도록 조절한다. 시료를 기체상태로 이온화 상자에 도입해야 하므로 이온화상자끼리의 모든 부분을 적당한 온도로 가열하여 시료 기체가 응축하는 것을 막아야 한다. 저장용기에서 시료기체는 약 0.01 torr의 압력으로 분자 누출구(leak)라고 불리는 직경이 0.005～0.02 mm의 작은 구멍을 통하여 이온화장치로 도입한다.

한편 휘발성이 낮고 열적으로 불안정한 시료의 경우에는 시료를 직접 가열시키는 것보다는 비교적 휘발성이 높고 열적 안정성을 가지는 적당한 유도체로 만들어 기화시키는 방법이 효과적이다. 예를 들면 알코올 및 유기산 등은 증기압이 낮을 뿐만 아니라 높은 온도로 가열하면 탈수반응 등을 일으켜 시료분자 증기보다는 분해된 화합물의 증기가 더 많이 생성된다. 일반적으로 알코올의 경우에는 silyl ether, 유기산은 ester의 유도체를 만들어 사용한다.

그림 9.2에 배치식 도입장치의 약도를 나타내었다.

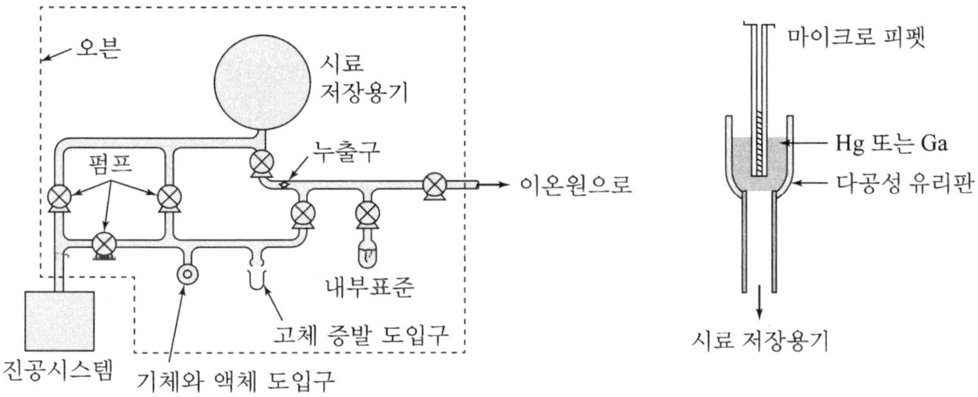

그림 9.2 배치식 시료 도입장치

(2) 직접 도입장치

이 장치는 배치식으로 도입이 곤란한 시료, 즉 휘발성이 적은 액체, 열에 약한 화합물 또는 고체시료를 진공 봉입상태로 되어 있는 시료 도입장치에 의해 이온화장치의 높은 진공을 크게 변화시키지 않도록 하여 이온화지역으로 직접 주입한다. 시료의 온도를 잘 조절할 수 있도록 냉각장치 또는 가열장치를 갖춘 것도 있다. 직접 도입할 수 있는 시료는 녹는점이 높거나 증기압이 대단히 낮은 당류 및 알칼로이드 등과 같은 천연화합물 시료 등이다. 도입할 때는 약 1 μg 이하로 적은 양의 시료를 시료탐침(sample probe) 끝에 넣은 다음 이것을 진공문을 열고 이온화지역까지 밀어 넣고 가열하여 시료를 주입한다. 이때 시료증기의 압력은 이온화 장치의 압력($10^{-7} \sim 10^{-8}$ torr) 정도로 유지해도 되기 때문에 배치식보다 대단히 낮은 온도로 가열해도 되므로 탄수화물, 스테로이드, 금속-유기화학종 및 저분자량 중합체 물질과 같은 비휘발성 물질의 연구에 이용할 수 있다.

(3) 기체 크로마토그래피 도입장치

이 방법은 기체 크로마토그래피(11장)의 분리관을 질량분석계의 이온화장치에 연결하여 크로마토그래피의 분리관에서 분리되어 나온 시료의 각 성분 기체를 질량분석계로 도입하는 것이다. 기체 크로마토그래피의 분리관이 모세관일 때에는 일반적으로 유속이 낮아(2 mL/min 이하) 이온화장치에 직접 도입할 수 있으나, 충전관일 경우에 기체 크로마토그래피의 운반기체와의 충돌 문제가 발생한다. 운반기체는 성분을 대단히 묽혀서 질량분석계의 펌프장치를 못쓰게 만들 수도 있다. 이러한 문제를 해결하기 위한 몇 가지 방법이 개발되었다.

이 중 가장 널리 이용되는 것은 제트형 분리기에 의해 운반기체를 제거하는 방법이다. 이것은 그림 9.3과 같은 장치에서 운반기체인 가벼운 헬륨은 진공상태 속에서 직선통로로부터 이탈되어 진공펌프로 뽑아내어 제거된다. 그러나 무거운 분석물질 성분은 제트형 분리기에 의해 운동량이 증가되어 그 중 50% 또는 그 이상이 스키머(skimmer)까지 똑바로 가게 된다.

기체 크로마토그래피에 비해 액체 크로마토그래피의 경우에는 이동상을 제거하는 어려움 때문에 발전하지 못하였으나 열분무 장치와 같은 새로운 장치 등의 개발 등으로 질량분석계와 연결이 가능하게 되었다.

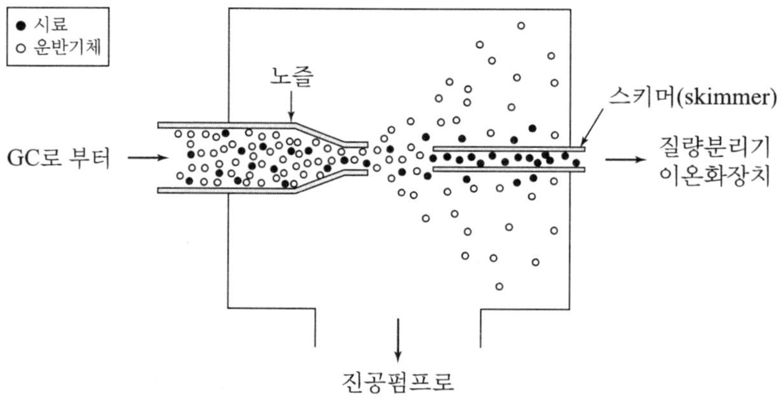

그림 9.3 제트형 분리기의 원리

9.1.3 이온화장치

질량분석계에서 이온화하는 방법은 분자의 구조와 조성을 연구하느냐 또는 원소의 검출과 정량에 응용하느냐에 따라서 다르다. 여기서는 분자연구에 적당한 이온화법에 관해서만 설명하기로 한다.

분자연구를 위한 적당한 이온화법에는 기체시료에 가속전자나 양이온의 시약기체를 충돌시켜 이온화시키는 방법이 있고, 또 시료에 여러 가지 형태의 에너지를 가해 응축상태의 시료를 직접 기체상태의 양이온으로 만드는 탈착 이온화법(desorption ionization)이 있다.

여기서는 가장 널리 이용되는 이온화장치로서 기체상태의 시료에 가속전자를 충격시켜서 이온화하는 전자충격법(electron bombardment, EB), 양이온 시약기체의 충격에 의한 화학적 이온화법(chemical ionization, CI) 및 고전압 전극에 기체 시료를 충격시키는 장이온화법(field ionization, FI)과 탈착에 의해 이온화시키는 방법인 장탈착법(field desorption, FD), 이차이온 질량분석법(secondary ion mass spectrometry, SIMS) 및 고속원자 충격법(fast atom bombardment, FAB)에 대하여 간단히 설명하기로 한다.

(1) 전자충격 이온화법

이 방법은 가장 일반적인 이온화법이다. 그림 9.4에 전형적인 전자충격 이온화장치를 나타내었다. 이 방법에서는 전류로 가열한 필라멘트에서 방출되는 전자빛살을 높은 진공하에 있는 기체상태의 시료분자에 충격한다. 이때 충격전자는 필라멘트와 양극 사이에 걸어준 전압에 의해 약 70 eV의 에너지까지 가속된다. 100～200 μA의 전자흐름에 의하여 백만 개의 분자 중에서 한 개 정도가 이온화될 것이다. 보통 분자로부터 전자 한 개가 방출되어 시료의 분자량과 같은 질량수를 가지는 분자이온(또는 어미이온 $M\bullet^{+}$ 또는 M^{+})이 생성된다.

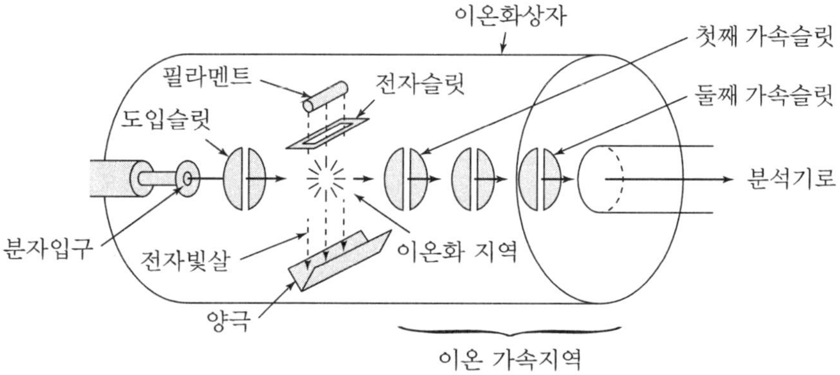

그림 9.4 이온화장치의 구조

다음으로 여분의 에너지를 가진 M^{+}는 결합의 약한 부분이 끊어져 조각이온을 만든다. 조각이온이 여분의 에너지를 갖고 있을 때에는 더 작은 질량수의 조각이온으로 분해된다. 분자이온은 일반적으로 짝을 이루지 않은 전자를 갖는 라디칼이지만 조각이온은 분자에 포함된 기능기의 성질에 따라 라디칼 구조인 것과 아닌 것이 있다. 전자충격에 의해 생성된 양이온은 첫째 가속슬릿과 시료 도입슬릿 사이에 걸어준 작은 전압차에 의해 가속되어 첫째 가속슬릿으로 들어간다. 다시 첫째와 둘째 가속슬릿 사이에 걸린 높은 전압에 의해 입자들은 그들의 최종속도로 가속된다. 어떤 질량분석계에서는 가속전압 슬릿 사이의 전압을 조절하여 특정 질량의 입자를 수집관에 초점이 맞추어지도록 한다.

가속된 양이온은 질량분리기로 들어가서 m/z에 따라 분리되고 검출되어 질량 스펙트럼이 얻어진다. 전자충격법에서는 분자이온 또는 조각이온과 같은 여러 이온이 만들어지므로 스펙트럼이 복잡하고 봉우리가 많다. 이것은 분석물질의 분자량과 구조를 결정하는데 유용하게 이용된다. 그러나 전자충격법에서는 시료를 휘발시켜야 하므로 어떤 성분이 이온화되기 전에 열적으로 분해될 수 있다. 따라서 시료의 열적 분해를 최소화하기 위해 이온화장치와 질량분리기의 입구슬릿에 가까운 위치에 있는 가열장치에서 시료를 휘발시킨다. 또 이온화장치 내의 압력이 낮으면 휘발이 낮은 온도에서 많이 일어나게 되어 열분해의 기회가 감소된다.

(2) 화학적 이온화법

화학적 이온화법에서는 시약기체(reagent gas)라고 하는 몇 가지 기체를 0.1~1 torr 정도의 압력으로 이온화실에 넣고 이를 전자흐름으로 충격한다. 이렇게 하여 시약기체로부터 생성된 이온은 배치식이나 가열장치에서 생긴 시료의 기체상태 분자와 충돌한다. 이때 이온-분자반응을 통해 시료분자를 이온화시킨다. 화학적 이온화법은 두 번째로 가장 일반화된 방법일 것이다. 화학적 이온화 장치는 그림 9.4와 같은 이온화장치에서 이온화지역의 확산펌프 용량을 늘리고 질량분리기로 통하는 슬릿의 틈을 줄여서 변형시켜 만든다. 이렇게 만든 이온화장치는 이온화지역의 시약기체 압력을 1 torr 정도로 유지하고, 질량분리기 쪽의 압력은 여전히 10^{-5} torr 이하로 유지할 수 있게 된다. 이런 변형을 해서 시약기체를 이온화 지역에 주입하여 시약기체에 대한 시료의 농도비가 10^{-3}~10^{-4} 되도록 해준다. 이런 큰 농도차 때문에 충격전자는 거의 모두 시약기체와 반응하게 된다.

시약기체로는 메테인, 아이소뷰테인, 암모니아 등이 사용된다. 이 중에서 메테인이 가장 일반적인 시약기체이다. 메테인은 고에너지의 전자와 충격하여 다음과 같은 몇 가지 이온을 만든다.

$$CH_4 + e^- \rightarrow CH_4^+,\ CH_3^+,\ CH_2^+,\ CH^+,\ C^+,\ H^+ + 2e^- \qquad (9.4)$$

이들 이온 중에서 CH_4^+와 CH_3^+ 이온이 대부분이며 반응물의 90%를 차지한다. 이들 일차이온은 많은 양의 메테인 분자와 반응한다.

$$CH_4^+ + CH_4 \rightarrow CH_5^+ + CH_3 \qquad (9.5)$$

$$CH_4^+ \rightarrow CH_3^+ + H \qquad (9.6)$$

$$CH_3^+ + CH_4 \rightarrow C_2H_5^+ + H_2 \qquad (9.7)$$

여기에서 생긴 CH_5^+와 $C_2H_5^+$ 등의 이차이온이 시료분자 M과 충돌하여 다음과 같은 양성자의 부가반응, 시약기체의 부가반응 및 수소의 이탈반응이 일어난다.

$$M + CH_5^+ \rightarrow (M+H)^+ + CH_4 \tag{9.8}$$

$$M + C_2H_5^+ \rightarrow (M+H)^+ + C_2H_4 \tag{9.9}$$

$$M + C_2H_5^+ \rightarrow (M+C_2H_5)^+ \tag{9.10}$$

$$M + C_2H_5^+ \rightarrow (M-H)^+ + C_2H_6 \tag{9.11}$$

화학적 이온화에 의해 생긴 이온(또는 유사분자이온, QM^+)은 전자충격 이온화에서 생긴 M^+과는 다르고 홀수전자를 갖는 안정한 이온이고, 이온화과정에서 결합의 끊어짐이 생기기 어렵다. 따라서 QM^+의 상대세기가 크고 조각이온이 적은 단순한 질량 스펙트럼이 얻어진다. 스펙트럼의 낮은 질량수에서는 시약기체의 이온화 반응에서 생긴 봉우리가 나타난다.

(3) 장이온화와 장탈착법

이들 이온화법은 센 전기장(10^8 V/cm) 하에서 이온이 형성된다. 이와 같은 센 전기장은 10~20 kV의 높은 전압으로 생기는데, 뾰족하고 예리한 금속침으로 된 양극에 높은 전압을 걸고 여기에 기화된 시료분자를 도입하면 시료분자는 금속침에 전자를 빼앗기고 장이온화되어 금속침에서 먼 방향으로 흐르는 이온살(ion beam)을 형성한다. 장이온화로 얻은 M^+은 전자충격에서 얻은 것에 비해 과잉의 에너지가 적어 대부분의 경우 M^+의 상대세기가 크고, 조각이온이 적은 질량 스펙트럼이 얻어진다. 장이온화법에서는 분자이온과 분자이온보다 질량수가 하나 더 큰 이온$(M+1)^+$이 주로 많이 생긴다. 장이온화법은 전자충격 이온화법에 비하여 10배 이상 감도가 좋지 않은 단점이 있다.

장탈착법은 방출기(emitter)라고 하는 텅스텐선에 탄소 또는 규소침(침상의 작은 결정)을 생성시킨 곳에 시료용액을 살포하여 용매를 제거하고 장이온화와 같은 방법으로 이온화한다. 방출기에 정전위를 걸고 전류를 흘려 가열하고 시료를 양이온으로 하여 방출기로부터 이탈된 이온의 흐름이 얻어진다. 장탈착법은 시료를 기화시킬 필요가 없기 때문에 아미노산과 같은 휘발성이 작은 물질 또는 열에 불안정한 물질에 유용한 이온화법이다.

분자연구를 위해서는 장이온화법 또는 화학적 이온화법 그리고 전자충격 이온화법으로 질량스펙트럼을 얻는 것이 좋다. 장이온화법과 화학적 이온화법은 물질의 분자량에 관한 정보를 알려주고, 전자충격 이온화법은 물질의 확인에 유용한 특성 조각이온 스펙트럼을 많이 제공한다.

(4) 이차이온법과 고속원자 충격법

이차이온법은 가속된 아르곤 이온(Ar^+)을 고체 시료의 표면에 쪼일 때 이차적으로 시료의 이온을 만드는 방법이다. 이 방법에서도 시료의 이온화는 탈착과정에 의해 일어나며 장탈착법과 같이 휘발성이 적은 물질의 이온화에 유용하다.

고속원자 충격법은 이차이온법에서 일차이온 Ar^+을 시료에 쪼이는 대신에 가속된 중성의 아르곤 원자(Ar)를 응축된 상태에 있는 시료(많은 경우 글리세롤 기질 속에)에 충격하여 시료를 이온화시키는 방법이다. 이때에도 탈착과정에 의해 분석물질의 이온이 시료표면에 생긴다. Ar^*고속원자는 비교적 높은 압력($\sim 10^{-6}$ torr)의 아르곤 원자가 들어 있는 챔버에서 이온총을 쏘아 얻은 아르곤 이온을 가속시켜 아르곤 기체에 충돌시켜 얻는다.

고속원자 충격법은 장탈착법으로 용이하지 않은 휘발성이 적은 시료에 대한 분자량을 얻을 수 있고, 생물학적 활성 화학종인 고분자량 물질의 질량분석법 연구에 유용한 이온화법이다. 유기물이나 생물학 물질의 고속원자 충격법에서는 고분자량 물질과 열에 불안정한 시료에서도 일반적으로 상당한 양의 분자이온과 조각이온을 얻을 수 있고, 분자량이 12,500 정도까지 되는 물질들도 정량분석할 수 있으며 분자량이 2,800 정도인 화합물의 상세한 구조적 정보를 얻을 수 있다.

9.1.4 질량분석계

이온화장치에서 생성된 이온은 이온화실에 걸어준 직류전압에 직접 비례하여 가속되고 이온선을 만들어 질량분리기로 보내진다. 여러 가지 질량 대 전하비, m/z를 갖는 이온들은 자기장이나 전기장에 의해 분리된 후 검출기의 이온증폭기에 의해 검출되어 질량 스펙트럼이 얻어진다. 이상적인 질량분석계는 작은 질량차를 구별하여 분리할 수 있어야 하고, 충분한 이온을 통과시켜 쉽게 이온전류를 측정할 수 있어야 한다.

질량 스펙트럼은 m/z가 커짐에 따라 인접한 봉우리의 거리가 좁아져 구별이 곤란해진다. 질량수가 m과 $m+\Delta m$인 두 질량 봉우리의 분리가 겨우 가능하다고 할 때 질량분석계의 분해능 R은 다음과 같이 정의한다.

$$R = \frac{m}{\Delta m} \tag{9.12}$$

두 봉우리 사이의 겹친 부분의 높이가 10%를 넘지 않으면 보통 두 봉우리는 분리된다고 생각하고 때로는 50%를 판단기준으로 할 때도 있다. 고분해능 질량분석계의 분해능은 10,000 이상을 얻을 수 있으며 1,000분의 1 질량 단위(밀리질량)의 질량측정이 가능하고 따라서 이온의 원소조정을 정확히 알 수 있다. 예를 들면 N_2^+ (질량 28.0061)과 CO^+ (질량

27.9949)처럼 질량이 거의 같은 이온을 분리하여 측정하는 것이 가능하다. 한편 NH_3^+와 CH_4^+와 같이 질량차가 한 단위 이상 되는 분자량이 작은 입자들은 분해능이 50 이하인 기기로도 구별할 수 있다. 분해능이 250~500의 질량분석계는 대부분의 유기시료의 단위질량차를 분리할 수 있다.

(1) 단일초점 질량분석계

이 분석계는 그림 9.5에 나타낸 것과 같이 자석을 이용하여 이온화장치에서 들어오는 이온들을 굴절시켜 180°, 90° 또는 60° 되는 원형통로를 따라 분석관으로 가속되도록 한다. 자석의 자기장의 세기를 변화시키거나 이온화장치의 가속슬릿의 가속전위를 변화시켜 질량이 다른 입자들이 출구슬릿 위에 초점을 맞출 수 있게 한다. 출구슬릿을 통과하는 이온은 이온수집 전극에 도달하여 이온전류를 내며 이는 증폭되어 기록된다. 실제 분석에서는 가속전압 V와 분리관의 곡률반경 r을 일정하게 하고 자기장을 낮은 자기장에서 높은 자기장으로 주사한다. 이렇게 하면 m/z가 작은 이온으로부터 큰 이온의 순으로 차례로 이온의 분석관을 빠져나가 끝에 설치된 검출기에 도달한다. 자기장에 의한 이온분리는 자기장 내에서의 이온의 방향차를 이용한 것이고 전기장에 의한 이온분리는 이온의 속도차를 이용하는 것이다.

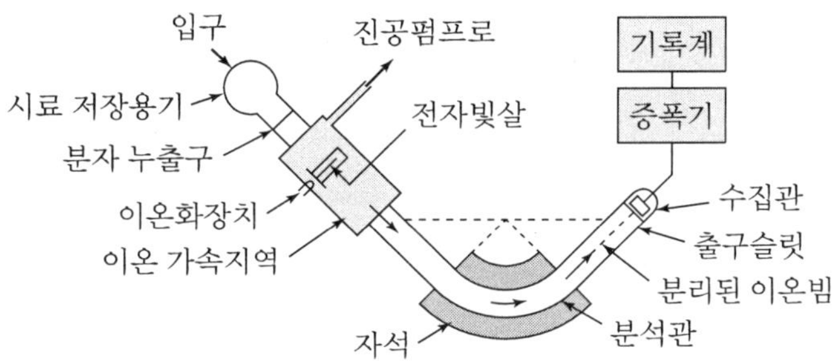

그림 9.5 60° 섹터의 Nier형 단일초점 질량분석계

(2) 이중초점 질량분석계

질량분석계의 분해능을 크게 하기 위해 그림 9.6과 같이 정전기장과 자기장을 조합하여 만든 이중초점 질량분석계가 이용된다. 이 분석계에서는 정전기장에 의해 이온선의 에너지(속도)의 확대를 감소시킨 후 자기장에 의해 분리하는 기기이다.

단일초점 기기에서는 이온원으로부터 나오는 이온군은 가속전압이 일정하더라도 여러 원인에 의해서 에너지는 일정하지 않고 약간 넓어진다. 따라서 에너지가 다른 이온은 같은 질량이라도 자기장 중의 궤도반경이 다르므로 이온수집기에 도달하는 이온띠(ionic band)를 넓히는 원인이 되며 분해능을 감소시킨다. 이런 현상은 그림 9.6과 같은 이중초점 질량분석계로도 제거할 수 있다. 이 기기에서는 이온살이 처음에 정전기장을 통과하게 되고 이때 동일한 에너지를 갖는 입자만을 슬릿2에 접속시키는 역할을 하고 이 슬릿은 자기장 분리장치의 이온원의 기점 역할을 한다. 이렇게 함으로써 질량차가 미세한 입자들을 분리할 수 있게 한다. 따라서 고분해능을 실현하는 데는 이중초점 분석계가 유리하다. 그러나 이때 얻은 이온전류는 적기 때문에 검출하고 기록하기 위해 크게 증폭하여야 한다.

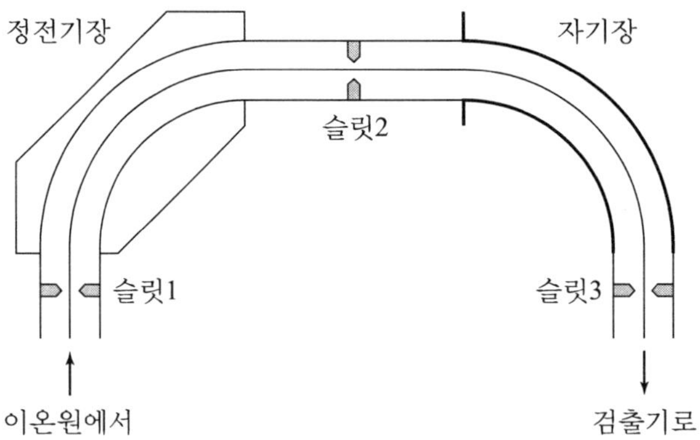

그림 9.6 이중초점 질량 분리장치의 개요도

그림 9.7은 또 다른 형태의 Mattauch-Herzog형 이중초점 질량분석계이다. 이 기기에서는 질량(궤도반경)이 다른 모든 이온의 초점이 단일초점 평면 위에 모이게 되어 있다. 이 방법은 사진검출법에 특히 유용하다.

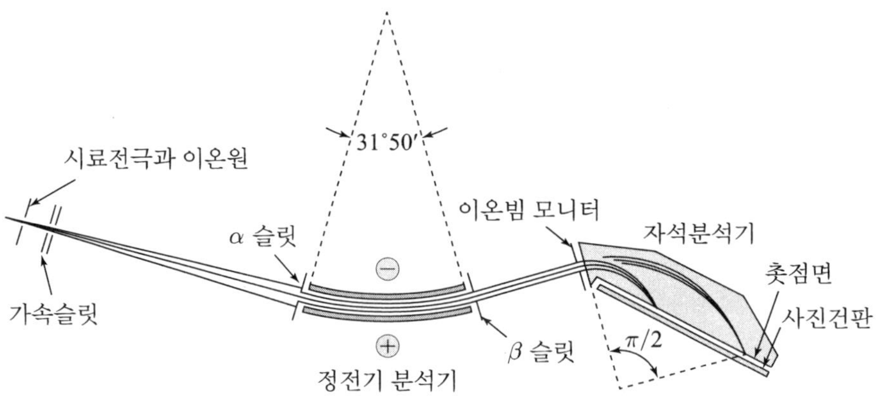

그림 9.7 Mattauch-Herzog형 이중초점 질량분석계

(3) 사중극 질량분석계

사중극 질량분석계(quadrupole mass analyzer)는 1953년 독일의 Paul에 의해 발명되었으며 질량필터라고도 한다. 이 분석계는 그림 9.8과 같이 4개의 짧고 평행한 금속막대가 이온살 주위에 대칭적으로 배열되어 있다. 서로 마주보는 막대끼리 연결하여 한 쌍은 기변 dc전원의 양극에, 다른 쌍은 음극에 연결되어 있다(사중극). 상대 두 쌍극자 전극의 각각에 $\pm(U + V\cos\omega t)$의 전압을 걸어준다(U : 직류전압). 사중극의 축방향으로 입사시킨 이온은 이 전압에 의해 진행 중심축에서 진동하기 때문에 특정의 m/z비를 갖는 입자만이 4개의 막대와 충돌하지 않고 이 지역을 통과할 수 있게 된다. 이 관계를 보이는 미분방정식을 Mathiew 방정식이라 한다. 이 방정식으로부터 U/V의 비를 어느 일정값에 놓을 때에 이온이 전기장 내를 안전하게 통과하게 된다. 이때 이온의 질량 m과 고주파의 전압 V(volt) 및 진동수 f(MHz) 거리 r_o(cm) 사이에는 다음과 같은 관계가 성립한다.

$$m = 0.14\frac{V}{f^2 \cdot r_o^2} \tag{9.13}$$

식 (9.13)으로부터 질량 m은 높은 진동수의 전압 V와 비례한다는 것을 알 수 있다. 실제의 장치에서는 진동수를 일정히 하고, 고주파의 전압 V를 변화시켜 질량 주사(scan)를 한다. 사중극 질량분석계는 감도가 높고, 질량주사 속도가 빠르며(간격당 0.01초 정도) 동시에 여러 개의 조각이온을 측정할 수 있다. 이런 성질들은 특히 크로마토그래피의 용리봉우리를 그 자리에서 당장 주사할 때도 유용하다.

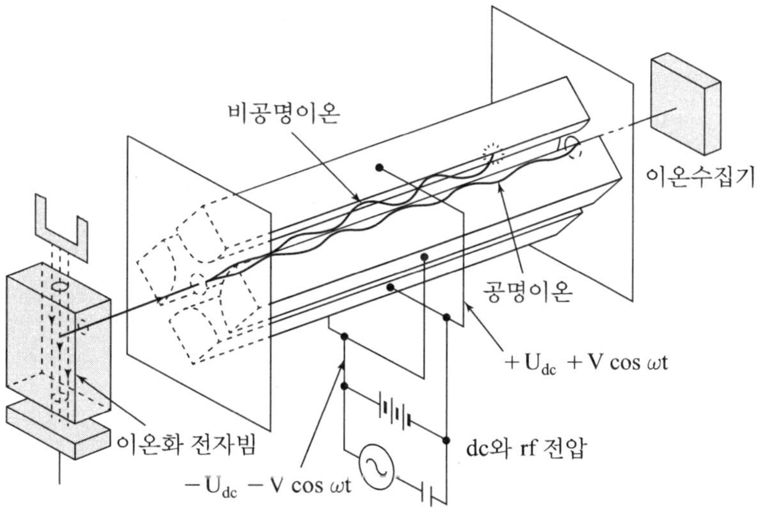

그림 9.8 사중극 질량분석계의 구조

자기장형의 기기에서는 전자충격 이온화의 경우 10^{-6} torr 정도의 작동압력을 유지해야 하지만 사중극 기기는 10^{-4} torr로 작동이 가능하기 때문에 장치의 부피가 작고 무게도 가벼워 가격이 약간 저렴하다. 그러나 분해능이 자기형보다 약간 나쁘며 질량 봉우리의 상대세기가 자기장형과는 다른 경우가 있다.

표 9.1에 현재 시판되고 있는 몇 가지 질량분석계의 측정 가능한 질량범위와 분해능을 수록하였다.

표 9.1 질량분석계의 비교

형태	질량범위	분해능
단일초점	1 ~ 1,400	1,800
	1 ~ 900	1,500
이중초점	8 ~ 7,200	40,000
	1 ~ 4,000	20,000
	2 ~ 3,600	> 25,000
사중극	1 ~ 750	500
비행시간	1 ~ 700	150 ~ 250
	0 ~ 250	130
Fourier 변환	12 ~ 2,000	50,000 ~ 760,000

9.1.5 검출기

질량분석계의 이온검출기로는 전자증배관(electron multiplier), 사진건판(photographic plate) 및 Faraday컵 등이 사용된다. 유기화합물의 분석용으로 사용하는 대부분의 질량분석계에는 전자증배관 검출기가 사용되며 이 검출기는 이온수집기에 도달한 이온전류를 적당한 방법으로 증폭시켜 검출하는 것으로 분광광도법의 광전자증배관의 원리와 비슷하다. 분석계에서 나오는 양이온들은 2 ~ 5 keV의 전압차로 가속되어 증배관의 제1판에 도달한다. 구리-베릴륨(2%) 합금으로 된 이 판은 한 개 양이온당 평균 2개의 전자를 발생한다. 이 전자들은 양의 전위에 의해 제2의 양극 쪽으로 가속되어 전자증폭이 일어난다. 이런 단계를 20회 거친 후 전류는 약 10^7배로 증배된다.

젤라틴에 브롬화은을 녹여 피복시킨 사진건판을 양이온을 감지한다. 건판은 일정한 시간 동안 이온전류의 신호를 적분할 수 있기 때문에 전자증배관보다 대단히 예민하고, 고분해능의 이중초점 분석계에 매우 효과적이다.

분해능이 낮은 분석계에는 값이 싸고 편리한 패러데이 컵 검출기를 사용한다. 이것은 작은 전극 또는 관으로 되어 있고 여기서 반사된 이온과 방출된 제2전자가 달아나는 것을 막기 위하여 한쪽이 열린 반사통으로 둘러싸여 있다. 이 판은 높은 저항의 저항체를 통하여 오는 전자의 흐름으로 중화되고 이때 생긴 전압강하가 증폭되어 기록된다. 이 검출기는 높은 임피던스 증폭기가 필요한데 이것은 스펙트럼을 주사시키는 속도에 제한을 주는 단점이 있다.

2 질량 스펙트럼

간단한 화학물일지라도 질량 스펙트럼은 복잡하게 나타난다. 질량 스펙트럼은 분자의 작용기뿐만 아니라 이온화전위, 이온화방법, 시료의 압력과 온도 및 질량분석계의 설계에 따라 다르게 나타난다.

다음에는 가장 일반적인 이온화법인 전자충격법에 의해 얻은 질량 스펙트럼과 화학적 이온화에 의한 스펙트럼에 관해 설명하기로 한다.

질량 스펙트럼의 가로축은 주파수(kHz) 또는 시간(msec)으로 나타낼 수도 있으나 일반적으로 질량수(m/z)를 눈금으로 기록한다. 세로축은 이온세기를 나타내며 이온세기가 가장 큰 봉우리를 기준봉우리라 하고 보통 기준봉우리의 세기를 100으로 하고 다른 봉우리는 이것에 대한 상대세기 즉, 상대존재비로 나타낸다. 전자충격법 스펙트럼의 경우에는 기준봉우리가 분자이온보다는 조각이온에서 생기는 경우가 더 많다.

질량 스펙트럼의 가로축 눈금의 보정에는 넓은 질량범위에 걸쳐 조각이온의 봉우리를 내는 표준물질이 사용된다. 표준물질로 흔히 사용되는 화합물은 perfluorokerosene (PFK)이다. 이것은 68.9952 (CF_3) ~ 716.9569 ($C_{17}F_{27}$)까지 약 50여개 조각이온의 질량 봉우리가 나타나므로 질량 봉우리의 위치를 보정하는데 적합하다.

질량 스펙트럼의 봉우리로 나타나는 많은 이온 중에서 가장 작은 에너지로 이온화 되어 생성된 이온은 전자 1개를 잃은 $M\cdot^{+}$이다.

$$M + e \rightarrow M\cdot^{+} + 2e^{-}$$

질량분석법에서는 보통 라디칼 $M\cdot^{+}$을 M^{+}으로 간단하게 표시한다.

일반적으로 분자이온 M^{+}이 생긴 다음에는 이보다 질량이 작은(때로는 큰) 이온이 생기는 일련의 반응이 일어나게 된다. 따라서 질량 스펙트럼은 복잡해지고 세기가 서로 다른 많은 봉우리로 되어 있는 경우가 많다. 분자이온 봉우리는 분자의 구조를 결정할 때 가장 중요하나. 실제로 전자충격 이온화법에서는 어떤 다소 불안정한 분자의 경우에 분자이온 봉우리가 생기지 않고 조각이온 봉우리들만이 나타난다.

전자충격법으로 기체 상태의 분자에 충분히 큰 에너지의 전자를 충돌시키면 분자는 다음과 같은 메커니즘에 따라 여러 종류의 양이온을 형성한다.

분자이온 형성	$ABCD + e^- \rightarrow ABCD^+ + 2e^-$
쪼개지기 반응	$ABCD^+ \rightarrow ABC^+ + D \rightarrow AB^+ + C$ $\rightarrow AB^+ + CD \rightarrow A^+ + B$ 또는 $A + B^+$ $\rightarrow AB + CD^+ \rightarrow C^+ + D$ 또는 $C + D^+$ $\rightarrow A^+ + BCD$
자리옮김 후 쪼개짐	$ABCD^+ \rightarrow DABC^+ \rightarrow DA^+ + BC$ 또는 $DA + BC^+$
충돌 후 쪼개짐	$ABCD^+ + ABCD \rightarrow (ABCD)_2{}^+ \rightarrow BCD + ABCDA^+$
2차 이온화 반응	$ABCD + e^- \rightarrow ABCD^{2+} + 3e^-$

동위원소 이온의 봉우리를 제외하면 분자이온 봉우리 M^+은 보통 가장 큰 질량을 갖는다. M^+이온의 상대적 세기는 그 분자의 안정도에 의존하고 대략 다음의 순서로 감소한다.

방향족 > 컨주게이션 올레핀 > 지방족 고리화합물 > 황화물 > 선형 탄화수소 > 메르캅탄 > 케톤 > 아민 > 에스터 > 에테르 > 칼복시산 > 가지 달린 탄화수소 > 알코올

이온과 분자가 충돌하면 분자이온보다 질량수가 큰 봉우리를 생성할 수 있다. 일반적인 시료압력 하에서 일어날 수 있는 이런 형태의 가장 중요한 반응은 충돌에 의해 수소 원자가 분

표 9.2 자연에 존재하는 동위원소의 질량과 상대존재비(%)

원소	M	질량	상대존재비	M+1	상대존재비	M+2	상대존재비
수소	^{1}H	1.0078	100	^{2}H	0.016		
탄소	^{12}C	12.0000	100	^{13}C	1.08		
질소	^{14}N	14.0031	100	^{15}N	0.38		
산소	^{16}O	15.9949	100	^{17}O	0.04	^{18}O	0.20
규소	^{28}Si	27.9769	100	^{29}Si	5.10	^{30}Si	3.35
황	^{32}S	31.9721	100	^{33}S	0.78	^{34}S	4.40
염소	^{35}Cl	34.9689	100			^{37}Cl	32.5
브롬	^{79}Br	78.9183	100			^{81}Br	98.0

\# ^{19}F(18.9984), ^{31}P(30.9738) 및 ^{127}I(126.9045)는 자연에 동위원소를 가지고 있지 않음.

* Lange's Handbook of Chemistry, J. A. Dean, Ed., 12th ed., McGraw-Hill Book Co., New York, 1979.

자이온으로 이전하는 것으로 이때 $(M+1)^+$의 봉우리가 나타난다. 이런 양성자 이전반응은 2차 반응이며 생성물의 양은 반응물 농도에 의존한다. 따라서 $(M+1)^+$의 봉우리는 시료압력이 증가할 때 다른 봉우리의 크기에 비하여 크게 증가한다.

유기화합물을 구성하는 원소의 대부분은 동위원소를 포함하고 있다. 따라서 어느 조성의 이온에는 반드시 질량이 다른 동위원소 이온이 존재한다. 표 9.2에 자연계에 존재하는 동위원소의 질량과 상대존재비를 나타내었다.

그림 9.9는 methylene chloride(CH_2Cl_2)의 전자충격법 이온화에 의한 질량스펙트럼이다. 그림을 보면 분자이온 봉우리가 질량수 84에서 나타나고, 기준봉우리는 49 질량단위에서 나타나며 이것은 Cl 원자 한 개가 떨어져 나간 CH_2Cl^+ 조각이온의 봉우리임을 알 수 있다. 그리고 분자이온 봉우리보다 1~4질량단위 더 큰 질량을 갖는 봉우리가 나타남을 볼 수 있다. 이런 봉우리들은 같은 화학적 조성을 갖지만 다른 동위원소 조성을 가진 이온에서 생긴 것이다.

CH_2Cl_2에서 중요한 동위원소 화학종은 $^{12}C^1H_2{}^{35}Cl_2$ ($m=84$), $^{13}C^1H_2{}^{35}Cl_2$ ($m=85$), $^{12}C^1H_2{}^{35}Cl^{37}Cl$ ($m=86$), $^{13}C^1H_2{}^{35}Cl^{37}Cl$ ($m=87$) 및 $^{12}C^1H_2{}^{37}Cl_2$ ($m=88$) 등이다. 이들 각 봉우리의 크기는 이들 동위원소의 상대 자연 존재비에 의존한다.

최신 질량분석계는 전자충격 이온화법과 화학적 이온화법 또는 장이온화법 및 장탈착 이온화법도 교체하여 사용할 수 있도록 설계되어 있다. 여기에서 CI, FI, FD에 의한 이온화 방법은 전자충격으로는 거의 얻기 어렵거나 얻을 수 없는 화합물의 분자이온 봉우리를 얻을 수 있기 때문에 분자량을 측정하는데 유용하다. 화학적 이온화법에 의한 질량 스펙트럼은 전자충격법에 의한 것보다 단순하고 일반적으로 $(M+1)^+$과 $(M-1)^+$의 봉우리가 나타난다.

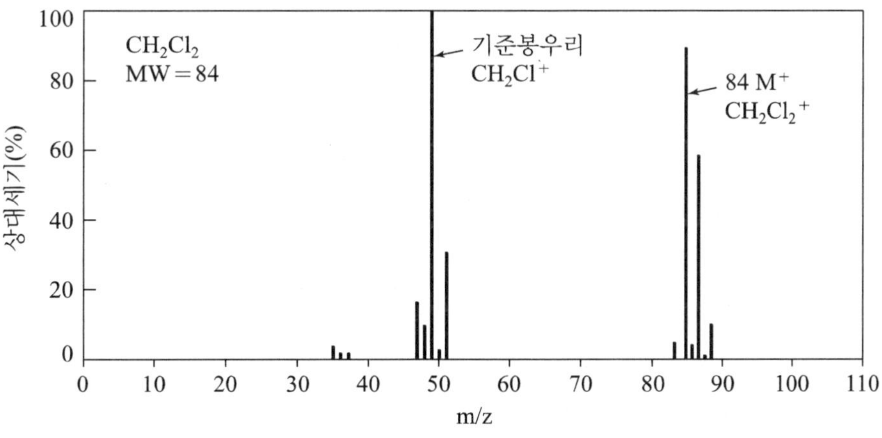

그림 9.9 Methylene chloride의 전자충격 질량 스펙트럼

장탈착법에서는 기준봉우리가 분자이온보다 질량이 하나 더 큰 MH^+ 봉우리가 나타나고, $(M+2)^+$의 작은 봉우리도 나타난다. 장이온화법에서는 $(M+1)^+$ 봉우리가 나타나고, 높이가 큰 $(M-H_2O)^+$의 봉우리도 나타난다.

3 분자량과 분자식의 결정

9.3.1 분자량의 결정

질량 스펙트럼에서 분자이온이 판별되면 정확한 분자량을 결정할 수 있다. 그러나 분자이온 봉우리는 화합물의 종류 및 측정조건 등에 따라 그 세기가 매우 약하거나 잘 나타나지 않는 경우도 있다. 따라서 화합물이 안정하여 조각이온으로 잘 쪼개지지 않고 쉽게 이온화되는 경우 분자이온의 봉우리는 비교적 강하게 잘 나타난다.

예를 들면 π전자나 고립전자쌍을 많이 포함하고 있는 불포화화합물 및 O, N 등을 포함하는 화합물은 M^+의 봉우리가 확실히 나타난다. 또한 고리화합물도 비고리화합물에 비하여 비교적 안정하므로 조각이온으로 잘 쪼개어지지 않는다. 비록 쪼개진다 하더라도 항상 2개 이상의 결합이 끊어지는 것이 아니므로 분자이온 봉우리의 세기가 비교적 크다.

분자이온 봉우리가 잘 나타나지 않는 것은 시료분자가 불안정하여 조각내기 반응 등을 잘 일으키거나 낮은 휘발성 등 시료의 물리화학적 성질에 그 원인이 있다.

만일 분자이온 봉우리의 확인이 어려울 때에는 다음과 같은 방법을 통하여 M^+ 봉우리가 잘 나타나도록 한다.

① **시료를 직접 주입하는 방법** : 일반적으로 시료는 증기상태로 주입하여야 하는데 이때 비휘발성이고 분자량이 큰 시료는 높은 열을 가하여야 한다. 분자가 높은 열에 의해 열분해가 나타날 수 있으므로 봉우리의 세기가 낮아진다. 따라서 시료를 직접 도입하여 이온화시키는 것이 좋다.

② **전자충격 전압을 낮추는 방법** : 전자충격 전압이 높으면 분자가 조각이온으로 잘 쪼개지므로 봉우리가 약하게 나타난다. 그러므로 충격전압을 낮추어 조각이온이 생기는 것을 줄여야 한다. 특히 이 방법은 스테로이드 및 알칼로이드 등과 같이 분자량이 큰 화합물일 경우에 유용한다. 그러나 화학적 이온화법을 이용하면 분자이온 봉우리의 확인이 쉬워진다. 이때 M+1에서 나타나는 봉우리를 이용하여 분자량을 결정할 수 있다.

③ **가열온도를 낮추어 측정하는 방법** : 불안정한 화합물을 기체상태 시료로 만들 때에 낮은

온도로 가열하면 분자이온 봉우리가 명확하게 나타날 수 있다. 이 방법은 가지 달린 포화탄화수소에 널리 이용된다.

④ **적당한 유도체로 만들어 측정하는 방법** : 일반적으로 $-COOH$ 또는 OH기를 갖는 극성이 큰 화합물은 휘발성이 낮으므로 분자이온의 봉우리가 잘 나타나지 않는다. 이런 때에는 휘발성이 큰 유도체로 만들어 측정하는 것이 좋다. 즉, 칼복시산이나 아미노산 화합물은 에스터 유도체로, 알코올과 같은 화합물은 trimethylsilyl ester의 유도체로 만들어 측정한다.

이상과 같은 실험에 의해 질량 스펙트럼을 얻었다고 해도 분자이온 봉우리를 속단하는 것은 위험하다. 따라서 다음의 과정을 통해 분자이온 봉우리를 확인하도록 하여야 한다.

① **질소규칙의 이용** : 화합물이 C, H, O만으로 이루어졌거나 또는 짝수개의 N을 함유하는 경우에 이 화합물의 분자이온의 질량수는 반드시 짝수이다. 할로겐 원자를 갖고 있는 경우에는 H와 같이, S는 O와 같이 또는 P는 N과 같이 처리하여, 대상으로 한 봉우리의 질량수가 짝수인지 홀수인지를 확인한다.

② 보다 작은 질량수를 갖는 봉우리(조각이온)의 질량수의 차이를 살펴본다. 질량수의 차이가 유기화학적 상식과 맞지 않을 경우, 보통은 $(M-4) \sim (M-14)$, $(M-20) \sim (M-25)$, $(M-27)$ 및 $(M-28)$과 같은 조각이온 봉우리는 나타나지 않으므로 이것에 의해 착안한다.

③ 전자충격 전압을 낮춰서 스펙트럼을 얻었다고 할 때 알고자 하는 봉우리가 계속 남아 있는지를 확인해야 한다.

④ 유도체로 변경시켜 질량 스펙트럼을 얻은 경우 유도체에 상당하는 질량수만큼 알고자 하는 분자이온 봉우리의 위치가 변화하는지를 확인해야 한다.

9.3.2 분자식의 결정

고분해능 ($R > 10{,}000$)의 질량분석계를 사용하면 분자이온의 정확한 질량을 측정할 수 있고, 이것으로부터 분자식을 결정할 수 있다. 화합물들의 분자량이 대략 같아도 모든 원소의 원자량이 정수가 아니기 때문에 소수점 아래까지 정확하게 같은 값을 갖기는 어렵다. 따라서 측정된 m/z값과 계산값을 비교하여 분자식을 쉽게 결정할 수 있다.

예를 들면 질량 스펙트럼에서 측정한 분자이온의 정확한 질량수가 120.0575하고 할 때 이 화합물은 C, H, O로 구성되었고, 조각이온 등 여러 가지를 고려하여 다음 다섯 가지의 분자식을 가질 수 있다고 판단될 때,

분자식	$C_4H_5O_4$	$C_5H_{11}O_3$	$C_7H_4O_2$	C_8H_8O	C_9H_{12}
질량수	120.0423	120.0786	120.0211	120.0575	120.0939

측정된 질량수와 같은 화합물의 분자식은 C_8H_8O이라는 것을 쉽게 알 수 있다. 참고로 이들 화합물의 질량수는 자연에 가장 많이 존재하는 동위원소인 ^{12}C, ^{1}H 및 ^{16}O의 질량을 기준으로 하여 계산한 것이다. 이렇게 계산한 값은 실제의 분자량이 아니고 가장 많이 존재하는 동위원소만의 질량의 합이다.

또, 동위원소의 질량 봉우리로부터 분자식을 결정할 수도 있다. 동위원소의 질량 봉우리는 분자이온을 확인할 때 혼란을 줄 수 있지만 동위원소의 분자식을 결정하는 결정적인 자료로 이용할 수도 있다. 이것은 표 9.2에 수록한 것과 같이 자연계에 모든 원소에 있어서 동위원소의 함유량은 일정한 비로 분포되어 있으므로 질량 스펙트럼에 나타나는 분자이온과 동위원소 봉우리의 상대세기는 자연계에 존재하는 동위원소의 분포비와 비례하기 때문이다. 따라서 질량 스펙트럼으로부터 분자이온과 동위원소 봉우리의 상대세기를 측정하고, 이 값을 예상되는 분자의 동위원소 분포비를 계산한 값(표 9.2를 이용하여 계산)과 비교하면 쉽게 분자식을 결정할 수 있다. 그러나 동위원소 봉우리가 나타나지 않거나 분자이온과의 상대적 비를 구하기가 곤란한 물질인 경우에는 이 방법을 사용할 수 없다.

예제 9.1

질량 스펙트럼으로부터 다음과 같은 실험 데이터를 얻었다. 동위원소의 존재비를 이용하여 이 화합물의 분자식을 구하라.

분자이온 및 동위원소 봉우리(m/z)	봉우리의 상대세기	동위원소의 상대존재비(%)
M (28)	10	100
M+1 (29)	0.11	1.10
M+2 (30)	0.018	0.18

해답

실험데이터에 의해 미지시료(M)의 분자량은 28이다. 이와 같은 분자량을 갖는 물질은 여러 가지가 존재할 수 있다. 그러나 여기서는 CO 및 C_2H_4의 두 가지가 있다고 가정하고 표 9.2의 자료를 이용하여 이들 분자에 대한 존재비를 각각 구하면 다음과 같다.

^{13}C의 상대존재비 : 1.08%, ^{2}H의 상대존재비 : 0.016%,
^{17}O의 상대존재비 : 0.04%, ^{18}O의 상대존재비 : 0.20%

CO의 경우

M	:	$^{12}C\ ^{16}O$	100%
M+1	:	$^{13}C\ ^{16}O$	1×1.08=1.08%
		$^{12}C\ ^{17}O$	1×0.04=0.04%
			1.12%
M+2	:	$^{13}C\ ^{17}O$	(1×1.08)×(1×0.04)=0.04%
		$^{12}C\ ^{18}O$	1×0.20=0.20%
			0.24%

C_2H_4의 경우

M	:	$^{12}C_2\ ^{1}H_4$	100%
M+1	:	$^{12}C_2\ ^{1}H_3\ ^{2}H_1$	4×0.016=0.06%
		$^{12}C\ ^{13}C\ ^{1}H_4$	2×1.08=2.16%
			2.22%
M+2	:	$^{12}C_2\ ^{1}H_2\ ^{2}H_2$	$3\times(0.016)^2 \fallingdotseq 0.00\%$
		$^{13}C_2\ ^{1}H_4$	$2\times(1.08)^2=2.33\%$
		$^{12}C\ ^{13}C\ ^{1}H_3\ ^{2}H_1$	(2×1.08)×(4×0.016)=0.14%
			2.47%

화합물	상대존재비(%)		
	M	M+1	M+2
CO	100	1.12	0.24
C_2H_4	100	2.22	2.47
미지물질	100	1.10	0.18

계산 결과에서 보는 것처럼 미지물질의 상대존재비는 CO분자와 비슷하므로 미지물질은 CO라고 판정할 수 있다. 여기서 계산값과 측정값 간의 적은 차이는 실험오차로 취급할 수 있다.

4 유기화합물의 질량 스펙트럼

간단한 분자라도 쪼개지기 또는 자리옮김 반응이 일어나 복잡한 질량 스펙트럼을 얻게 된다. 이것으로부터 분자이온을 확인할 수 있거나 적어도 그 화합물에 있는 작용기를 알 수 있다. 순수한 화합물에 대한 조각이온의 질량 봉우리를 계통적으로 연구하면 조각내기 메커니즘을 합리적으로 설명할 수 있고, 스펙트럼을 해석하는데 도움이 되는 일련의 일반규칙을 알 수 있게 된다. 스펙트럼에 나타나는 모든 봉우리를 설명할 수는 없지만 조각내기의 특성을 알 수 있다. 여기에서는 동족계열 유기화합물의 특성적 질량 스펙트럼에 대해 알아보기로 한다.

9.4.1 탄화수소

포화 탄화수소에서는 일반적으로 분자이온 확인이 가능하다. C_1~C_5 범위에서는 M^+ 봉우리의 세기가 크지만 탄소수가 많아지면 그 세기가 현저하게 작아진다. 또 기준봉우리는 C_2~C_5 범위에서 나타나고, M^+의 일반식은 C_nH_{2n+1}이며, m/z는 29, 43, 57, 71 및 85이다.

곁가지가 없는 포화 탄화수소에서는 CH_2를 단위로 하는 14 질량씩 변할 때마다 봉우리군이 나타나는데, CH_3가 쪼개진 $[M-CH_3]^+$는 극히 약하거나 나타나지 않는 경우가 많다. 뚜렷한 봉우리보다 1질량단위가 큰 봉우리는 ^{13}C에 의한 것으로 아주 작은 봉우리이다. 수소 원자가 떨어져 나간 것에 해당하는 1 또는 2 질량단위 낮은 봉우리도 나타난다. 한편 가지달린 포화 탄화수소는 카르보 양이온(C^+)의 안정도 순서(3차 > 2차 > 1차)로 쪼개진다. 그리고 곁가지가 많이 달린 분자에서는 수소 원자의 이동이 흔히 보이지만 강하지는 않다. 또 고리

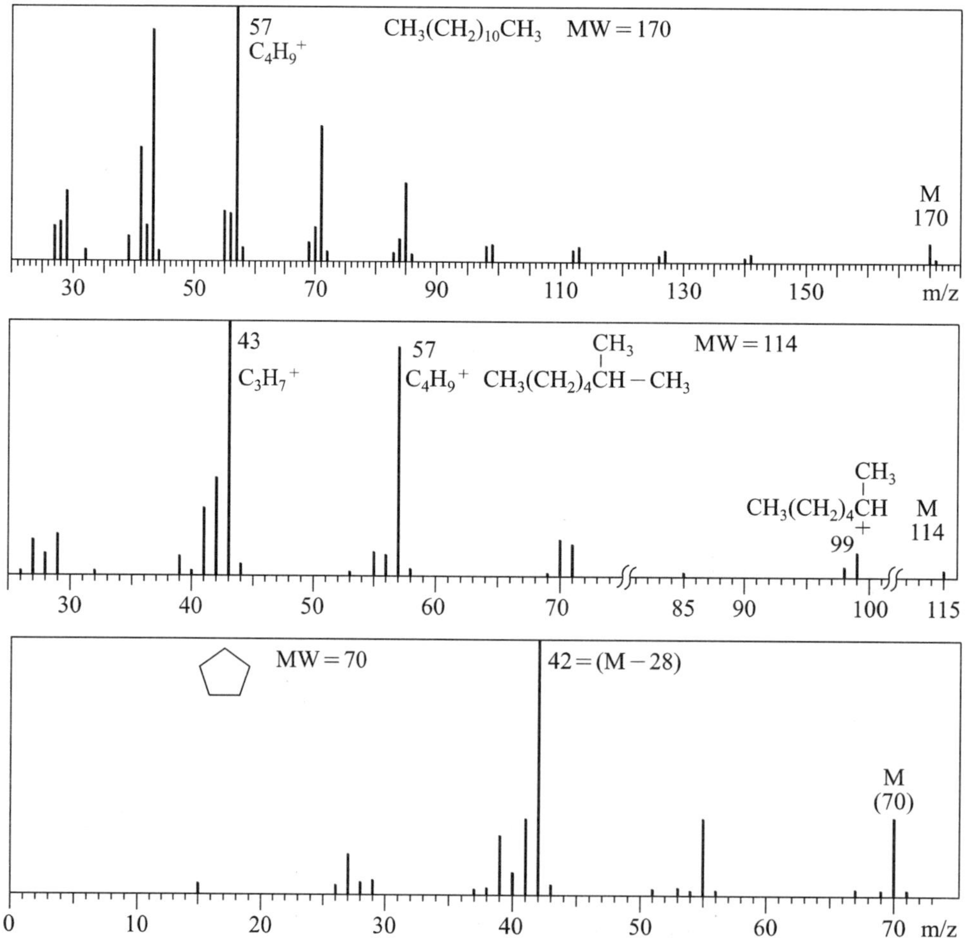

그림 9.10 (a) *n*-dodecane, (b) 2-methyl heptane, (c) cyclopentane의 질량 스펙트럼

모양 화합물의 쪼개지기 반응에서는 두 개의 탄소-탄소 결합이 끊어지므로 에탄($-C_2H_4-$)을 잃는 특징(M−28)을 갖는데 이것은 한 개의 결합이 끊어지는 것보다 에너지면에서 매우 어려운 과정이다.

그림 9.10에 곧은형과 가지달린 포화탄화수소 및 고리형의 탄화수소에 대한 예로 *n*-dodecane, 2-methyl heptane 및 cyclopentane의 스펙트럼을 나타내었다.

불포화탄화수소의 분자이온 봉우리도 비교적 강하게 잘 나타난다. 올레핀은 이중결합의 β 위치에서 결합이 끊어진 m/z값이 41 ($[CH_2=CHCH_2]^+$), 55 ($[CH_3CH=CHCH_2]^+$), 69, 83 등인 조각이온 봉우리가 나타난다. 이들 봉우리군은 2질량단위 낮게 나타나는 것을 제외하고는 포화 탄화수소와 비슷하다.

$$[RCH=CH-CH_2-R']^{\bullet +} \rightarrow [RCH=CH-CH_2]^+ + R^{\bullet\prime}$$

고리형 올레핀의 경우에도 분자이온 봉우리가 비교적 잘 나타난다. 예로 cyclohexane은 Diels-Alder 반응에 대응하는 특수한 쪼개지기 반응을 일으킨다. 그러나 알켄 화합물의 시스 및 트란스 이성질체는 질량 스펙트럼이 비슷하게 나타나므로 서로 구별이 어렵고, 이온화 과정에서 이중결합의 위치가 쉽게 이동하므로 그 위치를 결정하기 더 어렵다.

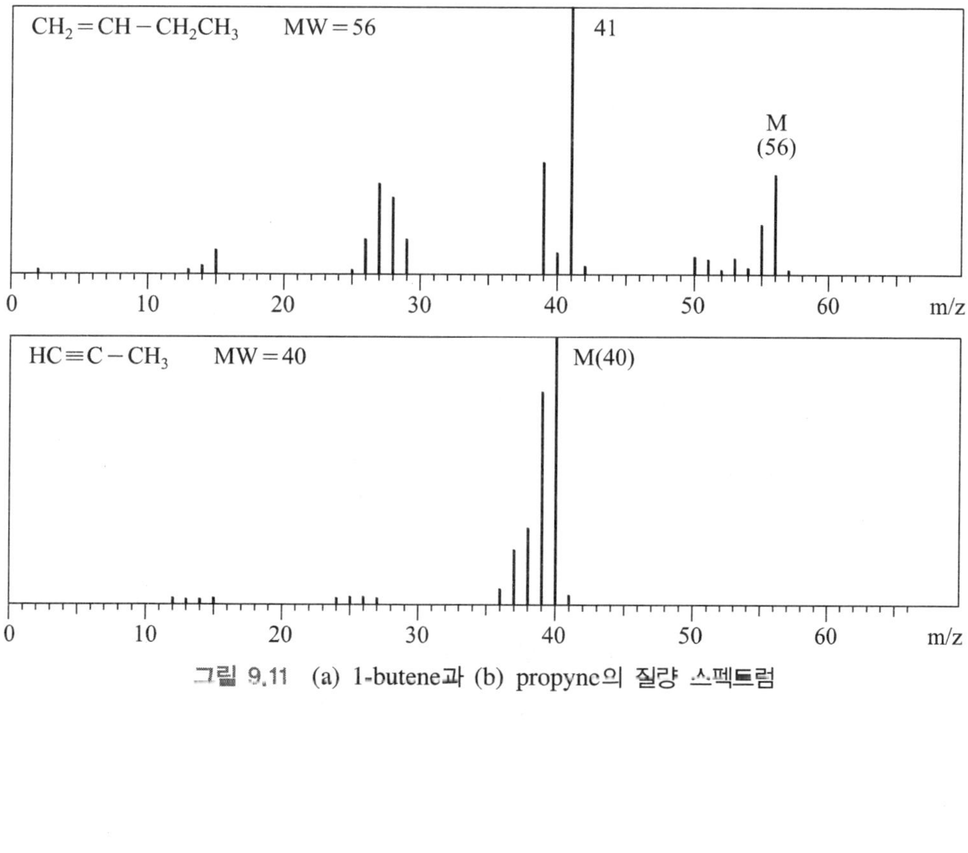

그림 9.11 (a) 1-butene과 (b) propyne의 질량 스펙트럼

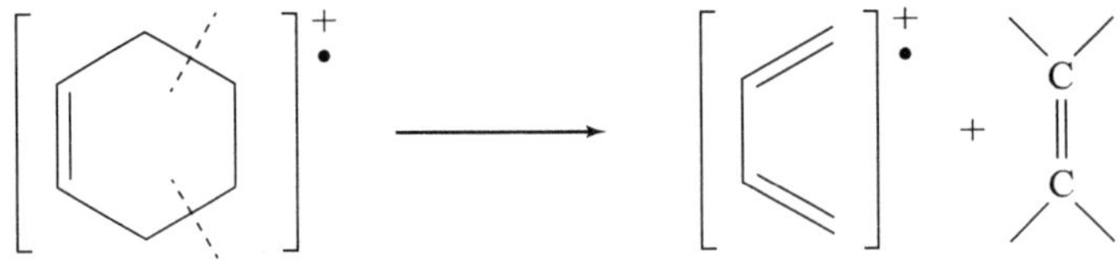

9.4.2 알코올과 페놀

알코올의 분자이온 봉우리는 극히 약하며 잘 나타나지 않으므로 확인이 불가능할 때가 많다. 1차 알코올(RCH_2OH)의 경우 산소에 인접한 탄소의 결합이 끊어져 $CH_2=O^+H$ 이온을 잘 만들고, 이 이온의 질량 봉우리는 $m/z=31$에서 세기가 가장 강한 기준봉우리로 나타나는 것이 특징이다.

$$[R-CH_2-OH]^{\bullet +} \rightarrow R\bullet + CH_2=O^+H$$

그러나 2차 또는 3차 알코올일 경우에는 보다 큰 알킬기가 떨어져 나가기 쉽다. 또한 탈수반

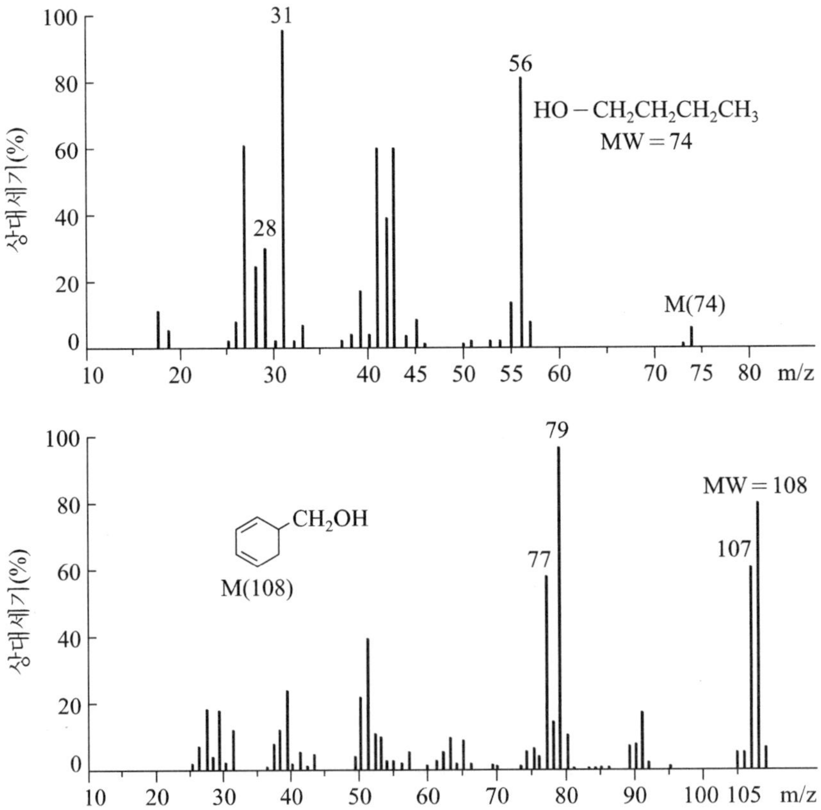

그림 9.12 알코올과 벤질알코올의 질량 스펙트럼

응에 의해 M − 18(H_2O) 봉우리 또는 H_2O와 $CH_2=CH_2$가 함께 떨어져 나간 M − (18 + 28)의 봉우리도 나타난다.

한편 페놀류의 분자이온 봉우리는 비교적 세게 나타난다. 페놀에서는 분자이온이 기준봉우리가 된다. 벤질알코올의 경우에는 쪼개지기 및 자리옮김 반응에 의해 CO 및 H가 떨어져 나간 M − 1 ($m/z = 107$), M − 29 ($m/z = 79$) 및 M − 31 ($m/z = 77$) 봉우리가 나타난다.

9.4.3 방향족

방향족 고리는 안정하여 쪼개지기 반응이 잘 일어나지 않으므로 분자이온 봉우리가 매우 세게 나타난다. *n*-alkyl benzene(예: $C_6H_5-CH_2CH_2CH_3$)은 β위치의 쪼개져 benzyl 이온 ($C_6H_5-CH_2^+$)이 생기고, 이것이 자리옮김을 일으킨 tropylium 이온, $C_6H_5CH_2^+$($m/z = 91$)의 조각이온 봉우리가 크게 나타난다. 그러나 *iso*-propyl benzene의 경우에도 조각내기와 자리옮김 반응이 일어나지만 $-CH_3$가 떨어져 나간 $m/z = 105$에서 세기가 큰 봉우리가 나타난다. 이들의 질량 스펙트럼을 그림 9.13에 나타내었다. 그러나 알킬기가 두 개 치환된 *o*, *m* 및 *p*-xylene 이성질체 ($CH_3-C_6H_4-CH_3$, Mw=106)들의 스펙트럼은 거의 비슷하므로 서로

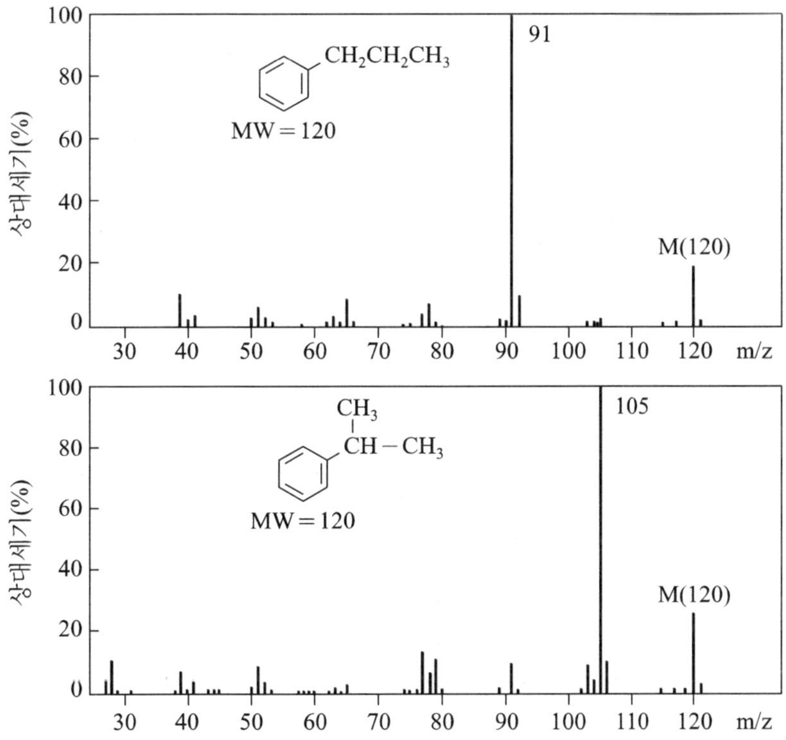

그림 9.13 *n*-propyl benzene과 *iso*-propyl benzene의 질량 스펙트럼

구별이 곤란하다. 이들 이성질체는 수소 원자 한 개가 떨어져 나간 $m/z=105$의 methyl tropylium 이온과 CH_3가 떨어져 나간 $m/z=91$의 조각이온 봉우리가 나타난다.

탄소수가 3개 이상인 알킬기가 벤젠고리에 붙어 있는 경우($C_6H_5-(CH_2)_3CH_3$)는 다음과 같은 McLafferty 자리옮김 반응으로 $m/z=92$의 봉우리가 나타난다.

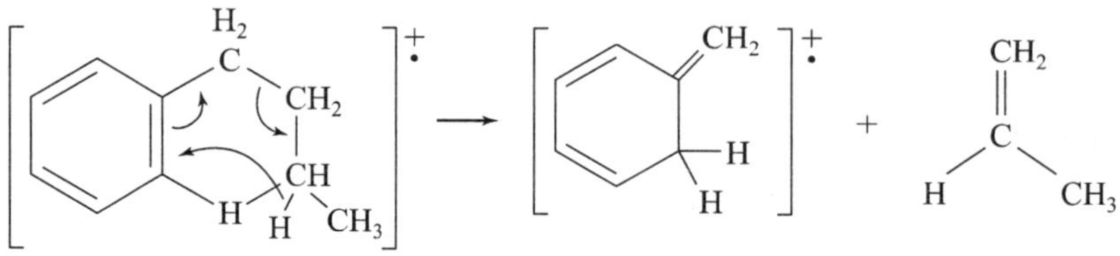

9.4.4 에터

지방족 에터의 분자이온 봉우리는 비교적 약하다. 그리고 산소 원자의 존재로 $m/z=31$ $(OCH_3)^+$, 45 $(OCH_2CH_3)^+$ 등의 봉우리가 가능하다. 그림 9.14에 diisopropyl ether와 anisole의 질량 스펙트럼을 나타내었다. 방향족 에터에는 분자이온 봉우리가 확실하게 나타난다. 예로써 anisole에서는 M^+가 기준봉우리이며, 고리의 β위치에서 쪼개진 $m/z=93$, 방향 고리에 의해 $m/z=77$, 78 외에 $m/z=65$의 조각이 특징적으로 나타난다.

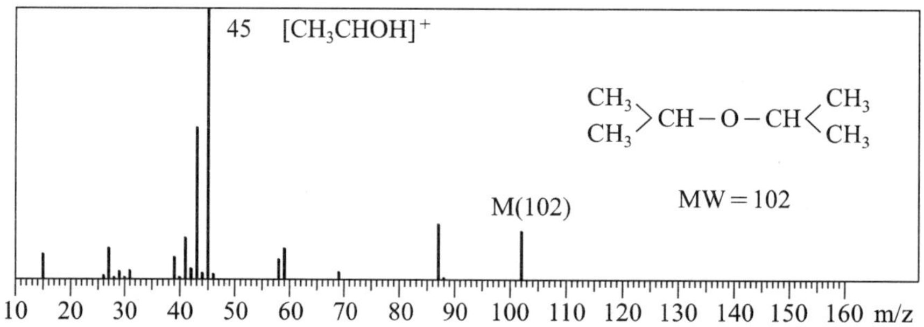

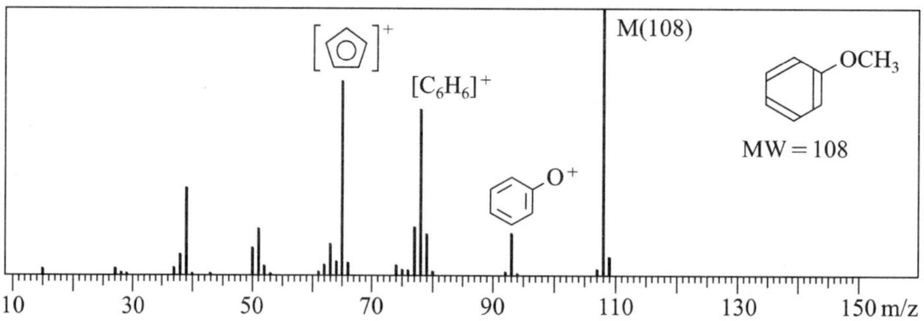

그림 9.14 (a) diisopropyl ether와 (b) anisole의 질량 스펙트럼

9.4.5 알데하이드

지방족 알데하이드의 분자이온 봉우리는 약하지만 확인할 수 있다. (M－1) 봉우리가 특징이고, 그 밖에 (M－18) $[M-H_2O]^+$, (M－28) $[M-CO]^+$, (M－44) $[M-(CH_2=CHOH)]^+$가 나타난다. 방향족 알데하이드는 분자이온과 [M－H]+ 봉우리가 대단히 큰 특징이 있다.

그림 9.15에 butyraldehyde와 benzaldehyde의 스펙트럼을 나타내었다.

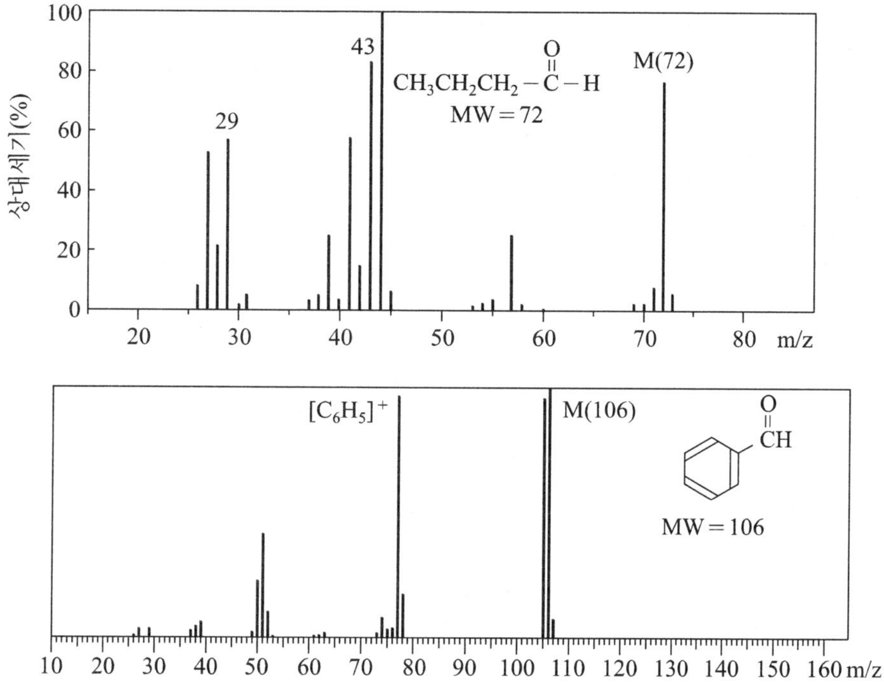

그림 9.15 Butyraldehyde와 benzaldehyde의 질량 스펙트럼

9.4.6 케톤

케톤은 분자이온 봉우리가 뚜렷하게 나타난다. 카보닐기의 이웃결합 R－CO－R와 같이 끊어져 나간 조각이 세게 나타난다. 방향족 케톤의 경우도 마찬가지이고, acetophenone에는 페닐기보다도 메틸기 쪽이 끊어져 $m/z = 105$ ($Ar-C{=}O^+$, 아실리움 이온)의 기준봉우리가 나타난다. 그림 9.16에 아세톤과 acetophenone의 질량 스펙트럼을 나타내었다.

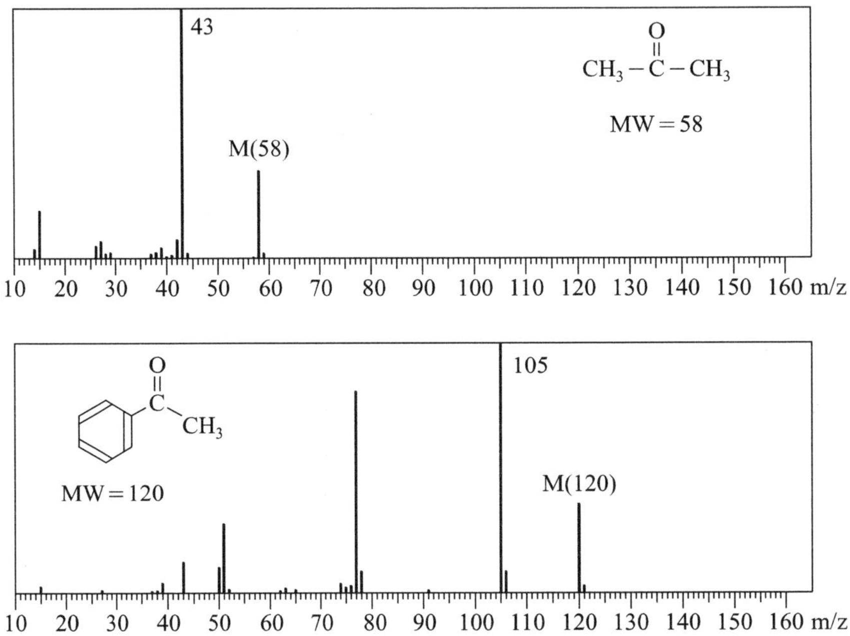

그림 9.16 Acetone과 acetophenone의 질량 스펙트럼

9.4.7 에스터

지방산 메틸에스터의 분자이온 봉우리는 확실하게 나타난다. 특징적인 조각이온은 다음과 같이 수소의 자리옮김 반응에 의해 생긴다. 이와 같은 자리옮김 반응은 알데하이드 및 케톤에서도 보통 나타난다. 그림 9.17에 나타낸 팔미틴산메틸의 스펙트럼은 $m/z = 74$가 기준봉우리이다.

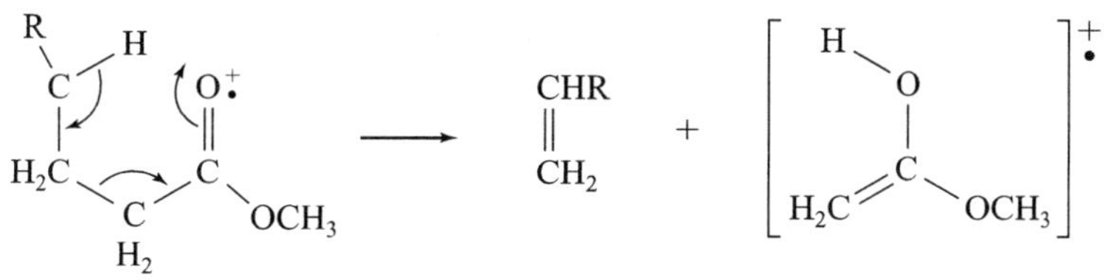

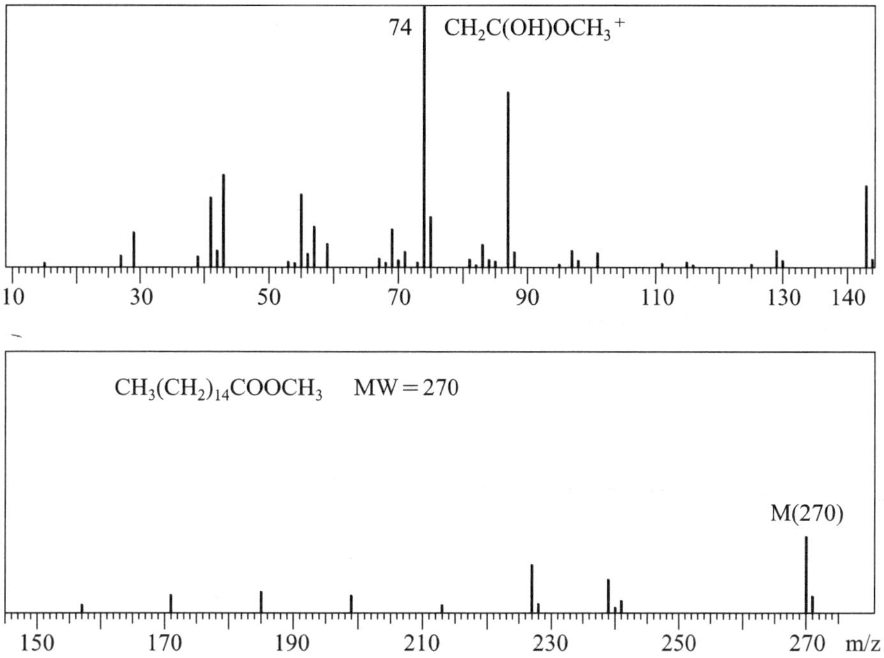

그림 9.17 팔미틴산메틸의 질량 스펙트럼

9.4.8 칼복시산

지방족 칼복시산의 분자이온 봉우리는 대단히 약하거나 나타나지 않는다. 특히 분자량이 클 때 휘발성이 낮고, 열적 불안정으로 인해 질량 스펙트럼이 잘 나타나지 않으므로 휘발성인 유도체(에스터 등)로 변형시켜 측정해야 한다. 조각이온 봉우리는 $-$OH 및 $-$COOH가 떨어져 나간 M$-$17, M$-$45 및 $m/z=45\,(-\mathrm{COOH}^+)$ 등이 나타난다. 이들은 칼복시산의 특징적인 질량 스펙트럼이고, 산 분자 중의 알킬기가 쪼개진 $m/z=28$에서 강한 봉우리가 나타나는 경우도 있다.

다음과 같은 γ-H를 가지는 유기산의 경우에도 McLafferty 자리옮김 반응에 의해 $m/z=60$의 대단히 센 봉우리가 나타난다. 그림 9.18에 propionic acid, butyric acid 및 *p*-anisic acid의 질량 스펙트럼을 나타내었다.

$$[R-CH_2-NH_2]^+ \rightarrow R+CH_2=NH_2^+$$

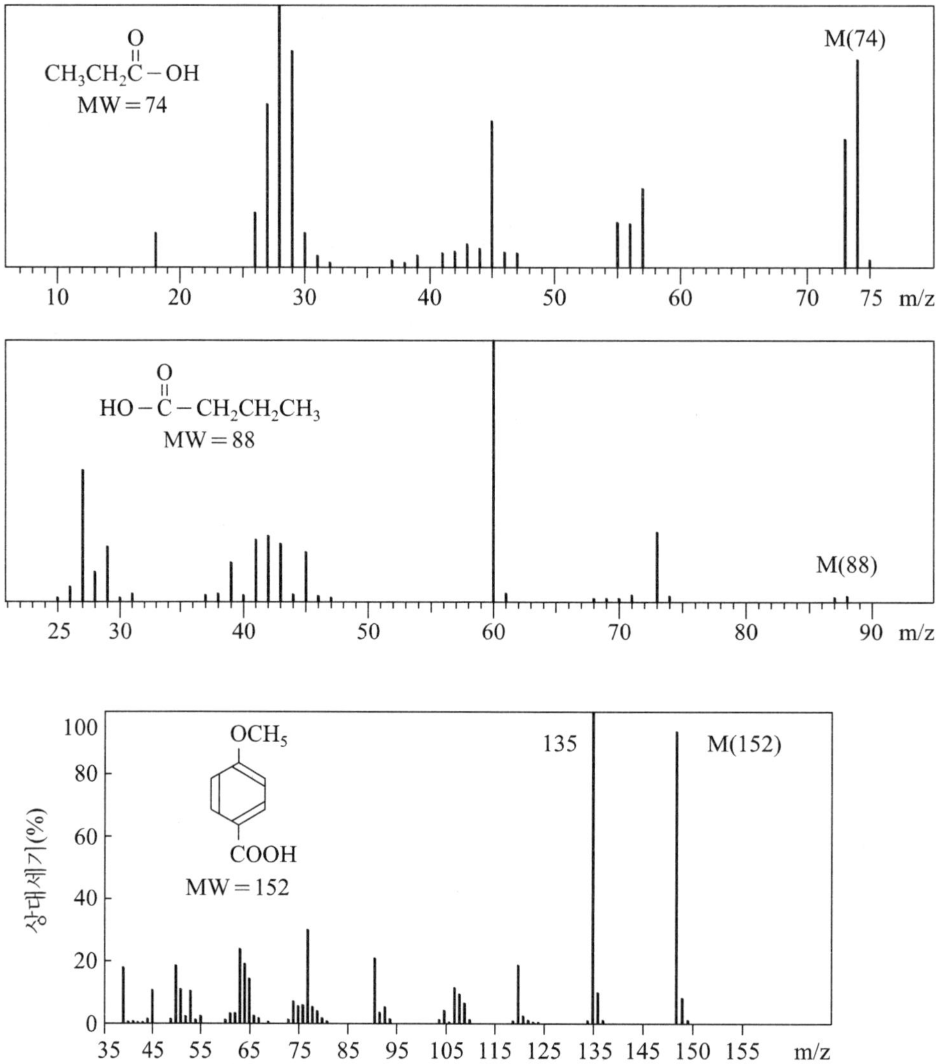

그림 9.18 (a) propionic acid, (b) butyric acid, (c) *p*-anisic acid의 질량 스펙트럼

9.4.9 아민

아민과 같이 질소 원자를 포함하는 화합물은 분자이온 봉우리가 비교적 약하게 나타나고, 아래와 같이 대표적인 쪼개지기 반응이 일어나서 $m/z=30$ 봉우리가 1차 아민의 특성 봉우리라고 할 수 있다. 또한 2차와 3차 아민도 쪼개지기 반응이 두 번 일어나서 $m/z=30$ 봉우리가 나타난다.

긴 사슬의 1차 아민은 다음과 같은 자리옮김을 수반한 쪼개지기가 일어나서 고리형 화합물을 만든다. 이것은 $n=4$일 때 가장 잘 일어난다.

한편 방향족 아민과 피리딘 화합물은 분자이온 봉우리가 대단히 세게 나타나는 특징이 있다. 아닐린과 피리딘 유도체의 쪼개지기 반응은 다음과 같고, 3-methyl pyridine의 질량 스펙트럼을 그림 9.19에 나타내었다.

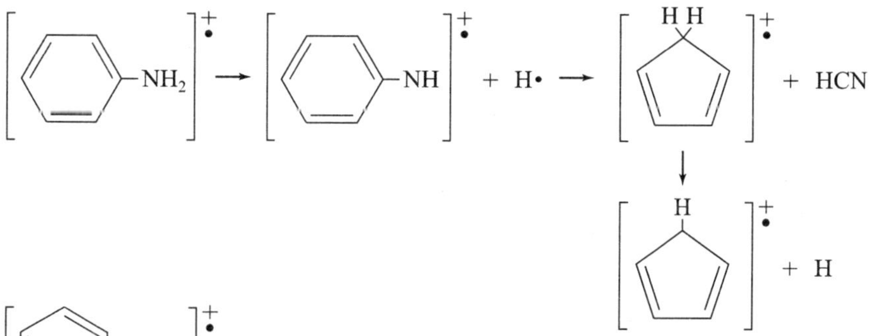

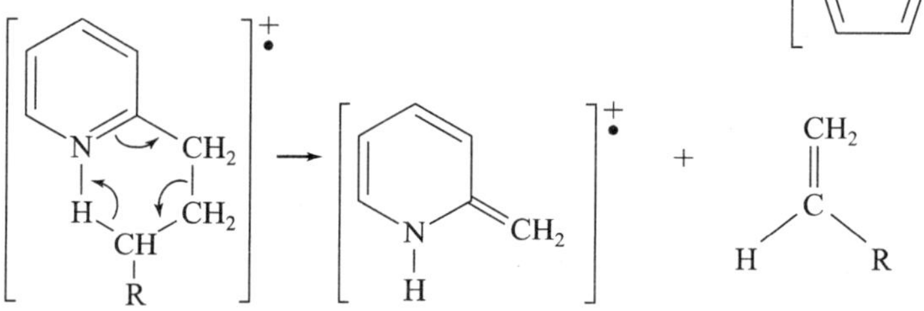

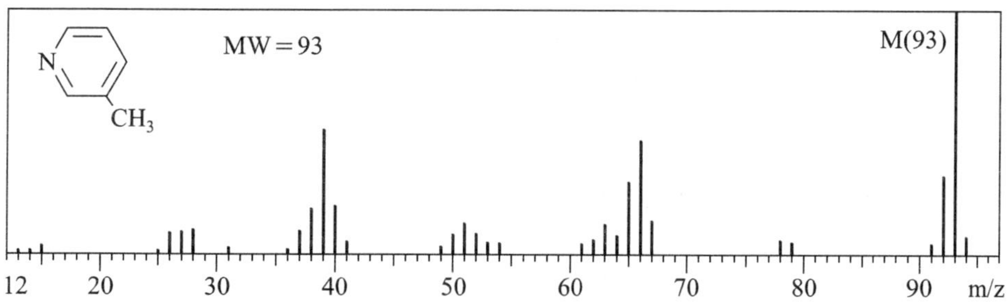

그림 9.19 3-methyl pyridine의 질량 스펙트럼

9.4.10 황 화합물

지방족 메르캅탄은 분자이온 봉우리가 강하게 나타난다. 따라서 S의 동위원소의 존재에 의해 $[M+2]^+$도 확실하게 나타난다. 직선 사슬 1차 메르캅탄에서는 (M−34) $[M-H_2S]^+$ 이온의 봉우리가 나타난다.

지방족 설파이드도 메르캅탄과 같이 분자이온 봉우리가 강하다. 그러나 메르캅탄과의 차이점은 (M−24) 이온이 나타나지 않는다는 것이다. di-*n*-propyl sulfide의 경우 S 원자의 β 위치의 결합이 끊어져 생긴 (M−29) $[M-C_2H_5]^+$이 기본봉우리가 된다. 그림 9.20에 *n*-hexyl mercaptan과 di-*n*-propyl sulfide의 질량 스펙트럼을 나타내었다.

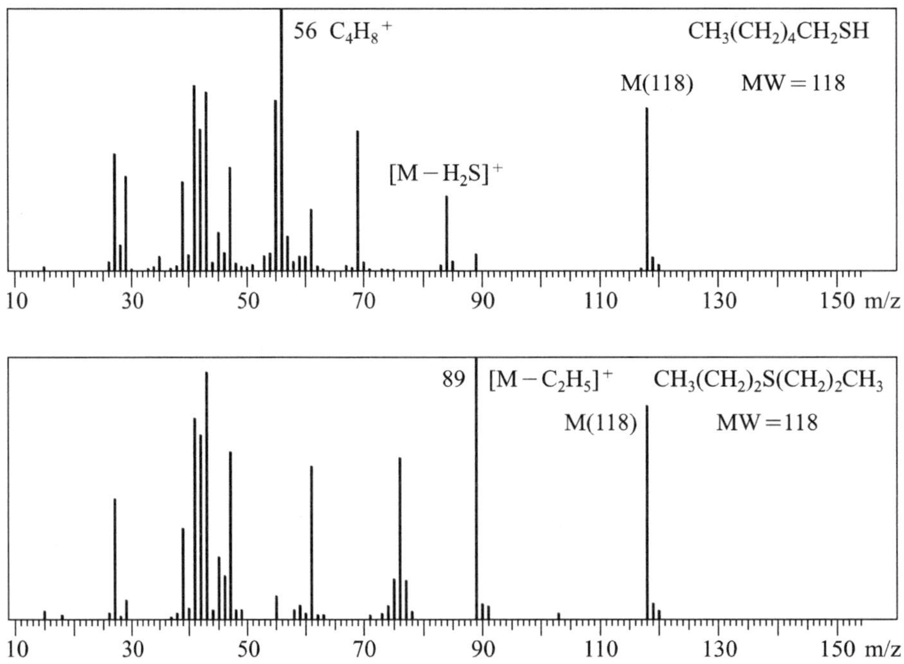

그림 9.20 (a) *n*-hexyl mercaptan과 (b) di-*n*-propyl sulfide의 질량 스펙트럼

9.4.11 할로젠 화합물

Br과 Cl을 포함하는 화합물은 동위원소의 존재비를 반영하여 M+2의 특징적인 동위원소 이온 봉우리를 나타낸다. α-bromoisobutyric ethylate의 분자이온 봉우리는 강하지는 않으나 $[M+2]^+$의 이온 봉우리가 확실히 나타난다.

5 정량적 응용

질량분석법은 앞에서 설명한 유기화합물의 확인(정성분석)과 정량적 응용에 널리 이용된다. 질량분석법의 정량적 응용에는 분자화학종의 정량분석, 무기물의 원소분석, 동위원소의 존재비 측정, 고체표면에 있는 분자나 원자화학종의 표면분석 등이다. 이 절에서는 분자화학종의 정량분석에 대해서만 다룬다.

9.5.1 분자화학종의 정량분석

질량분석법은 석유공업, 제약공업, 임상의학 및 환경문제의 연구에서 필요한 복잡한 유기물질(때로는 무기)계의 성분 하나 또는 그 이상을 정량분석하는데 널리 응용된다. 질량분석법의 정량적 응용에는 기체 크로마토그래피를 질량분석계에 연결하여 정교한 검출기로 사용하는 방법(제11장)과 질량분석계의 질량 스펙트럼 자체에 의한 정량분석법이 있다. 여기서는 질량분석계로 얻은 스펙트럼으로부터 분자화학종을 정량분석하는 방법에 관해 설명하기로 한다.

질량분석법에서는 질량 스펙트럼의 봉우리 높이에서 분석물질의 농도를 직접 얻는다. 간단한 혼합물의 경우에는 각 성분 봉우리를 이들 특정 m/z값의 위치에서 쉽게 얻을 수도 있다. 이때에는 농도에 따른 봉우리의 높이의 검정선을 준비하여 미지시료의 분석에 이용한다. 그러나 더 정확한 결과는 일정량의 내부표준물을 시료와 검정용 표준물에 각각 넣어 얻을 수 있다. 내부표준물의 봉우리 세기에 대한 분석화학종 봉우리 세기의 비를 분석물질 농도에 따라 표시한다. 내부표준물은 시료준비와 분석과정에서 일어나는 불확정성을 줄여준다. 작은 시료를 필요로 하는 질량분석법에서는 이런 불확정성이 측정 불가능한 오차의 주요한 원인이 된다.

내부표준물의 편리한 형태는 분석물질의 안전한 동위원소로 표지된 물질을 사용하는 것이다. 표지법은 하나 또는 그 이상의 ^{2}H, ^{13}C, 또는 ^{15}N를 포함하는 분석물질로 시료를 만드는 것이다. 그리고 분석할 때 표지분자는 표지되지 않은 분자와 같은 행동을 한다고 가정한다. 다른 형태의 내부표준물은 측정되는 분석물질의 조각과 화학적으로 유사한 성질을 가지면서 상당히 센 이온 봉우리를 나타내는 분석물질의 동족체 물질을 사용하는 것이다.

9.5.2 혼합물의 정량분석

휘발성인 화합물의 경우 질량 스펙트럼의 봉우리 높이는 부분압에 직접 비례한다. 따라서 순도가 높은 각 성분의 스펙트럼을 측정하여 혼합물의 스펙트럼과 비교하여 분석한다. 혼합물 중의 화합물을 정성적으로 알고 있으면 정량분석이 간단하다. 혼합물 중에 존재한다고 생각되는 성분 각각의 스펙트럼을 비교하여 그 세기와 함께 다른 성분의 존재로 인한 방해효과 등을 감안하여 분석 봉우리를 선택한다. 되도록 단일 성분 봉우리 즉, 분자이온 봉우리를 선택한다. 감도는 보통 단위압력 당 분석 봉우리의 높이로 주어지므로 순수한 물질의 부분압을 분석 봉우리의 높이로 나누어서 얻는다.

시료의 스펙트럼은 각 성분의 스펙트럼의 합계로, 공존하고 있는 각 성분은 다른 성분하고는 무관하게 스펙트럼에 나타난다. 따라서 각 봉우리의 이온전류 I_1, I_2, I_3, …는 각 성분의 부분압에 비례한다.

예제 9.2

순수한 1-a-naphthyl-penta-decane(A)과 1-a-decalyl-penta-decane(B) 및 이들 혼합물에 대한 질량 스펙트럼의 측정결과는 다음과 같다. 이 혼합물에서 각 성분의 몰분율을 계산하라.

m/z	성분 A	성분 B	혼합물
81	0.3	49.0	48.9
95	0.2	48.0	43.0
137	0.1	100	100
141	100	0.1	9.3
338	48.0	0.0	4.4
348	0.0	8.4	8.4
감도계수	0.797	0.910	

해답

m/z값이 137과 338일 때를 선택하여 연립방정식을 세워 부분압을 구한다.

$$100 = 0.1X_A + 100X_B$$

$$4.4 = 48.0X_A + 0.0X_B$$

이 식을 풀면 보정되지 않은 부분압 X_A와 X_B를 구할 수 있다.

$$X_A = 0.08, \quad X_B = 0.92$$

이것을 각각의 감도계수로 나누면 부분압이 얻어진다.

$$P_A = \frac{X_A}{\text{감도계수}} = \frac{0.08}{0.797} = 0.10$$

$$P_B = \frac{X_B}{\text{감도계수}} = \frac{0.92}{0.910} = 1.01$$

$P_T = P_A + P_B = 0.10 + 1.01 = 1.11$이므로

$$\text{A의 몰분율} = P_A/P_T = 0.10/1.11 = 0.09$$

$$\text{B의 몰분율} = P_B/P_T = 1.01/1.11 = 0.91$$

이 방법에서 정량적 질량스펙트럼으로 구한 측정값의 정밀도는 2~5%의 상대오차 범위이다. 분석값의 정확도는 혼합물의 복잡성과 또 그 성분의 성질에 따라 다르다. 5~10개의 성분을 포함하고 있는 탄화수소의 기체 혼합물의 경우에는 절대오차가 0.2~0.8 몰%인 것이 보통이다.

여러 가지 성분이 혼합되어 있는 석유화학 생산품은 개개의 성분을 분석하는 것보다 성분의 계열별 정량분석이 가능하다. 예를 들면 파라핀계 탄화수소는 보통 m/z값이 41, 55, 69, 83 및 97에서 강한 질량 봉우리를 나타내고, 사이클로파라핀과 monoolefin계는 41, 55, 69, 83 및 97에서 강한 봉우리가 나타난다. 다른 봉우리들은 사이클로올레핀 및 아세틸렌에 의해서 67, 68, 81, 82, 95 및 96의 봉우리가 나타난다. 또한 알킬벤젠에서는 77, 78, 91, 92, 105, 106, 119, 120, 133 및 134의 조각이온들이 나타난다. 질량분석법에 의한 계열별 성분물질의 분석은 휘발유, 연료유, 윤활유, 아스팔트, 파라핀, 올레핀계 알코올, 케톤 등의 특성분석에 이용된다.

연습문제

9.1 이중초점 질량분석계가 높은 분리능을 나타내는 이유를 설명하라.

9.2 전자충격법과 화학적 이온화법의 스펙트럼이 어떻게 다른지 설명하라.

9.3 포화 탄화수소에서 분자이온의 m/z값은 짝수인가, 홀수인가?

9.4 다음 화합물의 봉우리들을 분리하는데 필요한 분해능은 얼마나 되어야 하는가? 각 화합물의 분자량은 괄호 안의 값이다.

(a) $C_2H_4^+$(28.0313)와 CO^+(27.9949)

(b) $C_3H_7N_3^+$(85.0641)와 $C_5H_9O^+$(85.0653)

(c) $C_2H_6^+$(30)와 $CH_3NH_2^+$(31)

(d) $^{12}C_5H_4NCl^+$(113)과 $^{13}C_5H_4NCl^+$(114)

9.5 고분해능 질량분석계로 얻은 질량 스펙트럼에서 분자이온 봉우리의 m/z값은 20.0187이었다. 이 화합물은 CO, N_2, CH_2N, C_2H_4 중에서 어느 것인가?

9.6 $C_{10}H_6Br_2$ 화합물의 $(M+2)^+$ 대 M^+의 봉우리 세기비를 계산하라.

9.7 다음은 분자식이 C_7H_8인 방향족 화합물의 전자충격 이온화에 의한 질량 스펙트럼이다. 화합물을 확인하여라.

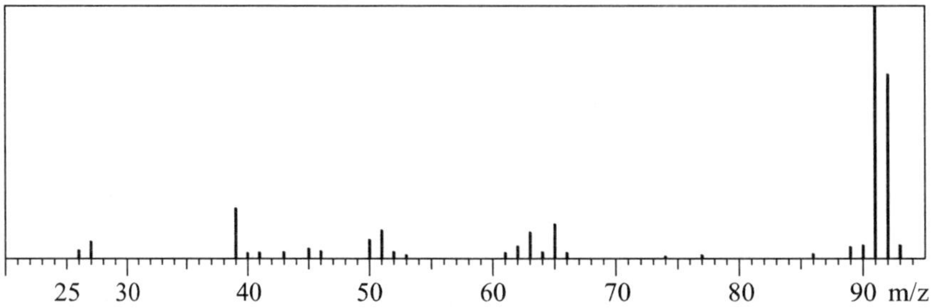

9.8 다음은 분자식이 C_4H_{10}인 화합물의 전자충격 이온화에 의한 스펙트럼이다. 화합물을 확인하여라.

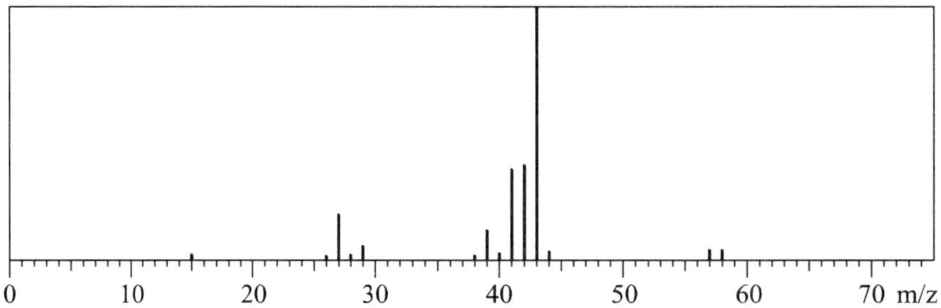

9.9 다음은 분자식이 $C_9H_{12}O$인 방향족 화합물의 전자충격 이온화에 의한 질량 스펙트럼이다. 화합물을 확인하여라.

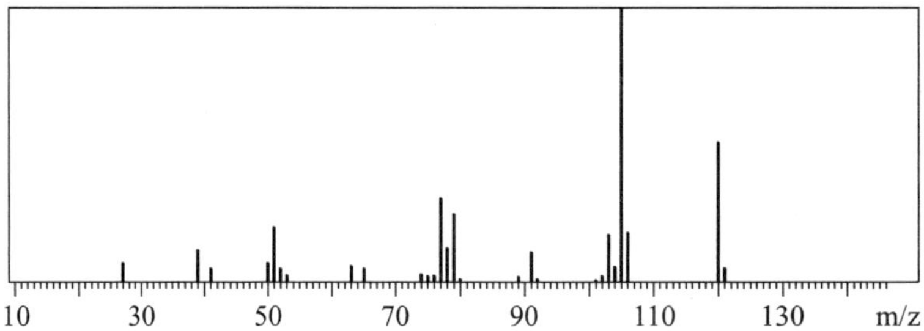

9.10 다음은 분자식이 C_4H_8O인 화합물의 전자충격 이온화에 의한 질량 스펙트럼이다. 화합물의 구조를 확인하여라.

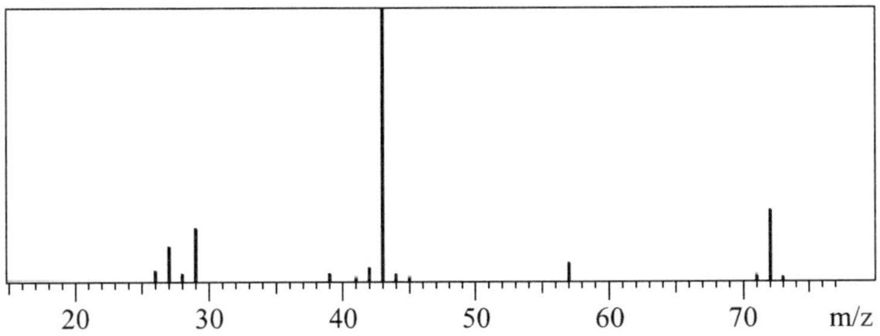

참고문헌

1. I. Howe, D. H. williams and R. D. Bowen, *Mass Spectrometry: Principles and Applications*, 2d ed., Mcgraw-Hill, New York, 1981.
2. F. W. McLafferty, *Interpretation of Mass Spectra*, 3d ed., University Science Books, Mill Valley, CA, 1980.
3. H. Budzikiewicz, et al., *Interpretation of Mass Spectra of Organic Compounds*, Holden-Day, San Francisco, 1964.
4. A. Harrison, *Chemical Ionization Mass Spectrometry*, CRC Press, Boca Raton, Fla., 1983.
5. H. D. Beckey, *Principles of Field Ionization and Field Desorption Mass Spectrometry*, Pergamon Press, New York, 1977.
6. *Quadrupole Mass Spectrometry and Its Applications*, P. H. Dawson, Ed., Elsevier, New York, 1977.
7. H. H. Willard, L.L. Merritt and J.A. Dean, *Instrumental Methods of Analysis*, 6th ed., D. Van Nostrand, New York, 1981.
8. R. M. Silverstein, G. C. Bassler and T. C. Morrill, *Spectrometric Identification of Oraganic Compounds*, 5th ed., Wiley, New York, 1991.

CHAPTER 10

크로마토그래피 서론

크로마토그래피(chromatography)는 혼합물 중의 각 성분을 분리·분석하는 가장 강력한 방법 중의 하나이며, 여러 가지 과학분야에서 널리 이용되고 있다. 크로마토그래피는 1906년 러시아의 식물학자 M. S. Tswett에 의해 시작되었다. 그는 탄산칼슘 분말을 채운 유리관에 소량의 식물성 엽록소를 넣고 석유에터로 용리시켰더니 전에는 단일 물질로만 생각되었던 엽록소가 클로로필 α 및 β, 카로틴, 크산토필과 같은 몇 가지 성분으로 분리된다는 사실을 발견하였다. 이때 탄산칼슘을 채운 유리관에 이들 각 성분의 색깔층이 나타나는데 이것으로 크로마토그래피라는 이름을 붙이게 되었다(그리스어로 chroma는 색을, graphein은 기록한다는 것을 의미함).

크로마토그래피의 응용은 지난 40년간 폭발적으로 발전되었는데 그 이유는 복잡한 혼합물을 분리·분석하는 강력한 방법이기 때문이다. 오늘날에 와서는 크로마토그래피에 의해 대부분의 무기화합물과 유기화합물이 분리·분석의 대상이 되었다. 특히, 아미노산 및 단백질의 분리, 석유 중의 탄화수소의 분리 및 확인, 희토류 원소나 방사능 금속의 분리, 고분자 등의 복잡한 물질의 분리 등은 그 대표적인 예들이다.

이 장에서는 크로마토그래피의 종류, 기초원리와 이론, 정성 및 정량분석의 원리에 관해 설명하기로 한다.

1 크로마토그래피의 분류

크로마토그래피 분리법의 기본요건은 용매추출법과 같다. 즉, 혼합물을 분리하기 위해서는 최소한 두 상(phase)이 있어야 한다. 이것은 정지상(stationary phase)과 이동상(mobile phase)이며, 이들 두 상은 서로 섞이지 않아야 하고, 그 특성이 서로 달라야 한다. 그러므로 혼합물의 각 성분은 두 상에 대하여 흡착성이나 분배계수가 서로 다르기 때문에 정지상에 친화력이 센 성분은 느리게, 친화력이 약한 성분은 빨리 이동하게 된다. 따라서 이동속도의 차이가 생기는 성질을 이용하여 혼합물을 분리할 수 있고, 분리된 각 성분을 정성 및 정량분석할 수 있다. 이런 분리·분석법을 크로마토그래피라고 한다.

크로마토그래피는 보통 이동상과 정지상의 상태에 따라 분류한다. 이동상이 기체일 때에는 기체 크로마토그래피(gas chromatography, GC)라고 하며, 액체인 경우에는 액체 크로마토그래피(liquid chromatography, LC)라 한다.

액체 크로마토그래피는 실험방법에 따라 두 가지로 나눌 수 있는데, 그 하나는 유리관과 같은 관(column, 컬럼)에 정지상을 채운 후 여기에 시료를 넣고 이동상(용매)으로 용리시키는 방법으로, 이것을 관 또는 용리 크로마토그래피(column 또는 elution chromatography)라 한다. 다른 한 가지는 유리판과 같은 판에 정지상을 도포시키고 여기에 이동상을 전개시키는 것으로 평면 크로마토그래피(plane chromatography)라고 하며, 얇은 막과 종이 크로마토그래피가 있다.

표 10.1 이동상과 정지상에 따른 크로마토그래피의 분류

일반분류	종류 (이동상-정지상)	정지상	분리 메커니즘
기체 크로마토그래피 (GC)	기체-액체 크로마토그래피(GLC)	고체에 흡착된 액체	분배
	기체-고체 크로마토그래피(GSC)	고체 흡착제	흡착
	기체-결합상 크로마토그래피(GBC)	고체표면에 결합된 유기화학종	분배/흡착
액체 크로마토그래피 (LC)	액체-액체 크로마토그래피(LLC)	고체에 흡착된 액체	분배
	액체-고체 크로마토그래피(LSC)	고체 흡착제	흡착
	액체-결합상 크로마토그래피(LBC)	고체표면에 결합된 유기화학종	분배/흡착
	이온교환 크로마토그래피(IEC)	이온교환 수지	이온교환
	겔 투과 크로마토그래피(GPC)	다공성 중합체 속의 액체	분배/거름
	얇은 막 크로마토그래피(TLC)	유리판 위의 분말	흡착
	종이 크로마토그래피(PC)	거름종이	분배

용리 크로마토그래피는 분리성능, 정밀도 및 정확도가 좋으며 정량적인데 반하여 평면 크로마토그래피는 비교적 정성적인 분리법으로 이용된다. 특히, 최신 액체 크로마토그래피는 컬럼을 사용하는 용리 크로마토그래피이다.

기체 크로마토그래피와 액체 크로마토그래피는 다시 정지상의 종류에 따라 여러 가지로 분류된다. 이들 각각에 대해서는 11장과 12장에서 자세히 설명하기로 하고, 표 10.1에 여러 가지 종류의 크로마토그래피를 분류하여 놓았다.

2 용리 크로마토그래피

크로마토그래피는 정지상을 채운 분리관(column)에 시료를 주입하는 방법과 이동상을 흘려주는 방법에 따라서 그 조작법을 전단분석법(frontal analysis), 지환법(displacement) 및 용리법(elution)으로 구분한다.

전단분석법은 시료와 이동상의 혼합용액을 분리관에 흘려주는 방법이므로 보통 한 성분을 다른 성분으로부터 분리시키는데 유용하나 시료성분 각각을 분리·분석하는데는 이용할 수 없다. 치환법은 시료를 주입한 후 이동상을 흘려주는데 이때 이동상의 성분은 모든 시료성분보다 정지상에 대해 큰 상호작용을 보이므로 이동상은 일종의 탈착제(desorber) 역할을 하게 되므로 치환법이라 부른다. 이 방법은 정지상의 재생이 요구되는 번거로움이 있는 방법이다.

혼합물의 각 성분을 분리·분석하는데 가장 유용한 방법은 용리법이다. 이 방법의 특징은 정지상이 이미 이동상으로 포화된 상태에서 시료를 소량 주입하고 이동상을 흘려주면 LC의

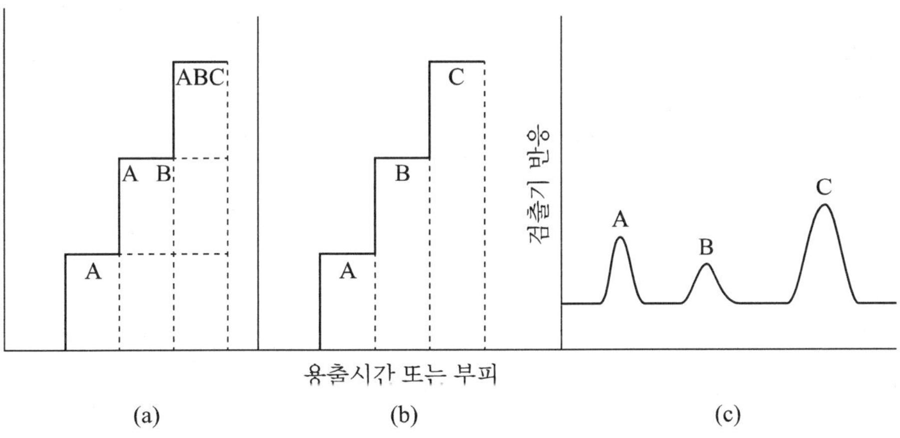

그림 10.1 크로마토그램의 비교 (a) 전단분석법, (b) 치환법, (c) 용리법

경우는 시료가 정지상과 이동상에 대해서, GC의 경우에는 정지상에 대해서만 어떤 상호작용을 하는데 그 결과 시료의 각 성분이 상호분리 된다. GC에서는 이동상을 운반기체 (carrier gas)라 부르고, LC에서는 용리액 (eluent)이라 부른다. 또, LC에서 분리관을 통해 나온 용액을 용출액이라고 부른다.

용리법의 경우에는 분리관의 재생이 필요없이 계속 시료주입이 가능하다. 용리법에서 각 성분이 분리되어 나오는 결과는 용출액 또는 운반기체의 부피에 대한 성분의 농도가 그래프로 표시되는데 (또는 용출시간 대 농도) 이것을 크로마토그램 (chromatogram)이라 부른다.

이상의 세 가지 조작법에 의한 크로마토그램은 그림 10.1과 같다. 혼합물 중의 각 성분을 분리 · 분석하는데 가장 유용한 방법은 용리법으로 이후에는 용리법에 의한 크로마토그래피에 국한하여 설명하기로 한다.

10.2.1 분배계수

시료분자의 정지상과 이동상에 대한 분배비를 분배계수(partition coefficient)라고 한다. 참고로 시료의 정지상에 대한 머무름이 흡착일 경우에는 분포계수라고 부르기도 하는데 정확히는 분배계수는 주로 GLC나 LLC에 적당한 표현이다. 하지만 여기서는 분배계수로 통일하기로 한다.

만약 A물질(성분)을 포함하고 있는 용액에 정지상을 넣으면 A는 정지상과 용액 사이에 흡착반응 또는 분배반응이 일어나고 일정한 조건에서 다음과 같은 평형상수, 즉 분배계수 K를 갖는다.

$$K = \frac{C_s}{C_m} \tag{10.1}$$

여기에서 C_s는 정지상에서 A 성분의 농도, C_m은 이동상에서 A의 농도이다. 지금, 정지상이 채워진 유리관 위층에 같은 양으로 섞여있는 A와 B 두 용질의 혼합시료를 넣어 흡착시키고, 적당한 용매 또는 용액을 계속 흘려주면 A와 B는 각각의 분배계수 K_A와 K_B에 따라 정지상과 이동상 사이에 분배하게 된다.

K_A가 K_B보다 큰 경우에는 B보다 A가 정지상에 더 많이 흡착 또는 분배된다. 따라서 용매가 위에서 흘러내리고 A는 위층에 많고 B는 아래층에 많게 된다. 이와 같은 과정이 계속되면 A와 B는 두 층으로 나누어지고 B가 먼저 분리관 밑으로 용출된다. 이때 용질이 정지상과 용매 사이로 분배반응을 계속 반복하고, 분리되며 내려가는 과정을 용리라 한다.

용리 크로마토그래피에서 얻은 크로마토그램을 용리곡선(elution curve)이라고도 부른다.

이상적인 경우의 용리곡선은 대칭적인 정규곡선(Gauss 곡선)의 모양으로 나타난다. 그림 10.2에 용리 크로마토그래피에서 사용하는 분리관과 용리곡선의 모양을 나타내었다.

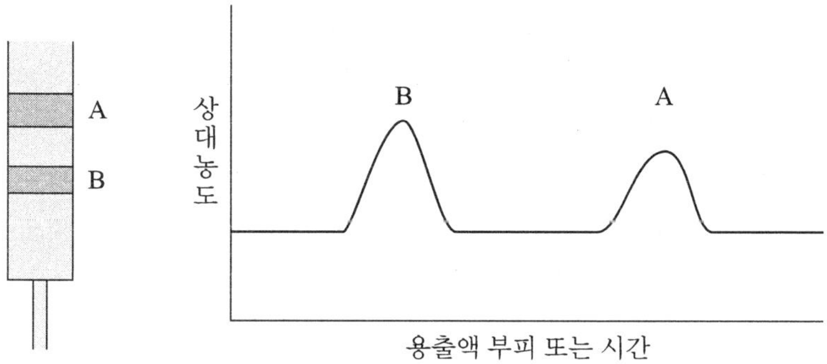

그림 10.2 크로마토그래피의 분리관과 용리곡선 ($K_A > K_B$)

3 크로마토그래피의 이론

10.3.1 단층 이론

그림 10.3은 초기와 마지막 단계에서 크로마토그래피의 분리관에 있는 용질 A와 B에 대한 농도의 종단면도이다. A의 분배계수, K_A가 B의 분배계수, K_B보다 클 경우 A는 이동과정에서 뒤로 처지게 된다. 관 아래로 이동함에 따라 두 봉우리 사이의 거리는 증가하게 된다. 그러나 동시에 두 띠의 넓힘현상이 일어나서 분리수단으로서 관의 효율을 감소시킨다. 다행히도 띠의 넓힘현상은 피할 수 없으나 띠의 분리속도보다는 띠의 넓힘이 느리게 일어난다.

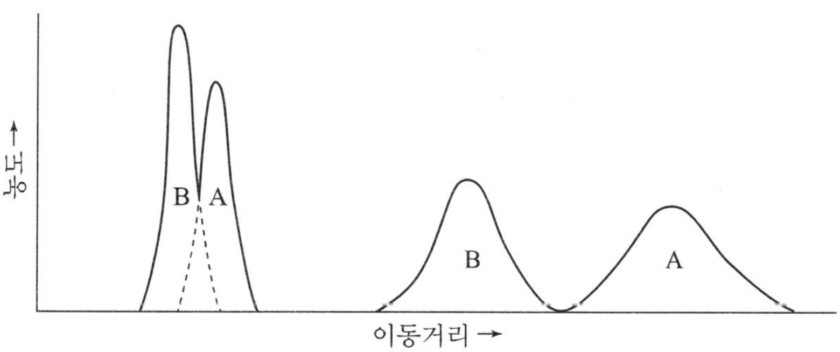

그림 10.3 분리관 속에서 용질 A와 B가 용리되며 분리되는 과정

그러므로 분리관의 길이를 충분히 길게 하면 화학종을 완전히 분리할 수 있다. 크로마토그래피의 경우 용질이 흘러내리는 속도뿐만 아니라 이동하는 동안 띠가 넓어지는 속도도 고려해야 한다.

용리 크로마토그래피에서 분리관을 이론단이라 불리는 얇은 단들이 연속적으로 쌓여 있는 것으로 생각하는데 이를 단층 이론(plate theory)이라 한다. 각 단마다 이동상과 정지상 사이에서 용질의 평형이 일어난다고 가정한다. 또 용질과 용매의 이동은 한 단에서 다음 단으로 단계적으로 연속적으로 일어난다고 생각한다. 분리관에서 평형이 일어나는 수, 즉 이론단의 수가 많으면 관의 분리효율은 증가하게 된다. 이론단수 N과 이론단 높이(height equivalent of a theoretical plate, HETP), H 사이에는 다음 관계가 성립한다.

$$N = \frac{L}{H} \tag{10.2}$$

여기에서 L은 관에 충진된 충진제의 길이이다. H (이론단 높이)는 관의 효율이 클수록 감소한다. 즉 H가 작을수록 주어진 길이의 관에서 분리평형이 일어나는 수는 많아진다.

단이론은 용질의 이동속도와 용리띠의 모양을 계산하는 식을 제공해 주지만 용리띠가 용리 도중에 넓어지는 현상에 대하여는 충분하게 설명할 수 없다. 이에 관해서는 속도이온(kinetic theory)으로 설명이 가능하다.

10.3.2 속도이론

크로마토그래피의 속도이론으로 용리띠가 분리관의 끝에 나타날 시간에 영향을 주는 변수뿐만 아니라 용리된 봉우리의 나비에 영향을 주는 변수를 성공적으로 설명할 수 있다[1].

(1) 관 효율의 척도

크로마토그래피의 봉우리를 살펴보면 정규오차곡선(Gauss 곡선)과 비슷한 점을 알 수 있다. 어떤 단일 측정값은 불확정성이 작지만 개별적으로 예측할 수 없으며 이들 각자는 양 또는 음의 부호일 수도 있는 마구잡이로 나타난다. 이러한 측정값의 한 무리의 불확정성을 취해 통계적으로 종합하는 것이 정규오차곡선이다. 이와 같이 크로마토그래피의 정규곡선은 분리관에서 용리되는 무수히 많은 용질입자의 마구잡이 운동의 통계적인 결과라 볼 수 있다.

1) J. C. Griddings, *J. Chem, Educ.*, 1967. 44, 704; J. C. Griddings, in *Chromatography*, 3rd ed., E. Heftmann, Chapter 3, Van Nostland Reinhold, New York, 1975.

크로마토그램은 가장 대표적인 입자의 평균속도값 주위에 각 입자들의 속도의 대칭분포가 나타난 것이다. 용질이 마구잡이 운동하는 시간이 길기 때문에 밑으로 띠가 더 움직여 갈수록 띠의 나비는 증가한다. 따라서 띠의 나비는 관에 머무는 시간에 정비례하며 이동상이 흐르는 속도에 반비례한다.

(2) 관효율 척도로서의 표준편차

정규오차곡선의 폭은 측정의 표준편차(σ) 또는 평방표준편차(σ^2)와 직접 관계가 있다. 크로마토그래피의 띠는 원칙적으로 Gauss 곡선이기 때문에 관의 단위 길이당의 평방표준편차로서 관의 효율을 정의하는 것이 편리하다. 그러면 정의에 따라서 H는 다음과 같다.

$$H = \frac{\sigma^2}{L} \tag{10.3}$$

여기서 H는 cm로 나타낸 단의 높이로서 관효율의 척도를 나타내며, L은 cm로 나타낸 관의 길이이다. 식 (10.3)을 식 (10.2)에 대입하여 정리하면 다음과 같다.

$$N = \frac{L^2}{\sigma^2} \tag{10.4}$$

여기에서 N은 길이가 L인 관에 들어 있는 이론단의 수이고, 관의 효율은 단의 수가 증가할수록 또 단의 높이가 감소할수록 증가하리라는 것은 당연한 일이다.

(3) N과 H의 실험적 측정

그림 10.4는 실험으로 얻은 크로마토그램으로서 가로축을 시간으로 나타낸 것이다. 머무른 시간(retention time) t_r은 시료를 주입한 후 분리관 끝에 그 봉우리가 나타나는데 걸리는 시간이다. 용질입자가 움직이는 평균속도는 N/t_r이다. 따라서 시간으로 나타낸 표준편차 τ은 cm로 나타낸 표준편차 σ를 이동속도로 나누어 얻는다.

$$\tau = \frac{\sigma}{L/t_r} \tag{10.5}$$

그런데 크로마토그래피에서 구한 W의 크기는 띠넓힘 현상의 편리한 정량적 척도가 된다. 정규곡선에서 대략 96%의 면적은 $\pm 2\sigma$ 범위 안에 들어간다. 따라서 그림에서 $W = 4\tau$가 된다. 이 관계를 식 (10.5)에 대입하여 정리하면 다음과 같다.

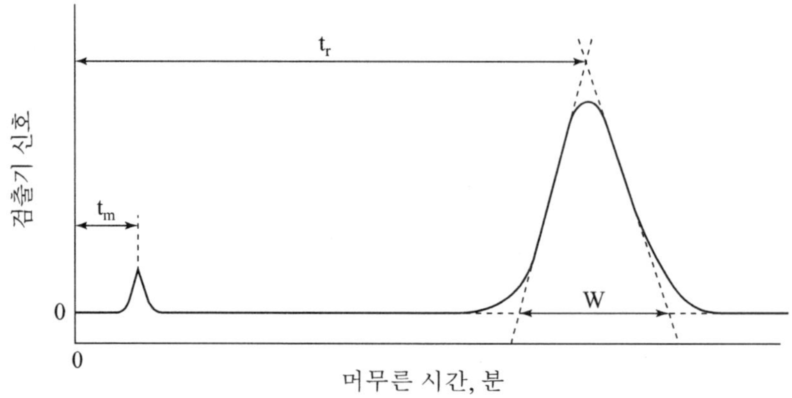

그림 10.4 이상적인 크로마토그램. 여기서 $W = 4\sigma = 4\tau$
[t_r : 정지상에 의해 용질의 머무른 시간, t_m : 이동상이 관을 통해 지나가는데 걸린 머무른 시간]

$$\sigma = \frac{LW}{4t_r}$$

이 관계를 식 (10.3)에 대입하면 다음과 같다.

$$H = \frac{LW^2}{16t_r^2} \tag{10.6}$$

N을 얻기 위하여 (10.6)을 식 (10.2)에 대입하여 정리하면 다음과 같다.

$$N = 16\left(\frac{t_r}{W}\right)^2 \tag{10.7}$$

따라서 t_r과 W의 측정값(시간으로 측정)으로부터 N을 계산할 수 있다. 그러므로 N을 알 수 있으면 $N = L/H$로부터 H를 구할 수 있다.

(4) 띠넓힘 현상

이상적인 크로마토그래피라고 하면 H값이 거의 0에 가까운 값을 가져야 되는데 실제로 그렇지 못하며 분리관의 효율이 떨어지고, 크로마토그램의 폭이 넓어지는 띠넓힘 현상이 나타난다. 크로마토그램에서 띠넓힘 현상에 대한 이유는 대략 3가지 즉, 소용돌이 확산, 종축확산 및 비평형 질량이동 등으로 구분하여 생각할 수 있다.

소용돌이 확산(eddy diffusion)은 컬럼에 충전된 정지상의 입자가 균일하지 못하고, 충전

방법에 따라서 이동상의 통로가 컬럼 전체적으로 균일하지 못하여 시료분자의 용리가 달라지기 때문에 나타나는 현상이다. 종축확산 (longitudinal diffusion)은 시료분자가 컬럼을 통해 용리되는 도중에 앞으로나 뒤로 확산되는 현상을 말한다. 비평형 질량이동은 시료분자가 용리될 때 정상적으로 이루어져야 하는 평형이 순간적으로 완전하지 못한 평형을 이루기 때문에 나타나는 현상이며, 이것은 물질전달 (mass transfer) 효과라고도 부른다.

네덜란드의 석유화학자 van Deemter는 이상의 3가지 요인을 고려한 관계식을 유도하였고, Keulemans 등이 확장시킨 관계식은 다음과 같다.

$$\begin{aligned} H &= 2\lambda d_p + 2\phi \frac{D_G}{u} + \frac{8}{\pi^2} \cdot \frac{k'}{(k'+1)^2} \cdot \frac{d_f^2}{D_L} \cdot u \\ &= A + B/u + C \cdot u \end{aligned} \tag{10.8}$$

여기서 u는 이동상의 유속이고, A는 소용돌이 확산과 관련이 있고, B는 종축확산, C는 물질전달 효과와 관련있는 상수이다. 또 λ는 충전물질의 불균칙성의 척도인 상수이고, ϕ는 컬럼에서 이동상의 꼬부라짐을 나타내는 보정인자인 꼬부라짐 인자(tortuosity factor)이다. d_p는 정지상의 평균 입자 지름을 말하며, D_G는 주로 GC의 경우에 기체상에서 용질의 확산계수를 말하며 d_f는 고체 지지체에 도포된 액체 정지상의 두께이고, D_L는 정지상인 액체상에서의 용질의 확산계수를 말한다.

식 (10.8)에서 볼 때 H가 작아지기 위해서는 A항이 작고, B항과 C항은 적당한 u를 유지해야 된다. A항이 작아지기 위해서는 역시 정지상의 입자는 작고 균일해야 하며 충전이 잘 되어야 한다. A항은 그림 10.5에서 보듯이 대상물질의 종류나 머무름 값 및 이동상의 종류와 유속에 무관하다. 한편 B항을 줄이기 위해서는 이동상의 유속을 크게 해야 확산이 감

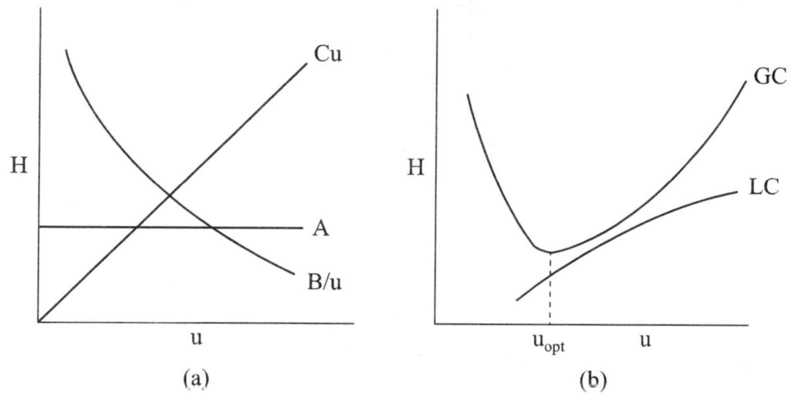

그림 10.5 van Deemter식의 변수와 u가 H에 미치는 영향

소되는데 이렇게 하면 C항을 증가시키는 요인이 되므로 곤란하다. 그런데 LC에서는 다행히 B항을 무시해도 된다. 그 이유는 액체상에서의 확산은 기체상에서의 확산의 약 10만분의 1밖에 되지 않기 때문이다. 그러나 GC에서는 이동상인 기체상에서의 확산효과가 크기 때문에 B항의 영향이 크다. 따라서 GC에서 이동상 자체만을 고려한다면 D_G가 적은 N_2나 Ar기체가 H_2나 He기체보다 운반기체로서 더 좋은 이유가 여기에 있다. 그러나 N_2의 H 대 u 곡선을 보면 적은 u에서는 H가 작으나 u가 커지면 H가 급격히 커지므로, u의 증가에 따라 H의 증가율이 적은 He이 역시 좋은 이동상이 된다.

끝으로 물질전달의 효과인 C항의 경우에는 비평형에 기인한 것인데 C항에 영향을 주는 요인들로는 정지상의 기하학적 구조, 분배계수, 두 상에서의 확산속도 등이다. 두 상 사이에 용질이동에서 이동상의 이동에 비해서 액체상 속의 이동이 뒤지는 결과가 일어나 봉우리의 폭을 넓히는 결과가 된다. 따라서 C항을 줄이는 방법으로는 온도를 높이고, 정지상 막의 두께 d_f를 줄여, 정지상 속에서 용질의 확산을 크게 하고, 정지상 액체의 점성을 낮추어 좋은 결과를 얻게 한다.

van Deemter식에서 보는 바와 같이 이상의 실험조건이 결정된 후에 최종적으로 결정해야 할 것은 이동상(또는 용매)의 유속이다. 실제적으로는 유속을 변화시키면서 H값을 측정한 후 H 대 u의 곡선을 작성하고, 최소의 H값을 갖는 u값을 구하여 분리실험의 최적유속(u_{opt})을 정한다. 식 (10.8)의 각 항의 H 대 u 곡선의 모양은 그림 10.5의 (a)와 같고, 전체적인 알짜 효과는 (b)와 같다. 여기서 GC와 LC의 모양이 다른 것은 B항 때문이다.

이와 같은 실험곡선에서 A, B 및 C가 계산된다. 그러한 데이터를 이용하여 주어진 충전관의 성능을 개선할 수 있다.

(5) 용질이동의 속도, 머무름비와 용량인자

그림 10.4의 크로마토그래피에서 시간축 t_m은 관 충전제에 의하여 저지당하지 않는 화학종(보통 공기)을 나타낸 것이다. 이 이동속도는 이동상의 평균속도와 같을 것이다. 시료용질의 머무른 시간 t_r은 봉우리가 관 끝에 있는 검출기에 도착할 때까지 걸린 시간이다. 용질의 평균이동속도 v는 다음과 같다.

$$v = \frac{L}{t_r} \tag{10.9}$$

마찬가지로 이동상의 평균이동속도 u는 다음과 같다.

$$u = \frac{L}{t_m} \tag{10.10}$$

용리 크로마토그래피에서 용액의 이동속도에 대한 시료용질의 이동속도비를 머무름비 (retention ratio)라 하고, R로 표시하며 다음과 같다.

$$R = \frac{L/t_r}{L/t_m} = \frac{t_m}{t_r} \tag{10.11}$$

그리고 시료용질의 머무른 부피 V_r과 정지상에 머물지 않은 성분의 머무른 부피 V_m은 다음과 같다.

$$V_r = t_r F$$

$$V_m = t_m F$$

여기에서 F는 이동상의 유속이다. 따라서 V_m과 머무름비 R은 다음과 같다.

$$R = \frac{V_m}{V_r} \tag{10.12}$$

용질의 이동속도 v는 다음과 같이 이동상속도 u의 분율로 나타낼 수 있다.

$$v = u \times (\text{용질이 이동상에 머무는 시간분율})$$

그러나 이 분율은 관 속에 있는 용질의 전체 몰수에 대한 어느 한 순간에 이동상에 있는 용질의 평균 몰수의 비와 같다. 즉,

$$v = u \times \frac{\text{이동상에 있는 용질의 몰수}}{\text{용질의 전체 몰수}}$$

다시 정리하면

$$v = u \times \frac{C_m V_m}{C_m V_m + C_s V_s} = u \times \left(\frac{1}{1 + C_s V_s / C_m V_m} \right)$$

여기에서 C_m과 C_s는 각각 이동상과 정지상에 들어 있는 용질의 농도이며 V_m과 V_s는 관에 포함되어 있는 두 상의 전체 부피이다.

$K = C_s / C_m$(식 (10.1))을 이 식에 대입하면

$$v = u \left(\frac{1}{1 + K V_s / V_m} \right)$$

따라서

$$v = u\left(\frac{1}{1+k'}\right) \tag{10.13}$$

여기서 k'는 용량인자(capacity factor)로, 용질의 분배계수 K와 다음의 관계가 있다.

$$k' = K\frac{V_s}{V_m} \tag{10.14}$$

식 (10.9)와 식 (10.10)을 식 (10.13)에 대입하여 정리하면 다음과 같다.

$$t_r = t_m(1+k') = t_m\left(1+\frac{KV_s}{V_m}\right) \tag{10.15}$$

용질의 머무른 시간은 용질의 분배계수와 이동상에 대한 정지상의 부피가 커지면 증가한다. 식 (10.15)를 다시 정리하면 실험적 파라미터인 t_r과 t_m로부터 용질의 용량인지를 계산할 수 있다.

$$k' = \frac{t_r - t_m}{t_m} \tag{10.16}$$

(6) 관의 분리능

두 용질 A와 B를 분리하는 관의 능력, 즉 관의 분리능 R_s는 그림 10.6에서 다음과 같이 정의된다.

$$R_s = \frac{2\Delta Z}{W_A + W_B} = \frac{2[(t_r)_B - (t_r)_A]}{W_A + W_B} \tag{10.17}$$

여기서 W_A와 W_B는 A와 B 용질의 용리곡선 봉우리에서 밑면의 나비(단위 : 시간)이고, ΔZ는 검출기에 도착하는 그들의 시간차이다. 만약 W가 두 봉우리의 평균 나비라고 하면 식 (10.17)은 다음과 같이 간단해진다.

$$R_s = \frac{\Delta Z}{W} \tag{10.18}$$

분리능 R_s가 1.5이면 A와 B가 완전히 분리되며 0.75이면 분리되지 못한다. 분리능이 1.0이면 띠 A는 약 4%의 B를 함유한다. 1.5의 분리능에서는 0.3%만 겹친다. 같은 충전물로 채운 컬럼의 길이를 증가시키면 이론적 단층수가 증가하여 물질의 분리 능력을 개선시킬 수 있다.

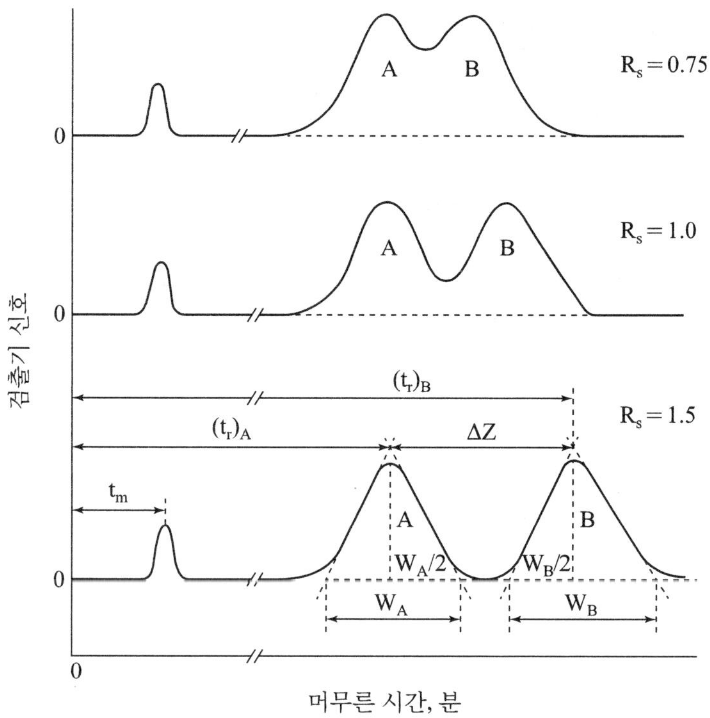

그림 10.6 세 가지 분리능의 물질분리

(7) R_s와 관 성질의 관계

R_s와 $(t_r)_A$ 및 $(t_r)_B$ 사이의 관계를 유도하여 보자. 여기서 $(t_r)_A$와 $(t_r)_B$는 그림 10.6에 보인 측정된 머무른 시간이다. 만약 $W = W_B \cong W_A$라고 가정한다면 식 (10.17)을 다음과 같이 쓸 수 있다.

$$R_s = \frac{(t_r)_B - (t_r)_A}{W_B}$$

여기에 식 (10.7)을 대입하면 다음을 얻는다.

$$R_s = \frac{(t_r)_B - (t_r)_A}{(t_r)_B} \times \frac{\sqrt{N}}{4}$$

식 (10.15)를 대입하면 R_s를 A와 B에 대한 용량인자로 나타낼 수 있다.

$$R_s = \frac{(k_B' - k_A')}{(1 + k_B')} \times \frac{\sqrt{N}}{4}$$

k_B'/k_A'를 선택인자(selectivity factor) α라고 정의하자.

$$\alpha = \frac{k_B'}{k_A'} \tag{10.19}$$

이 관계식을 위 식에 대입하여 정리하면 다음을 얻는다.

$$R_s = \frac{\sqrt{N}}{4}\left(\frac{\alpha-1}{\alpha}\right)\left(\frac{k_B'}{1+k_B'}\right) \tag{10.20}$$

따라서

$$N = 16\,R_s^2\left(\frac{\alpha}{\alpha-1}\right)^2\left(\frac{1+k_B'}{k_B'}\right)^2 \tag{10.21}$$

식 (10.21)을 이용하면, A, B를 분리하는데 필요한 단수를 구할 수 있다.

(8) 선택인자 α의 성질

그림 10.6에 보인 바와 같은 크로마토그램으로부터 α는 쉽게 구할 수 있다. 이것은 식 (10.16)을 식 (10.19)에 대입하면 알 수 있게 된다.

$$\alpha = \frac{(t_r)_B - t_m}{(t_r)_A - t_m} \tag{10.22}$$

또, 식 (10.14)를 식 (10.19)에 대입하면 다음과 같다.

$$\alpha = \frac{K_B}{K_A} \tag{10.23}$$

(9) 분리능과 용리시간

완전하게 분리하는데 걸리는 시간을 생각하여 보자. 천천히 움직이는 용질 B의 속도식, 식 (10.9)를 취하여 보자. 즉,

$$v_B = \frac{L}{(t_r)_B}$$

이 관계식을 식 (10.13)과 (10.2)에 대입하면 다음과 같다.

$$(t_r)_B = \frac{NH(1+k_B{}')}{u}$$

여기서 $(t_r)_B$는 이동상의 속도가 u일 때 B를 용리시키는데 걸리는 시간이다. 식 (10.21)을 위 관계식에 넣으면 다음 식을 얻는다.

$$(t_r)_B = \frac{16R_s^2 H}{u}\left(\frac{\alpha}{\alpha-1}\right)^2 \frac{(1+k_B{}')^3}{(k_B{}')^2} \tag{10.24}$$

예제 10.1

30.0 cm의 관을 사용하여 물질 A와 B를 분리할 때 머무른 시간은 각각 15.30과 16.51분이었다. 머물지 않는 화학종은 관을 1.20분 안에 관을 통과하였다. A와 B에 대한 봉우리 밑면의 나비는 1.08분과 1.18분이었다고 할 때, (a) 관의 분리능, (b) 관의 평균단층수, (c) 단층의 높이, (d) 분리능을 1.5로 하기 위해 필요한 관의 길이, (e) (d)에서 계산한 관으로 물질 B를 용리하는데 걸리는 시간을 계산하라.

해답

(a) 식 (10.17)을 이용하면

$$R_s = \frac{2(16.51-15.30)}{(1.08+1.18)} = 1.07$$

(b) 식 (10.7)에서 N을 계산할 수 있다.

$$N = 16\left(\frac{15.30}{1.08}\right)^2 = 3.211$$

$$N = 16\left(\frac{16.51}{1.18}\right)^2 = 3.132$$

$$N_{av} = \frac{(3.211+3.132)}{2} = 3.172$$

(c) $H = \dfrac{L}{N} = \dfrac{30.0}{3.172} = 9.46\times10^{-3}$ cm

(d) k'와 α는 N과 L의 증가에 따라 변하지 않는다. 따라서 N_1과 N_2를 식 (10.21)에 넣고 얻은 식 중에서 하나를 다른 것으로 나누면

$$\frac{N_1}{N_2} = \frac{(R_s)_1^2}{(R_s)_2^2}$$

여기에서 하첨자 1과 2는 각각 원래의 컬럼과 긴 컬럼을 나타내고, N_1, $(R_s)_1$ 및 $(R_s)_2$에 해당하는 값을 넣으면 다음과 같이 된다.

$$\frac{3{,}172}{N_2} = \frac{(1.07)^2}{(1.5)^2}$$

$$N_2 = 3.172 \times \frac{2.25}{1.145} = 6{,}233$$

$$L = N \times H = 6{,}233 \times 9.46 \times 10^{-3} = 59.0 \text{ cm}$$

(e) 식 (10.24)에서 다음을 얻는다.

$$\frac{(t_r)_1}{(t_r)_2} = \frac{(R_s)_1^2}{(R_s)_2^2}$$

$$\frac{16.51}{(t_r)_2} = \frac{(1.07)^2}{(1.5)^2}$$

따라서 $(t_r)_2 = 32.4$분

10.3.3 분리관 성능의 최적화

크로마토그래피에 의해 혼합물을 가장 빨리 분리하고자 할 때 식 (10.20)과 (10.24)는 분리조건을 선택하는 지침으로 사용될 수 있다. 이들 두 식은 띠를 넓히는 동적효과와 관계있는 N 또는 H/u, 분리되는 성분들의 열역학적 관계가 있는 선택인자 및 용량인자의 항으로 구성되어 있다. 여기서 선택인자의 항은 두 용질의 성질에만 의존하고, 용량인자 항은 용질과 컬럼의 두 성질에 의존한다.

최적의 분리조건은 N (또는 H), α 및 k'들을 조절하여 찾을 수 있다. 컬럼의 길이를 크게 하면 N을 증가시킬 수 있고, 이동상의 유속을 바꾸므로 H를 줄일 수 있다. 그러나 이때에는 띠넓힘 현상이 나타나고, 용리시간이 오래 걸리는 단점이 있다. 따라서 컬럼의 길이를 크게 하는 것보다 다른 조건들을 변화시킴으로써 H를 감소시켜 N을 증가시키는 것이 좋다.

α와 k'는 컬럼의 온도와 이동상의 조성을 변화시켜서 조절하거나 충전제의 종류를 바꿔서 실험할 수도 있다. 또한 컬럼 충전제와 입자크기, 이동상의 점도 및 정지상을 구성하는 액체상의 두께를 줄여서 H를 줄일 수 있다.

H를 감소시키는 방법으로는 앞에서 설명한 것과 같이 충전제 입자크기를 감소시키거나 이동상이 액체인 LC의 경우에는 용매의 점도를 줄임으로써 이동상의 확산계수를 증가시키면 된다. 또 온도를 높이는 방법도 있다.

(1) 용량인자와 선택인자의 변화

용량인자 k_B'를 조절하여 분리능을 개선시킬 수 있다. 일반적으로 k'를 증가시키면 분리능이 좋아지지만 용리시간이 길어진다. k_B'의 최적영역을 결정하기 위해 식 (10.20)과 식 (10.24)에서 용량인자 외에 항들은 거의 일정하다고 가정하면 다음과 같이 표현될 수 있다.

$$R_s = X\left(\frac{k_B'}{1+k_B'}\right)$$

$$(t_r)_B = Y\frac{(1+k_B')^3}{(k_B')^2}$$

그림 10.7은 R_s/X와 $(t_r)_B/Y$를 k_B'의 함수로 도시한 것이다. 그림 10.7에서 보는 것처럼 k_B'값이 약 10보다 커지면 분리능은 더 증가하지 않고 분리시간이 더 길어지므로 k_B'가 10보다 크지 않노록 소절해야 한다. 용리시간의 극소점은 k_B'가 약 2 정도일 때 나타나지만 분리능을 고려하여 k_B'값의 최적값은 1～5 영역이다. 따라서 분리능을 개선하기 위해서는 k'를 최적화해야 한다. GC에서는 온도를 증가시켜 k'를 개선할 수 있고, LC에서는 용매의 조성을 변화시킴으로써 분리능이 개선되도록 k'를 조절할 수 있다.

선택인자 α값이 1인 경우 k'를 최적화시키고 N을 증가시켜서는 두 용질을 합리적 시간 내에 만족스럽게 분리시킬 수 없다. 이런 때에는 k'를 1～10 범위에서 최적영역으로 유지시키면서 α를 증가시키는 방법을 찾아야 한다. 이를 위해서는 이동상의 조성이나 pH를 바꾸거나 컬럼의 온도를 바꿀 수 있고, 정지상의 조성을 바꾸거나 특별한 화학적 효과를 이용하여야 한다.

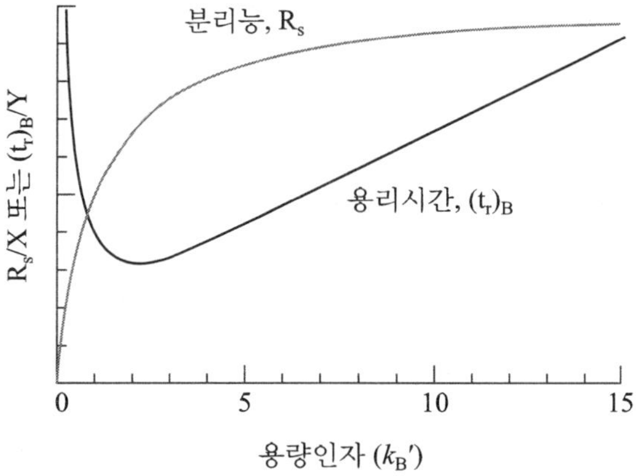

그림 10.7 분리능과 분리시간에 미치는 용량인자 k_B'의 영향

이들 용량인자와 선택인자를 조절하여 최적의 분리조건을 찾는 방법에 관해서는 11장과 12장에서 좀 더 자세히 다루기로 한다.

4 정성 및 정량분석법

10.4.1 정성분석

크로마토그래피에서 각 성분 화학종의 머무름 시간(또는 부피)은 성분을 확인하는 정성적 정보로 이용할 수 있다. 이때 이동상과 정지상을 바꾸거나 용리온도를 변화시켜 실험하여 추가로 정성에 필요한 데이터를 얻을 수도 있다. 그러나 크로마토그래피에서 얻은 정성 데이터는 IR, NMR, 질량분석법에서 얻은 정성적 정보에 의해 미약하다.

실제로 크로마토그램의 머무름 시간은 화학종 및 몇 가지를 포함하는 혼합물의 성분을 확인하는 방법으로 널리 이용된다. 분리된 성분의 자세한 확인은 IR, NMR 등의 분광학적 방법으로 수행되어야 한다. 그러나 복잡한 혼합물의 경우에는 크로마토그래피에 의해 우선 분리되어야만 분광학적으로 정성분석이 가능하게 된다. 따라서 크로마토그래피는 분광학적 분석을 하기에 앞서 해야 하는 중요한 사전 조작이 되는 수가 많다.

10.4.2 정량분석

크로마토그래피에 의한 정량법은 크로마토그램에서 분석물의 봉우리 높이 또는 면적을 한 가지 또는 그 이상의 표준물질의 그것과 비교하는 방법에 근거를 둔다. 평면 크로마토그래피에서는 분리된 화학종이 차지하는 면적이 분석의 파라미터로 이용된다. 만약 조건을 적당하게 조절한다면 이들 파라미터는 농도에 따라 선형적으로 변할 것이다.

(1) 봉우리 높이와 면적에 의한 정량분석

크로마토그램의 바탕선에서 봉우리 높이를 측정하여 분석하는 방법은 비교적 정밀도가 높고 정확한 결과를 얻을 수 있다. 그러나 컬럼 조건의 변화가 시료와 표준물질의 크로마토그램을 얻는 동안에 봉우리의 폭을 변화시키지 않는다는 조건이 필요하다. 이때 정확하게 조절되어야 하는 것은 컬럼의 온도, 용리속도 및 시료의 주입속도 등이다. 시료 주입속도는 크로마토그램의 처음 부분 봉우리에 특히 영향을 많이 준다. 이로 인해 5~10% 정도의 상대오차가 생길 수 있다.

봉우리 면적은 띠넓힘 현상과 무관하다. 따라서 봉우리의 면적에 의한 분석은 높이에 의한 방법보다 더 만족스럽다. 한편 봉우리 높이는 쉽게 측정할 수 있고 좁은 봉우리의 경우에는 대단히 정확한 결과를 얻을 수 있다.

오늘날의 대부분의 크로마토그래피 기기는 봉우리 면적을 자동적으로 측정할 수 있는 전자 적분기기 부착되어 있다. 적분기가 없을 경우에는 봉우리를 잘라내어 무게를 달아서 표준물질의 그것과 비교하거나, 대칭 봉우리의 경우에는 봉우리의 반높이 나비에 높이를 곱하여 면적을 구하는 방법을 이용할 수 있다.

(2) 표준물에 의한 검정

이 방법은 가장 직접적인 정량법으로서 미지시료의 조성과 비슷한 표준용액을 여러 가지 만들어 표준용액의 크로마토그램을 얻고 이때 얻은 봉우리의 높이나 면적을 측정하여 이들을 농도의 함수로 도시하여 검정선을 얻는다. 검정선은 원점을 지나는 직선이 되어야 한다. 미지시료의 농도는 이 검정선과 비교하여 결정한다. 정확도를 높이기 위해 재표준화 과정을 거쳐야 할 필요가 있다. 이때 나타날 수 있는 가장 중요한 오차는 시료부피의 불확정성에 있다. 가끔 시료 주입속도도 하나의 요인이 된다. 보통 시료는 ~1 μL 정도의 적은 양을 주입한다. 이 정도의 시료를 재현성 있게 주입할 때 나타나는 불확정성은 상대오차가 몇 % 정도이다. GLC에서는 이런 오차가 특히 심한데 이것은 시료를 가열된 주입기에 주입해야 하기 때문이다. 이런 오차를 줄이기 위해 회전식 기체시료 밸브와 같은 시료 주입장치가 개발되었다. 이 장치를 사용하면 1~2%의 상대오차 범위에서 시료를 주입할 수 있다.

① **내부표준법** : 이 방법은 시료를 주입할 때 생기는 불확실성을 최대로 줄일 수 있는 가장 정밀한 정량분석법이다. 이 방법에서는 조심스럽게 측정한 일정량의 내부표준물을 각 표준시료와 미지시료에 넣어 분석물과 내부표준물의 봉우리 면적(또는 높이)의 비를 분석 파라미터로 사용한다. 이때에는 내부표준물의 봉우리가 시료의 다른 모든 성분의 봉우리로부터 잘 분리되어 있어야 하고($R_s > 1.25$), 또한 표준 봉우리는 분석물 봉우리에 인접하여 가깝게 나타나야 한다. 적당한 내부표준물을 사용하면 0.5~1% 정도의 상대오차 범위에서 정량분석이 가능하다.

(3) 면적 표준화법

기체-액체 크로마토그래피로 정량분석할 때 시료주입에서 나타나는 불확정성을 피하기 위한 방법으로 면적 표준화법이 이용된다. 이 방법에서는 크로마토그램의 모든 봉우리 면적을 계산하고, 각 화합물의 종류에 따른 검출기의 감응이 차이나는 것에 대해 이들 면적을 보정하여야 한다. 즉, 분석물의 농도는 모든 봉우리의 전체 면적에 대한 보정한 면적의 비로부터 계산한다.

예를 들면 세 가지 종류의 에스터 혼합물에 대한 크로마토그램에서 다음과 같은 데이터를 얻었다고 하자. 여기서 검출기 감응계수는 일정한 양의 순수한 에스터를 각각 사용하여 따로 실험하여 얻은 것이고, 보정한 면적은 봉우리 면적에 검출기의 감응계수를 곱하여 얻은 것이다. 이때 면적표준화는 다음과 같다.

화합물	봉우리 면적(cm^2)	검출기 감응계수	보정한 면적(cm^2)
아세트산메틸	17.8	0.601	10.7
프로피온산메틸	44.6	0.778	34.7
n-부틸산메틸	29.8	0.799	23.8
			69.2

아세트산메틸 : (10.7/69.2)×100 = 15.5%

프로피온산메틸 : (34.7/69.2)×100 = 50.1%

n-부틸산메틸 : (23.8/69.2)×100 = 34.3%

계 100.0%

연습문제

10.1 이동상과 정지상의 종류에 따라 크로마토그래피를 분류하라.

10.2 다음을 간단히 설명하여라.

(a) 분배계수
(b) 소용돌이 확산
(c) 비평형 질량이동
(d) 종축확산
(e) 용량인자
(f) 선택인자

10.3 크로마토그래피에서 내부표준법에 의한 정량분석을 설명하여라.

10.4 충전제의 길이가 25.0 cm인 책에 크로마토그래피의 분리관에서 이동상이 유속을 0.32 mL/min으로 하고, V_m : 1.40 mL, V_s : 0.165 mL일 때, 4성분의 혼합물에 대한 크로마토그램에서 다음과 같은 데이터를 얻었다.

성분	머무름 시간(min)	봉우리 밑면 길이 W(min)
머무름 없음	3.1	-
1	5.5	0.42
2	13.4	1.08
3	14.2	1.17
4	21.8	1.73

(a) 각 봉우리에 대한 단층수(N)
(b) N의 평균값 및 표준편차
(c) 분리관의 단높이(H)
(d) 각 성분의 용량인자
(e) 각 성분의 분배계수
(f) 성분 2와 3에 대한 분리능
(g) 성분 2와 3에 대한 선택인자
(h) 성분 3과 4에 대한 분리능
(i) 성분 2와 3에 대한 분리능이 1.5가 되기 위한 관의 길이
(j) 성분 3과 4에 대해 분리능이 1.5가 되기 위한 관의 길이
(k) 분리능이 1.5일 때 성분 2와 3을 분리하기 위해 필요한 시간

10.5 다음과 같은 네 종류의 부틸알코올 혼합물의 크로마토그램에서 다음과 같은 데이터를 얻었다. 여기서 검출기 감응계수는 일정한 양의 순수한 알코올을 사용하여 따로 실험하여 얻은 것이다. 각 화합물의 백분율을 계산하라.

화합물	봉우리 면적(cm^2)	검출기 감응계수
n-부틸알코올	2.74	0.603
i-부틸알코올	7.61	0.530
s-부틸알코올	3.19	0.667
t-부틸알코올	1.66	0.681

참고문헌

1. H. M. McNair and E.J. Bonelli, *Basic Gas Chromatography*, Varian Aerograph, Walnut Creek, CA, 1968.
2. *Modern Practice of Gas Chromatography*, R. L. Grob, Ed., Wiley-Interscience, New York, 1977.
3. Heftnann, *Chromatography*, 3d en., Van Nostland Reinhold, New York, 1975.
4. J. A. Perry, *Introduction to Analytical Gas Chromatography*, Marcel Dekker, New York, 1981.
5. R. Stock and C. B. F. Roce, *Chromatographic Methods*, 3rd ed., Chapman & Hall, London, 1974.
6. J. M. Miller, *Sepatation Methods in Chemical Analysis*, Wiley, New York, 1975.
7. L. R. Snyder and J.J. Kirkland, *Introduction to Modern Liquid Chromatography*, 2nd ed., wiley-Interscience, New York, 1979.

CHAPTER 11

기체 크로마토그래피

기체 크로마토그래피에서는 시료를 증발시켜 분리관에 주입하고 비활성 기체를 이동상으로 사용하여 용리시킨다. 기체 크로마토그래피는 다른 형태의 크로마토그래피와는 달리 이동상은 시료성분과 반응하지 않고 분리관의 충전제를 통하여 이들 성분들을 이동시키는 기능만을 할 뿐이다. 기체 크로마토그래피는 정지상의 상태에 따라 GLC와 GSC로 구분된다. 분리효율이나 대상시료 등을 고려할 때 GSC보다 GLC가 더 많이 활용된다. 따라서 이 장에서는 주로 GLC에 국한하여 설명하기로 한다.

1 기체 크로마토그래피의 원리

기체-액체 크로마토그래피(GLC)에서는 기체 혼합시료가 분리관에 채운 정지상(비활성인 고체 지지체에 흡착시킨 액체)과 기체상의 이동상 사이에 분배하면서 분리된다. 기체-고체 크로마토그래피(GSC)는 정지상이 흡착성 고체이며, 기체시료의 물리적 흡착평형에 의하여 분리가 이루어지고, 이 방법에서는 활성 또는 극성분자가 반영구적으로 흡착하는 경우에 용리 봉우리에 꼬리가 생기고, 용리곡선에서 면적의 재현성이 적은 이유 때문에 실제의 응용에 있어서 분자량이 낮은 몇 가지 기체상 화학종을 제외하고는 응용이 제한된다. 기체 크로마토그래피에서도 크로마토그래피의 일반원리와 이론(10장)이 적용되지만 기체 이동상의 압축성 때문에 생기는 내용을 고려해야 한다. 즉, 입력과 온도의 효과를 고려하여 머무름 시간 대신에 머무름 부피를 이용하는 것이 더 편리할 때가 있다.

11.1.1 머무름 부피와 분배계수의 관계

기체-액체 크로마토그래피에서 머무름 시간 t_r는 분리관 온도 T_c와 운반기체의 유속 F_c, 시료성분과 정지상 액체간의 친화력 및 정지상 액체의 무게에 의존하는 함수이다. 머무름 부피 V_r(retention volume)는 다음 식과 같이 머무름 시간 및 운반기체의 유속에 비례한다.

$$V_r = t_r F_c \tag{11.1}$$

이때 운반기체의 유속은 일반적으로 분리관의 출구에서 비누막 유량계로 측정하므로 측정되는 운반기체는 수증기로 포화되어 있다. 따라서 분리관의 온도 T_c에서 운반기체의 정확한 유속 F_c를 구하는 식은 다음과 같다.

$$F_c = F_m \times \frac{T_c}{T_R} \times \frac{P_o - P_w}{P_o} \tag{11.2}$$

여기에서 F_m는 비누막 유량계로 측정된 유속이고, T_R는 실온, P_o는 분리관의 출구압력(대기압), P_w는 실온에서 유량계의 수증기압이다.

식 (11.1)로 정의되는 머무름 부피는 분리관 속에서의 평균압력에 대해 보정되어야 한다. 분리관 속에서는 기체의 흐름이 있고, 분리관 입구에서의 압력 P_i는 P_o보다 항상 높아야 할 것이다. 분리관의 모든 위치에서 부피가 일정하여야 하므로 압력강하에 대한 보정계수(j)를 유도할 수 있다. 이 계수는 입구와 출구 압력의 평균압력, P_{av}와 다음의 관계를 갖는다.

$$P_{av} = \frac{2[(P_i/P_o)^3 - 1]}{3[(P_i/P_o)^2 - 1]} = P_o/j \tag{11.3}$$

이때 j값은 다음의 표 11.1에 수록하였다.

표 11.1 압력강하 보정계수

P_i/P_o	j	P_i/P_o	j
1.00	1.000	1.80	0.695
1.10	0.952	1.90	0.668
1.20	0.907	2.00	0.643
1.30	0.865	2.10	0.619
1.40	0.826	2.20	0.597
1.50	0.790	2.30	0.576
1.60	0.756	2.40	0.556
1.70	0.725	2.50	0.539

그림 10.4에서 t_m는 질소, 수소 또는 헬륨과 같이 액체 정지상에 머물지 않는 물질의 통과시간을 나타낸다. V_m는 분리관 속에서의 기체상의 부피 및 시료주입부와 검출기에 있어서의 공간부피의 합을 나타내고 있다. 따라서 t_m으로부터 측정한 머무름 부피는 조정된 머무름 부피, V_r'(adjusted retention volume)을 나타낸다.

$$V_r' = V_r - V_m = (t_r - t_m)F_c \tag{11.4}$$

머무름 부피는 시료의 양에 따라 변한다. 따라서 머무름 부피는 시료의 양이 영까지 연장된 값을 취하여야 한다. 이동상은 압축될 수도 있으므로 분리관 출구보다 입구 부근에서 더 천천히 이동하므로 압력강하에 따른 보정계수를 j를 조정된 머무름 부피에 곱하여 전체 머무름 부피, V_N (net retention volume)를 얻는다.

$$V_N = V_r' j = (t_r - t_m)F_c\, j \tag{11.5}$$

조정하지 않은 머무름 부피에 관해서도 같은 보정이 적용된다. 보정된 머무름 부피, V_r^o는 다음 식으로 나타낼 수 있다.

$$V_r^o = t_r F_c\, j \tag{11.6}$$

또, 머무름 부피는 액체상 전체의 무게, W_1에 좌우된다. 따라서 분리관 속의 액체 정지상의 g당 머무름 부피 즉, 비(比)머무름 부피, V_g는 다음과 같다.

$$V_g = \frac{V_N}{W_1} = \frac{d_r - d_m}{C_s} \times F_c \times j \times \frac{273}{T_c} \times \frac{1}{W_1} \tag{11.7}$$

여기에서 d_m와 d_r는 시료주입에서 t_m와 봉우리의 최고점까지의 거리이고, C_s는 기록지 속도(cm/min)이며, W_1는 액체의 무게(g), V_g는 분배계수 K와 같이 용질과 용매의 성질 및 분리관의 온도에만 의존되는 평형상수이다.

V_g와 K는 서로 다른 단위를 사용할 뿐이다. 분리관 속의 정지상 액체의 양을 계산에 포함시킨 비머무름 부피, V_g는 다음과 같다.

$$V_g = \frac{V_N}{W_1} \times \frac{273}{T_c} = \frac{V_r^o - V_m^o}{W_1} \times \frac{273}{T_c} \tag{11.8}$$

예제 11.1

기체–액체 크로마토그래피에서 얻은 다음의 데이터로부터 비머무름 부피와 분배계수를 계산하라.

구분(기호)	값	구분(기호)	값
머무름 시간(t_r)	3.5 min	입구압력(P_i)	990 mmHg
이동상 머무름 시간(t_m) (공기 봉우리 시간)	0.5 min	출구압력(P_o)	760 mmHg
		수증기압(25℃) (P_w)	24 mmHg
액체상의 무게(W_1)	2.5 g	이동상유속(25℃, 1 atm) (u)	60 mL/min
분리관 온도(T_c)	150℃	액체상 밀도(150℃) (ρ_1)	0.95 g/mL

해답

분리관의 온도와 760 mmHg 압력에서 F_c는 식 (11.2)로 계산할 수 있다.

$$F_c = 60 \times \frac{423}{298} \times \frac{760-24}{760} = 82.5\,\text{mL/min}$$

표 11.1에서 $P_i/P_o = 990/760 = 1.30$일 때 $j = 0.865$이므로 비머무름 부피, V_g는 식 (11.7)에 의해 다음과 같이 계산된다.

$$\begin{aligned} V_g &= (t_r - t_m) \times F_c \times j \times \frac{273}{T_c} \times \frac{1}{W_1} \\ &= (3.5-0.5)(82.5)(0.865) \times \frac{273}{423} \times \frac{1}{2.5} = 55.2\,\text{mL/g} \end{aligned}$$

식 (11.6)에 의해서

$$V_r^o = 3.5 \times 82.5 \times 0.865 = 249.8\,\text{mL}$$

$$V_m^o = 0.5 \times 82.5 \times 0.865 = 35.7\,\text{mL}$$

크로마토그래피에서 $V_r = V_m + KV_s$ 관계식이 성립하고 액체 정지상의 밀도가 ρ_1인 기체-액체 크로마토그래피에서는 $V_r = V_r^o$ 및 $V_s = V_1 = W_1/\rho_1$ 관계가 성립한다. 따라서

$$\begin{aligned} &V_r^o = V_m^o + KV_1 \\ &249.8 = 35.7 + K \times \frac{2.5}{0.95} \\ &K = 81.4 \end{aligned}$$

따라서 $V_r = V_m + KV_s$식과 식 (11.8)에서 V_g와 K의 관계가 얻어진다.

$V_r^o - V_m^o = KV_1$ 이므로

$$V_g = \frac{V_N}{W_1} \times \frac{273}{T_c} = \frac{K}{\rho_1} \times \frac{273}{T_c} \tag{11.9}$$

식 (11.9)는 V_g가 K에 비례한다는 것을 나타내며, 시료성분과 정지상 액체의 조합에 대하여 특성적인 값을 나타낸다. 여기에서 어떤 기준물질 p를 정하고, 같은 장치와 같은 조건에서 측정한 기준물질 p와 시료성분 q의 V_g의 비를 취하면 다음과 같다.

$$\alpha = \frac{(V_g)_q}{(V_g)_p} = \frac{(t_r)_q - t_m}{(t_r)_p - t_m} \tag{11.10}$$

여기에서 α를 선택인자 또는 상대 머무름(relative retention)이라 하며, 이 값은 정지상 물질, 관온도 및 기준물질이 정해지면 시료성분 물질의 특성값이 된다. 여러 가지의 조건에서 많은 물질에 대하여 측정한 V_g와 α값이 핸드북[1] 등에 수록되어 있다.

2 기기장치와 조작법

기체 크로마토그래피는 기본적으로 운반기체의 유속조절부, 시료주입부, 분리관, 검출기 및 기록계의 다섯 부분으로 구성된다. 그림 11.1에 기체 크로마토그래피 장치의 구성도를 나타내었다. 여기서는 이들 각 부분장치의 작용과 조작법에 관하여 설명하기로 한다.

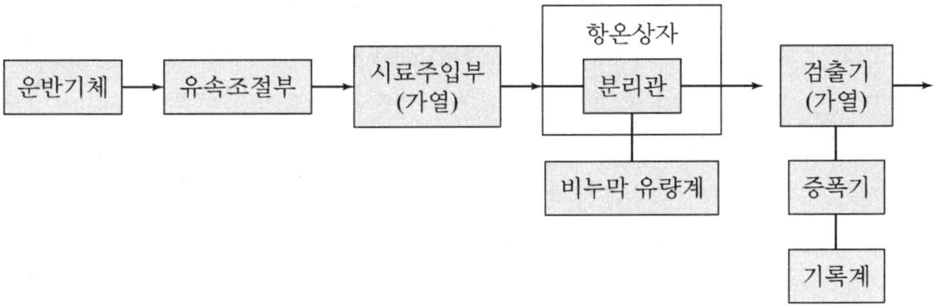

그림 11.1 기체 크로마토그래피의 부분장치 구성도

1) L. Meites, ed., *Handbook of Analytical Chemistry*, McGraw-Hill, 1963.

11.2.1 운반기체

운반기체는 화학적으로 비활성이어야 하며 헬륨, 아르곤, 질소 및 수소 등이 가장 널리 사용되고 있다. 수소는 폭발할 위험성이 있으므로 조심하여 사용해야 한다. 후에 밝히겠지만 운반기체의 선택은 검출기의 종류에 따라 결정된다.

운반기체를 공급하는 장치에는 압력조절기, 압력계 및 유속계가 부착되어 있고 유속은 재현성있게 조절해야 한다. 또 수분이나 그 밖의 불순물을 제거하기 위해 분자체(molecular sieve)를 이용하기도 한다. 고압봄베에 저장된 운반기체는 압력조절기의 감압밸브를 통하여 2～4 kg/m^2로 입력을 내린 다음 유속조절부에 도입한다. 여기서 필요한 유속이 되도록 유속계와 미세조절밸브로 압력을 조절한다. 미세조절밸브는 한번 돌려 조절하면 다른 조건이 변하지 않는 한 일정한 유속을 유지한다.

그런데 이때 사용되는 유속계는 보통 로타미터(rotameter)인데 이것은 운반기체의 종류와 압력에 따라 표시도수가 변하므로 정확한 유속을 알려면 분리판의 끝에 부착되어 있는 비누막 유량계로써 측정하는 것이 편리하고 정밀도가 높다. 단, 운반기체의 유속은 분리관의 온도에 따라 크게 변하므로 관의 온도가 정한 값으로 일정하게 된 다음에 다시 유속을 재어 조절하여야 한다. 운반기체의 유속은 내경 3 mm 정도의 분리관에서 보통 10～30 mL/min의 범위로 조절하지만 크로마토그램을 얻어 보고 나서 봉우리의 분리능이 개선되도록 다시 반복하여 조절하는 것이 좋다.

11.2.2 시료주입

시료는 빠른 속도로 주입하여야 하고, 시료량이 많으면 분리띠가 퍼지고 분리상태가 좋지 않게 된다. 기체 또는 액체시료는 마이크로 주사기로 실리콘 고무막을 통하여 0.1 μL～20 μL 정도까지를 주입한다. 시료를 주입하는 부분은 시료의 끓는점보다 20～30℃ 높은 온도로 유지하여 시료가 빨리 증발되게 한다. 그러나 시료물질의 종류에 따라서는 이런 온도에서 열분해가 일어나는 경우도 있다. 또 분해 생성물에 따라서는 재현성이 나쁜 봉우리가 나타나므로 시료물질의 열안정성에 주의해야 한다. 시료량이 적을 때에는 크로마토그래피의 재현성이나 시료량과 봉우리 넓이의 비례관계가 좋다. 한편 주입량이 분리관이나 검출기의 허용량을 넘을 때에는 봉우리의 모양이 찌그러지거나 봉우리 넓이와 시료량 간에 재현성이나 규칙성이 없어진다. 보통 0.2～10 mg의 시료를 주입하지만 최적량에 대해서는 각 경우에 따라 실험적으로 구하여야 한다. 시료가 고체인 경우에는 적당한 용매에 녹여 액체시료와 같은 방법으로 주입하거나 고체를 미세분말로 만들어 석영관에 넣고 전열로로 가열증발시켜 운반기체로 밀어 넣는 방법을 이용한다.

11.2.3 분리관

기체 크로마토그래피에는 충전관(packed column)과 모세관 컬럼(capillary column)이 사용된다. 모세관 컬럼은 대단히 얇은 액체상 막으로 관의 내벽을 입힌 모세관이다. 이것은 운반기체의 압력강하가 대단히 적게 일어나므로 긴 분리관을 사용할 수 있고, 이론단수가 수십만 정도 되는 것도 있다. 따라서 이러한 관은 시료 수용능력이 대단히 적지만 분리능이 대단히 우수하다. 충전관은 내경이 약 1～8 mm, 길이가 2～20 m의 유리 또는 금속관(구리, 스테인리스강, 강철관)이고 이것을 굽히거나 나선형으로 감아서 항온상자 속에 넣는다. 관 속에 정지상을 균일하게 채워서 만드는데 이러한 관은 보통 30 cm당 100～1,000의 이론단을 갖는다.

(1) 고체 지지물

고체 지지물은 액체 정지상을 적당히 고정시키기 위해 사용되는데 가능한 한 넓은 표면적이 이동상에 노출되어야 한다. 이상적인 지지물은 입자가 작고(20～40 μ) 균일한 구형으로 되어 있으며, 기계적 강도가 좋고 고유표면적은 적어도 1 m^2/g은 되어야 한다. 그리고 높은 온도에서 비활성이고 그 표면이 쉽고 균일하게 액체상으로 입혀져야 한다.

가장 널리 사용되는 지지물은 자연에 흔하게 존재하는 규조토로 만든 것이며, 이런 지지물에는 두 종류가 있다. 그 하나는 Chromosorb P라고 불리는 것으로 규조토를 빻은 후 잘 섞어서 벽돌 형태로 성형하여 900℃ 이상으로 가열하여 만든다. 이것을 잘게 빻은 후 걸러서 균일한 직경의 입자로 분류한다. 이것은 비표면적이 4 m^2/g 정도 된다. 두 번째는 Chromosorb W 또는 G라고 불리는 것으로 규조토를 탄산나트륨 용제와 섞어서 900℃로 가열하여 만든다. 이것은 울퉁불퉁하며 Chromosorb P보다 용질을 덜 흡수하고, 비표면적이 1 m^2/g 정도밖에 되지 않는다. 이 밖에 상품으로 시판되는 지지물에는 Dicalite, 내화벽돌, Sterchamol과 같은 것들이 있고, 테프론, 알루미나, 카보런담 등의 분말 또는 작은 유리구슬 등이 지지물로 사용되기도 한다. 그러나 어느 것도 규조토의 성능을 능가하지 못한다.

기체 크로마토그래피에서도 관의 효율은 충전제 입자의 크기가 작고 균일할수록 증가한다. 그러나 운반기체의 유속을 일정한 유속으로 유지하는데 필요한 압력차는 입자 직경의 제곱에 반비례한다. 따라서 기체 크로마토그래피에서 사용되는 입자의 크기에는 최저한계가 있기 마련이다. 그 이유는 30 psi (lb/in^2) 이상의 압력차를 사용한다는 것이 편리하지 않기 때문이다. 그러므로 보통 사용하는 지지물의 입자 크기는 60～80 mesh (250～170 μm) 또는 80 ～100 mesh (170～150 μm) 정도이다.

(2) 충전관의 준비

먼저 고체 지지물을 체로 쳐서 일정한 크기의 입자를 얻는다. 일정량의 지지물을 그 무게의 1~10%에 상당하는 정지상을 녹인 휘발성 용매에 섞는다. 이때 용매의 부피는 섞는 지지물의 3~4배 정도이다. 그런 다음 용매를 증발시킨 후 입자를 건조시킨다. 건조된 지지물은 분리관을 가볍게 치고 흔들면서 여기에 천천히 충전한다. 이때 입자 사이에 빈 공간이 생기지 않고 균일하게 충전되도록 하여야 한다. 이렇게 만든 관은 기체 크로마토그래피 장치의 항온상자에 맞도록 적당한 모양으로 구부리거나 나선형으로 만들어 사용한다. 이와 같이 만든 분리관은 수백 번을 사용할 수 있다.

(3) 모세관 컬럼

모세관 컬럼은 50,000~100,000 정도의 이론단수를 가지며 분리능이 대단히 우수하다. 이러한 놀라운 응용성에도 불구하고 그 사용이 지연된 이유는 모세관 컬럼에 주입할 수 있는 시료의 용량이 적고, 관이 개지기 쉬우며, 시료를 주입하는 문제 및 관을 검출기에 연결하는 기계적 문제, 관을 재현성있게 도포하는 어려움, 잘못 만든 관의 수명이 짧다는 점, 관이 쉽게 막히는 점 및 특허권의 문제(첫 특허권은 1977년에 소멸되었음) 등 때문이었다. 이런 문제들은 1970년 후반에 와서 해결되었다.

모세관 컬럼은 내경이 매우 작은 모세관의 내부 벽을 정지상으로 도포시킨 것이다. 이런 컬럼을 WCOT (wall-coated open tubular)라 하고 간단히 모세관 컬럼이라 부른다. WCOT는 내경이 0.25~0.75 mm, 효율은 1,000~4,000 단수/m, 시료량은 10~1,000 ng 정도이다.

모세관 컬럼은 충전저항이 없고 기체의 흐름은 적어 매우 긴 컬럼을 사용할 수 있다. 상품화된 15~30 m의 것은 매우 좋은 분리능을 갖는다. 이런 컬럼은 많은 성분의 혼합물을 분리·분석할 수 있고, 더 복잡한 시료에 대해서는 100 m 또는 더 긴 컬럼을 사용할 수 있다.

초기에는 스테인리스 모세관이 사용되기도 하였으나 이것은 시료의 미량이 가끔 금속벽에 비가역적으로 흡착되는 문제점이 있다. 이런 문제는 비교적 많은 시료를 취하는 충전관에서는 크게 문제가 되지 않겠지만 모세관 컬럼에서는 매우 적은 양의 시료를 사용하기 때문에 문제가 된다. 이와 같은 문제로 인하여 모세관 컬럼에는 화학적으로 활성이 없는 유리나 실리카 모세관이 사용된다. 유리모세관은 금속관보다 부피가 매우 작다. 실제로 외경이 0.8 mm이고, 내경이 0.25 mm인 30 m 또는 그 이상의 길이를 갖는 유리모세관은 직경이 11 cm 정도 되는 코일형으로 감았을 때 그 두께가 2~3 cm 밖에 되지 않는다.

최근에는 용융실리카 모세관(fused silica open tubular, FSOT)을 사용하는데, 이 컬럼은 0.1~0.3 mm의 내경에 효율은 2,000~4,000 단수/m이고, 시료량은 10~75 ng 정도를 사용한다. 용융실리카는 유리보다 화학적으로 더 비활성이고 꼬리끌기(tailing) 현상이 없는 크로마토그램을 제공한다. 용융실리카 컬럼은 유리관보다 벽이 더 얇다. 외경이 약 0.3~0.45 mm 정도인데, 모세관을 뽑을 때 외부를 폴리아마이드로 도포해 강도를 높이도록 하였다. 시료를 너무 많이 주입하거나 불순물이 포함된 유기용매에 녹인 시료는 정지상 액체를 씻게 되어 값비싼 컬럼을 파괴할 수도 있으나, 이런 관은 상당히 유연성이 있고 물리적 힘이 표면에 작용할 때 정지상의 손상을 어느 정도 피할 수 있는 이점이 있다.

용융실리카 모세관은 화학적으로 결합된 정지상의 컬럼을 만들 수 있고, 실제 여러 가지 화학결합된 정지상의 용융실리카 모세관이 개발되고 있다. 내경이 약 0.5 mm 되는 모세관 컬럼도 기체 크로마토그래피에서 사용되는데, 이런 컬럼은 크로마토그래피에 실시하기가 쉽고, 매우 빠른 시간에 분리평형이 일어난다.

모세관형 컬럼의 내벽은 두께가 0.1~1 μm인 정지상의 액체막으로 도포되어 있다. 모세관을 도포하는 데는 휘발성 용매에 녹인 정지상의 묽은 용액을 약한 기체압력으로 관을 통하게 하거나 관을 정지상으로 채우고 관의 한쪽 끝을 막고 용매를 진공 하에서 천천히 제거하여 만든다

(4) 분리관의 온도조절

분리관의 온도는 정확한 분석에서 10분의 몇 도 범위 내에서 정밀하게 조절해야 한다. 항온상자의 온도는 공기 환류장치, 전기 가열장치 또는 일정 끓는점의 액체에서 나오는 증기 자켓 등을 이용하여 조절한다. 분리관의 최적온도는 시료의 끓는점과 분리되는 정도에 따라 각기 다르다. 용리하는 동안 (10~30분) 시료의 평균 끓는점과 같게 또는 보다 높게 분리관의 온도를 조절하여야 한다. 시료의 각 성분의 끓는점이 넓은 범위를 가질 때에는 분리작업을 하는 동안 온도를 계속적으로 또는 단계적으로 증가시켜 주는 것이 바람직하다.

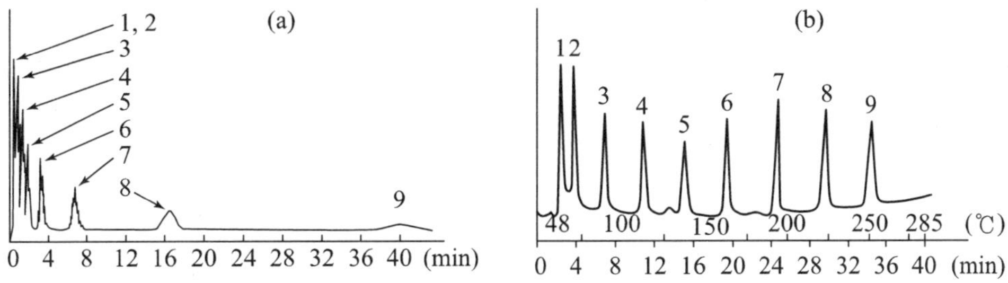

1: methanol 2: ethanol 3: 1-propanol 4: 1-butanol
5: 1-pentanol 6: cyclohexanol 7: 1-octanol 8: 1-decanol
9: 1-dodecanol

그림 11.2 알코올 동족체의 크로마토그램에 미치는 온도의 효과
(a) 일정온도법(165℃), (b) 승온법(48 → 285℃)

일반적으로 좋은 분리는 가급적 낮은 온도에서 작업할 때 얻는다. 그러나 온도가 낮으면 용리시간이 많이 걸리고 분석을 완결하는데 시간이 걸리게 된다. 그림 11.2에 일정온도법과 승온법(temperature programming method)에 의해 얻은 기체 크로마토그램을 비교한 예를 나타내었다.

11.2.4 검출기

기체-액체 크로마토그래피에서 사용되는 검출기는 분리관에서 나오는 묽은 농도의 용질에 대하여 빠르고 재현성이 있게 감응해야 한다. 검출부분의 온도는 분리관의 온도와 같거나 또는 20～30℃ 높도록 보온하여 관으로부터 나온 시료성분의 증기가 검출기 속에서 응축하지 않도록 온도를 조절하여야 한다. 이때 열전도도형 검출기 이외의 검출기는 보통 시료주입부 또는 관 항온상자와 함께 온도가 조절되어 있으므로 특별한 온도 설정의 필요는 없다. 연속적으로 검출한 감응신호는 바로 증폭 처리한 다음 외부의 자동기록에 의해 읽음과 동시에 시간에 따른 변화가 연속적으로 기록지에 그려져 기체 크로마토그램이 얻어진다.

검출기에는 많은 종류의 시료물질에 대하여 같은 정도로 감응하는 만능 검출기와 특정한 시료물질의 동족체무리에 대해서만 고감도로 감응하는 선택성 검출기가 있다. 이들은 시료물질의 조성이나 분석목적에 따라 구분하여 사용된다. 가장 널리 사용되는 검출기는 열전도도 검출기, 불꽃 이온화 검출기, 열이온 및 전자포착 검출기 등이다.

(1) 열전도도 검출기

열전도도 검출기(thermal conductivity detector, TCD)는 초기의 기체 크로마토그래피 검출기이며 아직도 널리 사용되고 있다. 이 검출기는 기체흐름의 열전도도 변화를 이용하는 것으로, 일정한 전류로 가열되는 저항선(백금, 금 또는 텅스텐의 선이나 반도체의 서미스터)의 온도는 그것을 둘러싸고 있는 기체의 열전도도에 따라 달라진다. 이 검출기는 항상 두 개의 검출기를 짝지어 사용한다. 한 개는 시료의 분리관에서 나오는 기체에, 다른 한 개는 시료가 포함되지 않는 기준관에 연결한다. 이러한 방법으로 연결하면 운반기체의 열전도도, 관의 압력 및 전력의 변화에 의한 영향은 상쇄되고 다만 시료에 대한 신호만이 나타나게 된다. 운반기체로 헬륨 또는 수소를 사용한다. 이들의 열전도도는 대부분의 유기화합물보다 6～10배 정도 크다. 따라서 소량의 유기화합물 시료가 이들 기체 속에 포함되어 있으면 열전도도는 크게 감소되어 검출기의 온도는 증가한다. 질소와 이산화탄소의 열전도도는 유기물과 거의 비슷하므로 이들 기체를 운반기체로 사용할 때에는 열전도도에 의한 감도는 줄게 된다. 열전도도 검출기는 온도조절에 특히 엄밀을 요하므로 분리관이나 시료주입부와는 독립시켜 온도를 조절하고 있으며, 분리관의 설정온도에 따라 검출기의 온도를 설정하지 않으면 안 된다. 이 검출기는 간단하고 견고하며 값이 싸고 시료를 파괴하지 않고 검출하는 장점이 있다.

그림 11.3에 열전도도 검출기의 구조와 브리지 회로를 나타내었다.

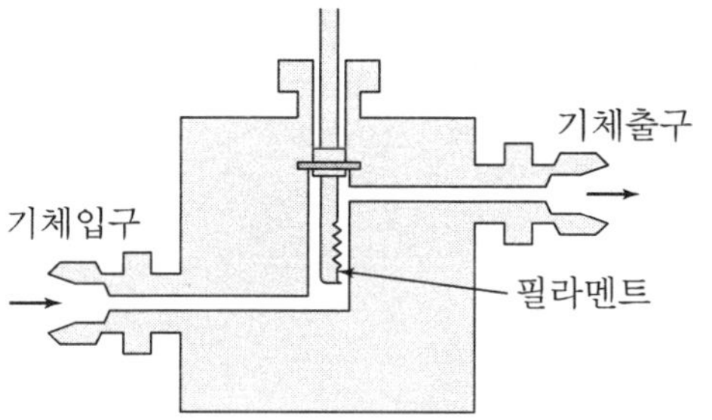

(a) 열전도도 검출기

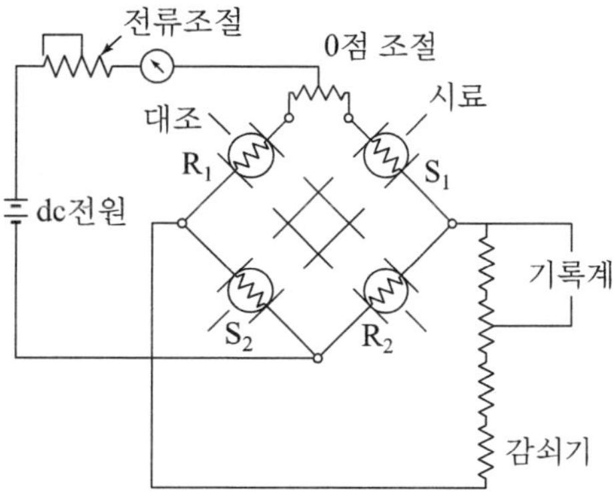

(b) 열전도도 검출기의 브리지 회로

그림 11.3 대표적인 열전도도 검출기와 브리지 회로

(2) 불꽃 이온화 검출기

대부분의 유기물은 수소-공기 불꽃 속에서 연소시키면 이온성의 연소생성물이 생기고 이것에 의하여 불꽃이 전기전도성을 가지게 되는데, 이때의 이온전류를 측정함으로써 미량의 시료분자를 검출할 수 있다. 이 장치를 불꽃 이온화 검출기(flame ionization detector, FID)라 한다. 그림 11.4와 같은 장치를 이용하여 이온을 모으고 생성된 이온전류를 측정한다. 불꽃 속에서 탄화수소물이 이온화하는 과정은 확실하게 알려져 있지 않지만 생성된 이온의 수는 불꽃 속에서 환원된 탄소 수에 비례한다는 것이 알려져 있다. 연료인 수소, 조연제인 공기, 운반기체로 사용되는 헬륨과 질소, 그리고 물이나 CO, CO_2, 카보닐, 알코올, 아미노산과 같은 탄소의 산화물이 들어 있는 경우에는 약간의 이온만이 생성되거나 또는 전혀 이온을 생성하지 않는다. 이 검출기는 열전도도 검출기에 비하여 운반기체의 유속, 주위의 온도변화에 민감하지 않고, $10^{-7} \sim 10^{-10}$ mol/mL 정도 즉, 무게 약 20 pg, 농도 10 ppm의 낮은 농도의 시료를 검출할 수 있다. 일반적으로 수소 불꽃 이온화 검출기는 가장 널리 이용되며, 가장 예민하고, 넓은 농도 범위에 걸쳐 직선적 감응을 나타낸다. 그러나 시료는 검출되는 동안에 파괴된다.

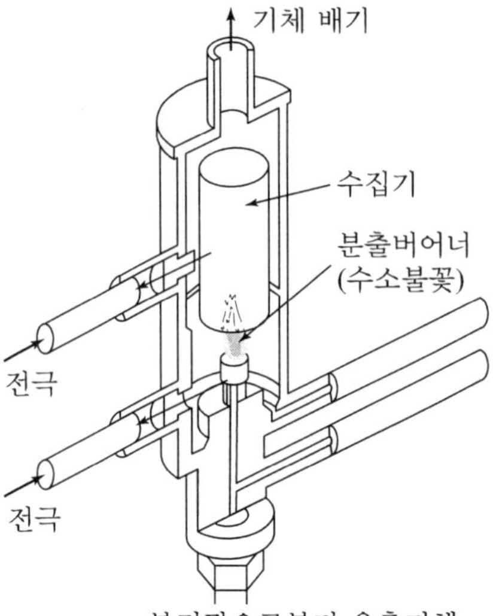

그림 11.4 수소 불꽃 이온화 검출기

(3) 전자포착 검출기

전자포착 검출기(electron capture detector, ECD)는 음이온으로 되기 쉬운 분자 또는 전자에 대하여 친화성이 큰 분자시료의 검출에 사용된다. 이 검출기는 분리관에서 나오는 용출기체를 니켈-63이나 삼중수소(백금 또는 티탄의 얇은 막에 흡착시킴)와 같은 β-선 방사물체 위를 통과하게 한다. β-선의 전자는 운반기체를 이온화시켜 많은 수의 전자를 생성시킨다. 이때 운반기체만 있으면 이온화 과정에 의해 한 쌍의 전극에 일정한 정전전류가 흐른다. 그러나 전자를 포착하는 성질이 있는 유기화학종이 운반기체에 섞여서 존재하면 전류는 감소하게 된다. 검출기 사이에 걸린 전위를 펄스식으로 가해주지 않으면 감응전류는 비선형적이다.

전자포착 검출기는 운반기체로 질소 또는 10%의 메테인을 포함하는 아르곤 등을 사용하는데 이들 기체는 방사선원에서 나오는 β-선에 의해 이온화되어 양이온과 전자로 나뉜다. 이 검출기의 감응은 선택적이며 할로젠, 과산화물, 퀴논 및 나이트로기와 같은 전기음성도가 큰 작용기에 특히 예민하지만 아민, 알코올 및 탄화수소와 같은 화합물에는 감응하지 않는다. 이 검출기가 중요하게 이용되는 분야는 염소화합물인 살충제를 정량분석하는 경우이다. 이 검출기는 매우 예민하며 시료를 파괴하지 않는 이점이 있고, 선형적 감응 범위는 시료 크기가 보통 100배 정도로서 비교적 크다.

(4) 불꽃 열이온 검출기

불꽃 열이온 검출기(flame thermionic detector, FTD)는 특히 인과 질소를 포함하는 유기화합물에 선택성을 갖는 고감도의 검출기이다. 기본구조는 FID와 거의 같으나 그림 11.5와 같이 수소 불꽃의 바로 가까이에 알칼리염을 두고, 수소 불꽃으로 가열된 알칼리금속의 이온과 인 및 질소의 선택적 반응에 의해 생기는 이온전류를 측정하여 검출한다. 이 검출기는 인이나 질소를 함유하지 않은 다른 유기화합물에 대해서도 감응하는 능력을 가지고 있으나 그들보다는 인을 포함하는 화합물의 경우에 $10^4 \sim 10^6$배 더 크게 감응한다. 그리고 질소 원자보다 인 원자에 대해 10배 더 크게 감응하고, FID에서 보다 FTD가 인 함유 화합물에 대해 500배, 질소 함유 화학종에 대해 50배 정도 더 민감하다.

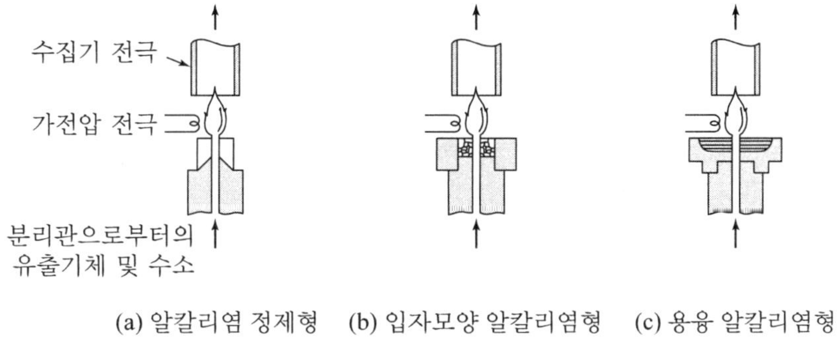

그림 11.5 불꽃 열이온 검출기의 분출버너 부근의 확대그림

(5) 불꽃광도 검출기

불꽃광도 검출기(flame photometric detector FDP)는 황 및 인의 불꽃방출을 분광광도법으로 검출하는 고감도의 선택성 검출기이다. 인이나 황을 함유하는 화합물을 환원불꽃 속에서 태우면 특정적인 불꽃을 낸다. 이 빛을 광학필터를 통해 분광하고, 그 세기를 광전자증배관으로 측정하여 인 및 황화합물을 검출한다. 이 검출기는 탄화수소에는 전혀 감응하지 않으며 잔류농약이나 대기오염 물질 중에서 황을 함유한 화합물의 측정에 사용되는 감도가 좋은 선택성 검출기이다.

3 액체 정지상의 선택법

기체 크로마토그래피에서 성공적인 분리를 위해서는 정시상을 적절하게 선택하는 것이 필수적이다. GLC에서 정지상으로 사용되는 액체는 대단히 많다. 액체 정지상은 낮은 휘발성이어야 하고, 보통 분리관의 최고 작업온도보다 적어도 100℃ 더 높은 끓는점을 갖는 액체이어야 한다. 흔히 사용되는 액체상은 다음과 같은 특성을 갖는 것이 바람직하다.

① 분리하고자 하는 성분들이 액체상에 적당한 분배계수를 갖고, 그 분배계수는 서로 달라야 한다.
② 액체상은 증기압이 낮고, 열적으로 안정해야 한다. 기기조작 온도에서 액체상의 증기압이 0.1 mmHg 이하이어야 한다. 증기압이 높으면 증기에 해당하는 양만큼 증발하여 액체상이 빠져나오는 현상 때문에 분리관의 수명이 짧아지고 검출기를 오염시키고, 분석 오차를 가져온다.
③ 화학적으로 안정하고 시료성분과 반응해서는 안 된다. 이것은 분리관의 수명과 결과의 재현성을 위해서 필요하다.
④ 점도가 낮아야 한다. 점성이 크면 시료 성분의 확산속도가 지연되므로 분배평형에 도달하는 시간이 길어져 관효율을 감소시키기 때문이다.

성질이 다른 수백 종류의 액체상이 GLC에 널리 이용되어 왔다. 그러나 많은 액체상을 이용할 수 있다는 사실은 특정 분석시료에서 알맞은 액체상을 선정하는데 많은 어려움을 주고 있다. 알맞은 액체상을 선택하기 위한 이론적인 방법은 없다. 따라서 문헌을 참고해서 분석을 하는 것이 가장 용이하다. 참고문헌도 이용하지 못하는 경우에는 선택성 있는 액체상을 선택하여 분석을 시도해야 한다. 이런 문제를 해결하기 위해 액체상을 선택하는 어느 정도의 합리적인 방법을 알아 둘 필요가 있다. 액체상의 선택성이란 두 용질의 상대적 머무름을 나타낸다.

GC에서의 분리는 용질 사이의 끓는점, 분자량 및 화학적 구조의 차이가 있기 때문에 가능하다. 용질의 머무름 시간은 주어진 조작조건에서 분배계수에 크게 의존하며, 이 분배계수는 액체상의 성질에 관련된다. 이들 분배계수는 너무 작거나 커서는 안 된다. 작은 분배계수를 갖는 용질은 머무름 시간이 짧아서 분리가 되지 않으며, 반면에 분배계수가 너무 크면 용질의 머무름 시간이 너무 길다. 용질이 분리관에서 적당한 머무름 시간을 갖기 위해서는 용질이 액체상에 용해할 수 있어야 하며 따라서 용질과 액체상의 극성이 비슷해야 한다. 즉 용질과 액체상의 상호작용을 이해함으로써 액체상의 선택에 도움을 준다. 용질 간의 상대 휘발성 또는 상대 머무름(α)은 용질과 정지상 액체 사이의 상호인력 즉, van der Waals 힘에 의존한다. 이들 분자간의 힘은 London force(런던 분산력), Debye induction 및 Keesom orientation 힘으로 세분할 수 있다.

예로써 파라핀 동족체의 분리에는 squalane과 같은 무극성 액체상을 사용하면 분리가 잘 되며, 각 성분의 끓는점의 순서대로 용리된다. 이 경우의 인력은 런던 분산력으로 설명할 수 있다. 따라서 squalane 정지상은 탄화수소, 에터, 에스터와 같은 무극성 계열의 물질분리에 이용된다. 이와는 반대로 polyethylene glycol과 같은 극성인 액체는 알코올 또는 아민과 같은 동족체의 극성 화합물을 분리하는데 보다 효과적이며, 용리순서는 각 성분의 끓는점의 차례로 머무름 시간이 길어지고 끓는점이 충분히 다르면 이들을 깨끗하게 분리시킬 수 있다. 이 경우에서의 인력은 Keesom orientation 힘으로 생각할 수 있다.

위의 경우와 다르게 두 용질의 증기압이 같은 혼합물의 분석에서는 여러 성질을 이용해서 분리할 수 있다. 작용기가 다른 화합물의 분리에서 적절한 액체상을 선택하기 위해서 이용되는 중요한 방법 중의 하나는 McReynolds상수[2]에 의한 방법인데 이 방법에서는 *n*-파라핀의 머무름 지수(*I*)[3]를 이용한다.

파라핀 동족체를 제외한 모든 화합물의 *I*는 컬럼과 조작조건이 명시되어 실험적으로 다음과 같이 정한다. 파라핀의 동족체인 헥세인, 헵테인 및 옥테인과 벤젠의 혼합물을 20% squalane(기준 액체상)과 100℃ 컬럼온도의 GC에 주입하고 크로마토그램에서 네 성분의 보정한 머무름 시간(t_r')을 계산한다. 계산된 t_r'는 헥세인에서 15분, 헵테인에서 19분, 옥테인에서 25분 및 벤젠에서 17분이었다고 가정한다. 그래프에 헥세인의 *I*인 600을 가로축에, 15분의 대수값을 세로축에 잡는다. 같은 방법으로 나머지 파라핀 화합물에 대한 *I*값과 t_r'의 대수값을 semilog로 도시하면 그림 11.6과 같다. 세 성분의 파라핀 화합물의 세 점을 연결하면 직선관계가 된다. 그 관계에서 17분의 벤젠에 대한 *I*가 649이다. 이는 Squalane 컬럼에서 벤젠은 헥세인과 헵테인의 중간쯤에서 용리된다는 것을 의미한다.

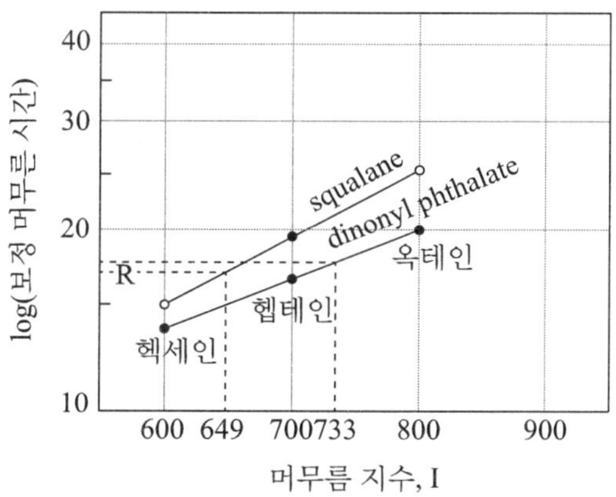

그림 11.6 머무름 지수를 결정하기 위한 t_r' 대 *I*의 도시

---

2) W. O. McReynolds, J. *Chromatogr.* Sci., 1970, 8, 685; W. R. Supine and L. P. Rose, *iIbid,* 1970, 8, 214.

3) 머무름 지수(retention index, *I*)란 액체상이나 온도 등 조작조건에 관계하지 않고 그 분자의 탄소수를 100배 한 값으로 정의하였다. 그 예로써 *n*-헥세인과 *n*-옥테인의 *I*값은 각각 600과 800이 된다.

이와 같은 방법으로 액체상으로 dinonyl phthalate (DOP)를 사용하여 얻은 분석결과를 그래프에 도시하고 측정한 벤젠의 I는 733이었다. 두 컬럼에서의 벤젠의 I차(ΔI)는 84이다. 이는 squalane보다 DOP에서 벤젠의 용리시간이 더 길며 DOP는 ΔI가 84만큼 더 극성의 액체상이라고 말할 수 있다. ΔI값을 McReynolds상수라고 하며, 이는 런던분산력이 아닌 다른 분자간의 인력에 기인한 용질(벤젠)-액체상(DOP)간의 인력의 척도가 된다.

DOP와 다른 작용기를 가진 화합물과의 ΔI를 알아보기 위해 벤젠을 제외한 다른 작용기를 가진 많은 화합물에 대한 DOP의 용리의 크기를 정할 필요가 있다.

표 11.2에 다섯 가지 액체상에 대한 McReynolds 상수, x', y', z', u' 및 s'를 나타내었다. 각 기호는 용질과 정지상 사이의 상호작용 중 한 가지 작용과 관련이 있다. 이들 상수의 크기는 표준물로 대표하는 화합물 무리에 대한 상호작용의 세기의 척도를 나타낸다. 그 중에서 선택된 대표적인 화합물과 몇 가지의 액체상에서 얻은 ΔI값을 표 11.3에 나타내었다.

McReynolds 상수의 유용성은 첫째로 많은 액체상 중에서 비슷한 극성을 가진 액체상을 구분할 수 있다. 이때 고려할 점은 같은 극성으로서 액체상의 사용온도가 높은 것을 선택해야 한다. 둘째는 액체상의 극성의 크기를 나타내므로 적절한 액체상을 선택하여 사용할 수 있다. 일반적으로 McReynolds 상수는 작용기가 서로 다른 화합물을 분리하고자 할 때 정지상을 선택하는 지침으로 사용할 수 있다. 그러나 동족계열의 화합물이나 이성질체를 분리하는 경우에는 이용가치가 없다.

에스터에서 포화지방산에스터를 분리할 때 McReynolds상수에 의해서만 생각한다면 DC-710, QF-1 및 Carbowax-20M과 같은 액체 중에서는 Carbowax-20M이 가장 좋다고 할 수 있다. 그 이유는 표 11.2와 11.3을 볼 때 에스터 작용기에 대해서는 z'값이 큰 정지상이 필요하므로 DC-710은 제외시킬 수 있고, 불포화작용기에서 포화작용기를 분리하려면 x'값이 큰 Carbowax-20M에서 불포화지방산에스터는 오래 머물지만 포화지방산에스터는 오래 머물지 않기 때문이다.

표 11.2 McReynolds 상수에 대한 실험물질과 화합물 무리

시험물질	ΔI	시험물질로 쓰이는 물질 무리
Benzene	x'	방향족, 올레핀류
1-butanol	y'	알코올, 페놀, 칼복시산
2-pentanone	z'	케톤, 에터, 알데하이드, 에스터, 에폭사이드, 다이메틸아미노 유도체
Nitropropane	u'	나이트로 화합물과 나이트릴 유도체
Pyridine	s'	유기 염기, 방향족 *N*-헤테로, 고리 다이옥세인

표 11.3 정지상의 성질과 McReynolds 상수

정지상	최고온도 (℃)	화학적 성질	McReynolds 상수, ΔI				
			x'	y'	z'	u'	s'
Squalane	150	cycloparaffin	0	0	0	0	0
SE-30	350	dimethylsilicone	15	53	44	64	41
OV-7	350	phenylmethylsilicone(20% phenyl)	69	113	111	171	128
DOP	300	dinonylphthalate	84	183	147	231	159
DC-710	300	phenylmethylsilicone(50% phenyl)	107	149	153	228	190
QF-1	250	trifluoropropylmethylsilicone	144	233	355	463	305
Carbowax-20M	250	polyethyleneglycol	322	536	368	572	510
DEG-Succinate	225	diethyleneglycolsuccinate	492	733	581	833	791
TCEP	175	1,2,3-tris(2-cyanoethoxyl)propane	593	857	752	1025	915

11.3.1 화학결합된 정지상

1980년에 와서 기체 크로마토그래피에서 사용할 수 있는 새로운 정지상 즉, 비활성 교체 표면에 정지상을 화학결합시켜서 만드는 방법이 개발되었고, 여러 가지 온도 영역과 극성을 갖는 몇 가지 종류의 충전제가 만들어져 시판되고 있다. 이와 같은 화학결합된 정지상을 만들기 위해서는 우선 실리카 입자를 가수분해하여 실란올기를 만들고, 여기에 사염화실리콘을 반응시켜 클로로실란화(chlorosilinated) 한다. 다시 분자량이 3,000이 넘는 폴리올로 처리하면 다음과 같은 물질을 만들 수 있다.

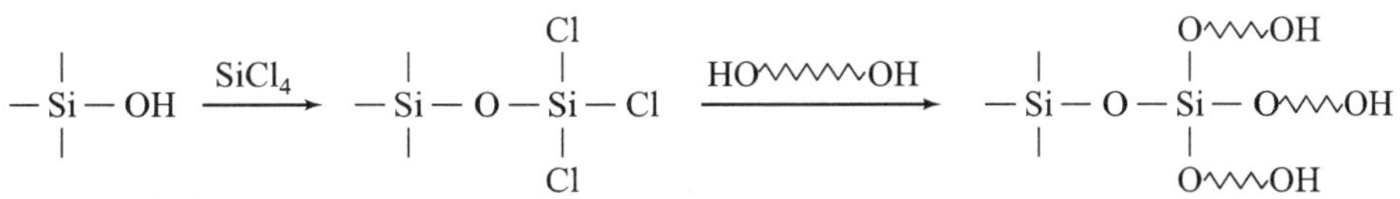

이렇게 만든 생성물의 표면에 붙어 있는 알코올기를 여러 가지 시약으로 처리하여 각각 극성이 다양한 표면을 만든다[4]. 이처럼 화학결합시켜 만든 충전제는 균일한 유기상이 형성되므로 크로마토그래피에서 재현성이 우수하고, 이동상과 정지상 간에 시료 용질의 분배평형이 빨리 도달하기 때문에 관효율이 좋아진다. 또 이런 충전제는 250～350℃에서도 열적으로 안정하다는 이점이 있다. 그러나 산소와 물에 쉽게 분해된다는 것이 단점이다.

4) J. N. Driscoll and I. S. Krull, *Amer. Lab.*, 1983, 15(5), 42.

4 기체 크로마토그래피의 정성 및 정량분석

기체 크로마토그래피는 첫째 분리를 수행하는 수단이다. 복잡한 유기혼합물, 금속유기물, 생화학 물질 등을 훌륭하게 분리할 수 있는 방법이다. 둘째는 분석을 완결하는 수단이다. 머무름 시간과 머무름 부피는 정성분석에 이용되며, 용리 봉우리의 높이와 면적은 정량분석에 이용된다. 근래에는 기체 크로마토그래피를 질량분석계, 자외선, 적외선, 핵자기공명 분광계 등과 연결시켜 사용하고 있다.

11.4.1 정성분석

기체 크로마토그래피는 유기화합물의 순도를 측정하는데 널리 사용된다. 유기물 중에 불순물이 포함되어 있으면 불순물의 종류에 상당하는 봉우리가 나타나며 봉우리의 면적으로부터 불순물의 함유량 정도를 알 수 있다. 이 방법은 물질의 정제에도 쓰인다.

머무름 시간은 혼합물의 성분을 확인하는데 이용되는데, 재현성이 있는 머무름 시간을 얻기 위하여 여러 가지 실험조건을 일정하게 조절하는 것은 대단히 어렵다. 이를 해결하기 위해 표준물질을 이용하여 분석한다. 즉, 순수한 화합물을 시료에 첨가하면 혼합물의 크로마토그램에 새로운 봉우리가 나타나지 않아야 하며 그 중 한 봉우리의 높이가 증가하게 된다. 다른 분리관과 다른 농도에서 조작하여도 결과가 같다면 그 결과는 더욱 신빙성이 높아진다.

11.4.2 정량분석

기체 크로마토그래피는 약 1% 정도의 상대오차로 정량분석할 수 있다. 분석값의 신뢰도는 검정선 작성에 소비한 노력, 조건의 조절 및 시료의 성질 등에 따라 결정된다. 정량분석에는 용리 봉우리의 높이 또는 면적이 이용된다. 봉우리의 높이는 측정하기는 편리하지만 실험조건의 영향을 많이 받으므로 정확하지 않은 편이다. 용리 봉우리는 용질의 머무름 시간이 길수록 더 퍼지고 높이는 낮아지는데 특히 유속은 봉우리의 높이에 큰 영향을 준다. 또 봉우리의 높이는 특히 분리관의 온도 및 충전제의 조건에 의해 영향을 받는다. 봉우리의 면적은 일반적으로 유속의 역수에 대해 직선적으로 증가하므로 이 조건에 대한 보정을 해주기도 한다. 두 화합물의 용리 봉우리의 상대면적은 유속과 무관하게 일정한 값을 갖는다. 정량분석에 관한 자세한 방법은 10.4절에서 설명한 것과 같다.

5 기체-고체 크로마토그래피

기체-고체 크로마토그래피(GSC)는 정지상으로 고체 흡착제를 사용하고, 시료의 기체 성분이 고체 정지상에 흡착되는 정도에 따라 물질이 분리되는 것에 근거를 두고 있다. 이때 분배계수는 보통 기체-액체 크로마토그래피의 경우보다 대단히 크다. 공기, 황화수소, 이황화탄소, 산화질소, 일산화탄소, 이산화탄소 및 비활성 기체 등의 기체들은 기체-액체 크로마토그래피의 분리관에는 머물지 않기 때문에 분석할 수 없지만 기체-고체 크로마토그래피의 흡착성 정지상에는 흡착되고 또한 흡착정도가 다르므로 분리·분석할 수 있다.

정지상으로 사용하는 고체 흡착제로는 분자체(molecular sieve)의 다공성 중합체가 널리 사용된다. 분자체는 포함되어 있는 양이온의 종류에 따라 구멍의 크기가 변하는 규산알루미늄 이온교환체이다. 현재 시판되고 있는 것으로는 입자크기가 40～60 mesh와 100～120 mesh의 것이 있고, 분자체는 구멍에 들어갈 수 있는 분자의 최대직경에 따라 4, 5, 10 및 13 Å의 것이 있다. 이들의 직경보다 작은 분자들은 흡착이 일어나는 입자의 내부까지 침투해 들어간다. 따라서 분자체는 큰 분자에서 작은 분자를 분리하는데 이용할 수 있다. 예로 길이가 약 180 cm인 관에 5 Å의 분자체를 채운 분리관은 실온에서 헬륨, 산소, 질소, 메테인 및 일산화탄소의 혼합물을 분리할 수 있고, 용출순서는 위에 적은 순서 즉, 크기가 작은 헬륨이 가장 먼저 용출된다.

다공성 중합체로 된 흡착제로는 divinylbenzene이 있는데, 이 물질은 다리결합한 styrene으로 균일한 다공성 중합체 구슬 형태이다. 시판되는 것으로 Porapak이 있는데 이들은 제작방법에 따라 구멍크기가 균일한 구슬로 만들 수 있다. 이것은 황화수소, 질소산화물, 물, 이산화탄소, 메탄올 및 염화바이닐과 같은 극성의 기체 화학종을 분리하는데 사용된다.

6 기체 크로마토그래피-질량분석법

기체 크로마토그래피-질량분석법(GC/MS)은 정성능력이 부족한 기체 크로마토그래피와 정성능력은 우수하나 분리능력이 부족한 질량분석법을 결합하여 상호보완적으로 분리·분석하는 형태의 기기분석법이다. GC/MS는 유기화학뿐만 아니라 생화학, 의학, 약학, 환경화학 분야 등에서 아주 유용한 분리·분석법이며 최근에는 피코그램(pg) 이하의 분석도 가능하게 되었다.

GC/MS 기기는 기체 크로마토그래피, 운반기체 분리기(interface) 및 질량분석계의 3가지 주요부분으로 구성되어 있고, 질량분석계의 종류에 따라 다시 세분화된다. 즉, 사중극형(quadropole)과 자기장형(magnetic sector)으로 나뉘며, 자기장형은 단일초점형과 이중초점형 등이 있다[5]. GC/MS에서는 운반기체로 헬륨이 사용되며 기체 크로마토그래피와 질량분석계의 작동압력은 서로 다른데 질량분석계는 진공도가 높아야 한다. 따라서 기체크로마토그래피에서 모세관 컬럼을 사용한다면 모세관의 유출속도는 0.1～2 mL/min 정도로 낮기 때문에 컬럼 유출물을 질량분석계의 이온화장치에 직접 도입하거나 운반기체 분리기를 연결하여 도입할 수 있다. 그러나 충전관의 경우에는 유출속도가 10～40 mL/min 정도이므로 운반기체의 양이 너무 많아서 질량분석계의 진공을 파괴한다. 따라서 분석물로부터 대부분의 운반기체를 제거한 후에 이온화장치에 도입하여야 한다. 운반기체 분리기로는 그림 9.3에서 보인 제트형 분리기가 사용되는데, 이것은 대부분의 운반기체를 제거하여 분리된 성분만 질량분석계에 도입할 수 있다. 이렇게 하면 시료분자가 농축되어 이온화실에 필요한 고진공을 유지하면서 기체 크로마토그래피와 질량분석계를 연결할 수 있다. 다른 분리기로는 가벼운 운반기체만이 다공질의 관을 통과하여 제거되는 와트슨-피만형도 있으나 제트형이 주로 이용되고 있다.

운반기체로는 값비싼 헬륨을 사용하는데 그 이유는 헬륨이 비활성이고, 질량분석계의 이온화장치에서 생성되는 시료의 조각이온에 영향을 주지 않기 때문이다. 또한 자기장형 기기에서 모니터 슬릿으로 이온을 검출하여 기체 크로마토그램을 얻는 경우라면(뒤에서 설명함) 헬륨과 같이 이온화전위(24.8 eV)가 높은 것이 효과적이다. 이런 기기에서 이온화전위를 20 eV로 해두면 헬륨은 이온화되지 않고 시료만 이온화되기 때문에 바탕신호의 변화가 적고 S/N이 큰 기체 크로마토그램을 얻을 수 있다. 그러나 질량스펙트럼을 얻을 때에는 자기장을 주사할 때만 30～70 eV의 이온화 전위로 조절하여 이온의 생성을 많게 하여 높은 감도의 질량 스펙트럼을 얻는다.

기체 크로마토그래피에서 용매가 검출기에 들어가는 일은 시료분석에 거의 방해되지 않지만, 용매의 양이 1 μL 이하일지라도 이것이 그대로 이온화실에 도입되면 질량분석계에 필요한 높은 진공이 유지되지 못하여 이온화장치의 필라멘트의 수명을 단축시키거나 이온화실을 오염시킨다. 따라서 시료를 주입한 후에 컬럼에서 용매유출이 끝날 때까지 분리기와 이온화실 사이에 용매의 주입을 차단하는 용매 절단밸브를 설치해야 한다.

또한 GC/MS로 분석할 때 컬럼에서 소량의 정지상 액체가 유출될 수 있다. 이것은 바탕신호를 크게 하고 질량스펙트럼을 복잡하게 하여 스펙트럼 해석을 어렵게 한다. 따라서 이런

5) G. M. Message, Practical Aspects of Gas Chromatography/Mass Spectrometry, Wiley, New York, 1984; J. F. Holland, et al., Anal, Chem., 1983. 55, 997A; and C. Fenselau, Anal, Chem., 1977. 49, 563A.

현상을 막기 위해서는 컬럼의 선택과 온도설정에 주의하여 가능한 한 액체 정지상의 유출이 없는 상태에서 실험하도록 하여야 한다. 또 사용하는 액체상에 대한 바탕의 질량스펙트럼에 관해 미리 충분한 예비지식을 갖고 컬럼을 선정하도록 한다.

11.6.1 GC/MS의 측정법

기체 크로마토그래피-질량분석법에서는 질량분석계 자체가 검출기로 사용된다. GC/MS 측정에 의해서 두 가지 정보를 얻을 수 있다. 기체 크로마토그래피 컬럼으로부터 유출되어 질량분석계의 이온화실에 이온화되는 물질의 전체이온 모니터링(total ion monitoring, TIM)에 의한 ①기체 크로마토그램과 질량 주사(scan)에 동반하는 ②질량스펙트럼이다. 한편 질량스펙트럼은 수집슬릿을 거쳐 이온전류 증폭기로 측정되어 UV 기록계로 기록되거나 컴퓨터를 거쳐 자기 테이프나 디스크에 기록된다. 그림 11.7에 자기장형 GC/MS에서 TIM과 질량스펙트럼을 얻는 방법을 약도로 나타내었다.

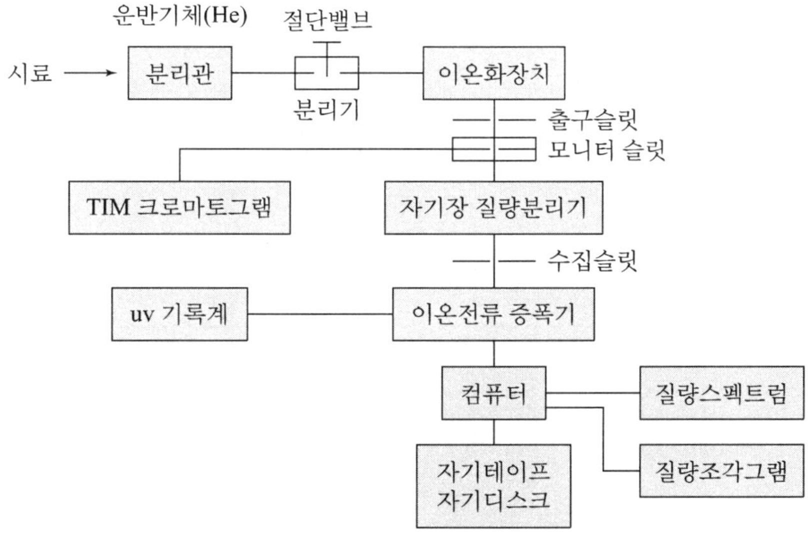

그림 11.7 GC-MS로 TIM과 질량스펙트럼을 얻는 방법

사중극 질량분석계에서는 모니터 슬릿이 없고, 전체이온량을 질량스펙트럼의 주사영역에서 측정된 각 스펙트럼의 봉우리의 높이의 합에 해당되는 양으로 된다. 따라서 이런 TIM 크로마토그래피를 재구성 이온 크로마토그래피라고도 한다. 최근에는 자기장형 질량분석계에서도 이런 방법이 이용된다.

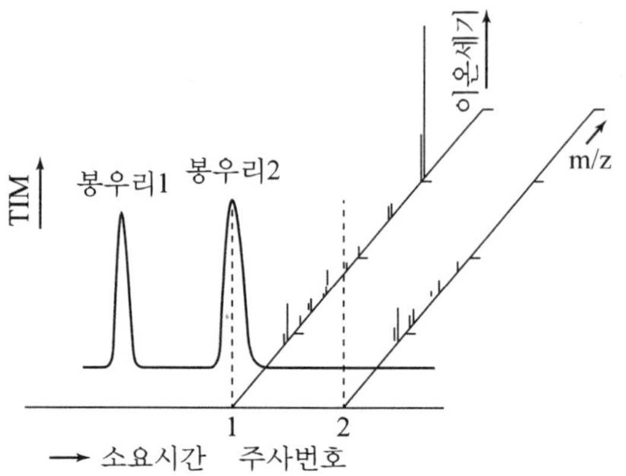

그림 11.8 GC/MS 측정결과의 출력의 개념도

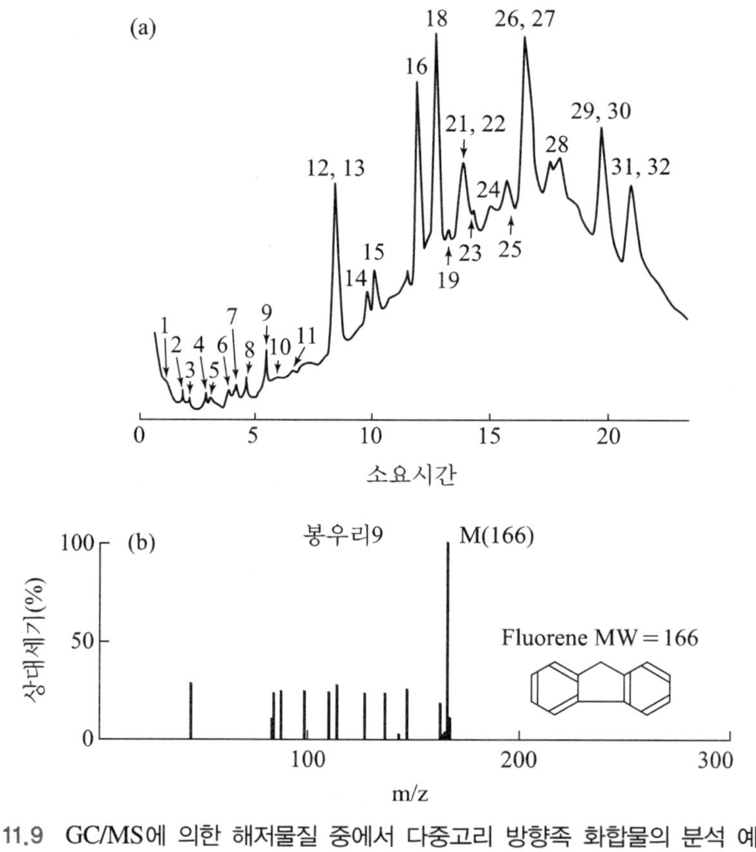

그림 11.9 GC/MS에 의한 해저물질 중에서 다중고리 방향족 화합물의 분석 예
(a) TIM 크로마토그램, (b) 9번째 봉우리의 질량스펙트럼
[컬럼 : 3% OV-17(80~100 mesh Chromosorb Q), 2 mm ϕ × 2 m 유리관, 컬럼온도 : 100~280℃ (10℃/min), 운반기체 유속 : 20 mL/min]

그림 11.8에 GC/MS 컴퓨터계에 의해 측정된 결과의 한 가지 예를 나타내었다. 세로축은 전체이온량이고 가로축은 소요시간과 질량주사번호, 기울기축에는 얻어진 질량스펙트럼을 나타내고 있다. 봉우리 2에 해당하는 화합물의 질량스펙트럼은 질량주사 1에서 얻는 질량스펙트럼으로부터 질량주사 2의 바탕의 차를 뺀 것에서 얻어진다. 이런 방법으로 얻은 TIM과 질량스펙트럼의 예를 그림 11.9에 나타내었다.

11.6.2 질량 크로마토그램

GC/MS의 측정에 자기 테이프와 자기 디스크에 수록된 결과를 토대로 하여 임의의 m/z를 선택하여 주사번호(기체 크로마토그램의 시간축에 해당)를 가로축에, 지정된 m/z의 이온세기를 세로축에 표시하면 그림 11.10과 같은 질량 크로마토그램을 얻는데 이런 방법을 질량 크로마토그래피라고 한다.

질량 크로마토그래피에서는 TIM에서 봉우리가 약간 겹쳐 있을 경우라도 각 성분이 서로 특징적인 m/z를 가질 때에는 각 성분을 분리하여 검출하고 출력하는 것이 가능하다.

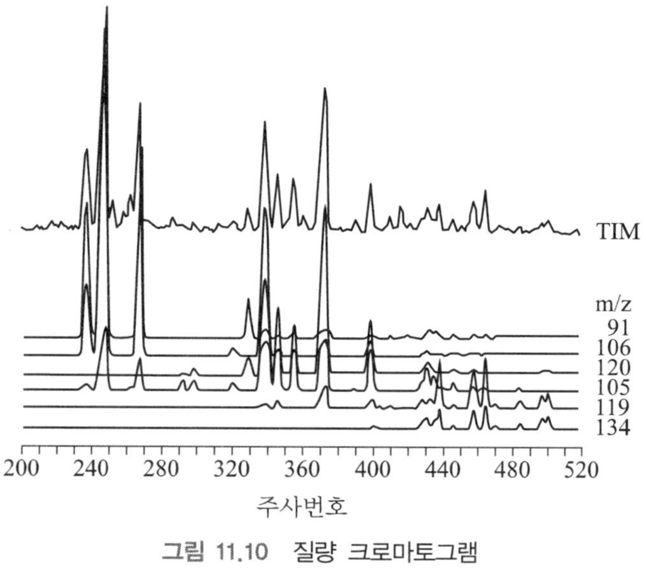

그림 11.10 질량 크로마토그램

11.6.3 질량 조각그래피 (mass fragmentography, MF)

이 방법은 분석하고자 하는 화합물의 질량스펙트럼을 미리 측정하여 두고, 이 화합물의 어느 임의의 m/z만을 검출하도록 자기장(또는 전기장)을 조정한 후 GC/MS에 시료를 주입하고 컬럼으로 분리시킨 유출물을 질량분석계에서 이온화시켜 고유이온을 생성시킨다. 이 유출물 중에 목적하는 화합물이 있으면 설정한 m/z의 이온이 나타나고 검출기로 검출된다. 이때 크로마토그래피의 유출시간도 그 화합물에 고유한 값이기 때문에 가끔 분석목적 화합물과 같은 이온을 생성하는 화합물이 있어도 유출시간의 차가 있으면 구별할 수 있다. 또한 같은 유출시간을 갖는 화합물이라도 다른 조각이온을 갖는 경우를 측정할 수 있다.

질량 크로마토그래피는 자기 테이프 등에 수록된 데이터를 토대로 임의의 m/z에 의해 다시 크로마토그램을 만드는 방법이다. 따라서 이 방법은 한 개의 수록된 데이터로부터 필요한 m/z를 자유롭게 선정할 수 있는 이점이 있는 반면에 각각의 데이터는 질량주사를 빠르게 하여 얻어진 결과이기 때문에 각 이온의 측정시간이 짧고 검출감도가 낮다. 또한 한 측정과 다른 측정 간의 질량주사에 필요한 시간간격이 있고, 데이터 점이 불연속으로 나타나므로 정량적 데이터를 얻기 어렵다. 그러나 질량 조각그래피에서 m/z는 고정되어 있기 때문에 단위시간 사이에 검출기에 들어간 이온량이 많아져서 감도가 높고 또한 측정은 연속적이기 때문에 정량적인 데이터가 얻어진다.

질량 조각그래피는 SIM (selected ion monitoring)라고도 하며, 1회 측정에 한 개의 이온만을 설정하는 경우를 SID (selected ion detection), 동시에 몇 개의 이온을 검출하는 것을 MID (multiple ion detection)라 하여 구별한다. MID의 경우 측정은 불연속이지만 각 이온 간의 교대시간을 빠르게 하면 연속측정에 가까운 상태에서 분석되고 높은 감도의 정량적 데이터를 얻을 수 있다. 감도는 화합물과 기기의 종류에 따라 다르지만 대략 $10^{-9} \sim 10^{-11}$ g까지 검출이 가능하다.

연습문제

11.1 기체-액체 크로마토그래피에서 Chromosorb P의 120 cm×2.0 mm 관을 사용하여 아래의 조건으로 얻은 실험 데이터로부터 다음을 계산하여라.

구분	값	구분	값
정지상 액체의 무게	1.50 g	입구압력	890 mmHg
액체상의 밀도(102℃)	1.10 g/mL	출구압력	760 mmHg
실내온도	25.0℃	분리관 온도	102.0℃
비누막 유량계 유속	24.0 mL/min	수증기압(25℃)	24 mmHg
머무른 시간(t_r)		봉우리 밑면의 나비(W)	
공기	0.35 min	공기	-
아세트산메틸	2.05 min	아세트산메틸	0.20 min
프로피온산메틸	4.34 min	프로피온산메틸	0.42 min
n-부틸산메틸	8.25 min	*n*-부틸산메틸	0.80 min

(a) 관 내부의 평균유속(F_c)

(b) 공기와 세 가지 에스터에 대하여 보정한 머무름 부피

(c) 세 성분에 대한 비머무름 부피(V_g)

(d) 각 성분(에스터)의 분배계수

11.2 문제 1의 데이터를 이용하여 다음을 계산하라.

(a) 각 화합물의 용량인자(k')

(b) 각 이웃한 화합물의 쌍에 대한 선택인자(α)

(c) 이론단의 평균수와 이론단의 높이

(d) 각 이웃한 화합물의 쌍에 대한 분리능

11.3 문제 1의 관에 사용한 정지상은 프탈산다이데실이며 이것은 중간 정도의 극성을 갖는 용매이다. 만약 실리콘 오일과 같은 비극성용매를 대신 사용하였다면 세 화합물의 머무름 시간이 어떻게 변화하겠는가? 또 그 이유는?

11.4 기체 크로마토그래피의 관에 관한 van Deemter식의 A, B 및 C값은 각각 0.061 cm, 0.58 cm^2/sec 및 0.14 sec이었다. 최소의 단높이와 최적의 유속을 계산하라(힌트: $H_{min} = A + (B/C)^{1/2}$).

11.5 기체 크로마토그래피에서 관의 단높이에 미치는 다음의 효과와 그 이유를 설명하라.

(a) 충전제의 무게에 대한 정지상의 무게를 증가시킬 때

(b) 시료의 주입속도를 줄일 때

(c) 시료 주입부분의 온도를 높일 때

(d) 이동상의 유속을 증가시킬 때

(e) 충전제의 입자크기를 감소시킬 때

(f) 관의 온도를 낮출 때

11.6 다음의 각 화합물에 대한 머무름 지수를 계산하라.

화합물	$(t_r - t_m)$	화합물	$(t_r - t_m)$
(a) propane	1.29	(b) *n*-butane	2.21
(c) *n*-pentane	4.10	(d) *n*-hexane	7.61
(e) toluene	16.32	(f) *n*-propanol	7.60

11.7 GC/MS에서 얻을 수 있는 정보와 TIM 크로마토그램 및 질량 크로마토그램의 차이점에 대하여 설명하라.

11.8 1 psi (lb/in^2)의 압력단위를 atm(기압)과 mmHg 단위로 환산하라.

참고문헌

1. H. M. McNair and E.J. Bonelli, *Basic Gas Chromatography*, Varian Aerograph, Walnut Creek, CA, 1968.
2. *Modern Practice of Gas Chromatography*, R.L. Grob, ed., Wiley-Interscience, New York, 1977.
3. Heftmann, *Chromatography*, 3rd ed., Van Nostland Reinhold, New York, 1975.
4. J. A. Perry, *Introduction to Analytical Gas Chromatography*, Marcel Dekker, New York, 1981.
5. R. Stock and C. B. F. Rice, *Chromatographic Methods*, 3d ed., Chapman and Hall, London, 1974.
6. J. M. Miller, *Separation Methods in Chemical Analysis*, wiley, New York, 1975.
7. 日本分析化學會, 九州支部 編, 機器分析入門, 第二章, 南江堂, 1984.

CHAPTER 12

액체 크로마토그래피

기체 크로마토그래피는 휘발성인 화합물을 분리·분석하는데 그 신속성과 감도 때문에 액체 크로마토그래피보다 널리 사용되어 왔다. 그러나 천연물, 생체성분, 합성물질 등의 화합물질의 약 80~85%는 휘발성이 낮고, 기체상으로 처리하기보다는 용액으로서 취급하는 것이 더 편리하기 때문에 이들 물질은 액체 크로마토그래피의 대상이 된다. 즉, 적당한 용매에 녹일 수 있는 물질이라면 그것의 휘발성, 열에 대한 안정성, 무기화합물 또는 유기화합물 및 고분자물질이든 저분자물질이든 간에 관계없이 모두 액체 크로마토그래피에 의해 분리·분석이 가능하다.

옛날의 액체 크로마토그래피에서는 비교적 큰 직경의 분리관과 낮은 유속을 사용하였다. 따라서 분리시간은 몇 시간씩 걸렸으며, 수집된 분취액을 일일이 분석하여 많은 시간이 필요하였다. 최근에 크로마토그래피 기술의 발달로 인해 복잡한 혼합물일지라도 아주 짧은 시간에 분리·분석할 수 있는 고성능 액체 크로마토그래피(high performance liquid chromatography, HPLC)의 방법과 장치가 개발되었다.

이 장에서는 고성능 액체 크로마토그래피를 중심으로 하여 액체 크로마토그래피의 종류와 원리를 설명하고, 종이 또는 얇은 막과 같은 평면 크로마토그래피의 원리에 대하여 다루기로 한다.

1 고성능 액체 크로마토그래피의 영역

액체 크로마토그래피는 실험방법에 따라 관(또는 용리) 크로마토그래피와 평면 크로마토그래피로 나눈다. 관 크로마토그래피는 분리메커니즘에 따라 분배(partition), 흡착(adsorption), 이온교환(ion exchange) 및 배제(exclusion) 크로마토그래피로 분류되고, 여기서 분배 크로마토그래피는 정지상의 종류에 따라 다시 화학결합된 상과 액체-액체상 분배 크로마토그래피로 나뉜다.

고전적 액체 크로마토그래피는 직경이 1～5 cm, 길이가 50～500 cm인 유리관을 이용하였다. 적당한 유속을 얻기 위해 고체 정지상은 입자 직경이 150～200 μm 정도의 것을 사용하였다. 이런 조건에서도 이동상의 유속이 너무 느려서 분리시간이 많이 걸렸다. 분리시간을 줄이기 위해 진공이나 펌프로 압력을 가하는 방법을 시도하였다. 그러나 유속이 증가하면 단 높이가 증가하게 되어 관효율이 떨어졌다. 액체 크로마토그래피의 개발 초기에는 관효율을 높이기 위해 충전제의 입자크기를 감소시키는 것뿐이었다. 하지만 10 μm 정도 또는 더 작은 직경의 입자를 만들어 사용하는 기술(1960년)이 가능하게 되면서 정교한 기기를 요구하게 되었다.

액체 크로마토그래피의 컬럼에 압력을 가하여 고속으로 용리시킬 뿐만 아니라 관 충전제의 입자크기가 수 μm 되고 분리성능이 우수한 분리관을 개발하여 사용함으로써 관효율을 크게 향상시킨 액체 크로마토그래피를 고성능 액체 크로마토그래피(high performance liquid chromatography, HPLC)라고 부른다.

HPLC는 모든 분리·분석 중에서 가장 빠르게 발전하고 널리 응용된다. 그 이유는 HPLC는 높은 감도를 가지며 쉽고 정확하게 분석할 수 있고 비휘발성 성분이나 열적으로 불안정한 물질을 쉽게 분리·분석할 수 있기 때문이다. 그러나 그 무엇보다도 공업분야와 많은 다른 과학분야에서 널리 응용될 수 있기 때문이다. HPLC에서 다루는 물질의 종류에는 다음과 같은 것들이 있다. 아미노산, 단백질, 핵산, 탄화수소, 탄수화물, 약품, 테르노이드, 살충제, 항생제, 스테로이드, 금속-유기물 및 여러 가지 무기물질들이다.

그림 12.1에 분리·분석하고자 하는 물질의 극성이나 분자량에 따라서 응용되는 4가지 종류의 액체 크로마토그래피를 분류하여 나타내었다. 그림에서 보는 것처럼 분자량이 10,000 이상인 용질에 대해서는 배제 크로마토그래피가 사용된다. 그러나 오늘날에는 역상 분배 크로마토그래피에서도 그러한 화합물을 다룰 수 있게 되었다. 분자량이 작은 이온성 화학종의 경우에는 이온교환 크로마토그래피가 사용되고, 비금속 화학종과 구조이성질체 및 지방족 알코올과 지방족 탄화수소의 화합물의 분리에는 흡착 크로마토그래피가 사용된다. 극성이

작고 비이온성인 화학종은 분배 크로마토그래피가 이용되며, 이 방법은 동족계열을 분리하는데 널리 이용된다.

그림 12.1에서 정상상(normal phase)과 역상(reversed phase) 크로마토그래피는 액체 크로마토그래피를 이동상과 정지상의 상대적 극성에 따라 구분한 것이다. 정상상 크로마토그래피는 극성이 큰 정지상을 사용하고 이동상으로는 비교적 극성이 없는 용매를 사용하는 것이고, 역상 크로마토그래피에서는 정지상은 비극성이고 가끔 탄화수소를 사용하며, 이동상은 물, 메탄올 또는 아세토나이트릴 같이 비교적 극성인 용매를 사용한다. 따라서 정상상 크로마토그래피에서는 가장 극성이 작은 성분이 가장 먼저 용리되고, 이동상의 극성을 증가시키면 용리시간이 짧아진다. 그러나 역상 크로마토그래피에서는 가장 극성이 큰 성분이 먼저 용리되고, 이동상의 극성을 증가시키면 용리시간이 길어진다.

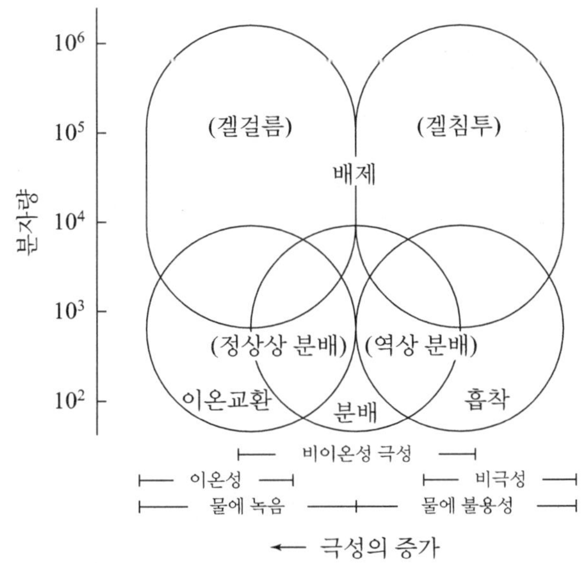

그림 12.1 물질의 극성과 분자량에 따른 액체 크로마토그래피의 응용

2 액체 크로마토그래피의 관 효율과 기기

액체 크로마토그래피에서도 크로마토그래피의 속도이론과 띠넓힘 현상(10장)이 적용된다.

고전적 액체 크로마토그래피에서는 정지상과 이동상에 대한 용질의 분배속도는 주로 확산에 의해 이루어졌다. 그러나 액체에 있어서의 확산은 기체 확산에 비해 대단히 느리다. 확산과 관 속에서 시료성분이 정지상까지 또는 정지상으로부터 이동할 때 필요한 시간을 최소로 하여 용리 봉우리의 띠넓힘 현상을 줄이기 위해서는 두 가지 문제가 해결되어야 한다.

첫째는 컬럼 충전물질은 입자크기가 작은 것을 충전밀도가 높게 또 최적의 균일성을 갖도록 균일하게 충전해야 한다. 둘째는 정지상이 얇고 균일한 피막의 형태로 되어야 한다. 전자는 van Deemter식 (식 10.8)에서 A값을 작게 하고, 후자는 C값을 작게 한다. 또한 B/u항은 분자확산에 대한 것으로 액체 속에서 분자의 확산계수가 10^{-5} cm^2/sec 정도로 작으며, 이동상의 유속이 용질의 확산속도보다 크므로 이동상 속도가 매우 느린 경우를 제외하면 0에 가깝기 때문에 무시할 수 있다. 따라서 고성능 액체 크로마토그래피의 효율은 수정된 van Deemter식을 사용하여 설명할 수 있다. 실험적으로 HPLC에서 이론단의 높이 H는 다음과 같다.

$$H = A\,u + C\,u^{-n} \tag{12.1}$$

여기에서 n은 0.3～0.6 정도인 상수이다. A항은 작고 상수에 가까우며 무시할 수 있다. 그래서 H는 $C\,u^{-n}$에 접근한다. 대단히 낮은 이동상의 속도에서 용질의 분자확산은 커지므로 H는 약간 증가한다.

몇 가지의 컬럼 지지물들에 대해 알아보자. 듀퐁 회사의 Zipax는 고체 중심부에 SiO_2의 얇은 다공성층으로 구성된 표면 다공성 지지물이다. 다공성층은 비교적 열린 구조이고 흡착체의 얇은 피막 (액체 정지상)은 여기에 균일하게 분산되어 있다. 그리고 화학결합상 충전제도 있다. 미세한 다공성 입자는 교차결합 그물구조를 가지고 있다. 그들은 직경이 5～10 μm이다. 작은 용질분자만이 정지상과 반응할 수 있는 기공에 접근한다. 큰 다공성 입자는 미세한 구멍 이외에 큰 구멍을 가지고 있다. 작은 구멍은 직경이 수백 Å 정도이며 입자의 직경은 60 μm 이상이다. 고성능 액체 크로마토그래피에서 사용하는 컬럼 충전제에 대한 자세한 설명은 각 크로마토그래피에서 다루기로 한다.

HPLC에서는 직경이 작은 컬럼을 사용하기 때문에 컬럼 충전제 자체의 띠넓힘 현상 이외에 여분-관 띠넓힘(extra-column band broadening)현상이 나타난다. 이런 띠넓힘은 용질이 시료 주입구, 검출기 영역 및 장치의 여러 부분을 연결하는 파이프 등과 같은 공간을 지날 때 컬럼의 중심부와 벽부근의 액체층의 유속에 있어서 차이가 있기 때문에 즉, 중심 부분에서는 주변 부분에서 보다 용질이 빠르게 움직이므로 나타나는 현상이다. 기체 크로마토그래피에서는 확산에 의해 이런 띠넓힘은 대부분이 상쇄되지만 액체에 있어서의 확산은 대단히 느리기 때문에 이런 여분-관 띠넓힘이 나타나게 되고, 내경이 작은 마이크로 컬럼을 사용할 때 더욱 크게 나타난다.

액체 크로마토그래피에서도 시료의 주입량이 많으면 관효율을 감소시킨다. 즉, 이론단의 높이를 증가시킨다. 이 현상은 보통 10장에서 다룬 용량인자 값이 클 때 크게 나타난다. 그러나 역상과 화학결합 충전제를 사용하는 크로마토그래피에서는 그 영향이 비교적 적다.

12.2.1 HPLC의 장치

현대의 액체 크로마토그래피에서는 입자크기가 3～10 μm 정도의 미세한 분말을 충전한 컬럼을 사용하므로 더 빠르고 효율적인 분리를 하기 위해 수백 기압의 압력과 이를 다룰 수 있는 정교한 특수장치가 필요하다. 직경이 2～4 mm이고 길이가 10～50 cm인 컬럼에서 1～2 mL/min의 유속을 얻기 위해 100～3,000 psi의 압력이 필요하다. 80～90% 정도의 HPLC에서는 1,200 psi 이하의 압력에서 실험된다. 어떤 폴리우레탄관에서는 대기압 정도의 낮은 압력이면 된다. 그림 12.2에 고성능 액체 크로마토그래피 장치의 계통도를 나타내었다.

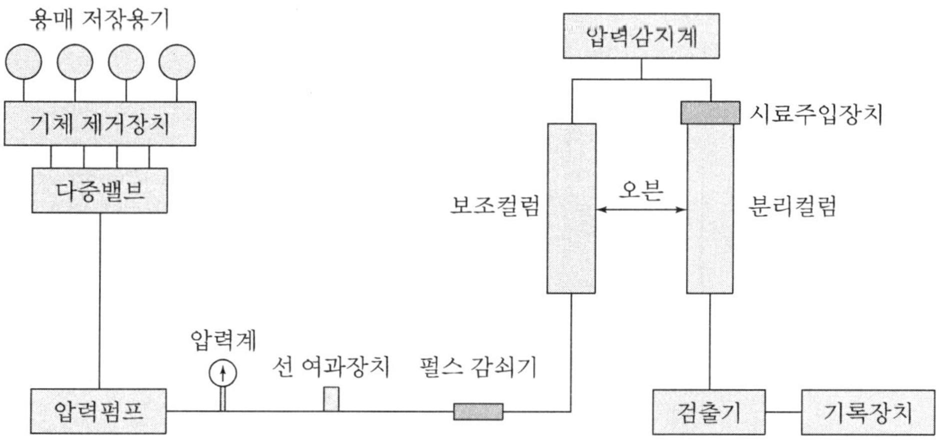

그림 12.2 고성능 액체 크로마토그래피의 기본구조

(1) 이동상 공급계

이동상 공급계는 필요한 높은 압력을 얻기 위한 펌프와 단계적 용리를 할 수 있는 장치가 포함되어 있다. 용매저장실에는 한 개 또는 그 이상의 유리 또는 스테인리스 스틸로 만든 용매저장기에 여러 가지 극성의 용매, 여러 가지 pH의 용액 또는 완충용액의 혼합물 등으로 채워진다. 용매는 순수하고 기체가 녹지 않은 것이어야 한다. 따라서 HPLC 장치에는 용매저장기에 녹아 있는 기체(보통은 산소와 질소)를 제거하는 장치가 부착되어 있다. 만일 용매에 기체가 녹아 있으면 컬럼과 검출기에서 기포기 생겨 띠넓힘 현상이 일어나고 검출기의 성능을 방해한다.

기체 제거장치로는 진공펌프, 증류장치, 용매를 가열하거나 저어주는 장치 또는 비활성 기체를 스퍼징(sparging)하는 장치 (용액에 녹아있는 기체를 제거하기 위해) 등을 이용한다. 또한 용매로부터 먼지와 입자성 물질을 걸러내는 장치를 갖춘 것도 있다. 참고로 용매를 저장기에 채우기 전에 진공 하에서 밀리포아(millipore)로 걸러서 부유물과 함께 기체를 제거하는 방법도 이용된다.

HPLC에서는 분리효율을 높이기 위하여 기울기 용리법(gradient elution)을 이용한다. 기울기 용리법은 성질이 서로 다른 두 가지 또는 그 이상의 용매를 섞어서 연속적으로 용리액의 농도를 변화시키면서 용리하는 방법이고, 이들의 혼합비를 프로그램에 따라 연속적으로 또는 단계적으로 변하게 한다. 보통의 용리에서 한 가지 용매로 용리하는 등용매 용리법(isocratic elution)과 기울기 용리법의 차이점을 그림 12.3에 나타내었다.

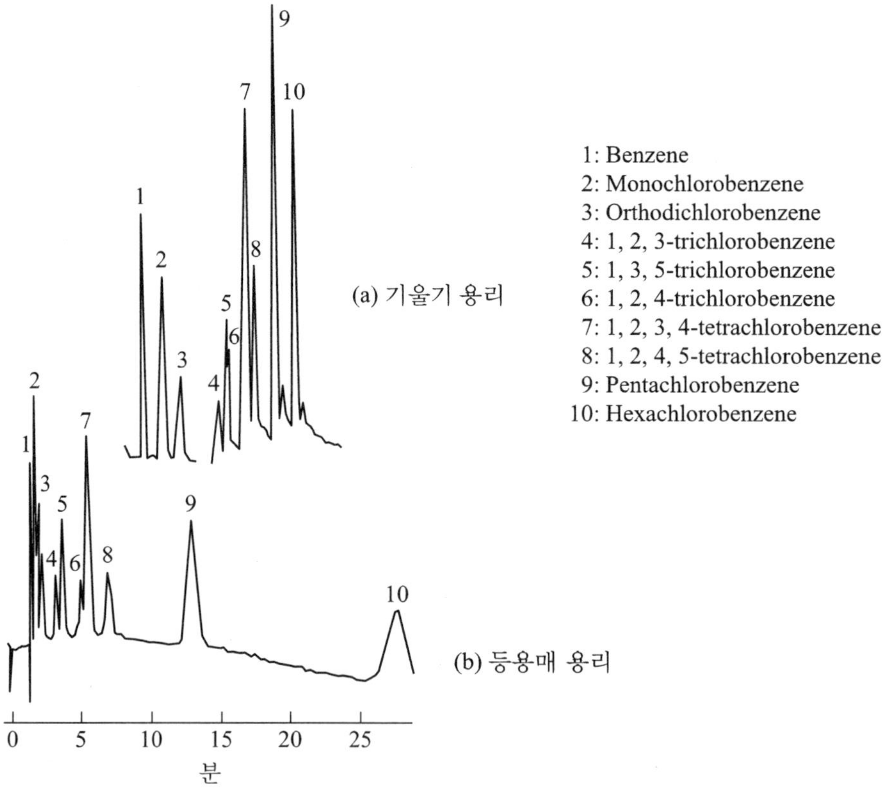

그림 12.3 클로로벤젠 혼합물의 등용매 용리와 기울기 용리의 비교

그림은 클로로벤젠의 혼합물을 분리할 때의 용리곡선으로 기울기 용리의 이점을 설명하고 있다. 기울기 용리는 처음에 나오는 봉우리의 분리능을 희생시키지 않으면서 분리시간을 크

게 단축시키고 있는 것을 알 수 있다. 이것은 기체 크로마토그래피에서 온도변화 프로그램으로 얻은 효과와 유사하다.

HPLC 기기에서 가장 중요한 부분은 용매를 일정한 압력으로 컬럼에 공급하는 고압펌프이다. 펌프가 갖추어야 할 조건은 다음과 같다.

① 6,000 psi (lb/in^2) 정도까지의 압력을 발생하는 것이어야 한다.
② 용매의 유속을 0.1~10 mL/min 정도로 조절이 가능해야 한다.
③ 펌프에서 나오는 용매의 공급은 펄스가 없어야 한다.
④ 용매 유입의 재현성은 1% 이내이어야 한다.
⑤ 펌프의 내부는 용매와의 화학적 상호반응이 없어야 한다.
⑥ 기울기 용리가 가능해야 한다.

HPLC에 사용되는 펌프는 다음의 세 가지로, 피스톤형 왕복펌프, 치환형 펌프 및 가압식 펌프가 사용된다. 이 중에서 가장 많이 쓰이는 것은 피스톤형 왕복펌프이고 이것은 전동기로 움직이는 피스톤의 왕복 운동으로 용매를 작은 방으로 펌프질해 밀어 넣는 펌프이다.

(2) 시료주입계

HPLC에서 고압펌프 다음으로 중요한 것은 시료주입이다. 시료를 주입하는 방법은 두 가지로 나뉜다. 첫째는 주사기를 사용하는 방법인데, 컬럼 위에 직접 주입시키는 방법과 용매의 유입을 중단시키고 시료를 주입하는 흐름-멈춤 주입(stop-flow)법이다. 전자는 1,500 psi 이하에서만 가능하며 후자는 그 이상의 압력으로 용리시킬 때 쓰이는 방법이다. 둘째 방법은 밸브를 이용하여 시료를 주입시키는 방법으로 밸브의 용량은 보통 0.5 mL~수μL 정도이고, 6,000 psi까지 견딜 수 있다. 이 방법에 의한 시료주입 원리를 그림 12.4에 나타내었다.

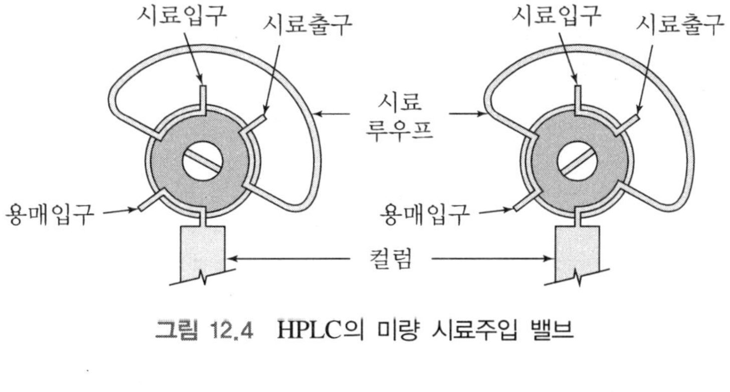

그림 12.4 HPLC의 미량 시료주입 밸브

그림에서 보는 것처럼 여섯 개의 다른 부분으로 된 스테인리스 스틸의 링으로 되어 있고 그 중의 하나는 분리관으로 향한다. 한 배열에서 원추를 돌리면 용리액이 분리관으로 통하게 되고 루프는 시료로 채워진다. 원추를 30도 돌리면 시료루프는 이동상에 연결되고 시료는 분리관으로 들어간다. 많은 시료를 분리할 경우에는 이와 같은 시료주입 장치가 필요하다.

(3) 분리관

HPLC에서 사용하는 컬럼은 스테인리스 스틸로 만든 것이 보통이여 내경은 분석용 컬럼인 경우 1～4 mm이고, 큰 컬럼인 경우에는 1인치 정도의 것을 사용한다. 컬럼의 길이는 25 cm가 가장 많고 100 cm인 것도 사용한다. 물론 6,000 psi 압력에서 견딜 수 있게 모든 연결부분이 완벽해야 한다. 보조컬럼은 주로 LLC의 경우에 사용되며, 이것은 이동상을 정지상으로 완전히 포화되도록 하여 분리관에서 정지상의 손실을 최소화하는 역할을 한다. 컬럼의 온도는 LSC에서는 항상 조절할 필요가 없지만 LLC, 이온교환, 배제 크로마토그래피에서는 온도조절이 필요하다. 온도변화에 민감한 굴절계를 검출기로 사용할 때에는 특히 온도조절이 필요하다.

(4) 검출기

HPLC에서는 분리관에서 나오는 성분을 높은 감도의 검출기로 즉시 검출하는 것은 중요한 일이다. 여기서 사용되는 검출기로는 자외선, 굴절률, 형광, 적외선, 전도도, 질량분석, 원자 흡광 검출기와 전기화학 검출기 등이 있다. 이 중 가장 흔히 쓰이는 것은 자외선과 굴절률 검출기이다.

굴절률 검출기의 원리는 순수한 용매만의 굴절률과 분리관을 통해 나오는 용액의 굴절률의 차이가 검출되어 기록되는 것이며 이 검출기는 모든 시료에 대하여 검출이 가능하고, 온도에 대해 예민하며 감도는 10^{-6} g 정도로서 자외선 검출기보다 작고 기울기 용리에는 사용할 수 없다. 이 검출기는 대규모 분리에 적합하며, 특히 겔 투과 크로마토그래피에 적당한다.

자외선 검출기는 매우 예민해서 0.01 ppm까지 검출할 수 있다. 이 검출기는 온도에 민감하지 않고 비교적 값이 싸며, 많은 유기물에 대하여 민감하다. 자외선 검출기에는 흡수광이 한 파장, 즉 254 nm나 280 nm로 고정된 수은 방전관의 검출기가 있고 흡수광을 원하는 파장으로 조정할 수 있는 중수소 방전관의 자외선 검출기가 있다. 일반적으로 자외선 검출기는 시료에 따라 선택성이 있고 기울기 용리에 적용이 가능하므로 현재 가장 널리 쓰이고 있다. 형광 검출기는 형광을 내는 유기물이 많지 않기 때문에 자외선흡수 검출기보다 더 선택적이다.

검출기는 시료 주입부, 분리관, 분리관과 검출기 사이의 빈 공간이 최소가 되도록 연결하여야 봉우리의 띠넓힘 현상이 최소로 되고 분리효율을 증가시킬 수 있다. 검출기 부피는 적어야 되며, 가연성 용매를 사용할 때에는 고압력과 밀폐된 공간에서 사용하므로 안전장치가 있어야 한다. 액체 크로마토그래피에서 사용되는 검출기의 특성을 표 12.1에 수록하였다.

표 12.1 대표적인 액체 크로마토그래피 검출기의 비교

검출기	유형	최대감도(g/mL)	유속감도	온도감도	기울기 용리
자외선	선택적	2×10^{-10}	없음	낮음	가능
굴절률	일반적	1×10^{-7}	없음	$\pm10^{-4}$℃	불가능
적외선	선택적	10^{-6}	없음	낮음	가능
형광	선택적	10^{-11}	없음	낮음	가능
전도도	선택적	10^{-8}	있음	2%/℃	불가능
질량분석	일반적	10^{-10}	없음	없음	가능
전기화학	선택적	10^{-12}	있음	1.5%/℃	불가능
방사능	선택적	-	없음	없음	가능

3 이동상의 성질과 선택

액체 크로마토그래피에서는 혼합물 분리의 성공여부가 정지상과 이동상을 어떻게 선택하느냐에 달려있다. 정지상에 관해서는 각 크로마토그래피를 취급할 때 다루기로 하고, 여기서는 이동상이 갖추어야 할 일반적인 성질과 선택법에 관해 기본적인 것만을 설명하기로 한다. 액체 크로마토그래피에서 사용되는 이동상(용매)이 갖추어야 할 성질은 다음과 같다.

① 용매는 고순도이어야 하고, 시료를 녹일 수 있어야 한다.

② 시료의 용량인자 k'는 1～10 범위의 강도를 갖는 용매이어야 한다.

③ 용매의 점도는 낮아야 하며 일반적으로 점도는 0.5 cP (centipoise)보다 크지 않아야 한다.

④ 용질과의 화학반응 또는 충전제의 존재로 중합반응을 피할 수 있는 낮은 반응성이어야 한다. 이런 이유 때문에 알데하이드, 올레핀, 황-포함화합물, 케톤 및 어떤 질소화합물은 이동상에서 제외된다.

⑤ 액체-액체 크로마토그래피에서는 정지상과 섞이지 않아야 한다.

⑥ 굴절률 검출기를 사용할 때에는 용매의 굴절률은 용질의 굴절률과 차이가 커야 하고, 흡광도 검출기를 사용하는 경우에는 용매는 사용되는 파장에서 흡광되지 않아야 한다.

⑦ 제한된 발연성과 독성을 갖고, 적당한 가격이어야 한다.

이상과 같은 이동상이 갖추어야 할 조건 때문에 액체 크로마토그래피에서 사용할 수 있는 용매의 수는 크게 줄어든다. 둘 또는 세 성분의 시료에 대해 용량인자 k'는 2~5인 이상적인 영역에 들어 있는 용매를 선택해야 한다. 그러나 다성분 혼합물에 대해서는 이 영역이 0.5~20까지 확대되어 모든 구성성분에 대한 봉우리를 분리하려면 시간이 많이 걸린다. 보통 몇 가지 용매의 혼합으로 적당한 용량인자를 얻을 수 있다. 시료성분에 대한 최대의 선택인자(α)를 주는 용매계를 선택하면 된다. 액체 크로마토그래피에서 적당한 이동상을 선택하면 복잡한 혼합물을 깨끗이 분리·분석할 수 있다. 적절한 이동상을 찾기 위해서는 만족할만한 크로마토그램이 얻어질 때까지 일련의 시행착오 실험을 거쳐야 한다.

분배, 흡착 및 이온교환 크로마토그래피에서 사용되는 이동상은 시료성분과 정전기적으로 상호작용하기 때문에 머무름 시간은 용매의 종류에 크게 영향을 받는다. 그러나 배제(및 기체) 크로마토그래피에서는 정전기적 상호작용과는 관계에 없으므로 머무름 시간은 이동상의 조성과 무관하다.

분배, 흡착 및 이온교환 크로마토그래피에서 성공적으로 혼합물을 분리하려면 분리과정에 참여하는 세 가지 물질, 즉 용질, 이동상 및 정지상 사이에 분자간 힘이 적당히 균형을 이루어야 한다. 이때 분자간 힘은 세 가지 물질 각각의 상대적 극성을 이용하여 정성적으로 설명할 수 있다.

간단한 규칙으로 용질과 정지상의 극성이 비슷할 때에는 이동상을 정지상의 극성과 상당히 다른 것을 선택함으로써 성공적인 분리가 가능하다(극성 : 용질=정지상≠이동상). 이런 방법에 의한 분리는 용질의 극성이 이동상과 비슷하나 정지상의 극성과 다른 경우보다 일반적으로 더 성공적이다(극성 : 용질=이동상≠정지상). 그 이유는 용질과 정지상의 극성이 다를 때는 정지상과 용질 간에 상호작용이 적으므로 머무름 시간은 너무 짧아서 실제 응용하기 곤란하기 때문이다. 물론 다른 극단적인 경우로 용질과 정지상의 극성이 너무 비슷하여 이론상의 생각과 완전히 다른 상황이 있을 수 있다. 이 경우에는 머무름 시간은 비정상적으로 길다. 따라서 용질, 이동상, 정지상 간의 상대적 극성을 고려하여 정지상이나 이동상을 선택해야 합리적인 시간 내에서 성공적으로 물질을 분리할 수 있다.

표 12.2에 액체 크로마토그래피에서 가장 널리 사용되는 몇 가지 이동상의 물리적 성질과 자외선 검출기를 사용할 때의 한계파장을 수록하였다. 표의 극성지표와 용리세기는 LLC와 LSC에서 설명하기로 한다.

표 12.2 액체 크로마토그래피 용매의 성질

용매의 종류	굴절률	점도 (cP, 25℃)	극성지표 P'	용리세기 ϵ°, Al_2O_3	한계파장 (nm)
fluoroalkanes	약 1.28	0.4~2.6	< −2	−0.25	
cyclohexane	1.427	0.90	0.04	−0.2	210
n-hexane	1.372	0.30	0.1	0.01	210
1-chlorobutane	1.400	0.42	1.0	0.26	225
CCl_4	1.457	0.90	1.6	0.18	265
i-propyl ether	1.365	0.38	2.4	0.28	220
toluene	1.494	0.55	2.4	0.29	285
diethyl ether	1.350	0.24	2.8	0.38	220
tetrahydrofuran	1.405	0.46	4.0	0.57	220
chloroform	1.443	0.53	4.1	0.40	245
ethanol	1.359	1.08	4.3	0.88	210
ethyl acetate	1.370	0.43	4.4	0.58	260
dioxane	1.420	1.2	4.8	0.56	220
methanol	1.326	0.54	5.1	0.95	210
acetonitrile	1.341	0.34	5.8	0.65	210
nitromethane	1.380	0.61	6.0	0.64	380
ethylene glycol	1.431	16.5	6.9	1.11	210
water	1.333	0.89	10.2	매우 큼	

* Al_2O_3의 ϵ°값에 0.8을 곱하면 SiO_2의 ϵ°값이 된다.

액체 크로마토그래피에서 자주 사용하는 용매와 화합물의 유기작용기에 대한 극성의 대략적인 크기 순서는 다음과 같다.

헥세인, 헵테인, 석유에터 < 사이클로헥세인 < 트라이클로로헥세인 < 톨루엔 < 다이클로로메테인 < 클로로폼 < 에틸에터 < 에틸아세톤 < 아세톤 < 프로판올 < 에탄올 < 물

탄화수소 < 에터 < 에스터 < 케톤 < 알데하이드 < 아마이드 < 아민 < 알코올 < 물 < 양성자 주게 < 이온화합물

RH < RX < RNO_3 < ROR < RCO_2R < RCOR < RCHO < RCONHR < RNH_2R_2NH, R_3N < ROH < H_2O < ArOH < RCO_2H < nucleotide < $^{+}NH_3RCO_2^{-}$

HPLC에서 실제 사용되는 이동상은 두 용매를 적당한 비율로 혼합한 혼합용매를 사용하며, 특별한 경우에는 세 가지 용매를 혼합하여 사용하기도 하는데 대개 용매의 쌍극자 모멘트, 수소결합의 수소 주게 또는 받게 특성을 고려하여 혼합한다.

4 분배 크로마토그래피

분배(partition) 크로마토그래피는 액체 크로마토그래피 중에서 가장 널리 사용되는 방법이다. 이 방법은 분자량이 3,000 이하인 비이온성의 극성이 작은 화합물에 응용되었다. 그러나 최근에는 유도체 또는 이온쌍을 만드는 방법이 개발되어 이온성 화합물의 분리·분석에도 응용되고 있다. 앞으로는 이온성 화학종을 분리하기 위한 선택적 방법으로서 분배 크로마토그래피가 이온교환 크로마토그래피의 상당한 부분을 대체할 수 있을 것이다.

분배 크로마토그래피는 액체 정지상이 실리카겔과 같은 고체 지지물에 물리적으로 흡착되어 있는 충전물을 사용하는 ①액체-액체 크로마토그래피와 정지상이 화학적으로 고체 지지물에 공유결합되어 있는 충전물을 사용하는 ②결합상 크로마토그래피로 나눌 수 있다. 초기의 분배 크로마토그래피에서는 대부분 액체-액체 크로마토그래피가 사용되었으나 오늘날에는 여러 면에서 이점을 지니고 있는 결합상 크로마토그래피가 주로 이용되고 있다.

12.4.1 정지상의 종류

고성능 액체 크로마토그래피에서는 정지상으로 결합상(bonded phase) 충전제가 널리 사용된다. 실제로 관을 사용하는 모든 액체 크로마토그래피 즉, 분배, 이온교환 및 배제 크로마토그래피의 75% 이상이 결합상 충전체로 채워진 분리관에서 수행되는 것으로 추정된다.

결합상 충전제의 가장 중요한 이점은 정지상을 고체 지지물 입자에 화학적으로 결합시켰기 때문에 나타나는 높은 안정성에 있다. 지지물에 액체 정지상을 물리적으로 흡착시켜 만든 충전제의 경우에는 이동상 용매에 대한 용해도 때문에 정지상이 손실되지만 화학결합상에서는 용해도에 의한 손실이 일어날 염려가 없다. 실제로 액체-액체 분배 크로마토그래피에서는 액체 정지상의 손실을 최소화하기 위해서 분리관 앞에 보통 보조컬럼을 설치하여 이동상이 지나가게 함으로써 정지상을 이동상에 포화시킬 필요가 있다. 이렇게 하여도 액체-액체 충전제를 주기적으로 재도포할 필요가 있다. 결합상 충전제의 두 번째 이점은 정지상의 안정성 때문에 기울기 용리가 가능하다는 것이다. 그러나 액체-액체 충전제의 경우에는 정지상의 용해도 손실로 인해 기울기 용리가 가능하지 않다. 마지막으로 결합상 충전제의 경우에는 여러 가지 극성을 지닌 결합상 충전제가 개발되고 있으므로 정상상 및 역상 크로마토그래피가 가능하다. 그러나 결합상 충전제는 수명이 길지 않고, 분리관의 가격이 비싸다는 단점이 있다.

액체-액체 분배 크로마토그래피는 그 응용이 제한되어 있기는 하지만 효율을 크게 잃지 않고도 대량의 시료를 분리할 수 있는 능력, 정지상의 선택폭이 넓기 때문에 나타나는 폭넓은 선택성, 지지물은 분리과정에서 거의 영향을 주지 않기 때문에 높은 재현성이 나타난다는 것과 충전제가 쉽게 벗겨지므로 관을 오랫동안 사용하기 위해서 재도포하게 되는데 이때 분리관을 새롭게 하기가 편리하다는 이점이 있다.

(1) 결합상 충전제

결합상 충전제의 대부분은 실리카 또는 실리카 기질을 사용하여 만든다. 이러한 고체는 균일하고 다공성이며 기계적으로 단단한 입자로 되어 있으며 대개 직경이 3, 5 또는 10 μm 정도이다.

결합상 충전제를 만들기 위해서는 우선 실리카를 0.1 M HCl에 넣고 1～2일 동안 가열하면 실리카가 가수분해되어 그 표면이 화학적으로 반응성이 있는 실란올기 (silanol, SiOH)가 형성된다. 이렇게 만든 실리카 표면에는 －OH기가 8 μmol/m^2 정도 포함하게 되는데 여기에 적당한 유기작용기를 화학결합시켜서 고성능 분배 크로마토그래피의 충전제로 사용한다. 유기작용기를 결합시켜 충전제를 만드는 방법은 작용기의 종류에 따라서 몇 가지로 나뉜다. 그 중에서 가장 유용한 방법은 실란올기 표면에 알킬다이메틸클로로실란 ($R(CH_3)_2ClSi$)을 반응시켜 실란화하여 실록산을 만드는 것이다[1].

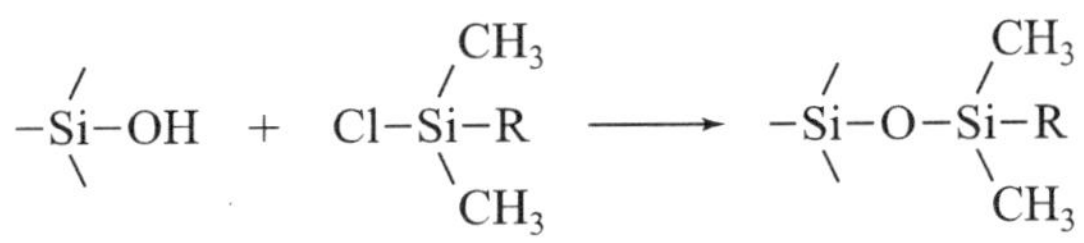

여기에서 R은 일반적으로 긴 사슬의 알킬기이며 보통 *n*-옥틸기(－C_8H_{17}) 또는 *n*-옥타데실기(－$C_{18}H_{37}$, C_{18})가 있다. 이 중에서 옥타데실기가 가장 널리 사용된다. 실란화 반응에서 반응하지 않고 남아있는 실란올기는 표면에서 원하지 않는 극성을 나타내므로 특히, 염기성 용질을 분석할 때에는 크로마토그램의 용리 봉우리에 꼬리를 생기게 한다. 이러한 현상을 감소시키기 위해 실록산 충전제를 자주 크기가 작은 클로로트라이메틸실란($Cl(CH_3)_3Si$)으로 반응시키면 미반응의 실란올기(－Si－OH)에 트라이메틸실란이 많이 형성될 수 있다. 실란화는 알킬메틸클로로실란과 알킬트라이클로로실란으로도 할 수 있는데 이들은 모노클로로 시약보다 반응성이 더 크다. 이들 시약 1몰은 실란올기 1몰 또는 2몰과 결합한다. 따라서 생성물은 미반응의 클로로기를 지니게 되므로 더 가수분해되면 표면에 실란올기가 증가하게 된다. 이들은 역시 용리 봉우리에 꼬리를 나타나게 하고 분리능을 감소시킨다.

---

1) I. Halasz. *Anal, Chem.*, 1980, 52, 1393A; and B. L. Karger and R. W. Giese, *Anal, Chem*, 1978, 50, 1048A.

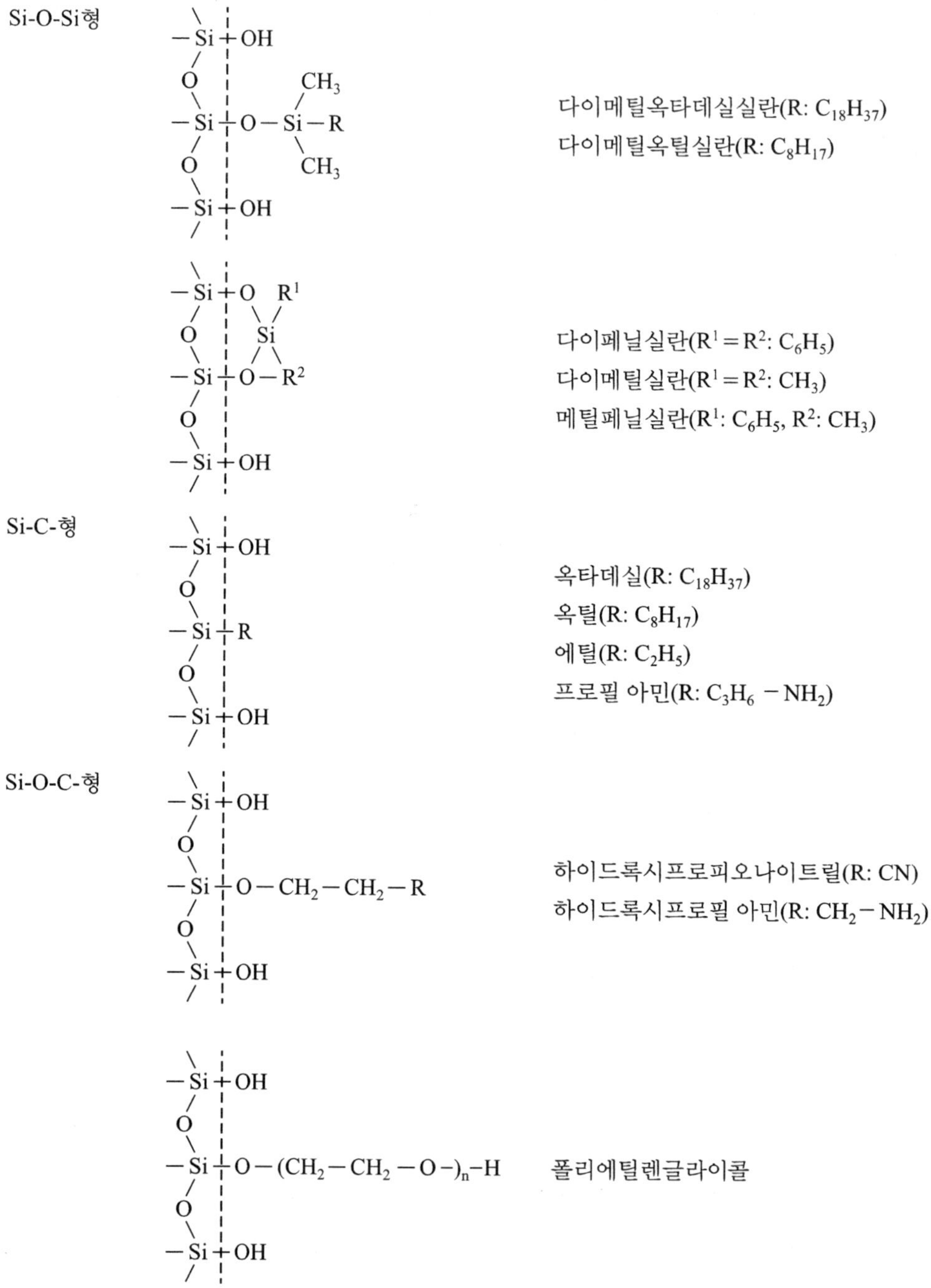

그림 12.5 화학결합된 충전제의 표면구조

실란화하여 만든 충전제에서 분리 기능에 영향을 주는 것은 알킬기의 사슬길이이다. 즉, 알킬기의 사슬이 길면 용질이 충전제에 좀 더 잘 머물게 되고, 많은 시료를 사용할 수 있게 된다. 이때 크로마토그램은 띠넓힘 현상이 크게 나타나지 않고 머무름 시간은 약간 길어지게 된다. 예를 들면 C_{18} 충전제에 대한 최대 시료량은 대략 같은 조건에서 만든 C_4 충전제에 대한 것보다 약 2배가 된다.

알킬사슬의 길이를 바꾸거나 페닐기, 시아노기, 아미노기 또는 폴리에틸렌글라이콜기를 결합시킨 것도 있다. 이들 충전제를 유기작용기의 결합방식에 따라 분류하여 그림 12.5에 나타내었다.

소수성인 알킬기를 결합시킨 충전제는 이동상으로 극성용매(물-메탄올이나 물-아세토나이트릴)를 사용하고, 역상(분배) 크로마토그래피에 사용되며 가장 용도가 넓은 충전제이다. 이동상으로는 물 100%까지를 사용할 수 있고, 분리의 대상으로는 극성 물질로부터 탄화수소까지 삼을 수 있다. 또, 실리카를 지지물로 사용하므로 400～500 kg/cm^{2}의 내압력성이 있고, 용매에 의한 불어남도 없다. 또 급격한 용매교환에도 견디며 오랫동안 사용할 수 있다. 그러나 염기에 약하고, pH 3～8 범위에서 사용해야 한다는 것이 단점이다.

12.4.2 이동상의 선택

10장의 크로마토그래피 이론에서 컬럼의 분리능을 개선하기 위해서는 N, k' 및 α 중에서 한 가지를 바꿔야 한다는 것을 설명하였다. 액체 크로마토그래피에서는 용량인자 k'를 실험적으로 쉽게 조절할 수 있다. 이것은 용량인자가 이동상의 조성에 크게 의존하기 때문이다. 이미 설명한 바와 같이 최적의 실험을 위하여 k'는 2～5 범위의 이상적 영역에 들어야 한다. 그러나 복잡한 혼합물일 경우에는 0.5～20까지 확장해야 하는 경우도 있는데, 이때에는 분리시간이 길어진다. 그러나 용량인자만을 조절하여 완전분리가 이루어지지 않는 경우도 있으므로 이런 때에는 선택인자 α도 변화시킬 필요가 없다. α를 변화시키는 가장 간단한 방법은 이동상의 조성을 변화시키는 것이다. 그러나 먼저 k'값이 합리적인 영역에 들어오도록 주의해야 한다. α를 변화시키는 데는 충전제, 즉 정지상을 다른 것으로 바꿔서도 가능하다.

(1) 이동상(용매)-용질 상호작용

용매를 바꿈으로써 용질에 대한 용량인자를 변화시키는 방법을 이해하기 위해서는 용량인자 k'를 결정하는 용매와 용질 간의 상호작용에 대해 이해할 필요가 있다. 상호작용에는 분산 힘, 쌍극자 힘, 유전 힘 및 분자의 착화에 의한 것이 있다.

분산 힘(London force)은 분자 내의 전자들이 순간적으로 편극되기 때문에 나타나는 현상이며 용질 분자의 순간적 편극은 이웃한 용매에서 편극을 유도한다. 따라서 순간적으로 정전기적 인력이 발생한다. 분산 힘은 용질-이동상 또는 용질-정지상 사이에 항상 존재한다. 분산 힘은 비극성 화학종 간의 인력으로 쉽게 편극되거나 일그러지는 분자들 사이에서 크게 나타난다. 굴절률은 편극률의 척도로 큰 굴절률을 갖는 용매와 용질 분자 사이에서 분산 힘에 의한 상호 작용이 크게 나타날 것이다. 이러한 상호작용은 굴절률이 큰 용매에 편극이 용이한 용질이 쉽게 녹는다는 사실로부터 쉽게 이해할 수 있다.

쌍극자 힘(dipole force)은 용매와 용질 분자가 모두 영구 쌍극자 모멘트를 가질 때 나타난다. 이때 쌍극자 작용이 나타나면서 용해도를 증가시키고 k'값을 낮춘다. 이 상호작용은 정전기적이며 분자들이 서로 배향하게 된다.

유전 힘(dielectric force)은 이온화된 용질과 영구 쌍극자가 큰 용매 사이에서 일어나고, 물이나 메탄올과 같은 극성용매 중에서 용해도가 큰 이온성 화합물과 이온화가 가능한 용질에서 잘 나타난다.

분자의 착화에 의한 상호작용의 가장 흔한 예는 양성자 주게인 용질과 양성자 받게인 용매 사이에서 또는 그 반대의 경우에서 수소결합이 형성되는 것이다. 다른 예로는 음이온이 올레핀과 착물을 형성하는 것에서 발견된다.

(2) 용매세기와 용량인자

용매-용질 사이에 상호작용이 큰 용매를 강한 용매 또는 극성용매라고 한다. 분배 크로마토그래피에서 용매의 극성을 설명하기 위한 지표로서 가장 유용한 것은 극성지표 P'이다[2].

극성지표는 다이옥세인(낮은 쌍극자의 양성자 받게), 에탄올(높은 쌍극자의 양성자 주게) 및 나이트로메테인(높은 쌍극자의 양성자 받게)에 문제의 물질의 용해도를 측정하여 만든 것이다. 이들 각 용매에 대한 용해도를 측정하여 보정 분배계수 K'를 구하면, 극성지표 P'는 다음과 같다.

$$P' = \log(K')_d + \log(K')_e + \log(K')_n \tag{12.2}$$

여기에서 d는 다이옥세인, e는 에탄올, n은 나이트로메테인을 의미한다.

용매에 대한 극성지표의 크기는 표 12.2에서 보는 것처럼 비극성인 플루오르알케인의 경우에 -2보다 작지만 용매의 극성이 증가하면 극성지표가 증가하여 극성이 가장 클 물의 경우에 10.2이다. 만약 용매 1과 2를 ϕ_1와 ϕ_2의 부피비로 혼합한다면 혼합용매에 대한 극성지

2) L. R. Snyder, *J. Chromatogr. Sci.*, 1978, 16, 223.

표 $P_m{}'$는 다음과 같다.

$$P_m{}' = \phi_1 P_1{}' + \phi_2 P_2{}' \tag{12.3}$$

식 (12.3)에 의해 적당한 두 용매를 혼합하여 어떤 원하는 극성지표의 혼합용매를 만들 수 있다. 액체 크로마토그래피에서 이동상의 극성지표를 바꾸면 용량인자 k'를 변화시킬 수 있다. 대략 P를 2단위 바꾸면 k'는 10배 정도 변한다. 극성지표의 변화에 의해서 k'를 변화시키는 방법은 대략적으로 계산하는 것이지만 분배 크로마토그래피에서 아주 유용하게 쓰인다. 또한 이 방법은 정상상 또는 역상 크로마토그래피에 따라서 다르고, 정상상 분리에 대해서는 (12.4)식과 같고 역상 분리에 대해서는 식 (12.5)와 같다. 여기에서 i는 변화시키기 전을 나타내고, f는 변하시킨 후를 의미한다.

$$\log\left(\frac{k_f}{k_i}\right) = \frac{(P_i{}' - P_f{}')}{2} \tag{12.4}$$

$$\log\left(\frac{k_f}{k_i}\right) = \frac{(P_f{}' - P_i{}')}{2} \tag{12.5}$$

예제 12.1

역상관에서 메탄올과 물을 3 : 7의 부피비로 혼합하여 용리시켰을 때 t_m은 0.5분이었고, 용질의 머무름 시간은 30.0분이었다고 할 때 (a) 용량인자 k'를 구하고, (b) k'값이 약 4인 메탄올-물의 조성을 구하라.

해답

(a) 식 (10.16)에 의하여 구한다.

$$k' = \frac{(t_r - t_m)}{t_m} = \frac{(30.0 - 0.5)}{0.5} = 59$$

(b) 표 12.2에서 메탄올과 물의 극성지표는 5.1과 10.2이고, 메탄올과 물을 3 : 7로 혼합한 용매의 극성지표는 식 (12.3)으로 구한다.

$$P_m{}' = 0.30 \times 5.1 + 0.70 \times 10.2 = 8.7$$

이들 값을 식 (12.5)에 대입하여 계산하면 다음과 같다.

$$\log\left(\frac{4}{59}\right) = \frac{(P_f{}' - 8.7)}{2}$$

$$-1.17 = \frac{(P_f{}' - 8.7)}{2}$$

$$P_f' = 6.4$$

따라서 새로 혼합한 용매에서 메탄올의 부피분율을 ϕ_1라고 하고, 식 (12.3)에 대입하여 계산하면 다음과 같다.

$$6.4 = \phi_1 \times 5.1 + (1 - \phi_1) \times 10.2$$

$$\phi_1 = 0.75$$

따라서 k'값이 4인 혼합용매에서 메탄올과 물의 부피비는 75%와 25%이다.

---

(3) 용매의 종류와 선택인자

분배 크로마토그래피에서 성공적인 분리를 위해서는 무엇보다 용량인자 k'를 적당한 수준으로 조절하는 것이 필요하다. 만약 용량인자를 조절하여도 크로마토그램의 두 봉우리가 겹칠 때에는 두 화학종의 선택인자 α를 크게 해주어야 한다. α의 변화는 이동상의 화학적 특성을 변화시킴으로써 가능하다. 예제 12.1에서 설명한 방법으로 어떤 두 용매에 대한 혼합비를 다르게 하여 용량인자 k'를 변화시키면서 크로마토그램을 얻어 본다. 이러한 시행착오 실험에 의해서도 두 성분의 분리가 만족스럽지 않을 때에는 두 용매 중의 한 가지를 화학적 특성이 다른 것으로 바꾼다. 이때에도 용매의 조성을 변화시키며 적당한 k'로 조절하면서 분리가 개선되는가를 조사하여야 한다. 용매를 다른 것으로 바꿀 때에는 용매의 양성자 주게 및 받게와 쌍극자 세기와 같은 성질을 고려해야 한다.

이동상을 바꾸는 방법은 정상상과 역상 크로마토그래피에서 서로 다르다. 예를 들면 정상상 분리에서 첫 단계로 클로로폼/*n*-헥세인 용매계가 시료의 용해도를 근거로 하여 선택되었다고 하자. 이런 용매계에서 예제 12.1과 같은 방법으로 k'값이 2~5영역에 드는 혼합용매를 얻기 위해 용매의 혼합비를 변화시킨다. 이렇게 하여 계통적으로 실험하여도 분리가 개선되지 않을 때에는 어떤 한 가지 용매를 화학적 특성이 다른 것으로 바꿔야 한다. 보통 용질과 용매 간의 좀 더 강한 상호작용은 비극성 화학종과의 비슷한 상호작용을 능가한다. 따라서 비극성 성분보다는 극성성분을 바꾸는 것이 더 좋다. 따라서 새로 선택할 용매는 클로로폼보다 극성지표가 더 작은 용매를 택할 수 있다. 이러한 용매에는 에터가 있다. 이때에도 에터와 헥세인을 여러 가지 혼합비로 섞어서 적당한 k'값이 현실화 될 때까지 시험해야 한다. 그래도 만족스런 크로마토그램이 얻어지지 않는다면 쌍극자 크기가 큰 염화메틸렌과 같은 용매로 바꿔서 계통적인 실험을 계속한다. 새로운 용매로 바꿀 때에는 양성자 주게나 받게의 성질 또는 쌍극자 세기가 다른 것으로 택하여야 α를 크게 하기 때문에 좀 더 효과적이다.

이동상을 선택하기 위해서 표 12.3에 용매의 양성자 주게, 받게 및 쌍극자 세기에 따라 비슷한 것끼리 이동상을 VIII족으로 분류한 표를 나타내었다.

표 12.3 이동상의 종류

족수	용매의 종류
I	지방족 에터 및 알킬아민
II	지방족 알코올
III	테트라하이드로퓨란, 피리딘 유도체, 다이메틸설폭사이드, 아마이드(포름아마이드 제외)
IV	포름아마이드, 아세트산, 벤질알코올, 글라이콜
V	염화메틸렌, 1,2-다이클로로에탄
VI	할로젠화 알케인, 에스터, 케톤, 다이옥세인, 나이트릴, 아닐린
VII	벤젠 및 벤젠 유도체, 지방족 나이트로화합물
VIII	클로로폼, *m*-크레솔, 물, 플루오르알칸올

역상 분리에서는 4가지 용매 최적화 과정이 개발되었는데[3], 이것도 역시 정상상 분리에서 용매의 화학적 특성을 고려하여 용매를 선택하는 것과 비슷하다. 이 경우에는 세 가지 경쟁 용매를 사용하여 α값을 조절하고 있다. 이들 중에 II족에서 메탄올, III족에서 테트라하이드로퓨란, VI족에서 아세토나이트릴이 포함된다. 물을 사용하여 적당한 k'가 얻어지도록 혼합 용매의 세기를 조절한다.

정상상 분리를 위해서도 비슷한 4-용매제가 사용되는데 이 중에 선택 용매는 에틸에터, 염화메틸렌, 클로로폼이 들어 있다. 따라서 용매세기 조절은 *n*-헥세인으로 한다. 이들 4-용매계의 최소실험으로 최적화가 가능하다.

그림 12.6은 역상 크로마토그래피에서 6가지 스테로이드를 분리하기 위하여 4-용매 접근법을 계통적으로 실험하는 방법을 설명하고 있다. 그림에서 (a)와 (b)는 아세토나이트릴과 물의 혼합용매에서 분리할 때 최소의 k'값은 10이 적당함을 보여주고 있다. 그러나 이때에도 성분 1과 3에 대한 α값은 만족한 분리를 위해서 실험을 더 할 필요가 있다. 즉, 각각의 경우에 물의 농도를 k'값이 10이 되도록 하는 수준으로 조절하여야 한다. 그림 12.6의 (c)~(d)에서는 용매의 종류를 변화시키면서 수행한 실험결과를 보여준다. 마지막으로 그림 12.6의 (e)는 스테로이드 혼합물의 분리에 가장 적합한 이동상의 종류와 혼합비를 보여준 것이다.

3) R. Leher, *Amer, Lab.*, 1981, 13(10), 113; and J. L. Glach, et al., *J. Chromatogr. Sci.*, 1980, 199, 57.

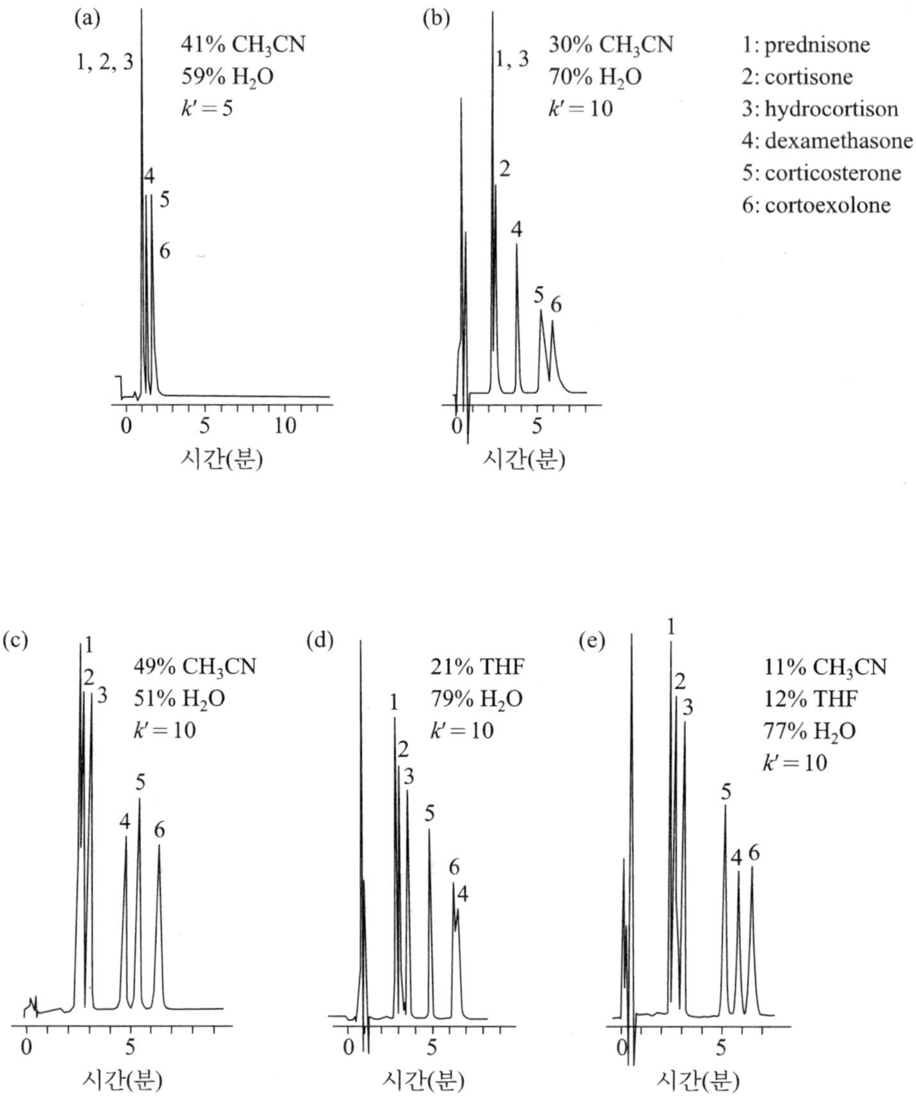

그림 12.6 k'와 α의 계통적 변화에 의한 스테로이드 혼합물의 분리
[관 : 0.4 mm×15 cm의 C_8 결합상, 온도 : 50℃, 유속 : 3.0 mL/min
검출기 : UV-254 nm, THF = tetrahydrofuran, CH_3CN = acetonitrile]

12.4.3 온도조절

역상 크로마토그래피에서 수용성 용매는 비교적 점성이 있으므로 분리관의 온도를 50~80℃ 범위에서 조절하여 분리를 수행할 필요가 있다. 이러한 높은 온도에서는 시료의 용해도를 증가시킬 뿐만 아니라 k'를 감소시킨다. 온도를 약 30℃ 올릴 때 k'는 대략 2배 정도 줄어든다.

12.4.4 분배 크로마토그래피의 응용

결합상과 액체-액체 크로마토그래피는 모두 시료분자에 포함된 작용기의 종류와 수를 근거로 하여 분리하고 있다. 분배 크로마토그래피는 특히, 분자량이 다른 유사물질과 벤젠화합물을 분리하는데 유용하다. 극성이 큰 용매(가끔은 수용성)와 결합상 충전제를 사용하는 역상 크로마토그래피는 액체 크로마토그래피에서 이상적이고도 범용적인 방법이다. 이 방법은 응용성이 넓고, 편리하며 용량인자와 선택인자는 수용성 이동상의 조작으로 쉽게 바꿀 수 있으므로 새로운 종류와 사료를 분리·분석하기 위해 널리 사용된다. 분배 크로마토그래피는 그 응용분야가 아주 넓고, 대표적인 응용분야에는 다음과 같은 것들이 있다.

① 의약품 물질 : 항생제, 진정제, 진통제, 스테로이드
② 식품류 : 항산화제, 인공감미료, 아플라톡신, 첨가제
③ 생화학 물질 : 아미노산, 단백질, 지방, 탄수화물
④ 산업용 화학약품 : 향료, 표면 활성제, 윤활제, 염료
⑤ 오염물질 : 농약, 제초제, 페놀, PCB
⑥ 법의학 물질 : 약품, 독약, 혈중 알코올, 마약
⑦ 진단의학 물질 : 담즙산, 약품대사, 뇨추출물, 호르몬

12.4.5 유도체화

분배 크로마토그래피에서는 검출감도를 높이기 위해 시료성분을 적당한 유도체로 만들어 분석을 수행할 때가 있다. 즉, 분석하려는 성분이 자외선-가시선을 흡광하지 않거나 흡광이 적을 때 또는 형광을 발광하지 않는 경우에는 흡광도 검출기나 형광검출기는 쓸모가 없다. 이와 같이 그대로는 검출할 수 없을 때에 시료 성분을 검출 가능한 유도체로 바꿔서 분리·분석을 수행하는 방법이다.

이러한 방법에는 시료성분에 대해 미리 유도체화반응을 일으키고, 반응액을 관에 주입하여 정량성분의 유도체를 분리·검출하는 전치관(precolumn)법과 시료성분을 관으로 분리한 다음에 용출액에 반응용의 시약용액을 가하여 유도체화반응을 일으켜 검출하는 후치관(postcolumn)법이 있다. 후자의 경우에는 반응온도 조절장치나 시약용의 펌프, 반응코일 등이 필요하게 되고, 장치의 값이 비싸지만 일상분석에는 매우 유용하고, 아미노산, 담즙산, 카테콜아민, 환원당, 구아니딘 화합물 등의 분석에 널리 쓰이고 있다. 이와 같은 유도체화에 의한 방법이 필요한 경우는 화학종의 극성을 낮추어 흡착 또는 이온교환보다는 분배를 사용할 때와 시료성분 모두에 대하여 검출기의 감응을 증가시키고자 할 때 시료의 어떤 성분에 대한 감응이 선택적으로 증가할 때 등이다.

12.4.6 이온쌍 크로마토그래피

이온쌍 크로마토그래피는 결합상 크로마토그래피를 극성이 크고 하전량이 많은 강염기 시료에도 응용하는 방법이다. 이온쌍 크로마토그래피에서는 정상상이나 역상 방법을 모두 사용할 수 있으나 역상에 의한 방법이 더 많이 사용되고 있다. 이온쌍 크로마토그래피는 기타 이온교환에 의한 분리방법보다 분리효율, 속도 및 재현성에서 이점이 있기 때문이다.

이온쌍 크로마토그래피에서 역상 충전제가 사용될 때 이동상은 메탄올 또는 아세토나이트릴과 같은 유기용매를 포함하는 수용성 완충용액 및 시료성분과 반대로 하전된 반대이온(counter ion)으로 구성되어 있다. 반대이온은 시료성분 이온과 결합하여 이온쌍을 만들게 되는데 이때 이온쌍은 중성 화학종으로 비수용성 용매에도 녹는다. 역상에 의한 이온쌍 크로마토그래피에서 사용되는 몇 가지 흔한 반대이온을 표 12.4에 나타내었다.

표 12.4 역상에 의한 이온쌍 크로마토그래피를 위한 계

시료	정지상	이동상	반대이온
아민류	결합상	0.1 M $HClO_4/H_2O/CH_3CN$, $H_2O/CH_3OH/H_2SO_4$	ClO_4^-, $C_{12}H_{25}SO_3^-$
설폰산류	결합상	H_2O/C_3H_7OH	$(C_{16}H_{33})(CH_3)_3N^+$
	액체상[a]	pH 7.4	$(C_4H_9)_4N^+$
	액체상[b]	pH 3.8	비스-(2-에틸헥실)인산염
칼복시산류	결합상	pH 7.4	$(C_4H_9)_4N^+$
	액체상[a]	pH 7.4	$(C_4H_9)_4N^+$
염료	결합상	pH 2~4, H_2O/CH_3OH	$(C_4H_9)_4N^+$

a : 흡착된 1-펜탄올, b : 흡착된 비스-(2-에틸헥실)인산/클로로폼

이온쌍 크로마토그래피의 한 예로, 결합상 충전제로 다이메틸실록산을 사용하여 칼복시산류를 pH 7.4로 완충한 테트라부틸암모늄 이온 수용액에서 역상 분리하는 것을 생각하여 보자. 이러한 경우에 결합된 유기상(정지상)과 수용액 사이에 이루어지는 평형은 다음과 같다.

$$\underset{\text{시료이온}}{RCOO^-(aq)} + \underset{\text{반대이온}}{(C_4H_9)_4N^+(aq)} \rightleftarrows \underset{\text{이온쌍}}{RCOO^-(C_4H_9)_4N^+(org)} \tag{12.6}$$

여기에서 R은 알킬기이고, 이 반응에 대한 농도평형상수 E는 다음과 같다.

$$E = \frac{[RCOO^-(C_4H_9)_4N^+(org)]}{[RCOO^-(aq)][(C_4H_9)_4N^+(aq)]} \tag{12.7}$$

여기에서 E는 pH, 이온강도 및 존재하는 어떤 유기용매의 농도에 의존할 것이다.

식 (12.7)에서 $[RCOO^-(C_4H_9)_4N^+(org)]/[RCOO^-(aq)]$는 식 (10.1)의 분배계수 $K = C_s/C_m$과 같다. 따라서

$$E = \frac{K}{[(C_4H_9)_4N^+(aq)]} \tag{12.8}$$

여기에서 K는 정지상과 이동상에 대한 시료(용질), $RCOO^-(aq)$의 분배계수이다. 이 관계식을 식 (10.14)의 용량인자 $k' = KV_s/V_m$에 대입하면 다음과 같다.

$$k' = E[(C_4H_9)_4N^+(aq)]\frac{V_s}{V_m} \tag{12.9}$$

따라서 k'는 반대이온의 농도를 조절하여 쉽게 변화시킬 수 있다.

5 흡착 크로마토그래피

계면 흡착현상을 이용하는 크로마토그래피 중에서 정지상 표면의 분자와 용질분자 사이의 상호작용은 주로 수소결합과 π전자-π전자의 상호작용이며, 흡착과 탈착이 가역적인 물리흡착을 이용하는 것을 흡착(adsorption) 크로마토그래피라고 한다. 이러한 흡착 크로마토그래피는 액체-고체 크로마토그래피의 한 종류이다. 그러나 용질이온과 정지상 표면이온의 결합이 비교적 세고, 이온-이온 상호작용에 의하여 흡착이 일어나는 것은 화학흡착의 일종이며, 이온교환에 의한 분리에 이용된다.

12.5.1 충전제

흡착에 의한 고성능 액체 크로마토그래피에서는 충전제로서 실리카겔, 다공성 중합체 및 알루미나 등이 널리 사용되고 있으며, 지지물 자체를 정지상으로 사용하고 유기용매를 이동상으로 사용한다. 이때 충전제로서 가장 널리 사용되는 것은 실리카겔이며 이것은 전체 다공성과 표면 다공성의 두 종류가 있다. 실리카겔을 사용하는 흡착 크로마토그래피에서는 정지상으로 극성 물질을, 이동상은 정지상보다 극성이 낮은 유기용매를 사용한다. 이것을 정상상 크로마토그래피라고 부르며 액체 크로마토그래피에서 가장 오래된 방법이다.

잘 건조한 실리카겔 표면에는 실란올기($-$SiOH)가 존재하며 이 실란올기가 정지상의 활성자리로 작용한다. 물이 존재하면 실란올은 물과 수소결합하여 수화되어 버리고 활성자리로서 작용하지 않게 된다. 실란올기와 수소결합할 수 있는 활성작용기($-NO_2$, $>C=O$, $-O-$, $\equiv N$, $=NH$, $R-OH$, $Ar-OH$ 등)를 가진 화합물로서 중간 정도의 극성을 갖는 성분이 분리의 대상이 된다. 그러나 탄화수소나 할로젠화 탄화수소는 흡착되지 않고, 아미노산 등의 이온성 화합물은 실리카겔에 너무 세게 흡착하므로 흡착 크로마토그래피로 분리하기가 어렵다.

12.5.2 용매세기와 이동상의 선택

액체-고체 크로마토그래피에서 k'와 α를 최적화할 수 있는 방법은 이동상의 조성이다. 극성지표 P'(식 (12.2))도 흡착 크로마토그래피를 위한 용매세기를 대략 알아보는데 사용할 수 있으나 더 좋은 지표는 용리세기(elution strength, ϵ^o)이다. 이것은 용매 단위면적당의 흡착에너지[4]로 나타낸다. 이 파라미터는 흡착제에 의존하는데 실리카겔의 ϵ^o는 알루미나에 대한 것의 0.8배 정도가 된다. 몇 가지 용매에 대한 ϵ^o값은 표 12.2에 수록되어 있다.

흡착 크로마토그래피에서 용매를 선택하는 방법을 살펴보자.

봉우리가 겹칠 경우 k'값을 거의 일정하게 유지시킬 수 있는 다른 강한 용매로 바꾸면 α값이 변하게 되어 원하는 분리가 이루어진다. 그러나 이러한 시행착오법은 지루하며 가끔 성공하지 못할 때가 있다. 따라서 계통적으로 짧은 시간에 발견할 수 있는 방법이 개발되었다[5]. 이들 중의 한 가지 방법은 얇은 막 크로마토그래피에서 머무름 인자 R_f을 구하고, 이것은 용량인자와 $k' = (1 - R_f)/R_f$의 관계를 가지기 때문에 관 크로마토그래피에서 k'를 구하는 것보다 얇은 막 크로마토그래피에서 구한 R_f에 의해 k'를 얻는 방법이 더 쉽고 빠르다는 점을 이용하는 것이다.

다음에는 흡착 크로마토그래피에서 사용하는 정지상의 종류에 따른 용매 선택에 관하여 설명하기로 한다.

실리카겔 흡착제를 사용하는 경우에는 용리액으로 *n*-헥세인, 벤젠, 클로로폼 등을 단독으로 사용하거나 두 세 종류의 용매를 혼합하여 사용한다. 예로 *n*-헥세인/클로로폼을 95 : 5의 부피비로 혼합하여 용리액으로 사용하는데, 이들의 용매에 다이에틸에터, 아세트산에틸, 아세톤, 테트라하이드로퓨란, 다이옥세인, 아세토나이트릴, 2-프로판올, 메탄올 등을 섞어서 사용할 수도 있다. 하지만 에탄올이나 메탄올 등의 극성이 센 이동상과 물을 포함하는(물로 젖은) 용매를 계속하여 사용하면 실란올기가 차츰 수화되어 흡착력이 떨어지고 크로마토그램이 변한다.

다공성 중합체인 폴리스타이렌겔을 흡착제로 사용하는 경우를 살펴보자. *n*-헥세인을 이동상으로 사용할 때에 폴리스타이렌겔의 극성은 *n*-헥세인의 극성보다 크다(정상상 크로마토그래피). 메탄올을 사용하면 정지상 쪽이 이동상보다 극성이 작다(역상 크로마토그래피). 그러나 이동상으로서 테트라하이드로퓨란이나 클로로폼을 사용하면 이들 용매는 폴리스타이렌겔의 극성에 가깝고 겔 표면에 머무르며 겔과 용질의 상호작용을 방해한다. 정지상과 이동상의 극성에 있어서 차이가 크면 이동상이 정지상으로 흡착되는 정도가 줄게 되어 용질이 정지상에 접근하기가 쉬워진다. 또 용질이 이동상에 쉽게 녹으면 그만큼 용질의 용출은 빨라진다.

---

4) L. R. Snyder, *Principles of Adsorption Chromatography*, Chapter 8, Marcel Dekker, New York, 1968.
5) L. R. Anyder and J. J. Kirkland, Introduction to Modern Liquid Chromatography, 2nd ed., pp. 365-389, Wiley, New York, 1979.

6 이온교환 크로마토그래피

이온교환(ion exchange) 크로마토그래피는 특히 무기이온, 즉 양이온과 음이온의 분리에 적당하다. 이때에는 정지상에서 이온교환이 일어난다. 이것은 또한 아미노산의 분리에도 유용하게 사용된다.

이온교환 크로마토그래피에서 사용하는 정지상은 다이바이닐벤젠(교차결합된 스타이렌 중합체)으로 이들 교차결합된 중합체(수지)는 페닐기가 사슬에 붙어 있고 이것은 이온 기능기를 쉽게 붙일 수 있다. 이온교환 크로마토그래피에서 사용되는 이온교환 수지는 기본적으로 4가지 형태가 있으며 이들을 표 12.5에 나타내었다.

이 절에서는 이온교환 크로마토그래피와 이온교환 크로마토그래피를 고성능으로 개선한 이온 크로마토그래피에 관하여 배우기로 한다.

표 12.5 이온교환 수지의 형태

교환체의 형태	교환기	상품명
양이온 교환수지		
강산성	$-SO_3H$	Dowex 50, Amberlite IR 120, Ionac CGC-240, Rexyn 101, Permutit Q
약산성	$-CO_2H$	Amberlite IRC 50, Ionac CGC-270, Rexyn 102, Permutit H-70
음이온 교환수지		
강염기성	4차 암모늄이온	Dowex 1, Amberlite IRA 400, Ionac AGA-542, Rexyn 201, Permutit S-1
약염기성	아민기	Dowex 3, Amberlite IR 45, Ionac AGA-316, Rexyn 203, Permutit W

12.6.1 이온교환 수지

(1) 양이온 교환수지

양이온 교환수지는 수지의 방향족 고리에 산성 기능기가 붙어있는데 강산성 양이온교환체는 $-SO_3H$와 같은 강산성의 기능기가 붙어 있다. 약산성의 양이온교환체는 부분적으로 이온화하는 칼복시기($-COOH$)가 붙어 있다. 이들 양이온 교환수지의 양성자는 다른 양이온과 교환될 수 있다.

$$nRSO_3^-H^+ + M^{n+} = (RSO_3)_nM + nH^+ \qquad (12.10)$$

$$nRCO_2^-H^+ + M^{n+} = (RCO_2)_nM + nH^+ \qquad (12.11)$$

여기에서 R은 수지의 본체를 나타낸다. $[H^+]$이나 $[M^{n+}]$을 증가시키거나 감소시키면 평형은 왼쪽이나 오른쪽으로 이동한다. 양이온 교환수지는 항상 H^+형으로 공급되지만 그들은 나트륨염으로 처리하여 Na^+형으로 바꿀 수 있다. 그리고 Na^+는 다른 양이온과 교환반응을 한다. 수지의 교환능은 수지의 단위무게나 단위부피당 치환될 수 있는 수소 이온의 전체 당량수이다. 이것은 수지에서 고정이온기의 수와 세기에 의해 결정된다. 이온교환능은 용질머물기에 영향을 주며 큰 교환능의 교환체는 복잡한 혼합물 분리에 주로 사용된다.

약산성 양이온 교환수지는 사용되는 pH 범위가 5～14로 규제되며 강산성 수지에서는 사용 pH 범위가 1～14이다. 약산성 교환체는 낮은 pH에서 양성자를 붙잡고 있으므로 교환이 일어나지 못한다. 또한 약산성 양이온 교환체는 매우 약한 염기의 양이온을 완선히 제거하지 못하지만 강산성 수지는 완전히 제거한다. 약산성 수지는 단백질이나 펩타이드와 같은 강염기 또는 다기능 이온물질에 일반적으로 사용된다.

(2) 음이온 교환수지

염기성의 OH^-이온이 음이온 교환수지에 붙어 있어 다른 음이온을 교환할 수 있다. 이들은 강염기이거나(4차 암모늄기) 약염기기(아민기)이다. 교환반응은 다음과 같이 표시할 수 있다.

$$nRN(CH_3)_3^+OH^- + A^{n-} = [RN(CH_3)_3]_nA + nOH^- \qquad (12.12)$$

$$nRNH_3^+OH^- + A^{n-} = (RNH_3)_nA + nOH^- \qquad (12.13)$$

강염기의 음이온 교환체는 pH 0～12범위에서 사용되고, 약염기성 교환체는 pH 0～9범위에서 사용된다.

(3) 교차결합된 이온교환 수지

일반적으로 교차결합이 많을수록 수지의 강도가 증가하고 팽윤과 다공성 및 수지의 용해도는 감소한다. 일반적으로 중간 정도의 다공성 물질은 분자량이 적은 이온 화학종에 사용되고, 다공성이 큰 물질은 고분자량 이온화학종에 사용된다. 일반적으로 이온교환 수지에는 8～10%의 교차결합된 것이 사용된다.

그림 12.7에 교차결합된 이온교환 수지의 구조를 나타내었다.

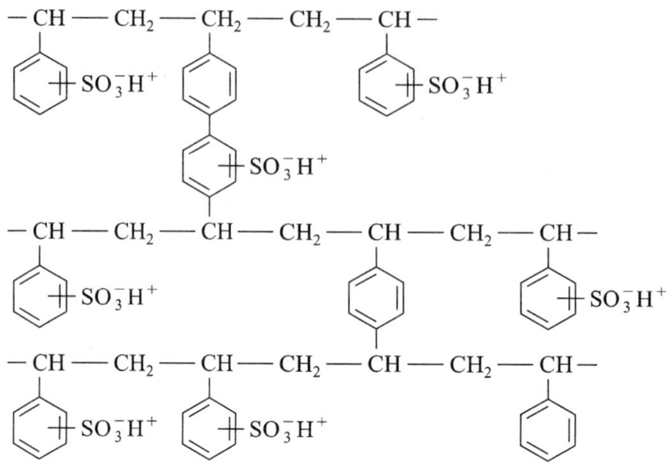

그림 12.7 교차결합된 폴리스타이렌 이온교환 수지의 구조

12.6.2 아미노산의 pH와 분리효과

많은 이온형태는 용리액의 pH에 영향을 받는다. 금속이온의 가수분해와 약산과 약염기의 염은 pH 조절에 의해 용리에 영향을 받는다. 약산은 산성 용액에서는 해리되지 않으므로 교환반응이 일어나지 않을 것이다. 약한 염기는 염기성 용액에서 해리되지 않으므로 교환반응이 일어나지 않을 것이다. 약한 염기는 염기성 용액에서 해리되지 않으므로 교환반응이 일어나지 않을 것이다. 아미노산을 분리하는 데는 용리액의 pH 조절이 특히 중요한다. 아미노산은 양쪽성 물질이며 3가지의 가능한 형태가 있다.

$$\underset{\text{(A)}}{\underset{\displaystyle NH_3^+}{R-\overset{|}{CH}-CO_2H}} \underset{+H^+}{\rightleftharpoons} \underset{\text{(B)}}{\underset{\displaystyle NH_3^+}{R-\overset{|}{CH}-CO_2^-}} \underset{-H^+}{\rightleftharpoons} \underset{\text{(C)}}{\underset{\displaystyle NH_2}{R-\overset{|}{CH}-CO_2^-}} \qquad (12.14)$$

B형은 zwitter ion이라고 하며 아미노산의 등전점(isoeletric point)에 해당하는 pH에 주로 존재한다. 등전점은 분자에서 순전하(net charge)가 0이 되는 pH이다. 등전점보다 더 산성 용액에서는 $-CO_2^-$가 양성자를 받아 A형의 양이온이 되며, 알칼리성 용액에서는 $-NH_3^+$기가 양성자를 잃고 C형과 같은 음이온이 형성된다. 등전점은 아미노산마다 다르다. 따라서 등전점에 기초를 둔 기분리(group separation)는 pH 조절에 의해 가능하다. 아미노산은 주어

진 pH에서 음이온과 양이온 교환수지관을 연속적으로 통과시키면 세 부분으로 분리할 수 있다. 전하가 없는 zwitter ion은 두 분리관을 통과할 것이고, 양이온 교환수지에서는 음이온이, 음이온 교환수지에서는 양이온이 통과할 것이다.

12.6.3 음이온 교환수지에 의한 금속이온의 분리

많은 금속이온은 착이온을 만들기 때문에 음이온 교환수지관에서 분리할 수 있다. 착화제로는 Cl^-, Br^- 또는 F^-와 같은 음이온이 있다. 많은 착화제는 약산 또는 약염기이거나 그늘이 염이기 때문에 pH에 따라 크게 영향을 받는다. 금속이온은 음이온 교환수지관에서 성공적으로 분리할 수 있다. 착화제의 산을 가하여 금속이온을 음이온성 착이온으로 만든다. 진한 염산은 많은 금속과 음이온성 염화착이온을 만든다. 이들은 4차 암모늄 음이온 교환수지관에서 흡착된다.

12.6.4 이온교환 크로마토그래피의 응용

이온교환 크로마토그래피는 물질의 분리에 주로 이용되지만 물질의 정제, 농축 등에도 이용된다.

(1) 정제 : 이온교환 수지의 가장 중요한 응용의 하나는 물의 탈이온화이다. 강산성의 양이온과 강염기성 음이온 교환수지에 물을 통과시키면 물속에 들어 있는 $CaCl_2$와 같은 염의 Ca^{2+} 이온은 2개의 H^+와 교환되고 2개의 Cl^-이온은 2개의 OH^-와 교환되어 제거시킬 수 있다. 이때 알짜결과는 염이 H_2O와 교환한 결과이다. 이렇게 하여 몇 메가옴(mega ohm)의 저항을 갖는 순수를 얻을 수 있다. 그러나 유기성분은 제거되지 않으며 이들을 제거하기 위해서는 활성탄관을 통과시켜 제거하여야 한다.

(2) 농축 : 매우 낮은 농도로 존재하는 이온성 물질은 이온교환 수지관에 그들을 모아 농축할 수 있다. 이온교환수지를 이용하여 해수에 있는 미량의 원소를 분리 농축할 수 있다.

(3) 분석목적을 위한 분리 : 이온교환 크로마토그래피의 중요한 응용은 분석목적을 위한 분리에 있다. 대표적인 예를 들면 할로젠화이온은 Dowex-2 수지관에서 pH 10.4의 1.0 M $NaNO_3$ 용리액으로 용리하면 F^-, Cl^-, Br^-, I^- 순서로 용리되어 분리된다. 알칼리금속은 Dowex-50이나 Amberlite IR-120의 강산성 양이온 교환수지에서 0.7 M HCl로 용리하면 Li^+, Na^+, K^+의 순으로 분리되며, H^+ 이온이 용리액으로 작용한다. 알칼리

토금속의 Ca^{2+}, Sr^{2+}, Ba^{2+} 이온은 Dowex-50 수지관에서 1.2 M ammonium lactate를 용리액으로 사용하면 원자량 순서대로 용리되어 분리할 수 있다.

12.6.5 이온 크로마토그래피

이온 크로마토그래피(ion chromatography, IC)는 이온교환 크로마토그래피를 고성능으로 개선시킨 것으로 매우 중요한 장치이다. 장치는 근본적으로 HPLC와 동일하지만 컬럼은 이온교환 수지를 사용한다. 이 기기는 전도도 검출기를 사용하는데, 전도도는 용액 중 이온들의 공통 성질이므로 이 방법은 모든 이온들에 대해 예민하다.

그림 12.8은 음이온 혼합물을 분리하여 전도도로 검출하는 음이온 크로마토그래피의 기본 개념을 도시한 것이다. 그림에서 KNO_3 및 $CaSO_4$를 함유한 시료를 분리컬럼(separator column; carbonate형의 음이온교환 컬럼)에 주입해 Na_2CO_3로 용리하였다. NO_3^-와 SO_4^{2-} 수지와 평형을 이루고, CO_3^{2-}용리에 의해 서서히 대치된다. K^+ 및 Ca^{2+}와 같은 양이온들은 머물지 않고 그냥 씻겨서 통과된다. 일정한 시간이 지난 후에 $NaNO_3$와 Na_2SO_4는 그림 12.8(a)의 위쪽 그래프에 도시된 바와 같이 첫 번째 컬럼으로부터 용리된다. 용매는 고농도의 Na_2CO_3를 함유하는데 Na_2CO_3는 전도도가 높기 때문에 분석성분 화학종의 전도도와 혼돈되므로 분석성분은 쉽게 검출되지 않는다.

그 다음에 용액은 H^+형의 양이온 교환체인 억압컬럼(suppersor column)[6]을 통과한다. 모든 음이온은 그냥 씻겨서 통과되고 양이온은 H^+이온으로 대치된다. 그림 12.8(a)의 아래쪽 그래프와 같이 용출액은 HNO_3, H_2SO_4, $H_2CO_3(=H_2O+CO_2)$를 함유한다. 질산과 황산은 높은 전도도를 가진 강전해질이지만 탄산은 매우 약하게 해리되며 전도도에 기여하는 것도 작다. 여기서 분석성분인 음이온들(NO_3^-, SO_4^{2-})은 쉽게 검출될 수 있다.

그림 12.8(b)는 양이온 크로마토그래피에 대한 비슷한 조작을 보여주고 있다. 동일한 시료를 H^+형 양이온 교환 컬럼에 주입하여 HCl로 용리하였다. 양이온 K^+ 및 Ca^{2+}은 HCl의 센 바탕으로 된 분리컬럼 출구에 도달한다. 억압컬럼은 HCl을 중화시키는 OH^-을 함유하며, 양이온들은 그 hydroxide로서 용리된다. 불용성 hydroxide를 형성하는 양이온들은 검출할 수 없기 때문에 이 기술은 음이온 크로마토그래피보다 더 제한을 받는다.

6) H. Small, T. S. Stevens and W. C. Bauman, *Anal, Chem.*, 1975, 47, 1801, J. S. Fritz, D. J. Gjerde and R. M. Becker, *ibid.*, 1980. 52, 1519.

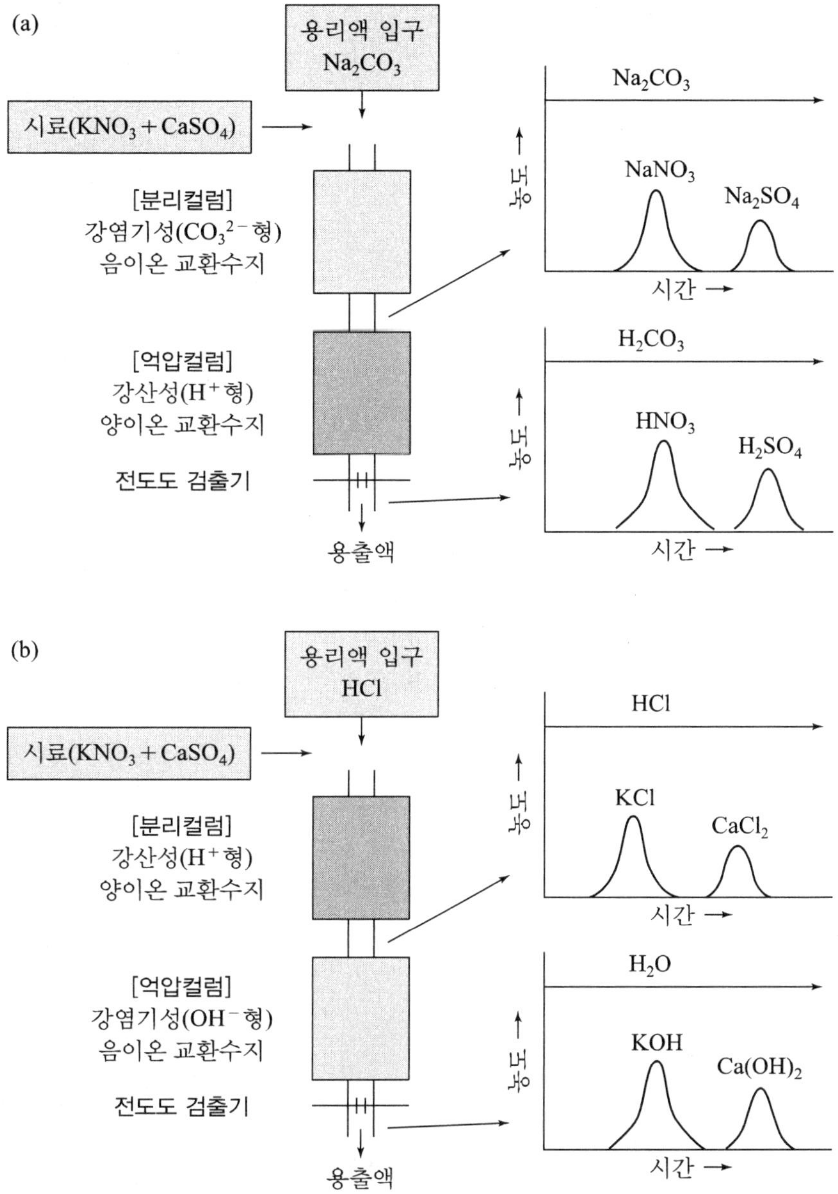

그림 12.8 이온 크로마토그래피의 모형도 (a) 음이온 분리, (b) 양이온 분리

그림 12.8에 나타낸 기술의 한 가지 제약점은 억압컬럼의 이온교환 용량이 용리액에 의해 신속히 소비되어 컬럼의 저농도 용출액이 빠져나온다. 억압컬럼을 속빈 이온교환 섬유(hollow ion-exchange fiber)로 대치시켜 더욱 개선한 것을 그림 12.9에 나타내었다. 용출액이 분리컬럼으로부터 빠져나올 때 이온교환 막으로 만들어진 합성 모세관 섬유를 통과한다.

그림에서 양이온은 자유롭게 통과시키지만 음이온은 막으로부터 배제시키는 설폰산기 ($-SO_3^-$)가 막에 붙어 있다. 용출액 중의 음이온은 모세관 섬유 안쪽에 머물지만 양이온(Na^+)은 속 빈 섬유 둘레의 욕조(bath) 매질 중에서 H^+와 교환된다. 따라서 속 빈 섬유 내부에서 Na_2CO_3는 H_2CO_3로 전환된다. Na_2SO_4는 속 빈 섬유 바깥쪽으로 흐르는 욕조 매질과 함께 씻겨 내려간다.

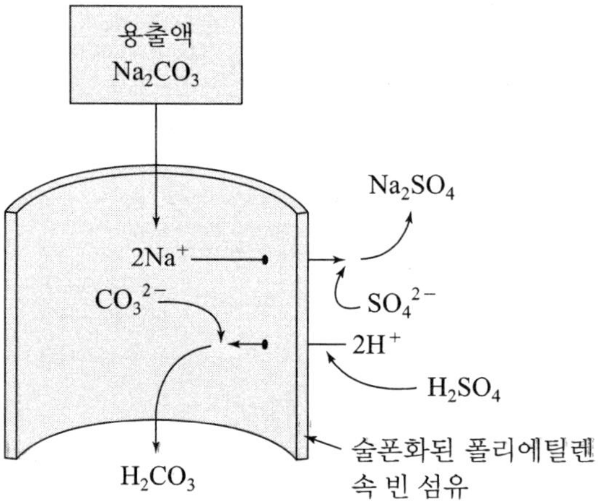

그림 12.9 속 빈 섬유 억압장치는 바탕용액의 H^+와 용출액의 Na^+를 이온교환시키기 위해 양이온 교환막을 사용한다.

그림 12.10은 이온 크로마토그래피의 강력한 분리능을 보여주고 있다. 이온 크로마토그래피의 분명한 제약점은 전도도 측정을 위한 이온성 용리액의 억제가 어렵다는 점이다. 가장 일반적인 음이온들은 강한 자외부 흡광도를 나타내지 않으므로 액체 크로마토그래피에 사용되는 재래식 분광광도법 검출기로 검출할 수 없다.

간접 분광광도법에 의해 투명한 음이온들을 검출하여 용리액 억제 필요성을 줄이는 방식이 그림 12.11에 도시되어 있다. 이 실험에서 용리액 음이온은 강한 자외부 흡수를 나타내는 방향족 화학종인 phthalate이다. 묽은 phthalate 용리액은 강하면서도 일정한 자외부 흡광도를 갖는다. 분리컬럼을 빠져 나오는 각 분석성분 음이온에 대해 당량의 phthalate가 컬럼으로부터의 분석성분이 빠져나옴에 따라서 자외부 흡광도가 감소되는데 그 까닭은 해당량만큼의 phthalate가 빠져나오지 않기 때문이다. 자외선검출기는 분리컬럼 아래에 놓이며 분석성분은 감소된 흡광도로 표현된다.

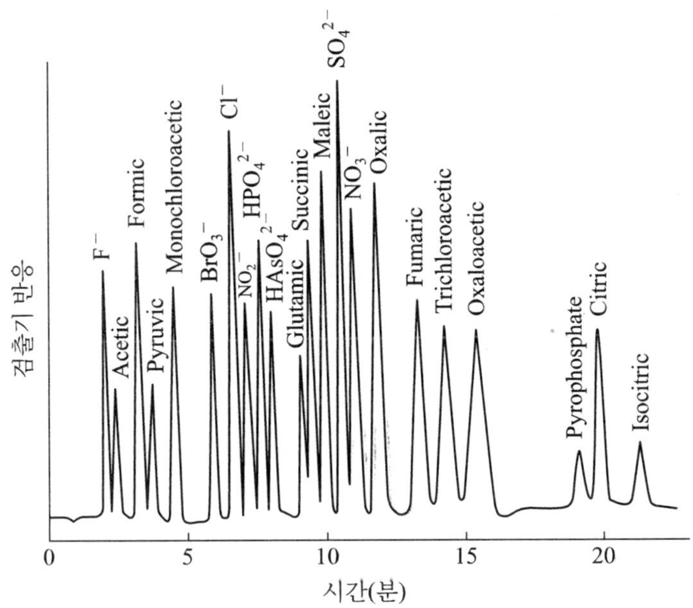

그림 12.10 음이온 크로마토그래피의 분리능을 나타내는 크로마토그램

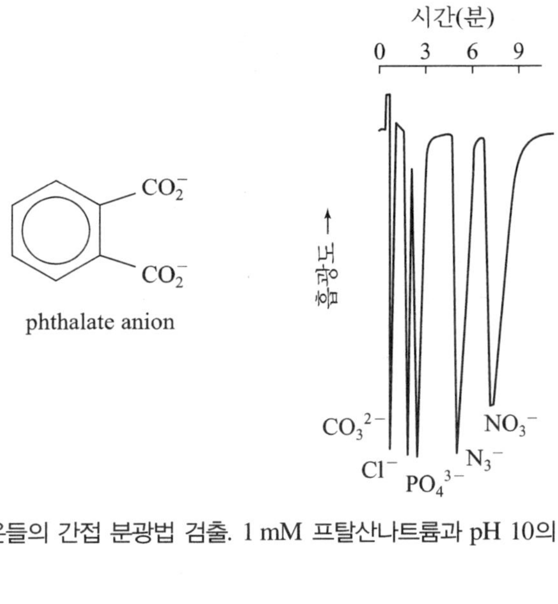

그림 12.11 투명한 이온들의 간접 분광법 검출. 1 mM 프탈산나트륨과 pH 10의 붕산 완충용액 1 mM로 용리[7]

7) H. Small, *Anal. Chem*, 1982, 54, 462.

7 크기 배제 크로마토그래피

크기 배제(size exclusion) 크로마토그래피(분자 또는 겔 크로마토그래피라고도 함)는 정지상으로 분자체(molecular sieve)를 사용하는 크로마토그래피의 일종이다. 이들은 횡단 연결 형태의 중합체 사슬로, 열린 그물구조의 탄수화물과 아크릴아마이드의 중합체이다. 그들은 친수성이고 흡수성이 있어 팽윤하기 때문에 그의 구조가 열린다. 횡적 연결도가 구멍의 크기를 결정한다. 팽윤된 겔의 가장 큰 구멍보다 용매화된 분자가 더 크면 겔 입자를 통과할 수 없다. 따라서 이런 큰 분자는 각 입자 사이의 공간을 통해 분리관을 곧바로 통과한다. 그러나 작은 분자들은 입자에 있는 열린 그물구조에 그 분자의 크기와 모양에 따라 서로 다르게 침투될 것이다. 그러므로 분자크기가 작은 순으로 용리가 느려질 것이다.

크게 팽윤되는 겔들은 큰 분자량 물질들을 분리·분석하는데 사용되고 팽윤도가 작은(치밀한) 겔들은 분자량이 적은 화합물의 분리에 이용된다. 이 방법으로 중합체의 분자량 분포를 얻을 수 있고 단백질, 효소, 펩타이드, 핵산, 호르몬, 고분자 등을 분리할 수 있다. 겔을 겨우 투과하여 지체될 수 있는 그 분자의 분자량을 배제한계(exclusion limit)라 한다. 이것은 겔에 따라 분자량 1,000에서 수백만까지의 범위를 가진다. 분리는 분자량뿐만 아니라 분자의 크기와 배열에 따라 이루어진다. 겔들은 사용하는 용매와 용매의 흡수력에 따라 수 시간에서 하루 또는 그 이상 평형을 시켜야 한다. 고분자물질을 분리시키는데 사용되는 느슨한 횡적 연결을 갖는 겔들은 담가두는 기간이 더 걸린다.

표 12.6 Sephadex 겔

Sephadex의 형태	재흡수량 (g H_2O/g dry)	입자부피 (mL/g dry)	펩타이드와 단백질의 분리범위 (M.W.)	배제한계 (M.W.)
G-10	1.0 ± 0.1	2~3	700 이상	
G-15	1.5 ± 0.2	2.5~3.5	1,500 이상	
G-25	2.5 ± 0.2	4~6	1,000~5,000	5,000
G-50	5.0 ± 0.3	9~11	1,500~30,000	30,000
G-75	7.5 ± 0.5	12~15	3,000~70,000	70,000
G-100	10.0 ± 1.0	15~20	4,000~150,000	150,000
G-150	15.0 ± 1.5	20~30	5,000~400,000	400,000
G-200	20.0 ± 2.0	30~40	5,000~800,000	800,000

Sephadex는 단백질의 분리에 사용되는 분자체 물질이다. 이것은 중합체 사슬에 －OH기가 있는 중합 탄수화물질이기 때문에 상당히 극성이 크며 물을 흡수한다. 제조시 횡적 연결도를 잘 조절하여 여러 가지 구멍크기와 배제한계를 갖는 겔을 만든다. Sephadex G-10은 1 mL/g dry gel의 물을 흡수하는 겔이고 Sephadex G-200은 20 mL/g dry gel의 값을 갖는다. (표 12.6).

Sephadex 겔은 물에 녹지 않고 염기와 약산 또는 산화-환원제에도 안전하다. 하지만 진한 염산(0.1 M)에서는 점점 겔 구조가 분해되므로 사용에 주의해야 한다. 겔은 물 이외에 포름아마이드, 다이메틸실폭사이드 및 글라이콜 등의 다른 용액에서도 팽윤되기 때문에 이들 용매를 사용할 수 있다.

그러나 메탄올, 에탄올 또는 아세트산에서는 사용할 수 없는데, 이 경우에는 중합체에 있는 －OH기를 프로필기로 알킬화하면 친수성과 함께 친유기성의 성질도 갖게 되고 이렇게 되면 수용성의 극성 유기용매에서도 팽윤된다. 이 겔을 Sephadex LH-20이라 하고 메탄올, 에탄올, 아세톤, *n*-부탄올, 에틸아세테이트, 염화메틸렌, 테트라하이드로퓨란, 톨루엔 또는 그들의 혼합물에서 사용된다. 이들은 강산 이외의(pH＝2 이하) 모든 용매에서 안정하며 강한 산화제에서는 불안정하다.

Sephadex LH-20은 염화메틸렌, 메탄올을 섞은 용매에서 리피드들의 분리와 정제 그리고 리피드 추출에 사용된다. Sephadex G-25와 같이 낮은 배제한계를 갖는 겔은 염들을 잡고 단백질은 곧 통과시킨다. 분리될 단백질 혼합물은 그림 12.12에서 보는 것처럼 다양하다.

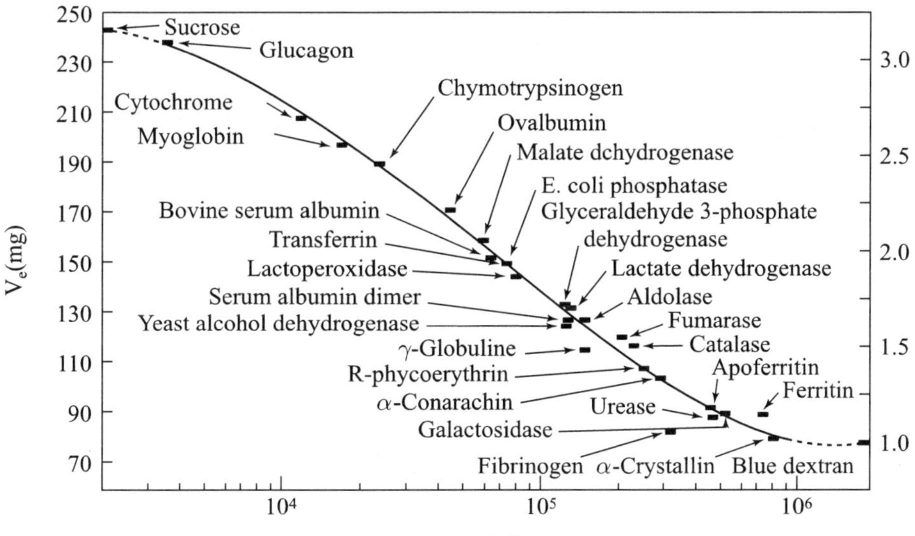

그림 12.12 pH 7.5에서 Sephadex LH-20 관에서 분자량에 따른 단백질의 용리부피

Sephadex G-200 분리관을 사용할 때 단백질의 분자량에 따라 용리부피가 서로 다르다. 작은 배제한계를 갖는 겔에서 비슷한 평행곡선군을 얻는다. 유사화합물에서 넓은 범위의 분자량을 갖는 단백질의 용리부피는 다음 식으로 주어질 수 있다.

$$V_e = a + b \times \log(\mathrm{M.W.}) \tag{12.15}$$

여기에서 a와 b는 각 분리관에서 측정되는 상수이고, 분리관을 통해 용질이 통과하는 속도는 분자의 이동상에서 소모한 시간에 비례한다. 이 시간은 이동상과 정지상의 부피로 측정되며, 특정 용질의 분배계수에 의존된다.

방해효과설에서 겔 입자와 틈새 액체 간의 용질분자의 분배는 전적으로 방해효과로 생각된다. 분자가 작을수록 구멍으로 침투되는 정도는 증가한다. 방해효과설은 흡착효과, 즉 겔 기질과 용질 간의 친화력을 생각하지 않는다. 물을 흡수하는 성질이 적은 겔(팽윤이 적은)에서는 흡착 효과가 방해효과만큼 크다.

8 평면 크로마토그래피

크로마토그래피에는 기체나 액체 크로마토그래피와 같이 관을 사용하는 것과 얇은 막(thin layer)이나 종이를 사용하는 평면 크로마토그래피가 있다. 평면 크로마토그래피에서는 정지상이 평면으로 되어 있고 지지체 또는 유리, 플라스틱, 금속판 위에 지지되어 있는 얇은 물질층으로 되어 있다. 이동상으로 사용하는 용매는 모세관 작용을 통하여 때로는 중력이나 전기적 전위의 도움을 받아 정지상을 통하여 이동한다. 역사적으로 거름종이를 정지상으로 사용하는 종이 크로마토그래피는 19세기 중반에 처음으로 사용되었다. 그러나 이 방법이 물질 분리법으로서의 유용성을 평가받게 된 것은 1940년대 후반부터였다.

얇은 막 크로마토그래피(thin layer chromatography, TLC)에서는 정지상이 유리관 위의 표면에 도포된 혹은 도포되지 않고 가는 분말의 얇은 막으로 구성되었고, 1928년에 처음으로 소개된 방법이다. 오늘날에는 가는 유리관에 실리카겔을 얇게 도포시켜서 사용하기도 하는데, 여기에서 분리된 성분은 불꽃이온화 검출기(FID)에 자동적으로 검출된다. 현대의 대부분의 평면 크로마토그래피는 얇은 막 크로마토그래피에 바탕을 두고 있다. 이 방법은 분석시간이 빠르고 분해능이 좋다.

12.8.1 얇은 막 크로마토그래피의 원리

얇은 막 크로마토그래피(TLC)의 정지상과 이동상의 종류, 그리고 응용면에서 액체 크로마토그래피와 대단히 비슷하다. 실제로 얇은 막 크로마토그래피는 액체 크로마토그래피 분리의 최적조건을 개발하는데 유용하게 응용할 수 있다. 이 경우 TLC의 빠른 용리 속도와 낮은 비용이 대단히 큰 이점이다. 얇은 막 크로마토그래피는 제약업계에서 중요한 생산품의 순도측정뿐만 아니라 임상의학, 생화학, 생물체 연구, 화학공장의 실험실에서 널리 쓰이고 있다.

얇은 막 크로마토그래피에서 사용하는 고체 정지상 입자는 액체 크로마토그래피에서 설명한 대부분의 충전제와 비슷한 형태이다. 일반적으로 얇은 막으로 도포된 판의 정지상(전개판)에 휘발성 용매에 녹인 0.1～1 μg/μL 정도의 묽은 용액 시료를 소량 묻힌다. 모세관이나 마이크로피펫을 사용하여 시료용액 한 방울을 전개판의 끝에서 1～2 cm 되는 지점에 점적한다. 점적이 끝나면 그 위치를 표시하고, 용매를 증발시킨 후에 이것을 이동상 용매가 들어 있는 전개장치 속에 시료의 위치가 용매에 잠기지 않도록 위치시킨다. 이렇게 하면 모세관 현상에 의하여 이동상이 흐르게 되어 크로마토그램을 전개한다. 이때 전개과정은 액체 크로마토그래피의 분리관에서의 용리단계와 비슷하다. 전개가 완료되었다고 판단되면 이동상의 흐름을 정지하고 용매흐름의 최고점을 표식한다. 전개장치에서 전개판을 꺼내어 용매를 증발시킨 다음에 분리된 성분의 위치를 확인한다.

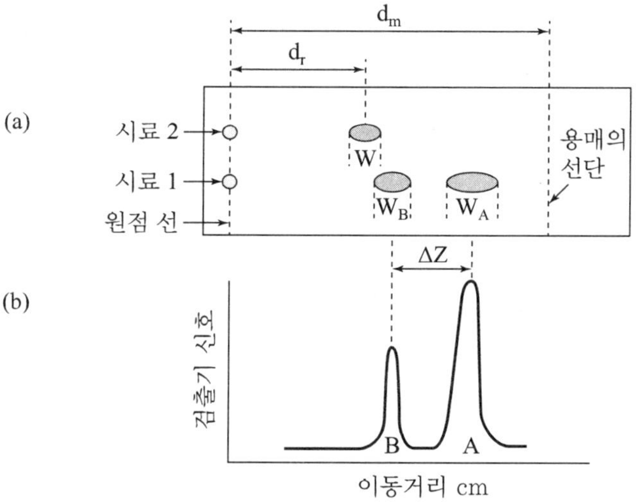

그림 12.13 TCL에 의한 크로마토그램
(a) 전개판에 분리된 성분의 위치, (b) 검출기에 의한 크로마토그램

분리된 각 성분의 위치를 확인하는 방법은 일반적으로 성분의 위치가 눈에 보이도록 발색 시약을 전개판에 분무하는 간단한 방법이 가능할 때가 있다. 발색된 지점을 떼어내어 적당한 용매에 녹이고, 이것을 적당한 분석방법으로 정량한다. 이보다 좀 더 자동화된 방법으로는 분석성분이 유기물질일 경우 불꽃이온화 검출기와 같은 적당한 검출기로 검출하여 크로마토그램을 직접 얻을 수 있다.

그림 12.13에 얇은 막 크로마토그래피에 의해 크로마토그램을 얻는 방법을 시료의 점적위치로부터 거리의 함수로 기록한 것을 나타내었다.

(1) TLC의 머무름 인자, 용량이자 및 분해능

10장에서 설명한 크로마토그래피의 이론과 관계식이 약간만 수정하면 얇은 막 크로마토그래피에서의 머무름 시간이나 머무름 부피에 상당하는 것을 머무름 인자(retardation factor), R_f로 표시한다. 얇은 막 크로마토그래피의 크로마토그램에서 R_f는 다음과 같다.

$$R_f = \frac{d_r}{d_m} \tag{12.16}$$

여기에서 d_m과 d_r은 시료의 점적위치로부터 측정한 이동상의 흐름거리와 성분의 흐름거리이다. 만약 성분의 발색된 모양이 대칭이 아니라면 d_r 측정값은 극대세기의 위치까지 측정한 거리이다. 얇은 막 크로마토그래피에서도 전개판의 효율을 관 크로마토그래피와 같이 $H = \sigma^2/L$로 정의할 수 있다. 여기에서 σ^2은 길이 단위의 변수이다. 그림 12.13에서 d_r까지의 거리를 관 크로마토그래피에서 관의 길이로 생각하면 단의 높이 H는 다음과 같다.

$$H = \frac{\sigma^2}{d_r} \tag{12.17}$$

따라서 길이 d_r에 들어 있는 단의 수(N)는 d_r/H이고, 단의 높이는 $H = d_r/N$과 같다. 이 관계를 식 (12.17)에 대입하여 정리하면

$$N = \frac{d_r^2}{\sigma^2} \tag{12.18}$$

관 크로마토그래피에서처럼 얇은 막에 의한 크로마토그래피에서 봉우리의 넓이(또는 반점의 넓이) W는 4σ이다. 따라서 이 관계를 식 (12.18)에 대입하여 정리하면 얇은 막의 이론단수는 다음의 식으로 구할 수 있다.

$$N = 16\left(\frac{d_r}{W}\right)^2 \tag{12.19}$$

얇은 막 크로마토그래피에서도 관 크로마토그래피의 모든 식이 적용된다. 얇은 막의 경우에는 그림 12.13의 d_r과 d_m을 그림 10.4에서 정의한 t_r과 t_m에 연관시킬 필요가 있다. 따라서 얇은 막의 경우에는 t_m과 t_r가 이동상과 용질이 일정한 거리(d_r)까지 이동하는데 필요한 시간에 상당한다. 이동상에 대한 시간은 선형속도로 나눈 거리와 같고, 이동상이 거리 d_r까지 이동할 때 용질은 이동상과 같은 지점에 도달하지 못하므로 다음과 같이 나타낸다.

$$t_m = d_r/u \tag{12.20}$$

$$t_r = d_m/u \tag{12.21}$$

식 (12.20)과 식 (12.21)을 식 (10.16)에 대입하면 다음과 같다.

$$k' = \frac{d_m - d_r}{d_r} \tag{12.22}$$

따라서 용량인자 k'는 식 (12.21)로부터 머무름 인자로 나타낼 수 있다.

$$k' = \frac{1 - d_r/d_m}{d_r/d_m} = \frac{1 - R_f}{R_f} \tag{12.23}$$

얇은 막법에서의 분리능도 관 크로마토그래피에서의 식 (10.17)과 비슷한 식으로 정의한다. 따라서 그림 12.13에서 두 성분의 분리능 R_s는 다음과 같다.

$$R_s = -\frac{2\Delta Z}{(W_1 + W_2)} = \frac{2[(d_r)_1 - (d_r)_2]}{(W_1 + W_2)} \tag{12.24}$$

식 (10.20)을 이용하면 다음과 같다.

$$R_s = -\frac{\overline{N}}{4}\left(\frac{\alpha - 1}{\alpha}\right)\left(\frac{k'}{1 + k'}\right) \tag{12.25}$$

여기에서 선택인자는 다음과 같이 나타낸다.

$$\alpha = \frac{k_2'}{k_1'} = \frac{d_m - (d_r)_2}{d_m - (d_r)_1} \times \left[\frac{(d_r)_1}{(d_r)_2}\right] \tag{12.26}$$

12.8.2 전개판과 정지상의 정류

얇은 막 크로마토그래피에서 분리효율은 얇고, 조밀하고, 균일한 두께의 층에 균일하게 분포된 일정한 크기의 입자에 의존한다. 이러한 조건을 고려하여 만든 전개판이 시중에서 판매되고 있다. 전개판을 만드는 방법은 표면이 균일한 유리, 플라스틱, 알루미늄 등의 판에 얇은 막의 두께는 100~200 μm 정도로 만들 수 있으나 분석화학적 분리에서 가장 널리 사용되는 것은 100, 200, 250 μm의 두께를 갖는 것이다.

또 시판되는 전개판은 보통형과 고성능형의 두 종류가 있다. 보통형은 도포된 입자의 직경이 20 μm 이상이고 막의 두께는 200~250 μm 정도 된다. 그러나 고성능 전개판은 막의 두께가 100 μm이고, 입자의 직경은 5 μm 이하이고, 입자크기가 균일하다. 보통형 전개판의 경우 시료부피는 0.5~5 μL 정도인 반면에 고성능 전개판에서는 0.05~0.5 μL 정도이다.

이상과 같은 이유로 보통형에서는 전형적으로 12 cm의 전개판에 이론단수가 2,000 정도이고 전개시간은 25분 정도이다. 고성능에서는 3 cm의 전개판의 경우에 4,000의 이론단수를 가지며 전개하는데 10분 정도를 필요로 한다. 그러나 고성능 전개판에서는 소량의 시료를 취급해야 한다는 단점이 있다.

TLC에서 사용하는 정지상은 흡착, 정상분배, 역상분배, 이온교환, 크기 배제 크로마토그래피에서 사용하는 것과 비슷하다. 그러나 그 밖에도 셀룰로오스-바탕 정지상이 있고, 이것은 탄수화물, 아미노산, 핵산유도체, 무기화합물 화학종과 같은 친수성 성분의 분리에 유용하다. 셀룰로오스 전개판과 종이 위에서의 분리는 셀룰로오스의 간격에 고정되어 있는 물이 정지상으로 작용한다. 그러나 소수성이면서 역상분리에서 사용할 수 있도록 화학처리한 셀룰로오스와 이온교환 형태의 셀룰로오스도 시판되고 있다.

12.8.3 TLC의 실험법과 분석법

일반적으로 얇은 막 크로마토그래피에서는 0.01~1%의 시료용액을 전개판의 끝에서 1~2 cm 되는 위치에 점적의 직경이 최소가 되도록 점적하여야 하고, 이것은 분리효율과 크게 관계가 있다. 점적의 직경은 정성분석에서는 약 5 mm이지만 정량분석일 때에는 더 작아야 한다. 또 묽은 용액일 경우에는 건조시키면서 3~4회 반복해서 점적하도록 한다. 보통 시료의 점적은 모세관이나 마이크로주사기를 사용해서 하지만 정확하고 정밀하게 잠적할 수 있는 기계적 분배기가 시판되고 있다. 전개판은 전개액(용매)으로 용매증기가 포화된 밀폐식 용기 속에서 전개한다. 어떤 경우에는 전개하기 전에 전개판을 용매증기로 평형시키는 것이 바람직하다. 전개판을 설치할 때에는 시료가 전개액에 잠기지 않도록 주의한다. 혼합물의 성분수가 많거나 잘 분리가 되지 않을 때에는 우선 한 가지 용매로 전개하고, 전개판의 용매를 증발시킨 후에 전개판의 90° 각도에서 다른 전개액으로 2차원으로 전개시키는 방법도 있다.

(1) 성분의 위치 확인법

분리된 성분이 닌히드린과 같은 발색제로 발색될 경우에는 적당한 발색제를 전개판에 분무하여 발색시킨 후에 각 성분의 위치를 확인할 수 있다. 그러나 적당한 발색제가 없어 발색시킬 수 없는 경우가 많다. 이런 때에는 어두운 곳에서 전개판에 자외선이나 가시선을 쪼여 흡광과 형광현상을 본다. 이때 254 nm이나 355 nm의 수은등 및 텅스텐등이 사용된다. 자외선으로 흡광화학종을 편리하게 확인하기 위해서 전개판의 도포제 속에 처음부터 황화카드뮴이나 아연과 같은 인광물질을 섞어두도록 한다. 그러한 전개판에 자외선을 쪼이면 자외선 흡광화학종은 노랑-파랑색 바탕 위에 검은 점으로 나타난다. 이런 종류의 시각확인법을 형광소광법이라 한다.

또 다른 방법은 전개판에 화학적으로 반응하여 색을 나타내는 시약을 가하여 확인하는 것이다. 아마도 가장 보편적인 시약은 내부분의 유기화합물과 반응하여 연한 갈색을 만드는 요오드일 것이다. 예를 들면 이 방법은 요오드가 들어 있는 용기에 전개판을 넣고 승화되는 요오드에 쪼이거나 1%의 요오드 용액을 전개판에 분무하여 요오드와 유기화합물을 반응시켜 확인하는 것이다.

(2) 정성적 확인

얇은 막 크로마토그래피에서 정성적 정보를 주는 것은 머무름 인자 R_f값이다. 그런데 R_f값은 시료량, 전개판, 전개조건 등에 따라 변하기 때문에 혼합물 중의 성분을 확인하는데 일반적으로 충분한 정보를 제공하지 못한다. 또 다른 성분의 R_f값이 같은 실험조건에서 똑같거나 비슷한 경우가 있다.

R_f를 결정하는 가장 중요한 인자는 정지상의 두께, 이동상과 정지상의 수분함량, 온도, 전개실의 이동상 포화도, 시료량 등이다. 실제로 이러한 변수를 완전히 같게 조절할 수는 없다. 그러나 이러한 영향은 상대 머무름 인자 즉, 표준물질의 이동거리에 대한 분석물질의 이동거리의 비값인 R_x로 대치하므로 부분적으로 개선할 수 있다. 혼합물에 포함된 성분을 알고 있거나 존재하리라고 여겨지는 성분을 알고 있을 때에는 시료와 표준물에 대하여 R_f값을 얻어서 비교함으로써 각 성분의 확인이 가능하다. 그러나 항상 확인시험이 필요하다. 한 가지 편리한 확인시험은 다른 정지상과 다른 발색시약을 이용하여 같은 물질에 대하여 되풀이하는 방법이다. 더 확실한 방법은 분리된 부분을 정지상과 함께 긁어내어 적당한 용매에 녹이고, 원심분리 또는 걸러서 정지상으로부터 분리한 후에 분광화학적인 방법으로 정성분석하는 것

이다. 이때 자외선, 적외선, 핵자기 공명분광법 및 질량분석법 등이 이용된다.

(3) 정량분석

좀 더 정확히 정량하는 방법은 전개반점으로부터 분광화학적으로 흡광도, 형광세기 및 형광소광 정도를 측정하여 분석하는 방법이다. 이러한 측정을 위하여 덴시토미터가 이용된다. 덴시토미터는 수은등과 같은 광원으로부터 얻는 254 nm 또는 365 nm의 빛살을 전개판에 쪼일 때 전개판에서 반사되거나 투과되는 빛살의 세기를 광전관으로 검출하여 흡광도 또는 형광세기를 측정할 수 있는 기기이다. 이렇게 하여 흡광도나 형광세기를 시료와 표준물질에 대하여 같은 조건에서 얻고 이것으로부터 정량분석한다.

최근에는 기체 크로마토그래피에서 사용하는 불꽃이온화 검출기를 얇은 막 크로마토그래피에 적용하여 정량분석하는 경우도 있다. 이때는 전개판을 사용하지 않고, 길이 15 cm 정도이고 직경이 2～3 mm 정도인 가는 유리관을 사용한다. 시료를 점적한 후 유리관 아래쪽으로 불꽃이온화 검출기가 지나가면서 분리된 성분을 검출하도록 되어 있다. 이런 기기에서는 검출결과에 의해 크로마토그램이 직접 얻을 수 있고, 전자적분기에 의해 봉우리의 면적을 적분할 수 있도록 되어 있다.

12.8.4 종이 크로마토그래피

종이 크로마토그래피는 얇은 막과 전개판 대신에 거름종이를 사용한다. 따라서 점적, 전개, 성분의 확인법 등은 얇은 막 크로마토그래피에서와 비슷하다. 다만 분리된 성분의 검출은 성분의 위치를 오려내어 적당한 용매에 녹여서 분광화학적인 방법 등으로 정량분석할 수 있다. 종이 크로마토그래피에서는 종이에 흡수된 물이 정지상의 역할을 하므로 원리상으로 액체-액체 크로마토그래피와 같다.

최근에는 셀룰로오스를 화학처리하여 종이에 의한 흡착, 이온교환의 메커니즘에 의해서 분리할 수 있는 것이 개발되어 시판되고 있다. 예를 들면 종이에 실리콘이나 파라핀 오일로 처리하여 사용함으로써 이동상이 극성인 경우에는 역상 종이 크로마토그래피가 가능하다. 종이 크로마토그래피는 비용이 적게 들고 종이에 분리된 부분을 오려내어 용매에 쉽게 녹일 수 있다는 점에서 장점을 지닌다. 그러나 얇은 막 크로마토그래피가 여러 가지 면에서 더 좋은 특성을 지니므로 더 널리 응용된다.

연습문제

12.1 액체 크로마토그래피를 분류하고, 용질에 따른 응용영역을 설명하라.

12.2 기울기 용리의 이점을 설명하라.

12.3 HPLC에서 고압펌프의 중요성을 설명하라.

12.4 액체 크로마토그래피에서 사용되는 중요한 검출기를 설명하라.

12.5 실록산 충전제를 만드는 방법과 그 종류를 설명하라.

12.6 분배 크로마토그래피에서 분리능을 개선하기 위한 세 가지의 일반적인 방법을 설명하라.

12.7 이온교환 크로마토그래피와 이온 크로마토그래피의 차이점을 설명하라.

12.8 역상과 정상상 분배 크로마토그래피의 차이점을 설명하라

12.9 실리카겔 충전관에서 이동상으로 톨루엔을 사용할 때 어떤 화합물의 머무름 시간이 25분이었다. 사염화탄소와 클로로폼 중에서 어떤 용매가 머무름 시간을 더 단축시키겠는가?

12.10 정상상 분리에서 다이에틸에터, 아세트산에틸, 나이트로뷰테인의 용리순서를 예측하여라.

12.11 역상 분리에서 *n*-헥세인, *n*-헥산올, 벤젠의 용리순서를 예측하여라.

12.12 TLC에 의한 분리 · 분석의 시료의 점적, 전개, 성분의 확인, 정량 등의 단계별 실험방법을 설명하여라.

12.13 정상상 분배 크로마토그래피에서 용질의 머무른 시간은 28.2분이고 머물지 않는 성분은 1.1분이었다. 이때 용매는 1 : 1의 부피비로 혼합한 클로로폼과 *n*-헥세인의 혼합용매를 사용하였다.
(a) 용질에 대한 용량인자를 계산하라.
(b) 용량인자를 9.0으로 하기 위한 용매의 조성을 계산하라.

12.14 세 가지 성분이 혼합된 시료를 TLC로 분리 · 분석하기 위해 톨루엔/아이소프로필에터의 7 : 3(부피비) 혼합용매를 사용하여 $d_m = 9.8$ cm까지 전개하여 얻은 데이터로부터 다음을 계산하라.

$(d_r)_1$	$(d_r)_2$	$(d_r)_3$	W_1	W_2	W_3
1.6	2.5	3.8	0.58	0.54	0.77

(a) 각 용질의 머무름 인자(R_f)
(b) 각 용질의 용량인자

(c) 각 용질 쌍에 대한 선택인자

(d) 각 용질 쌍에 대한 분리능

참고문헌

1. L. R. Syncer and J. J. Kirkland, *Introduction to Modern Liquid Chromatography*, 2nd ed., Wiley-Interscience, New York, 1979.
2. R. J. Hamilton P. A. Sewell, *Introduction to High Performance Liquid Chromatography*, 2nd ed., Chapman and Hall, New York, 1982.
3. N. A. Parris, *Instrumental Liquid Chromatography*, 2d ed., elsevier, New York, 1984.
4. H. Engelhardt. *High Performance Liquid Chromatography*, Springer Verlag, New York, 1978.
5. *Microcolumn High Performance Liquid Chromatography*, P. Kucera, Ed., Elsevier, New York, 1984.
6 A. M. Krstulovic and P. R. Brown, *Reversed-phase High Performance Liquid Chromatography*, willey, New York, 1982.
7. F. C. Smith, Jr. and R. C. Chang. *The Practice of Ion Chromatography*, Wiley, New York, 1983.
8. J. S. Fritz, D. T. Gjerde and C. Phalandt, *Ion Chromatography*, Huthing, Heidelberg, 1982.
9. W. Yau. J. Kirkland and D. Bly, *Modern Size-Exclusion Liquid Chromatography*, Wiley, New York, 1979.
10. B. Fried and J. Sherma, *Thin-Layer Chromatography*, Marcel Dekker, New York, 1982.
11. D. A. Skoog, *Principles of Instrumental Analysis*, 3rd ed., Saunders Collegr Publishing, P. A. Winston. 1985.

CHAPTER 13

전기화학적 분석법

전기분석화학이란 전기화학전지를 구성하는 분석용액의 전기적 성질을 이용하는 일련의 정량분석 방법을 취급하는 학문을 일컫는다.

전기분석법에서는 전해질인 시료용액에 적당한 전극을 담가서 전지를 만드는데, 이 전지의 전극전위를 측정해 물질을 정량분석하는 것을 전위차법(potentiometry), 전극에 고체상태로 산화 또는 환원되어 석출된 물질의 무게를 측정해 정량분석하는 전기무게분석법(electrogravimetry), 전기분해할 때 전극을 통해 흐르는 전기량을 측정하면 전기량법(coulometry), 전극 사이의 전기전도도(또는 전기저항)를 측정하는 방법을 전도도법(conductometry) 및 전류를 측정하는 방법을 전류법(amperometry)이라 한다. 이 외에도 전기적 성질(전압과 전류)을 동시에 측정하는 전압-전류법(voltammerty)이 있다.

이 장에서는 전기분석에서 사용하는 전극과 각종 전기분석법의 원리와 응용에 대해 설명하기로 한다.

1 전기화학의 기초

13.1.1 산화-환원 반응

산화(oxidation)는 화학종이 전자를 잃어버리는 것이며, 환원(reduction)은 전자를 얻는 것으로, 산화환원반응은 전자가 이동하는 반응이다. 산화과정에서 잃은 전자는 다른 종의 환원에 사용된다. 아래 반응은 구리의 산화와 은의 환원에 대한 반반응이다. 구리는 두 개의 전자를 잃은 반면, 은 이온은 한 개의 전자를 얻었다.

$$Cu(s) \rightarrow Cu^{2+}(aq) + 2\,e^-$$

$$2\,Ag^+(aq) + 2\,e^- \rightarrow 2\,Ag(s)$$

두 반반응을 결합하면, 알짜이온식을 구할 수 있다. 구리 원자 하나가 산화될 때, 은 이온 두 개가 환원된다.

$$2\,Ag^+(aq) + Cu(s) \rightarrow 2\,Ag(s) + Cu^{2+}(aq)$$

전자의 이동과 관련된 화학변화를 연구하는 학문이 전기화학이다.

산화 또는 환원이 일어나는 전자전도체를 전극(electrode)이라 한다. 산화는 양극에서, 환원은 음극에서 일어난다.

다음 식은 화학전지를 간단하게 나타낸 표기법이다. 전지표기에는 반응에 참여하는 금속과 이온을 적는다. 수직선(|)은 상의 경계, 이중선(‖)은 염다리를 뜻한다. 양극은 왼쪽에, 음극을 오른쪽에 적는다.

$$\text{양극} \mid \text{양극전해질} \parallel \text{음극전해질} \mid \text{음극} \tag{13.1}$$

구리와 은의 반응에 대한 전지표기는 다음과 같다.

$$Cu(s) \mid Cu^{2+}(aq)\ (1\ M) \parallel Ag^+(aq)\ (1\ M) \mid Ag(s)$$

위의 예에서 전해질 농도는 1 M이다. 1 M은 화학전지의 표준상태의 농도이며, 기체의 경우는 1 atm이다.

두 전해질 용액 속에 같거나 다른 두 전극을 담그고 두 전해질 용액을 다공질막으로 분리하여 놓은 것을 화학전지라고 한다. 화학전지는 갈바니전지와 전해전지로 나뉜다. 갈바니전지는 자발적 화학반응에 의해 전류를 만드는 것으로 대표적인 예가 건전지와 납축전지이다. 전해전지는 물질에 전기에너지를 가하여 산화, 환원반응이 일어나도록 하는 것으로 전기분해를 예로 들 수 있다.

13.1.2 표준수소전극

그림 13.1에 표준수소전극(SHE, standard hydrogen electrode)을 나타내었다. 여기서 백금선은 전자를 전도하는 물체이다. 백금전극에서 1 atm의 수소 기체가 발생하며, 전해질 용액은 1 M HCl(aq)이다.

$$2\,H^+(aq) + 2\,e^- \rightarrow H_2(g)$$

반쪽전지를 전지표기법으로 나타내면

$$Pt(s)\ |\ H_2(g,\ 1\ atm)\ |\ H^+(1\ M)$$

위 반응의 전위는 0.00 V이다. 다른 반쪽 전지를 SHE에 연결하여 전지의 전위를 측정하면 SHE는 0.00 V이기 때문에, 측정된 전지전위가 다른 반쪽 전지의 전위가 된다.

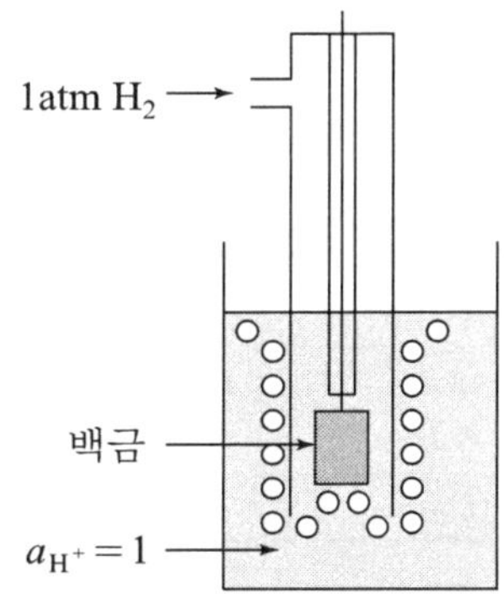

그림 13.1 표준수소전극

13.1.3 표준환원전위

강산과 약산이 있는 것처럼, 화학물질은 산화와 환원의 세기가 다르다. 화학종의 산화-환원 경향을 체계화하기 위해, 표준환원전위(standard reduction potential, E°)를 사용하는데, 이는 SHE와 연결한 전극의 반반응 전위이다. 표준환원전위를 측정하기 위해, 모든 전극은 열역학적으로 표준상태를 충족하도록 구성된다. 즉 용액의 농도는 1 M이며, 기체는 1 atm의 압력을 갖는다.

표준환원전위의 일부를 표 13.1에 나타내었다. 이 표의 특징은 다음과 같다. 첫째, 모든 반반응이 환원반응으로 적혀있다. 둘째, 일부 반반응의 전위는 양의 값이지만, 일부는 음의 값이다. 표준환원전위가 양의 값이면 환원이 일어나기 쉬운 반응이며, 음의 값이면 역반응인 산화가 일어나기 쉬운 반응이다. 참고로 SHE는 전압계의 양극단자에 연결되어 있다.

표준환원전위가 양의 값이 클수록 물질은 쉽게 환원되며, 따라서 좋은 산화제이다. 역으로, 표준환원전위가 음의 값이 클수록 물질은 쉽게 산화되며, 좋은 환원제이다.

표준전지전위를 식으로 나타내었다.

$$E^o_{cell} = E^o_{환원} - E^o_{산화} \tag{13.2}$$

$E^o_{환원}$ 는 음극의 표준환원전위, $E^o_{산화}$ 는 양극의 표준환원전위이다.

표 13.1 25℃에서 표준환원전위

전극반응	E°(V)	전극반응	E°(V)
$Li + e \rightarrow Li$	−3.045	$Ti^{+} + e \rightarrow Ti$	−0.336
$K^{+} + e \rightarrow K$	−2.925	$Co^{2+} + 2e \rightarrow Co$	−0.277
$Ba^{2+} + 2e \rightarrow Ba$	−2.90	$Ni^{2+} + 2e \rightarrow Ni$	−0.25
$Sr^{2+} + 2e \rightarrow Sr$	−2.89	$Sn^{2+} + 2e \rightarrow Sn$	−0.136
$Ca^{2+} + 2e \rightarrow Ca$	−2.87	$Pb^{2+} + 2e \rightarrow Pb$	−0.126
$Na^{+} + e \rightarrow Na$	−2.714	$2H^{+} + 2e \rightarrow H_2$	0.000
$Mg^{2+} + 2e \rightarrow Mg$	−2.37	$Cu^{2+} + 2e \rightarrow Cu$	+0.337
$Al^{3+} + 3e \rightarrow Al$	−1.66	$Hg^{2+} + 2e \rightarrow Hg$	+0.789
$Mn^{2+} + 2e \rightarrow Mn$	−1.18	$Ag^{+} + e \rightarrow Ag$	+0.799
$Zn^{2+} + 2e \rightarrow Zn$	−0.763	$Pd^{2+} + 2e \rightarrow Pd$	+0.987
$Fe^{2+} + 2e \rightarrow Fe$	−0.440	$Pt^{2+} + 2e \rightarrow Pt$	+1.2
$Cd^{2+} + 2e \rightarrow Cd$	−0.403	$Au^{3+} + 3e \rightarrow Au$	+1.50

13.1.4 전극전위와 Nernst식

다음과 같은 일반적인 반쪽전지 반응에서

$$aA + bB + ne^- \rightleftarrows cC + dD$$

자유에너지 변화량 ΔG는 다음과 같이 쓸 수 있다.

$$\Delta G = \Delta G^\circ + RT\ln\frac{(a_C)^c(a_D)^d}{(a_A)^a(a_B)^b} \tag{13.3}$$

여기에서 ΔG°는 표준자유에너지 변화량(각 화학종의 활동도가 1인 표준상태에서 자유

에너지 변화량)이고, 이것은 열역학적 평형상수(K°)와 다음과 같은 관계가 있다.

$$\Delta G^\circ = -RT\ln K^\circ \tag{13.4}$$

화학반응이 일어날 때의 자유에너지 변화량은 그 반응을 진행시키는 추진력이다. 산화-환원 반응의 추진력은 이 반응을 이용하여 만든 전기화학전지의 기전력, E를 뜻한다. 따라서 산화-환원 반응의 자유에너지 변화량과 기전력 사이에는 다음과 같은 관계가 있다.

$$\Delta G = -nFE$$

여기에서 n은 산화-환원 반응에서 주고받는 전자의 수이고, F는 전기화학전지에서 1당량의 물질이 산화-환원 반응을 할 때 흐르는 전기량으로 패러데이라 하며 96,485 coulomb/eq (또는 23.060 cal/eq)이다. 또 전극반응에 관여하는 화학종의 활동도가 1인 경우의 표준환원전위 E°와 표준자유에너지 변화량 ΔG°와는 다음 관계가 있다.

$$\Delta G^\circ = -nFE^\circ \tag{13.5}$$

따라서 식 (13.1)은 다음과 같이 표현된다.

$$-nFE = -nFE^\circ + RT\ln\frac{(a_C)^c(a_D)^d}{(a_A)^a(a_B)^b}$$

이 관계를 정리하면

$$E = E^\circ - \frac{RT}{nF}\ln\frac{(a_C)^c(a_D)^d}{(a_A)^a(a_B)^b} \tag{13.6}$$

식 (13.5)를 Nernst식이라 한다. 이 식은 비표준상태에서의 전지전위(E)로, 실제 상황에서는 표준상태를 기대하기 어렵기 때문이다. 이 식은 산화-환원 반응의 전극전위와 전극반응에 관여하는 물질의 활동도의 관계를 표시한다. 그리고 이 식은 T=298 K (25℃)에서 자연대수를 상용대수로 바꾸고 (ln = 2.303 log), R = 1.987 cal/mol · K, F = 23.060 cal/eq 을 대입하여 정리하면 다음과 같다.

$$E = E^\circ - \frac{0.0591}{n}\log\frac{(a_C)^c(a_D)^d}{(a_A)^a(a_B)^b}$$

Nernst식의 대수항을 표현할 때 일반적으로 기체가 관여하는 경우에는 활동도 대신 분압 (atm)을 사용하고, 순수한 고체 또는 액체가 관여할 때에는 활동도의 기준이 되는 상태이기 때문에 1로 두고 계산한다. 물의 활동도는 순수한 경우에 1이지만 용질이 녹아서 농도가 진해질수록 수증기압은 감소하고 순수한 물의 활동도도 1보다 작아진다. 그러나 일반적으로 묽은 수용액에서는 물의 활동도를 편의상 활동도 대신에 화학종의 몰농도를 사용한다.

$$E = E^{\circ} - \frac{0.0591}{n} \log \frac{[C]^c [D]^d}{[A]^a [B]^b} \tag{13.7}$$

어떤 금속(M)을 그 금속의 이온(M^{n+}) 용액에 담갔을 때 금속과 용액 사이에서 전위차가 발생된다. 25℃에서 전극반응에 대한 전위차 E_{cell}는 Nernst식으로 표현된다.

$$M^{n+} + ne^- = M$$

$$E_{\text{cell}} = E^{\circ} - \frac{0.0591}{n} \log \frac{1}{[M^{n+}]}$$

만약 위 식에서 $[M^{n+}]$가 1이라고 하면 E_{cell}는 E°와 같아진다.

2 전위차법

13.2.1 전기화학전지

전위차법(그림 13.2)에서는 기준전극과 지시전극이 필요하다. 측정하고자 하는 화학종의 활동도(또는 농도)를 측정하는 전극을 지시전극(indicator electrode)이라 한다. 가장 널리 이용되는 기준전극에는 포화칼로멜 전극(saturated calomel electrode, SCE)과 은－염화은 전극(Ag－AgCl 전극)이 있다.

전지에서 염다리는 기준전극의 용액과 분석용액이 혼합되는 것을 막고, 두 액체 간의 작은 전위를 최소화하는 구실을 한다. E_j는 두 용액이 접촉할 때 발생하는 작은 양의 액간접촉전위를 나타낸다. 전위차 측정 전지에서 전지전위는 다음과 같이 표시된다.

$$E_{cell} = E_{ind} - E_{ref} + E_j \tag{13.8}$$

여기에서 E_{ind}는 분석용액의 농도에 의해 지배되는 지시전극의 전위이고, E_{ref}는 기준전극의 전위를 표시한다.

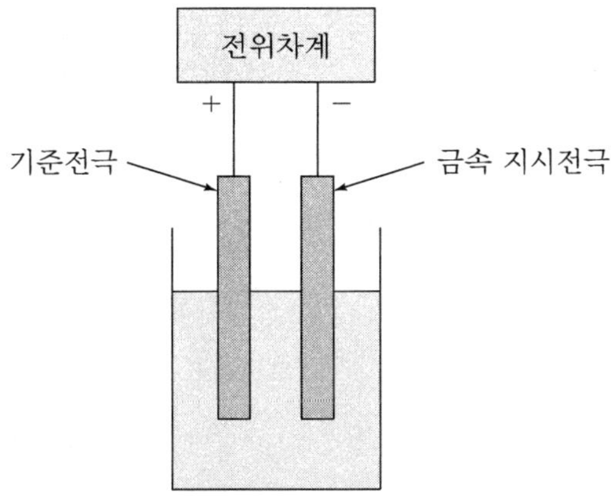

그림 13.2 전위차법 분석에 사용되는 전지

(1) 기준전극

이상적인 기준전극은 그 전위가 정확히 알려지고, 일정하며 분석용액의 구성물질에 전혀 감응하지 않는 것이어야 하고, 전극을 만들기와 사용하기가 편리해야 한다. 또 작은 전류가 흐르는 동안 일정한 전위를 유지하여야 한다.

① 칼로멜 전극

칼로멜 전극(calomel electrode)은 대표적인 기준전극이고 금속 수은, 고체염화수은(I) 그리고 염화칼륨 용액으로 구성되어 있다. 그림 13.3(a)와 같은 칼로멜 전극은 다음과 같은 반응으로 구성된다.

$$Hg_2Cl_2(s) + 2e^- \rightarrow 2Hg(\ell) + 2Cl^- \quad E^\circ = 0.268V$$

$$E = E^\circ - 0.0591 \log [Cl]^- \tag{13.9}$$

이 전극전위는 염화 이온의 농도에 따라 변하고, 전지가 25℃에서 KCl로 포화되면 Cl^-의 활동도는 전극전위가 +0.2444 V로 되게 일정한 값을 유지한다.

② 은-염화은 전극

이것은 그림 13.3(b)와 같은 은금속, 염화은 및 염화칼륨 용액으로 구성되어 있고 다음 반 반응에 의하여 전극전위가 나타난다.

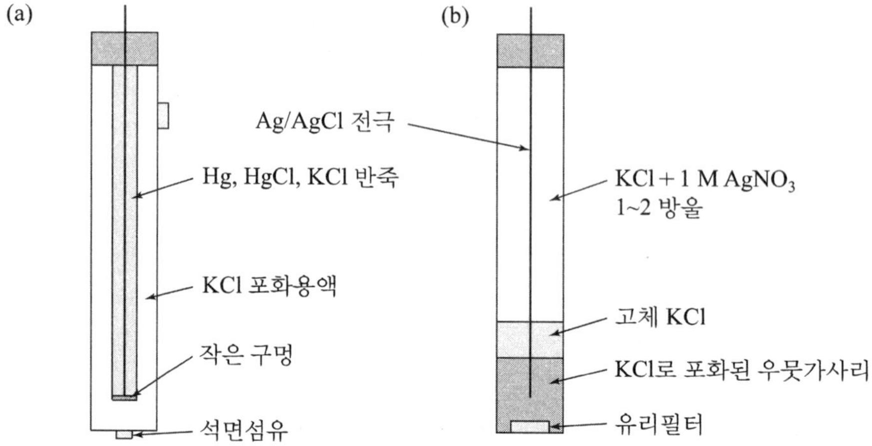

그림 13.3 기준전극의 종류 (a) 포화칼로멜 전극 (b) 은-염화은 전극

$$AgCl(s) + e^- \rightarrow Ag(s) + Cl^- \quad E^\circ = 0.222V$$

$$E = E^\circ - 0.591 \log [Cl^-] \tag{13.10}$$

이 전극의 전위도 역시 염화은과 평형이 되어 있는 염화 이온의 농도에 따라 결정된다. 이 전극의 표준환원전위는 25℃에서 0.222 V (Cl^-의 활동도가 1일 때)이다.

(2) 지시전극

가장 일반적인 지시전극은 백금전극이다. 백금은 많은 화학반응에 직접 관여하지 않고 전자만 전달해주는 구실을 하는 비활성이기 때문에 전극으로 자주 이용된다. 만일 백금이 전해질 용액과 반응하는 경우에는 금 전극을 대신 사용할 수도 있다. 여러 종류의 탄소들도 그 표면에서 여러 가지의 산화-환원 반응이 빨리 진행되기 때문에 지시전극으로 사용된다. 금속전극은 그 표면이 넓고 깨끗한 경우에 유효하다. 진한 질산 용액에 잠깐 담근 뒤 증류수로 씻으면 그 표면을 깨끗하게 할 수 있다. 더 만족할만한 금속전극은 전기분해에 의해 특정 금속의 얇은 막을 백금선에 코팅하여 만들 수도 있다.

13.2.2 액간 접촉전위

액간 접촉전위는 농도가 다른 두 전해질 용액의 경계에서 발생하는 전위이다. 만약 어떤 막을 경계로 0.1 M HCl과 0.01 M HCl이 놓여 있다면 수소 이온과 염화 이온은 다공질 경계를 통하여 농도가 진한 쪽에서 묽은 쪽으로 확산된다. 각 이온의 이동하려는 힘은 두 용액 사이의 농도차에 비례한다. 수소 이온은 염화 이온에 비해 이동도가 크므로 수소 이온이 염화 이온보다 더 빨리 확산된다. 그 결과 농도가 진한 쪽은 수소 이온이 부족하여 전기적으로 음성을 띠고, 묽은 쪽은 양성을 띠게 되어 전하분리가 일어난다. 이러한 전하분리로 생기는 전위차는 수십 mV 정도로 되는 수가 있다. 그러나 이러한 두 용액 사이에 진한 전해질 용액을 삽입한 염다리를 설치하면 이 전위를 최소화시킬 수 있다.

13.2.3 막전극과 pH 측정용 유리전극

유리막 전극은 1906년 Cremer에 의해 처음으로 개발되었고, 오늘날에는 수소 이온에 감응하는 유리막 전극뿐만 아니라 Na^+, K^+ 등과 같은 각종 이온에 선택적으로 감응하는 막전극들이 개발되었다. 막전극(membrane electrode)은 얇은 막의 양쪽에 있는 한 가지 화학종의 활동도 차이 때문에 전위차가 나타나는 전극을 말하고, 이런 전위차를 막전위(membrane potential)라 한다. 막을 사이에 두고 농도가 진한 용액과 묽은 용액이 접하게 되면 진한 쪽의 화학종이 묽은 쪽으로 확산하여 농도평형에 도달하려고 한다. 이 확산하려는 에너지나 바로 막전극전위로 나타난다. 막전극에서 얻는 농도는 pH, pCa, pNO_3 등과 같이 p-함수로 나타나기 때문에 막전극을 P-이온전극이라고도 부른다.

막전극 중에 가장 널리 알려지고 중요한 것은 용액의 pH 측정에 이용되는 유리막전극이다. 유리막전극은 그림 13.5와 같다.

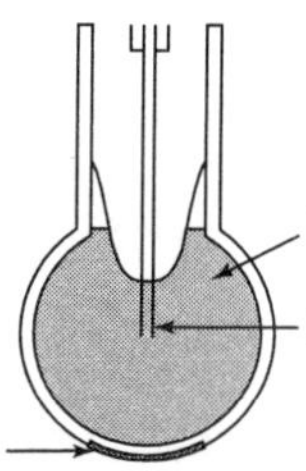

그림 13.4 pH 측정용 유리전극

이 전극에서 가장 중요한 부분은 밑바닥에 붙은 대단히 얇은 유리막이다. 유리막 안쪽에는 일정농도의 표준염산용액(수소 이온 활동도 = a_1)이 채워져 있고 여기에 Ag − AgCl 기준전극이 있다. 유리전극을 수소 이온의 활동도가 a_1 인 시료용액에 담그면 다음과 같은 농도전지가 성립되고, 얇은 유리막을 통하여 막전위 E_m 가 나타난다는 사실을 실험적으로 Cremer가 처음으로 발견하였다.

내부기준용액(a_2) | 유리막 | 외부분석용액(a_1)

$$E_m = E_{asy} + 0.0591 \log \frac{a_1}{a_2} \quad (25℃에서)$$

여기에서 E_{asy}는 유리막의 조성에 따라 다른 유리막 양쪽면의 물리적, 화학적 성질과 오염상태에 의해 결정되는 상수로서 이를 유리전극의 비대칭전위(asymmetry potential)라 한다. 이 비대칭 전위는 유리막이 건조하여 탈수되면 크게 변하기 때문에 원상으로 다시 돌아오는데 오랜 시간이 걸린다. 그러므로 유리전극은 항상 물에 담가서 보관하여야 한다. 유리막 내부용액의 활동도 a_2는 일정하기 때문에 E_m은 다음과 같다.

$$E_m = K + 0.0591 \log a_1 \tag{13.11}$$

$$= K - 0.0591 \text{ pH}$$

(1) 유리막 전극의 원리

유리전극에서 가장 중요한 부분은 수소 이온에 감응하는 유리막으로, pH 1∼9 범위에서 수소 이온에 대해 잘 감응한다. 막의 두께는 0.03∼0.1 mm 정도이고 전기저항은 50∼500 mega Ohm 정도로 크다. 유리막을 수용액에 담가두면 표면에 있는 규산염은 수화되고, 규산염 구조 속에 들어 있는 Na^+와 같은 1가 양이온은 용액에 존재하는 수소 이온과 다음과 같은 교환반응이 일어난다.

$$\underset{용액}{H^+} + \underset{유리}{Na^+Gl^-} = \underset{용액}{Na^+} + \underset{유리}{H^+Gl^-}$$

여기에서 Gl^-은 유리 중의 규산의 작용기를 표시한다.

어떤 유리전극은 수소 이온 농도뿐만 아니라 알칼리 금속 이온의 농도에 감응한다. 알칼리 금속 이온에 감응하는 정도를 알칼리 오차라 하며, 높은 pH에서는 더 큰 음의 오차가 발생하는데 이것은 바로 유리막이 수소 이온뿐만 아니라 나트륨 이온에도 감응하기 때문이다.

모든 1가 양이온(B^+)은 알칼리 오차를 일으킨다. 그리고 오차의 크기는 금속 이온의 종류와 유리막의 조성에 따라 다르다. 알칼리 오차는 다음과 같이 유리표면의 수소 이온과 용액 중의 양이온 사이의 교환평형을 고려하면 잘 설명할 수 있다.

$$\underset{유리}{H^+Gl^-} + \underset{용액}{B^+} = \underset{유리}{B^+Gl^-} + \underset{용액}{H^+}$$

13.2.4 직접 전위차법

지시전극이 분석하고자 하는 화학종에 대하여 선택적으로 감응하면 그 전극전위를 측정하여 정량분석할 수 있는데 이를 직접 전위차법이라 한다. 이 방법은 분석물질의 표준용액에 대한 전지전위와 분석용액에 대한 전지전위를 비교하는 방법이고, 지시전극의 선택성이 높은 경우에는 분석할 화학종을 분리할 필요가 없기 때문에 바르고 편리한 분석법이다. 그러나 항상 액간 접촉 전위의 불확실성이 문제가 된다.

(1) pH 측정의 원리

pH 미터는 대표적인 직접 전위차법 분석장치로, 용액의 pH를 측정하는 가장 정확하고 정밀한 방법이다. pH미터는 수소 이온의 지시전극인 유리전극과 포화칼로멜 기준전극을 짝지어 분석용액에 담그고, 두 전극 사이의 전지전위를 전위차계를 이용해서 측정하여 pH를 구하는 장치이다. 그러나 유리전극은 대단히 큰 전기저항을 가지기 때문에 이 전기회로에 흐르는 전류가 너무 작아서 보통 방법으로는 측정하기 어렵고, 반드시 큰 증폭장치를 이용해야 pH를 정확하게 측정할 수 있다. 전형적인 pH 측정 전극계는 다음과 같이 표시할 수 있다.

유리전극 (유리막 ~ Ag)

외부기준전극 | 외부용액 | | 내부기준용액 | 내부기준전극

SCE ‖ $[H_3O^+] = a_1$ | 유리막 | $[H_3O^+] = a_2$, $[Cl^-] = 0.1$ M, AgCl(포화) | Ag

E_{SCE} E_j $E_{j(1)}$ $E_{j(2)}$ $E_{Ag/AgCl}$

$$E_b = E_{j(1)} - E_{j(2)}$$

이 전극계는 외부 칼로멜 기준전극과 유리전극 내부의 Ag−AgCl 기준전극을 포함한다. 내부 기준전극은 유리전극의 일부분으로서 pH에 감응하는 것이 아니고, 유리전극의 밑에 위치한 얇은 유리막이 pH에 감응한다.

유리전극은 경계전위, 내부기준전극 전위 및 작은 양의 비대칭전위를 가진다.

$$E_{ind(gl)} = E_b + E_{Ag/AgCl} + E_{asy}$$

비대칭전위는 무시할 수 있을 만큼 작고, $E_{Ag/AgCl}$은 일정한 값이므로 정리하면

$$E_{ind(gl)} = K + 0.0591 \log a_1 + E_{Ag/AgCl} + E_{asy} \qquad (13.12)$$

$$= K' + 0.0591 \log a_1 = K' - 0.0591 \text{ pH}$$

따라서, 전지전위 E_{cell}만 측정하면 분석용액의 pH를 구할 수 있다.

13.2.5 전위차법 적정

시료용액에 적가액을 가하여 적정반응이 진행되면 어떤 화학종의 농도가 감소 또는 증가하게 된다. 적정용액에 적당한 지시전극과 기준전극을 꽂고 적가액의 부피변화에 따른 지시전극의 전위변화를 측정하여 적정곡선을 얻고 이 적정곡선으로부터 당량점을 구하여 분석하는 방법을 전위차법 적정이라 한다. 이 방법은 지시약을 사용하지 않고 적정의 당량점을 구하여 물질을 정량할 수 있다. 이 방법은 다음과 같은 장점이 있다.

① 진한 색깔을 띤 용액으로서 지시약의 색변화를 구별할 수 없는 경우
② 적당한 지시약이 없는 경우
③ 비수용매에서 적정하는 경우

등의 적정에 이용될 수 있다. 그리고 지시약을 사용하여 적정할 때는 지시약의 변색범위와 당량점을 일치시켜야 하지만 전위차법 적정에서는 적정 도중의 전위만 측정하면 되므로 모든 적정에 적용할 수 있다. 또 한 가지 중요한 것은 적정곡선을 이용하여 적정반응에 관여하는 화학반응의 평형상수를 구할 수 있고, 금속이온을 착화제의 표준용액으로 적정한 결과를 이용하면 그 착물의 안정도상수도 구할 수 있다. 그림 13.5에 전위차법에 대한 전형적인 적정장치를 보였다. 이 장치는 적가액을 가할 때 전지전위를 mV 또는 pH 단위로 측정하며, 초기에는 적가액을 많이 가하고 전위를 측정해도 되지만 종말점 가까이에서는 적가액을 아주 조금씩 가할 때마다 전위를 측정한다.

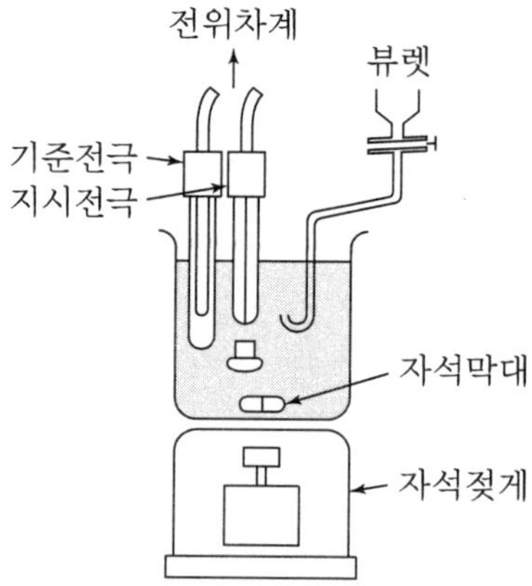

그림 13.5 전위차법 적정장치

(1) 당량점을 구하는 방법

실험값으로 당량점을 구하는데 그림 13.6에서 보는 바와 같이 세 가지 방법이 가능하다.

첫째 방법은 적가액의 부피에 대해 측정된 전위값으로부터 적정곡선을 얻고, 적정곡선에서 전위변화가 가장 급한 점, 즉 변곡점을 찾는다. 이 방법으로는 당량점 부근에서 상당히 급격한 변화가 일어나지 않는 경우에는 정확한 결과를 얻기 어렵다.

둘째 방법은 실험값으로부터 도함수 $\Delta E/\Delta V$값을 계산하고 이것을 도시하여 외삽법으로 최대값의 점을 찾는다. $\Delta E/\Delta V$값을 계산하기 위하여 적가액의 부피를 작게 일정량씩 취하는 것이 편리하지만 이것도 그다지 좋은 방법이라 할 수 없다.

셋째 방법은 가장 정확하고 빠른 방법으로서 이 방법에서는 이차도함수 $\Delta^2 E/\Delta V^2$를 이용한다. 당량점은 $\Delta^2 E/\Delta V^2$값이 0으로 되는 자리, 즉 변곡점으로 이 점을 비례식으로 결정한다. 그러나 이러한 방법은 반응하는 화학종의 수가 서로 같은 경우에만 적당하고, 그렇지 않은 경우에는 $\Delta E/\Delta V$값이 최대가 되는 자리와 당량점은 일치하지 않을 수도 있다. 그러므로 당량점의 이론적 전위를 계산하고 정확한 전위측정법을 이용하여 이 당량점 전위를 얻을 때까지 적정하는 것이 틀림없는 방법이라 할 수 있다.

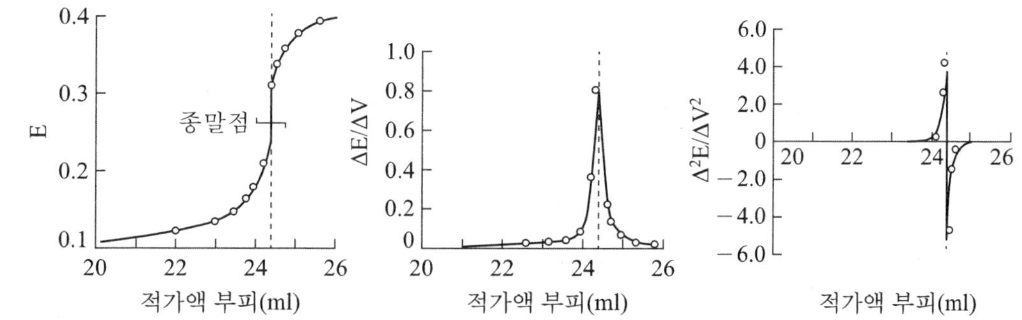

그림 13.6 당량점을 구하는 방법

3 전기무게분석법

13.3.1 전기분해전위

전기화학전지에 전류가 흐를 때 다음의 세 가지 요인, 즉 Ohm 전압, 농도편극에 의한 과전압, 반응속도 편극에 의한 과전압에 의해 볼타전지의 출력전압을 떨어뜨리거나 전기분해에 필요한 전압이 높이진다.

Ohm 전압은 전지에서 용액 중의 양이온과 음이온이 양쪽 전극으로 이동하는데 추진력이 필요하기 때문에 전지를 통해 전류(이온)를 흐르게 하는데 필요한 전압, 즉 저항전압이다.

$$E_{\text{ohmic}} = IR \tag{13.13}$$

여기에서 I는 전류이고, R은 전지저항이다. 저항전압은 Nernst식으로 계산된 전지의 기전력보다 IR만큼 낮은 값이므로 IR강하라고도 한다. 볼타전지의 전압은 IR만큼 떨어지고, 전기분해 전지에 걸어 주어야 할 전압은 IR만큼 커야 한다.

$$E_{\text{cell}} = E_c - E_a - IR \tag{13.14}$$

여기서 E_c와 E_a는 Nernst식으로 계산한 환원전극과 산화전극의 전위이다.

전기화학전지에서 흐르는 전류가 대단히 적은 경우에는 일반적으로 전지전위와 전류는 직선관계를 갖는다. 그러나 흐르는 전류가 증가하면 직선관계에서 벗어나게 되는데 이 현상을 편극(polarization)이라 한다. 이 결과 IR값 이외에 전극표면의 농도경사로 인한 전압 변화를 받게 된다. 이 농도경사로부터 일어나는 전압을 농도과전압이라 하고, 이 현상을 농도편극이라 한다.

전기분해할 때 전극반응이 빠르고 가역적인 경우에 전극 표면층의 반응화학종의 농도는 용액 내부의 농도에 관계없이 원칙적으로 Nernst식에 의하여 걸어 준 전극전위에 따라 결정된다. 그리하여 전극표면층의 화학종 농도도 변하게 된다. 전극반응에 관여하는 물질이 전극표면으로 또는 전극표면에서 이동하는 현상을 확산이라 하고, 그 이동속도는 농도차(전극표면~용액내부)의 크기에 비례한다. 전기분해가 일어나서 전극에 물질이 석출되면 전극표면 용액층의 농도는 용액 내부의 농도보다 감소하게 되므로 용액 내부에서 그 물질은 전극쪽으로 확산하게 된다. 이와 같은 농도편극 현상을 감소시키기 위한 방법은 다음과 같다.

① 용액을 기계적으로 잘 저어주어 농도경사를 줄인다.
② 용액의 온도를 높이면 대류현상이 일어나게 되어 확산속도가 빨라지므로 농도편극이 줄어든다.
③ 표면적이 넓은 전극을 사용한다.
④ 전극과 이온 간의 정전기적 상호작용을 높이거나 줄이기 위하여 이온강도를 바꾼다.

13.3.2 전기무게분석

분석물질을 고체상태로 작업전극(working electrode)에 석출시켜 그 무게를 달아 분석하는 것을 전기무게분석이라 한다. 작업전극은 분석물질이 반응하는 전극으로서 보통 백금망을 사용한다. 구리, 카드뮴, 니켈, 은, 주석, 아연과 같은 금속이온은 백금망 환원전극에서 금속으로 환원시켜 그 무게를 달아 분석한다. 질산용액에 녹아 있는 납(Pb^{2+})은 백금 산화전극에서 다음과 같이 이산화납(PbO_2)으로 석출시켜 분석한다.

(1) 전기분해 중 전류-전압의 변화

전기무게분석법이 가장 일반적으로 적용되는 분야는 구리의 분석이다. 1.0 M 산용액에 0.10 M의 구리(II)를 포함하는 용액을 전기분해하여 백금 환원전극에 구리를 석출하고, 백금 산화전극에서 산소를 방출하였다고 가정해보자.

환원전극 :	$Cu^{2+} + 2e^- \rightarrow Cu(s)$	$E^\circ = 0.337V$
산화전극 :	$H_2O \rightarrow 1/2O_2(g) + 2H^- + 2e^-$	$E^\circ = -1.229V$
알짜반응 :	$Cu^{2+} + H_2O \rightarrow Cu(s) + 1/2O_2(g) + 2H^+$	$E^\circ = -0.892V$ (13.15)

산소가 0.20 atm의 압력으로 방출된다고 가정하면 전기분해에 필요한 전압은 다음과 같이 간단히 계산할 수 있다.

$$E = E^\circ - \frac{0.0591}{n}\log\frac{P_{O_2}^{1/2}[H^+]^2}{[Cu^{2+}]} \tag{13.16}$$

$$= -0.892 - \frac{0.0591}{2}\log\frac{(0.20)^{1/2}(1.0)^2}{(0.10)}$$

$$= -0.911\,V$$

편극에 의한 영향이 없을 때, 걸어준 전압이 -0.911 V보다 더 양의 값이면 반응이 일어나지 않을 것이 예상된다.

구리(II) 이온을 전기분해할 때의 전류-전압곡선을 그림 13.7에 나타내었다. -0.911 V에서는 특별한 현상이 보이지 않지만 1 V 정도 더 음(−)인 전압을 가해주면 잔류전류라고 하는 작은 전류가 흐른다. 즉 분해전위(decomposition potential)에서는 반응이 일어나기 시작하는 것처럼 나타난다. 반응을 눈에 띌 정도의 속도로 일으키기 위해서는 -0.911 V보다 더 큰 음의 전압을 걸어야 한다. 가장 큰 이유는 Pt전극 표면에서 산소가 발생하기 때문에 과전압이 필요하다.

식 (13.16)의 계산이 맞지 않는 이유는 백금표면에 구리가 석출된다고 생각하고, 구리의 활동도는 1이라고 가정하였으나 백금표면에 구리가 석출되는 초기 단계에서는 Cu(s)의 활동도가 10^{-6}이라고 가정하자. 그러면 반응식 (13.15)에 대한 좀 더 현실적인 전위는 다음과 같다.

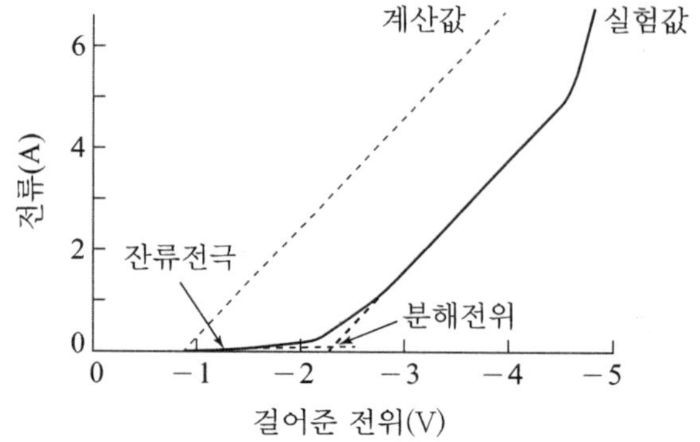

그림 13.7 질소분위기에서 1 M $HClO_4$에 녹인 0.1 M $CuSO_4$의 전기분해에 대한 전류−전압관계

$$E = E^\circ - \frac{0.0591}{2}\log\frac{P_{O_2}^{1/2}[H^+]^2[Cu(s)]}{[Cu^{2+}]} \tag{13.17}$$

$$= -0.892 - \frac{0.0591}{2}\log\frac{(0.20)^{1/2}(1.0)^2(10^{-6})}{(0.10)}$$

$$= -0.734\,V$$

이때에는 Cu^{2+}를 전기분해하기 위해 전압을 크게 걸어 줄 필요가 없다. 그러므로 그림 13.7의 곡선은 다음과 같이 설명할 수 있다.

① 분해전위에 도달하기 전에는 불순물의 산화-환원과 분석목적성분의 전기분해가 조금씩 일어나는 것에 의해 적은 양의 잔류전류가 존재한다.

② 분해전류에 도달했을 때 원하는 전기분해가 주반응이 된다. 산소 발생에 대한 과전압으로 인하여 분해전위는 계산된 전압 값보다 크다.

③ 분해전위보다 더 음의 전압에서 전류는 Ohm의 법칙에 따라 전압에 비례한다. 전류와 전압의 비에서 전지저항을 알 수 있다.

④ 충분히 높은 전압(−4.6 V)에서 곡선은 Ohm의 법칙에 벗어난다. 이것은 환원전극에서 물이 H_2로 환원되므로 전류가 매우 증가하기 때문이다.

(2) 일정전압 전기분해

가역전지에서 전압을 계산할 때 Ohm전압(IR)과 과전압(W)에 의한 영향을 포함시켜야 한다는 것을 알았다.

$$E_{app} = E_c - E_a - IR - W \quad (13.18)$$

전기분해할 때 외부에서 일정한 전압을 걸어준다고 가정하자. 예를 들면, 0.1 M HNO_3 중의 0.10 M Cu^{2+}를 −2.0 V에서 전기분해한다. 작업전극(환원전극)에서 구리가 석출되므로 용액 중의 구리 이온의 농도는 감소된다. 마침내 용액 중 구리 이온이 너무 적어져 전류가 감소하므로 식 (13.18)의 Ohm전압과 과전압이 감소된다. E_a는 산화전극(양극)에서 산화되는 용매의 농도가 높기 때문에 비교적 일정하다(산화전극 : $H_2O \rightarrow 1/2\ O_2 + 2H^+ + 2e$임을 상기하라).

만약 E_{app}와 E_a가 일정하고 IR과 W(과전압)의 크기가 감소한다면 식의 양변이 같아지기 위하여 E_c는 보다 더 음의 값이 되어야 한다. E_c는 H^+을 H_2로 환원시킬 수 있을 만큼 음(−)의 값이 될 때까지 계속 낮아진다.

만약 CO^{2+}, Sn^{2+}, Ni^{2+}가 존재한다면 이들도 환원될 것이다. 따라서 일반적으로 일정전압 전기분해는 선택성이 적은 편이다.

(3) 일정전류 전기분해

일정전류 전기분해는 선택성이 가장 낮은 전기분해법이다. 이 방법은 전기분해를 하는 도중에 외부에서 걸어주는 전압을 적당히 조절하여 전류를 일정하게 해야 한다. 0.1 M H_2SO_4에 녹아 있는 구리를 전기분해하는 경우를 생각해보자. 전기분해가 진행되면 구리 이온의 농도가 감소하여 환원전극의 전극전위가 점점 감소하기 때문에 일정전류를 흐르게 하기 위해서는 외부전압을 증가시켜 주어야 한다. 그러나 환원전극에서 수소의 발생이 많고 석출된 구리의 질이 좋지 않다. 이러한 수소기체의 발생을 방지하기 위해 H^+보다 쉽게 환원되는 NO_3^- 이온을 첨가하여 전기분해한다.

(4) 조절전위 전기분해

일정전압 또는 일정전류 전기분해법은 선택성이 적다는 것을 알았다. 두 방법에서 환원전극전위는 점점 더 음의 값이 되어서 원하는 분석물질이 아닌 다른 화학종들을 환원시키게 된다. 그러나 그림 13.8과 같은 세 전극전지를 사용하면 환원전극전위를 일정한 값으로 유지시킬 수 있고, 따라서 전기분해의 선택성을 상당히 높일 수 있다. 원하는 반응이 일어나는 전극을 작업전극이라 부른다. 칼로멜전극은 작업전극의 전위를 측정하라 수 있는 기준전극 역할을 한다. 세 번째 전극(작업전극의 전류 보조짝)을 보조전극이라 부른다. 전류는 대부분 작업전극과 보조전극에서 흐르고 기준전극에서는 무시될 정도의 전류만이 흐른다.

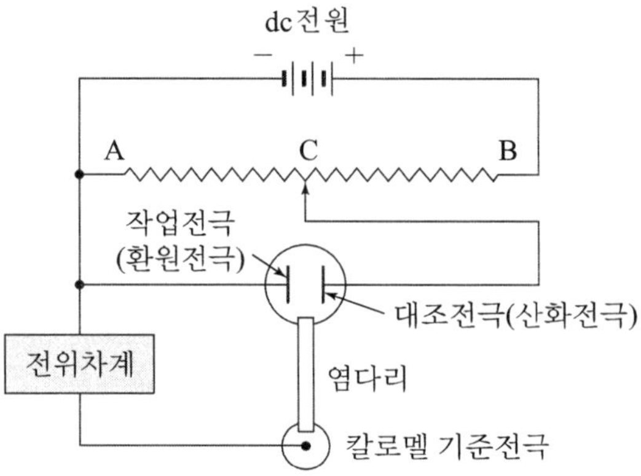

그림 13.8 조절전위 전기분해를 위한 환원전극전위 조절장치

조절전위 전기분해에서 작업전극과 보조전극 사이에 걸어주는 전압은 작업전극과 기준전극 사이의 전압이 일정하게 유지되도록 변한다. 일전전위기(potentiostat)라는 전자장치를 이용하여 환원전극전위를 일정한 값으로 유지시킬 수 있다. 일정한 환원전극전위에 의해 분석목적 성분이 선택적으로 석출되는 (환원되는) 까닭을 알아보기 위해 0.1 M Cu^{2+}와 0.1 M Sn^{2+}을 함유한 용액을 생각해보자. 다음의 표준전위로부터 구리 이온이 주석 이온보다 더 쉽게 환원될 것을 예상할 수 있다.

$$Cu^{2+} + 2e^- \rightarrow Cu(s) \qquad E^\circ = 0.337\,V$$

$$Sn^{2+} + 2e^- \rightarrow Sn(s) \qquad E^\circ = -0.136\,V$$

구리 이온이 환원되기 위해 필요한 환원전극 전위는 다음과 같다.

$$E_c = 0.337 - \frac{0.0591}{2}\log\frac{1}{0.1} = 0.3\,V \tag{13.19}$$

만약 Cu^{2+}의 99.99%가 석출되었다면 용액에 남아 있는 Cu^{2+}의 농도는 10^{-5} M이고, 계속 환원시키는데 필요한 환원전극 전위는 다음과 같다.

$$E_c = 0.337 - \frac{0.0591}{2}\log\frac{1}{10^{-5}} = 0.19\,V \tag{13.20}$$

환원전극전위가 0.19 V일 때, 구리가 거의 전부 석출될 것이 예상된다. 이 전위에서 Sn^{2+}가 환원되겠는가를 알아보자.

$$E_c(\mathrm{Sn}^{2+}) = -0.136 - \frac{0.0591}{2}\log\frac{1}{[\mathrm{Sn}^{2+}]} \tag{13.21}$$

$$= -0.136 - \frac{0.0591}{2}\log\frac{1}{0.1}$$

$$= -0.17\,\mathrm{V}$$

0.1 M Sn^{2+}를 포함하는 용액에서 Sn (s)을 석출시키려면 −0.17 V의 환원전극전위가 필요하다. 따라서 −0.17 V보다 양(+)의 전위에서는 Sn^{2+}가 거의 환원되지 않을 것이 예상된다. 만약 환원전극전위를 0.19 V에 가까운 값으로 일정하게 유지하면 Sn^{2+}의 석출이 거의 없이 Cu^{2+}의 99.99%가 반응할 것으로 예측된다.

4 전기량법

전기화학전지를 통하여 흐르는 전기량은 전극에서 산화 또는 환원되는 물질의 양에 비례한다. 이 관계를 이용하여 전기분해하는 동안 소비된 전기량을 측정하여 물질의 양을 구하는 분석법을 전기량법이라 한다. 전기량법에는 일정전류법과 조절전위법이 흔히 사용된다.

일정전류법은 반응이 완결될 때까지 일정한 전류를 계속 유지시키는 방법으로서 일반적으로 전기량법 적정에 이용된다. 이 경우에 흐른 전체 전기량은 $q = I \cdot t$로 반응이 완결되는데 걸린 시간과 전류를 곱하여 계산한다.

조절전위 전기량법은 일정전류 전기량법보다 선택성이 더 높다. 조절전위 전기량법에서는 전극전위를 일정한 값으로 머무르게 조절하여 전기분해를 계속하면 시간이 지남에 따라 전류가 감소하여 0에 접근하게 되는데, 이때가 분석이 완결되는 지점이다. 이 경우에는 전류가 일정하지 않기 때문에 전류를 시간에 대해 적분하여 소비된 전기량을 구하여야 한다. 따라서 이때 사용되는 전원 공급장치는 공급한 전기량을 자동적으로 적분하는 회로를 포함하고 있다.

전기화학전지를 사용하여 전기분해할 때 전극에서 반응한 물질의 양과 소비된 전기량과의 관계는 Faraday의 전기분해법칙에 따른다.

① 전극에서 반응하는 물질의 양은 통과하는 전기량에 비례한다.
② 일정량의 전기량이 흐를 때 전극에서 산화 또는 환원되는 물질의 양은 어떤 물질이나 모두 같은 당량이다.

1 A의 전류가 1초 동안에 흐르는 경우의 전기량을 1쿨롱(coulomb, C)이라 하고, 1쿨롱이 흐를 때 전극에서 반응하는 물질의 양을 전기화학당량이라 한다. 1패러데이는 대략 96,485 쿨롱인데 이것은 Avogadro수(N_A)의 전자가 가지는 전기량에 해당한다. 1 F는 모든 물질 1 그램당량이 반응하는데 필요한 전기량이다.

13.4.1 전기량법 적정의 특징과 응용

전기량법 적정은 몇 가지 이점들이 있다.

① 전기량법 적정에서는 표준용액을 만들고 보관할 필요가 없다. 특히 안정도가 낮고 보관하기 어려운 염소, 브롬, 티탄(III)과 같은 표준용액은 보통의 적정에서 이용할 수 없지만 전기량법 적정에서는 가능하다.

② 대단히 적은 시료를 사용하는 미량분석을 할 때 전기량법이 유효하다. 이 경우 부피분석을 이용하려면 대단히 묽은 표준용액이 필요하기 때문에 정확한 결과를 얻기가 어렵다. 예를 들면, 10^{-6} M의 용액 0.1 mL는 0.1 mL × 10^{-3} L/mL × 10^{-6} mol/L = 10^{-10} mol을 포함하는데, 이것은 전기량으로 10^{-10} × 96,485 × n쿨롱에 해당하고, 만약 반응에 관여하는 전자수 n이 1이고 생성시간이 10초일 때 흐르는 전류는 다음과 같다.

$$I = 1\ \text{eq/mol} \times 10^{-10}\ \text{mol} \times 96,485\ \text{C/eq} \div 10\ \text{sec} = 0.964\ \mu\text{A}$$

이 정도의 전류는 쉽게 측정할 수 있으며, 이를 이용하여 미량분석에 응용할 수 있다.

③ 전기량법 적정은 보통의 부피분석보다 더 정확하고, 정밀한 결과를 얻을 수 있다. 전기량은 전류와 시간으로 구할 수 있는데, 이 두 가지 값을 대단히 정밀하게 측정하는 기기가 개발되어 있다.

전기량법 적정은 산-염기 적정, 침전법 적정, 착화법 적정, 산화-환원 적정 등에 유용하게 이용할 수 있다.

전기량법 적정에서는 생성전극에서 만들어지는 수산화 이온을 이용하여 대단히 정확하게 산을 적정할 수 있다. 이때 종말점은 지시약이나 전위차법을 이용하여 검출한다.

전기량법에 의해 착화법 적정도 정확하게 할 수 있다. 예를 들면, 아연(II)시료 용액은 전극에서 EDTA를 생성시켜 적정할 수 있다. 이때는 암모니아-암모늄으로 완충된 시료용액에 안정한 Hg(II)-EDTA 착물을 충분히 가하고, 수은전극과 백금전극을 꽂고, 전위를 걸어주면 수은환원전극에서 다음과 같은 환원반응이 일어나서 EDTA를 생성한다.

$$HgY^{2-} + H_2O + 2e^- = Hg + HY^{3-} + OH^-$$

이렇게 생성된 EDTA는 용액 중의 아연 이온과 반응한다.

전기량법에 의한 산-염기 적정, 침전법 및 착화법 적정의 예들을 표 13.2에 나타내었다.

표 13.2 전기량법에 의한 산-염기, 침전 및 착화법 적정의 예

분석물질	생성전극반응	적정반응
산	$2H_2O + 2e = 2OH^- + H_2$	$OH^- + H^+ = H_2O$
염기	$H_2O = 2H^{2+} + 1/2\ O_2 + 2e$	$H^+ + OH^- = H_2O$
Cl^-, Br^-, I^-	$Ag(s) = Ag^+ + e$	$Ag^+ + Cl^- = AgCl(s)$
메르캅탄	$Ag(s) = Ag^+ + e$	$Ag^+ + RSH = AgSR(s) + H^+$
Cl^-, Br^-, I^-	$2Hg(l) = Hg_2^{2+} + 2e$	$Hg_2^{2+} + 2Cl^- = Hg_2Cl_2(s)$
Zn^{2+}	$Fe(CN)_6^{3-} + e = Fe(CN)_6^{4-}$	$3Zn^{2+} + 2K^+ + 2Fe(CN)_6^{4-}$ $= K_2Zn_3[Fe(CN)_6]_2(s)$
Ca^{2+}, Cu^{2+}, Zn^{2+}, Pb^{2+}	$HgY^{2-} + H_2O + 2e$ $= Hg(l) + HY^{3-} + OH^-$	$HY^{3-} + Ca^{2+} = CaY^{2-} + H^+$

5 전기전도도법 분석

전도도법은 시료용액의 전기전도도를 측정하여 분석하는 방법으로서 직접 전도도법과 전도도법 적정이 있다. 이들 방법의 이점은 간단하고 감도가 좋다는 점이다. 그런데 용액에 존재하는 이온은 모두 전기전도도에 관하여 선택성이 없기 때문에 전도도법은 산-염기 적정 및 침전법 적정 등 몇 가지 경우에만 이용되고 그리 널리 이용되지 않는다. 전도도 G는 Ohm으로 나타낸 전기저항 R의 역수이다. 전도도는 그 단위가 ohm^{-1}(또는 mho) 또는 siemens이다.

전도도는 균일한 도체의 단면적 A에 정비례하고 길이 L에 반비례한다.

$$G = \frac{1}{R} = k\frac{A}{L} \tag{13.22}$$

여기에서 비례상수 k는 비전도도라고 한다. 이것은 한 변의 길이가 1 cm인 입방체의 전도도에 해당한다. k의 단위는 mho/cm이다. 비전도도는 강전해질의 묽은 용액에서는 농도에 비례한다. 그러나 농도가 어느 정도 이상으로 진하면 이온 간에 상호 작용하는 힘이 커서 이온의 자유행동에 지장을 주고, 농도에 따라 이온화가 다르고 복잡한 관계를 가진다. 여기에

서 L/A는 순전히 사용하는 전도도전지에서 두 전극의 모양에 의하여 결정되는 값이고, 이것을 전지상수라 한다.

13.5.1 당량전도도

전해질의 농도와 전도도와의 관계를 정량적으로 취급하고자 하면 당량전도도를 측정해야 한다. 당량전도도 Λ는 1그램당량의 전해질을 녹인 용액을 1 cm 거리에 놓여 있는 두 평면 전극 사이에 넣었을 때의 전도도를 말하고 이때의 전극의 면적 A는 다음과 같이 표현된다.

$$A = \frac{1000}{C}$$

여기서 C는 eq/L 단위로 표시한 용액의 농도이다. 따라서 이 식을 식 (13.22)에 대입하면 전기전도도 G는 다음과 같다.

$$G = k\frac{A}{L} = \frac{1000k}{LC} \tag{13.23}$$

이 경우에 당량전도도의 정의에 따라 $L=1$일 때의 전기전도도 G는 Λ라면

$$\Lambda = \frac{1000k}{C} \tag{13.24}$$

따라서 어떤 용액의 당량전도도는 그 용액의 농도 C(eq/L)와 비전도도 k를 알면 구할 수 있다. 전해질 용액이 무한히 묽은 용액이라면 그 용액의 비전도도 k와 농도 C는 서로 비례한다. 그러므로 식 (13.24)와 같이 당량전도도 Λ는 농도가 변하여도 변하지 않고 일정한 값에 머무를 것이다. 그러나 전해질 용액의 농도가 진하면 이온 간에 상호작용이 증가하여 이온들의 행동에 제한을 주어 Λ는 감소한다. 용액이 묽어지면 Λ는 점점 증가하는데, 이것을 농도 0에 외연장하면 한계당량전도도 Λ°를 얻는다.

염산의 한계당량전도도 Λ°는 다음과 같다. 여기서 λ는 당량이온전도도이다.

$$\Lambda^\circ{}_{\mathrm{HCl}} = \lambda^\circ{}_{\mathrm{H^+}} + \lambda^\circ{}_{\mathrm{Cl^-}}$$

몇 가지 이온의 한계당량이온전도도를 표 13.3에 나타내었다.

식 (13.24)의 $k = \dfrac{\Lambda \cdot C}{1000}$을 식 (13.23)에 대입하여 정리하면 다음과 같다.

$$G = \frac{\Lambda CA}{1000L}$$

표 13.3 몇 가지 이온의 한계당량이온전도도(25℃)

양이온	λ°(mho cm^2)	음이온	λ°(mho cm^2)
H^+	349.8	OH^-	198
Li^+	38.7	F^-	55
Na^+	50.1	Cl^-	76.3
K^+	73.5	Br^-	78.4
NH_4^+	73.4	I^-	76.8
Ag^+	61.9	NO_3^-	74.1
1/2 Ca^{2+}	59.5	IO_3^-	40.8
1/2 Mg^{2+}	53.1	ClO_4^-	67.3
1/2 Sr^{2+}	59.5	HCO_3^-	44.5
1/2 Ba^{2+}	63.6	$HCOO^-$	54.6
1/2 Pb^{2+}	73	CH_3COO^-	40.9
1/2 Zn^{2+}	52.8	1/2 CO_3^{2-}	69.3
1/2 Cu^{2+}	54	1/2 $C_2O_4^{2-}$	74.2
1/2 La^{2+}	69.6	1/2 SO_4^{2-}	79.9

용액 중에 몇 가지 전해질이 섞여 있는 경우에 전도도는 다음과 같이 각 성분이온의 당량이온전도도의 합으로 표시된다.

$$G = \frac{A}{1000L} \sum_i \lambda_i C_i \tag{13.25}$$

13.5.2 전기전도도의 측정

전도도는 저항의 역수이므로 전해질 용액에 전류를 통하여 줄 때 그 저항을 측정하면 된다. 전기전도도 측정에는 각종 전도도전지를 사용한다. 직류전류를 사용하면 전기분해가 일어나서 전극표면 근처의 용액의 조성이 변하기 때문에 전기분해가 일어나지 않도록 고주파의 교류를 사용한다.

그림 13.9의 Wheatstone 브리지는 전기저항 측정에 흔히 쓰이는 장치이다. 이것의 전원 S에서 교류전류를 공급받는데 이 전류는 6～10 V의 전압이고 60～100 Hz 사이의 주파수를 가진다. R_1, R_2, R_3는 정밀하게 조절되는 저항이다. C는 가변 커패시터로서 전도도 전지의 커패시턴스를 상쇄하여 측정감도를 높이는 구실을 한다. R_x는 미지용액의 저항이고 ND는 전류의 흐름을 확인하는 0점 검출기이다. 저항을 측정하고자 하는 용액을 R_x에 넣고 각 저항과 C를 조절하여 ND에 전류가 흐르지 않고 0점을 가리키면 N과 P 사이의 전압은 같

고 다음 관계가 성립된다.

$$\frac{R_1}{R_2} = \frac{R_x}{R_3}, \quad \text{따라서 } R_x = \frac{R_1 R_3}{R_2}$$

그러므로 용액의 전기전도도 G_x 는 다음 식으로 계산할 수 있다.

$$G_x = \frac{1}{R_x} = \frac{R_2}{R_1 R_3}$$

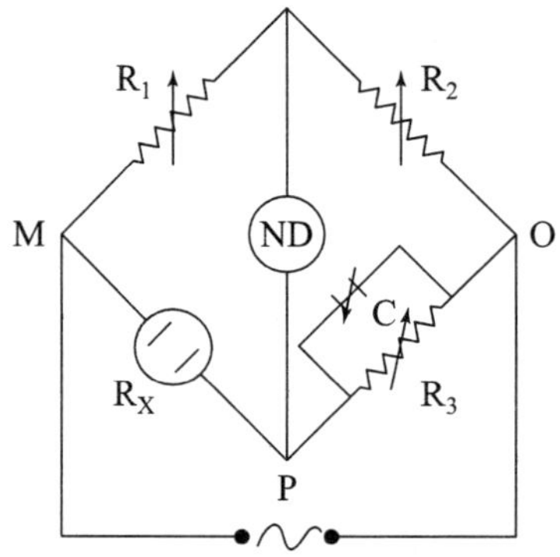

그림 13.9 Wheatstone 브리지

13.5.3 직접 전도도법 분석

직접 전기전도도 측정법은 모두 전하를 띤 각종 성분 화학종이 용액의 총 전기전도도에 기여하기 때문에 선택적 분석은 어렵다. 이 방법의 가장 일반적인 응용은 증류수 또는 탈염수의 순도를 측정하는 것이다. 순수한 물의 비전도도는 5×10^{-8} mho/cm이다. 만약 이온성 불순물이 미량만 들어 있어도 전도도는 1단위 또는 그 이상 증가한다.

직접 전도도 측정법의 중요한 최근의 응용은 이온 크로마토그래피법으로 이온을 분리한 후 이온을 검출하는데 이용하는 것이다. 또 전도도 측정법은 알칼리 또는 산과 같은 한 가지의 강전해질만이 녹아 있는 용액의 농도를 측정하는 데도 사용된다. 용액의 전도도는 용질의 무게가 20%까지의 범위에서 농도에 따라 거의 직선적으로 증가한다. 이러한 분석은 검정곡선을 이용하여 정량하도록 한다.

전도도 측정은 어떤 종류의 원소분석을 하는데 이용된다. 예를 들면, 탄화수소 중의 황은 이것을 연소하여 생긴 이산화황을 과산화수소에 흡수시키고 이때 생성된 황산 때문에 나타나는 전도도 증가를 측정하면 황의 농도를 알 수 있다. 또 생체에 포함되어 있는 적은 양의 질소는 보통 Kjeldahl법에 따라 분해시켜 암모니아로 만들고, 이것을 증류하여 붕산용액에 흡수시키고 이때 생긴 붕산암모늄 용액의 전도도는 시료 속의 질소의 함량과 관계지을 수 있다. 또 전도도 측정은 해양학 연구에서 바닷물의 염도를 측정하는 데도 널리 응용되고 있다. 마지막으로 전기전도도 측정법은 이온성인 수용액에서 이온의 회합 및 해리 평형에 관한 정보를 많이 제공해준다.

13.5.4 전도도법 적정

전도도 측정법을 이용하면 적정의 종말점의 위치를 쉽게 알 수 있다. 부피변화에 대한 보정을 하고 나서 전기전도도를 적가액의 부피의 함수로서 도시한다. 두 직선 부분을 외연장하여 서로 만나는 점을 당량점으로 취하면 된다. 전기전도도법 종말점은 화학종에 따라 특수하게 나타나지 않는다.

(1) 강산과 강염기의 적정

그림 13.10은 염산을 수산화나트륨으로 적정할 때 전도도를 측정하여 얻은 적정곡선이다. 이 적정곡선은 부피변화에 대한 보정을 하였고, 각종 이온이 용액의 전도도에 기여하는 정도를 계산하여 점선으로 나타내었다. 중화반응이 일어나는 동안 수소 이온은 같은 수의 나트륨 이온으로 바뀌고, 이 치환에 의해 전도도는 낮아진다. 수소 이온과 수산화 이온의 농도는 당량점에서 최소로 되며 용액은 가장 낮은 전도도를 나타낸다.

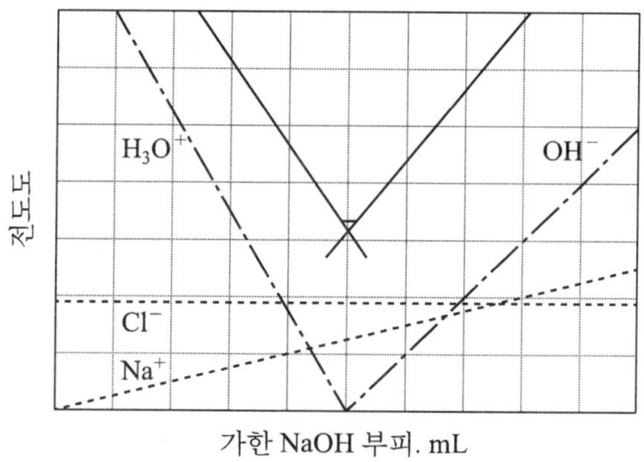

그림 13.10 강산을 강염기루 적정할 때 전기전도도법 적정곡선
실선 : 부피를 보정한 곡선, 점선 : 각 화학종의 기여도

(2) 약산 또는 약염기의 적정

전도도법에 의한 대표적인 여러 종류의 적정곡선을 그림 13.11에 나타내었다.

그림 13.11(a)는 붕산(H_3BO_3, $K_a = 6 \times 10^{-10}$)을 강염기(NaOH)로 적정하는 경우, 전도도 측정법으로 당량점을 얻은 보기를 나타낸 것이다. 적정 초기에는 완충용액이 곧 생성되어 용액에는 비교적 적고 거의 일정한 양의 수소 이온을 공급한다. 그러나 나트륨과 붕산이온의 농도가 증가하기 때문에 전도도는 점차 증가한다. 당량점에 도달하면 붕산이온은 더 이상 생기지 않는다. 염기가 더 적가되면 수산화 이온의 농도가 증가하게 되므로 전도도는 급격히 증가하게 된다.

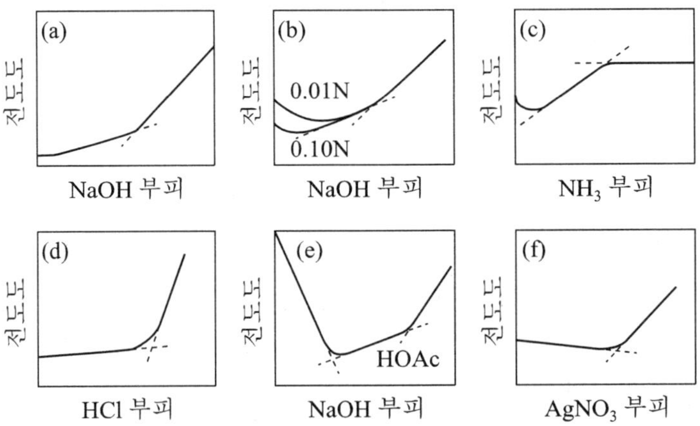

그림 13.11 여러 가지 전기전도도법 적정곡선

(a) H_3BO_3 (b) CH_3COOH (c) CH_3COOH (d) CH_3COO^- (e) $HCl + CH_3COOH$ (f) NaCl

그림 13.11(b)는 아세트산(CH_3COOH, $K_a = 1.75 \times 10^{-5}$)을 강염기, NaOH 용액으로 적정한 전도도법 적정곡선이다. 적정곡선의 처음은 직선이 아니므로 종말점을 정하는데 문제가 있다. 그러나 진한 용액을 사용하면 적정이 가능하다. 처음 용액에서는 수소 이온의 농도가 상당히 크다($\approx 10^{-3}$ M). 염기를 가하면 완충계가 형성되며 따라서 수소 이온 농도가 감소한다. 동시에 산의 짝염기(CH_3COO^-)와 나트륨 이온의 농도가 증가한다. 그러나 적정이 진행됨에 따라 염의 농도가 증가하게 되어 전도도가 직선적으로 증가하게 된다. 당량점을 지나면 수산화 이온의 전도도가 크기 때문에 적정곡선은 급격히 증가하게 된다.

그림 13.11(c)는 아세트산과 같은 약산을 약염기인 암모니아 수용액을 사용하여 적정한 것이다. 적가액이 약전해질이기 때문에 적정곡선은 당량점을 지나도 수평이다. 적가액으로 암모니아를 사용하면 수산화나트륨을 사용하는 경우보다는 더 명확하게 외연장될 수 있는

적정곡선이 얻어진다.

그림 13.11(d)는 매우 약한 염기(CH_3COO^-)를 염산 용액으로 적정한 적정곡선이다. 염산이 가해지면 염화나트륨과 아세트산이 생성된다. 아세트산이온과 치환하는 염화 이온은 더 큰 이동도를 가지기 때문에 총전도도는 약간 증가한다. 종말점을 지나면 과량의 수소 이온이 적가되므로 전도도는 급격히 증가한다. 이와 같이 매우 약한 산이나 염기와 같이 지시약으로 종말점을 만족하게 얻을 수 없는 경우의 적정도 전도도법 적정으로는 가능하다.

그림 13.11(e)는 이온화도가 다른 두 가지 산의 혼합물을 전도도법으로 적정한 예로서, 전위차법 적정보다 더 정확한 결과를 얻을 수 있다.

(3) 침전법 적정

그림 13.11(f)는 염화나트륨을 질산은 용액으로 적정한 것이다. 처음에 적가액을 가하면 염화 이온은 다소 느리게 질산이온으로 치환되며 전도도는 약간 감소하게 된다. 반응이 완결된 후에는 과량으로 가해지는 질산은 때문에 전도도가 급격히 증가한다.

$$NaNa^+Cl^- + Ag^+Cl^- \rightarrow AgCl\downarrow + Na^+NO_3^-$$

6 폴라로그래피

폴라로그래피는 보통 적하수은전극(dropping mercury electrode, DME)을 사용할 때의 전압-전류 곡선을 이용하는 방법이다. 분석물질이 전기분해전지의 작업전극에서 환원 또는 산화되는 실험을 생각해보자. 폴라로그래피에서는 전지를 통해 흐르는 전류를 작업전극전위의 함수로서 측정한다. 이때 전류는 분석물질의 농도에 정비례한다.

폴라로그래피법 분석은 1~2 mL의 용액으로도 쉽게 수행할 수 있고, 조금만 노력하면 한 방울 정도의 부피로도 분석이 가능하다. 또 이 방법은 수용액뿐만 아니라 유기용매에서도 실험할 수 있다. 따라서 폴라로그래피법은 여러 가지 무기, 유기 및 생화학 화학종의 농도를 측정하는 데 비교적 감도가 높은 분석방법이다. 가장 감도가 좋은 폴라로그래피법에서는 검출한계가 10^{-9} M 정도이고, 보통 2~3%의 정밀도로 측정할 수 있다.

직류 폴라로그래피 실험에 대한 장치를 그림 13.12에 나타내었다. 여기서 작업전극은 유리 모세관 끝에 매달린 수은방울이다. 분석물질은 수은방울의 표면에서 환원되거나 산화된다. 이때 전류를 운반하는 보조전극은 백금도선이고, 기준전극으로는 포화칼로멜전극이 이용된다.

13.6.1 적하수은전극

그림 13.12의 적하수은전극은 높이 조절이 가능한 수은저장용기로부터 수은을 한 방울씩 떨어뜨리는 매우 작은 모세관으로 되어 있다. 모세관의 출구로부터 0.5 mm의 수은방울이 1분에 10～20방울의 속도로 형성된다.

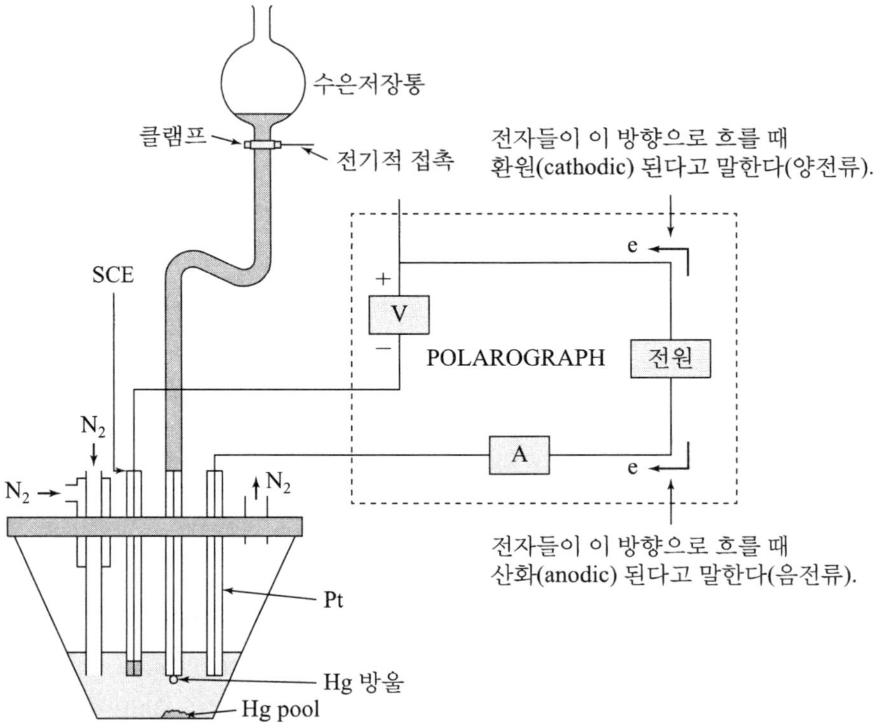

그림 13.12 폴라로그래피를 위한 장치의 단면도

수은방울의 적하속도는 수은저장용기를 높이거나 낮추어 조절한다. 적하수은전극은 다음과 같은 특성을 갖고 있다.

첫째, 수은방울이 계속 새로 생성되어 적하되기 때문에 항상 깨끗한 전극표면이 시료용액과 접촉하게 된다. 시료 양이온이 환원되어 금속으로 되고 수은방울에 녹아 수은아말감으로 제거된다. 따라서 전극반응은 항상 같은 조건에서 반복되어 일어날 수 있다. 둘째, 수은전극에서 수소기체의 발생에 대한 과전압은 대단히 크다. 따라서 수은전극은 수소 이온의 방해를 받지 않으며 대부분의 금속이온의 환원반응에 환원전극으로 사용할 수 있다. 셋째, 적하수은전극을 사용하여 얻은 전압－전류 곡선은 대단히 재현성이 좋다.

넷째, 적하수은전극의 한 가지 큰 한계점은 수은이 쉽게 산화된다는 것이다. 이 성질이 수은을 산화전극으로 사용하는 것을 크게 제한한다. 수은은 +0.4 V보다 더 높은 전위에서는 수은(I)으로 산화된다. 적하수은전극의 또 한 가지 단점은 비패러데이적 잔류전류(축전전류)가 있고, 이 때문에 고전적 폴라로그래피법의 감도를 10^{-5} M 농도로 제한한다는 점이다. 이보다 더 낮은 농도에서는 잔류전류가 확산전류보다 더 커지므로 확산전류의 정확한 측정을 방해하게 된다.

마지막으로 적하수은전극은 수은이 모세관에 엉겨 붙어서 모세관이 막히는 경우가 있다. 그러나 합리적으로 조심하여 관리하면 수개월 또는 수년을 쓸 수 있다. 그렇게 되려면 대단히 깨끗한 수은을 사용해야 하며, 수은주 높이를 언제나 철저하게 관리 유지하고, 실험이 끝나면 전극을 수은이 유출되는 상태로 깨끗한 수은에 담근 상태에서 수은주를 낮추어 주도록 한다.

13.6.2 폴라로그램

폴라로그래피에서는 특별한 형태의 전해전지에서 흐르는 전류를 외부 전위의 함수로써 기록하여 데이터를 얻는다. 그 결과로 얻은 전압－전류곡선을 폴라로그램(polarogram)이라 한다. 이러한 폴라로그램에서 정성 및 정량분석에 관한 정보를 얻는다.

그림 13.13의 대표적인 폴라로그램에서 A는 1.0 M HCl에 Cd(II)이 5×10^{-4} M 녹아 있는 용액의 폴라로그램이고, B는 카드뮴이 들어 있지 않은 염산에 대한 것이다.

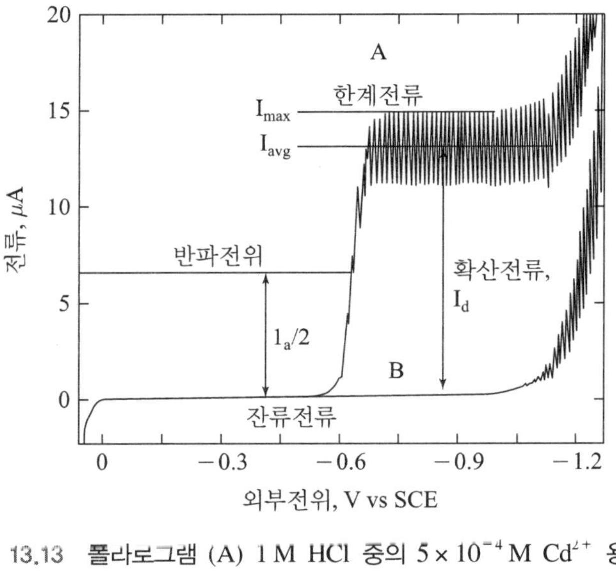

그림 13.13 폴라로그램 (A) 1 M HCl 중의 5×10^{-4} M Cd^{2+} 용액
(B) 1 M HCl 용액

이와 같은 폴라로그램을 얻을 때, 적하수은전극은 전해전지의 환원전극으로 작용하고 전원의 음의 단자에 연결되어 있다. 그림 13.13에서 S자 모양의 A곡선을 폴라로그래피파라고 하며, 이것은 다음 반응에서 생긴 것이다.

$$Cd^{2+} + 2e + Hg = Cd(Hg) \tag{13.26}$$

여기서 Cd (Hg)는 카드뮴 금속이 수은에 녹아 아말감을 만든 것을 나타낸다. 두 폴라로그램에서 −1 V 부근에서 전류의 급격한 증가는 수소 이온의 환원에 의해 수소가 발생하기 때문에 나타난 것이다. A곡선에서는 염산이 지지전해질의 역할을 한다. 지지전해질만의 폴라로그램(B)을 보면 잔류전류라는 적은 전류가 흐른다는 것을 알 수 있다.

폴라로그래피파의 특징은 급격히 증가한 후에 전류가 외부의 전압과 무관하게 일정하게 되는 영역이 있다. 이러한 일정한 전류를 한계전류라고 한다. 한계전류는 전극반응에 참여하는 물질이 작업전극(수은방울)의 표면으로 운반되는 속도에 어떤 한계가 있기 때문에 나타나는 결과이다. 실험조건을 적당히 조절하면 이 속도는 전적으로 파가 나타나는 모든 점에서 반응물질이 확산하는 속도에 의해 결정된다. 이와 같이 확산−조절 한계전류를 특별히 확산전류라고 하며 I_d라는 기호로 표시한다. 보통 확산전류는 반응화학종의 농도에 정비례하며, 따라서 분석의 관점에서 가장 중요한 것이다. 그림 13.13에 보는 바와 같이 확산전류는 한계전류와 잔류전류 사이의 차가 된다. 또 다른 중요한 값으로 반파전위가 있고, 이것은 전류가 확산전류의 반이 되는 전위를 말한다. 반파전위는 보통 $E_{1/2}$라는 기호로 표시한다. 이 값은 전극반응을 하는 화학종에 따라 다르므로 정성분석하는 데 이용된다.

연습문제

13.1 다음의 표준전위값으로부터 TlCl의 K_{sp}값을 계산하여라.

$Tl^{+} + e^{-} = Tl\,(s)$ $E^{\circ} = -0.336$ V

$TlCl + e^{-} = Tl\,(s) + Cl^{-}$ $E^{\circ} = -0.557$ V

13.2 다음 전지의 이론적인 기전력을 계산하고, 전지가 갈바니 전지인가 또는 전해전지인지 판단하여라.

(a) Zn | Zn^{2+}(7.500 × 10^{-4} M) $Fe(CN)_6^{4-}$(0.0450 M), $Fe(CN)_6^{3-}$(0.0700 M) | Pt

(b) Hg | Hg_2^{2+}(0.040 M) ‖ H+(0.030 M), V^{3+}(0.020 M), VO^{2+}(0.0060 M) | Pt

(c) Pt | Cr^{3+}(0.00020 M), Cr^{2+}(0.0010 M) ‖ Pb^{2+}(0.0650 M) | Pb

13.3 다음 전지의 기전력은 −0.274 V이다.

Mg^{2+}에 대한 막전극 | Mg^{2+}(a = 3.32 × 10^{-3} M) | SCE

(a) Mg^{2+} 표준용액을 미지의 시료용액으로 바꾸었을 때 −0.190 V이었다면 미지시료용액에서 마그네슘의 농도를 계산하라.

(b) 액간접촉전위의 불확실성이 ±0.002 V라면 Mg의 활동도값의 범위는?

13.4 0.050 M $Pb(NO_3)_2$ 용액 50.00 mL에 0.200 M $NaIO_3$를 각각 0.00, 10.00, 20.00, 24.00, 24.90, 25.00, 25.10, 26.00, 30.00 mL씩 가하고 납 산화전극전위(vs. SCE)를 계산하라. $Pb(IO_3)_2$의 K_{sp} = 3.2 × 10^{-13}이다.

13.5 pH 측정용 유리전극의 알칼리 오차에 대하여 설명하라.

13.6 $pCrO_4$를 측정하기 위해 다음과 같은 전지를 사용하여 측정한 시료용액의 전지전위는 0.402 V이었다. 시료 중의 $pCrO_4$를 계산하라.

Ag | Ag_2Cr_4(포화), CrO_4(x M) ‖ SCE

13.7 어떤 약산 HA 용액 25.00 mL를 0.1160 M NaOH 용액으로 전위차법 적정을 하여 다음의 실험값을 얻었다.

(a) 이차도함수법으로 당량점을 구하라.

(b) 약산 HA의 농도를 구하라.

(c) 약산 HA의 K_a값을 구하라.

(d) 당량점의 pH를 계산하라.

NaOH 적가부피(mL)	pH	NaOH 적가부피(mL)	pH
0.00	2.89	15.60	8.40
10.00	5.89	15.70	9.29
15.00	7.08	15.80	10.07
15.50	7.75	16.00	10.65

13.8 폴라로그래피법으로 납을 정량하기 위해 다음의 실험데이터를 얻었다.

(a) 확산전류 대 농도를 도시하고, 최소제곱법으로 직선식을 구하라.

(b) 미지시료에 대해서 얻은 확산전류는 7.75μA를 얻었다. 미지시료의 납농도를 구하라.

Pb^{2+} 용액(mmol/L)	한계전류(μA)	Pb^{2+} 용액(mmol/L)	한계전류(μA)
0.00	1.32	2.04	19.08
0.510	5.64	3.06	27.91
1.02	10.70	5.10	45.82

13.9 Fe(II)을 Fe(III)로 전기량법 적정하는데 30.1쿨롱의 전기가 흘렀다. 시료의 부피가 40 mL 이었다면 철의 농도는 얼마인가?

13.10 직접 전도도법 분석의 예를 들고 설명하라.

참고문헌

1. J. J. Lingane, Electroanalytical Chemistry, 2d ed., Unterscience, New York, 1958.
2. A. J. Bard and L. R. Faulker, Electrochemical Methods, Wiley, New York, 1980.
3. J. A. Plambeck, Electranalytical Chemistry Wiley, New York, 1982.
4. Ion Selective Electrodes in Analytical Chemistry, H. Freiser. Ed., Plenu, Press, New York, 1978.
5. E. P. Sergeant, Potentionmerty and Potentiometric Titrations, Wiley, New York, 1984.
6. G. W. C. Miller and G. Phillips, Coulometry in Analytical Chemistry, Pergamon Press, New York, 1967.
7. I. M. Kolthoff and J. J. Lingane, Polarography, 2d ed., New York, 1952.
8. A. M. Bond, Modern Polarographic Methods in Analytical Chemistry, Mercel Dekker, New York. 1980.

연습문제 해답

제2장

1. 본문 참조
2. 166nm: $\sigma \rightarrow \sigma (C-H)$, 189nm: $n \rightarrow \sigma (C=O)$, 279nm: $n \rightarrow \pi (C=O)$
3. 단파장 이동 (이유: 용매의 극성증가)
4. 0.607
5. (a) 7.05ppm Fe^{3+} (b) $s_c = 0.2$ppm Fe^{3+}
6. $\epsilon = 1.29 \times 10^4$ L/cm·mol
7. 1.59×10^{-5} 3.48×10^{-4} M
8. λ_{max} 235nm: $CH_3-C(CH_3)=CH-CO-CH_3$ (이유: 컨주게이션 효과)
9. (a) a = 0.0846 L/c·mol (b) 9.9%
10. 7.5ppm
11. (a) A: 9.44×10^{-5} M, B: 2.55×10^{-5} M
    (b) A: 3.71×10^{-5} M, B: 6.63×10^{-5} M
12. (a), (b), (d) : 흡광도는 당량점까지 적가액의 부피에 따라 직선적으로 증가하다가 당량점이 지나면 일정하다.
    (c) 흡광도는 당량점까지 적가액의 부피에 따라 직선적으로 감소하다가 당량점이 지나면 거의 0으로 일정하다.
13. (a) $Fe(II)\ (phen)_3^{2+}$ (b) $K_f = 3.53 \times 10^{12}$
    (c) $\epsilon = 1.11 \times 10^4$ L/cm·mol

제3장

1. 형광 : 복사선을 흡수하여 들뜬 분자가 들뜬 전자에너지 상태에서 같은 스핀 다중상태의 낮은 에너지상태로 전이할 때에 광자를 방출하는 것으로 단일상태→단일상태 전이를 말한다.
   인광 : 복사선을 흡수하여 들뜬분자가 에너지가 약간 낮은 삼중상태로 계간전이가 이루어져 전자 스핀이 변한 후 낮은 에너지상태로 전이할 때 광자를 방출하는 것으로 삼중상태→단일상태 전이를 말힌다. 보통 인광의 수명은 형광보나 너 실다.
2. 형광법의 원리 : 분광형광법에서는 들뜨기 광원의 세기를 증가시키거나 분석신호를 증폭하여

감도를 증폭시킬 수 있다. 이 측정법은 측정값의 차이에 근거를 두는($A = \log P_o - \log P$) 분광광도법에 이용할 수 없다. 따라서 광원세기의 증가나 증폭은 P_o와 P를 모두 같이 증가시키지만 그 차를 증가시키지 못하기 때문이다.

3. 형광 발광 스펙트럼 : 일정한 파장의 복사선으로 들뜨게 하고 발광되는 형광은 파장의 함수로 측정한 스펙트럼이다.
   들뜨기 스펙트럼 : 들뜨기 파장을 변화시켜며 발광되는 형광은 한 파장에서 측정하여 얻은 스펙트럼을 말한다.
4. 1-chloropropane에서 형광이 더 세다. 1-iodopropane에서 요오드(I) 원자는 계간전이(무거운 원자효과)를 촉진한다. 따라서 들뜬상태(S_1)의 분포를 감소시킨다.
5. pH 10에서는 aniline의 대부분이 형광을 발하지 않는 anilinum 이온으로 존재하지만 pH = 3에서는 형광세기가 큰 aniline으로 존재하기 때문에 낮은 pH에서 형광세기가 더 크다.
6. 자체흡수 : 발광선(형광) 파장이 흡수화학종의 흡수봉우리와 겹칠 때 일어남.
   자체소광 : 용액농도가 진할수록 들뜬분자 간의 충돌로 인하여 에너지가 용매분자로 전이하는 것처럼 비복사 전이가 일어나는 현상으로 둘 다 형광세기를 낮춘다.
7. 용존산소가 존재하면 광화학적 유발산화가 일어나거나 산소 분자의 상자기성으로 인해 들뜬분자를 삼중상태로 변환시키므로 소광이 일어나기 때문이다.
8. 극성분자에서는 바닥상태보다 들뜬상태가 더 극성이 크기 때문에 극성이 큰 용매 중에서 들뜬상태가 안정하다. 따라서 극성이 큰 용매에서 형광파장은 장파장으로 이동한다. 그러나 형광 양자수득률은 비극성 용매 중에서 더 커진다. 용매의 점도가 커지면 일반적으로 형광의 양자수득률이 증가하고 형광파장은 단파장 이동되는 수가 많다. 그러나 점도가 감소하면 비복사 이완이 증가되어 양자수득률이 감소한다.
9. 이론적으로는 일반적으로 흡광도가 0.05 이하일 때에는 식 (3.3)에서 괄호 속의 둘째 항 이하는 아주 작은 값을 나타내므로 형광세기는 농도와 직선관계를 나타낸다. 그러나 농다가 진할 때에는 자체소광과 자체흡수 때문에 부의 편차가 나타난다.
10. $y = 53.7x - 0.60$, 미지시료의 농도 : 0.30ppm

제4장

1. 800cm^{-1}
2. 1.9×10^6dyne/cm
3. H－F: $4.0\times10^3\text{cm}^{-1}$, D－F: $2.9\times10\text{cm}^3$
4. 3개(그림 4.3 참조)
5. SO_2의 3개 진동은 모두 적외선과 라만 활성이다. CO_2는 직선분자이므로 4개의 진동방식이 가능하며 이 중에서 대칭 신축진동은 적외선 비활성이지만 라만 활성이며, 비대칭 신축진동은 적외선 활성이고 라만 비활성이다. 굽힘진동은 라만 비활성이지만 적외선 활성이다.

6. Stokes 선과 Anti-Stokes 선이 나타나는 파장은 다음과 같다.
   (a) Stokes 선 : 641.7, 645.6, 651.7, 664.9, 666.1nm
   Anti-Stokes 선 : 624.2, 620.5, 614.9, 603.7, 602.7nm
   (b) Stokes 선 : 493.2, 495.6, 499.2, 506.2, 506.8, 507.6nm
   Anti-Stokes 선 : 482.9, 480.6, 477.3, 470.5, 469.9nm
7. $I_{Ar}/I_{He/Ne} = 2.82$
8. 광화학적으로 불안정한 화합물의 연구에 좋다.
9. (a) 활성, (b) 비활성, (c) 활성, (d) 비활성
10. (a) 에틸알코올 : 3,600cm^{-1}에서 O−H의 넓은 흡수띠 존재
    다이에틸 에터 : 1,300~1,000cm^{-1}에서 C−O 흡수띠 존재
    (b) 두 성분이 모두 1,820~1,660cm^{-1}에서 C=O의 강한 흡수띠가 나타나고 알데하이드는 C−H의 우측의 2,850~2,750 cm^{-1} 가까이에서 약한 봉우리 두 개가 나타나고 아세톤은 그렇지 않다.
    (c) 두 가시 모두 1,820~1,660cm^{-1}에서 C=O의 강한 흡수띠가 나타나지만 산의 O−H는 약 3,400~2,400^{-1}에서 넓은 흡수띠가 존재한다.
    (d) amine의 N−H는 3,500cm^{-1} 근처에서 흡수띠가 나타나는데 1차 아민에서는 두 개의 N−H가 2개의 흡수띠로 나타나고, 2차 아민은 한 개의 흡수띠가 나타나며, 3차 아민의 경우는 N−H띠가 없고, 1차 아민은 1,640~1,560cm^{-1}에서, 2차 아민은 1,500cm^{-1} 근처에서 때로는 비동일 평면 굽힘진동에 의해 800cm^{-1}에서 나타난다. C−N의 신축진동은 1,350~1,000cm^{-1}에서 나타난다.
    (e) C−H 신축진동의 봉우리는 서로 비슷하지만 –C−H 굽힘진동은 hexane에서는 $-CH_3$와 $-CH_2-$를 가지고 있으므로 1,470과 1,380cm^{-1}에서 2개의 봉우리가 존재한다. cyclohexane은 $-CH_3$기가 없으므로 1,465cm^{-1}에서 한 봉우리만 존재한다. −C−H 굽힘진동 : 1,450, 1,375cm^{-1}, $-CH_2-$ 굽힘진동: 1,465cm^{-1}
11. butyl phthalic acid
12. $CH_3-CH_2-CH=C(CH_3)-CHO$
13. $\phi_2C=CH-CH=C\phi_2$
14. 2-hydroxy phenyl aldehyde

제5장

1. 본문 참조
2. 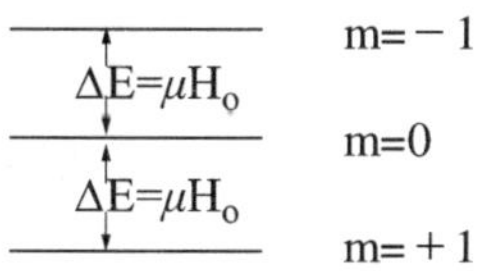

3. 400 MHz
4. ethanol: δ 1.17에서 삼중선, δ 3.62에서 사중선, δ 5.18에서 단일선,
   dimethyl ether: δ 3.65에서 단일선, acetone : δ 2.1에서 단일선
5. (a) δ 1.1에서 사중선, 2.6에서 사중선, 6.5~8에서 단일선
   (b) δ 2.2에서 단일선, 11~12에서 단일선
   (c) δ 2.2에서 이중선, 9.7~9.8에서 사중선
   (d) δ 1.2~1.4에서 단일선
   (e) δ 2.1에서 단일선, 2.4에서 사중선, 1.1에서 삼중선
   (f) δ 2.2와 6.5~8에서 단일선
   (g) δ 2.1에서 단일선, 2.6에서 7봉우리, 1.1에서 이중선
6. (a) $CH_3CH_2CHBrCOOH$) (2-bromobutanoic acid)
   (b) $CH_3COCH_2CH_3$ (methyl ethyl ketone)
   (c) $CH_3COOC_2H_5$ (ethyl acetate)
   (d) $C_6H_5C_2H_5$ (ethlybenzene)
   (e) $C_2H_5OOCCH_2CH_2COOC_2H_5$ (ethyl succinate)

제6장

1. 원자 형광 : 복사선을 증기상태의 시료에 있는 원자에 조사시켜 들뜨게 하고 이 때 발광되는 복사선을 측정하는 것이다.
   원자 발광 : 열 또는 전기에너지로 시료를 들뜨게 하고 들뜬 원자에서 발광되는 복사선을 측정하여 원소를 분석하는 것이다.
2. 본문 참조
3. 칼륨은 불꽃 속에서는 이온화가 잘 진행되어 전자의 농도를 높이므로 이들 전자는 분석물질의 이온화를 억제하여 분석물질의 이온화에 의한 방해를 막는다.
4. 2,500K에서 $N_j/N_o = 3.64\times10^{-6}$, 6,000K에서는 1.03×10^{-2}
5. Doppler 넓힘 : 원자들이 단색화장치 쪽으로 또는 그 반대쪽으로 이동하므로 약간 다른 주파수에서 흡수선이나 방출선이 나타나기 때문에 생긴다.
   압력 넓힘 : 원자들에 의해 원자선 나비가 넓어지는 것을 말한다.
6. 본문 참조
7. 스펙트럼 방해 : 비분석 화학종의 흡수나 방출선이 분석물질에 사용되는 봉우리와 겹침에서 오는 방해를 뜻한다.
   화학적 방해 : 분석물질의 흡수나 방출 특성을 감소시키거나 증가시키는 어떤 과정의 결과이다.
8. 해방제 : 분석물질과 반응하여 화학적 방해를 유발하는 화학종과 우선적으로 반응하는 양이온이다.

보호제 : 분석물질과 안전하고 휘발성화합물을 형성하여 방해를 막는다.

9. 복사선 완충제 : 분석물질의 방출이나 흡수에 영향을 주는 시료기질의 효과를 줄이기 위해 시료와 표준물에 과량으로 가하는 물질이다.
10. 본문 참조
11. CaOH 분자의 분자흡수 스펙트럼이 나타나기 때문이다. 분자흡수는 그림 1.3에서 설명한 바와 같이 전자에너지 상태에 진동에너지 상태의 전이가 겹쳐서 일어나기 때문이다. 그러나 바륨의 공명선은 원자흡수이므로 선 스펙트럼으로 나타난다.
12. 원자 형광이나 흡광법은 원자화된 중성원자에 바탕을 두고 원자 발광법은 들뜬 원자상태에 바탕을 두므로 온도에 따라 들뜬 상태의 원자수가 변화하기 때문에 원자 발광법에서는 온도에 민감하다.
13. 전열 원자화법은 시료가 적어도 되며 불꽃법에서보다 시료가 측정빛살에 더 오래 머무르게 한다.
14. Na : λ는 5,893 Å 이고 E_j는 3.33×10^{-12}erg,

    Mg^+ : λ는 2,800 Å , E_j는 7.09×10^{-12}erg이므로 N_j/N_o : 2.15×10^{-3}, Mg^+ : 7.28×10^{-7}
15. 내부표준법은 조절 불가능한 변수를 보상하므로 정밀도를 높인다.
16. 0.91μg/L
17. Na_2O 함유량 : 시료 1 : 0.17%, 시료 2 : 0.47%, 시료 3 : 0.28%

    K_2O 함유량 : 시료 1 : 0.76%, 시료 2 : 0.49%, 시료 3 : 0.67%
18. 1.6×10^{-4}% Mg

제7장

1. 본문 참조
2. 불꽃 원자 흡광법에서는 각 원소에 대한 광원이 필요하므로 다원소의 분석에는 불편하다. 그러나 ICP 발광법은 광원이 아르곤 플라스마이므로 또 발광선을 측정하므로 다원소 분석에 유용하다.
3. 스파크의 온도는 40,000K 정도로 높기 때문에 대부분의 원자가 이온화된다. 낮은 온도의 아아크(~4,000K)에서는 원자량이 작은 원소들은 상당량이 이온화된다. 그러나 플라스마에서는 전자의 농도가 매우 높으므로 분석물질의 이온화는 크게 억제된다.
4. 내부표준물은 분석물질과 똑같이 조절할 수 없는 변수에 대해 응답하는 물질이며 이것은 표준물과 시료에 일정량씩 넣어서 실험해야 하고 분석신호는 분석물질의 신호와 내부표준물의 신호의 비를 사용한다.
5. 본문 참조
6. 공기 중의 질소로부터 생성될 수 있는 시아노겐(CN) 띠의 세기를 감소시키기 위해서 아르곤 기류에서 실험한다.

제8장

1. 0.124 Å
2. LiF 결정 사용 – Ag : 16.0°, Cu : 45.0°, Fe : 57.6°
   NaCl 결정 – Ag : 11.4°, Cu : 31.7°, Fe : 40.2°
3. 본문 참조
4. W의 K_α : 59.0kV, W의 L_β : 96.9kV
5. 2.3×10^{-3}cm
6. Ca : 4.05kV, Mg : 25.0kV
7. (a) Sr : 16.1kV, Y : 17.1kV
   (b) Sr : $K_{\alpha1}$: 25.2°, K_β : 22.4°, Y : $K_{\alpha1}$: 23.8°, K_β : 21.2°
   (c) A : 0.250%, B : 0.177%
8. 작동전압 : 1,470~1,545V

제9장

1. 단일초점 기기에서는 이온원으로부터 나오는 이온군은 가속전압이 일정하더라도 여러 원인에 의해서 에너지는 일정하지 않고 약간 넓어진다. 따라서 에너지가 다른 이온은 같은 질량이라도 자기장 중의 궤도반경이 다르므로 이온수집기에 도달하는 이온띠를 넓히는 원인이 되고 분해능을 감소시키다. 그러나 이중 초점 질량분석계는 이온살이 처음에 정전기장을 통과하게 되고 동일한 에너지를 갖는 입자만을 슬릿에 접속시키는 역할을 하므로 분해능을 높이고 띠넓힘을 제거시킨다.
2. 전자충격 이온화법은 조각내기가 많이 일어나므로 대단히 복잡한 스펙트럼이 생긴다. 화학적 이온화법은 이온화과정에서 결합의 끊어짐이 생기기 어렵고, 유사분자 이온의 상대세기가 크고 조각 이온이 적은 단순한 질량스펙트럼이 얻어진다.
3. 홀수
4. (a) 769, (b) 7.09×10^4, (c) 30, (d) 113
5. CH_2N
6. 196%
7. $\phi-CH_3$ (toluene)
8. $CH_3-CH(CH_3)-CH_3$ (methylpropane)
9. $\phi-CH(CH_3)_2$ (cumene)
10. $CH_3-CO-CH_2-CH_3$ (methyl ethyl ketone)

제10장

1~2 : 본문 참조

3. 크로마토그램에서 시료성분의 모든 봉우리와 분리되어 나타나고(R_s > 1.25), 분석물의 봉우리에 가깝게 봉우리가 나타나는 일정량의 내부표준물을 각 표준 시료와 미지시료에 넣어 분석물과 내부표준물의 봉우리 넓이 또는 높이의 비를 분석파라미터로 사용하는 방법이다.
4. (a) 성분 1 : 2,744, 성분 2 : 2,463, 성분 3 : 2,357, 성분 4 : 2,541
   (b) N_{av} = 2,526, s = ±164
   (c) 9.9×10^{-3}cm
   (d) $k_1'=0.77$, $k_2'=3.3$, $k_3'=3.6$, $k_4'=6.0$,
   (e) $k_1=6.6$, $k_2=28$, $k_3=31$, $k_4=51$
   (f) 0.711 (g) 1.1 (h) 5.24 (i) 110cm (j) 2.1cm (k) 59.6분
5. n-부틸알코올 : 18.5%, i-부틸알코올 : 45.1%, s-부틸알코올 : 23.8%, t-부틸알코올 : 12.6%

제11장

1. (a) F_c = 34.4 mL/min
   (b) V_m^o = 11.1mL $(V_r^o)_1$ = 64.8mL $(V_r^o)_2$ = 137.2mL $(V_r^o)_3$ = 260.8mL
   (c) $(V_g)_1$ = 26.1mL $(V_g)_2$ = 66.6mL $(V_g)_3$ = 121.2mL
   (d) $K_1=39.4$, $K_2=92.5$, $K_3=183.1$
2. (a) $k_1'=4.9$, $k_2'=11.4$, $k_3'=22.6$
   (b) $\alpha_{21}=2.3$, $\alpha_{32}=2.0$
   (c) 1.7×10^3단, 0.071cm/단
   (d) $(R_s)_{21}=7.4$ $(R_s)_{32}=6.4$
3. 세 성분은 비교적 극성이므로 머무른 시간이 짧을 것이다. 따라서 비극성 용매는 정지상으로 적합하지 않다.
4. 최소의 단높이 : 2.096cm, 최적의 유속(u) : 14.2cm/sec
5. (a) 일정량의 충전제에 대해 정지상의 무게가 증가되면 정지상의 두께가 증가하고 식 (10.8)에서 Cu가 증가하게 되어 H를 증가시킨다.
   (b) 시료의 주입속도가 늦으면 모든 분자가 관을 동시에 출발하여 내려오지 않으므로 띠넓힘이 일어나게 되어 효율이 감소하고 H가 증가.
   (c) 시료의 증발속도가 증가하여 H가 감소한다.
   (d) 유속 증가는 (10.8)식을 보듯이 H의 증가 또는 감소의 원인이다.
   (e) 정지상의 표면적이 증가하게 되어 정지상의 두께가 감소하고, 분리 평형이 빨리 이루어지게 되어 H가 감소한다.
   (f) 관 온도가 낮으면 확산속도가 증가하게 되고, 식 (10.8)에서 B/u항이 커지지만 Cu항은 감

소하게 된다. 대부분의 경우 단높이의 감소는 온도증가를 수반한다.

6. (a) 300 (b) 400 (c) 500 (d) 600 (e) 726 (f) 629
7. 본문 참조 (11.6절)
8. 1psi → 6.92970×10^{-3}atm → 5.26657mmHg

제12장

1. 본문 참조(그림 12.1)
2. 성질이 서로 다른 두 가지 이상의 용매를 혼합하여 연속적으로 또는 단계적으로 혼합비를 변화시키면서 용리함으로써 분리효율을 증대시킨다. 즉, 분리시간이 짧아지고 분리능도 높아진다.

3~5. 본문 참조

6. (1) 여러 가지 용매를 이동상으로 사용하여 용량인자 k_A'와 k_B' 값을 조절하고 용리액의 성분비를 변화시켜 최적의 혼합용매를 찾는 것
   (2) 용리액의 화학성분을 변화시켜 α값을 사용하는 것
   (3) α가 커지도록 다른 충전제를 사용하는 것
7. 이온교환 크로마토그래피 : 이온 크로마토그래피는 이온교환 크로마토그래피를 고성능으로 개선시킨 것으로 장치는 근본적으로 HPLC와 같고, 분리관은 이온교환수지를 사용하며 억압컬럼(속빈 이온교환 섬유) 등이 사용된다. 검출기는 전도도 검출기 및 기타의 전기화학적인 검출기가 널리 이용된다.
8. 정상상 : 극성이 큰 정지상을 사용하고 이동상은 비교적 극성이 없는 용매를 사용한다. 용리순서는 가장 극성이 작은 성분이 가장 먼저 용리되고, 이동상의 극성을 증가시키면 용리시간이 짧아진다.

   역상 : 정지상은 비극성이고 가끔 탄화수소를 사용하며 이동상은 물, 메탄올 또는 아세토나이트릴과 같은 비교적 극성이 큰 용매를 사용한다. 이때는 가장 극성이 큰 성분이 먼저 용리되고, 이동상의 극성을 증가시키면 용리시간이 길어진다.
9. 용리세기가 CCl_4보다 큰 클로로폼에서 머무름 시간이 단축된다.
10. 다이에틸에터, 아세트산에틸, 나이트로뷰테인(극성이 낮은 순서)
11. n-헥산올, 벤젠, n-헥세인(극성이 큰 순서)
12. 본문 참조
13. (a) 24.6 (b) chloroform : n-hexane = 72% : 28%
14. (a) $R_{f1} = 0.16$, $R_{f2} = 0.26$, $R_{f3} = 0.39$
    (b) $k_1' = 5.3$, $k_2' = 2.8$, $k_3' = 1.6$
    (c) $\alpha_{21} = 0.57$, $\alpha_{31} = 0.31$, $\alpha_{32} = 0.54$
    (d) $R_{s21} = 0.80$, $R_{s32} = 2.0$, $R_{s31} = 1.7$

제13장

1. $K_{sp} = 1.82 \times 10^{-4}$
2. (a) 1.227V, 갈바니 (b) -0.599V, 전해, (c) 0.288V, 갈바니
3. (a) 6.85×10^{-6} M (b) 5.02×10^{-6}~6.85×10^{-6} M
4. 0.00 : 0.408V, 10.00 : 0.417V, 20.00 : 0.433V, 24:00 : 0.455V, 24.90 : 0.484V, 25.00 : 0.499V, 25.10 : 0.528V, 26.00 : 0.587V, 30.00 : 0.627V
5. 본문 참조
6. $pCrO_4 = 6.77$
7. (a) 당량점 : 15.67mL (b) 0.0727 M (c) K_{α}=2.32×10^{-5} (d) 8.64
8. (a) $I_d = 0.188 + 8.61\, C_{\mathrm{Pb}}$ (b) 8.78×10^{-4} M
9. 7.80×10^{-3} M
10. 본문 참조

I N D E X

찾아보기

영문명	한글명	기호	원자번호	원자량	영문명	한글명	기호	원자번호	원자량
Aluminium	알루미늄	Al	13	26.98	Iridium	이리듐	Ir	77	192.22
Americium	아메리슘	Am	95	(243)	Iron	철	Fe	26	55.85
Antimony	안티몬	Sb	51	121.75	Krypton	크립톤	Kr	36	83.80
Argon	아르곤	Ar	18	39.95	Lanthanum	란탄	La	57	138.91
Arsenic	비소	As	33	74.92	Lead	납	Pb	82	207.20
Astatine	아스타틴	At	85	(210)	Lithium	리튬	Li	3	6.941
Barium	바륨	Ba	56	137.33	Lutetium	루테튬	Lu	71	174.97
Berkelium	버클륨	Bk	97	(247)	Magnesium	마그네슘	Mg	12	24.31
Berylium	베릴륨	Be	4	9.012	Manganese	망간	Mn	25	54.94
Bismuth	비스무트	Bi	83	208.98	Mendelevium	멘델레븀	Md	101	(258)
Boron	붕소	B	5	10.81	Mercury	수은	Hg	80	200.59
Bromine	브롬	Br	35	79.90	Molybdenum	몰리브덴	Mo	42	95.94
Cadmium	카드뮴	Cd	48	112.41	Noedymium	네오디뮴	Nd	60	144.12
Calcium	칼슘	Ca	20	40.08	Neon	네온	Ne	10	20.18
Carbon	탄소	C	6	12.01	Nickel	니켈	Ni	28	58.69
Cerium	세륨	Ce	58	140.12	Niobium	니오브	Nb	41	92.90
Cesium	세슘	Cs	55	132.90	Nitrogen	질소	N	7	14.01
Chlorine	염소	Cl	17	35.45	Nobelium	노벨륨	No	102	(259)
Chromium	크롬	Cr	24	52.00	Osmium	오스뮴	Os	76	190.20
Cobalt	코발트	Co	27	58.93	Oxygen	산소	O	8	16.00
Copper	구리	Cu	29	63.55	Palladium	팔라듐	Pd	46	106.42
Curium	퀴륨	Cm	96	(247)	Phosphorus	인	P	15	30.97
Dysprosium	디스프로슘	Dy	66	162.50	Platinum	백금	Pt	78	195.08
Einsteinium	아인슈타이늄	Es	99	(252)	Potassium	칼륨	K	19	39.10
Erbium	에르븀	Er	68	167.26	Selenium	셀레늄	Se	34	78.96
Europium	유로퓸	Eu	63	151.96	Silicon	규소	Si	14	28.10
Fermium	페르뮴	Fm	100	(257)	Silver	은	Ag	47	107.87
Fluorine	플루오르	F	9	19.00	Sodium	나트륨	Na	11	23.00
Francium	프랑슘	Fr	87	(223)	Strontium	스트론튬	Sr	38	87.62
Gadolinium	가돌리늄	Gd	64	157.25	Sulfur	황	S	16	32.06
Gallium	갈륨	Ga	31	69.72	Tellurium	텔루륨	Te	52	127.60
Germanium	게르마늄	Ge	32	72.59	Thallium	탈륨	Tl	81	204.38
Gold	금	Au	79	196.97	Tin	주석	Sn	50	118.71
Hafnium	하프늄	Hf	72	178.49	Titanium	티타늄	Ti	22	47.88
Helium	헬륨	He	2	4.003	Tungsten	텅스텐	W	74	183.85
Holmium	홀뮴	Ho	67	164.93	Uranium	우라늄	U	92	238.03
Hydrogen	수소	H	1	1.008	Vanadium	바나듐	V	23	50.94
Indium	인듐	In	49	114.82	Zinc	아연	Zn	30	65.39
Iodine	요오드	I	53	126.91	Zirconium	지르코늄	Zr	40	91.22

기기분석 정가 25,000원

발　행 2023년 9월 10일 초판 2쇄
저　자 대학화학교재연구회
발행인 정우용
발행처 도서출판 동화기술
경기도 파주시 광인사길 201(문발동, 파주출판도시)
Tel (031)955-4211~6 donghwapub@nate.com
Fax (031)955-4217 www.donghwapub.co.kr
(등록) 1977년 12월 19일/9-16호

Printed in Korea
ISBN 978-89-425-9356-9